Original-Prüfungsfragen mit Kommentar

1. ÄP Biologie

20. Auflage

Bearbeitet von
Sebastian Huss und Willm Uwe Kampen

Georg Thieme Verlag
Stuttgart · New York

Dr. med. Sebastian Huss
Institut für Pathologie
Universitätsklinikum Köln
Kerpener Str. 62
50937 Köln

Priv. Doz. Dr. med. Dipl.-Biol. Willm Uwe Kampen
Eiderstr. 97
24768 Rendsburg

1. Auflage 1982
2. Auflage 1984
3. Auflage 1985
4. Auflage 1987
5. Auflage 1988
6. Auflage 1990
7. Auflage 1992
8. Auflage 1993
9. Auflage 1994
10. Auflage 1996
11. Auflage 1997
12. Auflage 1998
13. Auflage 2000
14. Auflage 2002
15. Auflage 2003
16. Auflage 2005
17. Auflage 2006
18. Auflage 2008
19. Auflage 2009
20. Auflage 2011

Bibliografische Information der Deutschen Bibliothek
Die Deutsche Bibliothek verzeichnet diese Publikation in der Deutschen Nationalbibliographie; detaillierte bibliographische Daten sind im Internet über http://dnb.ddb.de abrufbar.

Die Auflagen 1 bis 10 erschienen unter dem Titel „Biologie und Anatomie-Biochemie-Biologie".

© 2011 Georg Thieme Verlag KG
Rüdigerstr. 14, D-70469 Stuttgart
Unsere Homepage:
http://www.thieme.de
Umschlaggestaltung:
Thieme Verlagsgruppe
Umschlagfoto:
Studio Nordbahnhof
Satz:
medionet Publishing Services Ltd., Berlin
Druck:
Grafisches Centrum Cuno GmbH & Co. KG, Calbe
Printed in Germany
ISBN 978-3-13-114900-8

Autoren und Verlag haben sich bei der Zusammenstellung der Fragen, bei der Zuordnung der Lösungen und bei der Kommentierung von Fragen und Lösungen um größtmögliche sachliche Richtigkeit bemüht. Dennoch wird eine Gewähr für die in diesem Band enthaltenen Angaben nicht übernommen. Für Inhalt und Formulierung der Prüfungsfragen zeichnet das IMPP verantwortlich.

Das Werk, einschließlich aller seiner Teile, ist urheberrechtlich geschützt. Jede Verwertung außerhalb der engen Grenzen des Urhebergesetzes ist ohne Zustimmung des Verlages unzulässig und strafbar. Das gilt insbesondere für die Vervielfältigung, Übersetzung, Mikroverfilmung und die Einspeicherung und Verarbeitung in elektronischen Systemen.

Dieser Band enthält Original-IMPP-Prüfungsfragen mit Lizenz des IMPP.

Vorwort

Die Ihnen hier vorliegende, mittlerweile 20. Auflage des Biologie-Bandes der „Schwarzen Reihe" enthält die Fragen und die dazugehörigen Kommentare der Physika bis Herbst 2010 eingeordnet in die drei großen Hauptkapitel. Die aktuellen Fragen aus dem Frühjahrs-Physikum 2011 sind mit den entsprechenden Kommentaren im jeweiligen Kapitelanhang beigefügt.

Auch diese Auflage enthält neue Lerntexte. Der Zuwachs dieser Texte wurde jedoch bewusst klein gehalten, um eine Überfrachtung der Kommentare mit Verweisen auf Lerntexte zu vermeiden. Der vorliegende Band soll und will kein Lehrbuch ersetzen.

Die Biologie ist im Rahmen des Medizinstudiums und der darin zwangsläufig abzulegenden Examina nur ein „kleines Fach". An der wachsenden Zahl sehr spezieller Fragen zu zellulären oder gar molekularen Wechselwirkungen erkennt man jedoch ihre Bedeutung als Grundlagenwissenschaft des medizinischen Denkens und Handelns.

Nun wünschen wir allen Prüfungsaspiranten/-innen einen langen Atem in der Vorbereitungsphase und hoffen, dass das vorliegende Buch neben der notwendigen Wissensvermittlung zum Bestehen des Physikums auch ein wenig Interesse an einem faszinierenden Fach vermitteln kann. Viel Erfolg für Ihre Prüfung!

*Alles soll so einfach wie möglich gemacht werden,
aber nicht einfacher.*

(A. Einstein)

Köln, im August 2011
Sebastian Huss und Willm Uwe Kampen

ANMERKUNGEN DER REDAKTION

Zur besseren Übersicht über die Schwerpunkte des umfangreichen Prüfungswissens wurden Fragen und Kommentare mit Quadraten gekennzeichnet. Diese gehören Stoffgebieten an, zu denen wiederholt in verschiedener Form Fragen gestellt werden.

- ■   wiederholt geprüfter Stoff
- ■■ sehr wichtiger, häufig geprüfter Stoff

Inhalt

Lerntextverzeichnis		IX
Bearbeitungshinweise		X

1	**Allgemeine Zellbiologie, Zellteilung und Zelltod**	**2, 78**
1.1	Zellbegriff und zelluläre Strukturelemente	2, 78
1.2	Plasmamembran	2, 78
1.3	Zellkern	6, 91
1.4	Zytoplasma, Zytosol	7, 94
1.5	Ribosomen	8, 94
1.6	Endoplasmatisches Retikulum	9, 98
1.6.1	Definition	9, 98
1.6.2	Raues Endoplasmatisches Retikulum	9, 98
1.6.3	Glattes Endoplasmatisches Retikulum	10, 99
1.7	Golgi-Apparat	10, 100
1.8	Exozytose	11, 102
1.9	Endozytose	12, 102
1.10	Lysosomen	13, 106
1.11	Peroxisomen	15, 109
1.12	Mitochondrien	15, 111
1.13	Zytoskelett	18, 115
1.13.1	Mikrotubuli	18, 117
1.13.2	Intermediärfilamente	20, 120
1.13.3	Aktinfilamentsystem	21, 121
1.14	Zellzyklus und Zellteilung (Mitose)	22, 124
1.15	Meiose (Reifeteilung)	25, 130
1.15.1	Meiose (Reifeteilung)	25, 130
1.15.2	Verlauf der 1. Reifeteilung	25, 132
1.15.3	Verlauf der 2. Reifeteilung	26, 132
1.15.4	Funktion der Meiose	28, 136
1.16	Zelltod	29, 138
1.17	Zellkommunikation und Signaltransduktion	30, 139
1.18	Fragen/Kommentare aus Examen Frühjahr 2011	30, 142
2	**Genetik**	**32, 145**
2.1	Organisation und Funktion eukaryontischer Gene	32, 145
2.1.1	Aufbau und Replikation der DNA	32, 145
2.1.2	DNA-Reparatur	33, 148
2.1.3	Genbegriff, Transkription und Prozessierung der RNA	34, 149
2.1.4	Regulation der Genexpression	36, 153
2.1.5	Differenzielle Genaktivität als Grundlage von Entwicklung und Differenzierung	36, 154
2.1.6	Translation und genetischer Code	36, 154
2.1.7	Kartierung von Genen/Genfamilien	38, 157
2.1.8	Anzahl und Größe von Genen	38, 158
2.2	Chromosomen des Menschen	38, 159
2.3	Formale Genetik	40, 162
2.3.1	Begriffe und Symbole	40, 162
2.3.2	Mendel'sche Gesetze	41, 165
2.3.3	Autosomal-dominanter/kodominanter Erbgang, multiple Allelie	42, 166
2.3.4	Autosomal-rezessiver Erbgang	44, 170
2.3.5	X-chromosomaler Erbgang	47, 175
2.3.6	Imprinting	51, 180
2.3.7	Mitochondriale Vererbung	51, 180
2.4	Gonosomen, Geschlechtsbestimmung und -differenzierung	51, 181
2.4.1	X, Y-Chromosom und pseudoautosomale Region	51, 181
2.4.2	X-Inaktivierung	51, 181
2.5	Mutationen	52, 182
2.5.1	Genmutationen	52, 182
2.5.2	Folge von Genmutationen	52, 183
2.5.3	Spontane und induzierte Genmutationen	53, 185
2.5.4	Strukturelle Chromosomenmutationen	53, 185
2.5.5	Numerische Chromosomenmutationen	55, 187
2.6	Klonierung und Nachweis von Genen bzw. Genmutationen	56, 188
2.7	Entwicklungsgenetik	57, 191
2.8	Populationsgenetik	57, 191
2.8.1	Hardy-Weinberg-Gesetz	57, 191
2.8.2	Wirkung von Selektion und Zufall	58, 192
2.9	Fragen/Kommentare aus Examen Frühjahr 2011	58, 193
3	**Grundlagen der Mikrobiologie und Ökologie**	**60, 195**
3.1	Morphologische Grundformen der Bakterien	60, 195
3.2	Aufbau und Morphologie der Bakterienzelle (Prozyte)	62, 199
3.2.1	Unterschiede zur Euzyte	62, 199
3.2.2	Zellwand	63, 202
3.2.3	Geißeln, Pili (Fimbrien)	65, 207
3.2.4	Kapsel	66, 209
3.2.5	Zellmembran (Zytoplasmamembran)	66, 209
3.2.6	Ribosomen	66, 209
3.2.7	Nucleoid (Kernäquivalent), Bakterienchromosom, Plasmide	66, 209
3.2.8	Sporen	67, 210
3.3	Wachstum der Bakterien	67, 211

Die fett gedruckten Seitenzahlen beziehen sich auf den Kommentarteil.

3.3.1	Stoffwechsel (Verhalten gegenüber Sauerstoff), intrazelluläres Wachstum	67, **211**
3.3.2	Bakterienkultur	67, **212**
3.3.3	Wachstum und Vermehrung	68, **212**
3.4	Bakteriengenetik	69, **216**
3.4.1	Bakterienchromosom, Plasmide	69, **216**
3.4.2	Übertragung von Genmaterial	69, **216**
3.4.3	Antibiotikaresistenz aus evolutionsbiologischer Sicht	70, **219**
3.5	Pilze	70, **219**
3.5.1	Lebensweise, medizinische Bedeutung	70, **219**
3.5.2	Wachstumsformen	71, **221**
3.5.3	Vermehrung	71, **221**
3.5.4	Synthese von Stoffen	72, **221**
3.6	Viren	72, **222**
3.6.1	Virusbegriff	72, **222**

3.6.2	Aufbau	73, **225**
3.6.3	Vermehrung und Genetik	73, **225**
3.7	Prionen	74, **226**
3.8	Ausgewählte Kapitel aus der Ökologie mit Bezügen zur Mikrobiologie	74, **227**
3.8.1	Stoffkreisläufe	74, **227**
3.8.2	Nahrungskette, Energiefluss	74, **228**
3.8.3	Regulation der Populationsgröße in einem Biosystem	75, **229**
3.8.4	Wechselbeziehungen zwischen artverschiedenen Organismen	75, **229**
3.9	Fragen/Kommentare aus Examen Frühjahr 2011	75, **230**

Literaturverzeichnis	**233**
Abbildungsverzeichnis	**235**
Bildanhang	**237**
Sachverzeichnis	**245**

Die fett gedruckten Seitenzahlen beziehen sich auf den Kommentarteil.

Lerntextverzeichnis

1 Allgemeine Zellbiologie, Zellteilung und Zelltod

Zellmembran I.1	78
Aktiver Transport I.2	83
Zellkontakte I.3	85
Embryonale Induktion I.4	90
Ribosomen I.5	94
Endoplasmatisches Retikulum I.6	98
Diktyosomen und Golgi-Apparat I.7	100
Membranfluss I.8	102
Lysosomen I.9	106
Mitochondrien I.10	111
Zytoskelett I.11	115
Zellzyklus I.12	124
Mitose I.13	125
Metaplasie I.14	128
Meiose und zeitlicher Ablauf der Keimzellreifung I.15	130
Zelltod I.16	138
Prinzipien der Zellkommunikation und Signaltransduktion I.17	139

2 Genetik

Aufbau der Nukleinsäuren II.1	145
DNA-Replikation II.2	146
Exzisionsreparatur strahlungsinduzierter Thymin-Dimere II.3	148
Bildung der reifen mRNA II.4	150
RNA II.5	152
Regulation der Genexpression auf DNA- und RNA-Ebene II.6	153
Proteinbiosynthese II.7	154
Genetischer Code II.8	156
Repetitive DNA und Genomgröße II.9	159
Telomere II.10	160
Formale Genetik II.11	162
Mendel'sche Gesetze II.12	165
Blutgruppen II.13	168
Barr-Körperchen II.14	181
Mutationen II.15	182
Numerische Chromosomenaberrationen II.16	187
Klonierung II.17	188
Transgene Tiere II.18	191
Mutation und Selektion als Grundlage der Evolution II.19	192

3 Grundlagen der Mikrobiologie und Ökologie

Klassifikation der Bakterien III.1	195
Oft geprüfte Bakterien III.2	196
Prokaryonten-Zelle III.3	199
Bakterielle Zellwand III.4	202
Gram-Färbung III.5	203
Plasmide III.6	209
Bakterielle Sporen III.7	210
Lichtmikroskopischer Nachweis von Bakterien III.8	212
Wachstumsverhalten von Bakterien in statischer Kultur III.9	212
Wirkprinzipien von Antibiotika III.10	214
Parasexuelle Vorgänge bei Bakterien III.11	216
MRSA III.12	218
Pilze III.13	219
Viren III.14	222
Bakteriophagen und ihre Vermehrung III.15	224
Prionen III.16	226
Stoffkreisläufe III.17	227
Nahrungskette III.18	228
Wechselbeziehungen von Organismen III.19	229

Bearbeitungshinweise

Die Original-Prüfungsfragen bilden die Grundlage dieses Bandes. Zur Prüfungsvorbereitung erscheint eine fachbezogene Fragenordnung, wie sie in diesem Band vorliegt, geeignet. In den Original-Aufgabenheften richtet sich die Reihenfolge der Prüfungsfragen nach inhaltlichen Gesichtspunkten. Der Aufgabentyp kann sich daher von Aufgabe zu Aufgabe ändern.

Seit mehreren Jahren werden vom IMPP ausschließlich Aufgaben vom Typ **Einfachauswahl** und **Zuordnung** gestellt.

Die Lösung zu jeder Frage ist am Unterrand derselben Seite vermerkt. Im Lösungsteil findet sich ein ausführlicher Kommentar.

Allgemeines

Soweit nicht besondere Bedingungen genannt sind, bezieht sich der in einer Aufgabe angesprochene Sachverhalt auf die medizinischen und wissenschaftlichen Regelfall sowie auf die Gegebenheiten in der Bundesrepublik Deutschland.

Die Prüfungsaufgaben sind Antwortwahlaufgaben. Sie grenzen die Zahl der Antwortmöglichkeiten auf einen zuvor bestimmten Entscheidungszusammenhang ein. Für alle Aufgabentypen gilt daher: Antworten, die im Antwortangebot nicht enthalten sind, können nicht die richtige Lösung sein.

Die Aufgabe gilt als **richtig gelöst**, wenn die beste Antwort aus dem Antwortangebot A bis E markiert wurde. Die beste Antwort ist diejenige, die im Vergleich der fünf Antwortmöglichkeiten die Aufgabe **am umfassendsten beantwortet**.

Lesen Sie immer alle Antwortmöglichkeiten durch, bevor Sie sich für eine Lösung entscheiden.

Eine Mehrfachmarkierung und das Fehlen einer Markierung wird als falsch gewertet. Können Sie eine Aufgabe nicht lösen, lohnt es sich zu raten, weil eine 20-prozentige Chance besteht, die richtige Lösung zu treffen.

Aufgabentypen

→ Aufgabentyp A: Einfachauswahl

Bei diesem Aufgabentyp sind alle angebotenen Antworten A bis E gegeneinander abzuwägen. Als richtige Lösung wird die Bestantwort anerkannt. Bestantwort ist entweder die am meisten zutreffende oder die allein zutreffende Antwort bzw. die am wenigsten zutreffende oder die allein unzutreffende Antwort.

→ Aufgabentyp B: Zuordnung (Aufgaben mit gemeinsamem Antwortangebot)

Bei diesem Aufgabentyp sind in Liste 1 Begriffe oder Sachverhalte aufgeführt, Liste 2 enthält die möglichen Antworten A bis E. Als richtige Lösung wird die allein oder am besten zutreffende Zuordnung anerkannt. Dabei kann auch für mehrere Aufgaben der Liste 1 die gleiche Antwort der Liste 2 die richtige Lösung sein.

Fragen

1 Allgemeine Zellbiologie, Zellteilung und Zelltod

1.1 Zellbegriff und zelluläre Strukturelemente

■■

Ordnen Sie bitte den Begriffen in Liste 1 die zutreffende Erläuterung der Liste 2 zu!

Liste 1
→1.1 Zytoplasma
→1.2 Karyoplasma
→1.3 Plasmalemma

Liste 2
(A) Membransystem in der Zelle
(B) Bestandteile des Zellkerns
(C) Zusammenfassender Begriff für Zellsubstanz
(D) Grenzfläche der Zelle
(E) Grundplasma einschließlich der Zellorganellen und Membransysteme ohne Zellkern

→1.4 Die Kern-Plasma-Relation
(A) beschreibt den steten Stoffstrom vom Kern ins Zytoplasma
(B) beschreibt den steten Stoffstrom vom Zytoplasma in den Kern
(C) bezeichnet das für einen Zelltyp vorherrschende Verhältnis von Kernvolumen zur Menge des Zytoplasmas
(D) bezeichnet die genetische Abhängigkeit des Zytoplasmas vom Kern
(E) beschreibt den Zusammenhang der Kernhülle mit dem Endoplasmatischen Retikulum

→1.5 Welche Aussage trifft nicht zu?
Zellorganellen sind
(A) die Kinetosomen
(B) der Golgiapparat
(C) die Mitochondrien
(D) die Zentriolen
(E) die Pigmentgranula

1.2 Plasmamembran

■

→1.6 Das Plasmalemma ist
(A) ein Membransystem in der Zelle
(B) Bestandteil des Zellkerns
(C) ein zusammenfassender Begriff für Zellsubstanz
(D) die Grenzfläche der Zelle
(E) das Grundplasma einschließlich der Zellorganellen und Membransysteme ohne Zellkern

H97 ■
→1.7 Welche Aussage trifft nicht zu?
Folgende Zellstrukturen stellen Kompartimente dar:
(A) Zellkern
(B) Mitochondrien
(C) das Endoplasmatische Retikulum
(D) Nukleolus
(E) Peroxisomen

F97
→1.8 Welche Aussage zur Zelle trifft nicht zu?
(A) Die einzelnen zellulären Kompartimente sind durch Membranen abgegrenzt, die eine selektive Permeabilität aufweisen.
(B) Die Zellmembran macht bei den meisten eukaryonten Zellen hinsichtlich ihrer Fläche und Masse nur einen kleinen Anteil aller Membranen aus.
(C) Die sekretorischen Proteine folgen praktisch alle dem gleichen Weg von den Ribosomen ins Endoplasmatische Retikulum, über den Golgi-Apparat ins sekretorische Vesikel.
(D) Sekretorische Zellen des Pankreas setzen die gespeicherten Sekrete in erster Linie kontinuierlich (konstitutiv) frei.
(E) In vielen Fällen ist ein Signalpeptid erforderlich, um bestimmte Proteine in spezielle Kompartimente einzuschleusen.

H99 ■■
→1.9 Welche Aussage zur Plasmamembran bzw. Zellmembran trifft nicht zu?
(A) Plasmamembranproteine werden am Endoplasmatischen Retikulum synthetisiert.
(B) Plasmamembranproteine können sich in der Ebene der Membran bewegen.
(C) Glykoproteine der Zellmembran wurden im Golgi-Apparat glykosyliert.
(D) Glykoproteine der Glykokalix haben Rezeptorfunktion (z. B. für Hormone).
(E) Glykolipide sind vorwiegend auf der Innenseite der Zellmembran verteilt.

1.1 (E)   1.2 (B)   1.3 (D)   1.4 (C)   1.5 (E)   1.6 (D)   1.7 (D)   1.8 (D)   1.9 (E)

1.2 Plasmamembran

H01 ■■
→ **1.10** Welche Aussage über die Plasmamembran trifft nicht zu?
(A) Plasmamembranproteine können sich in der Membranebene bewegen.
(B) Connexine können der Anheftung der Plasmamembran an die Interzellularmatrix dienen.
(C) Proteine der Plasmamembran stehen mit Zytoskelettelementen in Verbindung.
(D) Integrale Membranproteine ermöglichen den Ionentransport durch die Membran.
(E) Die Plasmamembran enthält spezifische Rezeptorproteine.

F10
→ **1.11** Unter Caveolae versteht man am ehesten
(A) Zellmembrandomänen mit Clathrinsaum
(B) die für die Phagozytose spezialisierten Zellmembranbereiche
(C) eingesenkte cholesterinreiche Zellmembranbereiche
(D) Membranöffnungen der Terminalzisternen
(E) subsynaptische Membranabschnitte des nicotinergen Acetylcholin-Rezeptors

F06
→ **1.12** Die Glykokalix
(A) enthält als Antigene wirksame Moleküle (z. B. Blutgruppensubstanzen)
(B) bildet Stoffwechselräume (Kompartimente) in der Zelle
(C) ist die äußere Membran der Mitochondrien
(D) grenzt den Zellkern gegen das Zytoplasma ab
(E) enthält die für die Glykolyse erforderlichen Enzyme

→ **1.13** Welche Aussage über die Zellmembran trifft nicht zu?
(A) Sie enthält RNA-Moleküle als Antigene.
(B) In ihre Struktur sind Proteine eingebaut.
(C) Sie besteht zum großen Teil aus einer doppelten Lipidschicht.
(D) Sie enthält an Proteine gebundene Polysaccharide.
(E) Membranbestandteile können Wirkstoffe spezifisch binden.

H04
→ **1.14** Lektine sind (Glyko)Proteine,
(A) die sich an (Oligo)Saccharide der Glykokalix binden
(B) die Murein hydrolysieren
(C) die Desmosomen stabilisieren
(D) die bei der Exozytose die Verschmelzung der Vesikelmembran mit der Zellmembran bewirken
(E) die bei der Endozytose die Abschnürung der Endozytosevesikel von der Zellmembran bewirken

F06
→ **1.15** Lektine
(A) binden selektiv an Strukturen der Zelloberfläche
(B) markieren spezifisch die Nexus (Gap junctions)
(C) werden von Fettzellen sezerniert
(D) wirken bei der Fusion der sekretorischen Vesikel mit der Plasmamembran
(E) dienen dem Eintritt der Viruspartikel in die Zelle

H95
→ **1.16** Welche Aussage trifft nicht zu?
Die Zellmembran ist am Aufbau folgender Strukturen beteiligt:
(A) Mikrovilli
(B) Zilien
(C) Basalkörper
(D) Desmosomen
(E) Pinozytosevesikel

H08
→ **1.17** Zu welcher Rezeptorklasse gehört der Rezeptor für den EGF (epidermal growth factor)?
(A) Rezeptortyrosinkinase
(B) G-Protein-gekoppelter Rezeptor
(C) ionotroper Rezeptor
(D) zytoplasmatischer Rezeptor
(E) nukleärer Rezeptor

F07
→ **1.18** Aquaporine sind
(A) Kanalproteine
(B) ATP-getriebene Pumpen
(C) spannungsabhängige Ionenkanäle
(D) ligandengesteuerte Ionenkanäle
(E) G-Proteine

F08
→ **1.19** Der Einbau von Aquaporinen in die apikale Zellmembran der Nierenepithelzellen des Sammelrohrs steht in erster Linie unter Kontrolle von
(A) Renin
(B) Aldosteron
(C) Angiotensin
(D) Adiuretin (ADH)
(E) Adenosin

1.10 (B) 1.11 (C) 1.12 (A) 1.13 (A) 1.14 (A) 1.15 (A) 1.16 (C) 1.17 (A) 1.18 (A) 1.19 (D)

1 Allgemeine Zellbiologie, Zellteilung und Zelltod

H08

→1.20 Eine Verminderung der Konzentration von ADH (Adiuretin) im Blut führt zu einer Verringerung der Anzahl von Aquaporinen in der Plasmamembran von Sammelrohrzellen der Niere. Auf welchen zellulären Vorgang ist dies in erster Linie zurückzuführen?
(A) Verringerung der Transkription der Aquaporin-Gene
(B) verminderte Proteinbiosynthese durch Abbau der Aquaporin-mRNAs
(C) gestörte Prozessierung von Aquaporinen im Golgi-Apparat
(D) verminderte Bildungsrate von Aquaporinvesikeln
(E) Entfernung von Aquaporinen aus der apikalen Plasmamembran

F08

→1.21 Der Mukoviszidose liegen Mutationen des CFTR-Gens zugrunde.
Bei CFTR (Cystic Fibrosis Transmembrane Conductance Regulator) handelt es sich um einen
(A) Antiporter
(B) ABC(ATP-Binding-Cassette)-Transporter
(C) Kaliumkanal
(D) Natriumkanal
(E) Calciumkanal

H07

→1.22 Der Mukoviszidose liegen Mutationen des CFTR-Gens zugrunde. Bei dem CFTR-Protein (Cystic Fibrosis Transmembrane Conductance Regulator) handelt es sich um einen ATP-abhängigen Chloridkanal. Bei Mukoviszidose-Patienten findet man im Vergleich zum Gesunden daher am ehesten
(A) kochsalzreicheren Schweiß
(B) alkalischeren Magensaft
(C) vermehrt Bicarbonat im Pankreassaft
(D) kaliumreicheren Surfactant
(E) alkalischeren Urin

→1.23 Kontaktinhibition ist
(A) das Fehlen von Desmosomen zwischen Zellen gleichen Typs
(B) der Mangel an Glykokalix auf der Zellmembran durch eine Defektmutante
(C) die Einstellung der amöboiden Bewegung und des Wachstums bei der Begegnung von Zellen gleichen Typs
(D) ungehemmtes Wachstum von bösartigen Tumorzellen
(E) das Fehlen eines Stoffaustauschs zwischen Zellen gleichen Typs

F08 ■

→1.24 Welche Aussage zur Zonula occludens (Tight junction) trifft am ehesten zu?
(A) Sie fördert den parazellulären Durchtritt von Makromolekülen.
(B) Sie ist typischerweise Bestandteil des Glanzstreifens der Herzmuskelzellen.
(C) Sie dient dem transzellulären Transport kleiner Moleküle.
(D) Sie enthält Claudine.
(E) Sie enthält Integrine.

F07

→1.25 Welche der Aussagen zu der in der Abbildung Nr. 1 des Bildanhangs mit Pfeilen markierten Struktur trifft am ehesten zu?
(A) Hier befinden sich fokale Kontakte.
(B) Hier werden apikaler und basolateraler Teil der Zellmembran voneinander getrennt.
(C) An der Luminalseite der markierten Struktur liegen Zonulae adhärentes.
(D) An der markierten Struktur erfolgt ein transzellulärer Austausch von Ionen.
(E) Auf der intrazellulären Seite strahlen Mikrotubuli-Bündel in die markierte Struktur ein.

F10 ■■

→1.26 Welche der Zell-Zell-Verbindungen von Epithelzellen schränken am wahrscheinlichsten die Lateraldiffusion von Proteinen in der Plasmamembran (Plasmalemm) ein, sodass die Polarität (zwischen apikal und basolateral) erhalten bleibt?
(A) Maculae adhärentes (Desmosomen)
(B) Fasciae adhärentes
(C) Zonulae occludentes (Tight junctions)
(D) Zonulae adhärentes
(E) Nexus (Gap junctions)

H10 ■

→1.27 Claudin kommt typischerweise vor in einem/einer
(A) Desmosom
(B) Fokalkontakt
(C) Gap junction
(D) Hemidesmosom
(E) Tight junction

F04 ■

→1.28 Desmosomen haben folgende Bedeutung:
(A) Abschließung der Interzellularräume
(B) mechanische Verbindung von Gewebezellen
(C) elektrische Kopplung von Nachbarzellen
(D) Austausch kleiner Moleküle zwischen Nachbarzellen
(E) Verbindung von Zellen mit der Basalmembran

1.20 (E)   1.21 (B)   1.22 (A)   1.23 (C)   1.24 (D)   1.25 (B)   1.26 (C)   1.27 (E)   1.28 (B)

H07
1.29 Für den Pemphigus vulgaris (Bildung flüssigkeitsgefüllter Blasen in der Epidermis durch Ablösen der Zellen voneinander) sind Autoantikörper gegen Zellkontaktstrukturen verantwortlich. Welcher Zellkontakt ist am wahrscheinlichsten betroffen?
(A) Desmosom
(B) Gap junction
(C) Tight junction
(D) Zonula adhaerens
(E) fokaler Kontakt

F05
1.30 Der Unterschied zwischen Zonulae adhaerentes und Maculae adhaerentes besteht darin, dass Zonulae adhaerentes
(A) Haftstrukturen sind
(B) den parazellulären Transport verhindern
(C) mit Aktinfilamenten assoziiert sind
(D) häufig an der Basis von Epithelzellen vorkommen
(E) den Ionenaustausch zwischen zwei Zellen ermöglichen

H09
1.31 Zu den Transmembranproteinen von Desmosomen gehören
(A) Connexine
(B) Cadherine
(C) Catenine
(D) Desmoplakine
(E) Claudine

F03
1.32 Für welchen Zellkontakt ist das Protein β-Catenin typisch?
(A) Nexus
(B) Zonula adhaerens
(C) Zonula occludens
(D) fokaler Kontakt
(E) Hemidesmosom

F04 H03
1.33 Welches der folgenden Proteinmoleküle kommt in einem Hemidesmosom vor?
(A) Occludin
(B) Desmoglein
(C) Connexin
(D) E-Cadherin
(E) $\alpha_6\beta_4$-Integrin

F10
1.34 Welche der genannten Proteinfamilien ist für die Funktion der Hemidesmosomen am wichtigsten?
(A) Laminine
(B) Connexine
(C) Mikrotubuli
(D) Desmogleine
(E) Claudine

H10
1.35 In Hemidesmosomen strahlen auf der zytoplasmatischen Seite ein:
(A) Aktin
(B) Desmoplakin
(C) Intermediärfilamente
(D) Mikrotubuli
(E) Spectrin

F08
1.36 Welche Aussage über Integrine trifft am ehesten zu?
(A) Sie sind Wachstumsfaktoren für verschiedene Zellen innerhalb eines Gewebsverbandes.
(B) Sie sind transmembranäre Proteine, die an Zell-Matrix-Interaktionen mitwirken.
(C) Sie sind konstitutive Bausteine von Gap junctions.
(D) Sie sind Steuermoleküle, die für die Signalübertragung durch cAMP verantwortlich sind.
(E) Sie sind Genabschnitte, die für die gleichsinnige Regulation der Expression von Enzymen eines Stoffwechselweges verantwortlich sind.

F06
1.37 Ein transzellulärer Austausch von Ionen zwischen benachbarten Dünndarmepithelzellen erfolgt durch
(A) Zonulae occludentes (Tight junctions)
(B) Maculae adhaerentes
(C) Nexus (Gap junctions)
(D) Desmosomen
(E) Hemidesmosomen

H04
1.38 Welche der folgenden Proteinmoleküle kommen typischerweise in einer gap junction (Nexus) vor?
(A) Occludine
(B) Connexine
(C) Desmogleine
(D) Integrine
(E) E-Cadherine

1.29 (A) 1.30 (C) 1.31 (B) 1.32 (B) 1.33 (E) 1.34 (A) 1.35 (C) 1.36 (B) 1.37 (C) 1.38 (B)

1 Allgemeine Zellbiologie, Zellteilung und Zelltod

F09

→ 1.39 Ein Halbkanal (Connexon) eines Nexus (gap junction) besteht aus
(A) einem Connexin
(B) drei Connexinen
(C) vier Connexinen
(D) sechs Connexinen
(E) zwölf Connexinen

F98

→ 1.40 Für welche Zellstruktur (A–E) ist Connexin (Connexon-Protein) charakteristisch (siehe Abbildung Nr. 2 des Bildanhangs)?

→ 1.41 Welche Aussage trifft nicht zu?
Bei einer embryonalen Induktion werden durch Zellkontakte funktionell wichtige Effekte in den betroffenen Zellen ausgelöst wie z. B.
(A) Ausbildung von Zellkontakten in Form von Gap junctions und Desmosomen
(B) Synthese und Sekretion von Interzellularsubstanzen
(C) Einstellung der amöboiden Beweglichkeit
(D) zelluläre Atrophie
(E) Bildung von Gewebsverbänden

→ 1.42 Der Zusammenschluß von Zellen zu Zellverbänden während der Embryonalentwicklung kann nur erfolgen, wenn
(A) besondere Kontaktzonen zwischen benachbarten Zellen entstehen
(B) sich die Zellen hinsichtlich der Spezifität ihrer Glykokalix unterscheiden
(C) die mitotische Aktivität eingestellt wird
(D) keine Kontaktinhibition eintritt
(E) keine Desmosomen gebildet werden

1.3 Zellkern

→ 1.43 Welche Aussage trifft nicht zu?
Die folgenden Zellbestandteile liegen außerhalb des Zellkerns im Zytoplasma
(A) Lysosomen
(B) Dictyosomen
(C) Ribosomen
(D) Nukleolen
(E) Mitochondrien

F98

→ 1.44 Welche Aussage trifft nicht zu?
Der Zellkern
(A) enthält DNA, RNA und Kernproteine
(B) wird durch die Kernhülle vom Zytoplasma abgegrenzt
(C) weist in den meisten Zellen mindestens einen Nukleolus auf
(D) unterscheidet sich in der Ionenzusammensetzung vom Zytoplasma
(E) ist Ort der Translation der Kernproteine

F03

→ 1.45 Welche Aussage über die Kernmembran trifft zu?
(A) Poren in der Kernmembran erlauben an den Spindelfasern den Zugriff zu den Chromosomen.
(B) Sie wird während der Anaphase aufgelöst.
(C) Der inneren Kernmembran liegt die Kernlamina an.
(D) Die Kernmembran bleibt bis zum Ende der 1. Reifeteilung intakt.
(E) Der Nukleolus besitzt eine eigene umhüllende Membran.

→ 1.46 Die Chromosomen bestehen im wesentlichen aus
(A) DNA und RNA
(B) DNA und Kohlenhydraten
(C) DNA und Lipiden
(D) DNA und Protein
(E) RNA und Protein

F03

→ 1.47 Welche Aussage beschreibt am zutreffendsten das Nukleosom?
(A) Einheit des Chromatins bestehend aus Histonen und einem DNA-Abschnitt
(B) Multiproteinkomplex u. a. aus Proteasen zur zytoplasmatischen Degradation von Proteinen
(C) biochemische und morphologische Vorgänge, die zum programmierten Tod einer Zelle führen
(D) charakteristische DNA-Sequenzen an den Chromosomenenden mit speziellem Replikationsmodus
(E) Multiproteinkomplex am Zentromer; dient zur Verankerung der Mikrotubuli

1.39 (D) 1.40 (D) 1.41 (D) 1.42 (A) 1.43 (D) 1.44 (E) 1.45 (C) 1.46 (D) 1.47 (A)

H10

→ 1.48 Das Protein Nucleoplasmin vermittelt Wechselwirkungen zwischen DNA und Histonen. Wie gelangt es in den Zellkern?
(A) durch freie Diffusion
(B) durch Transport an Mikrotubuli
(C) durch Komplexbildung mit Importinen
(D) durch elektrostatische Wechselwirkung mit DNA
(E) durch Komplexbildung mit TIM-Proteinen

H02 ■

→ 1.49 Wo werden Histone einer menschlichen Zelle synthetisiert?
(A) im gesamten Zellkern
(B) nur in den Nukleolus-Regionen des Zellkerns
(C) jeweils an den Chromosomen, zu deren Aufbau sie beitragen
(D) nur an den Ribosomen innerhalb des Zellkerns
(E) an den Ribosomen außerhalb des Zellkerns

F09

→ 1.50 Wo findet die Synthese der rRNA am wahrscheinlichsten statt?
(A) am randständigen Heterochromatin
(B) im Nucleolus
(C) an den freien Ribosomen
(D) am rauen endoplasmatischen Retikulum
(E) in der Kernhülle

F05 H98 F95 ■■

→ 1.51 Der Nukleolus enthält vor allem:
(A) mRNA
(B) rRNA
(C) tRNA
(D) mtRNA
(E) cDNA

H07 ■

→ 1.52 Der Nucleolus
(A) wird von einer eigenen Membranhülle umgeben
(B) befindet sich an spezifischen Regionen der akrozentrischen Chromosomen
(C) ist der Bildungsort der Histone
(D) ist direkt an der Translation beteiligt
(E) ist während der Mitose besonders deutlich sichtbar

F00 ■

→ 1.53 Welche Aussage zum Zellkern trifft nicht zu?
(A) Der Nukleolus ist ein Bereich im Zellkern, in dem ribosomale RNA synthetisiert wird.
(B) Der Nukleolus ist ein Bereich im Zellkern, in dem Ribosomen-Untereinheiten gebildet werden.
(C) Der Transport von Ionen zwischen Kern und Zytoplasma ist nur mit Hilfe von spezifischen Ionenpumpen möglich.
(D) Während der Mitose wird die Kernmembran aufgelöst.
(E) Die äußere Kernmembran ist Teil des endoplasmatischen Retikulums und kann mit Ribosomen besetzt sein.

F09

→ 1.54 Wo führt die snoRNA am ehesten ihre Funktion aus?
(A) im Zytoplasma an freien Ribosomen
(B) an gebundenen Ribosomen des rauen endoplasmatischen Retikulums
(C) im Nucleolus
(D) am randständigen Heterochromatin
(E) in den Kernporen

F10

→ 1.55 Bei einem Patienten mit Sklerodermie können Autoantikörper gegen Proteine, die typischerweise im Nukleolus vorkommen, nachgewiesen werden. Es handelt sich dabei am ehesten um Autoantikörper gegen
(A) Cyclin B
(B) Cyclin-dependent kinase 1 (CDK1)
(C) Fibrillarin
(D) Lamin B
(E) Histone

1.4 Zytoplasma, Zytosol

Zu diesem Kapitel wurden bisher keine Fragen gestellt.

1.48 (C) 1.49 (E) 1.50 (B) 1.51 (B) 1.52 (B) 1.53 (C) 1.54 (C) 1.55 (C)

1.5 Ribosomen

■
Ordnen Sie den in Liste 1 genannten Zellbestandteilen jeweils die in Liste 2 genannten Funktionen zu!

Liste 1
→1.56 Ribosom
→1.57 Phagosom

Liste 2
(A) Zellkontakt
(B) Verdauung
(C) ATP-Bildung
(D) Vererbung
(E) Proteinsynthese

H92 ■■
→1.58 Ribosomen
(A) kommen nur in Zellen von Eukaryonten vor
(B) setzen sich aus Untereinheiten mit unterschiedlichen Sedimentations-Konstanten zusammen
(C) sind am Endoplasmatischen Retikulum und in Mitochondrien identisch strukturiert
(D) werden nur am Endoplasmatischen Retikulum und in Mitochondrien beobachtet
(E) können komplexe Biomoleküle abbauen

F97 ■
→1.59 Welche Aussage trifft nicht zu?
Ribosomen
(A) werden an den Membranen des Endoplasmatischen Retikulums gebildet
(B) in Bindung an Membranen produzieren exportable Proteine
(C) im Zytosol produzieren die Proteine des Zytoskeletts
(D) bilden – aufgereiht auf eine mRNA – ein Polysom
(E) sind in sekretorischen Zellen besonders häufig

H01 ■■
→1.60 Welche Aussage zu Ribosomen trifft nicht zu?
(A) Ribosomen kommen sowohl bei Eukaryonten als auch bei Prokaryonten vor.
(B) Ribosomen bestehen aus Untereinheiten mit unterschiedlichen Sedimentationskonstanten.
(C) Die beiden Untereinheiten der Ribosomen lagern sich nur dann zusammen, wenn sie an die mRNA gebunden sind.
(D) Als Polysom bezeichnet man mehrere Ribosomen, die an einer mRNA aufgereiht gebunden sind.
(E) Das Signal-Erkennungspartikel (SRP) bindet fest an sämtliche translatierende Ribosomen.

H08 F07
→1.61 Sekretorische Proteine, die an Ribosomen des rauen endoplasmatischen Retikulums gebildet werden, besitzen ein Signalpeptid, durch das sie mittels SRP-Rezeptoren in das endoplasmatische Retikulum gelangen.
Das Signalpeptid wird in der Folge abgespalten im
(A) endoplasmatischen Retikulum
(B) Endosom
(C) Cis-Golgi-Netzwerk
(D) Trans-Golgi-Netzwerk
(E) Sekretvesikel

H02 ■
→1.62 Das Antibiotikum Chloramphenicol bindet an die 50S-Untereinheit der Bakterien-Ribosomen und hemmt dadurch die Proteinsynthese.
Welcher der folgenden Prozesse wird in der eukaryontischen Zelle in erster Linie beeinträchtigt?
(A) die Transkription im Zellkern
(B) die Prozessierung der hn-RNA
(C) die Proteinsynthese im Zytoplasma
(D) die Proteinsynthese in den Mitochondrien
(E) die oxidative Phosphorylierung in den Mitochondrien

H99 ■
→1.63 Welche Aussage zu Ribosomen bzw. zur ribosomalen RNA trifft nicht zu?
(A) Ribosomen bestehen aus RNA und Proteinen.
(B) Ribosomen des Endoplasmatischen Retikulums wirken nur bei der Biosynthese zelleigener Strukturproteine mit.
(C) Die Ribosomen von Prokaryonten und Eukaryonten unterscheiden sich in der Größe.
(D) Gene für ribosomale RNA finden sich auf akrozentrischen Chromosomen.
(E) Gene für ribosomale RNA finden sich im Genom der Mitochondrien.

H05
→1.64 Ein typisches an freien Ribosomen gebildetes Protein ist:
(A) Matrix-Metalloproteinase
(B) α-Tubulin
(C) Fibronektin
(D) Prokollagen
(E) Elastin

1.56 (E)   1.57 (B)   1.58 (B)   1.59 (A)   1.60 (E)   1.61 (A)   1.62 (D)   1.63 (B)   1.64 (B)

F09
→ 1.65 Welches Protein wird typischerweise an ER-gebundenen Ribosomen der Leber synthetisiert?
(A) Aspartat-Aminotransferase
(B) Alanin-Aminotransferase
(C) Albumin
(D) Glykogenphosphorylase
(E) Alkoholdehydrogenase

F02 H97 H89 ■■
→ 1.66 Welche der Zuordnungen von Zellbestandteilen zu Enzymen trifft nicht zu?
(A) Zellmembran:Adenylatcyclase
(B) Zytoplasma:Aminoacyl-tRNA-Synthetase
(C) Ribosomen:RNA-Polymerase
(D) Mitochondrien:Cytochromoxidase
(E) Lysosomen:Hydrolasen

■■
→ 1.67 Unter Polysomen versteht man
(A) die Vorstufen von Autolysosomen
(B) die mit mRNA (messenger-RNA) bei der Translation zusammengefaßten Ribosomen
(C) Teile von Golgi-Feldern mit randständigen Vesikeln
(D) die getrennten 40S- bzw. 60S-Ribosomen-Untereinheiten
(E) die Ribosomen in den Mitochondrien

H05 ■
→ 1.68 Ribosomen in Form eines Polysomenkomplexes an Membranen des endoplasmatischen Retikulums
(A) liefern alle das gleiche Polypeptid
(B) liefern einzelne Fragmente eines Polypeptids, die nachfolgend miteinander verknüpft werden
(C) übernehmen beim Vorgang der Translation die entstehenden Polypeptidketten von benachbarten Ribosomen
(D) zerfallen nach Beendigung des Translationsvorganges in Proteine und rRNA-Moleküle
(E) werden nach Beendigung des Translationsvorganges in Lysosomen abgebaut

F03 ■
→ 1.69 Welche der folgenden Aussagen über membrangebundene Ribosomen trifft zu?
(A) Sie unterscheiden sich in ihrer Struktur von kompletten freien Ribosomen des Zytoplasmas.
(B) Sie sind von einer eigenen Membran umgeben.
(C) Sie synthetisieren Membranproteine und sekretorische Proteine.
(D) Sie finden sich bevorzugt an der Plasmamembran.
(E) Sie sind im Innenraum des rauen endoplasmatischen Retikulums angereichert.

1.6 Endoplasmatisches Retikulum

1.6.1 Definition

1.6.2 Raues Endoplasmatisches Retikulum

■■
→ 1.70 Granuläres (= rauhes) Endoplasmatisches Retikulum hat vorwiegend folgende Funktion:
(A) Leitung von niedermolekularen Lösungen
(B) Erregungsleitung innerhalb der Zelle
(C) Synthese von exportablem Eiweiß
(D) Synthese von Steroidhormonen
(E) Synthese von Glykogen

F96
→ 1.71 Die basophilen Nissl-Schollen der Nervenzellen
(A) sind Ablagerungen von Stoffwechselschlacken
(B) sind Fixierungsartefakte
(C) sind Komplexe von rauhem Endoplasmatischem Retikulum
(D) finden sich nur in der engeren Umgebung des Zellkerns
(E) kommen bei alten Menschen gehäuft vor

■
Den folgenden Zellkompartimenten (Liste 1) ordnen Sie bitte denjenigen Prozeß A–E (Liste 2) zu, der ausschließlich oder überwiegend dort abläuft!

Liste 1
→ 1.72 Endoplasmatisches Retikulum
→ 1.73 Zytoplasma

Liste 2
(A) Synthese der ribosomalen RNA
(B) Synthese von Glukose aus Phosphoenolpyruvat
(C) Hydroxylierung von Arzneimitteln
(D) Oxidation von $NADH_2$
(E) Synthese von mRNA

1.65 (C)　1.66 (C)　1.67 (B)　1.68 (A)　1.69 (C)　1.70 (C)　1.71 (C)　1.72 (C)　1.73 (B)

1.6.3 Glattes Endoplasmatisches Retikulum

H95

→ 1.74 Welche Aussage trifft nicht zu?
Im Bereich des glatten Endoplasmatischen Retikulum werden
(A) Membranproteine synthetisiert
(B) Lipide und Glykogen gespeichert
(C) Sexualhormone synthetisiert
(D) wasserlösliche Stoffe gerichtet transportiert, z. B. vom ER zum Golgi-Komplex
(E) schädliche Stoffwechselprodukte und Arzneimittel entgiftet

F06

→ 1.75 Die Abbildung Nr. 3 des Bildanhangs zeigt ein elektronenmikroskopisches Bild der Leber, in dem verschiedene Strukturen mit A–E bezeichnet sind. Wo erfolgt in erster Linie die Biotransformation von Xenobiotika?

H06

→ 1.76 Ein Patient hat über mehrere Monate regelmäßig größere Mengen an Barbituraten eingenommen. Zum Abbau steigt der Gehalt an Cytochrom P_{450} in Leberzellen vor allem im/in
(A) glatten endoplasmatischen Retikulum
(B) den Ribosomen
(C) der Zellmembran
(D) den Mitochondrien
(E) Zytosol

H07

→ 1.77 Eine Vermehrung des glatten endoplasmatischen Retikulums der Hepatozyten findet sich vor allem bei
(A) chronischer Lipiddeprivation
(B) akuter alkoholtoxischer Leberschädigung
(C) chronischer Einnahme von Barbituraten
(D) chronisch gesteigerter Proteinsynthese
(E) Sekretionsstörung von Peptiden

H08

→ 1.78 Für welches der genannten Zellkompartimente (z. B. der Leber) ist die Glucose-6-phosphatase am ehesten typisch?
(A) Zytosol
(B) Mitochondrium
(C) Lysosom
(D) Zellkern
(E) glattes endoplasmatisches Retikulum

F09

→ 1.79 Wo wird Ca^{2+} in der Zelle bevorzugt gespeichert?
(A) Peroxisomen
(B) Lysosomen
(C) glattes endoplasmatisches Retikulum
(D) Kern
(E) Golgi-Apparat

1.7 Golgi-Apparat

→ 1.80 Welche Aussage trifft nicht zu?
Diktyosomen
(A) bilden Membranvesikel zur Regeneration der Zellmembran
(B) bilden Sekretvesikel in Drüsenzellen
(C) bilden Lysosomen
(D) sind polar aufgebaut und weisen eine Bildungs- und eine Abgabeseite auf
(E) vereinigen sich mit Phagosomen beim Abbau von phagozytiertem Material

F96 ■

→ 1.81 Welche Aussage trifft nicht zu?
Die Diktyosomen als funktionelle Einheiten des Golgi-Komplexes
(A) kommen auch in Prokaryonten vor
(B) stehen mit dem Endoplasmatischen Retikulum in funktioneller Verbindung
(C) bilden die Glykoproteine der Glykokalix
(D) können die durch Endozytose verbrauchte Membran ersetzen
(E) produzieren in Drüsenzellen Sekretvesikel

H91

→ 1.82 Welche Aussage trifft nicht zu?
Der funktionelle Zusammenhang von Diktyosomen und Membranfluß läßt sich durch folgende Aussagen belegen:
(A) Diktyosomen werden an ihrer cis-Seite durch Membranen des Endoplasmatischen Retikulums ergänzt.
(B) Endozytierte Zellmembran kann in Diktyosomen übergehen.
(C) Nach einer Mitose wird die Kernhülle durch Umformung von Diktyosomen ergänzt.
(D) Bei Exozytosen von Sekretgranula wird Granulamembran in die Zellmembran eingebaut.
(E) Die trans-Seite der Diktyosomen liefert lysosomale Membranen.

1.74 (A)   1.75 (A)   1.76 (A)   1.77 (C)   1.78 (E)   1.79 (C)   1.80 (E)   1.81 (A)   1.82 (C)

H08 F07

→ 1.83 Die Mukolipidose Typ II (I-Zell-Krankheit) ist eine erbliche Erkrankung, bei der insbesondere im Bindegewebe eine Speicherung von sauren Mukopolysacchariden und Glykolipiden erfolgt. Diese Speicherung beruht darauf, dass lysosomale Enzyme nicht ihre lysosomenspezifische Markierung erhalten.
Welcher zelluläre Prozess ist bei der Mukolipidose Typ II am ehesten gestört?
(A) Phosphorylierung von Mannoseresten im Golgi-Apparat
(B) Sulfatierung von Enzymen im Golgi-Apparat
(C) Galaktosylierung von Enzymen im endoplasmatischen Retikulum
(D) Abspaltung einer Peptidkette von Lipoproteinen im Golgi-Apparat
(E) O-Glykosylierung von Enzymen im Golgi-Apparat

H87

→ 1.84 Welche Aussage trifft nicht zu?
Die in der Abbildung Nr. 4 des Bildanhangs dargestellte Zellorganelle
(A) gehört zum Golgi-Apparat
(B) weist – hinsichtlich ihrer Funktion – eine Polarität auf
(C) ist ein wichtiger Syntheseort für ATP
(D) ist bei Drüsenzellen an der Sekretion beteiligt
(E) ist am Membranfluß beteiligt

H96

→ 1.85 Welche Aussage trifft nicht zu?
Der Golgi-Apparat
(A) ist an der Modifikation der Proteine der Glykokalix beteiligt
(B) ist am Membranfluß beteiligt
(C) ist an der Sulfatierung von Proteinen beteiligt
(D) ist Ort der Synthese mitochondrialer Proteine
(E) ist Ort der Glykosylierung von Proteinen

H07

→ 1.86 An welcher der mit A bis E bezeichneten Stellen des elektronenmikroskopischen Bildes (siehe Abbildung Nr. 5 des Bildanhangs) erfolgt am ehesten die O-Glykosylierung?

F04 ■

→ 1.87 Im Golgi-Apparat findet/finden sich nicht:
(A) Muzine
(B) Pro-Kollagen
(C) Glykogen
(D) Glykoproteine
(E) Peptidhormone

1.8 Exozytose

F09

Wenn in B-Zellen des Pankreas Glucose aufgenommen und verstoffwechselt wird, steigt die intrazelluläre ATP-Konzentration. Dies führt zur Hemmung eines ATP-gesteuerten Ionenkanals.
Durch den verminderten Ausstrom des Ions X kommt es zur Depolarisation der Zellmembran. Daraufhin öffnet ein spannungssensitiver Ionenkanal. Ion Y strömt in die Zelle, was zur Exozytose von Insulin führt.

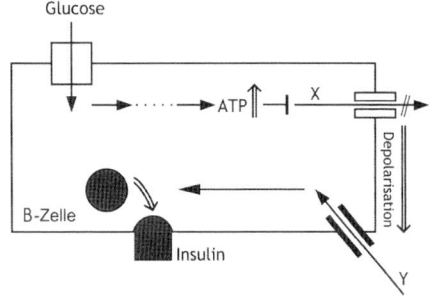

Ordnen Sie X und Y (Liste 1) das jeweils am ehesten zutreffende Ion der Liste 2 zu!

Liste 1
→ 1.88 X
→ 1.89 Y

Liste 2
(A) Na^+
(B) K^+
(C) Ca^{2+}
(D) H^+
(E) Cl^-

1.83 (A) 1.84 (C) 1.85 (D) 1.86 (B) 1.87 (C) 1.88 (B) 1.89 (C)

1 Allgemeine Zellbiologie, Zellteilung und Zelltod

1.9 Endozytose

■

Bitte ordnen Sie die Aussagen der Liste 2 den Begriffen der Liste 1 zu!

Liste 1
→ 1.90 Phagozytose
→ 1.91 Pinozytose
→ 1.92 Zytopempsis

Liste 2
(A) passiver Transport von Molekülen durch Membranen
(B) Aufnahme von Flüssigkeit durch Membraneinstülpung in die Zelle
(C) Ausschleusung geformter Bestandteile durch Membranmechanismen aus der Zelle
(D) Aufnahme geformter Bestandteile durch Membraneinstülpung in die Zelle
(E) Durchschleusung von in Membranvesikeln eingeschlossenen Flüssigkeiten durch die Zelle

H06
→ 1.93 Die Phagozytose ist ein grundlegender, angeborener Prozess zur Abwehr von bakteriellen Krankheitserregern.
Welche Aussage zur Phagozytose trifft am ehesten zu?
(A) Heterophagolysosomen sind Zellkompartimente, die aus der Verschmelzung von Lysosomen mit einem Fremdmaterial-tragenden Phagosom entstehen.
(B) Heterophagie findet sich bei neutrophilen Granulozyten, nicht aber bei Makrophagen.
(C) Die phagolysosomale Fusion führt zu einer starken Alkalisierung des Kompartments, die mit dem Überleben von Bakterien nicht vereinbar ist.
(D) Manche Bakterien entziehen sich der Phagozytose durch Elimination ihrer Kapsel.
(E) Antikörper behindern den Prozess der Phagozytose.

H08
→ 1.94 Zellen können Substanzen aus dem Extrazellularraum aufnehmen, indem es zur Einstülpung (Invagination) der Plasmamembran und anschließender Abschnürung von Membranvesikeln kommt.
Bei welchem der genannten Vorgänge ist am wahrscheinlichsten Aktin beteiligt?
(A) Phagozytose
(B) Pinozytose
(C) Caveolin-abhängige Endozytose
(D) Clathrin-abhängige Endozytose
(E) Transzytose

■

Ordnen Sie bitte den in Liste 1 genannten Begriffen die in der Abbildung Nr. 6 des Bildanhangs unter A–E genannten Zellbestandteile zu!

Liste 1
→ 1.95 Endozytose
→ 1.96 primäres Lysosom
→ 1.97 Sekretvakuole

F08 H99
→ 1.98 Welcher der genannten Prozesse findet am wahrscheinlichsten bei der rezeptorvermittelten Endozytose im Endosom zuerst statt?
(A) proteolytischer Abbau des Rezeptors
(B) Dissoziation von Rezeptor und Ligand
(C) Abbau von Glykogen
(D) Abbau von Steroidhormonen
(E) Neusynthese von Clathrin

F07
→ 1.99 Welcher der folgenden Prozesse findet typischerweise im Endosomen-Kompartiment statt?
(A) Abbau von Glykogen
(B) Clathrin-Polymerisation
(C) Neusynthese von Proteasen
(D) proteolytische Fragmentierung von extrazellulären Antigenen und ihre Bindung an MHC-II-Moleküle
(E) Abbau von Sexualhormonen

F96
→ 1.100 Welche Aussage trifft nicht zu?
In der Abbildung Nr. 7 des Bildanhangs sind verschiedene Zellstrukturen mit den Buchstaben A–E gekennzeichnet.
(A) Peroxisom: Struktur A
(B) Trans-Golgi-Zisterne: Struktur B
(C) Cis-Golgi-Zisterne: Struktur C
(D) Autophagolysosom: Struktur D
(E) Endosom (Phagosom): Struktur E

H00 ■
→ 1.101 In der Abbildung Nr. 8 des Bildanhangs sind fünf Zellstrukturen durch ein Kreuz gekennzeichnet. Welche der folgenden fünf Funktionen (A)–(E) wird nicht durch eine der mit einem Kreuz gekennzeichneten Zellstrukturen durchgeführt?
(A) Autophagozytose
(B) Detoxifikation von Fremdstoffen
(C) Rezeptor-vermittelte Endozytose
(D) Synthese von Steroidhormonen
(E) Bildung von Ribosomen-Untereinheiten

1.90 (D)   1.91 (B)   1.92 (E)   1.93 (A)   1.94 (A)   1.95 (E)   1.96 (A)   1.97 (B)   1.98 (B)   1.99 (D)
1.100 (A)   1.101 (C)

→ **1.102** Welcher Vorgang ist in der Abbildung einer Zelle durch den Pfeil gekennzeichnet?
(A) Transport von Material aus dem Golgifeld ins Endoplasmatische Retikulum
(B) Entstehung von primären Lysosomen
(C) Mikropinozytose
(D) Regeneration von Zellmembran
(E) Zytopempsis

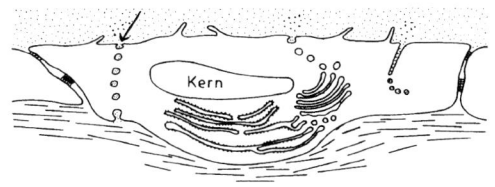

F96

→ **1.103** Welche Aussage trifft nicht zu?
Amöboide Bewegung
(A) wird durch kontraktile Filamente bewirkt
(B) ermöglicht den Spermien die Bewegung zur Eizelle hin
(C) ist die Bewegungsform der Leukozyten
(D) tritt bei Zellen während der Embryonalentwicklung auf
(E) ermöglicht Makrophagen die Phagozytose

F01 H98 ■

→ **1.104** Welche Aussage zur amöboiden Zellbewegung trifft nicht zu?
(A) Sie kommt durch die Interaktion von Aktin und Myosin im Ektoplasma zustande.
(B) Sie ist weitgehend abhängig von der Zilienbewegung.
(C) Sie wird durch die Bildung von Zytoplasmafortsätzen (Pseudopodien) ermöglicht.
(D) Sie gewinnt die notwendige Energie durch ATP-Spaltung.
(E) Sie spielt in der frühen Embryonalentwicklung eine wichtige Rolle.

H92 ■

→ **1.105** Welche Aussage trifft nicht zu?
Die amöboide Bewegung von Zellen
(A) beruht auf funktionellen Unterschieden zwischen peripheren und inneren Plasmabereichen
(B) wird durch Mikrotubuli im Endoplasma bewirkt
(C) spielt eine Rolle in der embryonalen Entwicklung (Bildung der Keimblätter)
(D) befähigt Leukozyten zur Phagozytose von Bakterien
(E) ist häufig Chemotaxis

F99 H96 H90 ■

→ **1.106** Welche Aussage trifft am wenigsten zu?
Die Bewegung von Makrophagen und Granulozyten
(A) wird durch chemotaktische Reize gerichtet
(B) dient der physiologischen Regeneration
(C) wird durch Aktin-Myosinfilamente verursacht
(D) erfolgt durch Fließen des Zytoplasmas
(E) ist mit Endozytose verbunden

1.10 Lysosomen

■ ■

→ **1.107** Lysosomen
(A) sind lysozymbildende Zellen
(B) sind Bestandteile von Polysomen
(C) enthalten Hydrolasen
(D) sind partielle Abbauprodukte von Ribosomen
(E) sind die Bildungsstätte der Chromosomen und Gene

■

→ **1.108** Lysosomen sind charakterisiert durch
(A) Enzyme der Atmungskette
(B) glykolytische Enzyme
(C) Enzyme der Fettsäuresynthese
(D) Enzyme der Proteinsynthese
(E) hydrolytische Enzyme

F08

→ **1.109** Histochemisches Markerenzym für die Darstellung der Lysosomen ist
(A) saure Phosphatase
(B) Succinat-Dehydrogenase
(C) Glucose-6-phosphatase
(D) Glutamat-Dehydrogenase
(E) Acetylcholin-Esterase

F96 ■

→ **1.110** Welche Aussage trifft nicht zu?
Lysosomen haben folgende Funktionen:
(A) β-Oxidation von Fettsäuren
(B) Abbau von phagozytiertem Material
(C) Hydrolyse von Mukopolysacchariden
(D) Abbau von Mitochondrien
(E) Abbau von Membranen des Endoplasmatischen Retikulums

1.102 (E) 1.103 (B) 1.104 (B) 1.105 (B) 1.106 (B) 1.107 (C) 1.108 (E) 1.109 (A) 1.110 (A)

1 Allgemeine Zellbiologie, Zellteilung und Zelltod

H95
→ 1.111 Welche Aussage zu den mit A–E markierten Zellorganellen (siehe Abbildung Nr. 3 des Bildanhangs) trifft nicht zu?
(A) Organell A ist Ort der Synthese von Membran-Phospholipiden.
(B) Organell B ist besonders stark in sekretorischen Zellen ausgebildet.
(C) Organell C dient der Organisation von Spindelfasern bei der Mitose.
(D) Organell D tritt vermehrt in stark energieverbrauchenden Zellen (z. B. Herzmuskel) auf.
(E) Organell E enthält Enzym zur Spaltung von H_2O_2.

F08
→ 1.112 Abbildung Nr. 9 des Bildanhangs stellt mit Hämatoxylin gefärbtes Lebergewebe einer 50-jährigen Frau dar; Abbildung Nr. 10 des Bildanhangs zeigt die korrespondierende Darstellung in Eigenfluoreszenz bei UV-Anregung.
Welches Zellkompartiment ist farblich hervorgehoben?
(A) (Telo)Lysosomen
(B) Mitochondrien
(C) raues endoplasmatisches Retikulum
(D) glattes endoplasmatisches Retikulum
(E) Peroxisomen

F10
→ 1.113 Mit zunehmendem Alter akkumuliert/akkumulieren in Nervenzellen am wahrscheinlichsten:
(A) raues endoplasmatisches Retikulum
(B) Golgi-Apparat
(C) Mitochondrien
(D) Peroxisomen
(E) Telolysosomen

H03
→ 1.114 Die azurophilen Granula der neutrophilen Granulozyten sind
(A) Ribosomen-Aggregate
(B) Lysosomen
(C) Pigmentgranula
(D) Peroxisomen
(E) Sekretvesikel

F06
→ 1.115 Wie oder wann entstehen spezifische Granula (Sekundärgranula) in neutrophilen Granulozyten?
(A) bei der Phagozytose von Bakterien
(B) unmittelbar nach der Auswanderung von Granulozyten aus Gefäßen
(C) während der Zirkulation von Granulozyten im Blut
(D) während der Granulozytopoese
(E) bei ihrem Untergang

H09
→ 1.116 Lipofuscin wird auch als „Alterspigment" bezeichnet.
Welche Aussage über Lipofuscin trifft am ehesten zu?
(A) Lipofuscin entsteht zum größten Teil aus Eumelanin.
(B) Lipofuscin akkumuliert in Zellen, die Telolysosomen abgeben.
(C) Lipofuscin-Pigmente enthalten Chrom- und Mangan-Ionen.
(D) Lipofuscin findet sich besonders in Zellen der G_0-Phase.
(E) Lipofuscin kommt vor allem in Epithel- und Endothelzellen vor.

Ordnen Sie bitte den in Liste 1 genannten Pigmenten ein Organ bzw. einen Organteil (Liste 2) als typischen Ort des Pigmentvorkommens zu!

Liste 1
→ 1.117 Melanin
→ 1.118 Hämosiderin

Liste 2
(A) Cornea
(B) Nebennierenrinde
(C) Milz
(D) Iris
(E) Nebennierenmark

H09
→ 1.119 Bei einem Mangel an dem Enzym Tyrosinase kommt es am wahrscheinlichsten zur
(A) vermehrten Bildung von Phäomelanin
(B) Hyperpigmentierung der Haut
(C) erhöhten Lichtempfindlichkeit der Haut
(D) fehlenden Bildung von primären Melanosomen
(E) fehlenden Bildung sekundärer Lysosomen

1.111 (C) 1.112 (A) 1.113 (E) 1.114 (B) 1.115 (D) 1.116 (D) 1.117 (D) 1.118 (C) 1.119 (C)

H03

→ **1.120** Welche der folgenden Aussagen zu den Proteasomen ist zutreffend?
(A) Sie gehören zur Familie von Proteasen, die nach der Aktivierung zur Apoptose (Zelltod) führen.
(B) Sie sind in erster Linie für die Verdauung der Fremdproteine, die durch Endozytose aufgenommen werden, verantwortlich.
(C) Sie werden bei pH 5 aktiv.
(D) Sie dienen der zytoplasmatischen Degradation ubiquitinmarkierter Proteine.
(E) Sie werden von einer Membran umgeben, die aus den Golgi-Vesikeln entsteht.

1.11 Peroxisomen

H09 ■■

→ **1.121** Welche Aussage zu Peroxisomen (z. B. der Leber) trifft zu?
(A) In der Matrix der Peroxisomen ist DNA vorhanden.
(B) Peroxisomen des Menschen enthalten in ihrer Membran Urat-Oxidase.
(C) Katalase ist ein Markerenzym der Peroxisomen.
(D) In Peroxisomen wird durch Fettsäureoxidation ATP gebildet.
(E) Peroxisomen werden durch Exozytose sezerniert.

F00

→ **1.122** Welche Aussage zu Peroxisomen trifft nicht zu?
Peroxisomen
(A) entstehen aus Golgi-Vesikeln
(B) kommen in Leber- und Nierenzellen vor
(C) werden auch als „microbodies" bezeichnet
(D) enthalten Enzyme zur Spaltung von H_2O_2
(E) enthalten Enzyme zum Fettsäureabbau

F03 ■■

→ **1.123** Peroxisomen
(A) werden von zwei Biomembranen umgeben
(B) enthalten ringförmige DNA-Moleküle
(C) enthalten die Enzyme der Atmungskette
(D) sind am Fettsäurestoffwechsel beteiligt
(E) bilden die azurophilen Granula der neutrophilen Granulozyten

H01 ■

→ **1.124** Welche der folgenden Funktionen ist für Peroxisomen charakteristisch?
(A) Abbau von Peptidhormonen
(B) Abbau von Wasserstoffperoxid
(C) Bindung von mRNA
(D) Synthese von Glykoproteinen
(E) Synthese von ATP

F08

→ **1.125** Bei einer Funktionsstörung von Peroxisomen kommt es am ehesten zu einer Störung
(A) des Abbaus von Fetten
(B) der Exozytose von Sekretgranula
(C) des Aufbaus neuer Zellmembranen
(D) des Abbaus von Phospholipiden
(E) der Synthese von Steroidhormonen

H05

→ **1.126** Bei der angeborenen Stoffwechselkrankheit der Adrenoleukodystrophie liegt ein gestörter Metabolismus von langkettigen Fettsäuren vor. Welches der genannten Zellorganellen zeigt am wahrscheinlichsten einen Defekt?
(A) Mitochondrium
(B) Peroxisom
(C) Lysosom
(D) Golgi-Apparat
(E) coated vesicle

H09

→ **1.127** Welche Aussage über die Katalase trifft zu?
(A) Sie reduziert Superoxidanionen.
(B) Sie ist an ihrem Wirkort ein Dimer.
(C) Sie ist kupferhaltig.
(D) Die Katalase-Peptidkette wird an freien Ribosomen synthetisiert.
(E) Die Bindung des Metall-Kations erfolgt im Golgi-Apparat.

1.12 Mitochondrien

F01 ■■

→ **1.128** Welche Aussage trifft für Mitochondrien zu?
(A) Die Anzahl der Mitochondrien pro Zelle ist in allen Geweben ungefähr gleich.
(B) Mitochondrien werden bei der Zellteilung zufällig auf die Tochterzellen verteilt.
(C) Die einzige enzymatische Leistung der Mitochondrien ist die zelluläre Atmung.
(D) Die Mitochondrien-DNA wird synchron mit der nukleären DNA repliziert.
(E) Die Phenylketonurie ist eine mitochondriale Erkrankung.

1.120 (D)   1.121 (C)   1.122 (A)   1.123 (D)   1.124 (B)   1.125 (A)   1.126 (B)   1.127 (D)   1.128 (B)

1 Allgemeine Zellbiologie, Zellteilung und Zelltod

H00

→ **1.129** In der Abbildung Nr. 11 des Bildanhangs sind fünf Organellen (A)–(E) gekennzeichnet.
Welche Aussage zu diesen Organellen ist nicht zutreffend?
(A) Die mit A markierten Organellen enthalten saure Hydrolasen.
(B) Das mit B markierte Organell wird unterteilt in funktionell unterschiedliche Abschnitte, die als Cis und Trans bezeichnet werden.
(C) Die mit C markierten Organellen enthalten die Enzyme des Peroxidstoffwechsels, wie Oxidasen und Katalase.
(D) Im mit D markierten Organell werden Proteine glykosyliert.
(E) Das mit E markierte Organell kann Ca^{++} speichern.

H98 ■

→ **1.130** Welche Aussage trifft nicht zu?
Mitochondrien des Menschen enthalten
(A) den Synthese-Mechanismus für ATP
(B) die Enzyme für die β-Oxidation der Fettsäuren
(C) die Enzyme des Zitrat-Zyklus
(D) die sauren Hydrolasen für den Abbau der Mukopolysaccharide
(E) den Multienzymkomplex der Atmungskette

H09 ■ ■

→ **1.131** Eine Mutation der mitochondrialen DNA betrifft am wahrscheinlichsten Enzyme der/des
(A) Atmungskette
(B) Fettsäuresynthese
(C) Glykolyse
(D) Harnstoffzyklus
(E) Katecholaminabbau

F05

→ **1.132** Welches der folgenden Gifte wirkt über eine Blockade der Atmungskette?
(A) Colchicin
(B) Chloramphenicol
(C) Botulinustoxin
(D) Cyanid
(E) Muscarin

F07

→ **1.133** In der Abbildung Nr. 12 des Bildanhangs sind verschiedene Zellorganellen mit den Buchstaben A – E gekennzeichnet.
Welches enthält typischerweise Cardiolipin?

F00 ■

→ **1.134** Welche Aussage zu Mitochondrien trifft nicht zu?
Mitochondrien
(A) enthalten in stoffwechselaktiven Zellen besonders viele Cristae
(B) enthalten eine innere und eine äußere Membran
(C) haben in Steroidhormon-produzierenden Zellen tubulär verformte Innenmembranen (Tubuli-Typ)
(D) sind auch in Prokaryonten Ort der ATP-Synthese
(E) können eigene Proteine synthetisieren

F04 ■ ■

→ **1.135** Welche Aussage zu Mitochondrien trifft nicht zu?
(A) Sie enthalten eigene zirkuläre DNA und Ribosomen.
(B) Sie synthetisieren einen Teil ihrer Proteine selbst.
(C) Sie importieren die mRNAs der im Zellkern kodierten Proteine.
(D) Sie enthalten Rezeptormoleküle für den Proteinimport.
(E) Sie enthalten eine Signalpeptidase in der Matrix.

F08

→ **1.136** Welcher der folgenden Zellbestandteile enthält aktive Gene für tRNA?
(A) Lysosomen
(B) Peroxisomen
(C) Nucleolus
(D) Mitochondrien
(E) Ribosomen

F05 ■

→ **1.137** Welche der folgenden Aussagen zu Mitochondrien ist zutreffend?
(A) Mitochondrien synthetisieren die meisten Phospholipide der Zelle.
(B) Die Cristae mitochondriales werden durch die äußere Mitochondrienmembran gebildet.
(C) Die Enzyme der Elektronentransportkette sind in der Mitochondrienmatrix lokalisiert.
(D) Die meisten Mitochondrienproteine werden von der mitochondrialen DNA kodiert.
(E) Für den Import mitochondrialer Proteine aus dem Zytoplasma gibt es Translokatoren (TOM bzw. TIM) in der äußeren bzw. inneren Mitochondrienmembran.

1.129 (C)   1.130 (D)   1.131 (A)   1.132 (D)   1.133 (C)   1.134 (D)   1.135 (C)   1.136 (D)   1.137 (E)

1.12 Mitochondrien

H04 ■
→ 1.138 Welche Aussage zu Mitochondrien trifft zu?
(A) Die äußere Membran bildet die Cristae mitochondriales.
(B) Die Enzyme des Citratzyklus sind integrale Proteine der inneren Mitochondrienmembran.
(C) Sitz der Enzyme der Atmungskette ist die Mitochondrien-Matrix.
(D) Die meisten mitochondrialen Proteine werden von Genen des Zellkerns kodiert.
(E) Mitochondrien synthetisieren die meisten Phospholipide der Zelle.

H10 ■
→ 1.139 Mitochondrien besitzen eine Doppelmembran.
Was wird von den Komplexen I, III und IV der Atmungskette in den intermembranösen Raum der Mitochondrien transportiert?
(A) Elektronen
(B) Kohlendioxid
(C) NADPH
(D) H⁺
(E) Sauerstoff

F99 ■ ■
→ 1.140 Welche Aussage trifft nicht zu?
Mitochondrien
(A) enthalten 2 ungleich strukturierte Biomembranen
(B) enthalten Ribosomen
(C) enthalten nur einsträngige DNA
(D) vermehren sich durch Teilung
(E) unterscheiden sich in ihrem Genom vom nukleären Genom

→ 1.141 Welche Aussage trifft nicht zu?
Mitochondrien
(A) sind besonders zahlreich in stoffwechselaktiven Zellen
(B) besitzen RNA und DNA
(C) haben eine Doppelmembran, an deren Innenseite die Enzyme der Atmungskette lokalisiert sind
(D) haben Tubulusstruktur in steroidproduzierenden Zellen
(E) sind über Membranen mit dem Endoplasmatischen Retikulum verbunden, von dem sie dort gebildete energiereiche Phosphate übernehmen

H00
→ 1.142 Die Mitochondrien der Zygote
(A) stammen zur Hälfte aus der Eizelle, zur Hälfte aus der Samenzelle
(B) stammen zum größten Teil aus der Samenzelle
(C) stammen aus der Eizelle
(D) stammen zu einem erheblichen Teil aus den die Eizelle umgebenden Follikelepithelzellen
(E) entstehen neu aus dem Zytoplasma der Zygote

F09
→ 1.143 Welche Aussage zur mitochondrialen DNA ist richtig?
(A) Es handelt sich um eine ringförmige einsträngige DNA.
(B) Pro Mitochondrium gibt es nur eine Kopie der ringförmigen DNA.
(C) Die mitochondriale DNA kodiert alle mitochondrialen Proteine.
(D) Ihr genetischer Code weicht zum Teil vom universellen genetischen Code ab.
(E) Die mitochondriale DNA leitet sich in erster Linie von den Mitochondrien des Spermiums her.

H00
→ 1.144 Was trifft für Mutationen des mitochondrialen Genoms nicht zu?
(A) Für die mitochondriale DNA ist charakteristisch, dass sie eine niedrigere Mutationsrate hat als die nukleäre DNA.
(B) Sie können mitochondriale r-RNAs und t-RNAs betreffen.
(C) Sie werden maternal vererbt.
(D) Mitochondrial bedingte Krankheiten zeigen eine große Variabilität in Bezug auf den Schweregrad der Erkrankung.
(E) Sie treten sowohl bei Frauen als auch bei Männern auf.

H08
→ 1.145 Welche Aussage zu Mutationen der mitochondrialen DNA trifft am ehesten zu?
(A) Etwa ein Viertel der Erkrankungsfälle beruht auf mutierten Spermienmitochondrien.
(B) Typische Mutationen sind Intron-Verluste.
(C) Typische Mutationen manifestieren sich in Defekten von Enzymen des Citrat-Zyklus.
(D) In einer Zelle können Mitochondrien mit mutierter DNA und nichtmutierter DNA vorkommen (Heteroplasmie).
(E) Der Erbgang mitochondrialer DNA-Defekte entspricht weitgehend dem Erbgang X-chromosomal bedingter Krankheiten.

1.138 (D)   1.139 (D)   1.140 (C)   1.141 (E)   1.142 (C)   1.143 (D)   1.144 (A)   1.145 (D)

1 Allgemeine Zellbiologie, Zellteilung und Zelltod

1.13 Zytoskelett

H10 ■

→1.146 Die wichtigsten Zytoskelettelemente sollen nach ihrem durchschnittlichen Durchmesser in aufsteigender Reihenfolge angeordnet werden. Welche der Anordnungen trifft zu?
(A) Mikrotubuli < Intermediärfilamente < Aktin-Filamente
(B) Mikrotubuli < Aktin-Filamente < Intermediärfilamente
(C) Intermediärfilamente < Mikrotubuli < Aktin-Filamente
(D) Intermediärfilamente < Aktin-Filamente < Mikrotubuli
(E) Aktin-Filamente < Intermediärfilamente < Mikrotubuli

H06

→1.147 Welche Aussage über Spektrin trifft nicht zu?
(A) Es besteht aus α- und β-Untereinheiten.
(B) Es dient der mechanischen Stabilisierung der Plasmamembran.
(C) Es wird mittels Ankyrin an der Plasmamembran befestigt.
(D) Genetische Defekte resultieren in Kugelzellanämie (Sphärozytose).
(E) In Verbindung mit Mikrotubuli bildet es ein Netzwerk an der Zelloberfläche.

H10

→1.148 Ein integrales Membranprotein der Erythrozyten ist
(A) Aktin
(B) Dystrophin
(C) Ezrin
(D) Glykophorin A
(E) Spectrin

1.13.1 Mikrotubuli

F05

→1.149 Welches Cytoskelettelement unterliegt am meisten einem dynamischen Auf- und Abbau?
(A) Mikrotubulus
(B) Spektrin
(C) Desmin
(D) Zytokeratin
(E) Vimentin

H93

→1.150 Welche Aussage trifft nicht zu?
Mikrotubuli
(A) entstehen durch Aggregation von α- und β-Tubulin
(B) können mit Dynein assoziiert sein
(C) ermöglichen die Veränderungen der Form der Mikrovilli
(D) sind an der Bildung von Zilien beteiligt
(E) werden bei ihrem Aufbau (Aggregation) durch Colchicin gehemmt

H07 ■

→1.151 Mikrotubuli kommen nicht vor in:
(A) Kinozilien
(B) Basalkörperchen
(C) Axonen
(D) Teilungsspindeln bei der Meiose
(E) Stereozilien

F10 ■■

→1.152 Der durch Colchicin bewirkte Mitosearrest beruht in erster Linie auf:
(A) Inhibition der Actin-Polymerisation
(B) Auflösung der Zentromere
(C) Inhibition der Zytokinese
(D) Inaktivierung von Cyclin B
(E) Störung der Tubulindynamik

H10

→1.153 Die ringförmig angeordneten neun Mikrotubulusdoubletten in einem Kinozilium sind verbunden durch
(A) Centrinfilamente
(B) Desmin
(C) Nexinbrücken
(D) Speichenproteine
(E) Vimentin

H06

Ordnen Sie den Proteinen der Liste 1 das jeweils am ehesten zutreffende, mit ihnen assoziierte Zytoskelettelement der Liste 2 zu!

Liste 1
→1.154 Dynein
→1.155 Kinesin

Liste 2
(A) Aktin
(B) Myosin
(C) Vimentin
(D) Keratin
(E) Mikrotubuli

1.146 (E)   1.147 (E)   1.148 (D)   1.149 (A)   1.150 (C)   1.151 (E)   1.152 (E)   1.153 (C)   1.154 (E)
1.155 (E)

1.13 Zytoskelett

F09

→1.156 Mikrotubuli spielen eine zentrale Rolle beim axonalen Transport. Grundlage dafür ist ihre Polarisierung mit der Unterscheidung eines Minus- und eines Plus-Endes.
Die Orientierung bzw. topographische Assoziation des Plus-Endes der Mikrotubuli zu welcher der genannten Strukturen ist für diesen Transport von essentieller Bedeutung?
(A) Zentrosom
(B) Kern
(C) Golgi-Apparat
(D) Axonterminale
(E) Telolysosom

H04 F04

→1.157 Die Schemazeichnung zeigt den intrazellulären Transport von Vesikeln an Mikrotubuli einer Nervenzelle.
(„–" und „+" zeigen das Minus- bzw. plus-Ende der Mikrotubuli).

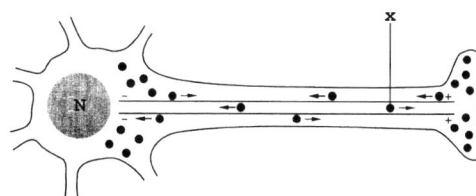

Welches Molekül ist für den Transport des mit x markierten Vesikels am ehesten verantwortlich?
(A) Aktin
(B) Dynein
(C) GFAP
(D) Kinesin
(E) Dynamin

F03 ■

→1.158 Die Abbildung zeigt die molekulare Struktur eines bestimmten Zytoskeletttyps.

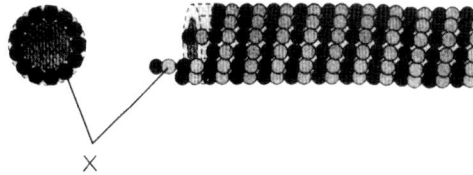

Bei den mit X bezeichneten Untereinheiten handelt es sich um
(A) Tubulin
(B) β-Aktin
(C) Dyneinmoleküle
(D) Kinesinmoleküle
(E) Myosin II

F01

Die Abbildung zeigt den Querschnitt einer Zilie aus einem Flimmerepithel des Menschen.

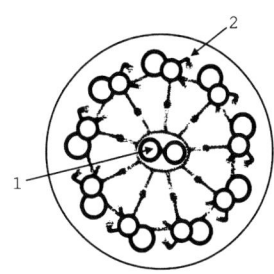

Welches Protein (Liste 2) ist für die Strukturen (Liste 1) charakteristisch?

Liste 1
→1.159 Struktur 1
→1.160 Struktur 2

Liste 2
(A) Tubulin
(B) Aktin
(C) Gelsolin
(D) Dynein
(E) Myosin

F10 ■

→1.161 Bei einer Mutation im Gen für das axonemale Dynein kommt es zum sogenannten Kartagener-Syndrom.
Welches der genannten Epithelien ist am wahrscheinlichsten betroffen?
(A) Darmepithel
(B) Epithel der Bronchien
(C) Endokard
(D) Uterusepithel
(E) Epithel des Ductus epididymidis

H05

→1.162 Das Mikrotubulus-Organisationszentrum (MTOC) ist/wird gebildet von
(A) einem Peroxisom
(B) dem glatten endoplasmatischen Retikulum
(C) dem Golgi-Apparat
(D) einem Zentrosom
(E) Caveolae

1.156 (D)   1.157 (D)   1.158 (A)   1.159 (A)   1.160 (D)   1.161 (B)   1.162 (D)

F04 ■

→1.163 Welche Aussage über Zentriolen (menschlicher Zellen) trifft nicht zu?
(A) Sie sind zylindrische Organellen.
(B) Sie verdoppeln sich in Fibroblasten vor der Zellteilung.
(C) Sie sind Bestandteil des Zentrosoms.
(D) Sie bestehen hauptsächlich aus Aktin-Filamenten.
(E) Sie kommen in jeder teilungsfähigen Zelle vor.

H10 ■

→1.164 Zentriolen sind am ehesten Bestandteile des/der
(A) Axonems der Kinozilien
(B) chromosomalen Adhäsionspunkte von Mikrotubuli
(C) Organisationszentrums von Mikrotubuli
(D) zentralen Abschnitts der Chromosomen
(E) Zentrums des Nukleolus

1.13.2 Intermediärfilamente

F10 ■■

→1.165 Das Intermediärfilament Desmin kommt am wahrscheinlichsten vor in
(A) glatten Muskelzellen
(B) kinozilientragenden Epithelverbänden
(C) Nervenfasern
(D) der Epidermis
(E) Erythrozyten

H04

→1.166 Vimentin kommt typischerweise vor in:
(A) Oligodendrogliazellen
(B) Fibrozyten
(C) Neuronen
(D) Epithelzellen der Haut
(E) Darmepithelzellen

H10

→1.167 Das Hutchinson-Gilford-Syndrom (Progerie) ist eine Erberkrankung, die mit vorzeitiger Alterung der betroffenen Kinder einhergeht. Sie ist auf eine Mutation im Lamin-A-Gen zurückzuführen.
Welcher Befund ist bei der Analyse von Zellen betroffener Kinder am wahrscheinlichsten zu erwarten?
(A) deformierte Zellkerne
(B) deformierte Mitochondrien
(C) deformierte Peroxisomen
(D) kugelförmige Stachelsaum-Vesikel
(E) ringförmige Mikrofilamente

H08 ■

→1.168 Bei einem Patienten wird ein Hirntumor diagnostiziert. In den Tumorzellen wird das GFAP (glial fibrillary acidic protein) nachgewiesen.
Von welchen Zellen leitet sich der Tumor am wahrscheinlichsten her?
(A) Nervenzellen
(B) Oligodendrogliazellen
(C) Fibroblasten
(D) Astrozyten
(E) Mikrogliazellen

F08

→1.169 Bei der Epidermolysis bullosa simplex hereditaria führen bereits minimale Traumata zur Spaltbildung in basalen Keratinozyten.
In welcher der genannten Proteinfamilien manifestiert sich am wahrscheinlichsten die Mutation?
(A) Desmogleine
(B) Cadherine
(C) Keratine
(D) Connexine
(E) Claudine

H07 ■

→1.170 Bei einer Patientin wird durch eine Biopsie ein invasives Karzinom des Colon sigmoideum (aus dem Epithel der Darmschleimhaut entstanden) histologisch gesichert. Zusätzlich werden „Rundherde" in der Leber sonographisch entdeckt. Aus der Vorgeschichte ist anamnestisch zugleich ein operativ entferntes Mammakarzinom (aus dem Epithel der Drüsengänge) bekannt.
Eine von einem Rundherd entnommene Gewebeprobe zeigt im histologischen Schnitt Karzinomzellen, die keinem der beiden Organe zuzuordnen sind.
Ob die vermutete Lebermetastasierung dem Sigma- oder dem Mammakarzinom zuzuordnen ist, ist am besten zu entscheiden, wenn folgende weiterführende Diagnostik veranlasst wird:
(A) Bestimmung des Gehalts an Vimentin
(B) Analyse des Expressionsmusters der Cytokeratine
(C) Identifizierung ihrer Lamine
(D) Analyse des Mikrofilamentsystems
(E) Nachweis von Dynein

1.163 (D)   1.164 (C)   1.165 (A)   1.166 (B)   1.167 (A)   1.168 (D)   1.169 (C)   1.170 (B)

1.13.3 Aktinfilamentsystem

H95
→ 1.171 Welche Aussage trifft nicht zu?
Mikrofilamente
(A) enthalten Aktinmonomere
(B) sind Bestandteil des Zytoskeletts
(C) bewirken die Zilienbewegung
(D) bewirken die amöboide Bewegung der Zelle
(E) sind besonders zahlreich in Mikrovilli des Darmepithels

H03 ■
→ 1.172 Welche Aussage zu den Bestandteilen des Zytoskelettsystems trifft nicht zu?
(A) Bezüglich des Durchmessers der verschiedenen Zytoskelettelemente gilt:
Mikrotubuli > Intermediärfilamente > Aktinfilamente.
(B) Intermediärfilamente entstehen durch Zusammenlagerung von monomeren Proteinen.
(C) Mikrotubuli und Aktinfilamente besitzen eine polare Struktur (d. h. ein Plus- und ein Minus-Ende).
(D) Mikrotubuli befestigen sich an Desmosomen.
(E) Aktinfilamente kommen in Mikrovilli der Enterozyten vor.

H08 ■
→ 1.173 Die Abbildung zeigt Zellen mit typischem Verteilungsmuster eines bestimmten Zytoskelettproteins.

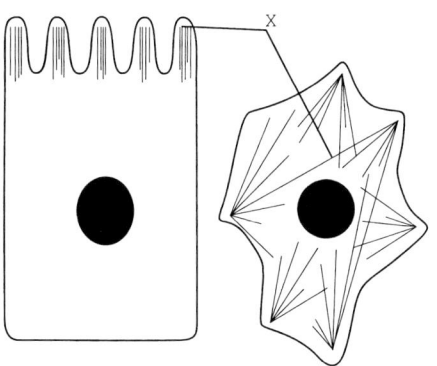

Bei den mit X bezeichneten Strukturen handelt es sich am ehesten um
(A) Aktinfilamente
(B) Mikrotubuli
(C) Desminfilamente
(D) Myosinfilamente
(E) Vimentinfilamente

H01
→ 1.174 Das stabilisierende Grundgerüst in den Mikrovilli des intestinalen Bürstensaums wird typischerweise gebildet durch
(A) Flagellinstrukturen
(B) Dyneinmoleküle
(C) Aktinfilamente
(D) intermediäre Filamente
(E) Mikrotubuli

F08
→ 1.175 Die elektronenmikroskopische Aufnahme (siehe Abbildung Nr. 13 des Bildanhangs) zeigt einen Querschnitt durch
(A) Endosomen eines Makrophagen
(B) Kinozilien einer Trachealepithelzelle
(C) Mikrotubuli einer Nervenzelle
(D) Mikrovilli einer Darmepithelzelle
(E) Partes terminales von Spermienschwänzen

F06
→ 1.176 Mikrofilamente finden sich in folgenden Zellbestandteilen:
(A) Kinozilien
(B) Zentriolen
(C) Spindelfasern
(D) Mikrovilli
(E) Kernlamina

F03
→ 1.177 Welches der folgenden Moleküle kommt in den Mikrovilli einer ausdifferenzierten Epithelzelle (z. B. eines Enterozyten) vor?
(A) Laminin
(B) Integrin
(C) Fibronectin
(D) Connexin
(E) Villin

H10 ■■
→ 1.178 Stereozilien enthalten vorwiegend
(A) Aktin
(B) Basalkörperchen
(C) Intermediärfilamente
(D) Mikrotubuli
(E) Myosin

1.171 (C)   1.172 (D)   1.173 (A)   1.174 (C)   1.175 (D)   1.176 (D)   1.177 (E)   1.178 (A)

1.14 Zellzyklus und Zellteilung (Mitose)

F02
→1.179 Welche Aussage zum Zellzyklus bei Eucyten trifft nicht zu?
(A) In der Interphase erreichen die Chromosomen ihren höchsten Kondensationsgrad.
(B) Längerlebige differenzierte Zellen (z. B. Nervenzellen) können aus der G_1-Phase in ein nicht teilungsbereites Stadium (G_0-Phase) übergehen.
(C) In der S-Phase findet die Replikation der DNA statt.
(D) In der S-Phase verdoppelt sich der Chromatingehalt einer Zelle.
(E) In der G_2-Phase werden Vorbereitungen für die Mitose getroffen.

■■
→1.180 Welcher der folgenden Vorgänge findet in der G_1-Phase des Zellzyklus nicht statt?
(A) Bildung der Proteine für den Verteilungsapparat der Chromosomen
(B) Bildung von Nicht-Histon-Proteinen
(C) DNA-Vermehrung im Zellkern
(D) Zellwachstum
(E) Bildung der Enzyme für die DNA-Vermehrung

F02 H99 H97 ■■
→1.181 Welche Aussage zur G_1-Phase des Zellzyklus trifft nicht zu?
(A) Die G_1-Phase beginnt direkt im Anschluss an die Zellteilung.
(B) Die G_1-Phase ist gekennzeichnet durch intensives Zellwachstum mit hoher Protein- und RNA-Synthese.
(C) In der G_1-Phase ist der Chromosomensatz haploid (n).
(D) In der G_1-Phase besteht jedes Chromosom aus einer Chromatide.
(E) Zellen der G_1-Phase können in die G_0-Phase, ein so genanntes Ruhestadium, eintreten.

H04 ■
→1.182 Für die Synthesephase (S-Phase) des Zellzyklus ist außer der DNA-Verdoppelung der folgende Vorgang charakteristisch:
(A) Auflösung der Zellmembran
(B) Bildung der Mitosespindel
(C) Kondensation der Chromosomen
(D) Synthese von Histonen
(E) Verdoppelung des Zentriols

■
→1.183 Welche Aussage trifft nicht zu?
In der G_2-Phase
(A) hat die DNA-Synthese schon stattgefunden
(B) steht die Mitose kurz bevor
(C) können die einzelnen Chromosomen schon deutlich unterschieden werden
(D) können mit Hilfe von Reparatur-Enzymen DNA-Defekte noch repariert werden
(E) sind in der Zelle alle Voraussetzungen vorhanden, sofort in die Teilung einzutreten

F09 ■
→1.184 Wann wird während der Mitose die Kernmembran aufgelöst?
(A) Prophase
(B) Prometaphase
(C) Metaphase
(D) Anaphase
(E) Telophase

F10 ■
→1.185 Die Telophase der Mitose ist am wahrscheinlichsten gekennzeichnet durch
(A) Depolymerisierung der Kernlamine
(B) Phosphorylierung von Histon H1
(C) (Beginn der) Dekondensierung der Chromatiden
(D) Bildung der Mitosespindel
(E) Teilung der Zentrosomen

→1.186 Durch die Mitose wird normalerweise sichergestellt, daß
(A) jede Zelle mit Ausnahme der Keimzellen alle Chromosomen bekommt
(B) der Verlust von Chromosomen bei früheren Zellteilungen ausgeglichen wird
(C) die funktionelle Differenzierung der verschiedenen Gewebe herbeigeführt wird
(D) der geordnete Ablauf der DNA-Synthese gewährleistet ist
(E) eine gleichmäßige Verteilung der Zellorganellen (Mitochondrien, Lysosomen etc.) auf die Tochterzellen gewährleistet ist

F97 F93 ■
→1.187 Welche Aussage trifft nicht zu?
In der Mitose
(A) sind die Chromosomen eng aufgeknäult
(B) findet die DNA-Replikation statt
(C) verschwindet die Kernmembran
(D) werden Schwester-Chromatiden auf zwei Zellen verteilt
(E) beginnt die Teilung einer Mutterzelle in zwei Tochterzellen

1.179 (A) 1.180 (C) 1.181 (C) 1.182 (D) 1.183 (C) 1.184 (B) 1.185 (C) 1.186 (A) 1.187 (B)

1.14 Zellzyklus und Zellteilung (Mitose)

Ordnen Sie bitte den Begriffen der Liste 1 die jeweils zutreffende Phase des Zellzyklus (Liste 2) zu.

Liste 1
→ 1.188 Proteinsynthese
→ 1.189 Trennung der Zentromeren

Liste 2
(A) Anaphase
(B) Telophase
(C) Prophase
(D) Interphase
(E) Metaphase

F00 F95 ■■
→ 1.190 Welche Aussage über die Chromatiden der Metaphase-Chromosomen trifft nicht zu?
Die Chromatiden der Metaphase-Chromosomen
(A) werden in der Mitose getrennt
(B) bleiben im Falle einer sekundären Non-disjunction bei der Reifeteilung beisammen
(C) sind durch DNA-Replikation in der Prophase entstanden
(D) werden nur durch die Zentromeren zusammengehalten
(E) werden nach Verlust der Zentromeren unregelmäßig verteilt

H10 ■■
→ 1.191 Welcher Vorgang ist typischerweise Teil der Anaphase der Mitose?
(B) Bildung der Mitosespindel
(C) Ausbildung des Monaster
(D) Trennung der Chromatiden
(E) Schluss der Kernhülle um die Tochterkerne

F07 ■
→ 1.192 Die in der Abbildung Nr. 14 des Bildanhangs gezeigte lichtmikroskopische Aufnahme gibt Zellen der Spitze einer Zwiebelwurzel wieder.
Welche Zelle (A)–(E) befindet sich am wahrscheinlichsten in der Metaphase?

F99
→ 1.193 Welche Aussage trifft nicht zu?
Unter dem Mikroskop sichtbare Metaphasechromosomen des Menschen
(A) enthalten neben der DNA auch Proteine
(B) enthalten die bereits verdoppelte DNA
(C) befinden sich in der G_1-Phase des Zellzyklus
(D) sind stark spiralisiert
(E) lassen das Zentromer erkennen

F01 F98 F93 ■
→ 1.194 Der Eintritt der Chromosomen in die Anaphase der Mitose lässt sich durch Colchicin unterbinden, weil die
(A) Zentromeren (= Kinetochoren) an den Chromosomen aufgelöst werden
(B) Polymerisation der Spindelproteine verhindert wird
(C) Chromatiden verkleben
(D) Zentriolbildung verhindert wird
(E) Zentriolen nicht zu den Zellpolen wandern können

H05
→ 1.195 Das Alkaloid Vincristin wird in der Therapie maligner Tumoren als Hemmer der Zellteilung eingesetzt.
Es wirkt vor allem durch Blockade des Zellzyklus
(A) in der G_1-Phase
(B) am Ende der S-Phase
(C) am Beginn der G_2-Phase
(D) in der M-Phase
(E) in der G_0-Phase

F07
→ 1.196 Unter normalen Zellkulturbedingungen weisen menschliche Fibroblasten einen Generationszyklus von etwa 22 Stunden auf. Die Dauer der einzelnen Phasen beträgt dabei:
G_1-Phase: 9 h
S-Phase: 7 h
G_2-Phase: 5 h
Mitose: 1 h
Nach Entfernung des Serums aus dem Kulturmedium treten die Zellen in ein sog. Ruhestadium (G_0-Phase) ein.
Durch Anfärben der Zellen mit dem Fluorochrom Propidiumiodid kann mittels eines Durchflusszytometers der DNA-Gehalt der einzelnen Zellen bestimmt werden.
Die folgenden Kurven geben das Bild einer normal wachsenden Kultur und einer nach Serumentzug wieder.

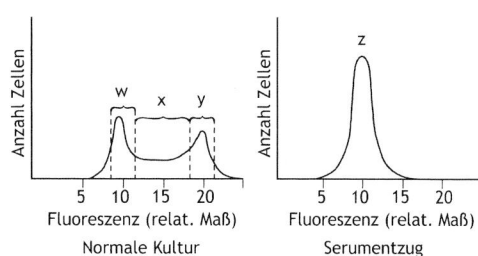

1.188 (D)   1.189 (A)   1.190 (C)   1.191 (D)   1.192 (A)   1.193 (C)   1.194 (B)   1.195 (D)

Die Zellen der mit x gekennzeichneten Fraktion befinden sich typischerweise in welcher Phase des Zellzyklus?
(A) G_1-Phase
(B) S-Phase
(C) G_2-Phase
(D) Mitose
(E) G_0-Phase

→ 1.197 Welche Aussage trifft nicht zu?
Charakteristisch für die physiologische Regeneration sind u. a.:
(A) begrenzte Lebensdauer von Zellen
(B) Vorkommen von differentiellen Teilungen
(C) Vorhandensein von Stammzellen
(D) Einsetzen einer Metaplasie
(E) Zusammenschluß von Stammzellgruppen (Blastem)

→ 1.198 Echtes Zellwachstum ist definiert als
(A) Volumenzunahme
(B) Wasserzunahme
(C) Zunahme des zelleigenen Proteins
(D) Aufnahme von phagozytierten Stoffen
(E) Keine der Aussagen trifft zu.

H99 ■■
→ 1.199 Hypertrophie eines Gewebes bedeutet:
(A) Polyploidisierung durch Endomitose
(B) Volumenzunahme durch Zellvermehrung
(C) Volumenzunahme durch Zellvergrößerung
(D) Entdifferenzierung und Umwandlung in ein anderes Gewebe
(E) hemmungsloses Wachstum durch Ausfall der Kontaktinhibition

H95 ■
→ 1.200 Welche Definition des Begriffs Hyperplasie trifft zu?
(A) Polyploidisierung eines Gewebes durch Endomitose
(B) Volumenzunahme eines Gewebes durch Zellvergrößerung
(C) Volumenzunahme eines Gewebes durch Zellvermehrung
(D) Entdifferenzierung eines Gewebes und Umwandlung in ein anderes Gewebe
(E) Verkümmerung oder Abbau eines Gewebes

H97 H94 ■
→ 1.201 Metaplasie eines Gewebes bedeutet:
(A) unkontrolliertes Wachstum durch Ausfall der Kontaktinhibition
(B) Entdifferenzierung und Umwandlung in ein anderes Gewebe
(C) Polyploidisierung durch Endomitose
(D) Verkümmerung oder Abbau
(E) Volumenzunahme durch Zellvergrößerung

F99 ■
→ 1.202 Polyploidie
(A) tritt nur in pflanzlichen Zellen auf
(B) kann z. B. in Leberzellen auftreten
(C) liegt auch vor, wenn nur einzelne Chromosomen mehr als 2fach vorhanden sind
(D) kann durch Crossing-over entstehen
(E) kann durch Chromosomenfehlverteilung in der Mitose entstehen

H00 F90
→ 1.203 Welcher der folgenden Vorgänge ist nicht Folgeerscheinung einer Endomitose?
(A) Vergrößerung der Zelle
(B) Vergrößerung des Zellkerns
(C) Erhöhung der Transkriptionskapazität
(D) Steigerung der Mitoserate
(E) Vervielfachung des diploiden Chromosomensatzes

→ 1.204 Bei der Amitose
(A) wird eine Spindel ausgebildet
(B) findet eine differentielle Zellteilung statt
(C) können zweikernige Zellen entstehen
(D) vergrößert der Zellkern sein Volumen
(E) wird eine Zelle in zwei ungleich große Tochterzellen geteilt

F92
Ordnen Sie den in Liste 1 aufgeführten Zelltypen der Wirbeltiere die in Liste 2 enthaltene Entstehungsweise zu!

Liste 1
→ 1.205 Plasmodien
→ 1.206 Synzytien

Liste 2
(A) Kernfragmentierung
(B) multiple Kernteilungen ohne Zellteilungen
(C) äquale Zellteilungen
(D) inäquale Zellteilungen
(E) Zellfusion

1.196 (B)   1.197 (D)   1.198 (C)   1.199 (C)   1.200 (C)   1.201 (B)   1.202 (B)   1.203 (D)   1.204 (C)
1.205 (B)   1.206 (E)

1.15 Meiose (Reifeteilung)

1.15.1 Meiose (Reifeteilung)

H01
→ 1.207 Eine Zelle hat die S-Phase durchlaufen und enthält eine bestimmte Menge DNA. Sie tritt nun in die Meiose ein.
Nach Ablauf der Meiose enthält eine dabei entstandene Zelle
(A) die doppelte DNA-Menge
(B) die gleiche DNA-Menge
(C) die halbe DNA-Menge
(D) ein Viertel der DNA-Menge
(E) ein Achtel der DNA-Menge

F05 ■
→ 1.208 In welcher Phase des Zellzyklus weist eine diploide Zelle die doppelte Menge an DNA einer Gamete auf?
(A) Prophase
(B) gesamte S-Phase
(C) gesamte G_1-Phase
(D) gesamte G_2-Phase
(E) Metaphase

H01 ■ ■
→ 1.209 Wann findet die letzte S-Phase vor der Keimzellbildung statt?
(A) vor Beginn der Meiose
(B) während der Prophase der 1. meiotischen Teilung
(C) unmittelbar im Anschluss an die 1. meiotische Teilung
(D) kurz vor Beginn der 2. meiotischen Teilung
(E) in der Prophase der 2. meiotischen Teilung

H06 ■ ■
→ 1.210 In der Spermatogenese liegt die letzte DNA-Synthese-Phase (S-Phase)
(A) vor Beginn der 1. meiotischen Teilung
(B) während der 1. meiotischen Teilung
(C) zwischen 1. und 2. meiotischer Teilung
(D) unmittelbar nach der 2. meiotischen Teilung
(E) im reifen Spermium

H05
→ 1.211 Wie viele Chromosomen hat der haploide Chromosomensatz (n) des Menschen?
(A) 22
(B) 23
(C) 44
(D) 46
(E) 48

H02
→ 1.212 Eine menschliche Zelle weist auf:
    22 Autosomen
    1 Y-Chromosom
Um was für eine Zelle handelt es sich dabei?
(A) die Somazelle eines Mannes
(B) die Somazelle einer Frau
(C) eine Zygote mit männlichem Karyotyp
(D) ein Spermium
(E) eine Eizelle

F01 F98 H95 H91 ■
→ 1.213 Die Trennung der homologen Chromosomen bei der Keimzellbildung findet statt in der
(A) letzten Interphase vor der 1. meiotischen Teilung
(B) Prophase der 1. meiotischen Teilung
(C) Anaphase der 1. meiotischen Teilung
(D) Metaphase der 2. meiotischen Teilung
(E) Anaphase der 2. meiotischen Teilung

1.15.2 Verlauf der 1. Reifeteilung

H09 ■ ■
→ 1.214 Das Crossing-over erfolgt
(A) während der letzten Spermatogonien-Mitose
(B) während der 1. meiotischen Teilung
(C) in der Interphase zwischen 1. und 2. meiotischer Teilung
(D) in der 2. meiotischen Teilung
(E) nach der 2. meiotischen Teilung

H09 ■
→ 1.215 Welche Phase der Meiose von Keimzellen im Hoden dauert am längsten?
(A) Prophase I
(B) Metaphase I
(C) Anaphase I
(D) Telophase I
(E) Anaphase II

1.207 (D)   1.208 (C)   1.209 (A)   1.210 (A)   1.211 (B)   1.212 (D)   1.213 (C)   1.214 (B)   1.215 (A)

1.15.3 Verlauf der 2. Reifeteilung

1.216 Wann findet die Replikation für die 2. Reifeteilung statt?
(A) während der S-Phase vor der 1. Reifeteilung
(B) während einer G_1-Phase vor der 1. Reifeteilung
(C) während einer G_1-Phase zwischen der 1. und der 2. Reifeteilung
(D) während einer S-Phase zwischen der 1. und der 2. Reifeteilung
(E) während einer Telophase der 1. Reifeteilung

1.217 Im Laufe der 2. meiotischen Teilung
(A) wird die DNA repliziert
(B) sind homologe Chromosomen gepaart
(C) findet Crossing-over statt
(D) trennen sich die homologen Chromosomen
(E) trennen sich die Schwesterchromatiden

1.218 Welche Aussage trifft für die Bildung der Keimzellen beim Menschen zu?
(A) Oogenese und Spermatogenese beginnen mit der Pubertät.
(B) Die Reduktion der Chromosomenzahl läuft in vier Teilungsschritten ab.
(C) Die Zahl der Oozyten und Spermatozyten 1. Ordnung ist in etwa gleich.
(D) Bei der Oogenese beginnen die Meiosen während der Embryonalentwicklung.
(E) Das Ergebnis der Meiose ist in beiden Geschlechtern die Bildung von vier Keimzellen aus einer Spermatozyte II bzw. Oozyte II.

1.219 Welche Aussage zur Keimzellbildung trifft nicht zu?
(A) Stamm-Spermatogonien teilen sich im Laufe des ganzen Lebens des Mannes.
(B) Bei der Bildung der Spermatozyte I findet eine differentielle Teilung der Spermatogonie statt.
(C) Stamm-Oogonien teilen sich im Laufe des gesamten Lebens der Frau.
(D) Es gibt viel mehr Oogonien als reife Oozyten.
(E) Im Körper der geschlechtsreifen Frau beenden Eizellen die 1. und 2. meiotische Teilung.

1.220 Welche Aussage über die Gametogenese trifft nicht zu?
(A) Durch die beiden meiotischen Teilungen entstehen beim Mann vier reife Spermien aus einer Spermatozyte.
(B) Durch die beiden meiotischen Teilungen entstehen bei der Frau vier reife Eizellen aus einer Oozyte.
(C) Die letzte DNA-Replikation findet beim Mann vor der 1. meiotischen Teilung statt.
(D) Die letzte DNA-Replikation findet bei der Frau vor der 1. meiotischen Teilung statt.
(E) Die Meiose führt bei beiden Geschlechtern zur Reduktion der Chromosomenzahl auf die einfache Zahl n.

1.221 Die letzte S-Phase bei der Oogenese erfolgt
(A) vor der ersten meiotischen Teilung
(B) zwischen der 1. und 2. meiotischen Teilung
(C) während der 2. meiotischen Teilung
(D) nach der 2. meiotischen Teilung
(E) kurz vor der Befruchtung

1.222 Wann wird die erste Reifeteilung von Eizellen abgeschlossen?
(A) im 5. Embryonalmonat
(B) bei der Geburt
(C) vor (bei) der Ovulation
(D) nach der Befruchtung
(E) bei der Bildung der Zygote

1.223 Welche Aussage zur Oogenese und Befruchtung beim Menschen trifft nicht zu?
(A) Die Meiose beginnt zum Zeitpunkt der Reifung der Graaf-Follikel.
(B) Die DNA der Eizelle wird während der vorgeburtlichen Entwicklung synthetisiert.
(C) Kurze Zeit nach der Geburt befinden sich alle Geschlechtszellen im Oozytenstadium.
(D) Die Vereinigung der Ei- und Samenzelle findet in der Metaphase der 2. Reifeteilung der Oozyte statt.
(E) Die Meiose endet nach der Vereinigung von Ei- und Samenzelle.

1.216 (A)   1.217 (E)   1.218 (D)   1.219 (C)   1.220 (B)   1.221 (A)   1.222 (C)   1.223 (A)

F98 ■■
1.224 Wann wird die Meiose II in der Oogenese beendet?
(A) während der embryonalen Entwicklung
(B) vor der Pubertät
(C) zwischen dem 1. und 3. Tag des Menstruationszyklus (Primärfollikel)
(D) zum Zeitpunkt der Ovulation
(E) nach der Befruchtung

1.225 Was wird durch die Meiose in der Oogenese normalerweise nicht erreicht?
(A) Die Reduktion der Chromosomenzahl auf die Hälfte trägt dazu bei, daß die Zygote wieder den vollständigen Chromosomensatz (2n) erhält.
(B) Es wird eine große Zahl verschiedener Kombinationen von Chromosomen und damit genetisch verschiedener Gameten erzeugt.
(C) Crossing-over erhöht die Zahl genetisch verschiedener Gameten.
(D) Das Geschlecht des zukünftigen Kindes wird festgelegt.
(E) Jede Keimzelle erhält einen vollständigen haploiden Chromosomensatz.

F02
1.226 Polkörperchen sind:
(A) Produkte der Oogenese
(B) Produkte der Spermatogenese
(C) Bestandteile polarer Spindelfasern
(D) nur in polarisierten Zellen vorhanden
(E) Zentriolen an den Zellpolen

H92 ■
1.227 Der Chromosomensatz der normalen Spermatogonie ist
(A) polyploid
(B) tetraploid
(C) triploid
(D) diploid
(E) haploid

F08
1.228 In der Schemazeichnung sind zwei Chromosomenpaare von einem Spermatogonium gezeigt:

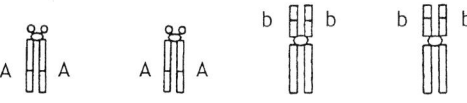

Die daraus entstehenden Gameten besitzen (ohne Berücksichtigung von crossing over)
(A) zu 100 % den Chromosomensatz AAbb
(B) zu 100 % den Chromosomensatz Ab
(C) zu 50 % den Chromosomensatz AA und zu 50 % den Chromosomensatz bb
(D) zu 50 % den Chromosomensatz A und zu 50 % den Chromosomensatz b
(E) zu 100 % den Chromosomensatz AA

F03 ■■
1.229 Der DNA-Gehalt einer diploiden Zelle in der G_1-Phase des Zellzyklus wird mit 2 C angegeben.
Wie groß ist der DNA-Gehalt dieser Zelle in der Metaphase der 1. meiotischen Teilung?
(A) 1/4 C
(B) 1/2 C
(C) 1 C
(D) 2 C
(E) 4 C

F04
1.230 Der DNA-Gehalt einer diploiden Zelle in der G_1-Phase des Zellzyklus wird mit 2 C angegeben.
Wie groß ist der DNA-Gehalt einer zugehörigen Tochterzelle in der Metaphase der 2. meiotischen Teilung?
(A) 1/4 C
(B) 1/2 C
(C) 1 C
(D) 2 C
(E) 4 C

F09
1.231 Die zweite Reifeteilung entspricht einer Mitose, an deren Ende die beiden Tochterzellen mit der Formel 1n 1C (n = 1; haploider Chromosomensatz; C = Anzahl der Chromatiden) beschrieben werden können.
Welche Formel beschreibt den Zustand der Zelle unmittelbar vor dem Eintritt in die 2. Reifeteilung korrekt?
(A) 1n 1C
(B) 1n 2C
(C) 1n 3C
(D) 1n 4C
(E) 2n 2C

1.224 (E)   1.225 (D)   1.226 (A)   1.227 (D)   1.228 (B)   1.229 (E)   1.230 (D)   1.231 (B)

1 Allgemeine Zellbiologie, Zellteilung und Zelltod

F10 ■

→1.232 Während der ersten Reifeteilung werden die Chromosomen auf zwei haploide Tochterzellen verteilt. Die zweite Reifeteilung entspricht einer Mitose. Welche der folgenden Zuordnungen von Chromosomensatz (n) und DNA-Gehalt gibt den Zustand am Ende der zweiten Reifeteilung korrekt wieder (C = Anzahl der Chromatiden pro Chromosom)?
(A) 1n 2C
(B) 1n 1C
(C) 2n 1C
(D) 2n 2C
(E) 2n 4C

1.15.4 Funktion der Meiose

H94

→1.233 Welche Aussage trifft nicht zu?
Die Meiose beim Menschen
(A) führt in der Regel zu einer Trennung väterlicher und mütterlicher Chromosomen
(B) führt zu vielen genetisch verschiedenen Keimzellen
(C) führt zur Reduktion der Chromosomenzahl auf die Hälfte der Zahl in Körperzellen
(D) ist in ihrer Funktion bei beiden Geschlechtern gleich
(E) kann zu aneuploiden Keimzellen führen

H98 H94 ■ ■

→1.234 Wann findet bei der Geschlechtszellenbildung genetische Rekombination statt?
(A) während der letzten DNA-Replikation vor der Meiose
(B) nur während der 1. meiotischen Teilung
(C) nur während der 2. meiotischen Teilung
(D) während der 1. und 2. meiotischen Teilung
(E) nach Beendigung der Meiose

H01 ■

→1.235 Welche Aussage zum Crossing over bzw. zur genetischen Rekombination trifft nicht zu?
(A) Crossing over findet in der meiotischen Prophase I statt.
(B) Ungleiches Crossing over kann zu Chromosomenaberrationen führen.
(C) Genetische Rekombination kommt nur bei Eukaryonten vor.
(D) Die Häufigkeit der Rekombination zwischen zwei Genen ist ein Maß für die Entfernung ihrer Genorte.
(E) Der Austausch homologer Genloci von Nicht-Schwesterchromatiden ist Ausdruck von Rekombinationsprozessen.

H96

→1.236 Welche Aussage trifft nicht zu?
Chiasmata
(A) entstehen in der Prophase der ersten Reifeteilung
(B) sind das zytologische Äquivalent zum Crossing-over
(C) sind lichtmikroskopisch im Diplotän erkennbar
(D) werden von „Nichtschwester-Chromatiden" gebildet
(E) kommen beim Menschen an einem Chromosomenpaar jeweils nur einmal vor

H93 ■

→1.237 Non-disjunction des menschlichen
(A) X-Chromosoms kommt nur in der 1. meiotischen Teilung vor
(B) X-Chromosoms kommt nur in der 2. meiotischen Teilung vor
(C) Y-Chromosoms kommt nur in der 1. meiotischen Teilung vor
(D) Y-Chromosoms kommt nur in der 2. meiotischen Teilung vor
(E) Chromosoms 21 kommt nur in der 1. meiotischen Teilung vor

H98 F96 F90 ■ ■

→1.238 Welche Aussage trifft nicht zu?
Non-disjunction von zwei X-Chromosomen kann vorkommen in der
(A) 1. meiotischen Teilung beim Manne
(B) 2. meiotischen Teilung beim Manne
(C) 1. meiotischen Teilung bei der Frau
(D) 2. meiotischen Teilung bei der Frau
(E) 1. Furchungsteilung bei der weiblichen Zygote

H01 ■ ■

→1.239 Bei welcher der folgenden Teilungen kann Non-disjunction von zwei X-Chromosomen im Regelfall nicht vorkommen?
(A) 1. meiotische Teilung beim Manne
(B) 2. meiotische Teilung beim Manne
(C) 1. meiotische Teilung bei der Frau
(D) 2. meiotische Teilung bei der Frau
(E) 1. Furchungsteilung bei der weiblichen Zygote

1.232 (B) 1.233 (A) 1.234 (B) 1.235 (C) 1.236 (E) 1.237 (D) 1.238 (A) 1.239 (A)

F95 ■
→ 1.240 Welche Aussage trifft nicht zu?
Non-disjunction
(A) tritt in Keimzellen von Männern häufiger als in Keimzellen von Frauen auf
(B) kann in der 1. meiotischen Teilung vorkommen
(C) kann in der 2. meiotischen Teilung vorkommen
(D) kann während der Furchungsteilungen der befruchteten Zygote vorkommen
(E) führt manchmal zur Bildung von chromosomalen Mosaiken

■
→ 1.241 Primäre Non-disjunction liegt vor, wenn
(A) durch Unterbindung oder Störung der Spindelbildung die Chromosomen nicht mehr bewegt werden und eine Zufallsverteilung stattfindet
(B) sich X- und Y-Chromosom beim Menschen in der Meiose paaren
(C) nicht homologe Chromosomen sich in der Meiose paaren und durch Crossing-over verklebt bleiben
(D) nicht homologe Chromosomen durch Translokation zu einer Einheit zusammengeschlossen werden
(E) homologe Chromosomen in der Meiose nicht getrennt werden

H95 ■
→ 1.242 In welcher meiotischen Teilung kann ein XYY-Karyotyp als Folge von Non-disjunction entstehen?
(A) nur in der 1. Teilung beim Mann
(B) nur in der 2. Teilung beim Mann
(C) in beiden Teilungen beim Mann
(D) nur in der 1. Teilung bei beiden Geschlechtern
(E) nur in der 2. Teilung bei beiden Geschlechtern

F00 ■
→ 1.243 Eine Fehlverteilung der Chromosomen bzw. Chromatiden kann vorkommen:
(A) nur in der 1. meiotischen Teilung bei der Mutter
(B) nur in der 2. meiotischen Teilung bei der Mutter
(C) nur in beiden meiotischen Teilungen bei der Mutter
(D) nur in der 1. meiotischen Teilung bei beiden Geschlechtern
(E) in beiden meiotischen Teilungen bei beiden Geschlechtern

→ 1.244 Chromosomenfehlverteilungen während der Furchungsteilung führen zu
(A) dominanten Neumutationen
(B) Unfruchtbarkeit der Frau
(C) dem Auftreten von Chromosomen-Mosaiken
(D) vermehrt auftretenden männlichen Zygoten
(E) dem Auftreten eineiiger Zwillinge

1.16 Zelltod

F06
→ 1.245 Typisch für die Nekrose ist:
(A) Sie geht mit einer entzündlichen Gewebereaktion einher.
(B) Die Permeabilität der Zellmembran bleibt intakt.
(C) Sie wird durch Aktivierung von Caspasen ausgelöst.
(D) Die Mitochondrien bleiben intakt.
(E) An der Kernmembran treten typische Chromatinablagerungen auf.

H05
→ 1.246 Die Apoptose von Zellen kann durch Freisetzung von Substanzen aus geschädigten Zellkompartimenten induziert werden. Insbesondere spielt eine Rolle die Schädigung
(A) des endoplasmatischen Retikulums
(B) von Mitochondrien
(C) des Golgi-Apparates
(D) von Peroxisomen
(E) von Glykogengranula

H03
→ 1.247 Welche der folgenden Aussagen zu den Caspasen ist zutreffend?
(A) Sie gehören zur Familie der Proteasen, die nach Aktivierung zur Apoptose führen.
(B) Sie treten durch die Ruptur der Lysosomenmembran aus und werden durch niedrigen pH aktiviert.
(C) Sie enthalten ein Mannose-6-Phosphat-Signal.
(D) Sie werden im endoplasmatischen Retikulum synthetisiert und vesikulär zum Golgi-Komplex transportiert.
(E) Sie werden durch Exozytose sezerniert.

1.240 (A) 1.241 (E) 1.242 (B) 1.243 (E) 1.244 (C) 1.245 (A) 1.246 (B) 1.247 (A)

1.17 Zellkommunikation und Signaltransduktion

F90
→ 1.248 Welche Aussage trifft nicht zu?
Mit dem Begriff „Second messenger" sind folgende Erscheinungen verbunden:
(A) Reaktionen der Zelle nach Anheftung von Peptidhormonen
(B) Synthese von zyklischem Adenosinmonophosphat (cAMP)
(C) Signalübermittlung vom Plasmalemma ins Zellinnere
(D) Genaktivierung (Auslösung der Transkription)
(E) Anheftung der mRNA an die Ribosomen im Endoplasmatischen Retikulum

F07
→ 1.249 Insulin vermittelt seine Wirkungen auf die Zelle in erster Linie über Bindung an einen
(A) Glycin-gesteuerten Ionenkanal
(B) membranständigen Calcium/Glucose-Cotransporter
(C) Rezeptor mit Tyrosin-Kinaseaktivität
(D) G-Protein-gekoppelten (heptahelikalen) Rezeptor
(E) spezifischen, primär zytosolischen Rezeptor und Transport des Hormon-Rezeptor-Komplexes in den Zellkern

H06
→ 1.250 Durch hepatohelikale Rezeptoren aktivierbare G-Proteine
(A) sind in der Regel an einen Kaliumkanal gebunden
(B) sind vor allem an der Signaltransduktion von Steroidhormonen beteiligt
(C) bestehen aus einem dimeren Komplex aus α- und β-Proteinketten
(D) können am α-Proteinkomplex GTP binden
(E) bilden über den β-Proteinkomplex eine dauerhafte kovalente Bindung mit dem Rezeptor

H10 ■
→ 1.251 Die Aktivierung von Rezeptor-Tyrosinkinasen durch entsprechende Liganden führt typischerweise zur
(A) Bildung eines Rezeptorpotentials
(B) Dimerisierung von Rezeptormolekülen
(C) Internalisierung von Rezeptormolekülen
(D) Porenbildung in der Plasmamembran
(E) proteolytischen Spaltung des extrazellulären Teils der Peptidkette

H07
→ 1.252 Die permanente Stimulation von Rezeptortyrosinkinasen (RTK) kann zu einer Dysregulation der Zellteilungsrate führen.
Welche der Aussagen zu RTK trifft am ehesten zu?
(A) Liganden der RTK sind nicht diffusible Komponenten der extrazellulären Matrix.
(B) Nach Aktivierung binden sie an Rezeptoren im Zellkern.
(C) Die Aktivierung von RTK führt zur Aktivierung von komplexen Phosphorylierungskaskaden (z. B. des MAP-Kinase-Signalwegs).
(D) Die Aktivierung von RTK führt durch Phosphorylierung des Tumorsuppressors Adenomatosis-Polyposis-Coli-Protein (APC) zur malignen Entartung von Darmepithelzellen.
(E) RTK bilden bei ihrer Aktivierung tetramere Adenomatosis-Polyposis-Coli-Proteine.

1.18 Fragen aus Examen Frühjahr 2011

F11 ■
→ 1.253 Welche Funktion ist am ehesten typisch für das glatte endoplasmatische Retikulum?
(A) Abbau von Proteinen
(B) Calciumspeicherung und -freisetzung
(C) Disulfidbrückenbildung in Proteinen
(D) Hydroxylierung von Proteinen
(E) N-Glykosylierung von Proteinen

F11
→ 1.254 Ein Leitenzym des Golgi-Apparats ist
(A) Galactosyl-Transferase
(B) Glutamat-Dehydrogenase
(C) Glutathion-Peroxidase
(D) Lactat-Dehydrogenase
(E) Succinat-Dehydrogenase

F11 ■■
→ 1.255 (Sekundäre) Melanosomen sind am ehesten verwandt mit dem/den
(A) Golgi-Apparat
(B) Lysosomen
(C) Mitochondrien
(D) Peroxisomen
(E) rauen endoplasmatischen Retikulum

1.248 (E)   1.249 (C)   1.250 (D)   1.251 (B)   1.252 (C)   1.253 (B)   1.254 (A)   1.255 (B)

1.18 Fragen aus Examen Frühjahr 2011

F11 ■
→1.256 Erythrozyten weisen typischerweise die Form einer bikonkaven Scheibe auf. An der Aufrechterhaltung dieser Form ist das Zytoskelett maßgeblich beteiligt.
Welches Protein spielt hierbei eine besonders wichtige Rolle?
(A) α-Tubulin
(B) Dynein
(C) Lamin
(D) Spektrin
(E) Vimentin

F11
→1.257 Die Speichergranula von Thrombozyten enthalten u.a. Substanzen zur Förderung der Hämostase bzw. der Wundheilung sowie gefäßverengende Substanzen.
Typischerweise von Thrombozyten freigesetzt werden/wird:
(A) Defensine
(B) Heparin
(C) Kollagenase
(D) Lysozym
(E) Serotonin

F11 ■■
→1.258 Connexin-Proteine sind typisch für welche Zellkontakte?
(A) Desmosomen
(B) Gap junctions
(C) Hemidesmosomen
(D) Tight junctions
(E) Zonulae adhaerentes

F11 ■
→1.259 Der Unterschied zwischen Maculae adhaerentes und Zonulae adhaerentes besteht darin, dass Maculae adhaerentes im Gegensatz zu Zonulae adhaerentes
(A) Haftstrukturen sind
(B) den parazellulären Transport verhindern
(C) mit Intermediärfilamenten assoziiert sind
(D) häufig an der Basis von Epithelzellen vorkommen
(E) den Ionenaustausch zwischen zwei Zellen ermöglichen

F11
→1.260 Der Glucosetransporter GLUT1 ist besonders stark exprimiert im Endothel der Kapillaren der
(A) grauen Substanz des Zentralnervensystems
(B) Harnblase
(C) Lunge
(D) Milz
(E) Niere

F11 ■■
→1.261 In welcher der genannten Zellen kommen typischerweise mehr als 4 Kinetosomen vor?
(A) Eizelle
(B) Mikrovilli tragende Zelle
(C) Kinozilien tragende Zelle
(D) Stereozilien tragende Zelle
(E) Spermatozyt

1.256 (D) 1.257 (E) 1.258 (B) 1.259 (C) 1.260 (A) 1.261 (C)

2 Genetik

2.1 Organisation und Funktion eukaryontischer Gene

2.1.1 Aufbau und Replikation der DNA

H02

→2.1 DNA enthält die Basen A (= Adenin), G (= Guanin), C (= Cytosin) und T (= Thymin).
Wird die Basenzusammensetzung quantitativ analysiert, so ergibt sich für die DNA eines Bakteriums, einer Pflanze und eines Tieres übereinstimmend (im Rahmen der Messgenauigkeit):
(A) molare Menge von A = molare Menge von G
(B) molare Menge von C = molare Menge von T
(C) molare Menge von G = molare Menge von T
(D) molare Menge von A + molare Menge von G
= molare Menge von C + molare Menge von T
(E) molare Menge von A + molare Menge von T
= molare Menge von G + molare Menge von T

H04 ■

→2.2 Die Analyse der Basenzusammensetzung der DNA von Escherichia coli ergibt, dass 38 % aller Basen aus Cytosin bestehen.
Wie hoch ist der Anteil von Thymin?
(A) 12 %
(B) 24 %
(C) 38 %
(D) 62 %
(E) 76 %

→2.3 Ein Phage hat eine einsträngige DNA von folgender relativer Zusammensetzung:
A: 1,0 C: 0,75 G: 0,98 T: 1,33
Welche Zusammensetzung hat die komplementäre RNA?

	A:	C:	G:	T:	U:
(A)	0,75	1,00	1,33	0,00	0,98
(B)	1,33	0,98	0,75	0,00	1,00
(C)	1,00	0,98	0,75	0,00	1,33
(D)	1,33	0,75	1,00	0,00	0,75
(E)	1,33	0,98	0,75	0,50	0,50

→2.4 Die Nukleotidsequenz der DNA enthält eine
(A) periodische Wiederholung der Basen Adenin, Cytosin, Guanin und Uracil
(B) periodische Wiederholung der Basen Adenin, Cytosin, Guanin und Thymin
(C) zufällige Anordnung der Nukleotide
(D) nicht zufällige und nicht periodische Anordnung der Nukleotide (vergleichbar einer Buchstabenfolge in einer Schrift)
(E) nicht zufällige, periodische Anordnung der Nukleotide (vergleichbar mit der Länge des Genortes)

H97

→2.5 Welche Aussage trifft nicht zu?
Folgende Nukleinsäuren sind primär zweisträngig:
(A) Mitochondrien-DNA
(B) Transfer-RNA
(C) DNA grampositiver Bakterien
(D) DNA gramnegativer Bakterien
(E) Plasmide der Bakterien

■

→2.6 DNA (Desoxyribonukleinsäure)
(A) kommt im Zellkern nur unmittelbar vor der Mitose vor
(B) stellt in Form von Ribosomen die Matrix für die Proteinsynthese dar
(C) wird nach der Mitose im Arbeitskern (Interphasekern) durch RNA ersetzt
(D) ist in den Zentriolen vorhanden
(E) ist auch in den Mitochondrien vorhanden

■

→2.7 Für die DNA-Replikation trifft nicht zu:
(A) Sie ist semikonservativ.
(B) Sie findet im Zellkern statt.
(C) Sie ist enzymabhängig.
(D) Sie findet in der G_1-Phase statt.
(E) Sie erfolgt unter Anlagerung von komplementären Basen.

2.1 (D) 2.2 (A) 2.3 (B) 2.4 (D) 2.5 (B) 2.6 (E) 2.7 (D)

2.1 Organisation und Funktion eukaryontischer Gene

F01
→ 2.8 Welcher Sachverhalt ist in dem stark vereinfachten Schema der DNA-Replikation nicht zutreffend dargestellt?
("oben" und "unten" bezieht sich auf die Lage im Schema)

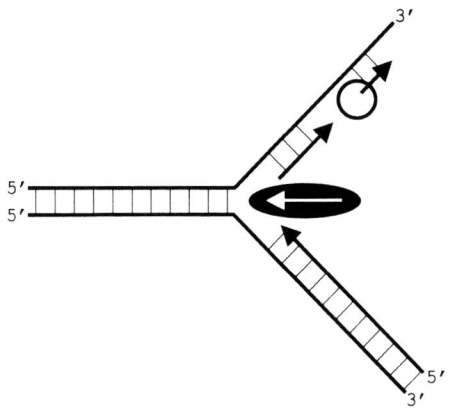

(A) Vorhandensein eines Okazaki-Fragments nahe (rechts oberhalb) der Gabelungsstelle
(B) Polarität der kontinuierlich synthetisierten komplementären DNA-Sequenz
(C) Polarität des oberen parentalen Stranges
(D) Polarität des unteren parentalen Stranges
(E) Vorhandensein einer DNA-Helikase

H02
→ 2.9 In einer Bakterienkultur sind bei jedem Bakterium beide Einzelstränge der DNA radioaktiv markiert. Es erfolgt nun eine Vermehrung in nicht-radioaktivem Medium.
Wie hoch ist am ehesten der Anteil von Bakterien mit radioaktiver DNA in der Kultur nach einmaliger und zweimaliger DNA-Replikation?

	nach einmaliger Replikation	nach zweimaliger Replikation
(A)	50 %	25 %
(B)	50 %	50 %
(C)	100 %	25 %
(D)	100 %	50 %
(E)	100 %	75 %

2.1.2 DNA-Reparatur

F06
→ 2.10 Lang dauernde Bestrahlung mit ultraviolettem Licht kann durch DNA-Veränderungen bösartige Tumoren der Haut induzieren.
Welche der genannten DNA-Veränderungen wird typischerweise durch eine solche UV-Bestrahlung verursacht?
(A) Verlust der Aminogruppe von Guanin
(B) Inversion
(C) Bildung von Thymin-Dimeren
(D) Methylierung von Guanin
(E) Translokation

F01 F97 H94 ■
→ 2.11 Bei der Exzisionsreparatur der DNA des Menschen
(A) ist eine lokal begrenzte DNA-Synthese notwendig
(B) wird nur die veränderte Nukleotidpaarung aus der DNA entfernt
(C) werden beide Molekülketten der DNA-Doppelhelix lokal begrenzt aufgelöst
(D) ist Einstrahlung von Licht notwendig
(E) wird das gesamte DNA-Molekül eines betroffenen Gens durch Neubildung ersetzt

F96 ■
→ 2.12 Welche Aussage zur Exzisionsreparatur der DNA trifft nicht zu?
(A) Das Schneiden des geschädigten DNA-Stranges erfolgt durch eine Endonuklease.
(B) Die Exzision des geschädigten DNA-Stranges erfolgt durch die reverse Transkriptase.
(C) Die Reparatur des geschädigten DNA-Stranges erfolgt durch eine DNA-Polymerase.
(D) Die Verknüpfung des neusynthetisierten DNA-Stranges erfolgt durch eine Polynukleotid-Ligase.
(E) Für die Neusynthese benutzt die DNA-Polymerase den intakten Tochterstrang als Matrize.

2.8 (C)   2.9 (D)   2.10 (C)   2.11 (A)   2.12 (B)

2.1.3 Genbegriff, Transkription und Prozessierung der RNA

→2.13 Welche Aussage trifft nicht zu?
Ein Gen
(A) besteht aus einem bestimmten Abschnitt eines DNA-Moleküls
(B) wird bei numerischen Chromosomenaberrationen verändert
(C) kann für die Synthese eines bestimmten Polypeptids zuständig sein
(D) enthält eine hohe Anzahl von Nukleotiden
(E) ist gemeinsam mit anderen Genen auf einem Chromosom angeordnet

F86 ■
→2.14 Das Genom des Säugers enthält viel mehr DNA als für seine Strukturgene notwendig ist.
Welche Aussage dazu trifft nicht zu?
(A) Es gibt repetitive DNA-Abschnitte.
(B) Gene für rRNA kommen in vielen Kopien vor.
(C) Alle Gene sind mehrfach vorhanden.
(D) Es gibt innerhalb von Strukturgenen lange DNA-Sequenzen, die nicht translatiert werden.
(E) Zwischen den Genen gibt es lange DNA-Sequenzen, die nicht transkribiert werden.

F95
→2.15 Welche Aussage trifft nicht zu?
Repetitive DNA
(A) kommt bei Pro- und Eukaryonten auch als hochrepetitive DNA vor
(B) kann als Heterochromatin vorliegen
(C) liegt u. a. in redundanten Genen für rRNA vor
(D) ist in der Zentromerregion des Chromosoms vorhanden
(E) bildet beim Menschen einen erheblichen Teil der Gesamt-DNA des Zellkerns

→2.16 Transkription nennt man
(A) Übertragung genetischer Information durch DNA-Bruchstücke, die von bestimmten Zellen aufgenommen werden
(B) Übertragung genetischer Information von DNA auf Ribonukleinsäuren
(C) Übertragung der Peptidyl-tRNA von der A-Stelle der Ribosomen auf die P-Stelle
(D) Biosynthese von Proteinen an Ribosomen
(E) semikonservative Verdoppelung der DNA

H98 H97 F97 H96 ■ ■
→2.17 Die Abbildung zeigt schematisch das Bild, das sich bei den meisten eukaryontischen Strukturgenen ergibt, wenn eine mRNA in vitro mit der DNA des dazugehörigen Gens hybridisiert wird. Die DNA ist hierbei als Doppellinie, die mRNA als einzelne Linie dargestellt.

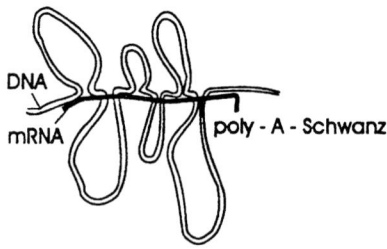

Welche Aussage trifft zu?
(A) Die ungepaarten Schleifen entsprechen den Exons.
(B) Die mRNA ist länger als die DNA.
(C) Das Gen weist 7 Introns auf.
(D) Die Introns sind länger als die Exons.
(E) Der poly-A-Schwanz der mRNA befindet sich am 5'-Ende.

H00
→2.18 Welchen Vorgang zeigt die stark vereinfachte Abbildung?

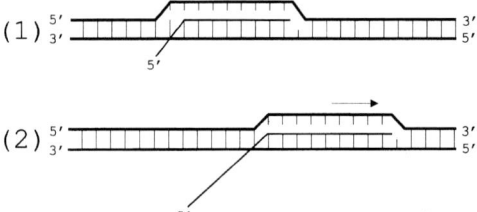

(A) Synthese von RNA
(B) Synthese von Protein
(C) Reparatur von DNA
(D) DNA-Replikation
(E) DNA-Rekombination

2.13 (B)   2.14 (C)   2.15 (A)   2.16 (B)   2.17 (D)   2.18 (A)

F00 ■

→ 2.19 Die Abbildung gibt schematisch die Übersetzung der genetischen Information in ein Protein wieder.
Welcher der Buchstaben (A)–(E) kennzeichnet das Spleißen?

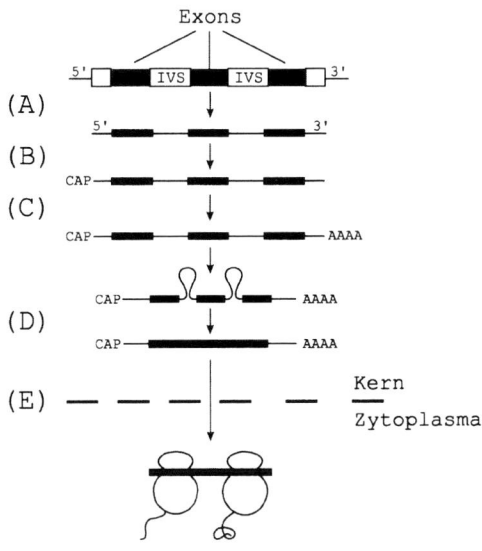

F01

→ 2.21 Die Abbildung gibt schematisch die Übersetzung der genetischen Information in ein Protein wieder.
Bei welchem Schritt (A) – (E) entsteht die heterogene nukleäre RNA (hnRNA)?

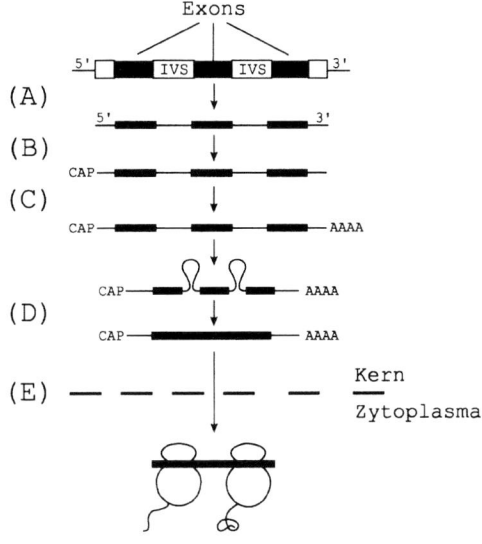

H07 H06 ■ ■

→ 2.20 Das Spleißen der transkribierten RNA erfolgt
(A) im Zellkern
(B) an der Außenseite der Zellkernmembran
(C) an freien Ribosomen
(D) am glatten endoplasmatischen Retikulum
(E) im Zytoplasma

H01 ■

→ 2.22 Die Abbildung gibt schematisch die Übersetzung der genetischen Information in ein Protein wieder.
Welcher der Buchstaben (A)–(E) kennzeichnet die Poly-Adenylierung?

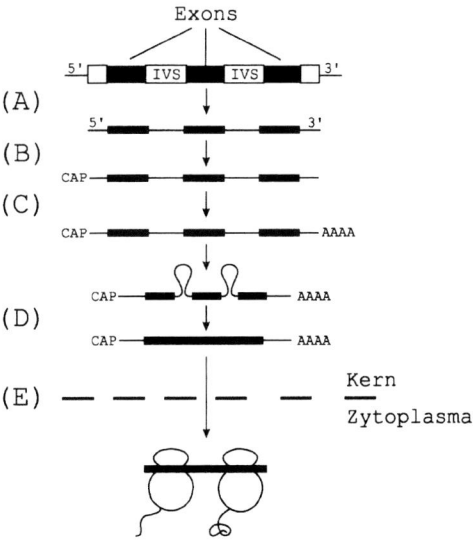

2.19 (D) 2.20 (A) 2.21 (A) 2.22 (C)

2 Genetik

→2.23 Welche Aussage trifft nicht zu?
Transfer-RNA
(A) besitzt ein als Anticodon bezeichnetes Basentriplett, das bei der Proteinbiosynthese an ein korrespondierendes Triplett der mRNA angelagert wird
(B) bindet Aminosäuren esterartig an eine OH-Gruppe der Ribose
(C) besitzt am 3'-OH-Ende die Basensequenz CCA
(D) bildet mit Aminosäuren Aminoacyl-tRNA-Verbindungen
(E) sorgt für den Transport von Aminosäuren aus dem EZR in die Zelle

F95

→2.24 Aktive Gene für tRNA finden sich in
(A) Peroxisomen
(B) Mitochondrien
(C) Ribosomen
(D) Lysosomen
(E) Diktyosomen

2.1.4 Regulation der Genexpression

H99

→2.25 Welcher Begriff kann am wenigsten mit einem eukaryoten, proteinkodierenden Gen in Verbindung gebracht werden?
(A) Promotor
(B) Exon-Intron
(C) Terminator
(D) Operon als Regulationseinheit
(E) Histone

2.1.5 Differenzielle Genaktivität als Grundlage von Entwicklung und Differenzierung

Zu diesem Kapitel gibt es keine aktuellen Fragen.

2.1.6 Translation und genetischer Code

■■
→2.26 Welcher der folgenden Vorgänge gibt die vollständige Bedeutung des Begriffs Translation wieder?
(A) die Bindung von Aminosäuren an tRNA
(B) die Übersetzung des mRNA-Codes in die Aminosäuresequenz der Proteine
(C) die Adapterfunktion der tRNA
(D) die Synthese von tRNA
(E) die Gliederung von mRNA in Tripletts (Codons)

→2.27 Welcher Stoff ist nicht unmittelbar an der Proteinbiosynthese beteiligt?
(A) mRNA
(B) DNA
(C) Ribosomen
(D) aktivierte Aminosäuren
(E) tRNA

F02 ■
→2.28 Welchen Vorgang zeigt die schematische Abbildung?

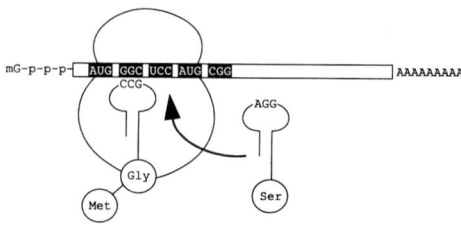

(A) DNA-Replikation
(B) Reparatur von DNA-Schäden
(C) Synthese von mRNA bzw. rRNA
(D) Transkription von tRNAs
(E) Synthese eines Proteins

H98 ■■
→2.29 Welche Aussage zur Proteinsynthese trifft zu?
(A) Eukaryontische und prokaryontische Ribosomen haben den gleichen Sedimentationskoeffizienten.
(B) Die Synthese der zytoplasmatischen Proteine erfolgt an freien Ribosomen.
(C) Die Transkription sämtlicher Gene einer Zelle erfolgt im Zellkern.
(D) Die Kernproteine (Nukleoproteine) werden im rauhen Endoplasmatischen Retikulum synthetisiert.
(E) Alle mitochondrialen Proteine werden an mitochondrialen Ribosomen synthetisiert.

→2.30 Welche der folgenden Aussagen zur Proteinbiosynthese trifft nicht zu?
(A) Die Proteinbiosynthese erfolgt schrittweise nach dem Prinzip der Kettenverlängerung vom N-terminalen Ende der Peptidkette her.
(B) Der Initiatorkomplex bei der Proteinbiosynthese besteht aus GTP, N-Acetylmethionin und drei Proteinfaktoren.
(C) Bei der Proteinbiosynthese wird der genetische Code übersetzt, der Vorgang wird als Translation bezeichnet.
(D) Die Synthese des Proteins ist ein energieverbrauchender Prozeß.
(E) Für die Proteinbiosynthese wird der genetische Code übersetzt, eine Interaktion der Aminoacyl-tRNA mit den Basen der mRNA (messenger-RNA) ist notwendig.

2.23 (E) 2.24 (B) 2.25 (D) 2.26 (B) 2.27 (B) 2.28 (E) 2.29 (B) 2.30 (B)

2.1 Organisation und Funktion eukaryontischer Gene

F01 ■
→ 2.31 Welche Aussage zur Proteinsynthese und Proteinmodifikation trifft nicht zu?
(A) Die meisten mitochondrialen Proteine werden an freien Ribosomen im Zytoplasma synthetisiert.
(B) Lyosomale Proteine gelangen von den sie synthetisierenden Ribosomen ins Lumen des rauen endoplasmatischen Retikulums.
(C) Die Nukleoproteine werden im Zellkern synthetisiert.
(D) Im endoplasmatischen Retikulum werden Exportproteine prozessiert.
(E) Im Golgi-Komplex werden Proteine glykosyliert.

H00 ■
Ordnen Sie den Begriffen der Liste 1 die entsprechenden Strukturen in der Schemazeichnung der Proteinsynthese (Liste 2) zu!

Liste 1
→ 2.33 Codon
→ 2.34 aminoacylierte tRNA

Liste 2

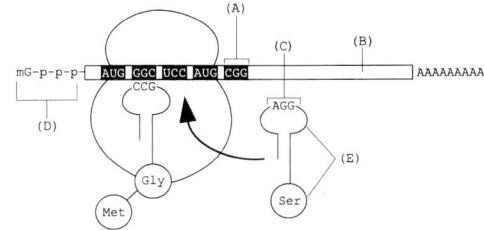

F98 H97 ■
→ 2.32 Ein Protein weist die Aminosäuresequenz ProThr auf.

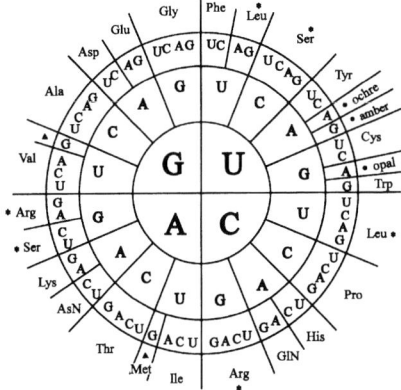

Welche der folgenden mRNA-Basensequenzen trifft gemäß der abgebildeten Code-Sonne hierfür nicht zu?
(A) CCC ACC
(B) CCA ACA
(C) GCC ACC
(D) CCG ACU
(E) CCU ACG

F01
→ 2.35 Welcher der folgenden Sachverhalte ist in dem stark vereinfachten Schema der Proteinsynthese nicht zutreffend dargestellt?

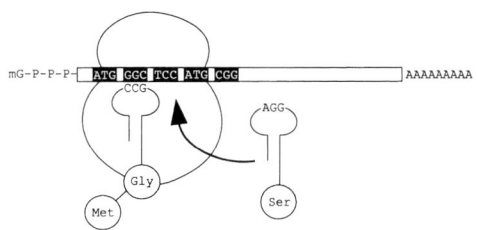

(A) Aufbau des Ribosoms aus 2 Untereinheiten
(B) Vorhandensein eines Poly-A-Schwanzes der mRNA
(C) Basenzusammensetzung der mRNA
(D) Basenfolge des Anticodons der tRNA im Ribosom
(E) Methionin als erste Aminosäure der wachsenden Peptidkette

2.31 (C)   2.32 (C)   2.33 (A)   2.34 (E)   2.35 (C)

2.1.7 Kartierung von Genen/Genfamilien

H90 ■
→2.36 Welche Aussage trifft nicht zu?
Das Hämoglobin-Molekül
(A) besteht aus vier Polypeptid-Ketten
(B) des Feten zeigt einen anderen Aufbau als das der Mutter
(C) wechselt in der Zusammensetzung aus den Globinen während der vorgeburtlichen Entwicklung mehrmals
(D) ist bei beiden Geschlechtern verschieden aufgebaut
(E) kann genetisch bedingte Veränderungen aufweisen, die Ursache von Krankheiten sein können

F99 F92 ■
→2.37 Welche Aussage trifft nicht zu?
Die Hämoglobin-Gene des Menschen
(A) sind im Laufe der Evolution aus einem Ur-Gen hervorgegangen
(B) sind durch Mutation duplizierter Gene entstanden
(C) werden in allen Körperzellen transkribiert
(D) werden im Laufe der Ontogenese zu verschiedenen Zeiten aktiv
(E) sind ein Beispiel für die Evolution von Genen

■
→2.38 Welches der genannten Phänomene wurde in der Evolution durch Genduplikation verursacht?
(A) die multiple Allelie der AB0-Blutgruppen
(B) die Trisomie 21 beim Down-Syndrom
(C) das Vorhandensein von Genen für die α- und β-Ketten des Hämoglobins
(D) das Vorkommen von Iso-X-Chromosomen beim Turner-Syndrom
(E) Geschlechtsunterschiede

F99 F96 ■
→2.39 In der Betakette des Hämoglobins eines Menschen ist in einer bestimmten Position die normalerweise vorkommende Aminosäure durch eine andere ersetzt.
Wodurch wird dieser Austausch verursacht?
(A) durch Ausfall eines Enzyms
(B) Deletion von drei oder einem Mehrfachen von drei Basen
(C) Austausch einer Base in einem Stop-Codon
(D) Austausch einer Base in einem der transkribierten Codons
(E) ungleiches Crossing-over unter Beteiligung des Beta-Pseudogens

F89
→2.40 Welche Aussage trifft nicht zu?
Isoenzyme
(A) haben die gleiche primäre Proteinstruktur (Aminosäuresequenz)
(B) werden durch Genduplikation und Mutation gebildet
(C) weisen ähnliche oder identische enzymatische Aktivität auf
(D) treten auch beim Menschen auf
(E) lassen sich durch Elektrophorese trennen

2.1.8 Anzahl und Größe von Genen

Zu diesem Kapitel wurden bisher keine Prüfungsfragen gestellt.

2.2 Chromosomen des Menschen

H02 ■
→2.41 Bei der Anfertigung eines Karyogramms werden die einzelnen Chromosomen einer Zelle lichtmikroskopisch dargestellt.
Zu dieser Darstellung eignen sich nicht:
(A) Lymphozyten des Blutes
(B) Granulozyten des Blutes
(C) Fibroblasten
(D) Knochenmarks-Zellen
(E) Amnion-Zellen

H01
→2.42 Welche Aussage über die im Mikroskop sichtbaren Metaphasechromosomen des Menschen trifft nicht zu?
(A) Sie enthalten neben der DNA auch Proteine.
(B) Sie enthalten die bereits verdoppelte DNA.
(C) Sie befinden sich in der G_1-Phase des Zellzyklus.
(D) Sie sind stark spiralisiert.
(E) Sie lassen das Zentromer erkennen.

2.36 (D)   2.37 (C)   2.38 (C)   2.39 (D)   2.40 (A)   2.41 (B)   2.42 (C)

H07

→ 2.43 Die graphische Darstellung gibt die Anzahl kartierter Gene auf den einzelnen menschlichen Chromosomen wieder (Stand September 2005).

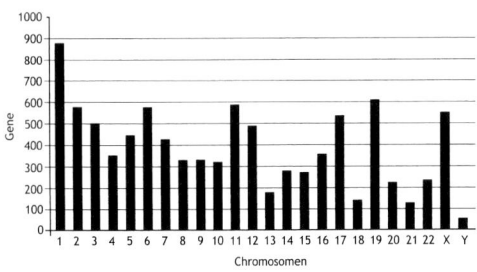

Welches Chromosom hat die höchste Gendichte?
(A) X-Chromosom
(B) Chromosom 1
(C) Chromosom 13
(D) Chromosom 19
(E) Chromosom 21

F10

→ 2.44 Welche Angabe zum Chromosom 21 trifft zu?
(A) akrozentrisches Chromosom mit Nukleolus-Organisator-Region
(B) drei statt zwei lange Arme beim Down-Syndrom
(C) Träger des Gendefekts der Hämophilie A
(D) drei Telomere beim Down-Syndrom
(E) Trisomie beim Turner-Syndrom

H04

→ 2.45 Bei der Untersuchung der Chromosomen beim Menschen wird das Pflanzengift Colchicin oder seine Derivate angewendet, da Colchicin
(A) die Polymerisation der Mikrotubuli der Teilungsspindel hemmt
(B) die Replikation der DNA in der S-Phase hemmt
(C) die Spiralisierung der Chromosomen verhindert
(D) alle Zellen, die sich nicht in Teilungsphasen befinden, abtötet
(E) die Kernhülle schon vor der Prophase auflöst

→ 2.46 Welches der folgenden Merkmale ist nicht zur Identifizierung menschlicher mitotischer Chromosomen geeignet?
(A) Länge
(B) Lage des Zentromers
(C) Lage der Chiasmata (Crossing-over)
(D) Muster der G-Banden
(E) Muster der Q-Banden

F10

→ 2.47 Eine gängige Methode zur Anfärbung von Metaphasechromosomen ist:
(A) Giemsa-Färbung
(B) Hämatoxylin-Eosin-Färbung
(C) Eisenhämatoxylinfärbung
(D) Alcianblaufärbung
(E) PAS-Reaktion

F04

→ 2.48 Welche der folgenden Aussagen zum Kinetochor ist zutreffend?
(A) Repetitive Baueinheit des Chromatins, bestehend aus Histonen und einem DNA-Abschnitt
(B) Struktur am Zentromer, dient zur Verankerung von Mikrotubuli
(C) charakteristische Sequenzen an den Chromosomenenden mit speziellem Replikationsmodus
(D) Multiproteinkomplex u. a. aus Proteasen zur zytoplasmatischen Degradation von Proteinen
(E) charakteristische Aktinbindungsstelle an den Chromosomen

F02

→ 2.49 Welche Aussage beschreibt am zutreffendsten die Telomere?
(A) repetitive Baueinheit des Chromatins bestehend aus Histonen und einem DNA-Abschnitt
(B) Multiproteinkomplex u. a. aus Proteasen zur zytoplasmatischen Degradation von Proteinen
(C) biochemische und morphologische Vorgänge, die zum programmierten Tod einer Zelle führen
(D) charakteristische DNA-Sequenzen an den Chromosomenenden
(E) Multiproteinkomplex am Zentromer; dient zur Verankerung der Mikrotubuli

F07

→ 2.50 Das Burkitt-Lymphom ist ein Tumor von Zellen des Immunsystems, bei dem es zur Translokation des Oncogens c-myc auf Chromosom 8 in die Nähe des Ig-Locus auf Chromosom 14 gekommen ist.
Die schematische Darstellung (Abbildung Nr. 15 des Bildanhangs) zeigt im oberen Teil einen normalen Zellkern nach Fluoreszenz-in-situ-Hybridisierung (FISH) mit einer Sonde für das c-myc-Gen (blau) auf Chromosom 8 und für den Ig-Locus auf Chromosom 14 (rot).
Welche der Darstellungen (A)–(E) entspricht am ehesten dem Zellkern eines Burkitt-Lymphoms nach Fluoreszenz-in-situ-Hybridisierung (FISH)?

2.43 (D)   2.44 (A)   2.45 (A)   2.46 (C)   2.47 (A)   2.48 (B)   2.49 (D)   2.50 (C)

2.3 Formale Genetik

2.3.1 Begriffe und Symbole

→2.51 Unter Expressivität eines Gens wird verstanden
(A) die Häufigkeit von Mutationen eines Gens in einer Population
(B) die Häufigkeit eines Gens in einer Population
(C) die Häufigkeit, mit der ein Gen sich im Phänotyp manifestiert
(D) der unterschiedliche Ausprägungsgrad eines Gens im Phänotyp
(E) der Grad seiner Rezessivität gegenüber dem normalen Allel

→2.52 Penetranz bei einem autosomal-dominanten Merkmal bedeutet:
(A) Grad der Schädlichkeit eines Merkmals
(B) Häufigkeit eines Merkmals in einer Geschwisterreihe
(C) durchschnittliche Ausprägung eines Merkmals innerhalb einer Familie
(D) Anteil der Merkmalsträger unter den Genträgern
(E) Häufigkeit eines Merkmals in einer abgegrenzten Population

H07 ■
→2.53 Der Begriff Heterogenie in der Humangenetik bedeutet, dass
(A) Veränderungen verschiedener Gene ein gleiches Krankheitsbild verursachen können
(B) ein verändertes Gen zu mehreren verschiedenen Krankheitsbildern führen kann
(C) ein unterschiedliches Bandenmuster zweier homologer Chromosomen vorhanden ist
(D) Heterozygote Vorteile gegenüber Homozygoten besitzen
(E) neben genetischen Faktoren auch Umwelteinflüsse am Zustandekommen des Krankheitsbildes beteiligt sind

H03
→2.54 Einige Erkrankungen mit genetischer Grundlage tendieren dazu, sich von Generation zu Generation stärker und früher zu manifestieren (z. B. Myotone Muskeldystrophie).
Wie wird dieses Phänomen genannt?
(A) Antizipation
(B) Imprinting
(C) Pseudodominanz
(D) unvollständige Penetranz
(E) variable Expressivität

F04
→2.55 Welches Phänomen konnte anhand von Erkrankungen, die mit einer Triplettexpansion einhergehen, erstmals molekular erklärt werden?
(A) Co-Dominanz
(B) Neumutation
(C) Imprinting
(D) Antizipation
(E) Polygenie

H05
→2.56 Welche Aussage zum genomischen Imprinting trifft am ehesten zu?
Es bewirkt
(A) die nicht modifizierte Weitergabe genetischer Informationen von der Mutter auf das Kind
(B) die Modifizierung der Genaktivität durch intragenische Repeatexpansion
(C) das entgegen dem Vererbungsmodus ausbleibende Auftreten genetisch bedingter Merkmale in aufeinander folgenden Generationen
(D) unterschiedliche Genaktivität, je nachdem ob das vererbte Gen vom Vater oder von der Mutter stammt
(E) die Vererbung X-chromosomaler Gene vom Vater auf die Tochter

→2.57 Letalfaktoren werden wirksam
(A) nur bei geschlechtsgebundenem Erbgang
(B) bei adulten Organismen
(C) in der „kritischen Phase" (teratogenetisch sensiblen Phase) während der Entwicklung
(D) nur bei Eintritt der Geschlechtsreife
(E) nur bei Dominanz des betreffenden Erbfaktors

F06 ■
→2.58 Welcher der folgenden Begriffe bezeichnet am besten die Manifestation eines Gendefektes an mehreren Organsystemen?
(A) multiple Allele
(B) genetische Heterogenität
(C) Expressivität
(D) Penetranz
(E) Pleiotropie

H01 ■
→2.59 Wenn sich beide Allele im Phänotyp manifestieren (wie z. B. im MN-Blutgruppensystem), nennt man dieses Phänomen
(A) Dominanz
(B) Kodominanz
(C) Rezessivität
(D) Hemizygotie
(E) Heterozygotie

2.51 (D)   2.52 (D)   2.53 (A)   2.54 (A)   2.55 (D)   2.56 (D)   2.57 (C)   2.58 (E)   2.59 (B)

2.3 Formale Genetik

F07
→ 2.60 Bei einer ausreichend großen Zahl von Beobachtungen ist zu erwarten, dass 25 % der Kinder von Eltern, die beide heterozygot für das gleiche Albinismus verursachende Gen sind, einen Albinismus aufweisen.
Was erklärt, warum der Anteil betroffener Kinder in Familien, die über ein Kind mit Albinismus erfasst wurden, höher ist als 25 %?
(A) Art der Erfassung
(B) Pseudodominanz
(C) Penetranz
(D) Dominanz
(E) Heterogenie

H09 ■
→ 2.61 Ein Kind ist homozygot für ein seltenes rezessives Allel. Bei der genetischen Untersuchung der Eltern zeigt sich, dass die Mutter heterozygot für das betreffende Allel ist, der Vater jedoch homozygot für das Wildtyp-Allel. Die Vaterschaft ist gesichert.
Bei dem Kind liegt am wahrscheinlichsten vor:
(A) Mosaizismus
(B) unvollständige Penetranz
(C) variable Expressivität
(D) uniparentale Disomie
(E) Pseudodominanz

2.3.2 Mendel'sche Gesetze

■
→ 2.62 Die Mendelschen Gesetze
(A) treffen für alle Lebewesen zu
(B) treffen nur für Tiere, nicht aber für Pflanzen und Mikroorganismen zu
(C) treffen nur für diploide Lebewesen zu, deren Keimzellen haploid sind
(D) haben einen X-Y-Mechanismus der Geschlechtsbestimmung zur Voraussetzung
(E) sind nur gültig, wenn ein Lebewesen mehr als zwei Nachkommen hat

→ 2.63 Kreuzt man zwei Homozygote verschiedener Allele des gleichen Lokus miteinander, so
(A) entsprechen alle F_1-Nachkommen dem Genotyp des Vaters
(B) sind alle F_1-Nachkommen einheitlich heterozygot
(C) enthält die F_1-Generation die beiden Ausgangstypen im Verhältnis 3 (dominantes Allel) : 1 (rezessives Allel)
(D) enthält die F_1-Generation die beiden Ausgangstypen im Verhältnis 1 : 1
(E) treten die Genotypen im Verhältnis 1 (homozygot des einen Allels) : 2 (heterozygot) :1 (homozygot des anderen Allels) auf

F02 H99 H92 ■
→ 2.64 Entscheidend für die Verteilung von Genen nach dem dritten Mendel'schen Gesetz (Unabhängigkeitsgesetz) ist, dass
(A) zwei Gene verschiedene, voneinander unabhängige biochemische Syntheseschritte kontrollieren
(B) zwei Gene auf verschiedenen Chromosomen lokalisiert sind
(C) multiple Allelie besteht
(D) zwei Gene auf dem gleichen Chromosom eng beieinander liegen
(E) zwei Gene einer Koppelungsgruppe angehören

F04
→ 2.65 Das 3. Mendel-Gesetz (Unabhängigkeitsgesetz) bezieht sich auf zwei Gene, die
(A) auf einem Chromosom gelegen sind und in verschiedene Stoffwechselprozesse eingreifen
(B) auf einem Chromosom gelegen sind und in aufeinander folgende Stoffwechselprozesse eingreifen
(C) auf homologen Chromosomen als multiple Allele vorliegen
(D) nicht der gleichen Kopplungsgruppe angehören
(E) auf den Geschlechtschromosomen (X oder Y) lokalisiert sind

→ 2.66 Abweichungen vom 3. Mendelschen Gesetz (dem Unabhängigkeitsgesetz) werden beobachtet, wenn
(A) das eine der beiden Gene auf dem X-Chromosom, das andere auf einem Autosom gelegen ist
(B) das eine der betrachteten Gene ein Letalfaktor ist
(C) das eine der beiden Gene dominant, das andere rezessiv ist
(D) die beiden betrachteten Gene auf dem gleichen Chromosom relativ eng benachbart sind
(E) die beiden betrachteten Gene in die gleiche Genwirkkette eingreifen

2.60 (A)   2.61 (D)   2.62 (C)   2.63 (B)   2.64 (B)   2.65 (D)   2.66 (D)

2.3.3 Autosomal-dominanter/kodominanter Erbgang, multiple Allelie

H05 H01 ■
→2.67 In einer Familie weisen nur der Großvater und sein Enkelkind dasselbe autosomal-dominant vererbte Merkmal auf.
Welcher Begriff beschreibt die am wahrscheinlichsten vorliegende Situation am besten?
(A) multiple Allelie
(B) genetische Heterogenität
(C) variable Expressivität
(D) unvollständige Penetranz
(E) Neumutation

F05 ■
→2.68 Bei einem autosomal-dominant vererbten Merkmal versteht man unter Penetranz
(A) die durchschnittliche Ausprägung eines Merkmals innerhalb einer Familie
(B) den Anteil der Merkmalsträger unter den Genträgern
(C) die Häufigkeit eines Merkmals in einer abgegrenzten Population
(D) den Grad der mit dem Merkmal verbundenen Gesundheitsschädigung
(E) die Häufigkeit eines Merkmals in einer Geschwisterreihe

F03 ■
→2.69 Welchem der folgenden Erbgänge entspricht der Stammbaum am ehesten?

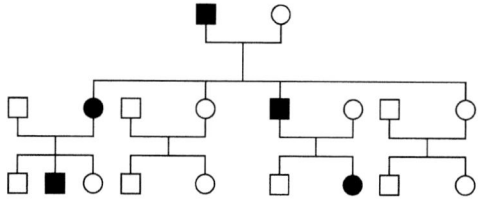

(A) autosomal-rezessive Vererbung
(B) autosomal-dominante Vererbung
(C) maternale (mitochondriale) Vererbung
(D) multifaktorielle Vererbung
(E) X-chromosomal-rezessive Vererbung

H04 ■
→2.70 Kann eine Person mit einer autosomal-dominanten Erkrankung ein gesundes Kind haben?
(A) ja, aber nur, wenn der Ehepartner nicht die gleiche Erkrankung hat
(B) ja, und zwar auch, wenn der Ehepartner die gleiche Erkrankung hat
(C) ja, aber nur bei herabgesetzter Penetranz
(D) ja, und zwar nur, wenn es sich um eine Neumutation handelt
(E) nein

H96
→2.71 Die myotone Dystrophie wird autosomal-dominant vererbt.
Wie groß ist das Erkrankungsrisiko von Kindern im Regelfall, wenn beide Eltern betroffen sind?
(A) 25%
(B) 50%
(C) 67%
(D) 75%
(E) 100%

F95
→2.72 I,1 und II,1 leiden an einer seltenen, autosomal-dominant vererbten Krankheit (100 % Penetranz, aber Manifestationsalter ~ 30 Jahre). III,1 ist 20 Jahre alt.

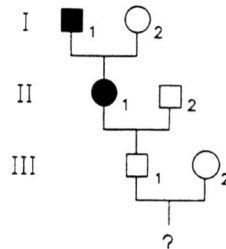

Wie hoch ist das Erkrankungsrisiko eines Kindes von III,1 und III,2?
(A) ~50%
(B) ~25%
(C) ~12,5%
(D) ~6,25%
(E) Das Risiko entspricht der Mutationsrate.

2.67 (D)   2.68 (B)   2.69 (B)   2.70 (B)   2.71 (D)   2.72 (B)

2.3 Formale Genetik

H09 ■■
→ **2.73** In einer Familie weist der Vater eine autosomal-dominant vererbliche Skelettdysplasie auf. Seine Eltern und seine Ehefrau sind von dieser Krankheit nicht betroffen. Seine fünf Kinder sind jedoch alle ebenfalls von der Krankheit betroffen.
Diese Verteilung bei den Kindern
(A) ist nicht mit den Mendelschen Vererbungsregeln vereinbar
(B) ist bei 1/4 aller solcher Familien mit 5 Kindern und einem erkrankten Elternteil zu erwarten
(C) ist bei 1/8 aller solcher Familien mit 5 Kindern und einem erkrankten Elternteil zu erwarten
(D) ist bei 1/32 aller solcher Familien mit 5 Kindern und einem erkrankten Elternteil zu erwarten
(E) ist nur möglich, wenn auch die Mutter die gleiche Krankheit aufweist

F99 ■■
→ **2.74** Welche Aussage über das AB0-Blutgruppensystem trifft nicht zu?
(A) Es ist ein Beispiel für multiple Allelie.
(B) Alle Blutgruppen sind in Deutschland gleich häufig.
(C) Es besteht Kodominanz der Allele A und B.
(D) Bei der Blutgruppe A kann sich die Dominanz des Allels A gegenüber dem Allel 0 zeigen.
(E) Bei der Blutgruppe B kann sich die Rezessivität des Allels 0 zeigen.

F90 ■
→ **2.75** Welche Aussage trifft nicht zu?
Die Merkmale der AB0-Blutgruppen
(A) gehen auf chemische Unterschiede der Glykokalix zurück
(B) folgen einem vollständig kodominanten Erbgang
(C) bilden in der menschlichen Population einen genetischen Polymorphismus
(D) können zu Komplikationen bei der Bluttransfusion führen
(E) können zur Feststellung der Vaterschaft verwendet werden

F96 ■■
→ **2.76** Der Vater hat Blutgruppe A, die Mutter hat Blutgruppe B, das Kind hat Blutgruppe 0.
Welche ist die wahrscheinlichste Erklärung?
(A) Neumutation A 0
(B) Neumutation B 0
(C) Der Vater ist heterozygot A0, die Mutter heterozygot B0.
(D) Der Mann ist nicht der biologische Vater des Kindes.
(E) Das Kind wurde nach der Geburt vertauscht.

F99 ■■
→ **2.77** Ein Kind hat die Blutgruppe 0.
Welche Blutgruppenkombination ist bei seinen Eltern nicht möglich?
(A) Vater 0, Mutter AB
(B) Vater A, Mutter A
(C) Vater B, Mutter A
(D) Vater B, Mutter 0
(E) Vater 0, Mutter A

F03 H96 ■■
→ **2.78** In einem Test zur Ausschließung der Vaterschaft werden bei der Mutter die Blutgruppeneigenschaften A/MN und bei ihrem Kind die Blutgruppeneigenschaften 0/M festgestellt.
Männer mit welcher der folgenden Kombinationen kommen als Väter nicht in Frage?
(A) 0/M
(B) 0/MN
(C) A/M
(D) A/N
(E) B/MN

F01 F98 F95 ■
→ **2.79** Die MN-Blutgruppen werden kodominant vererbt. Der Vater hat die Blutgruppe M, die Mutter hat MN.
Welches Zahlenverhältnis erwarten Sie nach den Mendel'schen Gesetzen unter den Kindern?
(A) 100 % MN
(B) 100 % M
(C) 50 % M, 50 % MN
(D) 50 % M, 50 % N
(E) 25 % M, 50 % MN, 25 % N

H02 ■
→ **2.80** Die Blutgruppen M und N werden durch kodominante Allele determiniert. Bei einem Kind liegt phänotypisch die Blutgruppe N vor.
Welche phänotypische Kombination von Blutgruppen ist bei seinen Eltern nicht möglich?
(A) Mutter MN, Vater M
(B) Mutter MN, Vater N
(C) Mutter MN, Vater MN
(D) Mutter N, Vater MN
(E) Mutter N, Vater N

2.73 (D)   2.74 (B)   2.75 (B)   2.76 (C)   2.77 (A)   2.78 (D)   2.79 (C)   2.80 (A)

H09

→ 2.81 Von 100 untersuchten Personen einer Population haben
36 die Blutgruppe M
16 die Blutgruppe N
48 die Blutgruppe MN
Wie lautet die Häufigkeitsverteilung der Allele M und N?
(A) M = 0,5 N = 0,5
(B) M = 0,6 N = 0,4
(C) M = 0,7 N = 0,3
(D) M = 0,8 N = 0,2
(E) M = 0,9 N = 0,1

H10

→ 2.82 Beide Eltern eines eineiigen Zwillingspaares haben die durch die kodominanten Allele M und N determinierte Blutgruppe MN.
Wie groß ist die Wahrscheinlichkeit, dass beide eineiige Zwillinge die Blutgruppe MN haben?
(A) 1/16
(B) 1/4
(C) 1/2
(D) 3/4
(E) 1

→ 2.83 Welche Aussage trifft nicht zu?
Multiple Allele
(A) sind vorhanden, wenn ein Gen in mehreren durch Mutationen entstandenen Formen vorliegt
(B) liegen in diploiden Zellen an den einander entsprechenden Genorten homologer Chromosomen
(C) sind beim Menschen z. B. für die Gene der AB0-Blutgruppen vorhanden
(D) können die Anpassung einer Art an sich ändernde Umweltbedingungen ermöglichen
(E) sind die Voraussetzung für die multifaktoriell bedingten erblichen Merkmale

2.3.4 Autosomal-rezessiver Erbgang

→ 2.84 Albinismus ist autosomal-rezessiv erblich. Aus einer Ehe zweier Albinos gingen einmal normalpigmentierte Kinder hervor; die Vaterschaft war gesichert.
Welches ist die wahrscheinlichste Lösung?
(A) Einbau eines Pigmentierungsgens in das Genom des Kindes durch eine Virusinfektion
(B) vollständige Penetranz
(C) Heterogenie
(D) Aktivierung des mutierten Gens durch besonders Tyrosin-reiche Ernährung während der Schwangerschaft
(E) nichterbliche Form des Albinismus bei einem der Eltern

F07 ■

→ 2.85 Wie hoch ist der Erwartungswert für erkrankte Kinder bei autosomal-rezessiver Vererbung in einer Verbindung eines homozygoten Genträgers mit einer heterozygoten Genträgerin?
(A) 25 %
(B) 33 %
(C) 50 %
(D) 75 %
(E) 100 %

H05

→ 2.86 Die Häufigkeit der autosomal-rezessiv vererbten klassischen Phenylketonurie beträgt bei Neugeborenen in Deutschland ungefähr 1 : 10 000.
Wie hoch ist demnach die Frequenz des mutierten Gens in der Bevölkerung?
(A) 0,0001
(B) 0,001
(C) 0,01
(D) 0,02
(E) 0,05

F07

→ 2.87 Welche der folgenden klinisch gesunden Personen hat ein Risiko von 2/3, heterozygot für das entsprechende Gen zu sein?
(A) das Kind einer Mutter mit Achondroplasie
(B) der Bruder von zwei Patienten mit Achondroplasie
(C) die Schwester eines Patienten mit klassischer Phenylketonurie
(D) das Kind einer Patientin mit klassischer Phenylketonurie
(E) der Vater eines Kindes mit Albinismus

2.81 (B)   2.82 (C)   2.83 (E)   2.84 (C)   2.85 (C)   2.86 (C)   2.87 (C)

H00 ■■
→ 2.88 Die im Stammbaum mit II/1 gekennzeichnete Frau weist eine klassische Phenylketonurie (PKU) auf. Alle anderen Personen des Stammbaumes haben keine PKU.

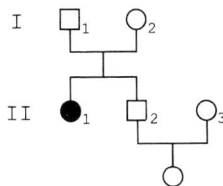

Welche Aussage zur Vererbung der PKU trifft im Regelfall nicht zu?
(A) Die PKU wird autosomal-rezessiv vererbt.
(B) Die Eltern I/1 und I/2 sind für das PKU-Gen heterozygot.
(C) Die Frau II/1 ist für das PKU-Gen homozygot.
(D) Der Mann II/2 ist mit einer Wahrscheinlichkeit von 1/2 für das PKU-Gen heterozygot.
(E) Die Tochter des Paares II/2 und II/3 ist mit einer Wahrscheinlichkeit von 1/3 für das PKU-Gen heterozygot.

H09
→ 2.89 Die Phenylketonurie kommt in der mitteleuropäischen Bevölkerung in einer Häufigkeit von etwa 1 : 10 000 vor. Eine Frau hat zwei Brüder mit Phenylketonurie; in der Familie ihres von dieser Krankheit nicht betroffenen Mannes ist diese Krankheit nicht aufgetreten.
Wie groß etwa ist das Risiko für das Kind dieser Frau, eine Phenylketonurie aufzuweisen?
(A) nicht höher als im Bevölkerungsdurchschnitt
(B) weniger als 1 %
(C) 3 %
(D) 10 %
(E) 25 %

F09
→ 2.90 Etwa 1 von 10 000 Neugeborenen weist die Stoffwechselstörung Phenylketonurie auf. Ein davon betroffener junger Mann, der durch Diät erfolgreich therapiert wurde, gründet eine Familie. Seine Frau ist nicht mit ihm verwandt.
Welche der folgenden Angaben trifft am ehesten zu?
(A) Seine Frau ist mit einer Wahrscheinlichkeit von 1 : 100 heterozygot für dieses Krankheitsgen.
(B) Die Wahrscheinlichkeit, dass der Mann das Krankheitsgen an seine Kinder weitergibt, beträgt 50 %.
(C) Die Wahrscheinlichkeit, dass ein unauffälliges Geschwister des Mannes das Krankheitsgen aufweist, beträgt 50 %.
(D) Die Wahrscheinlichkeit, dass das erste Kind der beiden eine Phenylketonurie aufweist, liegt bei 1 : 100.
(E) Die Wahrscheinlichkeit, dass die Mutter des Mannes heterozygot für das Krankheitsgen ist, beträgt 50 %.

H02
→ 2.91 Das Ehepaar Helga und Hans hat je ein Geschwister, das die autosomal-rezessive Krankheit Mukoviszidose aufweist. Sie selbst und ihre Eltern leiden nicht daran. Bislang wurde auch nicht festgestellt, ob einer von ihnen heterozygoter Genträger ist.
Wie groß etwa ist das Risiko für ein Kind dieses Paares, an der Mukoviszidose zu erkranken?
(A) 3/4
(B) 1/2
(C) 1/4
(D) 1/9
(E) 1/16

F08 ■
→ 2.92 Unter phänotypisch gesunden Geschwistern eines Trägers einer autosomal-rezessiven Krankheit ist die Wahrscheinlichkeit, heterozygot zu sein, am ehesten:
(A) 1/4
(B) 1/3
(C) 1/2
(D) 2/3
(E) 3/4

2.88 (D)   2.89 (B)   2.90 (D)   2.91 (D)   2.92 (D)

F01 ■

→ 2.93 Für eine genetisch-epidemiologische Studie wurden 1 600 Familien mit jeweils zwei Kindern ausgewählt. Beide Eltern sind heterozygot für dieselbe autosomal-rezessive Erkrankung.
Wie viele dieser Familien haben nach statistischer Erwartung zwei Kinder, die von der Krankheit betroffen sind?
(A) 100
(B) 400
(C) 600
(D) 800
(E) 1 200

F05

→ 2.94 Die Häufigkeit heterozygoter Genträger für eine rezessive Krankheit beträgt in einer Bevölkerung 1 : 20, in einer anderen 1 : 50.
Wie groß ist das Risiko für ein Kind, von dieser Erkrankung betroffen zu sein, wenn die phänotypisch gesunden Eltern den unterschiedlichen Bevölkerungsgruppen angehören?
(A) 1 : 1 000
(B) 1 : 2 500
(C) 1 : 4 000
(D) 1 : 8 000
(E) 1 : 10 000

F10 ■

→ 2.95 In Familien mit zwei Kindern, in denen beide Eltern heterozygot für das gleiche Gen sind, das bei Homozygoten eine bestimmte Anomalie verursacht, ist der erwartete Anteil an Familien, in denen beide Kinder diese Anomalie haben:
(A) 1/25
(B) 1/16
(C) 1/8
(D) 1/4
(E) 1/2

H09 ■

→ 2.96 Verwandtenehen (z. B. von Cousin und Cousine) sind häufig Anlass zur genetischen Beratung.
Am ehesten zu bedenken ist bei Kindern aus solchen Ehen ein erhöhtes Risiko für
(A) autosomal-dominant vererbte Krankheiten
(B) autosomal-rezessiv vererbte Krankheiten
(C) X-chromosomal-dominant vererbte Krankheiten
(D) das Auftreten einer Trinukleotid-Repeat-Expansion
(E) genomisches Imprinting

H04

→ 2.97 Die beiden betroffenen Personen in dem abgebildeten Stammbaum weisen dieselbe autosomal-rezessive Form der Taubheit auf.

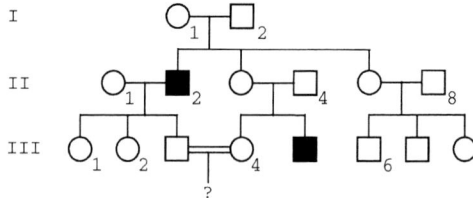

Wie hoch ist die Wahrscheinlichkeit, dass das Kind von III 4 taub sein wird?
(A) 1/2
(B) 1/4
(C) 1/6
(D) 1/8
(E) 1/16

H10 H05 ■■

→ 2.98 Ein blutsverwandtes Ehepaar hat vier Kinder, die alle von derselben autosomal-rezessiv erblichen familiären Erkrankung betroffen sind.
Die Eheleute fragen nach dem Wiederholungsrisiko für ein weiteres Kind.

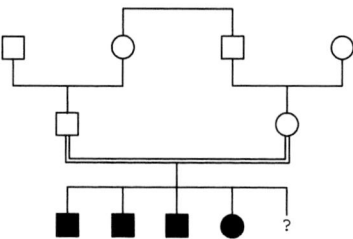

Das Wiederholungsrisiko beträgt etwa
(A) 25 %
(B) 50 %
(C) 66 %
(D) 75 %
(E) 100 %

F03 ■■

→ 2.99 Eine Frau und ein Mann, die an dem gleichen autosomal-rezessiven Erbleiden erkrankt sind, gehen eine Verbindung ein.
Wie hoch ist das Risiko für ihr erstes leibliches Kind, an dem gleichen Leiden zu erkranken?
(A) 100 %
(B) 75 %
(C) 50 %
(D) 25 %
(E) unter 25 %

2.93 (A)   2.94 (C)   2.95 (B)   2.96 (B)   2.97 (C)   2.98 (A)   2.99 (A)

H07

→ 2.100 Ein Paar kommt zur genetischen Beratung. Der Mann hat ein uneheliches Kind mit einer autosomal-rezessiven Erkrankung. Seine neue Verlobte möchte wissen, ob sie heterozygote Genträgerin für diese Erkrankung sei.
Ein Heterozygotentest habe eine Sensitivität und eine Spezifität von 95 %.
Die Prävalenz der Heterozygoten in der Bevölkerung wird auf 1 : 20 geschätzt.
Wie wahrscheinlich ist es etwa, dass die Verlobte bei positivem Testresultat tatsächlich heterozygot ist (prädiktiver Wert des positiven Befundes)?
(A) 0,01 %
(B) 0,1 %
(C) 1 %
(D) 5 %
(E) 50 %

H98 F98 ■

→ 2.101 In einer Familie treten eine autosomal-rezessive und eine X-chromosomal-rezessive Erkrankung auf.
Welcher Genotyp liegt bei der mit einem Pfeil gekennzeichneten Person vor?

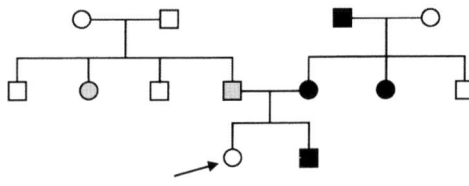

☐ Erkrankte, autosomales Gen

■ Erkrankte, X-chromosomales Gen

Die Symbole der Normalallele für das autosomale Gen sind A, für das X-chromosomale Gen X, für die mutanten Allele a bzw. x.
(A) A/A; X/X
(B) A/a; X/X
(C) A/A; X/x
(D) A/a; X/x
(E) Der Genotyp läßt sich nicht eindeutig bestimmen.

H10

→ 2.102 Bei einer 37-jährigen Frau mit Zyklusunregelmäßigkeiten und dringendem, bisher unerfülltem Kinderwunsch wird im Rahmen der gynäkologischen Abklärung ein Überträgerstatus (Heterozygotie) für einen autosomal-rezessiv vererblichen 21-Hydroxylase-Defekt diagnostiziert. Bei dieser Erkrankung kommt es aufgrund einer gestörten Cortisolsynthese zu einer überschießenden Androgenproduktion. Danach wird auch der Ehemann molekulargenetisch untersucht und gleichermaßen eine Heterozygotie für diese Erkrankung gefunden.
Nach erfolgreicher In-vitro-Fertilisation wird die Frau mit Glucocorticoiden behandelt, um die Virilisierung weiblicher Embryonen zu vermeiden, obwohl es klar ist, dass nur ein Teil aller Embryonen davon profitiert. Als Kennzahl dafür nimmt man die „number needed to treat, NNT", die in diesem Fall besagt, wie viele Embryonen man behandeln muss, damit einer davon diesen Nutzen hat.
In diesem Fall ist die NNT
(A) 2
(B) 4
(C) 6
(D) 8
(E) 10

2.3.5 X-chromosomaler Erbgang

H02 F90 ■

→ 2.103 Die Analyse mehrerer großer Stammbäume hat ergeben, dass sich eine erbliche Krankheit von betroffenen Müttern unabhängig vom Geschlecht auf durchschnittlich die Hälfte der Kinder vererbt. Von betroffenen Vätern wird diese auch an alle ihre Töchter vererbt. Die Söhne der betroffenen Väter sind alle gesund.
Welcher ist der wahrscheinlichste Erbgang?
(A) X-chromosomal-dominant
(B) X-chromosomal-rezessiv
(C) autosomal-dominant
(D) autosomal-rezessiv
(E) Es liegt multifaktorielle Vererbung vor.

→ 2.104 Welchen Phänotyp weisen die Kinder einer gesunden Mutter und eines kranken Vaters auf, wenn die Krankheit durch ein X-chromosomal-dominantes Allel bedingt ist?
(A) Alle Kinder sind krank.
(B) Alle Töchter sind gesund, alle Söhne sind krank.
(C) Je eine Hälfte aller Söhne und Töchter ist gesund, die andere Hälfte ist krank.
(D) Alle Kinder sind gesund.
(E) Alle Söhne sind gesund, alle Töchter sind krank.

2.100 (E)   2.101 (D)   2.102 (D)   2.103 (A)   2.104 (E)

F03 ■

→ 2.105 Ein Mann leidet an einer X-chromosomal-dominant erblichen Erkrankung. Seine Frau ist gesund und nicht mit ihm blutsverwandt.
Welches Erkrankungsrisiko besteht für seine Nachkommen?
(A) 100 % für seine Söhne
(B) 50 % für seine Söhne
(C) 100 % für seine Töchter
(D) 50 % für seine Töchter
(E) 0 % für seine Töchter

H08

→ 2.106 Der Träger einer seltenen X-chromosomal-rezessiv erblichen Erkrankung möchte genetisch beraten werden. Seine Frau ist gesund und nicht mit ihm verwandt.
Das höchste Risiko für diese Erkrankung besteht für
(A) seinen Sohn
(B) seine Tochter
(C) den Sohn des Sohnes
(D) die Tochter des Sohnes
(E) den Sohn der Tochter

F06 ■

→ 2.107 Die Vitamin-D-resistente Rachitis ist X-chromosomal dominant.
Deshalb ist zu erwarten, dass – sofern der andere Ehepartner gesund ist – betroffene
(A) Mütter nur kranke Söhne haben
(B) Mütter nur gesunde Söhne haben
(C) Väter keine kranken Söhne haben
(D) Mütter nur kranke Töchter haben
(E) Väter nur gesunde Töchter haben

■■

→ 2.108 Welche Aussage trifft bei X-chromosomal-dominantem Erbgang mit Letalität der männlichen Hemizygoten nicht zu?
(A) Erhöhung der Häufigkeit von Fehlgeburten bei erkrankten Frauen.
(B) Auftreten des Merkmals nur bei Frauen.
(C) Übertragung nur durch gesunde Männer.
(D) Etwa die Hälfte der Töchter erkrankter Frauen ist ebenfalls erkrankt.
(E) Verschiebung des Geschlechtsverhältnisses unter allen lebenden Kindern erkrankter Frauen zugunsten der Mädchen.

H91 ■

→ 2.109 Zwei Brüder leiden an einer X-chromosomal-rezessiven Krankheit.
Wie groß ist das Risiko für ihre Nichte, heterozygote Überträgerin zu sein?
(A) 0%
(B) 12,5%
(C) 25%
(D) 50%
(E) 75%

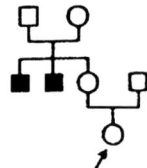

H92

→ 2.110 Eine gesunde Frau fragt nach ihrem Risiko, heterozygot für das Gen für eine X-chromosomal-rezessive Krankheit zu sein. Ihre Eltern sind beide phänotypisch gesund; ihr Bruder und der Bruder der Mutter sind erkrankt.
Wie hoch ist ihr Risiko?
(A) 0
(B) 1/4
(C) 1/2
(D) 2/3
(E) 1

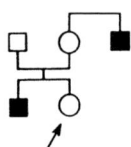

F08 ■

→ 2.111 Wenn bei einem Paar die Frau heterozygot für die X-chromosomal-rezessive Hämophilie A (Bluter-Krankheit) ist und der Mann das nicht mutierte (normale) Allel aufweist, gilt am ehesten für die Nachkommen dieses Paares:
(A) Alle männlichen Nachkommen sind erkrankt.
(B) Etwa ein Viertel der Nachkommen ist erkrankt.
(C) Alle weiblichen Nachkommen sind Überträger des Hämophilie-A-Gens.
(D) Nur die weiblichen Nachkommen können das Hämophilie-A-Gen weitervererben.
(E) Alle Nachkommen sind phänotypisch gesund.

2.105 (C) 2.106 (E) 2.107 (C) 2.108 (C) 2.109 (C) 2.110 (C) 2.111 (B)

2.3 Formale Genetik

F90 ■■
→2.112 Zwei Brüder sind an der X-chromosomal-rezessiv erblichen Hämophilie A erkrankt und mit homozygot gesunden Frauen verheiratet. Der Sohn des einen heiratet die Tochter des anderen (= Vetternehe 1. Grades).

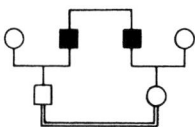

Welches Risiko besteht für deren Kinder, an Hämophilie A zu erkranken?
(A) für Söhne und Töchter je 50 %
(B) für Söhne und Töchter je 25 %
(C) für Söhne 100 %, für Töchter 0 %
(D) für Söhne 50 %, für Töchter 0 %
(E) für Söhne 25 %, für Töchter 0 %

F06
→2.113 Welcher der folgenden Stammbäume ist für die Vererbung der X-chromosomal-rezessiven Hämophilie B vorrangig als charakteristisch anzusehen?

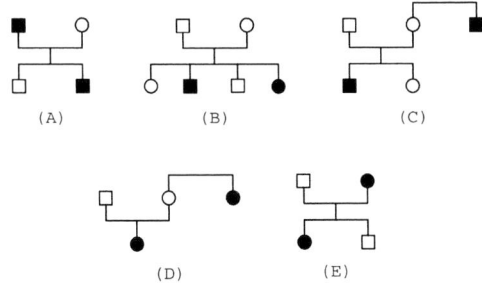

F02 ■
→2.114 Die Personen I/1 und II/1 sind von einer Muskeldystrophie Typ Becker betroffen.

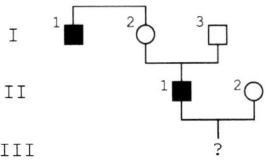

Wie hoch ist das Wiederholungsrisiko für die X-chromosomal-rezessiv vererbliche Muskelkrankheit bei einem Sohn von II/1?
Das Risiko
(A) entspricht dem der Allgemeinbevölkerung
(B) beträgt etwa 5 %
(C) beträgt etwa 25 %
(D) beträgt etwa 50 %
(E) beträgt 100 %

H88 ■■
→2.115 Die beiden väterlichen Onkel II,1 und II,2 der Frau III,1 leiden an der X-chromosomal-rezessiv erblichen Muskeldystrophie Typ Duchenne.

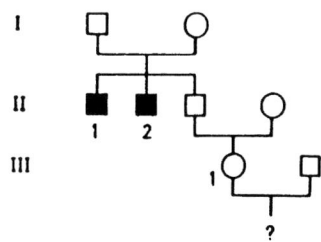

Wie groß ist das Risiko für Söhne von III,1 ebenfalls an dieser Krankheit zu leiden?
(A) 50%
(B) 25%
(C) 12,5%
(D) 6,25%
(E) vernachlässigenswert gering

H05
→2.116 Die Abbildung zeigt den Stammbaum einer Familie mit einer X-chromosomal vererbten rezessiven Erkrankung. In dem unter dem Stammbaum abgebildeten Autoradiogramm (nach Elektrophorese und Southern-Blotting) wird ein Restriktionsfragment-Längenpolymorphismus, der mit dem mutierten Gen gekoppelt ist, gezeigt.

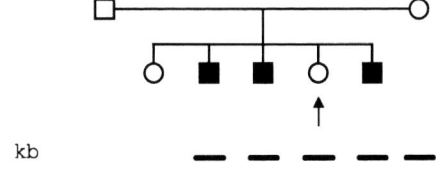

Wie groß ist die Wahrscheinlichkeit für die mit Pfeil markierte jüngste Tochter, Konduktorin zu sein?
(A) ca. 0 %
(B) ca. 25 %
(C) ca. 50 %
(D) ca. 75 %
(E) ca. 100 %

2.112 (D)   2.113 (C)   2.114 (A)   2.115 (E)   2.116 (E)

H01

→ 2.117 Die anhydrotische ektodermale Dysplasie ist eine seltene, X-chromosomal-rezessiv vererbte Krankheit. Bei den heterozygoten Frauen finden sich, auch innerhalb einer Familie und auch bei eineiigen Zwillingen, individuell unterschiedliche Muster von Hautarealen, denen die Schweißdrüsen fehlen.
Wie können diese verschiedenen Muster erklärt werden?
(A) zufällige Inaktivierung eines der beiden X-Chromosomen in somatischen Zellen während der Embryogenese
(B) unterschiedlicher genetischer Background
(C) unvollständige Penetranz während der Embryogenese
(D) variable Expressivität während der postnatalen Entwicklung
(E) somatische Mutationen während der Säuglings- und Kleinkindperiode

F06 ■

→ 2.118 Die anhydrotische ektodermale Dysplasie ist eine seltene, X-chromosomal-rezessive Krankheit. Bei männlichen Betroffenen kommt es u. a. zu einer Wärmeunverträglichkeit infolge einer Aplasie der Schweißdrüsen. Die heterozygoten Frauen weisen ein individuell unterschiedliches Muster von Hautarealen auf, denen die Schweißdrüsen fehlen (siehe Schemazeichnung).

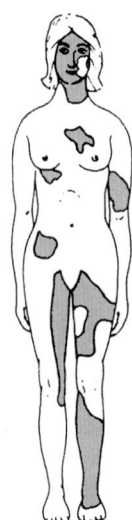

Wie kann diese variable Musterbildung am wahrscheinlichsten erklärt werden?
(A) somatische Genmutationen
(B) somatisches Mosaik aus 46,XX- und 45,X0-Zellen
(C) Einfluss modifizierender autosomaler Gene
(D) unvollständige Penetranz
(E) zufällige Inaktivierung der X-Chromosomen

F96 ■

→ 2.119 Ehepartner mit normalem Farbsehvermögen haben zwei Söhne mit Rotblindheit (Protanopie) und eine Tochter mit normalem Farbsehvermögen. Welche Aussage über diese Familie trifft nicht zu?
(A) Der Vater trägt auf seinem Y-Chromosom das normale Gen für Rotsehen.
(B) Die Mutter ist Überträgerin des Gens für Rotblindheit.
(C) Die Tochter hat ein Risiko von 50%, Überträgerin des Gens für Rotblindheit zu sein.
(D) Das Paar hat eine Chance von 50%, daß der nächste Sohn normales Farbsehvermögen hat.
(E) Das Paar hat eine Chance von 100%, daß die nächste Tochter normales Farbsehvermögen hat.

H90 ■

→ 2.120 Ein deuteranoper (grünblinder) Mann heiratet eine protanope (rotblinde) Frau.
Welche Wahrscheinlichkeiten bestehen für das Farbsehvermögen der Kinder?
(A) Alle Söhne sind protanop, die Töchter haben normales Farbsehvermögen.
(B) Alle Söhne sind protanop, die Töchter sind deuteranop.
(C) 50% der Söhne sind protanop, 50% deuteranop; die Töchter haben normales Farbsehvermögen.
(D) Alle Söhne und Töchter sind protanop.
(E) Alle Söhne sind protanop, von den Töchtern sind 50% protanop und 50% deuteranop.

H03 ■

→ 2.121 Rotblindheit (Protanopie) wird durch die Mutation eines Gens auf dem X-Chromosom verursacht und ist rezessiv erblich. Ein Mann hat Protanopie, beide Eltern haben normales Farbsehvermögen.
Welche(r) seiner Großeltern könnte(n) am ehesten rotblind sein?
(A) Großmutter mütterlicherseits
(B) Großvater mütterlicherseits
(C) Großmutter väterlicherseits
(D) Großvater väterlicherseits
(E) beide Großväter mit gleicher Wahrscheinlichkeit

2.117 (A)   2.118 (E)   2.119 (A)   2.120 (A)   2.121 (B)

2.4 Gonosomen, Geschlechtsbestimmung und -differenzierung

F94 ■
→ 2.122 I,1 ist protanop (rotblind), seine normal farbensichtige Frau (I,2) hat aus 1. Ehe einen protanopen Sohn.
Wie hoch ist das Risiko der Tochter (II,1), protanop zu sein?

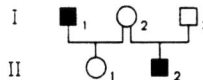

(A) 100%
(B) 75%
(C) 50%
(D) 25%
(E) 0%

2.3.6 Imprinting

Zu diesem Kapitel wurden bisher keine Fragen gestellt.

2.3.7 Mitochondriale Vererbung

F02
→ 2.123 Wenn ein Gen von der Mutter an Söhne und Töchter und vom Vater weder an Söhne noch an Töchter weitergegeben wird, handelt es sich am wahrscheinlichsten um
(A) mitochondriale Vererbung
(B) autosomal-rezessive Vererbung
(C) autosomal-dominante Vererbung
(D) X-chromosomal-rezessive Vererbung
(E) Hemizygotie

H06
→ 2.124 Das mitochondriale Genom eines Mannes unterscheidet sich am ehesten vom mitochondrialen Genom
(A) seiner Großmutter mütterlicherseits
(B) seiner Tochter
(C) seiner Schwester
(D) seiner Mutter
(E) der Schwester seiner Mutter

F90
→ 2.125 Ein genetischer Defekt in der mitochondrialen DNA sollte den folgenden Erbgang zeigen:
(A) autosomal-dominant
(B) autosomal-rezessiv
(C) multifaktoriell
(D) Übertragung nur vom Vater auf alle Kinder
(E) Übertragung nur von der Mutter auf alle Kinder

2.4 Gonosomen, Geschlechtsbestimmung und -differenzierung

2.4.1 X-Y-Chromosom und pseudoautosomale Region

→ 2.126 Das X-Chromosom des Menschen enthält im Vergleich zum Y-Chromosom
(A) nur wenige, dominante und rezessive Gene
(B) nur wenige, ausschließlich dominante Gene
(C) relativ mehr, ausschließlich dominante Gene
(D) relativ mehr, dominante und rezessive Gene
(E) wenige, ausschließlich rezessive Gene

2.4.2 X-Inaktivierung

F10
→ 2.127 Anstelle der molekularbiologischen Isolierung von geschlechtsspezifischen Gensequenzen kann der Nachweis des Barr-Körperchens als kostengünstige Alternative zur Geschlechtsbestimmung eingesetzt werden.
Welche Aussage zum Barr-Körperchen trifft am ehesten zu?
Das Barr-Körperchen
(A) wird mit der PAS-Färbung nachgewiesen
(B) tritt vor allem in weiblichen Keimzellen auf
(C) liegt der Zellmembran von innen dicht an
(D) entsteht als Folge der Aktivität des Xist-Gens
(E) zeigt den Beginn der sexuellen Differenzierung an

→ 2.128 Das Geschlechtschromatin (Barr-Körper) im Zellkern
(A) ist ein direkter Beweis für Hemizygotie des Individuums
(B) wird nach Endomitosen durch Verschmelzung von Nukleolen gebildet
(C) ist während der S-Phase der Ort für die Ribosomenentstehung
(D) wird durch die Genorte zur Geschlechtsbestimmung gebildet
(E) hat mit der Determinierung des Geschlechtes während der Embryonalentwicklung unmittelbar nichts zu tun

2.122 (C)   2.123 (A)   2.124 (B)   2.125 (E)   2.126 (D)   2.127 (D)   2.128 (E)

2 Genetik

H06

→2.129 Wie viele Barr-Körperchen (Geschlechtschromatin) finden sich am wahrscheinlichsten in den Zellen eines Jungen mit dem Karotyp 47, XYY?
(A) 0 pro 1000 Zellen
(B) 1 pro 500 Zellen
(C) 1 pro 750 Zellen
(D) 1 pro 1000 Zellen
(E) 2 pro 1000 Zellen

F91 ■

→2.130 Welche Aussage trifft nicht zu?
Im weiblichen Geschlecht ist eines der beiden X-Chromosomen genetisch weitgehend inaktiv.
Seine Inaktivierung
(A) erfolgt schon in den ersten Furchungsstadien
(B) erfolgt in der Blastozyste zur Zeit der Implantation
(C) hat bei Zellkernen eine färberische Besonderheit zur Folge
(D) betrifft zufällig das väterliche oder das mütterliche X-Chromosom
(E) hat zur Folge, daß Genprodukte X-chromosomaler Gene bei beiden Geschlechtern etwa in gleicher Menge gebildet werden

H07

→2.131 Die Abbildung Nr. 16 des Bildanhangs zeigt einen neutrophilen Granulozyten.
Bei der markierten Struktur handelt es sich um
(A) einen Nucleolus
(B) eine Nucleolus-Organisatorregion
(C) ein X-Chromosom
(D) zwei assoziierte X-Chromosomen
(E) ein Y-Chromosom

2.5 Mutationen

2.5.1 Genmutationen

→2.132 Genmutationen bei tierischen Zellen
(A) sind in ihren Auswirkungen vorhersehbar
(B) können durch Schutz vor ionisierenden Strahlen und chemischen Mutagenen vollständig vermieden werden
(C) sind gerichtet
(D) treten mit einer abschätzbaren Wahrscheinlichkeit auf
(E) treten nur in Keimzellen auf

F08

→2.133 Welche Aussage über eine somatische Mutation trifft am ehesten zu?
(A) Sie betrifft alle Zellen des Organismus.
(B) Sie entsteht u. a. durch eine Fehlverteilung von Chromosomen bei der Meiose.
(C) Bei einer Genmutation betrifft sie in der Regel nur ein Allel.
(D) Sie folgt in der Regel einem autosomal-rezessiven Erbgang.
(E) Sie führt bei den Nachkommen zur Mosaikbildung.

2.5.2 Folge von Genmutationen

H96

→2.134 Welche Aussage trifft nicht zu?
In der DNA-Sequenz fällt ein Basenpaar durch Deletion aus. Das kann folgende Auswirkungen haben:
(A) überhaupt keine Auswirkungen, da die Deletion in einem Intron liegt
(B) Synthese eines strukturell veränderten Proteins
(C) Austausch einer einzigen Aminosäure
(D) Verkürzung der gebildeten Polypeptidkette
(E) Ausbleiben der Synthese einer Polypeptidkette

H99

→2.135 In der Abbildung ist in mehreren Stufen (A)–(E) die Übersetzung der genetischen Information in ein funktionsfähiges Protein dargestellt.
In welcher Stufe manifestiert sich eine Mutation des Promotors zuerst?

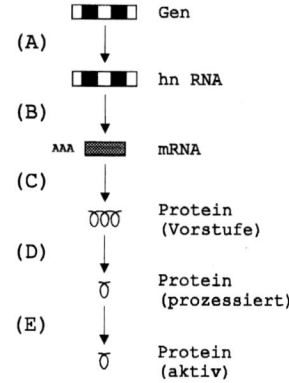

2.129 (A) 2.130 (A) 2.131 (C) 2.132 (D) 2.133 (C) 2.134 (C) 2.135 (A)

F00
→ 2.136 In der Abbildung ist in mehreren Stufen (A)–(E) die Übersetzung der genetischen Information in ein funktionsfähiges Protein dargestellt.
In welcher Stufe manifestiert sich eine Mutation zum vorzeitigen Stopcodon zuerst?

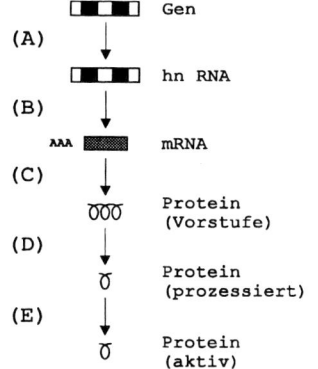

F05 F02 H99 ■
→ 2.137 Ein Defekt an welchem Protein verursacht die Mukoviszidose (zystische Fibrose)?
(A) Kollagen
(B) Elastin
(C) Fibronektin
(D) Chlorid-Ionenkanal (CFTR-Protein)
(E) Na$^+$/K$^+$-ATPase

F05 H00 ■
→ 2.138 Welche Chromosomenmutation liegt beim Klinefelter-Syndrom typischerweise vor?
(A) gonosomale Monosomie
(B) gonosomale numerische Chromosomenaberration
(C) autosomale Trisomie
(D) Deletion bei einem Autosom
(E) Robertson-Translokation

2.5.3 Spontane und induzierte Genmutationen

→ 2.139 Welche Aussage trifft nicht zu?
Die Häufigkeit bestimmter Mutationen beim Menschen kann abhängen von:
(A) dem Alter der Mutter bei der Zeugung
(B) dem Alter des Vaters bei der Zeugung
(C) der Zahl der vorangegangenen Geburten
(D) einigen als Medikamente verwendeten chemischen Stoffen (z. B. Zytostatika)
(E) ionisierenden Strahlen

F96
→ 2.140 Welche Aussage zu Mutationen trifft nicht zu?
(A) Das kurzwellige Sonnenlicht führt zu DNA-Schäden in exponierten Hautzellen.
(B) Als Folge einer mutagenen Exposition steigt das Krebsrisiko an.
(C) Erst nach Überschreiten eines Schwellenwertes sind energiereiche ionisierende Strahlen mutagen.
(D) Schäden an der DNA können durch zelleigene Reparaturprozesse beseitigt werden.
(E) Als Folge einer erblichen Veranlagung kann das Krebsrisiko stark erhöht sein.

2.5.4 Strukturelle Chromosomenmutationen

■■
→ 2.141 Welche Aussage trifft nicht zu?
Strukturveränderungen der Chromosomen sind:
(A) Deletion
(B) Monosomie
(C) Inversion
(D) zentrische Fusion
(E) Translokation

F06 ■
→ 2.142 Welche der Mutationen kommt als Ursache einer Verschiebung des Leserahmens eines Gens am wenigsten in Betracht?
(A) Deletion einer Base
(B) Insertion einer Base
(C) Insertion von zwei Basen
(D) Austausch (Substitution) einer Base
(E) Duplikation einer Base

F03 ■■
→ 2.143 Welche der folgenden genetisch bedingten Krankheiten beruht darauf, dass ein Teil eines Chromosoms verloren gegangen ist?
(A) klassische Phenylketonurie
(B) Katzenschrei-Syndrom
(C) Down-Syndrom
(D) Ullrich-Turner-Syndrom
(E) Klinefelter-Syndrom

H99

Ordnen Sie den Begriffen der Liste 1 die jeweils zutreffende zytogenetische Veränderung (A)–(E) aus Liste 2 zu!

Liste 1
→2.144 perizentrische Inversion
→2.145 Robertsonsche Translokation

Liste 2

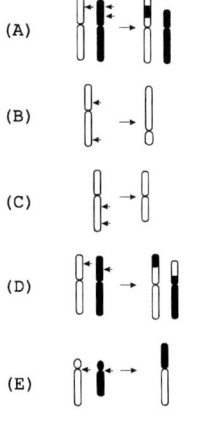

F02

→2.146 In der Abbildung sind schematisiert strukturelle Chromosomenaberrationen dargestellt.
Welche Darstellung zeigt das Prinzip einer reziproken Translokation?

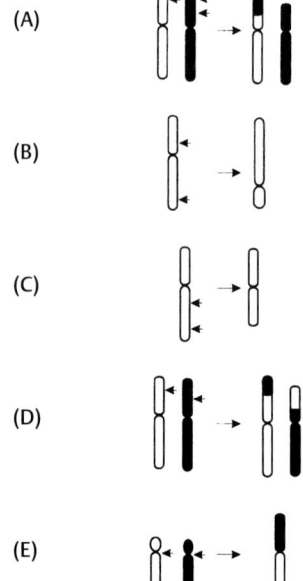

H93

→2.147 Bei welcher der genannten strukturellen Chromosomenaberrationen kann die gesunde Trägerin <u>keine</u> phänotypisch normalen Kinder (balancierte Translokation) haben?
(A) t 13/21
(B) t 14/21
(C) t 15/21
(D) t 21/21
(E) t 21/22

H94

→2.148 Bei welcher der folgenden Chromosomenaberrationen hat der balancierte, klinisch unauffällige Überträger nur 45 getrennt sichtbare Chromosomen?
(A) Robertsonsche Translokation 14/21
(B) reziproke Translokation 6p/11q
(C) Duplikation
(D) parazentrische Inversion 1 q
(E) Deletion 5 p

2.144 (B)   2.145 (E)   2.146 (D)   2.147 (D)   2.148 (A)

2.5.5 Numerische Chromosomenmutationen

→ 2.149 Welche Aussage trifft nicht zu?
Folgen von Chromosomenfehlverteilungen können sein
(A) Erbkrankheiten mit Mendelschem Erbgang
(B) Schwachsinn
(C) Fehlgeburten
(D) Störungen der Geschlechtsentwicklung
(E) multiple Mißbildungen

H00 ■
→ 2.150 Welche Krankheit bzw. welches Syndrom kann nicht mit dem Lichtmikroskop an Chromosomen von Zellen in der Metaphase der Mitose erkannt werden?
(A) Klinefelter-Syndrom
(B) klassische Phenylketonurie
(C) Triple-X-Syndrom
(D) Trisomie 21
(E) Turner-Syndrom (Ullrich-Turner-Syndrom)

F02 ■
→ 2.151 Welches der folgenden Syndrome wird nicht durch Aneuploidie verursacht?
(A) Down-Syndrom
(B) Katzenschrei-Syndrom
(C) Klinefelter-Syndrom
(D) Triple-X-Syndrom
(E) Ullrich-Turner-Syndrom

H10 ■
→ 2.152 Der in der Abbildung gezeigte Karyotyp spricht am ehesten für:

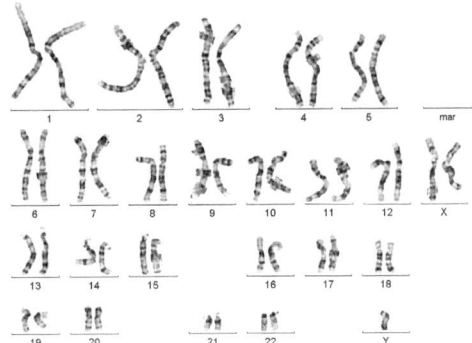

(A) normaler Mann
(B) normale Frau
(C) Down-Syndrom
(D) Klinefelter-Syndrom
(E) Turner-Syndrom

F92
→ 2.153 Welche Aussage trifft nicht zu?
Für den Karyotyp (siehe Abbildung) gilt:
(A) Es sind Chromosomen aus einer Metaphase.
(B) Es liegt eine gonosomale Trisomie vor.
(C) Es liegt eine numerische Chromosomenaberration von.
(D) Es liegt ein Turner-Syndrom vor.
(E) Es liegt ein Klinefelter-Syndrom vor.

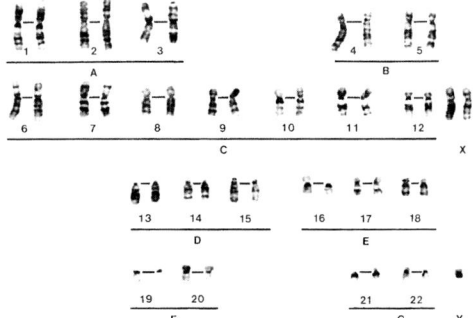

2.149 (A)   2.150 (B)   2.151 (B)   2.152 (D)   2.153 (D)

F02

→ 2.154 Welche Aussage trifft auf den Karyotyp (siehe Abbildung) nicht zu?

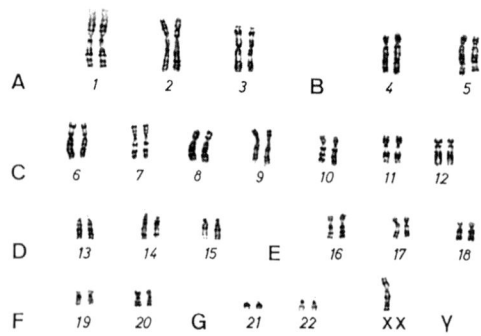

(A) Es handelt sich um Metaphasechromosomen.
(B) Es liegt ein männlicher Chromosomensatz vor.
(C) Es liegt eine numerische Chromosomenaberration vor.
(D) Es liegt eine gonosomale Anomalie vor.
(E) Es liegt ein Ullrich-Turner-Syndrom vor.

2.6 Klonierung und Nachweis von Genen bzw. Genmutationen

H97 ■

→ 2.155 Welche Aussage zu Restriktionsenzymen trifft nicht zu?
(A) Sie können ein Genom in DNA-Fragmente zerlegen.
(B) Sie sind in bezug auf ihren Wirkungsmechanismus Endonukleasen.
(C) Sie sind ein Bestandteil der Abwehr eukaryontischer Zellen gegen Invasion fremder DNA.
(D) Sie spalten DNA an palindromischen Sequenzen.
(E) Sie werden bei der Herstellung rekombinanter DNA verwendet.

H95

→ 2.156 Welche Aussage trifft nicht zu?
Restriktionsenzyme
(A) können DNA an charakteristischen Basensequenzen schneiden
(B) können zum Nachweis genetischer Polymorphismen der DNA außerhalb codierender Gene herangezogen werden
(C) sind in allen menschlichen Zellen natürlicherweise vorhanden
(D) werden bei der Rekombination von Fremd-DNA mit Bakterien-Plasmiden eingesetzt
(E) werden für die Diagnostik genetisch bedingter Erkrankungen verwendet

H03

→ 2.157 Restriktionsendonukleasen haben ihre Spezifität durch Erkennung von:
(A) spezifischen Protein-Domänen
(B) spezifischen DNA-Sequenzen
(C) Replikationsgabeln
(D) an DNA hybridisierter RNA
(E) enzymatisch hergestellten Proteinfragmenten

H01

→ 2.158 Welche Aussage zur reversen Transkription trifft nicht zu?
(A) Als reverse Transkription bezeichnet man die Umkehrung der Ableserichtung an der DNA (von 5' nach 3') bei der mRNA-Synthese.
(B) Die reverse Transkription wird von einer RNA-abhängigen DNA-Polymerase durchgeführt.
(C) Die reverse Transkriptase kann zur Synthese von cDNA verwendet werden.
(D) Reverse Transkription wird z. B. von Retroviren (HIV) durchgeführt.
(E) Die aus Virus-RNA von der reversen Transkriptase synthetisierte DNA kann in die DNA der Wirtszellen integriert werden.

2.154 (B)   2.155 (C)   2.156 (C)   2.157 (B)   2.158 (A)

F04

→ 2.159 Ein kleines Genfragment soll mit Hilfe der Polymerasekettenreaktion vervielfältigt werden.
Welcher der folgenden Schritte ermöglicht diese Reaktion?
(A) Aufschmelzen des DNA-Doppelstranges
(B) Zugabe von DNA-abhängiger RNA-Polymerase
(C) Anlagerung von Ribosomen
(D) Zugabe von Topoisomerasen
(E) Zugabe von Restriktionsendonukleasen

H03

→ 2.160 Die Polymerase-Kettenreaktion (PCR) ist eine potente Methode der Gentechnologie.
Welche(r) der folgenden Faktoren gewährt/gewähren die Hitzestabilität der Reaktion?
(A) Zugabe von Ethanol
(B) Zugabe von Glycerin
(C) spezielle Siedesteine
(D) schnelles Abkühlen
(E) spezifische Polymerasen

F04

→ 2.161 Welche der folgenden Antiinfektiva-Gruppen wird heute mittels rekombinanter DNA-Technologie hergestellt?
(A) Penicilline
(B) Tetrazykline
(C) Makrolid-Antibiotika
(D) Interferon-γ
(E) Tuberkulostatika

H08

→ 2.162 In einem Gewebeschnitt gelingt der histologische fluoreszenzmikroskopische Nachweis einer Infektion mit dem Zytomegalievirus über Inkubation mit einer fluoreszenzmarkierten Nukleinsäuresonde, die komplementär zu einer Teilsequenz der Virus-DNA ist.
Bei der angewandten Technik handelt es sich um
(A) Enzymhistochemie
(B) Immunhistochemie
(C) In-situ-Hybridisierung
(D) Southern Blotting
(E) Polymerasekettenreaktion

2.7 Entwicklungsgenetik

Zu diesem Kapitel wurden bisher keine Prüfungsfragen gestellt.

2.8 Populationsgenetik

H06

→ 2.163 In einer Bevölkerung werden 10 000 Zwillingsgeburten erfasst. 3500 von ihnen sind verschiedengeschlechtlich.
Aus diesen Zahlen kann der Anteil eineiiger Zwillingspaare geschätzt werden auf:
(A) 25 %
(B) 30 %
(C) 35 %
(D) 40 %
(E) 65 %

2.8.1 Hardy-Weinberg-Gesetz

→ 2.164 Die Häufigkeit der Homozygoten für ein rezessives Erbleiden beträgt 1:10 000.
Wie groß ist etwa die Häufigkeit der für das gleiche Erbleiden Heterozygoten?
(A) 1:5000
(B) 1:1000
(C) 1: 100
(D) 1: 50
(E) 1: 25

F09

→ 2.165 Die häufige Form der familiären Hypercholesterinämie (Typ IIa) wird durch Heterozygotie für ein autosomales Gen verursacht. Die Häufigkeit der Heterozygoten in der Bevölkerung beträgt etwa 1 : 500.
Wie groß ist die ungefähre Häufigkeit der Homozygoten, also mit schwerer Hypercholesterinämie (Typ IIa), in der Bevölkerung?
(A) 1 : 1 000
(B) 1 : 25 000
(C) 1 : 125 000
(D) 1 : 250 000
(E) 1 : 1 000 000

2.159 (A) 2.160 (E) 2.161 (D) 2.162 (C) 2.163 (B) 2.164 (D) 2.165 (E)

2 Genetik

F10

→ **2.166** In einer Population ist jeder 50. Mensch heterozygot für ein Allel, das bei Homozygoten eine Phenylketonurie bedingt.
Wie hoch ist etwa die Häufigkeit dieser Erkrankung in dieser Population?
(A) 1 : 100
(B) 1 : 2 500
(C) 1 : 5 000
(D) 1 : 10 000
(E) 1 : 100 000

H08

→ **2.167** In einer Bevölkerung, die sich im Hardy-Weinberg-Gleichgewicht befindet, kommen die Allele A und a eines autosomalen Gens vor. Das Allel a weist die Häufigkeit von 0,3 auf.
Welcher der folgenden Genotypen ist in der Bevölkerung am häufigsten?
(A) A
(B) a
(C) AA
(D) Aa
(E) aa

2.8.2 Wirkung von Selektion und Zufall

H00

→ **2.168** Bei der Evolution der Organismen ist (sind) nicht von Bedeutung:
(A) Chromosomen-Strukturveränderungen
(B) Anpassung an veränderte Umweltbedingungen durch gerichtete Mutation
(C) natürliche Auslese (Selektion)
(D) Vermehrung des genetischen Materials
(E) ungerichtete Punktmutationen

→ **2.169** Welche Aussage trifft nicht zu?
Während der Evolution der menschlichen Chromosomenformen sind
(A) aus vorwiegend akrozentrischen Formen metazentrische Chromosomen gebildet worden
(B) nur wenige Chromosomen im Chromosomenbestand akrozentrisch geblieben
(C) Robertson-Translokationen beteiligt gewesen
(D) bei den Menschenaffen und beim Menschen sehr ähnliche Chromosomen entstanden
(E) entsprechend dem vermehrten Genbestand auch die Zahl der Chromosomen erhöht worden

2.9 Fragen aus Examen Frühjahr 2011

F11

→ **2.170** In welcher Reihenfolge laufen die Stadien der Prophase I der ersten Reifeteilung ab?
(A) Leptotän-Zygotän-Pachytän-Diplotän-Diakinese
(B) Pachytän-Leptotän-Zygotän-Diplotän-Diakinese
(C) Zygotän-Leptotän-Pachytän-Diplotän-Diakinese
(D) Leptotän-Zygotän-Diplotän-Pachytän-Diakinese
(E) Zygotän-Pachytän-Diplotän-Leptotän-Diakinese

F11 ■

→ **2.171** Wodurch unterscheidet sich die Zelle am Beginn der zweiten Reifeteilung der Meiose von einer Zelle am Beginn der Mitose?
Durch
(A) das Vorhandensein von Bivalenten
(B) die Anzahl der Chromosomen vor der Teilung (1n versus 2n)
(C) die Anzahl der Chromatiden pro Chromosom vor der Teilung (1c versus 2c)
(D) das Vorhandensein der Kernmembran
(E) die Zytokinese

F11 ■■

→ **2.172** Die Abbildung zeigt ein Karyogramm.

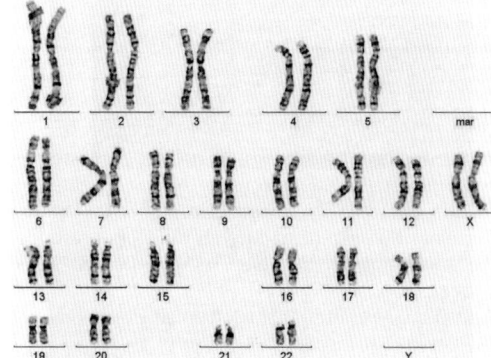

Es stammt am ehesten von
(A) einem normalen Mann
(B) einer normalen Frau
(C) einem Embryo mit Triploidie
(D) einer Patientin mit Monosomie des X-Chromosoms
(E) einem Patienten mit Trisomie 18

F11 ■
2.173 Vetter und Kusine 1. Grades, die beide klinisch unauffällig sind, haben insgesamt drei Kinder, die alle an derselben autosomal rezessiven Erkrankung leiden.
Die Tatsache, dass – entgegen der Erwartung – alle Kinder des Paares betroffen sind, beruht am wahrscheinlichsten auf
(A) Zufall
(B) Non-disjunction
(C) verstärkter Expressivität
(D) Pseudodominanz
(E) genomischem Imprinting

F11
2.174 In der pseudoautosomalen Region findet sich ein SNP (single nucleotide polymorphism) mit zwei Allelen in folgenden Häufigkeiten: Allel 1: 40 %; Allel 2: 60 %.
Wie häufig sind Heterozygote im männlichen bzw. weiblichen Geschlecht?

	männlich	weiblich
(A)	0 %	24 %
(B)	0 %	48 %
(C)	24 %	24 %
(D)	48 %	48 %
(E)	24 %	0 %

F11
2.175 Eine Frau ist homozygot für ein X-chromosomal-rezessiv vererbtes Merkmal (Rot-Grün-Blindheit). Drei ihrer Söhne sind ebenfalls rot-grün-blind, der letztgeborene Sohn hingegen nicht.

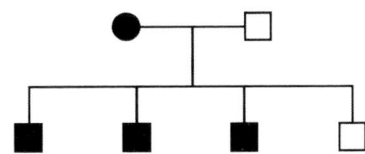

Es wird deshalb vermutet, dass bei diesem Sohn eine Chromosomenaberration vorliegt.
Welche Chromosomenkonstellation ist bei ihm am wahrscheinlichsten?
(A) Mosaik 46,XY/45,X0
(B) Mosaik 45,X0/47,XXX
(C) Mosaik 46,XY/45,Y0
(D) 47,XXY
(E) 47,XYY

2.173 (A)   2.174 (D)   2.175 (D)

3 Grundlagen der Mikrobiologie und Ökologie

3.1 Morphologische Grundformen der Bakterien

F97 F96 F92 ■■
→ **3.1** Welche Aussage trifft nicht zu?
Für die Klassifizierung der Bakterien sind von Bedeutung:
(A) Fähigkeit zur Sporenbildung
(B) Typ der Begeißelung
(C) Typ der Nukleinsäure des Bakterienchromosoms
(D) Verhalten gegenüber Sauerstoff
(E) Verhalten bei der Gram-Färbung

H02 ■
→ **3.2** Welche Aussage über die als „Kokken" bezeichneten Bakterien trifft nicht zu?
(A) Sie sind kugelförmig.
(B) Sie können in Haufen oder Ketten angeordnet sein.
(C) Sie treten auch in Zweierform (paarweise) auf.
(D) Sie bilden Sporen.
(E) Manche Spezies können Kapseln bilden.

H93
→ **3.3** Welche Aussage zu Form und Aufbau von Bakterien trifft nicht zu?
(A) Staphylococcus aureus: kugelförmig, in Haufen liegend
(B) Streptococcus pyogenes: kugelförmig, in Ketten angeordnet
(C) Escherichia coli: begeißeltes Stäbchen
(D) Vibrio cholerae: kommaförmig, gekrümmt
(E) Treponema pallidum: unbegeißeltes Stäbchen

F04 ■■
→ **3.4** Runde, in Ketten angeordnete Bakterien ohne Kapsel und Begeißelung sind
(A) Staphylokokken
(B) Streptokokken
(C) Pneumokokken
(D) Spirillen
(E) Vibrionen

H03 H99 ■■
→ **3.5** Bei einer Untersuchung von Krankenhauspersonal wurden aus dem Nasen-Rachen-Raum eines Pflegers Bakterien isoliert, die sich im mikroskopischen Präparat folgendermaßen darstellten:
rund, in Haufen liegend, unbeweglich, grampositiv.
Diese Bakterien sind mit der größten Wahrscheinlichkeit
(A) Staphylokokken
(B) Streptokokken
(C) Enterobakterien
(D) Vibrionen
(E) Treponemen

H04 ■
→ **3.6** Ein 68-jähriger Rentner kehrt mit Fieber und Husten mit Auswurf von einer Rundreise in den Anden nach Deutschland zurück. Der Hausarzt weist ihn unter dem Verdacht auf eine Pneumonie ins Krankenhaus ein. Im Gram-gefärbten mikroskopischen Präparat des Sputums sind die in Abbildung Nr. 17 des Bildanhangs dargestellten Erreger zu sehen.
Es handelt sich am wahrscheinlichsten um:
(A) Influenzaviren
(B) Escherichia coli
(C) Chlamydia pneumoniae
(D) Streptococcus pneumoniae
(E) Mycoplasma pneumoniae

H05 ■■
→ **3.7** Ein 8-jähriger Junge entwickelt starke Halsschmerzen mit deutlicher eitriger Entzündung der Gaumenmandeln (Tonsillitis). Von einem Tonsillenabstrich wird eine Bakterienkultur angelegt.
Im Gram-gefärbten mikroskopischen Präparat der gewachsenen Bakterien sind die in der Abbildung Nr. 18 des Bildanhangs dargestellte Erreger zu sehen. Dabei handelt es sich um
(A) Enterobacteriaceae
(B) Treponemen
(C) Bacillen
(D) Streptokokken
(E) Diplokokken

3.1 (C)   3.2 (D)   3.3 (E)   3.4 (B)   3.5 (A)   3.6 (D)   3.7 (D)

F02 ■

→ 3.8 Im mikroskopischen Präparat aus dem Sputum eines Patienten mit Verdacht auf Pneumonie sind meist paarweise gelagerte, rundliche bis lanzettförmige Bakterien zu sehen.
Es handelt sich am wahrscheinlichsten um:
(A) Treponemen
(B) Vibrionen
(C) Clostridien
(D) Staphylokokken
(E) Pneumokokken

F05

→ 3.9 Ein 35-jähriger Bauarbeiter stürzte von einem Baugerüst und zog sich dabei eine tiefe Pfählungsverletzung im rechten Oberschenkel zu. In der tiefen, schlecht durchbluteten Wunde entwickelte sich eine lebensbedrohliche Infektion. Im mikroskopischen Präparat finden sich grampositive Stäbchen.
Es handelt sich dabei am ehesten um
(A) Escherichia coli
(B) Mycoplasmen
(C) Staphylococcus aureus
(D) Pneumokokken
(E) Clostridium perfringens

F10

→ 3.10 Ein Bakterium wächst optimal in Normalatmosphäre, zeigt nach der Gram-Färbung eine rote Farbe und bewegt sich mithilfe von über den ganzen Zellkörper verteilten Geißeln.
Es handelt sich am ehesten um:
(A) Streptokokken
(B) Staphylokokken
(C) Escherichia sp.
(D) Clostridien
(E) Corynebakterien

F05 ■

→ 3.11 Ein 4-jähriger Knabe erkrankt akut und wird komatös in die Klinik eingeliefert. In seinem Liquorpunktat finden sich (intrazellulär gelegene) gramnegative Diplokokken.
Es handelt sich hier am wahrscheinlichsten um
(A) Neisserien
(B) Pneumokokken
(C) Haemophilus influenzae
(D) Escherichia coli
(E) Shigellen

H06 ■ ■

→ 3.12 Ein 3-jähriges Mädchen wird mit Fieber, Lichtscheu und Nackensteifigkeit in die Universitätskinderklinik aufgenommen. Wegen des Verdachtes auf eine Hirnhautentzündung wird eine Liquorpunktion durchgeführt.
Im Gram-gefärbten mikroskopischen Präparat des Liquors sind in der Abbildung Nr. 19 des Bildanhangs neben Entzündungszellen bakterielle Erreger zu sehen.
Dabei handelt es sich um
(A) grampositive Kokken (z. B. Staphylokokken)
(B) gramnegative Stäbchen (z. B. Enterobacteriaceae)
(C) grampositive Stäbchen (z. B. Corynebakterien)
(D) gramnegative Diplokokken (z. B. Neisserien)
(E) grampositive, sporenbildende Bakterien (z. B. Clostridien)

H10 ■

→ 3.13 Im Liquor cerebrospinalis eines Patienten mit Kopfschmerzen und Nackensteifigkeit werden grampositive Kokken in traubenartiger Haufen-Lagerung nachgewiesen.
Zu welchem der folgenden Erreger passt die Beschreibung der Bakterien am besten?
(A) Escherichia coli
(B) Mycobacterium tuberculosis
(C) Staphylococcus aureus
(D) Streptococcus pneumoniae
(E) Streptococcus pyogenes

H08

→ 3.14 Ein bisher nie ernsthaft krank gewesenes 14-jähriges Mädchen wird wegen Fieber und zunehmender Atemnot mit Verdacht auf eine Lungenentzündung ins Krankenhaus eingewiesen. Der Hausarzt hatte 4 Tage vorher ein Breitspektrum-Penicillin (wirksam gegen Gram-positive wie Gram-negative Bakterien) verordnet, welches aber zu keiner Besserung führte.
Aufgrund des Therapieversagens ist welche der genannten Erregergruppen als ursächlich für das Krankheitsbild am ehesten in Betracht zu ziehen?
(A) Staphylokokken
(B) Streptokokken
(C) Clostridien
(D) Haemophilus
(E) Mykoplasmen

3.8 (E)   3.9 (E)   3.10 (C)   3.11 (A)   3.12 (D)   3.13 (C)   3.14 (E)

F03
→ **3.15** Ein Bakterium wächst optimal in Normalatmosphäre, benötigt Glucose und Pepton im Nährmedium, zeigt nach der Gram-Färbung eine rote Farbe und bewegt sich mit Hilfe von über den ganzen Zellkörper verteilten Geißeln.
Dieses Bakterium ist <u>nicht</u>
(A) aerob
(B) heterotroph
(C) grampositiv
(D) peritrich begeißelt
(E) von einer Zellwand umgeben

F09 H02 H00 ■
→ **3.16** Welche Bakterien werden – bedingt durch den Wachs- und Lipidreichtum ihrer Zellwand – zu den säurefesten Stäbchen gezählt?
(A) Mykobakterien
(B) Staphylokokken
(C) Streptokokken
(D) Treponemen
(E) Vibrionen

3.2 Aufbau und Morphologie der Bakterienzelle (Prozyte)

3.2.1 Unterschiede zur Euzyte

H94 ■
→ **3.17** Welche Aussage trifft <u>nicht</u> zu?
Prozyte und Euzyte unterscheiden sich in folgenden Eigenschaften:
(A) Nur die Euzyte hat einen Zellkern mit Kernmembran.
(B) Nur die Euzyte hat mehrere, typische Chromosomen.
(C) Nur die Euzyte hat ein Endoplasmatisches Retikulum.
(D) Nur die Euzyte enthält in der Regel das vollständige, speziesspezifische genetische Material.
(E) Die Euzyte ist in der Regel wesentlich größer als die Prozyte.

H02
→ **3.18** Für ein Bakterium statt einer eukaryontischen tierischen Zelle spricht das Vorhandensein einer/eines
(A) mureinhaltigen Zellwand
(B) endoplasmatischen Retikulums
(C) Nukleosoms
(D) Kinetosoms
(E) Lysosoms

H05 ■
→ **3.19** Protozoen und Bakterien weisen zahlreiche Strukturunterschiede auf.
Ein typisches Strukturelement von Protozoen ist
(A) die Zellwand
(B) der Sexpilus
(C) ein freiliegendes Chromosom ohne Histone
(D) das Mitochondrium
(E) die Kapsel

F96 ■
→ **3.20** In welchem Merkmal stimmen menschliche Zellen und prokaryontische Zellen in der Regel überein?
(A) Zellgröße
(B) Vorhandensein freier Ribosomen
(C) Vorhandensein mitochondrialer DNA
(D) Ausbildung intrazytoplasmatischer Membranen vom Typ eines ER
(E) Ergänzung der Zellmembran durch Vesikel von Diktyosomen

H03 ■■
→ **3.21** Welche der folgenden Strukturen bzw. Organellen tritt bei Prokaryonten <u>nicht</u> auf?
(A) Zellwand
(B) Pili
(C) Zellmembran
(D) endoplasmatisches Retikulum
(E) Ribosomen

F03 ■■
→ **3.22** Welche der folgenden Strukturen kommt/kommen in Zellen von Prokaryonten vor?
(A) Ribosomen
(B) Mitochondrien
(C) Lysosomen
(D) Kernhülle
(E) endoplasmatisches Retikulum

H08 ■■
→ **3.23** In der Bakterienzelle ist (sind) stets vorhanden:
(A) Nukleolen
(B) Mitochondrien
(C) Golgi-Apparat
(D) Ribosomen
(E) Kernmembran

3.15 (C)   3.16 (A)   3.17 (D)   3.18 (A)   3.19 (D)   3.20 (B)   3.21 (D)   3.22 (A)   3.23 (D)

H10 ■

→ 3.24 Wo ist bei Bakterien die Energiegewinnung durch die Atmungskette lokalisiert?
(A) im Zytoplasma
(B) in den Mitochondrien
(C) in den Ribosomen
(D) zellmembranständig
(E) an der Innenseite der Zellwand

F08

→ 3.25 Im Gegensatz zu eukaryontischen Zellen haben Bakterien keine Mitochondrien.
Die Atmungskette ist bei Bakterien lokalisiert:
(A) im Nucleosom
(B) im freien Zytosol
(C) im periplasmatischen Raum
(D) in Lipidvakuolen
(E) zellmembranständig

3.2.2 Zellwand

H90 ■

→ 3.26 Bei Bakterien ist die Zellwand
(A) gleichbedeutend mit Zellmembran
(B) einschichtig
(C) aus Zellulose aufgebaut
(D) Sitz der Enzyme der Atmungskette
(E) für die Form der Zelle verantwortlich

■

Bitte ordnen Sie die Begriffe (Liste 2) den Bestandteilen der Bakterienzelle (Liste 1) zu!

Liste 1
→ 3.27 Murein-Sacculus
→ 3.28 Pili
→ 3.29 Kapsel

Liste 2
(A) Schutz vor Phagozytierung
(B) Bildung von Mesosomen
(C) Bestandteil der zytoplasmatischen Membran
(D) Grundgerüst der Bakterienzellwand
(E) parasexuelle Vorgänge

F02 ■■

→ 3.30 Welche Aussage zur bakteriellen Zellwand ist nicht zutreffend?
(A) Sie gibt der Bakterienzelle ihre Form und schützt vor äußeren Einflüssen.
(B) Grundbausteine sind lange Proteinfäden, die durch Quervernetzung stabilisiert werden.
(C) Man unterscheidet – in Abhängigkeit vom Aufbau – grampositive und gramnegative Zellwände.
(D) Bei gramnegativen Bakterien enthält sie Substanzen, die das Potenzial haben, Krankheiten zu verursachen.
(E) Bestimmte Strukturen der bakteriellen Zellwand dienen der Anheftung an Wirtszellen.

F08

→ 3.31 Welche der folgenden Aussagen zur Gram-Färbung trifft am ehesten zu?
(A) Die morphologische Grundlage für das Verhalten von Bakterien bei der Gram-Färbung sind Unterschiede im Aufbau der Zellmembran.
(B) Die Dicke der Lipopolysaccharidschicht ist entscheidend für Gram-Positivität oder Gram-Negativität.
(C) Bakterien, die in der Gram-Färbung keinen Farbstoff annehmen, bezeichnet man als Gram-negativ.
(D) Als Gram-negative Bakterien werden solche Bakterien bezeichnet, die keine Zellwand besitzen.
(E) Zu den Gram-positiven Bakterien gehören Staphylokokken, Streptokokken und Clostridien.

F04 ■■

→ 3.32 Das differenzielle Bild der diagnostisch wichtigen Gram-Färbung bei grampositiven Bakterien (violett) und bei gramnegativen Bakterien (rot) beruht auf folgender Besonderheit der grampositiven Bakterien:
(A) stärkere Basophilie (= mehr Ribosomen)
(B) Impermeabilität der Zellwand für den violetten Farbstoff
(C) mehrschichtiges Mureinnetz der Zellwand
(D) Zellwandeinstülpungen in Form der Mesosomen
(E) höherer Elektrolyt-Gehalt des Protoplasten

H10 H05 ■■

→ 3.33 Grampositive und gramnegative Bakterien unterscheiden sich im Aufbau ihrer Zellwand.
Das Vorhandensein welcher der genannten Zellwandstrukturen ist am ehesten charakteristisch für gramnegative Bakterien?
(A) Chitinwand
(B) Kapsel
(C) Lipopolysaccharide
(D) Mureinsacculus
(E) Zellulosewand

3.24 (D)　3.25 (E)　3.26 (E)　3.27 (D)　3.28 (E)　3.29 (A)　3.30 (B)　3.31 (E)　3.32 (C)　3.33 (C)

F06

→ 3.34 Grampositive und gramnegative Bakterien unterscheiden sich im Aufbau ihrer Zellwand.
Welche der folgenden Zellwandstrukturen ist charakteristisch für gramnegative Bakterien?
(A) Peptidoglykan
(B) Murein
(C) Lipopolysaccharid
(D) Kapsel
(E) Lipoteichonsäure

F08

→ 3.35 Im Verlauf einer Infektionskrankheit kann es durch Freisetzung von Lipopolysacchariden zu einem so genannten Endotoxinschock kommen.
Diese Freisetzung ist am ehesten zu befürchten bei einer Infektion mit
(A) Gram-positiven Kokken
(B) Gram-negativen Kokken
(C) Gram-positiven Stäbchen
(D) Mykoplasmen
(E) Corynebakterien

F05

→ 3.36 Lipopolysaccharid (LPS) ist ein Bestandteil der bakteriellen Zellwand, welcher für die Pathogenität von großer Bedeutung ist.
Welche Aussage zur Struktur, Lokalisation bzw. Funktion von LPS trifft zu?
(A) LPS kommt sowohl bei grampositiven als auch bei gramnegativen Bakterien vor.
(B) LPS ist ein Endotoxin.
(C) LPS ist in der bakteriellen Zellmembran lokalisiert.
(D) Die Polysaccharidketten des LPS ragen in den periplasmatischen Raum.
(E) LPS ist Bestandteil des Mureinsacculus.

H00

→ 3.37 Welche Aussage zu bakteriellen Lipopolysacchariden trifft nicht zu?
(A) Sie sind Bestandteil der Zellwand.
(B) Sie können als Endotoxin wirken.
(C) Sie werden von lebenden Bakterien sezerniert.
(D) Sie werden von gramnegativen Bakterien gebildet.
(E) Sie werden erst nach dem Abbau der Zellwand frei.

F07

→ 3.38 Die Abbildung zeigt schematisiert den Zellwandaufbau eines gramnegativen Stäbchens.
Welcher der Bereiche A–E entspricht am besten der Lokalisation des Lipopolysacharids?

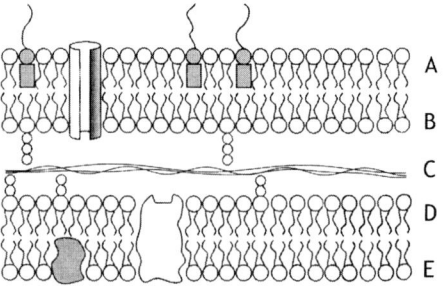

H06

→ 3.39 Welche(r) der folgenden Bestandteile der Bakterien wirkt/wirken als exogene Pyrogene?
(A) Lipopolysaccharide von gramnegativen Bakterien
(B) M-Antigene der Streptokokken
(C) Geißelantigene der gramnegativen Stäbchen
(D) Kapsel der Pneumokokken
(E) Tetanustoxin

H05 ■

→ 3.40 Eine 74-jährige Frau wird mit Verdacht auf eine Nierenbeckenentzündung ins Krankenhaus eingeliefert und entwickelt dort eine Sepsis mit hohem Fieber und Herz-Kreislauf-Versagen. Aus der Blutkultur werden gramnegative Stäbchen isoliert.
Welche der folgenden Erregerstrukturen trägt am meisten zu dieser Symptomatik bei?
(A) Pilus
(B) Murein
(C) Nukleoid
(D) Lipopolysaccharid
(E) Lipoteichonsäure

F06

→ 3.41 Lysozym greift welche der genannten Strukturen/Substanzen der Bakterienzellen an?
(A) Polysaccharidkapsel
(B) Murein
(C) Polypeptidkapsel
(D) Lipid A
(E) Plasmamembran

3.34 (C)   3.35 (B)   3.36 (B)   3.37 (C)   3.38 (A)   3.39 (A)   3.40 (D)   3.41 (B)

3.2 Aufbau und Morphologie der Bakterienzelle (Prozyte)

H06
→ **3.42 Lysozym**
(A) fördert die Freisetzung lysosomaler Enzyme
(B) katalysiert die Umwandlung von Chlorid-Ionen in reaktive Hypochlorit-Ionen
(C) kann das in Bakterienzellwänden vorkommende Murein spalten
(D) ist eine Peptidase für bakterielle Kapselproteine
(E) kann Komplement durch Spaltung von C3 aktivieren

F97
→ **3.43 Penicillin führt bei Penicillin-empfindlichen Bakterien zur**
(A) Denaturierung der Eiweiße
(B) Hemmung der Zellwandsynthese
(C) Blockade der Ribosomen
(D) Schädigung der Plasmamembran
(E) Zerstörung der chromosomalen DNA

H03 H00 ■
→ **3.44 Welche der folgenden Bakteriengattungen ist den L-Formen der Bakterien morphologisch am ähnlichsten?**
(A) Mykoplasmen
(B) Staphylokokken
(C) Streptokokken
(D) Treponemen
(E) Vibrionen

H02 F98 ■
→ **3.45 Mykoplasmen sind**
(A) zellwandlose Mikroorganismen
(B) kapselbildende Bakterien
(C) animale Viren
(D) aus einem penicillinhaltigen Kulturmedium entstandene Bakterien
(E) mit Lysozym behandelte Bakterien

H06 ■
→ **3.46 Die Resistenz von Mykoplasmen gegen β-Laktam-Antibiotika beruht auf**
(A) dem Besitz eines Plasmids
(B) der hohen Konjugationsrate
(C) der Lysogenie
(D) dem Fehlen der Zellwand
(E) der Ausstattung mit β-Laktamasen

3.2.3 Geißeln, Pili (Fimbrien)

F93
→ **3.47 Welche Aussage trifft nicht zu? Die Geißeln der Bakterien**
(A) können im Elektronenmikroskop dargestellt werden
(B) haben den gleichen Aufbau wie die Geißeln menschlicher Spermien
(C) dienen der Fortbewegung
(D) enthalten Flagellin
(E) werden zur Unterscheidung der Bakteriengattungen herangezogen

F04
→ **3.48 Welche Aussage zu Bakteriengeißeln trifft zu?**
(A) Sie enthalten Aktin.
(B) Sie werden von der Zellmembran umschlossen.
(C) Sie zeigen elektronenmikroskopisch die typische Erscheinung von 9 · 2 + 2 Mikrotubuli.
(D) Sie führen eine kontinuierliche Drehbewegung aus.
(E) Sie sind an einem Kinetosom verankert.

H04
→ **3.49 Das Protein Flagellin ist ein charakteristisches Protein der**
(A) Bakteriengeißel
(B) Spermiengeißel
(C) Stressfasern
(D) Tonofilamente
(E) Zilien

H07
→ **3.50 Bakterien besitzen in ihrer Zellwand verschiedene Strukturen und Moleküle, welche zur Pathogenität beitragen.**
Im Allgemeinen primär aus Proteinen besteht:
(A) Endotoxin
(B) Teichonsäure
(C) Flagelle
(D) Kapsel
(E) Murein

F07 H04 ■
→ **3.51 Die Entstehung einer bakteriellen Infektion setzt die Anheftung des Bakteriums an Wirtszellen bzw. Oberflächen des Wirtsorganismus voraus. Welche der folgenden Strukturen ist im Falle eines zellwandhaltigen Bakteriums daran am ehesten beteiligt?**
(A) Geißel
(B) Fimbrium
(C) Mesosom
(D) Zytoplasmamembran
(E) intramurales Protein

3.42 (C)   3.43 (B)   3.44 (A)   3.45 (A)   3.46 (D)   3.47 (B)   3.48 (D)   3.49 (A)   3.50 (C)   3.51 (B)

H05
→ 3.52 Einige Bakterien besitzen die Fähigkeit zur starken Adhärenz an Wirtsgewebe.
Welche der folgenden Strukturen ist als typischer Adhärenzfaktor von Escherichia coli bekannt?
(A) Peptidoglykan
(B) Zellmembran
(C) Fimbrien (Pili)
(D) Kapsel
(E) Lipoteichonsäure

F06
→ 3.53 Die Bestimmung von H-Antigenen dient zur Beurteilung der Pathogenität von Bakterien.
Sie sind lokalisiert in/auf
(A) der Kapsel
(B) dem Mureinsacculus
(C) der Zellwand
(D) den Geißeln
(E) der Zellmembran

F07
→ 3.54 Verschiedene Stämme einer Bakterienspezies lassen sich oftmals serologisch voneinander unterscheiden.
Welches der folgenden bakteriellen Antigene dient am ehesten bei Enterobacteriaceae (z. B. Escherichia coli, Salmonellen) als Zielstruktur für eine serologische Diagnostik?
(A) Murein
(B) H-Antigen
(C) Lipide der Zellmembran
(D) Porine der äußeren Zellmembran
(E) Lipoteichonsäure

3.2.4 Kapsel

F01 ■
→ 3.55 Ein typisches Beispiel für Kapselbildung bei Bakterien als Pathogenitätsfaktor (Hemmung der Phagozytose) sind:
(A) Mykoplasmen
(B) Pneumokokken
(C) Spirochäten
(D) Staphylokokken
(E) Vibrionen

3.2.5 Zellmembran (Zytoplasmamembran)

Zu diesem Kapitel wurden bisher keine Fragen gestellt.

3.2.6 Ribosomen

Zu diesem Kapitel wurden bisher keine Fragen gestellt.

3.2.7 Nucleoid (Kernäquivalent), Bakterienchromosom, Plasmide

F01 ■
→ 3.56 Welche Aussage über Bakterien-Plasmide trifft nicht zu?
(A) Sie sind das Bakterien-Chromosom.
(B) Sie können Träger von Resistenzfaktoren sein.
(C) Sie können den F-Faktor tragen.
(D) Sie sind ringförmige, doppelsträngige DNA.
(E) Sie sind übertragbar.

H93 ■
→ 3.57 R-Faktoren, die bei Bakterien Resistenz gegen Antibiotika verursachen, befinden sich in der Regel
(A) im Nukleotid
(B) auf Plasmiden
(C) in Mesosomen
(D) im Murein-Anteil der Zellwand
(E) in den Proteinen des Plasmalemmas

H05
→ 3.58 Das Bakterium Escherichia coli kann nach Aufnahme klonierter cDNA, die von beta-Hämoglobin-mRNA stammt, das vollständige Polypeptid synthetisieren.
Dies geschieht jedoch nicht nach Aufnahme des entsprechenden klonierten chromosomalen Gens, weil
(A) die bakterielle Polymerase keine Introns transkribieren kann
(B) Introns Schleifen ausbilden, die die bakteriellen Ribosomen blockieren
(C) Introns Codons enthalten, die von den bakteriellen tRNAs nicht erkannt werden
(D) Bakterien die transkribierte RNA nicht spleißen können
(E) Bakterien die Proteinvorstufen nicht korrekt prozessieren können

3.52 (C)   3.53 (D)   3.54 (B)   3.55 (B)   3.56 (A)   3.57 (B)   3.58 (D)

3.2.8 Sporen

H90 ■■
→ 3.59 Welche Aussage trifft nicht zu?
Im Vergleich zur Bakterienzelle (Protocyte) sind Bakteriensporen
(A) wasserärmer
(B) stoffwechselaktiver
(C) resistenter gegen Hitzeeinwirkung
(D) resistenter gegen Desinfektionsmittel
(E) langlebiger

H99 H96 ■■
→ 3.60 Die Sporen der Bakterien
(A) werden bei optimalen Wachstumsbedingungen gebildet
(B) entstehen nur nach Konjugation
(C) enthalten die gesamte genetische Information des Bakteriums
(D) dienen der ungeschlechtlichen Vermehrung
(E) können von der Mehrzahl der Bakteriengattungen gebildet werden

F03 ■■
→ 3.61 Welche Aussage trifft für Bakteriensporen nicht zu?
(A) Sie sind Überdauerungsformen.
(B) Sie sind wasserärmer als die Ausgangs-Bakterien.
(C) Sie sind resistenter gegen Erhitzen und Austrocknung als die Ausgangs-Bakterien.
(D) Sie können von der Mehrzahl der Bakteriengattungen gebildet werden.
(E) Sie haben einen reduzierten Stoffwechsel.

F02 ■
→ 3.62 Welche der folgenden Bakterien sind Sporenbildner?
(A) Staphylokokken
(B) Streptokokken
(C) Clostridien
(D) Mykobakterien
(E) Treponemen

3.3 Wachstum der Bakterien

3.3.1 Stoffwechsel (Verhalten gegenüber Sauerstoff), intrazelluläres Wachstum

H07 H02
→ 3.63 Obligat anaerobe Bakterien zeigen hinsichtlich ihrer Wachstumserfordernisse folgendes Verhalten:
(A) Luftsauerstoff fördert das Wachstum, ist aber entbehrlich.
(B) Luftsauerstoff ist unentbehrlich.
(C) Atmosphärisches CO_2 ist unentbehrlich.
(D) Auch in einer Sauerstoffatmosphäre kommt es zu einem Wachstum.
(E) Luftsauerstoff behindert das Wachstum.

H04
→ 3.64 Anaerobe Bakterien lösen aufgrund ihres besonderen Metabolismus charakteristische Infektionen beim Menschen aus.
Welche der folgenden Aussagen trifft für Anaerobier zu?
(A) Anaerobier vermehren sich ausschließlich in gut belüfteten Körperregionen (z. B. Lunge), da sie selbst keinen Sauerstoff synthetisieren können.
(B) Anaerobier sind mit Enzymen ausgestattet, welche reaktive Sauerstoffintermediate (z. B. H_2O_2, O_2^-) sehr effizient abbauen und dadurch das zum Überleben notwendige anaerobe Milieu generieren.
(C) Schlecht durchblutete, tiefe Verletzungen begünstigen Infektionen mit anaeroben Bakterien.
(D) Anaerobe Bakterien wachsen prinzipiell nur unter sauerstofffreien Bedingungen.
(E) Fakultativ anaerobe Bakterien benötigen Sauerstoff zum Wachstum.

3.3.2 Bakterienkultur

H93
→ 3.65 Welche Aussage trifft nicht zu?
Ein Bakterium wächst optimal in Normalatmosphäre, benötigt Glukose und Pepton im Nährmedium, zeigt nach Gram-Färbung eine rotgelbe Farbe und bewegt sich mit Hilfe von über den ganzen Zellkörper verteilten Geißeln.
Dieses Bakterium ist
(A) aerob
(B) heterotroph
(C) grampositiv
(D) peritrich begeißelt
(E) von einer Zellwand umgeben

3.59 (B)   3.60 (C)   3.61 (D)   3.62 (C)   3.63 (E)   3.64 (C)   3.65 (C)

3.3.3 Wachstum und Vermehrung

H95 F93
→ 3.66 Welche Aussage trifft nicht zu?
Bei der Kultur humanpathogener Bakterien
(A) ist eine Temperatur von 37°C in der Regel optimal
(B) kann das Medium durch Agar verfestigt werden
(C) kann Pepton als Stickstoffquelle zugesetzt werden
(D) kann der optimale pH-Wert durch Zugabe von Pufferlösungen gewährleistet werden
(E) kann in der Regel eine Beurteilung frühestens nach 72 Stunden vorgenommen werden

F92 ■
→ 3.67 Welche Aussage trifft für die logarithmische Wachstumsphase einer Bakterienkultur in flüssigem Medium zu?
(A) allmähliches Erreichen der maximalen Teilungsrate
(B) erste Phase der Wachstumskurve
(C) gleichbleibende Populationsdichte
(D) maximale Teilungsrate
(E) abnehmende Populationsdichte

F94
→ 3.68 Welche Aussage trifft nicht zu?
Für die logarithmische Wachstumsphase einer Bakterienkultur in flüssigem Medium gilt:
(A) Die Populationsdichte nimmt zu.
(B) Die Population wächst um eine konstante Zahl pro Zeiteinheit.
(C) Die Konzentration der Stoffwechselprodukte nimmt zu.
(D) Die Substratkonzentration nimmt ab.
(E) Die höchste Teilungsrate aller Wachstumsphasen ist erreicht.

H04
→ 3.69 Bei den Nährböden (Vollmedium) zur Züchtung medizinisch wichtiger Bakterien dient als Stickstoffquelle
(A) Luftstickstoff
(B) Pepton
(C) Nitrat
(D) Nitrit
(E) Ammoniumsulfat

F00
→ 3.70 Welche Aussage trifft für die Kultur von Escherichia coli in einem flüssigen Nährmedium nicht zu?
(A) Teilungen der Bakterien können alle 20 min stattfinden.
(B) Nach Ablauf einer Anlaufphase (lag-Phase) findet ein exponentielles Wachstum der Bakterienpopulation statt.
(C) Es kann ein Bakterientiter von 10^9/ml Nährmedium erreicht werden.
(D) Dem flüssigen Nährmedium muss Agar-Agar zugesetzt werden.
(E) Abnehmende Nährstoffkonzentration und zunehmende Konzentration an Stoffwechselprodukten führen zu einer Herabsetzung der Wachstumsrate der Bakterienpopulation.

F04 H98 F98 ■
→ 3.71 Die mittlere Generationszeit (Zeit, in der sich die Bakterienanzahl verdoppelt) von Escherichia coli beträgt unter optimalen Bedingungen
(A) 1/2 Minute
(B) 3 Minuten
(C) 20 Minuten
(D) 150 Minuten
(E) 300 Minuten

F09 H03 ■
→ 3.72 Die spezifische Wirkung von Penicillin auf Bakterien beruht auf:
(A) Bindung an 60S-Ribosomen
(B) Hemmung der bakteriellen Atmungsketten
(C) Interaktion mit bakterieller Replikase
(D) Hemmung der Transpeptidase des Mureins
(E) Hemmung der RNA-Polymerase der Bakterien

H07
→ 3.73 β-Lactam-Antibiotika beeinflussen die/den
(A) ribosomale Proteinsynthese
(B) Transkription der DNA
(C) Replikation der DNA
(D) Mureinsynthese
(E) Aufbau der Zytoplasmamembran

F03 ■■
→ 3.74 Am ehesten empfindlich gegen Penicillin sind:
(A) Mycoplasmen
(B) Retroviren
(C) Protoplasten
(D) Rikettsien
(E) grampositive Bakterien

3.66 (E)   3.67 (D)   3.68 (B)   3.69 (B)   3.70 (D)   3.71 (C)   3.72 (D)   3.73 (D)   3.74 (E)

F03 ■

→ 3.75 Die selektive Toxizität von Antibiotika gegenüber Bakterien beruht auf Unterschieden an subzellulären Bestandteilen oder von Stoffwechselvorgängen zwischen Prokaryonten und Eukaryonten.
Wo liegt der Angriffspunkt von Chloramphenicol?
(A) Mesosom
(B) Zytoplasmamembran
(C) Proteinbiosynthese
(D) Nukleinsäuresynthese
(E) Zellwandsynthese

F05 ■

→ 3.76 Bei einer Bakterienkultur kann man verschiedene Wachstumsphasen unterscheiden.
In welcher Phase zeigen penicillinempfindliche Bakterien ihre größte Empfindlichkeit gegen Penicillin?
(A) lag-Phase
(B) log-Phase
(C) stationäre Phase
(D) Absterbephase
(E) als Protoplasten

F98 ■

→ 3.77 Welche Aussage ist für den Begriff „Bakteriostase" am zutreffendsten?
(A) Austrocknungsresistenz
(B) Überleben nach Einwirkung abtötender Stoffe
(C) Hemmung der Vermehrung
(D) Verhinderung des Wachstums durch Sauerstoff
(E) progressive Abtötung

→ 3.78 Welche Aussage trifft nicht zu?
Zur Abtötung von Bakterien werden angewendet:
(A) 70%iger Ethylalkohol
(B) Formaldehyd
(C) Phenolderivate
(D) UV-Strahlung
(E) Tiefgefrieren (bei Nahrungmitteln)

3.4 Bakteriengenetik

3.4.1 Bakterienchromosom, Plasmide

3.4.2 Übertragung von Genmaterial

H99 ■■

→ 3.79 Welche Aussage über Parasexualität bei Bakterien trifft nicht zu?
(A) Unter Parasexualität versteht man die Möglichkeit der Übertragung von genetischem Material zwischen Bakterien.
(B) Bei der Transduktion wird genetisches Material der Zelle A mittels der Sexpili in die Zelle B gebracht.
(C) Die generelle (unspezifische) Transduktion ermöglicht die Übertragung eines beliebigen DNA-Fragments.
(D) Transformation ist die direkte Aufnahme von DNA durch kompetente Zellen.
(E) Konjugation ist die Überführung von DNA aus Zelle A in Zelle B mittels eines Fertilitätsfaktors.

F03 ■

→ 3.80 Übertragung genetischen Materials zwischen Bakterienzellen kann am ehesten erfolgen im
(A) Anschluss an eine mitotische Teilung
(B) Anschluss an eine meiotische Teilung
(C) Zuge der Konjugation
(D) Zuge der Kopulation
(E) Zuge der Sporulation

H00 F00 ■■

→ 3.81 Die Fähigkeit zur Kapselbildung (Pathogenitätsfaktor) kann zwischen Pneumokokkenstämmen (Streptococcus pneumoniae) durch freie DNA übertragen werden.
Dieser Vorgang wird bezeichnet als:
(A) Konjugation
(B) Transduktion
(C) Translation
(D) Transformation
(E) Transposition

F04 ■

→ 3.82 Transposons
(A) finden sich nur in menschlichen Leberzellen
(B) sind Grundlage für die Lyon-Hypothese
(C) können Überträger von Antibiotika-Resistenzen sein
(D) bewirken den Übergang vom lysogenen zum lytischen Zustand einer Virusinfektion
(E) sind Auslöser für die Robertson-Translokation

3.75 (C)   3.76 (B)   3.77 (C)   3.78 (E)   3.79 (B)   3.80 (C)   3.81 (D)   3.82 (C)

F98 ■ ■
→ **3.83** Welche Aussage trifft nicht zu?
Die Transposition bei Bakterien
(A) ist die Übertragung mobiler genetischer Elemente
(B) kann Ursache von Mutationen sein
(C) tritt nur nach Infektion durch einen Bakteriophagen auf
(D) hat Bedeutung bei der Übertragung von Antibiotikaresistenz
(E) kann zur Verlagerung von R-Faktoren innerhalb des Genoms führen

H94 ■
→ **3.84** Die Bakterientransformation beruht auf:
(A) Aufnahme und Integration von freier DNA
(B) interzellulärem Transfer von DNA über Pili
(C) Infektion durch temperente Phagen
(D) Transfer von DNA durch Phagen
(E) Informationstransfer von der DNA auf RNA

F97 ■
→ **3.85** Die direkte Aufnahme von freier DNA durch ein Bakterium bezeichnet man als
(A) Transposition
(B) Transformation
(C) Transduktion
(D) Konjugation
(E) Lysogenie

H03 F99 ■ ■
→ **3.86** Unter Transduktion versteht man in der Mikrobiologie
(A) den Transport von Antibiotika durch die Zellwand
(B) die Umwandlung einer Antibiotika-sensiblen Kultur in eine Antibiotika-resistente Kultur
(C) die chemisch induzierte Veränderung der bakteriellen DNA
(D) Bakterien-Übertragung von einem Tier auf ein anderes Tier
(E) Übertragung von bakteriellem Genmaterial auf andere Bakterien durch Bakteriophagen

H04 ■ ■
→ **3.87** Eine Kultur von Bakterien, die kein Tryptophan synthetisieren können, wird durch Viren infiziert, die durch Lyse von Tryptophan-synthetisierenden Bakterien freigesetzt wurden. Die meisten Bakterien der ursprünglichen Kultur können als Folge der Infektion Tryptophan synthetisieren.
Welcher Mechanismus ist hierfür verantwortlich?
(A) Konjugation
(B) Rekombination
(C) Transformation
(D) Koexpression
(E) Transduktion

3.4.3 Antibiotikaresistenz aus evolutionsbiologischer Sicht

→ **3.88** Wie kommt es unter Antibiotikaeinwirkung bei Bakterien zu einer Anreicherung von resistenten Stämmen in den Zellkulturen?
(A) Durch Absterben der empfindlichen Bakterien können sich die resistenten Formen ohne Konkurrenz vermehren.
(B) Die Antibiotika fördern die Ausbildung von multipler Resistenz gegen mehrere Antibiotika.
(C) Die Antibiotika fördern die Übertragung von Resistenzfaktoren.
(D) Die Antibiotika wirken als mutagene Chemikalien auf das Bakterienchromosom.
(E) Alle Aussagen treffen zu.

H90 ■
→ **3.89** Welche Aussage trifft nicht zu?
Für den Menschen pathogene gramnegative Bakterien können Erbfaktoren einer Resistenz gegen Antibiotika vom Typ der Penicilline
(A) auch über Gen-Transfer von Bakterien aus Tieren oder von Bodenbakterien erhalten
(B) nur über Konjugations-Pili auf Bakterienzellen der gleichen Art übertragen
(C) auf Plasmiden tragen
(D) auf dem Bakterienchromosom tragen
(E) bei der Zellteilung auf beide Tochterbakterien weitergeben

3.5 Pilze

3.5.1 Lebensweise, medizinische Bedeutung

H90 ■
→ **3.90** Welche Aussage trifft nicht zu?
Pilze
(A) leben stets heterotroph
(B) besitzen echte Zellkerne
(C) gewinnen Stoffwechselenergie durch Ab- und Umbau organischer Verbindungen
(D) sind in ökologischer Hinsicht Produzenten
(E) können sich durch ungeschlechtliche Bildung von Sporen vermehren

---

3.83 (C) 3.84 (A) 3.85 (B) 3.86 (E) 3.87 (E) 3.88 (A) 3.89 (B) 3.90 (D)

3.5 Pilze

F98 ■■
→ 3.91 Welche Aussage trifft nicht zu?
Pilze
(A) sind Eukaryonten
(B) sind heterotrophe Organismen
(C) können die Photosynthese durchführen
(D) sind zur asexuellen Fortpflanzung befähigt
(E) sind am Abbau organischer Substanzen beteiligt

H06 ■
→ 3.92 Typischer Bestandteil der Zellwand von Pilzen ist/sind
(A) Lipopolysaccharide
(B) Chitin
(C) Teichonsäure
(D) Lipoproteine
(E) Murein

F01 ■
→ 3.93 Welche Aussage trifft für Pilze nicht zu?
(A) Sie sind autotroph.
(B) Sie können ein aus Hyphen bestehendes Myzel bilden.
(C) Sie vermehren sich durch Sporenbildung.
(D) Sie spielen als Destruenten im Ökosystem eine wichtige Rolle.
(E) Manche Spezies können antimikrobiell wirksame Substanzen bilden.

H01 ■■
→ 3.94 Welche Aussage über Pilze trifft nicht zu?
(A) Sie sind Prokaryonten.
(B) Sie sind hinsichtlich ihres Kohlenstoff- und Stickstoffbedarfs obligat heterotroph.
(C) Unter den Pilzen gibt es Saprophyten und Parasiten.
(D) Viele Arten können sich durch Sporenbildung vermehren.
(E) Sie sind in ökologischer Hinsicht Destruenten.

H94 ■
→ 3.95 Welche Aussage trifft nicht zu?
Pilze
(A) besitzen einen Zellkern mit Kernmembran
(B) haben typische Chromosomen
(C) sind zur Photosynthese befähigt
(D) vermehren sich durch geschlechtliche und ungeschlechtliche Sporen
(E) können beim Menschen Hautkrankheiten hervorrufen

F07
→ 3.96 Polyene (Amphotericin B) und Azole (z. B. Fluconazol) besitzen eine selektive antimykotische Wirkung, die darauf beruht, dass ein pilzspezifischer Zellmembranbestandteil bzw. dessen Synthese Angriffsort ist.
Dabei handelt es sich um
(A) Chitin
(B) Ergosterol
(C) polymeres Glucosamin
(D) Mannankomplexe
(E) Glucan

H07
→ 3.97 Humanpathogene Pilze sind eukaryonte Krankheitserreger, welche in der modernen Medizin zunehmend als Erreger von Krankenhausinfektionen in Erscheinung treten.
Welche der Aussagen zu Pilzen trifft am ehesten zu?
(A) Humanpathogene Pilze sind typischerweise autotrophe Organismen.
(B) Die sexuelle Vermehrung von Pilzen ist durch die Bildung von Tochterzellen (Sprosszellen) gekennzeichnet.
(C) Ein dichtes Geflecht von Pilzfäden wird als Hyphe bezeichnet.
(D) Schimmelpilze sind Fadenpilze, die Sporen (Konidien) bilden.
(E) Die krankmachende Wirkung von Pilzen beruht auf der Synthese von Antibiotika, die die Darmflora schädigen.

F05
→ 3.98 Ein 46-jähriger Mann erkrankt nach einer Nierentransplantation im Zustand der massiven Immunsuppression an einer schweren Pneumonie.
Im mikroskopischen Präparat der Bronchialspülflüssigkeit (Abbildung Nr. 20 des Bildanhangs) ist eine typische Wuchsform eines Erregers dargestellt.
Es handelt sich am wahrscheinlichsten um:
(A) Schimmelpilze (z. B. Aspergillus)
(B) Streptococcus pneumoniae
(C) Chlamydia pneumoniae
(D) Spirochäten
(E) Mykobakterien

3.5.2 Wachstumsformen

Zu diesem Kapitel gibt es keine aktuellen Fragen.

3.5.3 Vermehrung

Zu diesem Kapitel gibt es keine aktuellen Fragen.

3.91 (C)   3.92 (B)   3.93 (A)   3.94 (A)   3.95 (C)   3.96 (B)   3.97 (D)   3.98 (A)

3.5.4 Synthese von Stoffen

H04 H93 ■■
→ 3.99 Der Schimmelpilz Aspergillus flavus produziert als toxischen Stoff:
(A) das Alkaloid Atropin
(B) das Herzglykosid Digitonin
(C) den RNA-Polymerase-Hemmer α-Amanitin
(D) das kanzerogene Aflatoxin
(E) das Halluzinogen Ergotamin

H99 ■
→ 3.100 Welche Aussage über Aflatoxine trifft nicht zu?
(A) Sie werden von Claviceps purpurea synthetisiert.
(B) Sie werden auf verschimmelten Nahrungsmitteln gebildet (Nüsse, Getreide).
(C) Sie sind hitzeresistent.
(D) Sie sind hepatotoxisch.
(E) Sie sind kanzerogen.

F04 ■■
→ 3.101 Das Mutterkorn (Claviceps purpurea) enthält als toxischen Stoff
(A) α-Amanitin
(B) Digitonin
(C) Atropin
(D) Ergotamin
(E) Aflatoxin

F99 ■
→ 3.102 Welche Wirkung hat das von Pilzen synthetisierte α-Amanitin?
(A) RNA-Polymerase II-Hemmung
(B) Replikationshemmung
(C) Blockierung der Zellwandsynthese
(D) Serotonin-Antagonismus (Halluzinogenese)
(E) Blockierung der Atmungskette

3.6 Viren

3.6.1 Virusbegriff

→ 3.103 Welche Aussage trifft nicht zu?
Viren
(A) benutzen Enzyme der Zelle, besonders den Proteinsyntheseapparat
(B) können auf flüssigen und festen Nährböden geeigneter chemischer Zusammensetzung gezüchtet werden
(C) können in manchen Fällen ihr Genom in das Genom der Wirtszelle integrieren
(D) können DNA oder RNA als genetisches Material enthalten
(E) können sich nur im Innern der Zelle vermehren

F04
→ 3.104 Viren sind Krankheitserreger, welche im Gegensatz zu den meisten Bakterien zum Leben außerhalb von Wirtszellen nicht befähigt sind (obligater Zellparasitismus). Ihre Pathogenität beruht auf einer Vielzahl von Wirkungen auf die Wirtszelle.
Welcher der folgenden Mechanismen ist charakteristisch für die Auslösung einer akuten Erkrankung durch viele humanpathogene Viren?
(A) Fimbrien-vermittelte Invasion in die Wirtszelle
(B) Synthese von Lipopolysaccharid
(C) Zerstörung der Wirtszellen durch Lyse
(D) Integration der Virusnukleinsäure in das Wirtsgenom
(E) Synthese von Exotoxinen

F00 ■
→ 3.105 Welche Aussage über humanpathogene Viren trifft nicht zu?
(A) DNA oder RNA enthalten die genetische Information.
(B) Ein aus Protein bestehendes Kapsid umgibt die Nukleinsäuren.
(C) Eine das Kapsid bedeckende Lipidhülle ist bei allen Virusgruppen vorhanden.
(D) Viren können von der Wirtszelle unter Beteiligung der Wirtzellmembran aufgenommen werden.
(E) Das Kapsid wird nach der Penetration in der Wirtszelle abgebaut.

3.99 (D)   3.100 (A)   3.101 (D)   3.102 (A)   3.103 (B)   3.104 (C)   3.105 (C)

→ 3.106 Welche Aussage trifft nicht zu?
Bei der Infektion einer Zelle mit einem Virus
(A) kann reverse Transkriptase bei RNA-Retroviren die Virus-RNA in DNA transkribieren
(B) kann Virus-DNA in mRNA transkribiert werden
(C) kann Virus-DNA repliziert werden
(D) wird Virus-Nukleinsäure (RNA oder DNA) innerhalb des Kapsids repliziert
(E) werden Ribosomen der Wirtszelle zur Synthese von Virusproteinen benutzt

H98

→ 3.107 Welche Aussage trifft nicht zu?
Viroide
(A) bestehen aus ringförmiger RNA
(B) sind Defektmutanten humanpathogener Viren
(C) sind „nackt" (frei von Proteinhülle)
(D) sind infektiös
(E) sind als Erreger von Pflanzenkrankheiten bekannt

F99

→ 3.108 Welche Aussage trifft nicht zu?
Viroide
(A) bestehen aus RNA
(B) sind defekte Mutanten humanpathogener Viren
(C) werden – wie die Viren – von der Wirtszelle vermehrt
(D) enthalten ringförmige Nukleinsäure
(E) sind unbehüllt

H95

→ 3.109 Welche Aussage trifft nicht zu?
Bakteriophagen
(A) sind Viren
(B) enthalten Strukturproteine zum Schutz der Nukleinsäure
(C) gelangen durch Endozytose in die Wirtszelle
(D) können durch Restriktionsenzyme der Wirtszelle an der Vermehrung gehindert werden
(E) können sich nur innerhalb der Wirtszelle vermehren

F89 ■

→ 3.110 Ein temperenter Phage weist folgendes Charakteristikum auf:
(A) Er befällt nur zellwandlose Bakterien.
(B) Er vermehrt sich nur bei Temperaturen unter 33°C.
(C) Infizierte Bakterien können überleben.
(D) Der Vermehrungszyklus verläuft extrem langsam.
(E) Er überträgt Antibiotika-Resistenz.

H97 H88 ■

→ 3.111 Lysogenie bedeutet in der Bakteriologie:
(A) die Fähigkeit, tierische Zellen aufzulösen
(B) den Besitz eines induzierbaren Prophagen
(C) Empfindlichkeit gegen Lysozym
(D) Sekretion bakteriolytischer Antibiotika
(E) die Neigung einer Population zur Autolyse

3.6.2 Aufbau

F05 ■

→ 3.112 Welche der folgenden Aussagen zur Struktur, Vermehrung oder Pathogenität von Viren trifft zu?
(A) Viren besitzen entweder RNA oder DNA, niemals aber beide Nukleinsäuren.
(B) Nukleosidanaloga sind typische Virostatika, welche mit der Synthese von viralen Glykoproteinen interferieren.
(C) Behüllte Viren enthalten in ihrer Hülle ähnlich wie Bakterien Murein.
(D) Viruskapside entsprechen der Bakterienkapsel und bestehen ausschließlich aus Lipiden.
(E) Bei allen RNA-Viren wird die RNA über eine reverse Transkriptase in DNA umgesetzt.

H09 ■ ■

→ 3.113 Das Reassortment bei Viren setzt ein segmentiertes Genom voraus.
Welche humanpathogene Virusfamilie besitzt ein segmentiertes Genom?
(A) Picornaviren (z. B. Poliomyelitisviren)
(B) Herpesviren (z. B. Herpes-simplex-Viren)
(C) Orthomyxoviren (z. B. Influenzaviren)
(D) Paramyxoviren (z. B. Masernvirus)
(E) Pockenviren

3.6.3 Vermehrung und Genetik

F90

→ 3.114 Welche Aussage trifft für den Vermehrungszyklus von Viren in menschlichen Zellen nicht zu?
(A) Bindung an Rezeptoren der Zellmembranen
(B) Injektion der Nukleinsäure in die Zelle
(C) Reduplikation der Nukleinsäure
(D) Synthese der Virusproteine
(E) Montage der Virusbestandteile

F05

→3.115 Im Vermehrungszyklus von Viren erfolgt beim „uncoating"
(A) die Transkription der Virus-Nukleinsäure in der Wirtszelle
(B) der Einbau von Virus-Nukleinsäure in Wirtschromosomen
(C) die Bildung neuer Virushüllen in der Wirtszelle
(D) die Freisetzung der Virus-Nukleinsäure
(E) die Bildung neuer Kapsomeren in der Wirtszelle

F91 ■

→3.116 Welche Aussage trifft nicht zu?
Die reverse Transkriptase
(A) ermöglicht den Fluß der genetischen Information von der RNA zur DNA
(B) findet Verwendung in der Gentechnologie
(C) ermöglicht die Synthese von cDNA
(D) ist Voraussetzung für die Transkription in prokaryontischen Zellen
(E) spielt bei der Vermehrung des HIV (AIDS-Virus) eine wesentliche Rolle

H08

→3.117 Welcher Teilschritt der Vermehrung von Retroviren war namensgebend für diese Gruppe von Viren?
(A) Bindung des Virus an die Zielzelle
(B) Uncoating
(C) Transkription
(D) Verpackung der Viruspartikel
(E) Ausschleusung der Viren

3.7 Prionen

H03

→3.118 Die iatrogene (z.B. durch Duratransplantate übertragene) Creutzfeldt-Jakob-Krankheit wird hervorgerufen durch:
(A) Bakterien
(B) Viren
(C) Rickettsien
(D) Prionen
(E) Chlamydien

F08

→3.119 Welche der folgenden Aussagen über Prionen ist am ehesten zutreffend?
(A) Sie sind infektiöse Proteine.
(B) Sie sind Viroide.
(C) Sie sind Miniviren.
(D) Sie sind replikationsdefekte RNA-Viren.
(E) Sie sind Retroviren.

3.8 Ausgewählte Kapitel aus der Ökologie mit Bezügen zur Mikrobiologie

3.8.1 Stoffkreisläufe

F96

→3.120 Welches der folgenden Gase entsteht typischerweise bei der aeroben Zersetzung organischer Substanzen in Gewässern?
(A) CO
(B) CO_2
(C) CH_4
(D) H_2S
(E) NO_2

H89

→3.121 Welche Aussage trifft nicht zu?
Bei der biologischen Abwasserreinigung in der Kläranlage
(A) finden Prozesse statt, die auch bei der Selbstreinigung der Gewässer ablaufen
(B) sind aerobe Mikroorganismen tätig
(C) sind vor allem autotrophe Mikroorganismen beteiligt
(D) wird Sauerstoff verbraucht
(E) werden organische Substanzen abgebaut

3.8.2 Nahrungskette, Energiefluss

H99

→3.122 Die folgende schematische Darstellung stellt ein vereinfachtes Modell des Energie- und Materialflusses in einem Ökosystem dar.
Materialfluss: gerader Pfeil, Energiefluss: geschlängelter Pfeil
Durch welches Symbol (A–E) werden Destruenten (Mikroorganismen) gekennzeichnet?

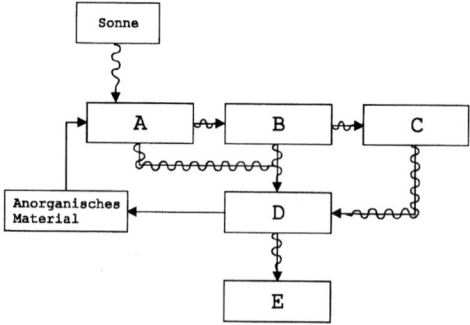

3.115 (D)   3.116 (D)   3.117 (C)   3.118 (D)   3.119 (A)   3.120 (B)   3.121 (C)   3.122 (D)

F02

→ 3.123 Welche Rolle haben Bakterien im Allgemeinen im Stoffkreislauf von Ökosystemen?
(A) Produzenten
(B) Konsumenten erster Ordnung
(C) Konsumenten zweiter Ordnung
(D) Destruenten
(E) neutrale Elemente ohne signifikante Funktion

3.8.3 Regulation der Populationsgröße in einem Biosystem

Zu diesem Kapitel gibt es keine aktuellen Fragen.

3.8.4 Wechselbeziehungen zwischen artverschiedenen Organismen

F06

→ 3.124 Worin besteht die Gemeinsamkeit zwischen Rickettsien, Chlamydien und Viren?
(A) Zellparasitismus
(B) Empfindlichkeit gegen Antibiotika
(C) eigener Stoffwechsel
(D) Vermehrung durch Zweiteilung
(E) Mureingerüst der Zellwand

H01

→ 3.125 Die Beziehung zwischen Vitamin-K-produzierenden Darmbakterien und dem Menschen wird am zutreffendsten bezeichnet als
(A) Symbiose
(B) Kommensalismus
(C) Parasitismus
(D) Konkurrenz
(E) Selektion

3.9 Fragen aus Examen Frühjahr 2011

F11

→ 3.126 Das Botulinum-Toxin B verursacht eine lebensbedrohliche Lähmung der Skelettmuskulatur durch Hemmung der Freisetzung von Acetylcholin an der motorischen Endplatte.
Welches Molekül ist der wahrscheinlichste Angriffspunkt dieses Toxins?
(A) Acetylcholinrezeptor
(B) Clathrin
(C) Connexin
(D) neuronales Cadherin (N-Cadherin)
(E) SNARE-Protein

F11 ■■

→ 3.127 Die diagnostisch wichtige, morphologische Unterscheidung zwischen grampositiven (violett) und gramnegativen Bakterien (rot) beruht auf folgender Besonderheit grampositiver Bakterien:
(A) Einlagerung von Glykogen
(B) stärkere Acidophilie
(C) erhöhte Durchlässigkeit der Zellwand für den violetten Farbstoff
(D) vielschichtiger Mureinsacculus
(E) Wachse in der Zellwand

F11 ■

→ 3.128 Für welches Bakterium ist die Kapselbildung zur Hemmung der Phagozytose ein typisches Pathogenitätsmerkmal?
(A) Clostridium tetani
(B) Escherichia coli
(C) Mycoplasma pneumoniae
(D) Streptococcus pneumoniae
(E) Treponema pallidum

F11 ■

→ 3.129 Welches Bakterium zeichnet sich durch eine besonders langsame Vermehrung aus?
(A) Bacillus anthracis
(B) Clostridium perfringens
(C) Mycobacterium tuberculosis
(D) Staphylococcus aureus
(E) Streptococcus pneumoniae

F11 ■

→ 3.130 Wo besteht die weitaus höchste Bakteriendichte der physiologischen Bakterienflora?
(A) Nase
(B) Magen
(C) Duodenum
(D) Jejunum
(E) Colon

3.123 (D)   3.124 (A)   3.125 (A)   3.126 (E)   3.127 (D)   3.128 (D)   3.129 (C)   3.130 (E)

Kommentare

1 Allgemeine Zellbiologie, Zellteilung und Zelltod

1.1 Zellbegriff und zelluläre Strukturelemente

→ **Frage 1.1: Lösung E**

Der Begriff **Zytoplasma** beinhaltet **Grund- oder Hyaloplasma** (wässrige Lösung verschiedener organischer und anorganischer Stoffe) und die darin eingebetteten **Zellorganellen**, ausgenommen den Zellkern.

→ **Frage 1.2: Lösung B**

Das **Karyoplasma** stellt den von der Kernmembran umschlossenen Inhalt des Zellkerns dar. Neben der entspiralisierten DNA (Chromatin) sind Histone und diverse Enzyme seine wichtigsten Bestandteile.

→ **Frage 1.3: Lösung D**

Das **Plasmalemma (= Zellmembran)** in Form einer Lipiddoppelschicht mit ein- und aufgelagerten Funktionsproteinen ist die äußere Grenze einer tierischen Zelle. Bei Pflanzenzellen ist diese Schicht zusätzlich von einer festen Zellwand umgeben.
Zu **(A)**: Intrazelluläre Membransysteme sind am Aufbau verschiedener Organellen, z. B. Mitochondrien, Golgi-Apparat, Lysosomen und Endoplasmatisches Retikulum beteiligt. In ihrer Grundstruktur entsprechen sie der äußeren Zellmembran; die spezifischen Leistungen werden durch spezielle Proteine determiniert.
Zu **(C)**: Die gesamte Zelle, bestehend aus Zytoplasma, Karyoplasma und Zellmembran, wird auch als Protoplast bezeichnet.

→ **Frage 1.4: Lösung C**

Zu **(C)**: Das Verhältnis von Kern zu Zytoplasma ist bei den verschiedenen Zelltypen sehr unterschiedlich, für eine Zellsorte jedoch weitgehend konstant. Die Kerngröße wird u. a. von genetischen Faktoren (Chromosomenanzahl), äußeren Einflüssen (Alter, Ernährungszustand) und der gegenwärtigen Stoffwechselaktivität beeinflusst. Eine große Kern-Plasma-Relation ist typisch für stark teilungsaktive Zellen, z. B. Zellen schnell wachsender Tumoren.
Zu **(A)** und **(B)**: Zwischen Kern und Zytoplasma besteht ein ständiger Stoffaustausch. So werden die im Kern an den Strukturgenen der DNA erstellten Kopien der genetischen Information in Form der mRNA zur Proteinsynthese ins Zytoplasma transportiert. Die nötigen Enzyme für die im Zellkern ablaufenden Stoffwechselprozesse werden im Zytoplasma synthetisiert und ins Karyoplasma überführt.
Zu **(D)**: Der Zellkern als Ort der genetischen Information einer Zelle steuert über eine selektive Genexpression sämtliche im Zytoplasma ablaufende Stoffwechselprozesse.
Zu **(E)**: Die membranumgrenzten Zisternen des Endoplasmatischen Retikulums (ER) und die Kernmembran hängen direkt miteinander zusammen.

→ **Frage 1.5: Lösung E**

Zu **(E)**: Pigmentgranula sind membranfreie Zelleinschlüsse, die endogenen oder exogenen Ursprungs sein können. Beispiele sind **Melanin** als endogenes Pigment der intraepidermalen Melanozyten und **Kohlepartikel** als exogenes Pigment in Alveolarmakrophagen oder in der Haut (Tätowierung).
Zu **(A)** und **(D)**: Kinetosomen und Zentriolen sind membranfreie Organellen, die aus einem System von Mikrotubuli in spezieller Anordnung bestehen.
Kinetosomen dienen als Basalkörperchen der Verankerung und Bewegung von Zilien und Geißeln.
Zentriolen sind die Zentren der Bildung von Mikrotubuli beim Aufbau des Spindelapparats im Rahmen der Zellteilung.

1.2 Plasmamembran

I.1 Zellmembran

Die **Zellmembran (= Plasmalemma)** als Doppelschicht aus Phospholipiden ist die Grenzfläche eukaryontischer und prokaryontischer Zellen (s. auch Lerntext III.3 „Prokaryonten-Zelle"). Singer und Nicholson stellten 1972 ihr sog. **Fluid Mosaic-Modell** vor, das die **Lipiddoppelschicht** als dynamische, bei Körpertemperatur nahezu flüssige Membran beschreibt. Die Phospholipide sind mit ihren hydrophoben Fettsäureketten einander zugekehrt und weisen mit den hydrophilen Molekülanteilen nach außen. Eine Vielzahl von **Membranproteinen** ist der Lipiddoppelschicht auf- oder eingelagert und bedingt die zellspezifischen Membranfunktionen. So sind beispielsweise Rezeptoren an der äußeren Membranseite aufgelagert, hochspezifische Tunnelproteine hingegen durchspannen als makromolekulare „Poren" die gesamte Membran und ermöglichen auf diese Weise einen direkten Stoffaustausch zwischen dem inneren und dem äußeren Zellmilieu. Die Proteine sind in der Membran transversal beweglich, können ihre spezielle Ausrichtung zur Innen-/Außenseite jedoch aus energetischen Gründen nicht verändern.

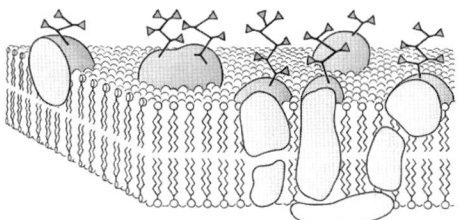

Abb. 1.1 Plasmalemma (aus: Vogel, G., Angermann, H.: Taschenatlas der Biologie, Band 1, 5. Auflage, Thieme, Stuttgart, New York, 1990)

Die bei eukaryontischen Zellen vorhandenen, intrazytoplasmatischen Membransysteme als Teil der verschiedenen Organellen sind identisch aufgebaut – man spricht daher auch allgemein von der sog. Biomembran. Diese Strukturverwandtheit ermöglicht auch den Austausch von Membranmaterial im Rahmen des **Membranflusses**, z. B. bei Endo- oder Exozytose sowie bei intrazellulären Transportvorgängen über Membranvesikel.

■
→ **Frage 1.6: Lösung D**

Zu **(D)**: Die äußere Membranumgrenzung einer jeden Zelle wird als Zytoplasmamembran oder Plasmalemma bezeichnet. Als Grenzfläche zum umgebenden Milieu übernimmt sie neben der mechanischen Abgrenzung viele wichtige funktionelle Aufgaben, z. B. Aufnahme und Abgabe von Stoffen, Reizaufnahme und -weiterleitung, Zellkontakte, Antigenität u. a.
Zu **(A)**: Intrazelluläre Membranen sind Teil verschiedener Organellen wie Mitochondrien oder Lysosomen.
Zu **(B)**: Der Zellkern wird von der mit Poren durchsetzten Kernmembran umgrenzt. Diese besteht aus zwei Phospholipid-Doppelschichten (sog. innere und äußere Elementarmembran), die durch den sog. perinukleären Raum getrennt werden. Man nennt die Kernmembran auch Karyolemm oder Nukleolemm. An manchen Stellen setzt sie sich direkt in die Membran des rER fort.
Zu **(C)** und **(E)**: Der **Protoplast** als Gesamtheit der Zellsubstanz und das **Zytoplasma** als Summe von Organellen und Grundplasma ohne den Zellkern haben begrifflich nichts mit dem Plasmalemma zu tun.

H97 ■
→ **Frage 1.7: Lösung D**

Zu **(D)**: Die Bildung von Ribosomen läuft während der Interphase im Zellkern ab. Man sieht Anhäufungen von ribosomalen Proteinen und rRNA, die in den gängigen Lehrbuchabbildungen durch eine rundliche, deutlich dunklere Kontrastierung als das umliegende Chromatin des Zellkerns auffallen. Diese Strukturen werden als Nukleoli bezeichnet. Da sie innerhalb des Zellkerns liegen, sind sie natürlich nicht von einer Membran umgeben.
Zu **(A)**, **(B)**, **(C)** und **(E)**: Alle genannten Strukturen gehören zu den membranumgrenzten Organellen einer eukaryotischen Zelle.

F97
→ **Frage 1.8: Lösung D**

Zu **(D)**: Die Freisetzung der Pankreassekrete erfolgt in erster Linie nach Bedarf, also schubweise. Die Basalsekretion, d. h. die kontinuierliche Abgabe von Bicarbonat und Enzymen, macht nur 2–3 % (Bicarbonat) bzw. 10–15 % (Enzyme) der Maximalsekretion aus und ist daher nicht als mengenmäßig überwiegender Vorgang zu verstehen.
Anmerkung: Die maximale Freisetzung von Sekret erfolgt bei Übertritt des sauren Nahrungsbreies ins Duodenum. Darauf wird CCK (Cholecystokinin) aus den I-Zellen der Dünndarmschleimhaut freigesetzt, das als stärkstes Stimulans der pankreatischen Enzymsekretion gilt.
Zu **(A)**: Hochspezifische Tunnel- und Transportproteine, die in die intrazellulären Membranen inkorporiert sind, bilden die molekulare Grundlage einer ausgeprägt selektiven Permeabilität zwischen den verschiedenen Kompartimenten.
Zu **(B)**: Das Endoplasmatische Retikulum bildet ein intrazelluläres Membransystem, dessen Oberfläche die der äußeren Zellmembran übertrifft.
Zu **(C)**: Dieser korrekten Aussage ist nichts hinzuzufügen.
Zu **(E)**: Die verschiedenen räumlich und funktionell getrennten Kompartimente einer eukaryotischen Zelle implizieren die Existenz bestimmter Signale, die intrazellulären Proteinen „ihren Platz zuweisen". Dieser im Englischen als **protein targeting** bezeichnete wichtige Vorgang wird durch sog. **Signalpeptide** verwirklicht.
Als Beispiel sei hier die grundlegende Sortierung von zytoplasmatischen und zum Export bestimmten Proteinen erläutert. Ein zu sezernierendes Protein enthält eine kurze Aminosäuresequenz am N-terminalen Ende der wachsenden Polypeptidkette, die die Bindung eines zytosolischen Ribosoms an das raue Endoplasmatische Retikulum (rER) initiiert. Die weitere Proteinsynthese erfolgt nun direkt in eine Zisterne des rER. Noch während der Translation wird das Erkennungspeptid von einer

Signal-Peptidase abgespalten; es ist daher im fertigen Protein nicht mehr enthalten.

H99 ■■
→ **Frage 1.9: Lösung E**

Zu **(E)**: **Glykolipide** sind als typischer Bestandteil der **Glykokalix**, die u. a. die antigenen Charakteristika einer Zelle determiniert, vor allem an der Außenseite der Zellmembran lokalisiert.

Zu **(A)**: Das mit Ribosomen besetzte **raue Endoplasmatische Retikulum** (rER) dient der Zelle als Syntheseort sog. **Exportproteine**. Neben verschiedenen sezernierten Proteinen (Prokollagen, Enzyme u. v. a. m.) gehören zu dieser Gruppe auch die Membranproteine.

Zu **(B)**: Unter physiologischen Bedingungen muss man sich die Zellmembran als einen Flüssigkeitsfilm vorstellen, in den Membranproteine eingebettet oder an den sie angeheftet sind. In der Membranebene ist eine diffusible Lateralbewegung der Proteine möglich; ein Wechsel von der Membranaußen- zur -innenseite ist in der Regel nur unter Energieverbrauch im Rahmen von Transportvorgängen möglich.

Zu **(C)**: Die im rER synthetisierten Membranproteine (siehe Lösung (A)) werden im **Golgi-Apparat** chemisch modifiziert. Zu den enzymatisch katalysierten Veränderungen gehören u. a. Glykosylierung, Sulfatierung und Phosphorylierung.

Zu **(D)**: Neben den bereits erwähnten Glykolipiden besitzt die Zellmembran zahlreiche **Glykoproteine**, die u. a. als Transportproteine, Tunnelproteine (z. B. Ionenkanäle) oder als Rezeptorproteine für Hormone fungieren.

H01 ■■
→ **Frage 1.10: Lösung B**

Zu **(B)**: **Connexine** sind integrale Transmembranproteine, die die Grundstruktur des offenen Zellkontaktes (Nexus oder Gap junction) bilden. Die Proteine sind in Form kleiner Röhren an exakt gegenüberliegenden Stellen in die Membranen der Zellen eingebaut und ermöglichen auf diese Weise einen direkten Zytoplasmakontakt. Eine Verbindung zwischen Membran und extrazellulärer Matrix, wie z. B. zwischen Epithelzelle und Basalmembran, wird durch so genannte „**Hemidesmosomen**" ermöglicht.
Siehe auch Lerntext I.3 „Zellkontakte".

Zu **(A)** und **(E)**: Die Proteine der Zellmembran sind in der Tat unter physiologischen Bedingungen in der Membranebene beweglich. Dieser Vorgang besitzt eine große Bedeutung bei der Rezeptor-vermittelten Endozytose, bei der Substanzen aus dem Extrazellulärraum zunächst an spezifische Rezeptoren gebunden, danach an einem umschriebenen Areal der Membran konzentriert und schließlich über Endozytose in die Zelle aufgenommen werden (z. B. Aufnahme von LDL durch die Leberzelle).

Zu **(C)**: Durch die Verankerung von Membranproteinen an intrazellulären Elementen des Zytoskelets wird ihre Beweglichkeit stark eingeschränkt.

Zu **(D)**: Im Rahmen des aktiven Transportes können Membranproteine als so genannte „**Carrier**" unter Energieverbrauch auch geladene Ionen entgegen einem Konzentrationsgradienten innerhalb der Zelle konzentrieren.
Siehe auch Lerntext I.2 „Aktiver Transport".

F10
→ **Frage 1.11: Lösung C**

Zu **(C)**: **Caveolae** sind sehr kleine (50–100 nm) sackförmige Einbuchtungen einer Zellmembran. Sie stellen sog. **Lipid Rafts** dar, also **Cholesterin**-reiche Mikrodomänen in einer Doppelmembran. Zur Namensgebung kommt es, da diese Domänen wie Flöße (engl. „rafts") auf der Membran schwimmen.

Zu **(A)**: Zellmembranen mit intrazellulärem Clathrinsaum sind zur **rezeptorvermittelten Endozytose** befähigt.

Zu **(B)**: Caveolae sind bisher nicht mit der Phagozytose in Verbindung gebracht worden. Durch **Phagozytose** können Makrophagen oder immunkompetente Leukozyten „größere" feste Partikel und auch ganze Zellen bis ca. 250 nm Durchmesser aufnehmen. Hierbei „umfließen" die phagozytierenden Zellen den entsprechenden Partikel und schnüren ihn dann nach intrazellulär ab.

Zu **(D)**: Diese Antwortmöglichkeit führt uns zur Physiologie der Muskelzellen: Damit eine Muskelzelle kontrahieren kann, muss in ihrem Inneren ionisiertes Kalzium freigesetzt werden. Dieses ist im **sER** (sarkoplasmatisches Retikulum) gespeichert. Eine **terminale Zisterne** ist in diesem Zusammenhang eine sackartige Ausstülpung des sER, aus der bei Erregung der Muskelzelle Kalzium ausströmt.

Zu **(E)**: **Nicotinerge Acetylcholin-Rezeptoren** sind ionotrope Rezeptoren an Synapsen, d. h. Ionenkanäle. Mit Caveolae haben diese (auch im ultrastrukturellen Aufbau) nichts zu tun.

F06
→ **Frage 1.12: Lösung A**

Zu **(A)**: Die **Glykokalix** besteht aus Oligosacchariden, die kovalent an Proteine und Lipide auf der Außenseite der Zellmembran gebunden sind. Sie determiniert die antigenen Eigenschaften einer Zelle, zu denen bei den Erythrozyten auch die verschiedenen Blutgruppenmerkmale gehören.

Zu **(B)**: Intrazelluläre Membransysteme bilden bei eukaryonten Zellen einzelne Stoffwechselräume, sog. Kompartimente.

Zu **(C)**: Die äußere Membran der Mitochondrien entspricht in ihrem prinzipiellen Aufbau dem Grundbauplan einer biologischen Membran.

Zu **(D)**: Die mit einer Vielzahl an Poren durchsetzte Kernmembran grenzt den Zellkern gegen das umliegende Zytoplasma ab.
Zu **(E)**: Die Glykolyse als zentraler Abbauweg von Glukose läuft im Zytoplasma ab.

→ **Frage 1.13: Lösung A**

Zu **(A)**: Die Zellmembran enthält keine Nukleinsäuren. Ihre antigenen Eigenschaften werden durch die an der Zellaußenseite fixierte **Glykokalix** bestimmt, ein Netzwerk von Oligosacchariden in kovalenter Bindung an Membranproteine und -lipide.
Zu **(E)**: Die spezifische Bindung von Substanzen ist über **Rezeptoren** möglich, die in Form von Proteinen oder als Bestandteile der Glykokalix auf der Membranaußenseite fixiert sind. Eine hohe Passgenauigkeit zwischen Rezeptor und gebundener Substanz (= Ligand) wird durch die entsprechende räumliche Struktur der Bindungspartner ermöglicht („Schlüssel-Schloss-Prinzip"), die häufig durch kleinste Strukturänderungen während der Anbindung noch weiter erhöht wird („induced-fit"). Beispiele für diese hochspezifischen Erkennungsmechanismen sind die Wirkungen von Hormonen und Pharmaka auf Zellen, die Rezeptor-vermittelte Endozytose, aber auch das Eindringen von Viren über bestimmte Rezeptorproteine.

H04

→ **Frage 1.14: Lösung A**

Zu **(A)**: Über die Bindung an (mindestens) zwei Kohlenhydrat-haltige Moleküle der Zelloberfläche, z. B. Glykokalix, können **Lektine** als Zucker-bindende Proteine Zellen agglutinieren. Lektine werden sowohl von pflanzlichen als auch von tierischen Zellen synthetisiert.
Durch ihre spezifischen Bindungseigenschaften sind Lektine zunehmend verwendete Moleküle der biowissenschaftlichen Grundlagenforschung. Beispielsweise kann man Lektine mit kleinen Goldkörnchen verbinden und auf diesem Wege deren Zielzellen im Elektronenmikroskop zweifelsfrei markieren. Bekannte Beispiele pflanzlicher Lektine sind das Concavalin A und das WGA (wheat germ agglutinine).
Zu **(B)**: Das Murein bakterieller Zellwände wird durch **Lysozym** zerstört, ein Enzym, das somit der unspezifischen Immunabwehr dient.
Zu **(C)**: Bestandteile von Desmosomen sind die transmembranen Cadherine, Desmoglein, Desmocollin und Desmoplakin. Lektine kommen hier nicht vor.
Zu **(D)** und **(E)**: Die komplexen Vorgänge, die die Anlagerung und Verschmelzung von Membranvesikeln bei der Endo- und Exozytose steuern, sind noch nicht vollständig bekannt. Bei der exozytotischen Freisetzung eines Neurotransmitters an der präsynaptischen Membran einer Nervenzelle spielen neben Ca^{2+}-Ionen zahlreiche Proteine eine Rolle, die z. T. der Energieerzeugung durch Hydrolyse von GTP (Guanosintriphosphat) dienen. Es sind hier Substanzen wie Synaptobrevin, Synaptophysin oder Synaptotagmin zu nennen. Im Rahmen der endozytotischen Wiederaufnahme des Transmitters ist das Dynamin I von großer Bedeutung.

F06

→ **Frage 1.15: Lösung A**

Zu **(A)**: **Lektine** binden als membrangebundene Proteine an spezielle Kohlenhydrate der Glykokalix der äußeren Zellmembran. Sie kommen auf pflanzlichen und tierischen Zellen vor und haben durch ihre Bindungsspezifität zunehmende Bedeutung in der biowissenschaftlichen Grundlagenforschung.
Zu **(B)**: Das spezifische Protein der Gap junctions ist das **Connexin**, ein Tunnel-bildendes Transmembranprotein.
Zu **(C)**: Ein von Fettzellen sezerniertes Proteohormon trägt den Namen **Leptin**, wirkt Appetit-hemmend und ist von entscheidender Bedeutung für den Fettsäurestoffwechsel von Säugetieren.
Zu **(D)**: Die Fusion eines sekretorischen Vesikels mit der „Zielmembran" ist ein komplex regulierter, noch nicht vollständig verstandener Prozess. Man nimmt an, dass bestimmte Erkennungssignale in Form integraler Membranproteine, sog. SNAREs, für die spezifische Anheftung und Fusion von Vesikel- und Zielmembran verantwortlich sind. Mit Lektinen hat das Ganze nichts zu tun.
Zu **(E)**: Verschiedene Viren binden zum Eintritt in die Wirtszelle an spezifische Rezeptoren der Zellmembran, z. B. das Eppstein-Barr-Virus an den Komplementrezeptor von B-Lymphozyten. Auch hierbei spielen Lektine keine Rolle.

H95

→ **Frage 1.16: Lösung C**

Zu **(C)**: Ein **Basalkörperchen** ist eine elektronenmikroskopisch nachweisbare Struktur an der Basis einer Zilie. Es besteht aus einem Zylinder, der von 13 Mikrotubulus-Tripletts gebildet wird und funktionell der Verankerung des kontraktilen Apparats einer Zilie in der Zelle dient. Die Zellmembran ist am Aufbau eines Basalkörperchens nicht beteiligt.
Zu **(A)**: **Mikrovilli** sind kleinste, fingerförmige Ausstülpungen der Zytoplasmamembran. Sie dienen der **Oberflächenvergrößerung** und sind häufig an resorbierenden Epithelien zu finden (z. B. Darm). Mikrovilli sind mit Zytoplasma ausgefüllt und enthalten Filamente des Zytoskeletts.
Zu **(B)**: **Zilien** sind ebenfalls Ausstülpungen der Zytoplasmamembran. In ihrem Inneren enthalten sie eine definierte Struktur aus 9 Mikrotubulus-Doppelzylindern, die kreisförmig 2 einzelne Mikrotubuli umgeben („9 × 2 + 2"-Struktur). Zilien sind zur **ak-**

tiven **Beweglichkeit** befähigt (z. B. Flimmerepithel von Luftröhre und Bronchien). Die Energie stammt aus der Spaltung von ATP durch eine spezifische ATPase (Dynein).
Zu **(D)**: **Desmosomen** (Maculae adhaerentes) sind eine Form der **mechanischen Zellkontakte**. Die Membranen zweier benachbarter Zellen sind einander angenähert und durch eine „Kittsubstanz" aus Glykoproteinen punktförmig aneinander fixiert. Im Inneren jeder Zelle liegt eine „Protein-Platte" der Zellmembran an, von der Tonofilamente in die Zelle ausstrahlen und sie so stabilisieren.
Zu **(E)**: **Pinozytosevesikel** sind intrazelluläre Bläschen, die im Rahmen der **Endozytose** gelöster Stoffe von der Zellmembran abgeschnürt werden.

H08

→ **Frage 1.17: Lösung A**

Zu **(A)**: Der **EGF-Rezeptor** ist ein Transmembranprotein aus 4 Untereinheiten (2×α, 2×β). Die β-Einheit besitzt an ihrem zytosolischen Ende eine enzymatische Aktivität, die nach der Bindung des Liganden ihre eigene Phosphorylierung von Tyrosinresten katalysiert (**Tyrosin-Kinase**). Im Anschluss an diese „Autophosphorylierung" werden dann im weiteren Verlauf intrazelluläre Folgeprozesse als spezifische Effekte der Insulinwirkung ausgelöst.
Zu **(B)**: Viele Rezeptoren der äußeren Zellmembran sind an der zytoplasmatischen Seite mit einem **G-Protein** assoziiert, das als Reaktion auf die Bindung des spezifischen Liganden (z. B. TSH, Adrenalin, Calcitonin) in zwei Untereinheiten zerfällt, von denen eine als diffusibles Botenmolekül („**second messenger**") die Aktivierung eines zytoplasmatischen Enzyms auslöst.
Siehe auch Lerntext I.17 „Prinzipien der Zellkommunikation und Signaltransduktion".
Zu **(C)**: Geläufiger als „ionotroper Rezeptor" ist wohl der Begriff des Ionenkanals. **Ionenkanäle** ermöglichen den Durchtritt geladener Teilchen durch die Zellmembran. Da ein völlig ungesteuerter Durchtritt von Ionen in Kürze zu einem Zusammenbruch des Membranpotentials führen würde, werden diese Kanalproteine durch äußere Einflüsse, z. B. durch das Transmembranpotential, reguliert. So öffnet sich beispielsweise ein spannungsabhängiger Natriumkanal in der Membran einer Nervenzelle, wenn in dem entsprechenden Membranabschnitt das weitergeleitete Aktionspotential zu einer Änderung der lokalen Spannungsverteilung an der Membran führt. Dagegen öffnen sich z. B. bestimmte Kationenkanäle in der Nervenzellmembran als Reaktion auf die Bindung des Neurotransmitters Acetylcholin („Ligand") an seinen, dem Kanalprotein assoziierten Rezeptor.
Zu **(D)**: Ein zytoplasmatischer Rezeptor kann seinen Liganden nur binden, wenn dieser vorher die Zellmembran passiert hat – dies ist z. B. bei den Steroidhormonen der Fall.
Zu **(E)**: Eine saubere Trennung zwischen zytoplasmatischen und nukleären Rezeptoren ist nicht immer möglich. Der Komplex aus Ligand (z. B. Steroidhormon, Glukokortikoid, Triiodthyronin oder Vitamin D-Derivat) und Rezeptor bindet im Zellkern an spezifische DNA-Sequenzen und reguliert auf diese Weise die Transkription. Dabei kann es aber durchaus sein, dass sich ein solcher Rezeptor zunächst im Zytoplasma befindet und erst nach Bindung seines Liganden, mit nachfolgender Konformationsänderung, in den Zellkern übertritt.

F07

→ **Frage 1.18: Lösung A**

Zu **(A)**: **Aquaporine** sind in der Tat membrandurchspannende Kanalproteine, die – wie der Name es vermuten lässt – den Durchtritt von Wasser durch die hydrophobe Zellmembran ermöglichen. Aquaporine kommen bei nahezu allen Lebewesen vor, sie wurden in Bakterienzellen ebenso beschrieben wie in tierischen und pflanzlichen Zellen. (Für Studien an Aquaporinen wurde im Jahre 2003 der Nobelpreis für Chemie vergeben.)
Zu **(B)**: Das Paradebeispiel einer ATP-getriebenen Pumpe ist die **Natrium-Kalium-Pumpe**, die v. a. in Nervenzellen ein Transmembranpotenzial durch eine ungleiche Verteilung von Ionen zu beiden Seiten der Zellmembran erzeugt; die durch die Spaltung von ATP erzeugte Energie ist notwendig, da die Verteilung der Ionen gegen ein natürliches Konzentrationsgefälle aufrecht erhalten wird.
Zu **(C)** und **(D)**: Siehe Kommentar (C) zu Frage 1.17.
Zu **(E)**: Viele Rezeptoren der äußeren Zellmembran sind an der zytoplasmatischen Seite mit einem **G-Protein** assoziiert, das als Reaktion auf die Bindung des spezifischen Liganden in zwei Untereinheiten zerfällt, von denen eine als diffusibles Botenmolekül („**Second messenger**") die Aktivierung eines zytoplasmatischen Enzyms auslöst.
Siehe auch Lerntext I.17 „Prinzipien der Zellkommunikation und Signaltransduktion".

F08

→ **Frage 1.19: Lösung D**

Zu **(D)**: Das **antidiuretische Hormon ADH** (auch unter dem Namen **Vasopressin** bekannt) steigert die Rückresorption von Wasser in den Sammelrohren der Nieren – auf diese Weise vermindert es die Diurese. **Aquaporine** sind transmembranöse Kanalproteine, die den Durchtritt von Wasser durch die hydrophobe Zellmembran ermöglichen. Die Kombination dieser beiden Aspekte im physiologischen Zusammenhang ermöglicht es, die richtige Lösung dieser schwierigen Frage zu finden. Alle anderen

Antwortmöglichkeiten haben mit Aquaporinen nichts zu tun.

Zu **(A)** und **(C)**: **Renin** steht am Anfang einer autoregulatorischen Kettenreaktion, die in der Niere bei einem Rückgang des glomerulären Filtrationsdrucks oder eines zu niedrigen Natriumgehaltes in Gang gesetzt wird. Renin wird aus den Zellen des juxtaglomerulären Apparates freigesetzt. Es spaltet Angiotensinogen zu Angiotensin I, was wiederum durch das Angiotensin-converting Enzym ACE zu **Angiotensin II** umgesetzt wird. Dieses Angiotensin II gehört im Körper zu den stärksten vasokonstriktiven Substanzen. Schließlich wird durch eine Gefäßverengung im Vas efferens des Glomerulus der Filtrationsdruck wieder erhöht. Außerdem induziert Angiotensin II die Bildung von ADH und Aldosteron.

Zu **(B)**: **Aldosteron** ist ein wichtiges Mineralocorticoid, das in der Nebennierenrinde synthetisiert wird. Die Sekretion von Aldosteron ist vor allem bei einem Blutdruckabfall oder bei einer Hyperkaliämie erhöht und wird durch Angiotensin II stimuliert. Aldosteron wirkt über eine verstärkte Rückresorption von Na-Ionen (und damit eine vermehrte Rückresorption von Wasser).

Zu **(E)**: **Adenosin** besteht aus der Nukleobase Adenin und dem 5-fach-Zucker Ribose. Die spezifischen Adenosinrezeptoren befinden sich auf den Zellen nahezu aller Organe und bewirken nach Bindung des Adenosins eine Hemmung anderer, stimulierender Mediatoren (z. B. Adrenalin). Das allen bekannte Koffein blockiert den Adenosinrezeptor und verhindert auf diese Weise dessen allgemein hemmenden Einfluss, was die Wirkung von Kaffee zwanglos erklärt. Medizinische Bedeutung hat Adenosin vor allem durch seinen hemmenden Einfluss auf das Herz-Kreislauf-System und wird z. B. als Antiarrhythmikum bei Tachykardien eingesetzt.

H08
→ **Frage 1.20: Lösung E**

Das antidiuretische Hormon (ADH) führt, nach Bindung an seinen Rezeptor an der Oberfläche von Sammelrohrzellen in der Niere, zu einem intrazellulären Anstieg des Kalziumspiegels. Dieser Vorgang führt zum vermehrten Verschmelzen von aquaporinhaltigen Vesikeln mit der apikalen Plasmamembran. Die Aquaporine ermöglichen nun den (vorher nicht wasserpermeablen) Sammelrohrzellen eine vermehrte Wasser-Rückresorption aus dem Urin, wodurch dem Körper binnen kurzer Zeit wieder „Wasser" (= Volumen) zugeführt wird. Da dieser Prozess einen Schutzmechanismus bei zunehmender Hyperosmolarität des Plasmas darstellt, muss er schnell ablaufen. Umgekehrt muss er bei zu hohem „Wassergehalt" des Serums auch schnell rückgängig gemacht werden können. Die Antworten (A)–(D) beschreiben mit der Genexpression und der Bildung der Aquaporinvesikel aber allesamt Abläufe, die für diesen Schutzmechanismus viel zu langsam ablaufen; daher kann nur (E) die richtige Antwort sein.

I.2 Aktiver Transport

Im Gegensatz zur passiven Aufnahme durch Diffusion oder Osmose ermöglichen aktive Transportprozesse der Zelle eine Selektion der aufgenommenen Stoffe und deren Anreicherung im Zytoplasma entgegen einem Konzentrationsgefälle. Die für den aktiven Transport benötigte Energie wird meist durch die enzymatische Spaltung von Adenosintriphosphat (ATP) erzeugt.

1. Aktiver Transport durch Membranfluss

Im Rahmen der **Endozytose** kann die Zelle einen kleinen Bereich ihrer Zytoplasmamembran nach innen einsenken und in Form eines Membranvesikels abschnüren. Die in diesem Vesikel befindlichen Substanzen stehen damit der intrazellulären Verdauung durch lysosomale Enzyme zur Verfügung oder können bei der sog. **Zytopempsis** unverändert durch die Zelle geschleust und an einer anderen Stelle wieder nach extrazellulär abgegeben werden.

Die endozytotische Aufnahme fester Stoffe wird als **Phagozytose**, die von gelösten Substanzen als **Pinozytose** bezeichnet.

2. Transmembrantransport

Bei diesem Transport passieren die aufgenommenen Stoffe die Membran direkt, es kommt dabei zu keiner Bildung von Vesikeln.

Träger dieser Transportform sind integrale Membranproteine, sog. **Carrier,** die die aufzunehmende Substanz an einer Membranseite binden, die Membran als Carrier-Substrat-Komplex durchqueren und das freie Substrat an der anderen Seite wieder abgeben. Eine andere Möglichkeit sind Proteine, die die gesamte Membran als **Tunnelprotein** durchsetzen und mit ihrer zentralen Pore den Stoffdurchtritt durch die Membran über eine Art Schleusenmechanismus ermöglichen.

Ein besonders wichtiger Carrier ist die **Na^+/K^+–ATPase**, die unter ATP-Spaltung gegen das Konzentrationsgefälle Na^+ aus der Zelle heraus und K^+ in die Zelle hinein transportiert. Sie gleicht damit die passiven Ionenströme (Na^+-Einstrom, K^+-Ausstrom) aus und ermöglicht so ein stabiles Transmembranpotenzial der lebenden Zelle.

F08
→ **Frage 1.21: Lösung B**

Zu **(B)**: Der bei der Mukoviszidose durch eine Genmutation defekte Chloridkanal gehört in der Tat zu den sogenannten „**ABC-Transportern**". Diese spezielle Gruppe von membrangebundenen Transportpro-

1 Allgemeine Zellbiologie, Zellteilung und Zelltod

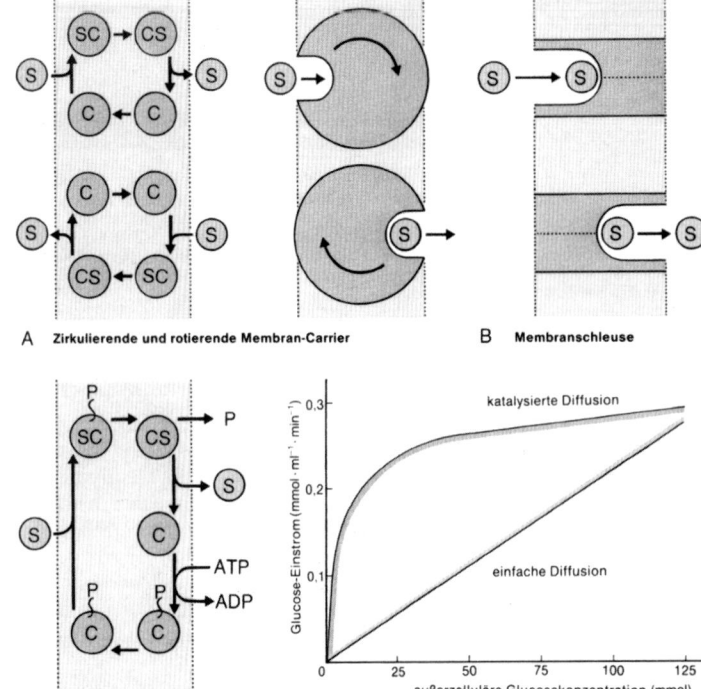

Abb. 1.2 Reaktionsmodelle und Wirkung von Membran-Carriern (aus: Vogel, G., Angermann, H.: Taschenatlas der Biologie, Band 1, 5. Auflage, Thieme, Stuttgart, New York, 1990)

teinen ermöglicht aktive, energieabhängige Aufnahme- und Abgabeprozesse und kommt bei Bakterien, Pflanzen, Tieren und beim Menschen vor. Die ABC-Transporter bestehen aus 4 Untereinheiten (einzelne Polypeptidketten oder sogenannte „Domänen" größerer Proteine), von denen jeweils zwei in die Membran integriert und zwei an der zytosolischen Seite der Membran lokalisiert sind. Diese innen liegenden Anteile enthalten eine spezielle, katalytisch aktive Bindungsstelle für ATP (die sogenannte „ATP-bindende Kassette"), die durch die Spaltung des ATP die für den jeweiligen Transport benötigte Energie bereitstellt.

Zu **(A)**: Auch **Antiporter** gehören zu den aktiven, energieabhängigen Transportmolekülen. Ihre Besonderheit ist, dass zwei Substrate im gleichen Transportvorgang in entgegengesetzter Richtung durch die Zellmembran geschleust werden. Das Paradebeispiel eines solchen Antiporters ist die **Na^+/ K^+-Pumpe**, die unter ATP-Verbrauch 3 Natriumionen aus der Zelle heraus- und zugleich 2 Kaliumionen in die Zelle hineinpumpt. Auf diese Weise wird das Transmembranpotenzial von Nervenzellen aufrechterhalten.

Zu **(C)** und **(D)**: Kalium- und Natriumkanal sind die klassischen Beispiele für **spannungsabhängige Ionenkanäle**, wie sie in großer Zahl in der Zellmembran von Nervenzellen vorkommen. Der Na^+-Kanal öffnet sich, sobald er von einem Aktionspotenzial erreicht wird; Na^+-Ionen strömen entlang ihres Konzentrationsgefälles in die Nervenzelle ein; die über der Zellmembran liegende Spannung (innen minus, außen plus) wird vermindert, schließlich umgekehrt. Als Reaktion auf diese Spannungsänderung öffnet sich der K^+-Kanal und K^+-Ionen fließen entlang ihres Konzentrationsgradienten aus der Zelle heraus.

Zu **(E)**: Auch Calciumkanäle sind zumeist spannungsgesteuert. Änderungen der intrazellulären Ca^{2+}-Konzentration sind u. a. bedeutend bei der Kontraktion von Muskelzellen und bei der Freisetzung von Neurotransmittern an einer Synapse.

H07

→ **Frage 1.22: Lösung A**

Eine wirklich schwierige Frage. Bislang sind etwa 500 Mutationen des beschriebenen CFTR-Gens bekannt. Betroffen ist stets ein transmembranöser Chloridkanal, der beim Gesunden den Transport von Cl^--Ionen (und osmotisch bedingt dadurch auch Wasser) nach extrazellulär ermöglicht. Bei der klinisch relevanten Mukoviszidose ist die Funktion dieses Chloridkanals derart gestört, dass zu wenig Wasser in den Sekreten exokriner Drüsen enthalten ist. Diese Sekrete haben daher eine abnorm hohe Viskosität.

Zu **(A)**: Durch einen zu geringen Wassergehalt ist der Gehalt an „Kochsalz" (Natrium-Chlorid) natürlich höher als beim Gesunden. Diese Tatsache wird

diagnostisch zur Erkennung der Mukoviszidose genutzt (sog. „Schweißtest").
Zu **(B)**: Die alkalischen Bestandteile des Magensaftes dienen dem Schutz der Magenwand; eine geänderte Zusammensetzung bei Mutationen des CFTR-Gens ist mir nicht bekannt.
Zu **(C)** und **(E)**: Durch das zu visköse Sekret der gastrointestinalen Organe (z. B. des endokrinen Pankreas) haben die Betroffenen erhebliche Verdauungsbeschwerden mit gestörtem enzymatischen Nahrungsabbau, der häufig zu Symptomen der Mangelernährung oder auch zu chronischen Durchfällen führt. Insgesamt haben Patienten mit Mukoviszidose eine vermehrte Gefahr der „Übersäuerung" des Körpers. So wird zum Beispiel die morgendliche Messung des Urin-pH empfohlen, um eine eventuelle metabolische Azidose durch die Einnahme antagonistischer Medikamente kompensieren zu können.
Zu **(D)**: In adulten humanen Alveolarzellen der Lunge wurde die Expression des CFTR-Gens 2004 erstmals beschrieben. Ob dies jedoch eine physiologische oder gar pathologische Bedeutung besitzt, ist bislang nicht geklärt.

I.3 Zellkontakte

Ein funktionsfähiges und stabiles Gewebe setzt feste Verbindungen zwischen den einzelnen Zellen voraus, aus denen es aufgebaut ist. Die Verbindungen können durch direkten Kontakt oder über die Vermittlung durch Interzellularsubstanzen zustande kommen. Bei den direkten Zellkontakten werden unterschieden:

1. Zonula occludens = Tight junction
Hierbei kommt es zur Verschmelzung der beiden Membranen zweier benachbarter Zellen. Diese direkte Verbindung erfolgt jedoch nicht flächig, sondern in Form verzweigter Leisten, die jede Zelle gürtelförmig mit ihrer Nachbarzelle „verschweißen". Tight junctions gibt es besonders häufig an der apikalen Zellseite hochprismatischer Epithelzellen, die ein Hohlorgan auskleiden (z. B. Darm, Gallenblase). Sie schließen den Interzellularraum gegen einen unkontrollierten Stoffaustausch ab und besitzen zusätzlich mechanische Funktion. *Occludin* und *Claudine* sind die wichtigsten Membranproteine des geschlossenen Zellkontaktes.

2a. Macula adhaerens = Desmosom
Desmosomen verbinden zwei benachbarte Zellen über die Vermittlung einer interzellulären Kittsubstanz. Desmosomen bestehen aus zwei Proteinscheiben, den sogenannten Haftplatten, die in beiden Zellen an korrespondierender Stelle der Zellmembran innen anliegen. Von hier aus ziehen stabilisierende Mikrofilamente in jede Zelle. Der etwas erweiterte Interzellularraum wird durch Glykoproteine (*Desmoglein* und *Desmocollin*) zwischen beiden Haftplatten überbrückt. Desmosomen bilden einen punktförmigen, stabilen Zellkontakt, ohne jedoch den Interzellularraum zu verschließen – ein Stoffaustausch mit tieferen Schichten ist daher möglich.

2b. Zonula adhaerens = Gürteldesmosom
Innerhalb der Gürteldesmosomen, die meistens am apikalen Zellpol unterhalb der Schlussleiste lokalisiert sind, werden zwei benachbarte Zellen ebenfalls durch interzelluläre Filamentstrukturen (*α-Actinin* und *Vinculin*) aneinander fixiert, die über das Membranprotein *E-Cadherin* und *β-Catenin* an das intrazytoplasmatische Aktinfilamentnetzwerk gebunden sind. Dieses komplizierte System ist in Maßen kontraktil, so dass es kleine Lücken im Epithelverband schließen kann.

2c. Hemidesmosom
Sie spielen bei der Befestigung von Epithelzellen auf der Basalmembran, vermittelt durch die Gruppe der *Integrine*, eine große Rolle. Hemidesmosomen ähneln strukturell halben Desmosomen, besitzen aber eine andere molekulare Struktur.

3. Nexus = Gap junction
An umschriebenen, fleckförmigen Arealen sind die Membranen zweier benachbarter Zellen einander angenähert. In diesem Bereich sind integrale Membranproteine (*Connexine*) an exakt gegenüber liegenden Stellen in die Membranen inkorporiert und berühren sich gegenseitig. Die Proteine lassen in ihrem Inneren einen kleinen „Tunnel" frei, so dass über den Zusammenhalt zweier Connexine beide Zellen in direktem Zytoplasmakontakt stehen. Neben der mechanischen Funktion haben Gap junctions vor allem eine große physiologische Bedeutung, da sie einen direkten Stoffaustausch zwischen den Zellen ermöglichen. Besonders häufig kommen Gap junctions in den sogenannten Glanzstreifen im Herzmuskel vor. Hier ermöglichen sie eine elektrische Kopplung der Zellen zur Erregungsausbreitung innerhalb des myokardialen Reizleitungssystems.

Klinischer Bezug
Medizinische Bedeutung haben Zellkontakte insbesondere dann, wenn sie nicht richtig ausgebildet werden oder durch unterschiedliche Mechanismen aufgelöst werden.
So können z. B. die Zellen maligner Tumoren ihren festen Platz im Gewebsverband nach Auflösung der Zellkontakte verlassen und als Ausgangspunkt einer Metastase (= Tochtergeschwulst) über Blut- oder Lymphbahn in andere Organe einwandern. Auch verschiedene Blasen-bildende Erkrankungen der Haut, z. B. die verschiedenen Formen der Pemphigus-Gruppe, werden vermutlich durch autoaggressive Antikörper vermittelt, die zur partiellen Auflösung der epithelialen Zellkontakte und somit zur lokal umschriebenen Trennung der einzelnen Hautschichten führen.

1 Allgemeine Zellbiologie, Zellteilung und Zelltod

→ **Frage 1.23: Lösung C**

Schließen sich Zellen gleichen Typs zu einem stabilen Gewebe zusammen, so werden interzelluläre Kontaktstrukturen ausgebildet. Die erste „Kontaktaufnahme" erfolgt hierbei über die Glykoproteine und -lipide der Glykokalix, über die eine Zell-Zell-Erkennung ermöglicht wird. Als Reaktion auf die entstehenden Zellkontakte stellen die Zellen ihre amöboide Beweglichkeit ein, Teilungsrate und Zellwachstum werden reduziert – ein Prozess, den man als **Kontaktinhibition** bezeichnet.
Der Verlust dieser Kontaktinhibition ist ein wichtiges Kennzeichen von Zellen bösartiger Tumoren.

F08 ■

→ **Frage 1.24: Lösung D**

Zu **(D)**: **Occludin** und **Claudine** sind die wichtigsten Membranproteine der **Zonula occludens**, die als geschlossener Zellkontakt in Epithelien von Hohlorganen der chemischen Abdichtung von innerem (zumeist „aggressivem") Milieu und Organwand dienen. Es kommt bei der Ausbildung dieses Zellkontaktes zu einer Verschmelzung der Membranen benachbarter Zellen.
Zu **(A)**: Der parazelluläre Durchtritt von Molekülen wird durch die Zonula occludens gerade verhindert. Demgegenüber verbinden punktuelle Zellkontakte wie die Desmosomen benachbarte Zellen lediglich über interzelluläre Kittsubstanzen, die einen Stoffdurchtritt zwischen den Zellen ermöglichen.
Zu **(B)** und **(C)**: Die Kontaktzonen zwischen benachbarten Herzmuskelzellen werden (aufgrund ihres Aussehens unter dem Lichtmikroskop) als Glanzstreifen bezeichnet. Hier finden sich eine große Zahl offener Zellkontakte (Nexus), die einen direkten Stoffaustausch von Zelle zu Zelle und im Herzmuskel die schnelle Ausbreitung der elektrischen Erregung ermöglichen. Das dafür charakteristische Protein ist das Connexin.
Zu **(E)**: Integrine vermitteln in den sogenannten Hemidesmosomen an der basalen Membran von Epithelzellen den Kontakt zur darunter liegenden extrazellulären Matrix.
Siehe auch Lerntext I.3 „Zellkontakte".

F07

→ **Frage 1.25: Lösung B**

Zu **(B)** und **(D)**: In der Abbildung einer Darmzotte sind mit Pfeilen die Grenzen einiger hochprismatischer Einzelzellen des Darmepithels markiert. Wer ganz genau (!!) hinschaut, erkennt kleine „Pünktchen", die sehr weit apikal im Bereich der dem Lumen nahen Seite der Zellmembran lokalisiert sind. Hierbei handelt es sich am ehesten um Anschnitte des sog. Schlussleistennetzes, das nicht nur morphologisch, sondern auch funktionell die apikale von der basolateralen Zellmembran trennt. Die **Schlussleiste**, oder auch **Zonula occludens**, in Form einer gürtelförmigen, chemisch undurchlässigen Verbindung der benachbarten Membranschichten verhindert gerade in Epithelien, die Hohlorgane auskleiden, einen para- oder interzellulären Austausch hydrophiler Substanzen.
Zu **(A)**: Sicherlich sind auch fokale Kontakte vorhanden, diese kommen aber eher in den weiter basal gelegenen Membranabschnitten vor; an der apikallateralen Zellmembran sind die Kontaktstrukturen eher streifen- bis gürtelförmig.
Zu **(C)**: Der Zusammenhalt der Epithelzellen ist durch eine Vielzahl von Zellkontakten gesichert. Neben anderen Kontaktstrukturen sind auch die sog. **Zonulae adhaerentes** als streifen- oder gürtelförmig verlaufende Verbindungszonen ausgeprägt. Sie entsprechen in ihrem prinzipiellen Aufbau den – allerdings punktförmig strukturierten – Desmosomen (Maculae adhaerentes).
Zu **(E)**: Mikrovilli werden von der intrazellulären Seite her mit Mikrofilamenten aus Aktin und Myosin stabilisiert – Mikrotubuli sind hier nicht vorhanden.
Siehe auch Lerntext I.11 „Zytoskelett".

F10 ■■

→ **Frage 1.26: Lösung C**

Zu **(C)**: Die **Zonulae occludentes** („verschließende Gürtel" oder englisch Tight junctions) bilden ein komplexes System aus anastomosierenden Proteinleisten am apikalen Zellpol. So entsteht eine Zellpolarität (apikal vs. basolateral).
Zu **(A)**: **Maculae adhaerentes** (Desmosomen) sind Haftkomplexe, die besondere mechanische Stabilität generieren. Sie kommen z. B. in Herzmuskelzellen oder Epithelien vor.
Zu **(B)**: Als **Fasciae adhaerentes** bezeichnet man großflächige Zellhaft-Komplexe, die prinzipiell großen Maculae adhaerentes entsprechen. Diese findet man v. a. in den **Glanzstreifen** zwischen den Herzmuskelzellen.
Zu **(D)**: **Zonulae adhaerentes** sind ebenfalls mechanische Zell-Zell-Verbindungen. Typischerweise bilden sie in Epithelien direkt unterhalb der Tight junctions einen Adhäsionsgürtel. Sie verbinden die Aktinfilamente benachbarter Zellen. Der parazelluläre Transport kann durch diese Zell-Zell-Kontakte etwas eingeschränkt werden.
Zu **(E)**: **Nexus (Gap junctions)** sind Zell-Zell-Verbindungen, die interzellulären Stofftransport generieren, denn diese Kontakte bilden hydrophile Kanäle über 2–4 nm Abstand. Die Lateraldiffusion wird hierdurch nicht eingeschränkt.

1.2 Plasmamembran

H10 ■
→ **Frage 1.27: Lösung E**

Zu **(E)**: **Tight junctions** (= Zonulae occludens) bilden einen Gürtel aus anastomosierenden (= sich verbindenden) Proteinleisten, die am oberen Zellpol lokalisiert sind. Wichtige Proteine dieser Tight junctions sind **Claudin** und **Occludin**. Funktionell sind die Tight junctions für eine **Permeabilitätsbarriere** und die Ausbildung einer **Zellpolarität** zuständig.
Zu **(A)**: **Desmosomen** (= Maculae adhaerentes) sind runde Zellhaftkomplexe, die mit starken Druckknöpfen vergleichbar sind, welche Zellen zusammenhalten. Wichtige Proteine dieser Desmosomen sind z. B. **Desmoglein** und **Desmoplakin**.
Zu **(B)**: **Fokale Kontakte** sind punktförmige Verbindungen an der basalen Zellseite. Sie können sich gut lösen und neu formieren, daher findet man sie vor allem bei bewegungsfähigen Zellen wie z. B. Makrophagen. Ein wichtiges assoziiertes Protein ist **Aktin**.
Zu **(C)**: **Nexus** (= Gap junctions) bilden Verbindungen zwischen Zellen aus. Sie sind – mit Ausnahme von freien Zellen (z. B. Makrophagen) und Skelettmuskelzellen – ubiquitär verbreitet. Oft liegen sie zu Tausenden zusammen in bestimmten Arealen, wodurch der Interzellularspalt stark verkleinert wird, ohne dass er jedoch ganz verschwindet. Wichtige Proteine dieser Nexus sind die **Connexine**.
Zu **(D)**: **Hemidesmosomen** sehen im Elektronenmikroskop betrachtet aus wie halbe (= hemi) Desmosomen. Sie können, wie die fokalen Kontakte, an der basalen Seite einer Zelle liegen. Sie haben eher einen „festigenden Charakter" und sind mit **Intermediärfilamenten** verknüpft.

F04 ■
→ **Frage 1.28: Lösung B**

Zu **(B)**: **Desmosomen**, auch als Maculae adhaerentes bezeichnet, dienen der mechanischen Verbindung zweier benachbarter Zellen durch eine Kombination aus interzellulärer „Kittsubstanz" und intrazellulären Proteinscheiben, von denen aus stabilisierende Mikrofilamente in jede Zelle hineinreichen.
Zu **(A)**: Das nahezu komplette Abdichten des Interzellularraumes ist die klassische Funktion des **Schlussleistennetzes**, wie es besonders in der epithelialen Auskleidung von Hohlorganen vorkommt, deren potenziell gewebsschädigende Inhaltsstoffe sicher von der Umgebung abgeschlossen werden müssen (z. B. Gallenblase, Harnblase u. a.).
Zu **(C)** und **(D)**: Der offene Zellkontakt, **Nexus** oder **Gap junction** genannt, bietet über korrespondierende Tunnelproteine in den Membranen benachbarter Zellen die Möglichkeit, elektrische Impulse oder auch kleine Moleküle direkt weiterzuleiten, ohne dass der Interzellularraum überbrückt werden muss.

Zu **(E)**: Epithelzellen werden auf der darunter liegenden Basalmembran mittels sog. **Hemidesmosomen** befestigt.
Siehe auch Lerntext I.3 „Zellkontakte".

H07 ■
→ **Frage 1.29: Lösung A**

Zu **(A)**: In der Tat wird das beschriebene klinische Bild des Pemphigus vulgaris durch sogenannte Autoantikörper gegen **Desmoglein** hervorgerufen, das als transmembranöses Protein wesentlich zur Stabilisierung der **Desmosomen** beiträgt. Es kommt zur Auflösung des Zusammenhaltes der Epidermiszellen untereinander (sog. *Akantholyse*) und nachfolgend zum Eindringen von Serum in die Zellzwischenräume. Dies führt zur Bildung von schlaffen, flüssigkeitsgefüllten intraepithelialen Blasen.
Zu **(B)**: **Gap junctions** oder **Nexus** sind transmembranöse, makromolekulare Strukturen aus zahlreichen, miteinander in Verbindung stehenden Tunnelproteinen, die als offene Zellkontakte einen direkten Austausch kleiner Moleküle oder elektrischer Erregung zwischen den miteinander verbundenen Zellen ermöglichen. Gap junctions kommen in großer Dichte im Herzmuskel vor, in der Epidermis spielen sie keine Rolle.
Zu **(C)**: Die sogenannte **Tight junction** als wesentlicher Baustein des epithelialen Schlussleistennetzes besteht aus langstreckig miteinander fest verschmolzenen Membranschichten, die an der apikalen Zellseite einen unkontrollierten Stoffdurchtritt verhindern. Mit der Pathogenese des Pemphigus vulgaris haben die tight junctions nichts zu tun.
Zu **(D)**: **Zonulae adhaerentes** liegen als streifenförmige „Gürteldesmosomen" im apikalen Zellpol unterhalb der Tight junctions. Ihre genaue Proteinstruktur ist von der der Desmosomen geringgradig verschieden, beim Pemphigus vulgaris sind sie nicht betroffen.
Zu **(E)**: Der **fokale Kontakt**, früher als **Punktdesmosom** bezeichnet, enthält Laminin 5 als charakteristisches Protein. Auch dieser mechanische Zellkontakt ist an der Entstehung des Pemphigus vulgaris nicht beteiligt.

F05 ■
→ **Frage 1.30: Lösung C**

Zonulae adhaerentes (= Gürteldesmosomen) und Maculae adhaerentes (= Fleckdesmosomen) gehören zu den Zellkontakten, die v. a. in Epithelien für den mechanischen Zusammenhalt der Zellen verantwortlich sind. Die Zonulae adhaerentes liegen als streifenförmige Haftstruktur im apikalen Zellpol unterhalb der Schlussleiste, aber über den Maculae adhaerentes.
Zu **(C)**: Zonulae adhaerentes sind über verschiedene Bindeproteine (α-Actinin und Vinculin) an das in-

tegrale Membranprotein E-Cadherin gebunden, das seinerseits an die Aktinfilamente des sog. „terminalen Netzwerkes" bindet. Das ganze System hat als kontraktile Struktur die Fähigkeit, eine bei Verlust von Epithelzellen entstehende Lücke im Gewebeverband zu schließen. Die Maculae adhaerentes dagegen sind als fokale Zellkontakte mit intrazellulären Intermediärfilamenten verbunden und führen so zu einer zugfesten Verbindung der benachbarten Zellen.
Zu **(A)**: Beide genannten Zellkontakte sind Haftstrukturen.
Zu **(B)**: Ein parazellulärer Transport wird nur durch die Schlussleiste verhindert.
Zu **(D)**: Beide genannten Zellkontakte sind eher an den apikalen Zellpolen lokalisiert.
Zu **(E)**: Ein Ionenaustausch zwischen benachbarten Zellen wird ausschließlich durch offene Zellkontakte, die sog. Gap junctions oder Nexus, ermöglicht.

H09 ■
→ **Frage 1.31: Lösung B**

Zu **(B)**: **Cadherine** sind bestimmte Transmembranproteine der **Desmosomen**. Man unterscheidet sie noch weiter in Desmogleine und Desmocolline. Desmosomen (= Maculae adhaerentes) sind runde Zellhaftkomplexe, die den Interzellularspalt nicht verschließen. Sie sind vergleichbar mit besonders starken Druckknöpfen, die die Zellen zusammenhalten.
Zu **(A)**: **Connexine** sind die kleinste Baueinheit der **Gap junctions**. Je sechs Connexine bilden ein Connexon (= Pore, Halbkanal), der die Zellmembran einer Zelle durchsetzt. Für eine Verbindung zwischen zwei Zellen benötigt man zwei solcher Connexone.
Zu **(C)**: **Catenine** sind Proteine, die bei den **Zonula adhaerens** vorkommen. Dort verbinden sie sich auf der einen Seite mit Cadherinen, auf der anderen Seite mit Aktinfilamenten, so dass sie im Prinzip ein Verbindungsprotein darstellen. Wissenswert ist, dass es mehrere Isoformen gibt, z. B. Alpha- und Betacatenine. Das Betacatenin hat deswegen eine hohe Relevanz, weil es Teil eines wichtigen Signalwegs (sog. Wnt-Signalweg) ist, dessen Aktivierung bei bestimmten Krebsarten eine Rolle spielt.
Zu **(D)**: **Desmoplakine** sind Proteine, die bei **Desmosomen** vorkommen und dort vor allem die Zellmembran verstärken.
Zu **(E)**: Die **Zonulae occludentes** (= verschließende Gürtel oder englisch Tight junctions) bilden ein komplexes System aus anastomosierenden (= sich verbindenden) Proteinleisten, die am oberen Zellpol lokalisiert sind. Die beteiligten integralen Membranproteine nennt man Occludine und **Claudine**.

F03 ■
→ **Frage 1.32: Lösung B**

Zu **(B)**: **β-Catenin** ist ein zytoplasmatisches Protein, das im Rahmen von Zell-Zell-Interaktionen und bei der Signaltransduktion von Bedeutung ist. Im Bereich von Zonulae adhaerentes („Gürteldesmosomen") vermittelt es die Bindung zwischen Cadherin und dem intrazellulären Aktin-Zytoskelett. Medizinisch relevant ist das β-Catenin durch seine Beteiligung an der Entstehung bösartiger Magen-Darm-Tumoren.
Zu **(A)**: Gap junctions (= Nexus) sind durch das Transmembranprotein **Connexin** charakterisiert.
Zu **(C)**: Das Adhäsionsmolekül **Occludin** ist integraler Bestandteil des Schlussleistennetzes, der Zonula occludens, und sorgt für eine interzelluläre Abdichtung z. B. in Gefäßendothelien.
Zu **(D)**: Der **fokale Kontakt**, früher als Punktdesmosom bezeichnet, enthält Laminin 5 als charakteristisches Protein.
Zu **(E)**: **Hemidesmosomen** enthalten Laminin 5 und Typ-VII-Kollagen und dienen als wichtige mechanische Zellkontakte.

F04 H03
→ **Frage 1.33: Lösung E**

Die gleichen Moleküle wurden in verschiedenen Examina in anderer Reihenfolge abgefragt.
Zu **(E)**: **Integrine** kommen an den basalen Membrananteilen von Epithelzellen vor. Sie dienen v. a. der Herstellung und Erhaltung eines Kontaktes zwischen Zelle und darunter liegender extrazellulärer Matrix, z. B. aus Aktinfilamenten. Darüber hinaus haben sie Bedeutung im Rahmen der Entstehung von Blutgefäßen (Angiogenese) und bei der Steuerung der Leukozytenmigration.
Das speziell gefragte Integrin $α_6β_4$ wird in der späten Embryonalphase exprimiert. Im Tiermodell der Maus ist bekannt, dass eine Mutation zu diesem Zeitpunkt zur letalen Ablösung der Haut führt.
Zu **(A)**: Das Adhäsionsmolekül **Occludin** ist integraler Bestandteil des Schlussleistennetzes, der Zonula occludens, und sorgt für eine interzelluläre Abdichtung z. B. in Gefäßendothelien.
Zu **(B)**: **Desmoglein** und Desmocollin sind transmembranöse, filamentartige Proteine, die den Interzellularspalt in einem Desmosom überbrücken. Autoantikörper gegen Desmoglein sind von klinischer Bedeutung bei blasenbildenden Erkrankungen der Haut, z. B. Pemphigus vulgaris.
Zu **(C)**: Gap junctions (= Nexus) sind durch das Transmembranprotein **Connexin** charakterisiert.
Zu **(D)**: **E-Cadherin** ist ein Protein, das für Zell-Zell-Adhäsionen von Bedeutung ist. Insbesondere in epithelialen Zellverbänden ist E-Cadherin struktureller Bestandteil von Zonulae adhaerentes („Gürteldesmosomen"). Medizinisch relevant ist das Protein im

Rahmen der Karzinomentwicklung, da bei seinem Funktionsverlust die Invasivität der maligne transformierten Zellen erhöht ist.
Siehe auch Lerntext I.3 „Zellkontakte".

F10

→ **Frage 1.34: Lösung A**

Zu **(A)**: **Laminine** sind spezielle Glykoproteine der extrazellulären Matrix. Zusammen mit **Kollagen Typ IV** sind sie wichtige Bestandteile von Basalmembranen. **Hemidesmosomen** können eine Zelle an eine solche Basalmembran koppeln. Daher ist es logisch, dass die einzige Proteinfamilie in der Aufgabenstellung, die in der Basalmembran vorkommt, hier für eine regelrechte Funktion von Hemidesmomen essentiell ist.
Zu **(B)**: **Connexine** sind die ultrastrukturellen Baueinheiten von Gap junctions. Je 6 Connexine bilden ein Connex**on** (= P**o**re, Halbkanal), der die Zellmembran einer Zelle durchsetzt. So entsteht ein hydrophiler Kanal zwischen 2 Zellen. Für eine Verbindung zwischen 2 Zellen benötigt man 2 solcher Connexone.
Zu **(C)**: **Mikrotubuli** sind am **zellulären Transport** und an der Ausbildung der **Mitosespindel** beteiligt.
Zu **(D)**: **Desmogleine** und **Desmocolline** gehören zur Familie der **Cadherine,** wichtigen Transmembranproteinen bei Zell-Zell-Kontakten (z. B. Desmosomen).
Zu **(E)**: **Claudine** sind neben den **Occludinen** der wichtigste Bestandteil der **Tight junctions** (Zonulae occludentes).

H10

→ **Frage 1.35: Lösung C**

Zu **(C)**: **Hemidesmosomen** sehen elektronenmikroskopisch aus wie halbe (hemi = halb) Desmosomen. Sie liegen ebenso wie die fokalen Kontakte an der basalen Seite einer Zelle. Sie haben eher einen „festigenden Charakter" und sind mit **Intermediärfilamenten** verknüpft.
Zu **(A)**: **Aktin** ist z. B. ein wichtiges Protein bei den sog. fokalen Kontakten. Hierbei handelt es sich um punktförmige Kontakte an der basalen Zellseite. Sie können sich gut lösen und neu formieren, daher findet man sie vor allem bei bewegungsfähigen Zellen wie z. B. Makrophagen.
Zu **(B)**: **Desmoplakin** kommt in den **Desmosomen** vor.
Zu **(D)**: **Mikrotubuli** sind röhrenförmige Proteine, die intrazellulär und in Kinozilien vorkommen. Mit den Hemidesmosomen sind sie nicht verknüpft.
Zu **(E)**: **Spectrin** ist ein wesentlicher Bestandteil des Zytoskeletts von Erythrozyten. Es stabilisiert mit anderen Proteinen zusammen die Innenseite der Zellmembran. Bei Defekten im Spectrin kann es zu einer **Sphärozytose** (Kugelzellanämie) kommen.

F08

→ **Frage 1.36: Lösung B**

Zu **(B)**: **Integrine** sind in der Tat eine bestimmte Gruppe extrazellulärer, transmembranärer Strukturproteine, die in den **Hemidesmosomen** den Kontakt zwischen der basalen Epithelzellmembran und der darunter liegenden Extrazellulärmatrix (vor allem Aktinfilamenten oder Laminin und Typ IV Kollagen der Basallamina) herstellen.
Zu **(A)**: **Wachstumsfaktoren** sind neben der Entwicklung von Geweben und Organen im Rahmen der Embryogenese wichtig für die **Wundheilung**. So werden Wachstumsfaktoren von den verschiedensten, aktivierten Zellen in einem Wundbereich freigesetzt und führen zu einem schnellen und vollständigen Verschluss des verletzten Gewebsareals. Beispiel für Wachstumsfaktoren sind TGF-β (transforming growth factor), EGF (epithelial growth factor) oder FGF (fibroblast growth factor).
Zu **(C)**: **Gap junctions** (= Nexus) sind offene Zellkontakte, die vor allem aus Connexinen aufgebaut werden.
Zu **(D)**: Der Begriff der Signalübertragung meint hier die Kaskade verschiedenster Aktivierungsschritte, die für die Weiterleitung eines extrazellulären Signals (z. B. eines Hormons) in das Zellinnere notwendig sind, damit es zu einer adäquate Reaktion auf das äußere Signal zu einer bestimmten Änderung des Zellstoffwechsels kommt. Innerhalb dieser Kaskade entsteht als direkte Folge der Anbindung des extrazellulären Signals an seinen spezifischen Rezeptor ein aktiviertes G-Protein, das dann seinerseits eine benachbarte, membrangebundene Adenylatzyklase aktiviert. Dieses Enzym spaltet energiereiches ATP und erzeugt auf diese Weise das intrazelluläre Signalmolekül zyklisches AMP (cAMP), was im weiteren Verlauf zur Aktivierung nachgeschalteter Enzyme führt.
Siehe Lerntext I.17 „Prinzipien der Zellkommunikation und Signaltransduktion".
Zu **(E)**: Insbesondere bei Bakterienzellen sind verschiedene Genabschnitte bekannt, die als sogenannte Promotor-, Regulator- und Operatorgene die Expression nachgeschalteter Strukturgene regulieren. Man spricht in diesem Zusammenhang auch von dem **Operon-Modell**.

F06

→ **Frage 1.37: Lösung C**

Zu **(C)**: Ein **Nexus** (Gap junction) besteht aus Transmembranproteinen an gegenüberliegenden Stellen zweier benachbarter Zellen. Auf diese Weise entsteht eine Art Tunnel, durch den auch größere Moleküle direkt ausgetauscht werden können.

1 Allgemeine Zellbiologie, Zellteilung und Zelltod

H04 ■

→ **Frage 1.38: Lösung B**

Fragen zu den biochemischen Bestandteilen verschiedener Zellkontakte werden in den letzten Physika häufig gefragt.

Zu **(B)**: Der offene Zellkontakt, **Nexus** oder **Gap junction**, bietet über korrespondierende Tunnelproteine aus **Connexin**-Proteinen in den Membranen benachbarter Zellen die Möglichkeit, elektrische Impulse oder auch kleine Moleküle direkt weiterzuleiten, ohne dass der Interzellularraum überbrückt werden muss.

Zu **(A)**: Das nahezu komplette Abdichten des Interzellularraumes ist die klassische Funktion des **Schlussleistennetzes**, wie es besonders in der epithelialen Auskleidung von Hohlorganen vorkommt, deren potenziell gewebsschädigende Inhaltsstoffe sicher von der Umgebung abgeschlossen werden müssen (z. B. Gallenblase, Harnblase u. a.). Der entscheidende Protein-Anteil ist das **Occludin**.

Zu **(C)**: **Desmosomen** dienen der mechanischen Verbindung zweier benachbarter Zellen durch eine Kombination aus den interzellulären „Kittsubstanzen" **Desmoglein** und Desmocollin und intrazellulären Proteinscheiben, von denen aus stabilisierende Mikrofilamente in jede Zelle hineinreichen.

Zu **(D)**: **Integrine** kommen an den basalen Membrananteilen von Epithelzellen vor. Sie dienen vor allem der Herstellung und Erhaltung eines Kontaktes zwischen Zelle und darunter liegender, extrazellulärer Matrix, z. B. aus Aktinfilamenten. Darüber hinaus haben sie Bedeutung im Rahmen der Entstehung von Blutgefäßen (Angiogenese) und bei der Steuerung der Leukozytenmigration.

Zu **(E)**: **E-Cadherin** ist ein Protein, das für Zell-Zell-Adhäsionen von Bedeutung ist. Insbesondere in epithelialen Zellverbänden ist E-Cadherin struktureller Bestandteil von Zonulae adhaerentes („Gürteldesmosomen"). Medizinisch relevant ist das Protein im Rahmen der Karzinomentwicklung, da bei seinem Funktionsverlust die Invasivität der malignen Zellen erhöht ist.

Siehe auch Lerntext I.3 „Zellkontakte".

F09

→ **Frage 1.39: Lösung D**

Zu **(D)**: Eine Gap junction (= **Nexus**) verbindet zwei benachbarte Zellen über einen offenen Zellkontakt. Die dafür notwendigen Poren werden aus großen Proteinkomplexen aufgebaut. Jede Einzelpore in der Membran einer Zelle wird als **Connexon (Halbkanal)** bezeichnet. 2 Connexone bilden zusammen also 1 Nexus.

Jedes Connexon besteht seinerseits aus einem **Komplex aus 6 identischen Proteinen**, den Connexinen. **6 Connexine** bilden zusammen also 1 Connexon.

Zu **(A)–(C)** und **(E)**: Diese Antwortmöglichkeiten sind falsch.

F98

→ **Frage 1.40: Lösung D**

Zu **(D)**: **Connexin** ist das Transmembranprotein, das die interzellulären Poren in einem **Nexus** (Gap junction) aufbaut. Dieser offene Zellkontakt ermöglicht eine physiologische Verbindung zwischen benachbarten Zellen und ist mit D gekennzeichnet.

Zu **(A)** und **(C)**: Die hier bezeichneten Zellkontakte werden als **Tight junction** (A) und **Desmosom** (C) bezeichnet. Es sind in erster Linie Zellverbindungen mit mechanischer Funktion. Connexin kommt in ihnen nicht vor.

Zu **(B)**: Eine neue Kreation des IMPP, die trotz ihrer klaren zeichnerischen Form nicht sicher zuzuordnen ist. Ein Connexin-haltiger Nexus ist es aber sicher nicht.

Zu **(E)**: Man erkennt ein sog. **coated vesicle**, das einem mit Clathrin umhüllten Endosom entspricht und vor allem bei der rezeptorvermittelten Endozytose eine große Bedeutung besitzt.

→ **Frage 1.41: Lösung D**

Zu **(D)**: Zelluläre Atrophie tritt bei stark vermindertem Stoffwechsel auf; Grund dafür sind zum einen pathologische Veränderungen, z. B. Mangeldurchblutung oder Inaktivität, zum anderen physiologische Alterungsprozesse (z. B. die Altersinvolution des Thymus).

Zu **(A)**, **(B)**, **(C)** und **(E)**: Die Differenzierung eines embryonalen Zellverbandes zum reifen, spezialisierten Gewebe geht mit der Ausbildung von Zellkontakten, Verminderung der Zellbeweglichkeit und der Synthese von gewebsspezifischer Interzellularsubstanz einher.

Siehe Lerntext I.4 „Embryonale Induktion".

I.4 Embryonale Induktion

Im Rahmen der Embryonalentwicklung kommt es zu einer zeitlich regulierten Abfolge von Wachstums- und Differenzierungsvorgängen, die durch Wechselwirkungen zwischen verschiedenen Zellpopulationen und der sie umgebenden extrazellulären Matrix gesteuert werden. In den frühesten Entwicklungsstadien sind embryonale Zellen noch **pluripotent**, d. h. sie können sich in Abhängigkeit verschiedenster äußerer Faktoren zu völlig unterschiedlichen Geweben entwickeln. Man spricht in diesem Zusammenhang auch von der **prospektiven Potenz**, die viel größer ist als die **prospektive Bedeutung**, die ihrerseits die Art des Gewebes festlegt, zu der sich das betreffende Zellareal normalerweise differenziert. Dieser Prozess der fortlaufenden und spezialisierten Entwicklung einer Zellpopulation zum „gewünschten" Gewebe innerhalb der Embryonalentwicklung wird durch den Begriff der **Induktion** beschrieben. Beispielsweise induziert während der Augenentwicklung das ausgestülpte Augenbläschen die Differenzierung des Oberflächenepithels zur Augenlinse. Wird das Augenbläschen experimentell an eine andere Stelle des Embryos verpflanzt, so kann es auch dort die Entwicklung der Linse aus dem Oberflächenektoderm induzieren und führt in dieser Situation zu einer fehlgeleiteten Entwicklung. Nach Abschluss dieser induktiven Vorgänge ist die Richtung der Differenzierung festgelegt; die embryonale Induktion ist also sowohl lokal als auch zeitlich begrenzt.

Für die embryonale Induktion werden neben der Existenz diffusibler Signalmoleküle auch Einflüsse der extrazellulären Matrix sowie der direkte Kontakt zwischen Induktor und dem zu induzierenden Gewebe diskutiert.

Klinischer Bezug
Nicht nur in der Embryonalentwicklung haben induktive Prozesse eine wichtige Funktion. Auch bösartige Tumoren besitzen die Fähigkeit, über die Sekretion verschiedener „Botenstoffe" die Bildung und das Wachstum von Blutgefäßen, die sogenannte Angiogenese, zu induzieren. Diese Gefäße dienen ausschließlich der Versorgung des wachsenden Tumors, der ab einer bestimmten Größe nicht mehr durch Diffusion ernährt werden kann. Experimentelle Ansätze in der Tumortherapie nutzen genau diesen Mechanismus und versuchen, durch die Blockade der Angiogenese ein weiteres Tumorwachstum zu verhindern.

→ **Frage 1.42: Lösung A**

Zu **(A)**: Die Ausbildung von Zellkontakten ist eine unbedingte Voraussetzung für die Bildung eines Gewebsverbandes. Neben der mechanischen Festigkeit sind auch chemischer Stoffaustausch oder elektrische Kopplung von Bedeutung (Gap junctions!).
Zu **(D)**: Kontaktinhibition als Verlust der amöboiden Beweglichkeit ist eine Voraussetzung für die Entstehung von Zellkontakten.

1.3 Zellkern

■■

→ **Frage 1.43: Lösung D**

Zu **(D)**: **Nukleolen** oder **Kernkörperchen** sind ein oder mehrere umschriebene Bereiche innerhalb des Interphase-Zellkerns, in denen neue Ribosomen entstehen. Sie enthalten große Mengen an ribosomaler RNA und ribosomalen Proteinen.

Zu **(A)**, **(B)**, **(C)** und **(E)**: Alle genannten Strukturen sind im Zytoplasma lokalisiert. Lysosomen, Dictyosomen und Mitochondrien sind von einer Membran umgrenzt, Ribosomen besitzen keine Membran.

F98 ■■
→ **Frage 1.44: Lösung E**

Zu **(E)**: Die Translation als Endpunkt der Proteinbiosynthese läuft an Ribosomen ab und ist ausschließlich im Zytoplasma lokalisiert. Auch Kernproteine entstehen auf diese Weise und werden erst sekundär in den Zellkern zurücktransportiert.
Zu **(A)**: Die Erbsubstanz DNA ist im Zellkern mit basischen Kernproteinen (Histonen) assoziiert. RNA entsteht im Kern bei der Genexpression, bei der von Strukturgenen der DNA Kopien in mRNA umgeschrieben werden (Transkription). Auch die Synthese von tRNA und rRNA findet im Zellkern statt.
Zu **(B)**: Ein Zellkern wird immer durch eine Membranhülle vom Zytoplasma abgegrenzt, sonst wäre er definitionsgemäß kein Zellkern.
Zu **(C)**: Der Nukleolus ist der Ort der rRNA-Synthese im Interphase-Zellkern.
Zu **(D)**: Die hohe Konzentration negativ geladener Makromoleküle (DNA, RNA) impliziert bereits eine andere Ionenzusammensetzung des Kernplasmas im Vergleich zum Zytoplasma.

F03
→ **Frage 1.45: Lösung C**

Zu **(C)**: Neueren Strukturuntersuchungen zur Folge gliedert sich die Kernhülle in eine innere und eine äußere Membran, die Kernporenkomplexe und die unterhalb der inneren Membran lokalisierte **Kernlamina**, die das Intermediärfilament Lamin enthält und für die Formgebung und Stabilität der Kernhülle unverzichtbar ist. Durch Phosphorylierung der Lamine depolymerisiert die Kernlamina, was zum Zerfall der Kernhülle im Rahmen der Zellteilung führt.
Zu **(A)**: Die in der Kernhülle enthaltenen Poren dienen dem Stoffaustausch zwischen Kern und Zytoplasma, z. B. Transport der mRNA aus dem Zellkern zu den zytoplasmatischen Ribosomen. Mit der Anheftung von Spindelfasern im Rahmen der Zellteilung haben die Kernporen nichts zu tun.
Zu **(B)** und **(D)**: Die Auflösung der Kernhülle passiert frühzeitig am Übergang zwischen Pro- und Metaphase; die Ausbildung der Mitosespindel verläuft dabei in einem engen zeitlichen Zusammenhang.
Zu **(E)**: Der Nukleolus, als Ort der Bildung von Ribosomenuntereinheiten, ist innerhalb des Zellkerns lokalisiert und nicht von einer eigenen Membran umgrenzt.

1 Allgemeine Zellbiologie, Zellteilung und Zelltod

→ **Frage 1.46: Lösung D**

Zu **(D)**: Chromosomen bestehen aus einer stark verdrillten **DNA-Doppelhelix**, die um Aggregate aus basischen Proteinen, sog. **Histone**, gewickelt ist. Die Einheit aus Histonkomplex und umgebendem DNA-Abschnitt wird auch als **Nukleosom** bezeichnet. Neben den Histonen sind weitere Proteine mit der DNA assoziiert, die für Reparatur, Replikation und Transkription verantwortlich sind.

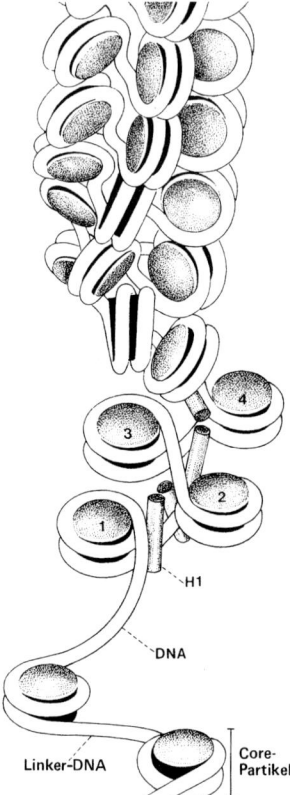

Abb. 1.3 Nukleosomenstruktur des Chromosoms (aus Gottschalk W., Allgemeine Genetik, 4. Auflage, Thieme, Stuttgart, New York ,1994)

F03 ■
→ **Frage 1.47: Lösung A**

Zu **(A)**: Die Baueinheit des Chromatins, bestehend aus einem Abschnitt der **DNA-Doppelhelix** und einem Komplex basischer Proteine, den sog. **Histonen**, wird als **Nukleosom** bezeichnet.
Zu **(B)**: Sind an einem Stoffwechselweg verschiedene Enzyme in enger Abfolge beteiligt, so ist die räumliche Zusammenlagerung dieser Enzyme zu einem großen **Multienzymkomplex** sinnvoll. Beispiele hierfür sind der Pyruvatdehydrogenase-Komplex oder der Multienzymkomplex für die Biosynthese von Fettsäuren.

Zu **(C)**: Die beschriebenen Vorgänge kennzeichnen die **Apoptose** als programmierten Zelltod, der eine wichtige Bedeutung im Rahmen verschiedenster physiologischer Entwicklungsvorgänge von Geweben und Organen hat, aber auch bei katabolen Erkrankungen auftritt.
Zu **(D)**: Die beschriebenen DNA-Abschnitte an den Enden der Chromosomen sind unter dem Namen **Telomere** bekannt. Ihre physiologische Bedeutung liegt im Erhalt der strukturellen Integrität der Chromosomen; darüber hinaus werden Einflüsse auf Alterungsprozesse und Tumorgenese diskutiert.
Zu **(E)**: **Zentromere** (= Kinetochore) sind in der Tat die Anheftungsstellen für die Spindelfasern am Verbindungspunkt beider Chromatiden eines Chromosoms. Mit einem Nukleosom haben sie aber nichts zu tun.

H10
→ **Frage 1.48: Lösung C**

Zu **(C)**: **Importine** sind Proteinkomplexe, die einen Transport von bestimmten Proteinen vom Zytoplasma in den Zellkern erleichtern können. Hierzu erkennen sie Kernlokalisierungssignale (nuclear localization signals, NLS). **Nucleoplasmin** kann durch so einen Transportweg in den Kern eingeschleust werden und dann seine spezifischen Wechselwirkungen zwischen DNA und Histonen vermitteln.
Zu **(A)**: **Freie Diffusion** ist durch die Zellporen möglich. Das betrifft allerdings nur kleine Moleküle bis ca. 5 kDa.
Zu **(B)**: **Mikrotubuli** sind die „Autobahnen der Zelle", an denen mittels der Motorproteine Kinesin und Dynein ein **intrazellulärer Transport** stattfinden kann. Direkt in den Zellkern herein gibt es aber keine „Autobahnabfahrt"…
Zu **(D)**: Ein Protein gelangt im Normalfall über die **Kernporen** in den Zellkern. An den Kernporen liegt noch keine DNA vor. Diese findet sich erst im Inneren des Kerns, abgetrennt von der Hülle durch **Lamine** – spezielle im Kern vorkommende Intermediärfilamente. Somit kann eine Wechselwirkung mit der DNA auch nicht am Transport in den Kern beteiligt sein.
Zu **(E)**: Innerhalb der Membranen von **Mitochondrien** gibt es zahlreiche Transporterproteine (u. a. **TIM** und **TOM** = **t**ransporter **i**nner **m**embrane und **t**ransporter **o**uter **m**embrane), die für den Austausch von Metaboliten (= Stoffwechselprodukten) zuständig sind.

H02 ■
→ **Frage 1.49: Lösung E**

Zu **(E)**: **Histone** sind Aggregate basischer Proteine, um die die verdrillte DNA-Doppelhelix gewickelt ist und so die höhermolekulare Struktur der **Nukleosomen** bildet. Wie jedes Protein, so werden auch die

Histone an zytoplasmatischen Ribosomen synthetisiert. Innerhalb des Zellkerns gibt es keine Ribosomen, somit sind (A)–(D) leicht als falsch zu erkennen.

F09

→ **Frage 1.50: Lösung B**

Zu **(B)**: Die Synthese der **ribosomalen RNA (rRNA)** und ihre Aggregation mit den (im Zytoplasma synthetisierten) ribosomalen Proteinen findet im **Nukleolus** innerhalb des Zellkerns statt.
Zu **(A)**: Das (elektronenmikroskopisch dunkle) **Heterochromatin** enthält große Mengen an **repetitiver DNA**, die hochgradig spiralisiert und somit zumeist genetisch inaktiv ist.
Zu **(C)**: Proteine, die **für den zelleigenen Bedarf** benötigt werden (z. B. Strukturproteine oder Enzyme des Zellstoffwechsels), werden **an freien Ribosomen** im Zytoplasma synthestisiert.
Zu **(D)**: **Exportproteine** (z. B. extrazellulär wirksame Enzyme oder Proteine der Extrazellulärmatrix) werden an Ribosomen des **rauen endoplasmatischen Retikulums** synthetisiert.
Zu **(E)**: Die **Kernhülle** besitzt Poren zum Austausch von zytosolischen und nukleären Substanzen, z. B. der mRNA oder den ribosomalen Proteinen.

F05 H98 F95 ■ ■

→ **Frage 1.51: Lösung B**

Zu **(B)**: Im **Nukleolus** des Interphase-Zellkerns findet die Transkription der Gene der ribosomalen RNA (**rRNA**) statt. Im Zytoplasma synthetisierte ribosomale Proteine werden in den Kern transportiert und dort mit der neu gebildeten rRNA zu den zwei Untereinheiten der Ribosomen zusammengesetzt. Durch die hohe Konzentration an rRNA und ribosomalen Proteinen zeigt der Nukleolus im mikroskopischen Bild eine höhere Dichte als das ihn umgebende Chromatin.
Zu **(A)** und **(C)**: Die Gene für verschiedene **mRNA** und **tRNA** sind natürlich auch im Zellkern vorhanden, jedoch über das ganze Chromatin verteilt und nicht im Bereich des Nukleolus.
Zu **(D)**: Mitochondrien enthalten eine eigene, ringförmige RNA, die **mtRNA**.
Zu **(E)**: In der Gentechnologie wird die mRNA eines gewünschten Proteins mit Hilfe der reversen Transkriptase, eines Enzyms aus Retroviren, in eine DNA umgeschrieben. Diese DNA, die frei von Introns ist, wird auch als **cDNA** (= complementary DNA) bezeichnet und kann nun in ein bakterielles oder virales Genom integriert werden.

H07 ■

→ **Frage 1.52: Lösung B**

Zu **(B)**: An den (akrozentrischen) Chromosomen 13–15, 21 und 22 befinden sich die redundanten Gene für die Synthese der rRNA. Diese Regionen werden in ihrer Gesamtheit auch als „**Nucleolus-Organizer-Regionen**" (NOR) bezeichnet. Hier werden also die Untereinheiten der Ribosomen, bestehend aus speziellen Proteinen und der ribosomalen RNA, synthetisiert.
Zu **(A)**: Der Nukleolus befindet sich im Zellkern und ist nicht von einer eigenen Membran begrenzt.
Zu **(C)**: Die Histone als Bestandteil der makromolekularen Chromosomenstruktur werden an zytoplasmatischen Ribosomen produziert und dann in den Zellkern transportiert.
Zu **(D)**: Die Translation, d. h. die Synthese von Proteinen anhand des Bauplans der mRNA, findet im Zytoplasma statt.
Zu **(E)**: Während der Mitose liegen die Chromosomen in maximal spiralisierter Transportform vor, der Zellkern wird vorübergehend aufgelöst – somit gibt es in dieser Phase des Zellzyklus keinen Nukleolus.

F00 ■

→ **Frage 1.53: Lösung C**

Zu **(C)**: Die Kernmembran enthält zahlreiche Öffnungen mit einem Durchmesser um 60 nm, die sog. **Kernporen**, durch die ein ungehinderter Fluss niedermolekularer Substanzen möglich ist. Für den Transport von Ionen sind somit keine Membranpumpen notwendig.
Zu **(A)** und **(B)**: Der **Nukleolus** ist ein Bereich innerhalb des Zellkerns, in dem Ribosomen-Untereinheiten gebildet werden. Es kommt hierbei zur **Synthese ribosomaler RNA** und zur Aggregation mit den im Zytoplasma gebildeten Proteinen. Die fertigen Untereinheiten werden in das Zytoplasma zurückbefördert und an einer vorliegenden mRNA zum fertigen Ribosom zusammengesetzt.
Zu **(D)**: Im Rahmen der Mitose werden die Chromosomen in ihre zwei identischen Chromatiden aufgetrennt und durch den Spindelapparat zu gleichen Teilen auf die Tochterzellen verteilt. Dieser Vorgang setzt die Auflösung der Kernmembran voraus.
Zu **(E)**: Die äußere Membran der Kernhülle gehört tatsächlich zum Endoplasmatischen Retikulum und ist häufig mit Ribosomen besetzt.

F09

→ **Frage 1.54: Lösung C**

Zu **(C)**: Die Abkürzung **snoRNA** steht für „**small nucleolar RNA**", was die Lokalisation im **Nukleolus** bereits hinreichend beschreibt. Die snoRNA stellt antisense-RNA dar, die u. a. an der Regulation der Methylierung der ribosomalen rRNA beteiligt ist.

Zu (A) und (B): Während der Translation findet man die **mRNA** an den **Ribosomen**, egal ob an freien, zytoplasmatischen oder an rER-gebundenen Ribosomen. Auf der Basis der spezifischen Abfolge der mRNA-Basen entsteht die wachsende Polypeptidkette.

Zu (D): **Heterochromatin** ist elektronenmikroskopisch sehr dicht, was durch den hohen Grad an Spiralisierung der dort vorhandenen, meist **repetitiven DNA** erklärt werden kann. Diese DNA wird nicht abgelesen.

Zu (E): Die **Kernporen** dienen dem Austausch von Substanzen zwischen Kern und Zytoplasma; so wird z. B. die im Kern transkribierte mRNA zur Translation ins Zytoplasma geschleust. Umgekehrt finden ribosomale Proteine nach ihrer Synthese an zytoplasmatischen Ribosomen ihren Weg in den Nukleolus, um dort mit der rRNA zu den ribosomalen Untereinheiten zusammengesetzt zu werden.

F10

→ **Frage 1.55: Lösung C**

Zu (C): Die **Sklerodermie** ist eine **Kollagenose** (Bindegewebserkrankung), die mit einer Verhärtung von Haut und/oder inneren Organen einhergeht. Eine Reihe von Autoantikörpern kann nachgewiesen werden, hierzu zählen u. a. Antikörper gegen die Nukleolusproteine **Fibrillarin**, Nucleolin oder die RNA-Polymerase I. **Fibrillarin** ist Bestandteil eines Nucleolar small nuclear Ribonukleoproteins (snRNP), das wahrscheinlich für den ersten Schritt des Prozessierung präribosomaler rRNA verantwortlich ist.

Zu (A) und (B): **Cycline** sind an der Steuerung des Zellzyklus beteiligt. Sie können mit sog. Cyclin-abhängigen Kinasen (CDKs) Komplexe bilden. Es gibt unterschiedliche Cycline. **Cyclin B** ist für den Start einer Mitose wichtig, **Cyclin D** ist während der ganzen Mitose vorhanden. Mit der Sklerodermie haben diese Proteine nichts zu tun.

Zu (D): Lamin B ist ein **Intermediärfilament** im Kern. Gefragt ist aber explizit nach Proteinen, die im Nukleolus vorkommen.

Zu (E): **Histone** sind DNA-assoziierte Proteine, die sich ebenfalls generell im Kern befinden.

1.4 Zytoplasma, Zytosol

Zu diesem Kapitel wurden bisher keine Fragen gestellt.

1.5 Ribosomen

1.5 Ribosomen

Die Ribosomen sind die Organellen der Translation, d. h. an ihnen wird die definierte Basensequenz der mRNA in eine entsprechende Abfolge von Aminosäuren umgesetzt.

Ribosomen besitzen keine Zellmembran. Sie bestehen aus ribosomalen Proteinen und ribosomaler RNA (rRNA), die in Form von zwei Untereinheiten mit der zu translatierenden mRNA eine definierte, dreidimensionale Molekularstuktur bilden. Die Ribosomen von prokaryontischen und eukaryontischen Zellen unterscheiden sich in ihrer Größe, genauer gesagt in ihrer Sedimentationsgeschwindigkeit in der Ultrazentrifuge. Die Ribosomen eines Prokaryonten bestehen aus einer 30S und einer 50S Untereinheit, wobei das S für die Einheit „Svedberg" steht und die Sedimentationsgeschwindigkeit beschreibt. Die Svedberg-Einheiten sind nicht additiv, so dass beide Untereinheiten zusammen einen Wert von 70S haben. Bei einem Eukaryonten betragen die jeweiligen Maße 40S und 60S, zusammen 80S.

Zur Anbindung der Aminosäuren-tragenden tRNA an das jeweils komplementäre Basentriplett der mRNA besitzt jedes Ribosom zwei Bindungsstellen, wobei die eine der Bindung einer neuen tRNA, die zweite der Fixierung der wachsenden Polypeptidkette dient.

Ribosomen kommen sowohl frei im Zytoplasma als auch in Bindung an die Zisternen des Endoplasmatischen Retikulums (rER) vor. Erstere synthetisieren intrazelluläre Proteine, z. B. Anteile des Zytoskeletts oder zytoplasmatische Enzyme, die Ribosomen am rER produzieren exportable Eiweiße. Diese können Proteine der Extrazellulärmatrix (z. B. Kollagen), aber auch andere Stoffe wie Proteinhormone oder extrazellulär wirkende Enzyme sein.

■

→ **Frage 1.56: Lösung E**

Zu (E): Ribosomen sind die Orte der **Translation** als Teil der Proteinbiosynthese. Hierbei wird die Basenabfolge der mRNA in eine definierte Abfolge von Aminosäuren umgesetzt. Diesem Vorgang der Translation ist die **Transkription** im Zellkern vorgeschaltet, bei der der entsprechende Abschnitt der Original-DNA in die „Kopie" mRNA umgeschrieben wird.

1.5 Ribosomen

→ **Frage 1.57: Lösung B**

Zu **(B)**: Phagosomen sind intrazelluläre Endozytosevesikel, die noch abzubauende Substanz enthalten. Sie verschmelzen in der Regel mit einem primären Lysosom und werden über diese Fusion der intrazellulären Verdauung zugeführt.

H92 ■■
→ **Frage 1.58: Lösung B**

Zu **(B)**: Ribosomen der eukaryontischen Zelle setzen sich aus zwei Untereinheiten, 40S und 60S, zusammen. Ihre „Größe" wird nach der Sedimentationsgeschwindigkeit in der Ultrazentrifuge mit der Einheit Svedberg (S) beschrieben. Da diese Einheit nicht additiv ist, hat das gesamte Ribosom, bestehend aus beiden Untereinheiten, 80S.
Zu **(A)**: Auch prokaryontische Zellen haben Ribosomen; diese sind allerdings mit 70S kleiner und setzen sich aus zwei Untereinheiten mit 30S und 50S zusammen.
Zu **(C)**: Im Einklang mit der Endosymbionten-Theorie ähneln die mitochondrialen Ribosomen denen der Prokaryonten. Sie haben eine Größe von etwa 70S, sind allerdings bei verschiedenen Organismen sehr variabel.
Zu **(D)**: Ribosomen findet man in großer Zahl frei im Zytoplasma. An ihnen werden die in der Zelle verbleibenden Proteine synthetisiert.
Zu **(E)**: An oder in Ribosomen finden keinerlei abbauende Stoffwechselprozesse statt; sie dienen einzig und allein der Proteinbiosynthese.

F97 ■
→ **Frage 1.59: Lösung A**

Zu **(A)**: Ribosomen bestehen aus zwei Untereinheiten, die sich erst zu Beginn der Translation an der mRNA zusammenlagern. Dieser Prozess findet im Zytoplasma statt. Die Synthese der ribosomalen Proteine läuft ebenfalls im Zellplasma, die der ribosomalen rRNA im Zellkern ab. Die Membranen des Endoplasmatischen Retikulums haben somit nichts mit der Bildung von Ribosomen zu tun.
Zu **(B)**: An den Membranen des rauen Endoplasmatischen Retikulums (rER) werden Proteine synthetisiert, die die Zelle nach außen abgibt, z. B. Drüsensekrete, Strukturproteine (Kollagen u. a.) und Transmitter. Diese sog. **exportablen Proteine** werden vom ER via Golgi-Apparat über intrazellulären Membranfluss in Sekretvesikel verpackt, die dann nach entsprechendem Reiz mit der Zellmembran fusionieren.
Zu **(C)**: Zytoskelett-Proteine (Mikrotubuli, Aktin usw.) werden an freien Ribosomen im Zytoplasma synthetisiert. Es besteht kein Zusammenhang mit den Membranen des rER. Der gleiche Vorgang gilt auch für alle anderen **intrazellulären Proteine**, z. B. Enzyme, ribosomale Proteine oder Kernproteine.
Zu **(D)**: Als **Polysom** bezeichnet man eine mRNA, an der während der Translation viele Ribosomen wie in einer Perlenkette aufgereiht sind.
Zu **(E)**: Sekretorische Zellen haben – sofern es sich um proteinhaltiges Sekret handelt – eine sehr hohe Proteinsyntheserate, was eine Vielzahl an Ribosomen voraussetzt.

H01 ■■
→ **Frage 1.60: Lösung E**

Zu **(E)**: Das so genannte Signal-Recognition-Particle (**SRP**, Signalerkennungspartikel) besteht aus einer kurzen RNA und sechs Proteinen. Es bindet an Ribosomen, die eine wachsende Polypeptidkette enthalten, deren Anfang eine bestimmte Signalsequenz als definierte Abfolge von Aminosäuren enthält. Diese Signalsequenz kennzeichnet das neu synthetisierte Protein als Exportprotein, das nicht im Zytoplasma, sondern direkt in die Zisternen des rauen ER gebildet werden soll. Das SRP vermittelt in diesen Fällen die Bindung des betreffenden Ribosoms an das rER.
Ist die Erkennungssequenz am N-terminalen Ende des neuen Peptids nicht enthalten, bindet das SRP nicht und das entsprechende Ribosom verbleibt innerhalb des Zytoplasmas. Auf diese Weise trennt die Zelle exportable Proteine von solchen, die innerhalb der Zelle verbleiben sollen.
Zu **(A)**–**(D)**: Ribosomen als Organellen der Proteinbiosynthese kommen bei Prokaryonten und Eukaryonten vor, sind jedoch unterschiedlich groß. Bei prokaryontischen Zellen bestehen die Ribosomen aus einer 30S- und einer 50S-Untereinheit, in der Eukaryonten-Zelle sind beide Untereinheiten mit 40S und 60S größer. Die Größe wird mit S für „**Svedberg**" bezeichnet und beschreibt die Sedimentationsgeschwindigkeit der Partikel in der Ultrazentrifugation. Die Svedberg-Einheiten sind nicht additiv, sodass die Gesamtgrößen mit 70S für das prokaryontische und 80S für das eukaryontische Ribosom angegeben werden. Beide Untereinheiten lagern sich erst mit einer reifen mRNA zu Beginn der Proteinsynthese (**Translation**) zusammen. Häufig sind dann mehrere Ribosomen an eine mRNA gebunden – eine Struktur, die man auch als **Polysom** bezeichnet. Selbstverständlich produzieren alle Ribosomen einer mRNA das identische Protein.

H08 F07
→ **Frage 1.61: Lösung A**

Zu **(A)**: Sekretorische Proteine werden an Ribosomen des rauen endoplasmatischen Retikulums synthetisiert. Die „Zielbestimmung" („targeting") wird durch spezielle, aminoterminale **Signalpeptide** der noch unreifen Proteinvorstufen ermöglicht, die von

zytosolischen Proteinen erkannt (**S**ignal **R**ecognition **P**articles) werden. Mithilfe von sogenannten Translokasen in der ER-Membran wird die noch wachsende Polypeptidkette in das rER überführt, wo dann bei der endgültigen Reifung des sekretorischen Proteins das Signalpeptid durch bestimmte Peptidasen wieder abgespalten wird.
Zu **(B)**: Endosomen haben nichts mit der Sekretion zu tun, sondern sind Vesikel mit Substanzen, die die Zelle aufgenommen hat („falsche Richtung" des Transportes).
Zu **(C)** und **(D)**: Im Golgi-Apparat (von der cis- zur trans-Seite) können Proteine chemisch modifiziert werden; das Abspalten des Signalpeptides läuft hier aber nicht ab.
Zu **(E)**: Im Sekretvesikel ist das Signalpeptid bereits von dem zu sezernierenden Protein abgespalten. Das Protein muss jetzt nur noch zur Zellmembran transportiert werden.

H02 ■
→ **Frage 1.62: Lösung D**

Hinter der etwas komplizierten Formulierung des Ausgangstextes verbirgt sich eine Frage nach Vorkommen und Aufbau von Ribosomen in einer eukaryontischen Zelle.
Zu **(D)**: Mitochondrien sind die einzigen Organellen tierischer Zellen, die durch den Besitz von DNA und eigenen Ribosomen zur Proteinsynthese befähigt sind. Die mitochondrialen Ribosomen sind, ähnlich den prokaryontischen Ribosomen, aus einer 50S- und einer 30S-Untereinheit aufgebaut, was man sich durch die sog. **Endosymbionten-Theorie** erklärt. Danach handelt es sich bei Mitochondrien um vormals eigenständige Prokaryonten, die im Laufe der Evolution nach Phagozytose in einer Art Symbiose zum eigenständigen Organell der eukaryontischen Zelle geworden sind.
Eine Hemmung der ribosomalen 50S-Untereinheit kann daher die mitochondriale Proteinbiosynthese in der Tat beeinträchtigen.
Zu **(A)**: Ribosomen sind lediglich am Prozess der **Translation** beteiligt. Mit der **Transkription**, dem Umschreiben der DNA-Information auf die mRNA im Zellkern, haben Ribosomen nichts zu tun.
Zu **(B)** und **(E)**: Prozessierung einer RNA oder die Energiegewinnung durch oxidative Phosphorylierung sind Stoffwechselvorgänge, an denen Ribosomen nicht beteiligt sind.
Zu **(C)**: Die Proteinbiosynthese außerhalb der Mitochondrien wird von zytoplasmatischen Ribosomen übernommen, die aus einer 40S- und einer 60S-Untereinheit aufgebaut sind. Eine Hemmung der 50S-Untereinheit durch ein Antibiotikum wird daher keinen Einfluss auf diesen Syntheseweg haben.

H99 ■
→ **Frage 1.63: Lösung B**

Zu **(B)**: Zelleigene Strukturproteine werden an zytoplasmatischen, sog. „freien" Ribosomen synthetisiert. Die Ribosomen des **rauen Endoplasmatischen Retikulums** bilden **Exportproteine**. Zu dieser Gruppe gehören
– sezernierte Eiweiße, z. B. Bestandteile der extrazellulären Matrix wie Kollagen, Elastin oder Enzyme für die extrazelluläre Verdauung
– und Proteine, die in die Zellmembran inkorporiert werden.
Zu **(A)**: Jede ribosomale Untereinheit besteht zu etwa 40 % aus ribosomaler RNA und zu etwa 60 % aus ribosomalen Proteinen.
Zu **(C)**: Prokaryontische Zellen (Bakterien und Cyanobakterien) besitzen „kleine" Ribosomen aus einer 50S- und einer 30S-Untereinheit. Die Einheit S (= Svedberg) beschreibt hierbei die Sedimentationsgeschwindigkeit in der Ultrazentrifuge und ist nicht additiv; das gesamte **Prokaryonten-Ribosom** hat daher **70S**. Eine **eukaryontische Zelle** (höhere Pflanzen und Tiere) ist durch „große" **80S-Ribosomen** gekennzeichnet.
Zu **(D)**: Auf den Chromosomen 13–15 und 21–22, die zu den akrozentrischen Chromosomen gehören, liegen die Gene zur Synthese der ribosomalen RNA als **mittelrepetitive DNA** in 100–1000 Kopien vor.
Zu **(E)**: Mitochondrien sind nach der **Endosymbionten-Theorie** ehemals eigenständige, phagozytierte Prokaryonten, die im Verlauf der Evolution in einer Art Symbiose zum Organell der eukaryontischen Wirtszelle wurden. Damit vereinbar besitzen sie eigene (70S) Ribosomen und eine ringförmige DNA, die u. a. Gene für ribosomale RNA enthält.
Siehe Lerntext I.10 „Mitochondrien".

H05
→ **Frage 1.64: Lösung B**

Zu **(B)**: Freie zytoplasmatische Ribosomen produzieren intrazelluläre Proteine für den Stoffwechsel der Zelle oder für ihr Zytoskelett. In der genannten Liste ist das α-**Tubulin** als Baustein von intrazellulären Mikrotubuli das einzige Protein, das in der Zelle verbleibt. Alle anderen Beispiele sind nach extrazellulär abgegebene Proteine, die an den Ribosomen des rauen endoplasmatischen Retikulums (rER) synthetisiert und in Exozytosevesikel verpackt werden.
Zu **(A)**: **Matrix-Metalloproteasen (MMP)** sind nach interstitiell sezernierte oder in die Zellmembran inkorporierte Enzyme, die für den Umbau der extrazellulären Matrix große Bedeutung besitzen. Klinisch relevant sind der Abbau von Bestandteilen der Basalmembran bei metastasierenden Tumoren mit hoher Expression von MMP oder die Zerstörung des hyalinen Gelenkknorpels durch MMP, die z. B.

bei der rheumatoiden Arthritis im Rahmen einer entzündlichen Stimulation durch Zytokine vermehrt produziert werden.
Zu **(C)**–**(E)**: Die drei Proteine **Fibronektin**, **Prokollagen** (= Vorstufe des Kollagens) und **Elastin** sind typische Bestandteile der extrazellulären Matrix von Bindegeweben.

F09
→ **Frage 1.65: Lösung C**

Zu **(C)**: An den Ribosomen des (rauen) **endoplasmatischen Retikulums** werden ausschließlich **exportable Proteine** synthetisiert, die die Zelle nach außen (z. B. ins Blut) abgibt. **Albumin** ist unter den genannten Proteinen das einzige, auf das diese Tatsache zutrifft. Neben einer unspezifischen Bindung zahlreicher Blutbestandteile sorgt Albumin für den kolloidosmotischen Druck, der den wässrigen Anteil des Blutes im Gefäßlumen hält. Kommt es zu einem Albuminmangel (Eiweißverlust bei Nierenerkrankungen, verminderte Albuminsynthese bei chronischer Unterernährung oder Leberfunktionsstörungen), zeigen die betroffenen Patienten eine ausgeprägte Neigung zu **Ödemen** und/oder **Aszites**.
Zu **(A)**, **(B)**, **(D)** und **(E)**: Alle hier genannten Proteine sind Enzyme, die im Rahmen verschiedenster Stoffwechselprozesse benötigt werden. Diese Enzyme werden **an freien Ribosomen im Zytoplasma** synthetisiert.

F02 H97 H89 ■■
→ **Frage 1.66: Lösung C**

Zu **(C)**: Am Ribosom findet die Proteinbiosynthese statt, d. h. die Bildung eines Proteins entsprechend des in Form der mRNA vorgegebenen „Bauplans". Eine Synthese von RNA findet hier nicht mehr statt. Die **RNA-Polymerase** ist für die Synthese einer RNA als komplementäre Kopie der DNA im Zellkern verantwortlich.
Zu **(A)**: Durch die an der Innenseite der Zellmembran lokalisierte **Adenylatcyclase** werden Signale extrazellulärer Botenstoffe (z. B. Hormone) in intrazelluläre Reize (in Form des zyklischen Adenosinmonophosphats, cAMP) transformiert. Zu diesem Zweck ist die Adenylatcyclase funktionell an den jeweiligen Hormonrezeptor gekoppelt und bildet nur dann cAMP, wenn dieser Rezeptor durch einen Liganden besetzt ist.
Zu **(B)**: Die Bindung freier Aminosäuren an ihre spezifische tRNA wird von der im Zytoplasma lokalisierten **Aminoacyl-tRNA-Synthetase** katalysiert.
Zu **(D)**: Die **Cytochromoxidase** ist ein wichtiges Enzym der in den Mitochondrien lokalisierten „Atmungskette", durch die die Zelle ihre Energie in Form von Adenosintriphosphat (ATP) erzeugt.
Zu **(E)**: **Hydrolasen** sind Enzyme, die chemische Bindungen unter Aufspaltung von Wasser katalysieren. Dieser Vorgang ist ein wichtiger Schritt im Rahmen des Substratabbaus in den Lysosomen.

■■
→ **Frage 1.67: Lösung B**

Zu **(B)**: Während der **Translation** wandern zahlreiche Ribosomen hintereinander über eine mRNA und synthetisieren auf diese Weise alle das gleiche Protein in vielfacher Ausfertigung. Den Komplex aus mRNA und den perlschnurartig daran gebundenen Ribosomen bezeichnet man als **Polysom**.
Zu **(A)**: Autolysosomen sind sekundäre Lysosomen, die zelleigenes Material abbauen.
Zu **(C)**: Gemeint sind die Diktyosomen.

H05 ■
→ **Frage 1.68: Lösung A**

Zu **(A)**: Da in einem Polysom nur eine mRNA als Bauplan für eine Polypeptidkette vorliegt, können die beteiligten Ribosomen auch nur dieses eine Protein (in vielfacher Ausfertigung) synthetisieren.
Zu **(B)**: Ein Protein wird immer als eine Einheit codiert und produziert. Lediglich größere Eiweiße aus mehreren Untereinheiten bestehen aus verschiedenen Polypeptiden – nicht aber aus Proteinfragmenten.
Zu **(C)**: Jede Polypeptidkette wird an einem einzelnen Ribosom synthetisiert; ein Wechsel der entstehenden Aminosäurenkette zwischen den Ribosomen findet nicht statt.
Zu **(D)**: Nach beendeter Translation zerfallen die Ribosomen in ihre Untereinheiten und lösen sich so von der mRNA. Eine Auflösung dieser Untereinheiten in ihre Bestandteile (Proteine und rRNA) findet jedoch nicht statt.
Zu **(E)**: Die freien ribosomalen Untereinheiten können mehrmals nacheinander mit verschiedenen mRNA assoziieren und neue Proteine produzieren.

F03 ■
→ **Frage 1.69: Lösung C**

Zu **(C)** und **(E)**: Ribosomen an der Membran des endoplasmatischen Retikulums (nicht im Innenraum) synthetisieren sog. **Exportproteine**, die nach ihrer Produktion über Transportvesikel im Rahmen des Membranflusses zum Golgi-Apparat transportiert werden, dort eine chemische Modifikation erfahren, um schließlich in die äußere Zellmembran inkorporiert oder auch vollständig nach extrazellulär abgegeben zu werden. Beispiele sind Carrierproteine der Zellmembran, extrazelluläre Matrixproteine (z. B. Kollagen) oder auch extrazellulär wirksame Enzyme.
Zu **(A)**: Zytoplasmatische und membrangebundene Ribosomen unterscheiden sich in ihrer Struktur nicht.

Zu **(B)**: Ribosomen besitzen keine Membranbestandteile.
Zu **(D)**: An der äußeren Plasmamembran befinden sich keine Ribosomen.

1.6 Endoplasmatisches Retikulum

1.6.1 Definition

> **I.6 Endoplasmatisches Retikulum**
>
> Das **Endoplasmatische Retikulum** (ER) ist ein intrazytoplasmatisches Netzwerk membranumgrenzter und miteinander kommunizierender Räume. Sind dem ER an der Außenseite der Membranen Ribosomen aufgelagert, wird es als raues ER (**rER**) bezeichnet. Die Ribosomen dienen der Synthese sog. **Exportproteine**, d. h. Eiweiße, die in die äußere Zellmembran inkorporiert oder nach extrazellulär abgegeben werden. Sie werden direkt in die Zisternen des rER hinein synthetisiert, von wo aus sie in Membranvesikeln verpackt zur Zellmembran transportiert werden können. Fehlen die Ribosomen, so wird das ER als glatt (**sER** von engl. „smooth") bezeichnet. In diesem Fall dient es unter anderem der Produktion von Steroiden oder als intrazelluläres Speicherorgan.
>
> **Klinischer Bezug**
> Da die Zisternen des sER u. a. auch oxidative Enzyme zur Inaktivierung von Medikamenten, Giften und karzinogenen Stoffen enthalten, kann es bei vermehrter Exposition mit diesen Substanzen zu einer reaktiven Vermehrung des sER (Enzyminduktion) kommen. So findet man z. B. bei chronischem Missbrauch von Barbituraten (Schlafmittel) oder Alkohol sowie bei vermehrter Belastung mit Pestiziden eine deutliche Proliferation der intrazellulären Membransysteme des sER.

1.6.2 Raues Endoplasmatisches Retikulum

→ **Frage 1.70: Lösung C**

Zu **(C)**: Das **rER** ist in Funktionseinheit mit seinen Ribosomen Syntheseort von Proteinen, die von der Zelle abgegeben oder in diese Membran eingebaut werden, sog. **Exportproteine** (z. B. Enzyme der extrazellulären Verdauung, Strukturproteine der extrazellulären Matrix).
Zu **(D)**: Das **sER** ist Ort der Synthese von **Steroidhormonen**. In anderen Zellen dient es als Speicherorgan (Fettspeicher in Darmepithelien) oder als Ort vielfacher biochemischer Prozesse beim Abbau von toxischen Substanzen und Pharmaka.

Zu **(E)**: Die Synthese von Glykogen läuft im Zytoplasma ab.

→ **Frage 1.71: Lösung C**

Basophilie bedeutet eine gute Anfärbbarkeit mit basischen Farbstoffen. Diese sind in wässriger Lösung positiv geladen, färben also verstärkt negative Ladungen im Gewebe an.
Zu **(C)**: Am rauen Endoplasmatischen Retikulum (rER) findet die Synthese zu exportierender Proteine (Membran- und Sekretproteine) statt. Diese sind häufig selbst negativ geladen. Zusätzlich sind polyanionische RNA-Moleküle an der Translation beteiligt. Aufgrund der hohen negativen Ladungsdichte zeigt das rER eine verstärkte Basophilie im histologischen Schnitt, was bei Anfärbung mit Methylen- oder Toluidinblau zur Darstellung scholliger Ablagerungen in Nervenzellen führt, die nach ihrem Erstbeschreiber als Nissl-Schollen bezeichnet werden (F. N. Nissl 1860–1919, Psychiater in Heidelberg). Funktionell vergleichbare Komplexe von rER in Drüsenzellen, die eine hohe Produktion proteinreicher Sekrete zeigen, werden auch als Ergastoplasma bezeichnet.
Zu **(A)** und **(E)**: Hier wird auf die Ablagerung von **Lipofuszin** in Form der sog. Altersflecken abgezielt. Lipofuszin besteht aus nicht weiter abbaubaren Resten des Lipidstoffwechsels, die in Lysosomen vieler Zelltypen, darunter auch Hautzellen, „endgelagert" werden. Ein Zusammenhang mit Nissl-Schollen besteht nicht.
Zu **(D)**: Nissl-Schollen sind im Zytoplasma der Nervenzelle gleichmäßig verteilt. Man findet sie auch in perikaryonnahen Bereichen der Dendriten; der Axonhügel ist frei von Nissl-Schollen.

→ **Frage 1.72: Lösung C**

Zu **(C)**: Die Hydroxylierung gehört zu einer Vielzahl biochemischer Modifikationen, die im Rahmen der Entgiftung von Pharmaka ablaufen. Diese Prozesse finden vor allem im glatten ER von Leberzellen statt.

→ **Frage 1.73: Lösung B**

Zu **(B)**: Im Rahmen der **Glukoneogenese** wird aus Aminosäuren Glukose für die Energiegewinnung hergestellt. Dieser Prozess läuft verstärkt nach einer längeren Zeit schlechter Ernährung ab, wenn die Glukosespeicher (Glykogen in Leber und Skelettmuskulatur) bereits ausgeschöpft sind.
Nach Abspaltung der Amino- und Carboxylgruppen wird das Grundgerüst der Aminosäuren zu Phosphoenolpyruvat abgebaut. Diese Substanz wird

dann in einer Kette von Reaktionen, die einer rückwärts laufenden Glykolyse ähneln (nicht gleichen!), zu Glukose umgebaut.
Zu **(A)** und **(E)**: Die Synthese von rRNA und mRNA findet im Zellkern statt.
Zu **(D)**: Nicotinsäureamid-Adenin-Dinucleotid (NAD) spielt in seiner reduzierten Form (NADH$_2$) eine wichtige Rolle als Überträger von Elektronen und Protonen im Rahmen der mitochondrialen Atmungskette.

1.6.3 Glattes Endoplasmatisches Retikulum

H95
→ **Frage 1.74: Lösung A**

Zu **(A)**: Das glatte Endoplasmatische Retikulum (sER) hat mit der Proteinsynthese nichts zu tun. Membranproteine werden den sog. Exportproteinen zugeordnet, die im rauen ER gebildet werden.
Zu **(B)**–**(E)**: Alle Antworten beschreiben verschiedene Aufgaben des glatten ER. Eine zentrale Funktion, die chemische Modifikation (Glykosylierung, Sulfatierung etc.) von Proteinen, Zuckern und Fetten, versteckt sich in Antwort (E). Chemische Umwandlungen von Arzneimitteln können allerdings auch erst zu toxischen Metaboliten führen, sog. „Giftung".

F06
→ **Frage 1.75: Lösung A**

Zu **(A)**: Das hier markierte **glatte endoplasmatische Retikulum** (sER) dient neben der Synthese von Membranlipiden und Steroiden auch dem Abbau zahlreicher Fremdsubstanzen, z. B. Arzneimittel oder mit der Nahrung aufgenommene Schadstoffe.
Zu **(B)**: An den Ribosomen des **rauen endoplasmatischen Retikulums** (rER) findet die Synthese exportabler Proteine statt.
Zu **(C)**: Hier ist ein **Sekundärlysosom** markiert – ein Organell, das dem intrazellulären Abbau von phagozytiertem Material oder überalterten Organellen dient.
Zu **(D)**: Das mit dem Buchstaben D versehene **Mitochondrium** ist für die Energiegewinnung der Zelle im Rahmen der Atmungskette verantwortlich.
Zu **(E)**: Ein **Peroxisom** enthält als Leitenzym die Katalase, die die Spaltung von Wasserstoffperoxid ermöglicht, das seinerseits bei verschiedenen oxidativen Abbauprozessen entsteht und zytotoxisch wirkt.

H06
→ **Frage 1.76: Lösung A**

Zu **(A)**: **Cytochrom P$_{450}$** ist ein oxidativer Enzymkomplex in den Zisternen des glatten endoplasmatischen Retikulums, der u. a. der Synthese von Steroiden und Prostaglandinen, aber auch dem Abbau von Fremdstoffen, z. B. Medikamenten, dient. Cytochrom P$_{450}$ ist „**induzierbar**" – d. h. bei Zufuhr entsprechender Substrate, wie im Fragentext beschrieben, wird in den Zellen ein höherer Gehalt dieser Enzymkomplexe gebildet.
Zu **(B)**: **Ribosomen** dienen der Proteinbiosynthese.
Zu **(C)**: Die **Zellmembran** dient sowohl als mechanische und chemische Abgrenzung einer Zelle gegenüber ihrem äußeren Milieu; sie ist aber genauso für wichtige Stoffwechselvorgänge wie Endo- und Exozytose, Zellbeweglichkeit, Reizaufnahme oder die Unterscheidung „Selbst vs. Fremd" zuständig.
Zu **(D)**: **Mitochondrien** dienen der Energiegewinnung.
Zu **(E)**: Das Innere einer jeden Zelle enthält eine wässrige Lösung, das **Zytosol**, in das alle Organellen und intrazellulären Proteine eingebettet sind.

H07
→ **Frage 1.77: Lösung C**

Zu **(C)**: **Cytochrom P$_{450}$** ist ein oxidativer Enzymkomplex in den Zisternen des glatten Endoplasmatischen Retikulums, der u. a. der Synthese von Steroiden und Prostaglandinen, aber auch dem Abbau von Fremdstoffen, z. B. Medikamenten, dient. Cytochrom P$_{450}$ ist „induzierbar", d. h. bei Zufuhr entsprechender Substrate, wie im Fragentext beschrieben, wird in den Zellen ein höherer Gehalt dieser Enzymkomplexe und der Membranen des sER gebildet.
Zu **(A)**: Ein chronisches Unterangebot an Lipiden (= Deprivation) führt zu einer vermehrten Expression verschiedener Enzyme des Fettstoffwechsels. Eine Vermehrung von Membranen des glatten ER ist nicht bekannt.
Zu **(B)**: Bei *chronischem* Alkoholmissbrauch kommt es – vergleichbar dem chronischen Missbrauch von Barbituraten – zu einer Induktion des Cytochrom P$_{450}$ und zur Vermehrung des sER. Bei einer *akuten* Alkoholintoxikation steht jedoch die Parenchymschädigung der Leber im Vordergrund. Eine Anpassung von Stoffwechselvorgängen ist in dieser kurzen Zeit natürlich nicht möglich.
Zu **(D)** und **(E)**: Die Synthese und die Freisetzung von Proteinen hat mit dem glatten Endoplasmatischen Retikulum nichts zu tun.

H08
→ **Frage 1.78: Lösung E**

Zu **(E)**: Die **Glukose-6-Phosphatase**, ein typisches Enzym des glatten endoplasmatischen Retikulums, katalysiert die Abspaltung eines Phosphatrestes:
Glukose-6-P → Glukose + P-Rest
Das wichtige Produkt dieser Reaktion ist freie Glukose, die als nahezu ubiquitärer „Brennstoff" im ge-

samten Körper eingesetzt wird. Dies ist eine wichtige Reaktion vor allem bei der Abspaltung freier Glukose im Rahmen des **Glykogenabbaus** und der **Glukoneogenese**.

Zu **(A)** und **(B)**: Die Lokalisation von Enzymen im **Zytosol** und in den **Mitochondrien** hat eine wichtige medizinische Bedeutung: Bei der Schädigung von Lebergewebe kommt es zunächst zur Freisetzung der zytoplasmatischen **GPT** (Glutamat-Pyruvat-Transaminase), heute auch oft als ALAT (Alanin-Aminotransferase) bezeichnet. Bei einer fortgeschrittenen Leberzellzerstörung wird im Serum des Patienten dann auch ein mitochondriales Enzym, die **GOT** (Glutamat-Oxalacetat-Transaminase, auch ASAT = Aspartat-Aminotransferase genannt) frei. Auf diese Weise gelingt eine – zugegeben sehr grobe – Einschätzung des Ausmaßes der eingetretenen Leberschädigung.

Zu **(C)**: Leitenzyme der **Lysosomen** sind verschiedene **hydrolytische Enzyme** (Proteasen, Lipasen, Nukleasen), die im Rahmen der intrazellulären Verdauung vielfache katalytische Stoffwechselprozesse ermöglichen.

Zu **(D)**: Im **Zellkern** finden sich vor allem Enzyme des Nukleinsäurestoffwechsels, so z. B. die **DNA-** oder die **RNA-Polymerasen**.

F09

→ **Frage 1.79: Lösung C**

Zu **(C)**: Das **glatte endoplasmatische Retikulum** hat insbesondere als sog. „**sarkoplasmatisches Retikulum**" in Muskelzellen die Aufgabe, große Mengen an Calciumionen aufzunehmen und intrazellulär zu speichern. Die Ca^{2+}-Konzentration im Zytoplasma der Muskelzelle kann dadurch um den Faktor 10.000 vermindert werden. Dies ist wichtig, um einer durch Ca^{2+}-Ionen vermittelten „spontanen" Kontraktion der Myofibrillen vorzubeugen.

Zu **(A)**: **Peroxisomen** oder „microbodies" dienen dem **Abbau zytotoxischer, hoch reaktiver Sauerstoffradikale**. Sie enthalten als Leitenzym die Katalase.

Zu **(B)**: **Lysosomen** sind die enzymhaltigen Organellen der **intrazellulären Verdauung**.

Zu **(D)**: Im **Zellkern** befindet sich die **Erbsubstanz der Zelle**.

Zu **(E)**: Der **Golgi-Apparat** ist ein **intrazelluläres Membransystem**, dessen Aufgaben vorwiegend in der **chemischen Modifikation von Proteinen** und dem **intrazellulären Transport** liegen.

1.7 Golgi-Apparat

I.7 Diktyosomen und Golgi-Apparat

Diktyosomen sind die funktionellen Untereinheiten des Golgi-Apparates und bestehen aus kleinen Stapeln von 5–10 flachen, membranumgrenzten Zisternen. Das Organell ist schüsselförmig und hat eine Konvex- und eine Konkavseite, die funktionell unterschiedlich sind.

Diktyosomen sind verantwortlich für **biochemische Modifikation, Kondensation und Verpackung von Proteinen in Transportvesikel**. Die betreffenden Proteine stammen aus dem rauen ER und werden dem Diktyosom auf der konvexen Aufnahme-(„cis-") Seite in Transportvesikeln zugeführt. Durch sukzessive Abschnürung und Verschmelzung von Vesikeln an den Seiten der Zisternen wird das immer weiter veränderte Protein zur konkaven Abgabe-(„trans-") Seite weitergegeben, von wo es schließlich in ein Transportvesikel verpackt und zur Zellmembran befördert wird.

Weitere wichtige Aufgaben der Diktyosomen sind die Bildung primärer Lysosomen und die Bereitstellung von Membranmaterial zur Regeneration der Zellmembran.

→ **Frage 1.80: Lösung E**

Zu **(E)**: **Phagosomen** sind Membranvesikel, die phagozytiertes Material enthalten. Im Rahmen der intrazellulären Verdauung verschmilzt ein Phagosom mit einem **Lysosom**, dessen hydrolytische Enzyme das aufgenommene Material abbauen.

Zu **(A)**–**(D)**: Siehe Lerntext I.7 „Diktyosomen und Golgi-Apparat".

F96 ■

→ **Frage 1.81: Lösung A**

Der Golgi-Apparat ist ein intrazellulärer Membrankomplex, der im Dienste zellulärer Transportprozesse und diverser biochemischer Umbauprozesse steht.

Zu **(A)**: Intrazelluläre, membranumgrenzte Organellen kommen nur in eukaryontischen Zellen vor.

Zu **(B)**, **(D)** und **(E)**: Diese Antworten beschreiben Vorgänge, die unter dem Stichwort **Membranfluss** subsummiert werden. Die im rauen Endoplasmatischen Retikulum (rER) synthetisierten exportablen Proteine (z. B. Sekrete von Drüsenzellen) werden im Golgi-Apparat u. a. glykosyliert und sulfatiert. Zu diesem Zweck – wie auch zur Bildung exkretorischer Vesikel – werden die betreffenden Substanzen zwischen ER, Golgi-Apparat und Zellmembran in Vesikeln transportiert. Auch der „Nachschub" von Zellmembranmaterial nach mehrfacher Endozytose wird durch Membranen des Golgi-Apparates gewährleistet. Siehe auch Lerntext I.8 „Membranfluss".

Zu **(C)**: Diese Antwort wurde von knapp einem Drittel der Prüfungskandidaten als falsch ausgewählt. Das IMPP versteckte folgenden Fallstrick: genaugenommen wird nur die Glykosylierung im Golgi-Apparat vorgenommen. Die eigentliche Bildung der Proteine erfolgt natürlich im rauen ER, sodass diese Antwort nur zweifelhaft richtig ist.

H91
→ **Frage 1.82: Lösung C**

Zu **(C)**: Die Kernhülle wird durch eine Doppelmembran gebildet, die an der Außenseite mit Ribosomen besetzt ist und mit dem rauen ER in direkter Verbindung steht.
Zu **(A), (B), (D)** und **(E)**: Siehe Lerntext I.7 „Diktyosomen und Golgi-Apparat".

H08 F07
→ **Frage 1.83: Lösung A**

Zu **(A)**: Durch die chemische Modifikation eines Enzyms mit Mannose-6-Phosphat im Golgi-Apparat wird dieses Enzym für das lysosomale Kompartiment markiert. Auf diese Weise können spezifische Zuordnungen von Proteinen zu intrazellulären Bestimmungsorten realisiert werden – im englischen Sprachgebrauch auch als „protein targeting" bezeichnet. Wenn diese Markierung nicht regelrecht funktioniert und das jeweilige Enzym nicht ausreichend vorhanden ist, reichern sich Mucopolysaccharide und Glykolipide in den Lysosomen an.
Zu **(B)**: Die Sulfatierung von Proteinen (nicht speziell von Enzymen) spielt eine wichtige Rolle bei der Interaktion von Zellen mit der extrazellulären Matrix.
Zu **(C)**: Eine spezifische Galaktosylierung von Enzymen ist mir nicht bekannt. Prinzipiell kann ein Molekül durch kovalente Bindung eines Galaktosyl- („Zucker"-)Restes wasserlöslicher gemacht werden, so dass die Ausscheidung über den Urin erleichtert wird.
Zu **(D)**: In der Tat finden verschiedene enzymatische Ab-/Aufspaltungen der Lipoproteine bei ihrem Transport von der cis- zur trans-Seite im Golgi-Apparat statt. Mit der Mukolipidose hat das aber nichts zu tun.
Zu **(E)**: Die O-Glykosylierung ist eine chemische Modifizierung innerhalb des Golgi-Apparates, die vor allem bei sekretorischen Proteinen eine Rolle spielt.

H87
→ **Frage 1.84: Lösung C**

Zu **(C)**: Die ATP-Synthese findet in den Mitochondrien statt. Die abgebildete Struktur ist ein Diktyosom und hat damit nichts zu tun.

Zu **(A)**: Die Gesamtheit aller Diktyosomen wird als Golgi-Feld bezeichnet.
Zu **(B)** und **(D)**: Diktyosomen besitzen eine Aufnahme- (cis-) und eine Abgabe- (trans-) Seite. Ihre Aufgabe ist u. a. die enzymatische Modifikation von Exportproteinen (z. B. Drüsensekrete) und deren Verpackung in Transportvesikel.
Zu **(E)**: Ein im rauen ER synthetisiertes Exportprotein wird in einem abgeschnürten Membranvesikel zur cis-Seite des Diktyosoms transportiert. In verschiedenen Schritten erfolgt die entsprechende Modifikation, z. B. Glykosylierung, Sulfatierung usw.; dabei wird das Reaktionsprodukt über Membranvesikel sukzessive zur trans-Seite überführt, schließlich in ein Transportvesikel verpackt und zur Zellmembran transportiert. Dort wird es durch Verschmelzung von Vesikel- und Zellmembran nach außen freigesetzt.
Die beschriebenen Vorgänge werden mit dem Begriff **Membranfluss** beschrieben und sind nur möglich, da alle biologischen Membranen einen identischen Grundbauplan haben (Fluid mosaic-Modell).
Siehe auch Lerntext I.7 „Diktyosomen und Golgi-Apparat" und Lerntext I.8 „Membranfluss".

H96
→ **Frage 1.85: Lösung D**

Zu **(D)**: Der Golgi-Apparat ist an der Synthese von Proteinen nicht beteiligt. Seine Funktion liegt u. a. in der **biochemischen Modifikation von Proteinen,** z. B. Glykosylierung. Die mitochondrialen Proteine werden zu 90 % an freien Ribosomen des Zytoplasmas synthetisiert und über spezifische Carrier-Systeme in das Mitochondrium eingeschleust. Die restlichen 10 % der mitochondrialen Proteine werden im Inneren des Mitochondriums an eigenen Ribosomen produziert.
Zu **(A)**: Im rauen Endoplasmatischen Retikulum synthetisierte Membranproteine werden im Golgi-Apparat modifiziert, z. B. mit Zuckerresten unterschiedlicher Länge glykosyliert, danach in Transportvesikeln zur Zellmembran gebracht und dort inkorporiert. Die Zuckerketten sind danach Bestandteile der **Glykokalix,** die u. a. die antigenen Eigenschaften der Zelle determiniert.
Zu **(B)**: Unter **Membranfluss** versteht man den Austausch von Membranmaterial zwischen verschiedenen Organellen, z. B. ER, Lysosomen, Golgi-Apparat, Endo-/Exozytose-Vesikel untereinander und mit der Zellmembran. Diese Vorgänge stehen vorwiegend im Dienste des Stoffaustausches zwischen intrazellulären Kompartimenten und dem Extrazellulärraum.
Zu **(C)**: Die Sulfatierung ist, neben der mehrfach erwähnten Glykosylierung, ein weiterer Vorgang der Modifikation von Proteinen, die im Golgi-Apparat abläuft.
Zu **(E)**: Siehe Kommentar zu (D) und (A).

1 Allgemeine Zellbiologie, Zellteilung und Zelltod

H07

→ **Frage 1.86: Lösung B**

Zu **(B)**: Mit Glykosylierung bezeichnet man das Anbinden von Zuckerketten an Proteine oder Fette. Bei der O-Glykosylierung, die im **Golgi-Apparat** stattfindet, sind die Hydroxylgruppen der Aminosäuren Serin und Threonin das bevorzugte Ziel dieser enzymatischen Modifikation. Eine andere, als N-Glykosylierung bezeichnete Reaktion modifiziert die Aminosäure Asparagin, welche allerdings im Endoplasmatischen Retikulum abläuft.

Zu **(A)**: Markiert sind hier **Lysosomen**, die mit unterschiedlichster Ausstattung mit zumeist hydrolytischen Enzymen ihre Bedeutung bei der intrazellulären Verdauung haben.

Zu **(C)**: Mit dem Buchstaben C sind in der Abbildung **Mitochondrien** markiert, die Organellen der intrazellulären Energiegewinnung darstellen.

Zu **(D)**: Das **raue Endoplasmatische Retikulum** (rER) hat seine Funktion vor allem in der Synthese exportabler Proteine.

Zu **(E)**: Das **glatte Endoplasmatische Retikulum** (ER) fungiert zum einen als intrazellulärer Ionenspeicher, zum anderen dient es der Synthese von Steroidhormonen oder dem Abbau potentieller Schadstoffe (Entgiftung).

F04 ■

→ **Frage 1.87: Lösung C**

Die Aufgaben des Golgi-Apparates sind chemische Modifikationen, Kondensierung und Verpackung von Proteinen in Transportvesikel. Diese werden entweder nach extrazellulär abgegeben (Exportproteine) oder in die Zellmembran inkorporiert. Darüber hinaus bildet der Golgi-Apparat die primären Lysosomen, die durch ihren Gehalt an Enzymen der intrazellulären Verdauung dienen.

Zu **(C)**: **Glykogen** als Speicherform von Kohlenhydraten („tierische Stärke") ist ohne eine Membranumgrenzung in das Zytoplasma eingelagert und kann bei Bedarf enzymatisch mobilisiert werden.

Zu **(A)** und **(D)**: Der eher veraltete Begriff **Muzin** (= Schleimstoff) bezeichnet eine chemisch heterogene Gruppe von zumeist großen Molekülen, die durch ihren hohen Gehalt an Kohlenhydraten eine starke Wasserbindung aufweisen und dadurch eine visköse bis gelee-artige extrazelluläre Matrix bilden können. Beispiele für derartige Substanzen sind **Glykoproteine** oder **Glykosaminoglykane**, wie sie im hyalinen Gelenkknorpel oder in der Synovia vorkommen.

Zu **(B)**: **Prokollagen** ist als klassisches Exportprotein die unreife Vorform des Kollagens, das in vielen verschiedenen Varianten eines der wichtigsten Bindegewebsproteine darstellt. Das Prokollagen wird nach Synthese im rER und nachfolgender Modifizierung im Golgi-Apparat nach extrazellulär abgegeben. Im Interzellularraum werden randständige „Registerpeptide" abgespalten, es entsteht das sog. Tropokollagen, das dann durch Aggregation und abschließende kovalente Vernetzung zum fertigen, fibrillären Kollagenmolekül wird.

Zu **(E)**: Zahlreiche Hypophysenhormone, z. B. Thyreotropin-Releasing Hormon (TRH), Oxytocin und Vasopressin, bestehen aus weniger als 10 Aminosäuren und werden daher zu den **Peptidhormonen** gezählt, deren endgültige chemische Struktur erst nach Modifikation im Golgi-Apparat entsteht.

1.8 Exozytose

F09

→ **Frage 1.88: Lösung B**

Siehe Kommentar zu Frage 1.89.

F09

→ **Frage 1.89: Lösung C**

Zu **(B)**: In der Zeichnung ist die Regulation der Insulinsekretion der pankreatischen B-Zelle dargestellt. Die nach Aufnahme von Glukose intrazellulär erhöhte ATP-Konzentration führt zur Blockade eines **Kaliumkanals**, so dass der nach extrazellulär gerichtete Ausstrom von Kaliumionen (entlang des Konzentrationsgradienten!) abgeschwächt wird. Auf diese Weise verringert sich das Transmembranpotenzial der Zelle, es kommt zur **Depolarisation**. In der Klinik macht man sich diesen Mechanismus zu Nutze: Die zur medikamentösen Therapie des Diabetes mellitus eingesetzten **Sulfonylharnstoffe** führen über eine **Blockade des Kaliumkanals** ebenfalls zu einer vermehrten Insulinsekretion.

Zu **(C)**: Die Depolarisation führt zur Öffnung eines **Kalziumkanals**, so dass Ca^{2+}-Ionen (ebenfalls ihrem Konzentrationsgradienten folgend) in die Zelle fließen. Die dadurch ansteigende Kalziumkonzentration im Zellinneren ist einerseits der Stimulus zur Sekretion von Insulin, andererseits werden die o. g. Kaliumkanäle wieder geöffnet. Der einsetzende Ausstrom von K-Ionen führt zur Repolarisation der Zelle und somit ist der Ausgangszustand wieder erreicht.

1.9 Endozytose

I.8	Membranfluss

Die chemisch einheitliche Grundstruktur der Biomembran ermöglicht den problemlosen Austausch von Membranmaterial zwischen den membranumgrenzten Organellen im Rahmen intrazellulärer Transportvorgänge, bzw. mit der Zellmembran bei der Aufnahme und Abgabe von

Stoffen. Dieser wichtige Vorgang des zellulären Stoffwechsels wird als **Membranfluss** bezeichnet.
Die Aufnahme fester oder flüssiger Stoffe (**Phagozytose/Pinozytose**) in die Zelle wird durch Abschnürung von Membranvesikeln ins Zellinnere gewährleistet. Auf diese Weise können auch Substanzen in die Zelle gelangen, die aufgrund ihrer Größe und/oder ihrer chemischen Struktur nicht die Zellmembran penetrieren können. Auf demselben Weg können in umgekehrter Richtung auch Metabolite des Zellstoffwechsels oder extrazellulär wirksame Zellprodukte (z. B. Enzyme, Hormone) von der Zelle nach außen abgegeben werden.
Ein Endozytosevesikel kann mit einem Lysosom verschmelzen; dabei kommt es zu einer Ansäuerung des Vesikelinneren, was den lysosomalen Enzymen – zumeist Hydrolasen – den Abbau des Vesikelinhaltes ermöglicht. Auch bei diesem Prozess ist die intrazelluläre Kompartimentierung von großer Bedeutung, da ohne die Abgrenzung der Vesikelmembran die Freisetzung lysosomaler Enzyme den sicheren Zelltod bedeuten würde. Bei anabolen Stoffwechselprozessen ermöglicht der Membranfluss den gerichteten Transport eines Syntheseproduktes von seinem Entstehungsort (z. B. raues ER) über Organellen zu dessen chemischer Modifikation (z. B. Golgi-Apparat) bis zur endgültigen Freisetzung des Stoffwechselproduktes nach extrazellulär.
Die intrazellulären Wege der Membranvesikel sind nicht zufälliger Natur, sie sind durch das koordinierte Zusammenspiel von ATP-verbrauchenden Proteinen (z. B. Kinesin) mit Mikrotubuli, die gewissermaßen als Schienen fungieren, gerichtet.

→ **Frage 1.90: Lösung D**

Phagozytose bezeichnet die Aufnahme fester Stoffe, Pinozytose die Aufnahme gelöster Substanzen in eine Zelle über Vorgänge, die unter Abschnürung von Membran-Vesikeln ablaufen. Beide Prozesse werden als **Endozytose** zusammengefasst.

→ **Frage 1.91: Lösung B**

Siehe Kommentar zu Frage 1.90.

→ **Frage 1.92: Lösung E**

Wird eine Substanz in Membranvesikeln durch die Zelle hindurch geschleust ohne abgebaut oder verändert zu werden, spricht man von **Zytopempsis/Transzytose**, die somit eine Kombination von Endo- und Exozytose darstellt.

H06

→ **Frage 1.93: Lösung A**

Zu (A) und (B): Im Gegensatz zu **Autophagolysosomen**, die dem Abbau überalterter zelleigener Strukturen dienen, gehen die **Heterophagolysosomen** in der Tat aus der Fusion von Lysosom und Fremdmaterial-enthaltendem Endozytosevesikel hervor. Dieser zelluläre Abwehrmechanismus kommt bei allen phagozytierenden Zellen des Immunsystems vor.
Zu (C): Bei der Verschmelzung von Lysosom und Phagosom kommt es im Gegenteil gerade zu einer **pH-Absenkung**, durch die die katabolen Enzyme des Lysosoms aktiviert werden.
Zu (D): Die Ausbildung einer Kapsel dient einigen Bakterien gerade dazu, sich der Phagozytose zu entziehen und dadurch eine erheblich höhere Virulenz zu entwickeln (z. B. Pneumokokken als Auslöser einer akuten Pneumonie).
Zu (E): Auch hier ist genau das Gegenteil richtig: Die Bindung von Immunglobulinen an die Oberfläche eines Bakteriums erleichtert die Phagozytose durch die Erkennung der Fc-Anteile durch membranständige Fc-Rezeptoren, die z. B. auf Makrophagen lokalisiert sind. Dieser Vorgang kommt im Immunsystem höher entwickelter Organismen vor und wird auch als **Opsonierung** bezeichnet.

H08

→ **Frage 1.94: Lösung A**

Zu (A): Die **Phagozytose** dient der intrazellulären Aufnahme „großer" Partikel und Zellen (> 250 nm), z. B. im Rahmen der Infektabwehr durch immunkompetente Leukozyten oder Makrophagen. Das „Umfließen" des aufzunehmenden Partikels bzw. die Abschnürung eines entsprechenden Phagozytosevesikels nach intrazellulär erfordert vergleichsweise große Membranbewegungen. Diese sind nur durch ein koordiniertes Zusammenwirken von **Aktin- und Myosinfilamenten** möglich.
Zu (B): Bei der **Pinozytose** werden kleine Flüssigkeitsmengen und Partikel (< 250 nm) aufgenommen; dieser Prozess erfolgt durch kleinste Einfaltungen der Zellmembran.
Zu (C) und (D): Beide Prozesse gehören zu den spezifischen Aufnahmemechanismen von Zellen. Die von dem Gerüstprotein Clathrin umgebenen „**coated vesicles**" dienen der Rezeptor-vermittelten Endozytose, die Caveolin-vermittelte Endozytose spielt sich an besonders lipidreichen Stellen der Zellmembran ab.
Zu (E): Bei der **Transzytose** werden in Vesikel verpackte, endozytierte Substanzen durch eine Zelle hindurchgeschleust, ohne in den intrazellulären Verdauungsprozess einbezogen zu werden. Der Transport läuft entlang der Mikrotubuli, die als eine Art Schiene die gerichtete Bewegung ermöglichen.

1 Allgemeine Zellbiologie, Zellteilung und Zelltod

→ **Frage 1.95: Lösung E**

Mit E ist ein **Endozytose**-Vorgang markiert, d. h. Aufnahme von festen (Phagozytose) oder gelösten Stoffen (Pinozytose) über Membranvesikel.

→ **Frage 1.96: Lösung A**

Primäre Lysosomen werden vom Golgi-Apparat abgeschnürt und enthalten hydrolytische Enzyme für intrazelluläre Verdauungsprozesse.

→ **Frage 1.97: Lösung B**

Zellsekrete werden im Golgi-Apparat in **Sekretvesikel** verpackt, danach zum Plasmalemma transportiert und geben ihren Inhalt durch Verschmelzung der Membranen nach außen ab.

F08 H99
→ **Frage 1.98: Lösung B**

Die rezeptorvermittelte Endozytose über sog. „**coated vesicles**" gehört zu den aktiven Transportmechanismen lebender Zellen und kommt u. a. bei der Aufnahme von LDL-Cholesterin, Vitamin B_{12}-Transcobalamin-Komplex und Eisen-Transferrin-Komplex vor.

Zu **(B)**: Das „coated vesicle" verliert kurz nach der Endozytose seine Proteinhülle aus Clathrin und verschmilzt mit weiteren Vesikeln zum Endosom. Durch eine ATP-getriebene Protonenpumpe in der Endosomenmembran kommt es zu einem Abfall des pH-Wertes im Inneren des Vesikels, was zur Dissoziation von Membranrezeptor und aufgenommenem Liganden führt. Dieser Prozess ermöglicht die getrennte Verwertung beider Moleküle: der Rezeptor wird in einer Art „Recycling" erneut in die Membran inkorporiert, der endozytierte Ligand wird dem Zellstoffwechsel zugeführt.

Zu **(A)**: Der Rezeptor wird eben nicht abgebaut, sondern wiederverwertet.

Zu **(C)** und **(D)**: Glykogen ist die intrazelluläre Speicherform der Glukose. Das Polysaccharid wird im Zytoplasma synthetisiert und bei Bedarf wieder abgebaut. Steroidhormone sind hydrophobe Moleküle und gelangen ohne einen aktiven Transportmechanismus in die Zelle. Beide Substanzen haben mit der rezeptorvermittelten Endozytose nichts zu tun.

Zu **(E)**: Das Strukturprotein **Clathrin** besteht aus einem Trimer von drei schweren und drei leichten Proteinketten und umhüllt das „coated vesicle" unmittelbar nach der Endozytose. Die Ablösung vom Vesikel (siehe Antwort (B)) wird durch ein ATP-getriebenes Enzym („uncoating enzyme") katalysiert, und die einzelnen Clathrin-Trimere werden für die Bildung neuer „coated vesicle" wiederverwendet.

F07
→ **Frage 1.99: Lösung D**

Hier wird das Wissen um verschiedene, funktionell unterschiedliche Kompartimente einer Eukaryontenzelle überprüft. Der Fragentext gibt das „Endosomen-Kompartiment" bereits vor; damit muss es sich um einen Vorgang handeln, der mit dem intrazellulären Ab- oder Umbau von Substanzen zu tun hat, die von außen in die Zelle aufgenommen wurden.

Zu **(D)**: **MHC-Antigene** (major histocompatibility complex) finden sich auf jeder Körperzelle und markieren sie als einen Bestandteil des betreffenden Organismus. Nehmen nun immunkompetente, Antigen-präsentierende Zellen wie Makrophagen oder Monocyten z. B. ein Bakterium durch Phagozytose auf, so werden (im Endosom-Lysosomen-Komplex) verschiedene, durch dessen Abbau entstehende körperfremde Antigene erzeugt und an MHC-Klasse II-Moleküle der Zelloberfläche gebunden. Diese Antigene werden daraufhin von T-Helferzellen als „fremd" erkannt und es wird eine entsprechende Immunantwort eingeleitet.

Zu **(A)**: **Glykogen** als Speicherform von Kohlenhydraten wird ohne eine umgrenzende Membran im Zytoplasma abgelagert und kann von dort aus bei Bedarf enzymatisch mobilisiert werden.

Zu **(B)**: **Clathrin** ist ein bestimmtes Strukturprotein, das unter der Zellmembran in vielfacher Ausfertigung eine Art Netz um ein sich bildendes Endozytosevesikel bildet. Es entsteht ein sog. „**coated vesicle**", das besonders bei der Rezeptor-vermittelten Endozytose (z. B. bei der Aufnahme von LDL-Cholesterin oder Eisen-Transferrin-Komplexen) eine große Bedeutung hat.

Zu **(C)**: **Proteasen** sind als Enzyme immer Proteine – sie werden stets an **Ribosomen** gebildet, wobei die Proteasen zum intrazellulären Verbleib durch zytoplasmatische, solche für den Kontakt nach extrazellulär an Ribosomen des rauen ER synthetisiert werden.

Zu **(E)**: **Sexualhormone** gehören chemisch zu den **Steroiden**; ihr Stoffwechsel läuft v. a. im glatten endoplasmatischen Retikulum ab.

F96
→ **Frage 1.100: Lösung A**

Zu **(A)**: Die mit A markierte Struktur ist ein sog. **coated vesicle**, ein Endozytose-Vesikel, das von einem speziellen Proteinmantel aus Clathrin umgeben ist. Coated vesicles entstehen bei der rezeptorvermittelten Endozytose.

Zu **(B)** und **(C)**: Der **Golgi-Apparat** ist polar aufgebaut. Man unterscheidet die konvexe Aufnahme- oder cis-Seite (C) von der konkaven Abgabe-(trans-) Seite (B).

Zu (D): Das mit D markierte Organell ist ein Lysosom, in dessen Inneren man ein Mitochondrium und eine Zisterne des rauen Endoplasmatischen Retikulums erkennt. Es handelt sich also um den Abbau zelleigener Substanz in einem **Autophagolysosom**.

Zu (E): Die von außen aufgenommenen Partikel sind in einem Endozytosevesikel eingeschlossen, das dann mit zahlreichen Lysosomen unter Bildung eines **Endosoms** verschmilzt. Hier findet der enzymatische Abbau der aufgenommenen Stoffe statt.

H00 ■
→ **Frage 1.101: Lösung C**

Eine aus vielen vorangegangenen Physikumsprüfungen bekannte Zeichnung, die immer wieder mit verschiedenen Fragekombinationen vom IMPP verwendet wird.

Zu (C): Die Rezeptor-vermittelte Endozytose ist in der Abbildung an der rechts oben liegenden Zellmembran dargestellt, jedoch nicht mit einem X markiert. Dieser Prozess der hochselektiven Stoffaufnahme in die Zelle geht mit der Bildung sog. **coated vesicles**, von einem Gitternetz aus dem Strukturprotein Clathrin umhüllter Endozytosebläschen, einher und ist z. B. für die Aufnahme von LDL-Cholesterin in die Leberzelle von großer physiologischer Bedeutung.

Zu (A): **Autophagozytose** bezeichnet den lysosomalen Abbau zelleigenen Materials, der an der linken Seite mit dem oberen X gekennzeichnet ist. Man erkennt deutlich Reste eines Mitochondriums und einer Zisterne von rER innerhalb des Autophagolysosoms.

Zu (B): Mit dem Begriff „Detoxifikation von Fremdstoffen" ist die chemische Umsetzung von Arzneimitteln oder anderen Substanzen im glatten Endoplasmatischen Retikulum (X links unten) gemeint.

Zu (D): Auch die Synthese von Steroidhormonen gehört zu den Aufgaben des glatten ER, das auf der Zeichnung links unten markiert ist.

Zu (E): Untereinheiten der Ribosomen werden im **Nukleolus** gebildet, einer lokalen Chromatin-Verdichtung im Interphase-Zellkern, die mit dem mittleren X am rechten Bildrand bezeichnet ist.

■
→ **Frage 1.102: Lösung E**

Zu (E): Der abgebildete transzelluläre Transport eines Stoffes in Membranvesikeln ohne lysosomalen Abbau wird als **Zytopempsis** bezeichnet. Der Vorgang ist typisch für Zellen, die an der Auskleidung von Hohlorganen beteiligt sind, z. B. Gefäßendothel oder Darmschleimhaut.

Zu (A): Beschrieben wird ein intrazellulärer Transportweg mittels Membranvesikeln, die innerhalb der Zelle eine Kommunikation zwischen membranumgrenzten Kompartimenten (z. B. Golgi-Apparat, Endoplasmatisches Retikulum u. a.) erlauben.

Zu (B): Primäre Lysosomen werden vom Golgi-Apparat abgeschnürt. Sie enthalten katabole Enzyme und sind verantwortlich für intrazelluläre Verdauungsprozesse.

Zu (C): (Mikro)pinozytose steht für die Aufnahme gelöster Substanzen durch Abschnürung von Membranvesikeln.

Zu (D): Zur Aufrechterhaltung der Zellgestalt ist ein Ersatz von Membranmaterial notwendig, das im Rahmen der Endozytose nach intrazellulär abgeschnürt wird. Diese Regeneration wird durch Membranvesikel von Golgi-Apparat und ER ermöglicht, die mit der äußeren Zellmembran verschmelzen.

F96
→ **Frage 1.103: Lösung B**

Zu (B): Spermien besitzen eine Geißel, mit deren Hilfe sie sich fortbewegen.

Zu (A), (C), (D) und (E): Amöboide Zellbewegung ist von der einzelligen Amöbe bis zu diversen Zellen der Säugetiere beobachtbar. Das Bewegungsprinzip ist immer gleich: ineinander gleitende Aktin- und Myosinfilamente (A) setzen bei der ATP-Spaltung frei werdende chemische Energie in Bewegung um. Die Filamente sind membrannah besonders dicht und erzeugen einen gleichgerichteten Zytoplasmastrom. Durch Ausbildung von **Pseudopodien** (Scheinfüßchen) am vorderen und durch Membraninvagination am hinteren Zellpol kommt es zu einer gerichteten Bewegung der gesamten Zelle. Auch das Umfassen von Nahrungs- oder Fremdstoffen bei der Phagozytose läuft nach diesem Prinzip ab (E). Amöboide Zellbewegung ermöglicht in der Embryonalzeit die gerichtete Wanderung von Zellen bei der orts- und zeitgerechten Organanlage (D) sowie im adulten Organismus wichtige Vorgänge der unspezifischen Immunabwehr (C).

F01 H98 ■
→ **Frage 1.104: Lösung B**

Zu (B): Die Bewegung einer Zelle durch den Schlag einer Zilie oder Geißel hat mit der amöboiden Zellbewegung, die durch eine intrazelluläre Plasmaströmung entsteht, nichts zu tun.

Zu (A), (C) und (D): Bei der amöboiden Bewegung „kriecht" die Zelle durch Ausstrecken von Zytoplasmafortsätzen an ihrer Vorderseite bei gleichzeitiger Einschmelzung am hinteren Ende vorwärts. Die Bewegung wird durch das Ineinandergleiten von Aktin- und Myosinfilamenten im randständigen Zytoplasma (sog. Ektoplasma) unter Verbrauch von ATP ermöglicht.

Zu (E): Neben der chemotaktischen Wanderung von Entzündungszellen hat die amöboide Zellbewegung insbesondere in der Embryonalentwicklung eine

1 Allgemeine Zellbiologie, Zellteilung und Zelltod

wichtige Funktion. So wandern z. B. die Urkeimzellen bereits in der 6. Embryonalwoche in die primäre Gonadenanlage ein.

H92 ■
→ **Frage 1.105: Lösung B**

Zu (B): An der amöboiden Zellbewegung sind Aktin- und Myosinfilamente beteiligt. Mikrotubuli spielen keine Rolle.
Zu (A): Das Zytoplasma einer Zelle wird in zwei funktionell verschiedene Bereiche aufgeteilt – das direkt unter der Membran gelegene, relativ feste **Ektoplasma** und das im Inneren der Zelle lokalisierte, flüssige **Endoplasma**. Im Ektoplasma sind die genannten Aktin- und Myosinfilamente lokalisiert und ermöglichen der Zelle eine Veränderung der äußeren, vergleichsweise festen Außenhaut, während das innere Endoplasma diesen Bewegungen passiv folgt.
Zu (E): Amöboide Zellbewegung ist häufig mit Chemotaxis verbunden; die Zellen bewegen sich in Richtung eines Konzentrationsgradienten einer Substanz, die als Attractant (anziehend) oder Repellent (abstoßend, umgekehrte Bewegungsrichtung) wirkt. Ein gutes Beispiel dafür ist die aktive Bewegung von Leukozyten und Makrophagen in Richtung auf einen akuten Entzündungsherd. Chemotaktisch wirken hier sog. Zytokine.

F99 H96 H90 ■
→ **Frage 1.106: Lösung B**

Zu (B): Der Begriff der **physiologischen Regeneration** meint den Zellersatz in Körpergeweben, die einem starken „Verbrauch" unterliegen, so z. B. die Epithelien der äußeren Haut oder der Schleimhäute von Trachea und Darm. Makrophagen und Granulozyten haben entscheidende Funktion bei der **pathologischen Regeneration** nach Gewebsverletzungen. Sie sind u. a. an der Bildung von Granulationsgewebe bei der Wundheilung beteiligt.
Zu (A): Die aktive Bewegung verschiedener Zellen in Richtung eines Konzentrationsgradienten von Signalstoffen wird als **Chemotaxis** bezeichnet. Dieses Prinzip ist schon bei primitiven Einzellern (z. B. Amöben) verwirklicht.
Zu (C): Die Zellbewegung von Makrophagen und Granulozyten verläuft nach demselben Prinzip, das schon bei der Amöbe beobachtet werden kann, die auch für den Ausdruck **„amöboide Zellbewegung"** namengebend war. Das energieabhängige Ineinandergleiten von Aktin- und Myosinfilamenten, die in den entsprechenden Zellen dicht unter der Zellmembran liegen, ist der Motor dieser Bewegung.
Zu (D): Das Zytoplasma fließt entlang der intrazellulären Filamente in gleicher Bewegungsrichtung unter Mitnahme sämtlicher Zellorganellen.

Zu (E): Während der amöboiden Bewegung werden am vorderen Zellpol kleine, plasmagefüllte Ausstülpungen der Zellmembran (sog. **Pseudopodien** oder „Scheinfüßchen") gebildet. Zur selben Zeit finden am hinteren Zellpol Membraneinstülpungen in Form von Endozytosevorgängen statt.

1.10 Lysosomen

I.9 Lysosomen

Lysosomen sind membranumgrenzte Zellorganellen, die bis zu 60 hydrolytische Enzyme für den katabolen Zellstoffwechsel enthalten. Ihre Funktion ist sowohl die **intrazelluläre Verdauung** von Material, das aus der Umgebung der Zelle aufgenommen wurde **(Heterophagie)**, als auch von zelleigenen Bestandteilen, z. B. überalterten Mitochondrien **(Autophagie)**. Größe und Enzymgehalt der Lysosomen sind sehr variabel, sie reichen von 0,2 m bis zu mehreren m. Je nach Funktionszustand unterscheidet man primäre von sekundären Lysosomen.
Primäre Lysosomen sind elektronenoptisch homogene Vesikel, die noch nicht an Verdauungsprozessen beteiligt waren. Sie entstehen durch Abschnürung aus dem Golgi-Apparat, selten auch direkt aus dem ER. Die Inhaltsstoffe primärer Lysosomen können auch per Exozytose nach extrazellulär abgegeben werden und dort an katabolen Prozessen teilnehmen.
Sekundäre Lysosomen zeigen meist eine inhomogene Struktur, die durch das in ihnen enthaltene abzubauende Material erklärt werden kann. Ein sekundäres Lysosom entsteht durch Verschmelzung eines primären Lysosoms mit einem Endozytosevesikel. Je nach Inhalt – zellfremdes oder zelleigenes Material – unterscheidet man **Heterophagosomen** von **Autophagosomen**.
Als **Residualkörper** oder auch tertiäre Lysosomen bzw. Telolysosomen werden Lysosomen bezeichnet, die Reststoffe enthalten, die von der Zelle nicht weiter abgebaut werden können. Diese Substanzen werden entweder im Rahmen der Exozytose nach extrazellulär abgegeben oder als Pigmente in der Zelle „endgelagert".

Klinischer Bezug

Fehler in der Enzymausstattung der Lysosomen können zum Ausfall verschiedenster kataboler Stoffwechselwege führen und über eine Anhäufung von Metaboliten innerhalb der Zellen schwere Krankheiten auslösen. Klinische Beispiele für diese „lysosomalen Speicherkrankheiten" sind die verschiedenen Formen der Mukopolysaccharidosen. Aufgrund angeborener Enzymdefekte akkumulieren verschiedene Abbauprodukte von Mukopolysacchariden in den Zellen verschiedener

Organe, z. B. im Skelettsystem, in der Haut, im zentralen Nervensystem oder im Endokard, und führen dort zu unterschiedlich stark ausgeprägten funktionellen Störungen.

→ **Frage 1.107: Lösung C**

Zu **(C)**: Hydrolasen sind Enzyme, die ihr Substrat unter Einlagerung von H_2O spalten. Sie sind die typischen Inhaltsstoffe von Lysosomen.
Zu **(A)**: Lysosomen sind membranumgrenzte Organellen, keine Zellen. **Lysozym** ist ein bakterizides Enzym, das in Tränenflüssigkeit und Nasensekret enthalten ist und eine Zerstörung der bakteriellen Zellwand bewirkt.
Zu **(B)**: Polysomen sind Ansammlungen von Ribosomen an einer mRNA.

→ **Frage 1.108: Lösung E**

Zu **(E)**: Siehe Lerntext I.9 „Lysosomen".
Zu **(A)**: Enzyme der Atmungskette sind in den Mitochondrien lokalisiert.
Zu **(B), (C)** und **(D)**: Die Enzyme der Glykolyse, der Fettsäuresynthese und der Proteinsynthese findet man im Zytoplasma.

F08
→ **Frage 1.109: Lösung A**

Zu **(A)**: Die saure Phosphatase ist eine Hydrolase, d. h. sie spaltet Phosphatester unter Verwendung von Wasser. Ihr pH-Optimum liegt mit < 5,5 im sauren Bereich und sie ist in der Tat das Leitenzym der Lysosomen. Klinische Anmerkung: Die saure Phosphatase diente bis vor einigen Jahren als wichtiger Tumormarker für das Prostatakarzinom, ist aber in dieser Rolle von dem viel spezifischeren PSA (Prostata-spezifisches Antigen) abgelöst worden.
Zu **(B)**: Die Succinat-Dehydrogenase ist ein Enzym der Elektronentransportkette, die in der inneren Mitochondrienmembran lokalisiert ist.
Zu **(C)**: Die Glukose-6-Phosphatase spaltet den Phosphatrest vom Glukose-6-Phosphat im Rahmen von Glukoneogenese und Glykogenabbau. Sie ist das Leitenzym des endoplasmatischen Retikulums und ist mit ihrer katalytisch aktiven Untereinheit dem ER-Lumen zugewandt.
Zu **(D)**: Die Glutamat-Dehydrogenase ist ein typisches Enzym der Mitochondrien in Leberzellen. Sie hat eine wichtige medizinische Bedeutung, da ein erhöhter Wert dieses Enzyms im Serum einen ausgeprägten Leberschaden anzeigt.
Zu **(E)**: Die Acetylcholin-Esterase ist in den Membranen von Nervenzellen im Bereich des synaptischen Spaltes lokalisiert – insbesondere an der motorischen Endplatte und im vegetativen Nervensystem. Das Enzym spaltet den Neurotransmitter Acetylcholin und verhindert auf diese Weise eine Übererregung der entsprechenden neuromuskulären oder neuroneuronalen Erregungsleitung. Klinische Anmerkung: Hemmstoffe der Acetylcholin-Esterase werden in der modernen Medizin als Medikamente gegen die Demenz vom Alzheimer-Typ eingesetzt. In früheren Zeiten wurden sie in Form verschiedener Nervengase (Sarin, Tabun) missbraucht.

F96
→ **Frage 1.110: Lösung A**

Zu **(A)**: Der oxidative Fettsäureabbau (β-Oxidation) läuft in den Mitochondrien ab.
Zu **(B)** und **(C)**: Lysosomen als Organellen der intrazellulären Verdauung dienen u. a. dem enzymatischen Abbau von außen aufgenommener Substanzen. Eine mangelhafte Enzymausstattung kann zur Anhäufung nicht weiter abbaubaren Materials in den Lysosomen führen, sog. **lysosomale Speicherkrankheiten** (z. B. Mukopolysaccharidose, Glykogenose).
Zu **(D)** und **(E)**: Im Rahmen der „Zellerneuerung" findet auch ein intrazellulärer Abbau überalterter Organellen statt. Auch dieser, als **Autophagie** bezeichnete Vorgang, läuft in den Lysosomen ab.

H95
→ **Frage 1.111: Lösung C**

Zu **(C)**: Das mit C gekennzeichnete Organell ist ein **Sekundärlysosom** und als solches Teil intrazellulärer Verdauungsprozesse. Das am Aufbau von Spindelfasern beteiligte Zentriol ist im Bild nicht vorhanden.
Zu **(A)**: Mit A ist das **glatte Endoplasmatische Retikulum** markiert. Neben der Synthese von Membran-Lipiden dient es in manchen Drüsenzellen der Bildung von Steroidhormonen.
Zu **(B)**: Das mit B gekennzeichnete **raue Endoplasmatische Retikulum** dient der Synthese von Exportproteinen und ist daher in sekretorischen Zellen besonders stark ausgebildet (z. B. Antikörper produzierende Plasmazellen).
Zu **(D)**: **Mitochondrien** (mit D markiert) sind die „Kraftwerke der Zelle". Metabolisch oder mechanisch hoch aktive Zellen haben einen hohen Energiebedarf und daher eine große Zahl an Mitochondrien.
Zu **(E)**: Runde Organellen mit kristalloider Binnenstruktur werden als **Peroxisomen** oder **Microbodies** bezeichnet. Ihr Leitenzym ist die Katalase, die Wasserstoffperoxid (H_2O_2) in Sauerstoff und Wasser spaltet. Peroxisomen kommen besonders zahlreich in Nieren- und Leberzellen vor.

F08

→ **Frage 1.112: Lösung A**

Zahlreiche Moleküle zeigen eine Eigenfluoreszenz, d. h. sie absorbieren eine (mehr oder weniger) kurzwellige Strahlung, gelangen dadurch in einen angeregten Zustand und emittieren als Fluoreszenz eine längerwellige Strahlung. Das im Fragentext angesprochene UV-Licht besitzt Wellenlängen von 1 bis 380 nm.

Zu **(A)**: Lysosomen enthalten eine große Menge an hydrolytischen Enzymen (= Proteine!). Allgemein absorbieren Proteine durch ihre aromatischen Aminosäuren kurzwellige Strahlung und zeigen daher eine Eigenfluoreszenz. Zum Beispiel absorbiert die Aminosäure Tryptophan UV-Licht von 290 nm und emittiert ein etwas längerwelliges UV-Licht von 330–340 nm. Dies ist die wahrscheinlichste Erklärung für die Positivauswahl der Antwort (A).

Zu **(B)** und **(C)**: Da die Zellkerne in der Übersichtsfärbung (Abbildung Nr. 9 des Bildanhangs) mit Hämatoxylin eindeutig identifizierbar sind und in der Fluoreszenzaufnahme nicht direkt erkennbar sind, ist die Fluoreszenz durch DNA oder RNA, wie sie in Mitochondrien oder im rauen ER (Antworten (B) und (C)) auftreten könnte, auszuschließen.
(DNA hat in der typischen Anfärbung mit Ethidiumbromid – das lediglich eine Verstärkung, nicht eine Verschiebung des Spektrums des emittierten Lichtes bewirkt – eine maximale Anregung bei einer Wellenlänge von 302 nm.)

Zu **(D)**: In einem dem UV-Licht sehr nahen Bereich (aber eben nur sehr nahe daran – hier liegt der Grund für Antwort (D) als falsche Antwort!) absorbiert das (besonders in Leberzellen reichlich vorkommende) Cytochrom P_{450} – ein Protein mit einer eisenhaltigen Häm-Gruppe (vergl. Hämoglobin) und einer maximalen Lichtabsorption bei 450 nm. Das Cytochrom P_{450} liegt in den Leberzellen in größter Konzentration im glatten endoplasmatischen Retikulum vor, wo es vor allem für die Oxidation von Fremd- und Giftstoffen (Medikamente!!) und deren daraus folgende Inaktivierung zuständig ist.

Zu **(E)**: In Peroxisomen ist nichts, was eine entsprechend starke Eigenfluoreszenz aufweisen könnte.

F10

→ **Frage 1.113: Lösung E**

Zu **(E)**: **Telolysosomen** werden auch als **Residualkörper** oder **tertiäre Lysosomen** bezeichnet. Sie enthalten Reststoffe (z. B. Lipofuscin = „Alterspigment"), die von der Zelle nicht weiter abgebaut werden können. Diese können als Pigmente in der Zelle „endgelagert" werden und akkumulieren mit zunehmendem Alter einer Zelle.

Zu **(A) – (D)**: Die Menge der hier aufgeführten Zellorganellen wird durch den **Aktivitätszustand** einer Zelle reguliert. So ist bei besonders stoffwechselaktiven Zellen (z. B. Hepatozyten) der Gehalt an Organellen ganz allgemein gesteigert. In Zellen mit hohem Energieverbrauch wie Muskel-, Nerven- oder Sinneszellen sind z. B. besonders viele Mitochondrien zu finden.

H03

→ **Frage 1.114: Lösung B**

Zu **(B)**: In jedem neutrophilen Granulozyten sind bis zu 200 Granula mit lysosomalen Enzymen enthalten, die dem Abbau phagozytierter Substanzen und Fremdkörper (z. B. Bakterien) dienen. Da keine kontinuierliche Nachbildung erfolgt, nimmt die Zahl der Granula mit zunehmender Lebensdauer der Zelle ab. Etwa 20% dieser Granula entsprechen den primären und homogenen, **azurophilen Granula**, die im Lichtmikroskop erkennbar sind. Sie enthalten saure, hydrolytische Enzyme. Die restlichen, sekundären 80% der Granula sind deutlich kleiner, im Lichtmikroskop häufig nicht sichtbar und enthalten z. T. kristalloide Binnenstrukturen.

Zu **(A)**, **(C)** und **(D)**: Mit Ribosomen, Pigmentgranula und Peroxisomen haben die azurophilen Granula nichts zu tun.

Zu **(E)**: Da die lysosomalen Enzyme für den intrazellulären Abbau endozytierter Stoffe verwendet werden, tritt eine Sekretion nicht auf. Allerdings wird durch freigesetzte Enzyme im Rahmen des Zerfalls neutrophiler Granulozyten auch das umliegende Gewebe angedaut – ein Vorgang, der mit der Entstehung von Eiter in Verbindung steht.

F06

→ **Frage 1.115: Lösung D**

Zu **(D)**: Die im Zytoplasma von neutrophilen Granulozyten enthaltenen Granula werden nach spezifischen Färbeeigenschaften in unspezifische, azurophile und spezifische Granula unterschieden. Die azurophilen Granula treten zuerst in Promyelozyten während der Granulopoese im Knochenmark auf und verringern sich in ihrer Anzahl mit jeder der folgenden Zellteilungen. Die spezifischen Granula sind kleiner, treten erstmals in der Entwicklungsstufe des Myelozyten auf und enthalten alkalische Phosphatase sowie verschiedene bakterizide Substanzen.

Zu **(A)**: Nach der Phagozytose von Bakterien verschmelzen die Granula mit dem Endozytosevesikel und es kommt zur intrazellulären Verdauung des aufgenommenen Fremdkörpers.

Zu **(B)** und **(C)**: Neutrophile Granulozyten spielen eine wichtige Rolle bei der unspezifischen Immunabwehr des Körpers. Die zunächst im Blut zirkulierenden Zellen können die Gefäße verlassen und im Gewebe ihre Abwehrfunktion ausüben. Diese phy-

siologischen Vorgänge haben aber nichts mit den Granula zu tun.
Zu **(E)**: Beim Untergang von neutrophilen Granulozyten entsteht zusammen mit abgestorbenem Gewebsdetritus Eiter.

H09

→ **Frage 1.116: Lösung D**

Zu **(D)**: **Lipofuscin** stellt das sog. „Alterspigment" dar, das aus nicht mehr für den Körper verwertbaren Granula besteht, die von einer Doppelmembran umgeben sind. Diese Vesikel haben einen Durchmesser von ca. 0,2-0,6 μm. Man findet sie besonders in älteren Zellen, die sich nicht mehr teilen und sich somit in der **G$_0$-Phase** befinden.
Zu **(A)**: **Eumelanin** ist ein Pigment, was von Melanozyten gebildet wird und für einen dunklen Teint verantwortlich ist. Es entsteht aus der Aminosäure Tyrosin.
Zu **(B)**: **Telolysosomen** ist ein anderer Begriff für Lipofuscinvesikel. Diese werden aber nicht von der Zelle abgegeben, sondern akkumulieren in ihnen.
Zu **(C)**: Biochemische Analysen von Lipofuscin zeigen einen **Lipidgehalt von 20 %**. Der Rest besteht aus **Stickstoff, Phosphor, Schwefel und Aminosäuren**. Bei den anorganischen Bestandteilen findet man einen höheren Gehalt an Aluminium und Magnesium.
Zu **(E)**: Lipofuscin findet man klassischerweise in Hautzellen, wo sie die „Altersflecken" bilden können. Darüber hinaus kommt es öfter in Makrophagen, Herzzellen und auch Nervenzellen vor. In **Endothelien** ist es allerdings **untypisch**, daher ist diese Antwort falsch.

→ **Frage 1.117: Lösung D**

Zu **(D)**: **Melanin** als Farbstoff der Melanozyten ist verantwortlich für Augen-, Haar- und Hautfarbe. Im Auge wird es besonders im Bereich der Iris eingelagert.

→ **Frage 1.118: Lösung C**

Zu **(C)**: **Hämosiderin** ist ein Produkt des Hämoglobinabbaus, der zum größten Teil in der Milz stattfindet. Bei Patienten mit einer „Eisenüberladung" des Körpers, z. B. nach zahlreichen Bluttransfusionen, kommt es zur verstärkten Ansammlung von Hämosiderin (Hämosiderose).
Zu **(A)**: Die Cornea (Hornhaut) ist beim Gesunden transparent und enthält keine Pigmente.

H09

→ **Frage 1.119: Lösung C**

Zu **(C)**: Die **Tyrosinase** katalysiert die Entstehung von L-Dopa (Dihydroxyphenylalanin) aus der Aminosäure Tyrosin. Durch weitere Syntheseschritte kann daraus Melanin gebildet werden. Man unterscheidet das schwärzliche Eumelanin und das rötliche Phäomelanin. Bei einem Mangel an Tyrosinase kann ein **Pigmentmangel und somit eine erhöhte Lichtempfindlichkeit der Haut** resultieren.
Zu **(A)**: Bei Tyrosinase-Mangel kommt es nicht zu einer vermehrten, sondern zu einer **verminderten Bildung** von **Phäomelanin**.
Zu **(B)**: Ein Mangel an Tyrosinase geht mit einer **Hypo**pigmentierung der Haut einher.
Zu **(D)**: Die Bildung von **primären Melanosomen** ist von dem Enzym Tyrosinase unabhängig. In diesen liegt auch noch kein Melanin vor. Sie werden allerdings in der Folge nicht mit einem normalen Melaningehalt versehen.
Zu **(E)**: Die Bildung von **sekundären Lysosomen** ist von dem Enzym Tyrosinase unabhängig.

H03

→ **Frage 1.120: Lösung D**

Zu **(D)**: **Proteasomen** sind die wichtigsten Enzyme beim nicht-lysosomalen Proteinabbau, insbesondere von falsch gefalteten und kurzlebigen Proteinen. Sie sind an der Regulation des Zellzyklus bei Pflanzen und Tieren beteiligt. Sie bestehen aus großen Proteinaggregaten, die eine zylindrische bis röhrenartige Form mit einem zentralen Kanal aufweisen. In der Tat werden solche Proteine, die durch die Proteasomen abgebaut werden sollen, vorher von spezifischen Enzymen mit mehreren Ubiquitinmolekülen markiert.
Zu **(A)**: Gemeint sind die **Caspasen**, die bei der Induktion der Apoptose die zentrale Rolle spielen.
Zu **(B)**, **(C)** und **(E)**: Beschrieben sind Enzyme, die beim Abbau endozytierten Materials im Rahmen der intrazellulären Verdauung aktiv sind. Dieser Vorgang läuft über die Verschmelzung von Endozytosevesikeln und Lysosomen, die zumeist einen niedrigen pH-Wert aufweisen.

1.11 Peroxisomen

H09 ■ ■

→ **Frage 1.121: Lösung C**

Zu **(C)**: **Peroxisomen** (= Microbodies) sind membranbegrenzte Organellen, die besonders zahlreich in Leber- und Nierenzellen vorkommen. Sie enthalten die Enzyme **Katalase** und **Peroxidase**, die dem Abbau von intrazellulär entstandenem H_2O_2 (= Wasserstoffperoxid) dienen.
Zu **(A)**: In einer Zelle können zum einen der Zellkern, zum anderen Mitochondrien DNA enthalten. Peroxisomen enthalten **keine DNA**.
Zu **(B)**: Die **Urikase (= Urat-Oxidase)** ist ein Enzym, das bei Menschen **nicht** vorkommt. Man findet es aber bei vielen Säugetieren. Das Enzym katalysiert den Abbau von Harnsäure zu Allantoin.

1 Allgemeine Zellbiologie, Zellteilung und Zelltod

Zu **(D)**: **Leberperoxisomen** sind auch in den Fettstoffwechsel involviert und bauen besonders lange Fettsäuren ab. Dadurch entsteht allerdings **Acetyl-CoA** und nicht ATP. Letzteres wird erst in den Mitochondrien mit Hilfe der Atmungskette hergestellt.
Zu **(E)**: Peroxysomen werden nicht durch Exozytose sezerniert, sondern verbleiben in der Zelle. **Exozytose** wird klassischerweise über Vesikel gewährleistet, die sich aus dem **Golgi-Apparat** abspalten.

F00
→ **Frage 1.122: Lösung A**

Zu **(A)**: Peroxisomen entstehen als 0,5 bis 3 m große Abschnürungen des Endoplasmatischen Retikulums.
Zu **(B)**: Leber- und Nierentubuluszellen in Säugetierzellen sind besonders zahlreich an Peroxisomen. Die Organellen kommen jedoch auch schon bei Einzellern, Wirbellosen und bei Pflanzen vor.
Zu **(C)**: Beide Begriffe, **Peroxisomen** und **microbodies**, sind synonym zu verwenden.
Zu **(D)**: Peroxisomen enthalten Wasserstoffperoxid (H_2O_2) bildende **Oxidasen** zum oxidativen Abbau diverser Substrate und die H_2O_2 spaltende **Katalase**.
Zu **(E)**: Der Abbau der Fettsäuren, die sog. „β-Oxidation", läuft zu Beginn in den Peroxisomen ab und wird schließlich in den Mitochondrien beendet.

F03 ■■
→ **Frage 1.123: Lösung D**

Zu **(D)**: **Peroxisomen** (= microbodies) sind wichtige Organellen verschiedenster oxidativer Stoffwechselprozesse. Sie enthalten Wasserstoffperoxid-bildende Oxidasen sowie das Leitenzym **Katalase**, das dieses Peroxid wieder aufspaltet. Peroxisomen sind an verschiedenen Entgiftungsreaktionen (Methanolabbau) und an der **β-Oxidation der Fettsäuren** beteiligt.
Zu **(A)**, **(B)** und **(C)**: Alle genannten Strukturen charakterisieren die **Mitochondrien** als Organellen der Erzeugung energiereicher Phosphate („Kraftwerke der Zelle").
Siehe Lerntext I.10 „Mitochondrien".
Zu **(E)**: Die spezifischen Granula der neutrophilen Granulozyten entsprechen speziellen Lysosomen, die zahlreiche saure, hydrolytische Enzyme enthalten. Die Granula fusionieren mit entsprechenden Phagozytosevesikeln, um deren Inhalt (z. B. Bakterien) abzubauen.

H01 ■
→ **Frage 1.124: Lösung B**

Zu **(B)**: Im Rahmen oxidativer Stoffwechselprozesse (z. B. Fettsäureabbau) kommt es unter Beteiligung verschiedener **Oxidasen** in den Peroxisomen zur Bildung von Wasserstoffperoxid, was dann durch die ebenfalls in den Peroxisomen lokalisierte **Katalase** wieder gespalten wird.
Zu **(A)**: Peptidhormone binden an membranständige Rezeptoren, da sie die Zellmembran nicht durchdringen können. Werden sie daraufhin als Rezeptor-Ligand-Komplex per Endozytose in die Zelle aufgenommen, können sie durch Peptidasen aus den Lysosomen abgebaut werden. Findet lediglich eine Aktivierung intrazellulärer Signalkaskaden ohne Aufnahme des Hormons nach intrazellulär statt, kann das Peptidhormon nach der Dissoziation vom Rezeptor von extrazellulären Peptidasen inaktiviert werden. Peroxisomen spielen hierbei keine Rolle.
Zu **(C)**: Bildung von mRNA setzt das Vorhandensein einer DNA als Matrize voraus – diese ist in Peroxisomen nicht enthalten.
Zu **(D)** und **(E)**: Aufbauende Stoffwechselprozesse sind keine Domäne der Peroxisomen. Die Synthese von Glykoproteinen findet nacheinander an Ribosomen (Protein) und im Golgi-Apparat (Glyko-) statt. ATP wird vor allem im Rahmen der mitochondrialen Atmungskette gebildet.

F08
→ **Frage 1.125: Lösung A**

Zu **(A)**: In den Peroxisomen (= microbodies) finden u. a. die ersten Schritte der sogenannten β-Oxidation der Fettsäuren statt, die dann in den Mitochondrien beendet wird.
Zu **(B)** und **(C)**: Sowohl die Exozytose von Sekretgranula als auch der Aufbau neuer Zellmembranen setzt den gerichteten Transport membranumgrenzter Vesikel voraus – ein Vorgang, den man in seiner ganzen Komplexität auch mit dem Begriff Membranfluss bezeichnet. Peroxisomen nehmen daran nicht teil. Es sind vielmehr das endoplasmatische Retikulum und der Golgi-Apparat, die für die Bildung der benötigten Vesikel und ihrer Inhaltsstoffe verantwortlich sind.
Zu **(D)** und **(E)**: Die Synthese der Steroidhormone findet im glatten endoplasmatischen Retikulum statt. Große Teile des Phospholipidstoffwechsels sind ebenfalls hier lokalisiert. Der Abbau (aus der Nahrung) aufgenommener Phospholipide läuft allerdings in den sekundären Lysosomen der Leberzellen ab, nachdem die mittels Rezeptor-vermittelter Endozytose als „coated vesicles" aufgenommenen Lipoproteinpartikel innerhalb der Zelle mit den primären Lysosomen verschmolzen sind.

H05
→ **Frage 1.126: Lösung B**

Zu **(A)** und **(B)**: Der oxidative Abbau sehr **langkettiger, gesättigter Fettsäuren** (über 22 C-Atome) findet in der Tat nur in den **Peroxisomen** statt. Die übrigen Fettsäuren werden auch in den **Mitochon-**

drien verstoffwechselt – eine Frage, die an Spitzfindigkeit kaum zu überbieten ist!
Zu **(C)**: **Lysosomen** bauen durch ihren Gehalt hydrolytischer Enzyme sowohl von außen aufgenommene Stoffe (Heterophagie) als auch zelleigene Bestandteile, z. B. überalterte Mitochondrien, ab (Autophagie). Die Fettsäureoxidation ist nicht ihre Aufgabe.
Zu **(D)**: Im **Golgi-Apparat** finden u. a. chemische Modifikationen von Exportproteinen statt, die dann in Transportvesikel verpackt und nach extrazellulär abgegeben werden.
Zu **(E)**: **Coated vesicles** sind spezielle Pinozytosevesikel, die an zahlreichen Rezeptor-vermittelten Endozytosevorgängen beteiligt sind.

H09
→ **Frage 1.127: Lösung D**

Zu **(D)**: Die Katalase ist ein Protein, welches in der Zelle verbleibt. Es wird an **freien Ribosomen** synthetisiert, da diese zytoplasmatische und nukleäre Proteine herstellen. Freie Ribosomen, die mit demselben Strang mRNA assoziiert sind, nennt man auch **Polysomen**.
Zu **(A)**: Die Katalase dient dem **Abbau** von intrazellulär entstandenem H_2O_2 (= Wasserstoffperoxid).
Zu **(B)**: Die Katalase besteht aus vier Peptidketten und wird somit als **Tetramer** bezeichnet. Ein „Dimer" impliziert nur zwei Peptidketten und ist daher falsch.
Zu **(C)**: Die Katalase besitzt vier Porphyringruppen, die **Eisen** enthalten. Kupfer kommt nicht vor.
Zu **(E)**: Die **Bindung des Metall-Kations** (gemeint ist das Eisen-Kation Fe^{3+}) findet dort statt, wo die Katalase aktiv ist: **im Peroxysom** (und nicht wie angegeben im Golgi-Apparat).

1.12 Mitochondrien

I.10 Mitochondrien

In den Mitochondrien finden komplexe biochemische Reaktionsabläufe statt **(Atmungskette)**, die die im Zellstoffwechsel freiwerdende Energie in eine nutzbare Form (Adenosintriphosphat, **ATP**) überführen, welche begrenzt gespeichert werden kann.
Die äußere Form der Mitochondrien reicht von kugelförmig über länglich bis zu Y-förmig. Ihre Anzahl ist abhängig vom Energieverbrauch der betreffenden Zelle, z. B. etwa 2500 in einer Leberzelle.
Den strukturellen Aufbau kann man nur elektronenmikroskopisch erkennen. Die Begrenzung eines Mitochondriums besteht aus zwei Membranen, von denen die innere zum Zweck der Oberflächenvergrößerung in breite Falten **(Cristae)** oder fingerförmige Ausstülpungen **(Tubuli)** aufgeworfen ist und sich in die innere **Matrix** vorwölbt.
An der inneren Membran ist der Multienzymkomplex der Atmungskette lokalisiert. Weitere wichtige Stoffwechselprozesse wie der oxidative Fettsäureabbau oder der Zitratzyklus werden von Enzymen der Mitochondrien-Matrix katalysiert. Auch Anteile der Glukoneogenese, des Harnstoffzyklus und der Synthese von Lipiden und Ketonkörpern laufen in der Matrix ab.
Die Entstehung der Mitochondrien wird mit der sog. **Endosymbionten-Theorie** erklärt. Danach soll es sich bei Mitochondrien um ursprünglich endozytierte Prokaryonten handeln, die nicht abgebaut wurden, sondern ihre Stoffwechselprozesse in einer Art Symbiose der Wirtszelle zur Verfügung gestellt haben. Gestützt wird diese Theorie von der Tatsache, dass Mitochondrien über ein eigenes, ringförmiges DNA-Molekül verfügen, auf dem ein Teil der mitochondrialen Proteine codiert ist. Über die Ablesung eines etwas abgewandelten genetischen Codes werden diese Proteine mit Hilfe eigener Ribosomen auch intramitochondrial synthetisiert. Schließlich ähnelt die Entstehung neuer Mitochondrien durch Querteilung der Vermehrung prokaryontischer Zellen.

Klinischer Bezug

Werden Mitochondrien durch einen chronischen Gewebsschaden oder durch Phagozytose aus dem Interzellularraum freigesetzt, kommt es zur Bildung von Autoantikörpern gegen mitochondriale Oberflächenantigene, so genannter AMAs (= antimitochondriale Antikörper). Diese AMAs können dann im Serum des Patienten nachgewiesen werden und tragen so zur Sicherung der Diagnose bei. Die Bildung von AMAs ist bekannt u. a. bei der chronisch aggressiven Hepatitis, bei der chronischen lymphozytären Thyreoiditis (eine Autoimmunerkrankung, die die Schilddrüse betrifft) und dem Sjögren-Syndrom (eine Autoimmunerkrankung, bei der die Immunzellen die Speichel- und Tränendrüsen angreifen).

F01 ■■
→ **Frage 1.128: Lösung B**

Zu **(B)**: Bei der Teilung einer Zelle werden die Mitochondrien in der Tat zufällig auf beide Tochterzellen verteilt. Die Mitochondrien selbst vermehren sich durch Längsteilung während der Interphase der Zelle.
Zu **(A)**: Da die Mitochondrien als Organell der Energieerzeugung dienen, ist ihre Zahl stark abhängig vom Energieumsatz der Zelle. In Leberzellen kann daher ihre Zahl bis zu 2500 betragen.
Zu **(C)**: Neben der Energie erzeugenden Atmungskette laufen in den Mitochondrien zahlreiche ande-

re Stoffwechselwege ab, die natürlich ebenfalls nur mittels enzymatischer Leistungen funktionieren, z B. der oxidative Abbau von Fettsäuren, der Zitratzyklus oder Teile des Harnstoffzyklus.
Zu (D): Da sich Mitochondrien zwar innerhalb der Interphase ihrer Mutterzelle, jedoch nicht mit ihr „synchronisiert" teilen, laufen auch die Replikation von mitochondrialer und nukleärer DNA unabhängig voneinander ab.
Zu (E): Ursache der Phenylketonurie ist der Defekt eines zytoplasmatischen Enzyms, der Phenylalanin-4-Hydroxylase, der unbehandelt zu schwerer geistiger Behinderung, verzögerter körperlicher Entwicklung und vermehrten Krampfanfällen führt. Die Mitochondrien haben mit dieser autosomal-rezessiven Erbkrankheit nichts zu tun.

H00

→ **Frage 1.129: Lösung C**

Dieses transmissionselektronenmikroskopische Bild ist aus vergangenen Physika bekannt; die Fragenkombination ist neu.
Zu (C): Der Buchstabe C bezeichnet in der Abbildung zwei **Mitochondrien**, die als die so genannten „Kraftwerke der Zelle" unter anderem die Enzyme der Energie liefernden Atmungskette erhalten. Oxidasen und Katalase sind Leitenzyme der **Peroxisomen**, die in der Abbildung nicht markiert sind.
Zu (A): Hier sind zwei **Lysosomen** dargestellt, die durch ihre enzymatische Ausstattung mit verschiedensten hydrolytischen Enzymen der intrazellulären Verdauung dienen.
Zu (B): Das markierte **Diktyosom** als funktionelle Einheit des Golgi-Apparates wird als wichtiges Organell intrazellulärer Um- und Abbauprozesse in eine Aufnahmeseite (cis) und eine Abgabeseite (trans) unterteilt.
Siehe Lerntext I.7 „Diktyosomen und Golgi-Apparat".
Zu (D): Biochemische Veränderungen exportabler Proteine finden in dem mit D bezeichneten rauen Endoplasmatischen Retikulum (**rER**), aber zu einem großen Teil auch im bereits erwähnten Golgi-Apparat statt.
Zu (E): Das hier markierte glatte Endoplasmatische Retikulum (**sER**) dient als intrazellulärer Ionenspeicher (insbesondere als Sarkoplasmatisches Retikulum in Muskelzellen), aber auch als Syntheseort von Steroidhormonen oder zur intrazellulären Entgiftung von Schadstoffen.

H98 ■

→ **Frage 1.130: Lösung D**

Fragen zu den Stoffwechselleistungen von Mitochondrien sind beim IMPP sehr beliebt. Auch die gesuchte Falschaussage zum Abbau von Mukopolysacchariden ist nicht neu.

Zu (D): Der **Abbau von Mukopolysacchariden erfolgt in den Lysosomen.** Klinische Bedeutung bekommt dieser Stoffwechselweg, wenn in ihm durch einen genetischen Defekt ein Enzymmangel besteht. Es kommt in dieser Situation zur Anhäufung der Polysaccharide in den Lysosomen und zu teilweise dramatischen Krankheitsbildern, den sog. Mukopolysaccharidosen.
Zu (A) und (E): Die Enzyme der **Atmungskette** als letztem Schritt oxidativer Abbauprozesse sind in der inneren Mitochondrienmembran lokalisiert. Hierbei wird die Übertragung von Elektronen und Protonen auf molekularen Sauerstoff unter Bildung von Wasser zur **ATP-Synthese** genutzt.
Zu (B) und (C): Die sog. β-Oxidation beim Abbau von Fettsäuren, genau wie der **Zitratzyklus** als zentrale „Drehscheibe" des katabolen Stoffwechsels, finden in den Mitochondrien statt.

H09 ■ ■

→ **Frage 1.131: Lösung A**

Zu (A): Die **mitochondriale DNA** (mtDNA) besitzt etwa 16,5 kB und **codiert 13 Proteine**, die für die **Atmungskette** wichtig sind. Die Atmungskette wird aber nur zu ca. 10 % über das mitochondriale Genom codiert, den Rest übernimmt die Kern-DNA. Weiterhin codiert die mtDNA für eigene tRNAs und rRNAs.
Zu (B): Enzyme der Fettsäuresynthese werden durch die **Kern-DNA** codiert.
Zu (C): Enzyme der Glykolyse werden durch die **Kern-DNA** codiert.
Zu (D): Enzyme des Harnsäurezyklus werden durch die **Kern-DNA** codiert.
Zu (E): Enzyme des Katecholaminabbaus werden durch die **Kern-DNA** codiert.

F05

→ **Frage 1.132: Lösung D**

Zu (D): **Cyanide** blockieren die Atmungskette durch die Hemmung der **Cytochromoxidase**, des letzten Enzyms der Elektronentransportkette, das die Übertragung der Elektronen auf O_2 als terminalen Elektronenakzeptor katalysiert. Charakteristisch für eine Cyanidvergiftung sind der Geruch nach Bittermandeln und die rosige Haut des Patienten, die dadurch entsteht, dass der Sauerstoff dem Hämoglobin nicht entzogen werden kann und deshalb das venöse Blut arterialisiert bleibt.
Zu (A): **Colchicin**, das giftige Alkaloid der Herbstzeitlosen, ist ein Mitosegift, das die Polymerisierung der Mikrotubuli blockiert und damit die Verteilung der Chromosomen während der Zellteilung verhindert.
Zu (B): Das Antibiotikum **Chloramphenicol** blockiert bakterielle Ribosomen und hemmt deren Proteinbiosynthese auf der Ebene der Translation.

Zu **(C)**: **Botulinustoxine** (aus *Clostridium botulinum*) gehören zur Gruppe der thermolabilen Exotoxine grampositiver Bakterien. Botulinustoxin hemmt die Acetylcholin-Ausschüttung an den cholinergen Synapsen und an der neuromuskulären Endplatte. Ein sinnvoller Einsatz bei bestimmten Formen der Augenfehlstellung oder der Dystonie, einer unwillkürlichen und schmerzhaften Muskelanspannung, ist bekannt. In der letzten Zeit erlangte das Toxin eine fragwürdige „medizinische" Bedeutung, da es zum Unterspritzen von Falten und durch seine neuromuskuläre Lähmung zur optischen „Verjüngung" eingesetzt wird.

Zu **(E)**: **Muscarin** ist das Gift des Fliegenpilzes. Es wirkt als Acetylcholin-Analogon aktivierend an der postsynaptischen Membran, kann aber von körpereigenen Enzymen nicht abgebaut werden, sodass es zur Dauererregung kommt. Als Gegengift wird das Alkaloid der Tollkirsche, Atropin, eingesetzt.

F07
→ **Frage 1.133: Lösung C**

Zu **(C)**: **Cardiolipin** ist ein membranständiges Protein, das bislang nur bei Bakterien und in der inneren **Mitochondrien**membran beschrieben ist; dort stabilisiert es den Multienzymkomplex der Atmungskette.

Zu **(A)**: Die mit (A) markierten Organellen sind **Lysosomen**, die Kompartimente der intrazellulären Verdauung.

Zu **(B)**: Hier ist das **glatte endoplasmatische Retikulum** markiert, das u. a. für die Synthese von Steroiden oder für den Abbau potenziell toxischer Substanzen oder Pharmaka verantwortlich ist.

Zu **(D)**: Der Buchstabe (D) markiert Zisternen des mit Ribosomen besetzten **rauen endoplasmatischen Retikulums**, dem Ort der Synthese von Exportproteinen.

Zu **(E)**: Hier sind die **Peroxisomen**, die Organellen des Abbaus potenziell zytotoxischen Wasserstoffperoxids, markiert.

F00 ∎
→ **Frage 1.134: Lösung D**

Zu **(D)**: Prokaryonten enthalten keine membranumgrenzten Organellen, daher auch keine Mitochondrien.

Zu **(A)** und **(B)**: Mitochondrien sind von einer äußeren und einer inneren Membran umgeben. Die innere Membran bildet Falten und Aufwerfungen, die in den Innenraum des Organells hineinragen (Vergrößerung der inneren Oberfläche!). Am häufigsten sind flache, plattenartige Falten, die sog. **Cristae**. Die Struktur der Mitochondrien ändert sich je nach ihrer funktionellen Aktivität. In Zellen mit großer Stoffwechselaktivität, z. B. im Herzmuskel, ist die Zahl der Cristae besonders hoch.

Zu **(C)**: In Steroidhormon sezernierenden Zellen besitzen die Mitochondrien röhrenförmige Ausstülpungen **(Tubuli)** der inneren Membran.

Zu **(E)**: Mitochondrien besitzen eine eigene DNA, auf der die Gene für einige – nicht für alle – mitochondriale Proteine codiert sind.
Siehe Lerntext I.10 „Mitochondrien".

F04 ∎∎
→ **Frage 1.135: Lösung C**

Zu **(C)**: Nur ein kleiner Teil der mitochondrialen Proteine wird im Organell selbst produziert. Etwa 90 % der benötigten Eiweiße werden im Zytoplasma synthetisiert und in das Mitochondrium importiert. Die im Zytoplasma befindlichen mRNA-Moleküle werden nicht in das Mitochondrium aufgenommen.

Zu **(A)** und **(B)**: Mitochondrien enthalten eine eigene ringförmige DNA und Ribosomen. Sie sind daher zur Proteinbiosynthese befähigt, bilden aber nur etwa 10 % ihrer benötigten Eiweiße selber.

Zu **(D)** und **(E)**: Der Import der im Zytoplasma synthetisierten Proteine in das Mitochondrium ist nur nach Erkennung endständiger **Signalsequenzen** möglich, die von speziellen Rezeptoren der äußeren Mitochondrienmembran gebunden werden („**proteine targeting**"). Innerhalb des Mitochondriums werden die endständigen Peptidsequenzen von einer speziellen **Signalpeptidase** abgespalten.

F08
→ **Frage 1.136: Lösung D**

Zu **(D)**: Nur Mitochondrien verfügen (neben dem Zellkern) über eine eigene DNA. Hier sind neben den Genen für einige mitochondriale Proteine auch Gene für spezielle tRNA vorhanden, da der genetische Code des Mitochondriums vom allgemeinen Code leicht abweicht. Alle anderen genannten Organellen besitzen keine eigene Erbinformation.

F05 ∎
→ **Frage 1.137: Lösung E**

Zu **(D)** und **(E)**: Nur ein kleiner Teil der mitochondrialen Proteine wird von dem Organell auf der Basis seiner eigenen DNA synthetisiert, der überwiegende Anteil wird aus dem Zytoplasma „importiert". Diese Proteine besitzen endständige Signalsequenzen, die von speziellen Rezeptoren und Transportsystemen (TOM bzw. TIM) der inneren und äußeren Mitochondrienmembran erkannt werden.

Zu **(A)**: Phospholipide werden v. a. im glatten endoplasmatischen Retikulum synthetisiert.

Zu **(B)**: Cristae mitochondriales dienen der Vergrößerung der inneren Mitochondrien-Oberfläche und werden ausschließlich durch Einfaltungen der inneren Membran gebildet.

1 Allgemeine Zellbiologie, Zellteilung und Zelltod

Zu **(C)**: Die Synthese von ATP als chemische Energiespeicherform geschieht im Multienzymkomplex der sog. Atmungs- oder Elektronentransportkette, der in die innere Mitochondrienmembran integriert ist.
Siehe Lerntext I.10 „Mitochondrien".

H04 ■

→ **Frage 1.138: Lösung D**

Zu **(D)**: In der Tat werden etwa 90 % der mitochondrialen Proteine durch Gene des Zellkerns codiert, an Ribosomen des Zytoplasmas synthetisiert und über spezielle Carrier-Systeme in das Organell transportiert.
Zu **(A)**: Die äußere Mitochondrienmembran ist morphologisch und funktionell wenig spektakulär. Die innere Membran bildet unterschiedlich strukturierte Einfaltungen (faltenartige **Cristae** oder fingerartige **Tubuli**) zum Zweck der Oberflächenvergrößerung.
Zu **(B)** und **(C)**: Es ist genau umgekehrt: Die Enzyme des Zitratzyklus liegen in der mitochondrialen Matrix, die der Atmungskette sind in der inneren Mitochondrienmembran lokalisiert.
Zu **(E)**: Die Synthese von Phospholipiden ist nicht Aufgabe der Mitochondrien; sie findet u. a. im glatten Endoplasmatischen Retikulum statt.

H10 ■

→ **Frage 1.139: Lösung D**

Zu **(D)**: Das ist eine Frage zur Atmungskette der Mitochondrien. Hier werden Protonen (H$^+$) aus der Matrix (dem Inneren) der Mitochondrien in den **Intermembranraum** (Raum zwischen innerer und äußerer Mitochondrienmembran) transportiert. Dadurch entsteht ein **Protonengradient**, der zur **ATP-Gewinnung** durch eine ATPase genutzt wird.
Zu **(A)**: Es werden **Protonen** (H$^+$), keine Elektronen transportiert.
Zu **(B)**: Es werden **Protonen** (H$^+$) transportiert, CO$_2$ wird nicht transportiert.
Zu **(C)**: **NADPH** (**N**icotinamid**a**denin**d**inukleotid**ph**osphat) fungiert im Stoffwechsel als Reduktionsmittel, es dient als Lieferant von Elektronen und Protonen.
Zu **(E)**: Formal handelt es sich bei der Atmungskette um eine Knallgasreaktion:

$$H_2 + \tfrac{1}{2} O_2 \rightarrow H_2O$$

Es werden aber H$^+$-Ionen von den genannten Komplexen transportiert, kein Sauerstoff.

F99 ■ ■

→ **Frage 1.140: Lösung C**

Fragen zu Aufbau, Stoffwechsel und Funktionen von Mitochondrien sind sehr häufig!! (Siehe Lerntext I.10 „Mitochondrien").
Zu **(C)**: Mitochondriale DNA ist immer doppelsträngig.
Zu **(A)**: Die äußere Membran dient als weitgehend permeable Umhüllung des Mitochondriums. Die innere Membran als eigentlicher Funktionsträger enthält die Enzymsysteme der Atmungskette und ist zum Zweck der Oberflächenvergrößerung stark aufgefaltet.
Zu **(B)**: Nach der **Endosymbionten-Theorie** sind Mitochondrien durch Phagozytose ehemals eigenständiger Prokaryonten entstanden, die nicht verdaut wurden, sondern ihre Stoffwechselfähigkeiten der Wirtszelle als Symbiont zur Verfügung stellten. Auf diese Weise wird auch das Vorhandensein eigener (70S-) Ribosomen erklärbar.
Zu **(D)**: Mitochondrien vermehren sich unabhängig vom Zellzyklus durch Querteilung.
Zu **(E)**: Mitochondriale DNA ist ringförmig und unterscheidet sich darüber hinaus in ihrem genetischen Code von der DNA im Kern der Zelle.

→ **Frage 1.141: Lösung E**

Zu **(E)**: Mitochondrien sind nicht am Membranfluss beteiligt. Die erwähnten energiereichen Phosphate (ATP) werden im Mitochondrium an der inneren Membran im Rahmen der Atmungskette synthetisiert.
Zu **(D)**: Der häufigste Mitochondrien-Typ besitzt kleine Aufwerfungen der inneren Membran, die eine blattartige, faltige Struktur zeigen (Cristae-Typ). In den Steroid produzierenden Zellen von Nebennierenrinde oder Keimdrüsen sind die Einstülpungen finger- bis röhrenförmig gestaltet (Tubulus-Typ).

H00

→ **Frage 1.142: Lösung C**

Zu **(C)**: Beide Keimzellen, Eizelle und Spermium enthalten selbstverständlich Mitochondrien zur Energieerzeugung im Rahmen der Atmungskette. Bei ihrer Verschmelzung zur Zygote wird jedoch nur der Kern des Spermiums in die Eizelle aufgenommen. Daher stammen alle Mitochondrien der Zygote ausschließlich aus der mütterlichen Eizelle.
Zu **(A), (B)** und **(D)**: Samenzelle und Follikelepithelzellen besitzen Mitochondrien, geben diese aber nicht an die Zygote weiter.
Zu **(E)**: Eine de novo Entstehung membranumgrenzter Organellen aus dem Zytoplasma kommt nicht vor.

F09

→ **Frage 1.143: Lösung D**

Zu **(D)**: Der genetische Code der mitochondrialen DNA **weicht in der Tat geringfügig vom „universellen" genetischen Code ab**. Dies bedeutet weiterhin, dass auch die mitochondriale tRNA einen anderen Code besitzt als tRNAs im Zytoplasma.
Zu **(A)**: Die mitochondriale DNA ist ringförmig und **doppel**strängig.
Zu **(B)**: Jedes Mitochondrium besitzt **10–15 ringförmige DNA-Moleküle**.
Zu **(C)**: Die Mehrzahl der mitochondrialen Proteine wird durch **chromosomale Gene** im Zellkern codiert.
Zu **(E)**: Alle Mitochondrien der befruchteten Zygote stammen von der **Eizelle** – das Spermium steuert zur Zygote lediglich seinen Kern bei.

H00

→ **Frage 1.144: Lösung A**

Zu **(A)**: Mitochondriale und nukleäre DNA unterscheiden sich nicht wesentlich in ihrer Mutationsrate.
Zu **(B)**: Da Mitochondrien eigene (70S-)Ribosomen besitzen und der genetische Code der mitochondrialen Proteinbiosynthese leicht von dem der Kern-DNA abweicht, trägt die mitochondriale DNA u. a. die genetische Information für spezifische rRNA- und tRNA-Moleküle. Selbstverständlich können auch diese Gene von Mutationen der mitochondrialen DNA betroffen sein.
Zu **(C) und (E)**: Alle Mitochondrien der Zygote stammen aus der Eizelle, da bei der Befruchtung nur der Kern des Spermiums in die weibliche Keimzelle aufgenommen wird. Mutationen der mitochondrialen DNA werden daher immer nur von der Mutter vererbt. Natürlich sind alle weiblichen und männlichen Nachkommen Empfänger dieser Mutation.

H08

→ **Frage 1.145: Lösung D**

Zu **(D)**: Durch Spontanmutationen der mitochondrialen DNA kann es in einem Organismus in der Tat zum intraindividuellen Nebeneinander verschiedener mtDNA-Sequenzen kommen; eine Tatsache, die mit dem Begriff der **Heteroplasmie** bezeichnet wird.
Zu **(A)**: Die Mitochondrien einer Zygote stammen stets nur aus der Eizelle; das Spermium gibt bei der Befruchtung der Eizelle nur seinen Zellkern ab, deshalb werden mitochondriale Erkrankungen auch ausschließlich über die mütterliche Linie vererbt.
Zu **(B)**: Die mtDNA enthält keine Introns – sie ähnelt damit einer prokaryontischen DNA.
Zu **(C)**: Die mtDNA codiert Gene für 13 Proteine der Atmungskette, für tRNA und rRNA. Gene für Enzyme des Zitratzyklus sind nicht enthalten.

Zu **(E)**: Bei einem X-chromosomalen Erbgang ist der Ausgleich eines defekten Allels durch das andere, gesunde X-Chromosom bei Frauen möglich. Vererbbare Defekte der mtDNA werden aber nur über die Mutter an die Nachkommen weitergegeben. Da eine „Kompensation" durch gesunde Mitochondrien des Vaters aus dem o. g. Grund nicht möglich ist, folgt die Vererbung eher einem autosomalen Erbgang.

1.13 Zytoskelett

I.11 Zytoskelett

Ein komplexes intrazelluläres Netzwerk aus verschiedenen Strukturproteinen ist als Zytoskelett nicht nur für die Aufrechterhaltung der äußeren Zellform verantwortlich. Auch im Rahmen von Zytoplasmabewegungen, intrazellulärem Transport von Membranvesikeln und bei der Zellteilung spielen die verschiedenen Anteile des Zytoskeletts eine wichtige Rolle. In diesem Zusammenhang ist der dynamische Charakter aller beteiligten Proteine von entscheidender Bedeutung; das Zytoskelett ist kein starres und unveränderbares Gerüst, sondern passt sich durch ständigen Umbau den jeweiligen Bedürfnissen der Zelle an.

Es werden drei Anteile des Zytoskeletts unterschieden:

Mikrotubuli
Mikrotubuli sind schlanke Proteinröhren mit einem Durchmesser von 24 nm. Sie entstehen durch Polymerisation einzelner globulärer Proteine, der **Tubuline**, und sind einem ständigen Auf- und Abbau unterworfen. Die dazu notwendige Energie wird durch die Spaltung von GTP, einem energiereichen Triphosphat, gewonnen. Mikrotubuli wachsen immer nur an einer Seite (+) durch die Anbindung weiterer Tubulin-Monomere. Mikrotubuli kommen vereinzelt vor oder sind durch „Proteinbrücken" zu Strukturen höherer Komplexität verknüpft. Sie dienen vor allem der Aufrechterhaltung der Zellgestalt. Darüber hinaus fungieren sie als Gleitschienen beim intrazellulären Transport von Organellen (gerichtet vom (–)- zum (+)-Ende des Mikrotubulus), bilden die Mitosespindel und sind das Grundgerüst von Zentriolen, Zilien und Geißeln.

Mikrofilamente
Mikrofilamente sind 5–7 nm dünne Fäden, die aus **Aktin** bestehen. In Muskelzellen ermöglichen sie gemeinsam mit der ATPase Myosin eine aktive Zellbewegung. Aktinfilamente mit wenig oder ganz ohne Myosin bilden in den meisten Zellen eine dünne Schicht unter der Zellmembran, wo sie mit den verschiedenen Membranfluss-Vorgängen zu tun haben. Zusätzliche Funktionen werden

1 Allgemeine Zellbiologie, Zellteilung und Zelltod

den Mikrofilamenten bei der intrazellulären Zytoplasmaströmung und der Durchschnürung der Zelle bei der Zellteilung zugeschrieben.

Intermediärfilamente

Der dritte Bestandteil des Zytoskeletts besteht aus 8–10 nm dicken Strukturproteinen, die für jede Zellart spezifisch sind. So enthalten Epithelzellen **Keratin,** Mesenchymzellen **Vimentin,** Muskelzellen **Desmin,** Nervenzellen **Neurofilamente** und Gliazellen **G**lial **F**ibrillary **A**cidic **P**rotein **(GFAP).** Über die genauen Funktionen der Intermediärfilamente ist noch relativ wenig bekannt. Vermutlich haben sie in erster Linie stützende Funktion; aber auch am axonalen Transport in Neuronen oder an der Bewegung von Pigmentgranula sollen sie beteiligt sein.

Tabelle 1.1 Gewebespezifität der Intermediärfilamente

Ort	Intermediärfilament
Epithelien	Zytokeratine
Mesenchym	Vimentin
Muskelzellen	Desmin
Nervenzellen	Neurofilamente
Astrozyten	Glial Fibrillary Acidic Proteine (=GFAP)
Kernlamina	Lamine

Klinischer Bezug

Die Zellspezifität der Intermediärfilamente ist bei der Diagnostik bösartiger Tumoren von Bedeutung. Bei unbekanntem Primärtumor kann durch die histologische und immunhistochemische Analyse von Metastasengewebe im Hinblick auf das vorhandene Intermediärfilament unter Umständen die Herkunft des Primärtumors eingegrenzt werden. Außerdem ist in vielen Fällen auf diesem Weg auch die korrekte Diagnose eines Tumors möglich, der in seinen anderen Charakteristika so stark verändert („dedifferenziert") ist, dass er dem Ursprungsgewebe nicht mehr ähnelt. Die Expression von Keratin passt z. B. zur Metastase eines malignen Melanoms, der Nachweis von Vimentin gelingt in vielen mesenchymalen Tumoren, z. B. in einem Sarkom der Membrana synovialis.

H10 ■
→ **Frage 1.146: Lösung E**

Zu **(E)**: Das **Zytoskelett** ist ein Netzwerk aus verschiedenen fadenförmigen Proteinen (Filamenten), das der Aufrechterhaltung der Zellstruktur, intrazellulären Transportvorgängen und der Zellteilung dient. Die **Aktinfilamente** (dynamische Proteinfilamente) sind die kleinsten und die **Mikrotubuli** (röhrenförmige Proteinfilamente) die größten Zytoskelettelemente. Dazwischen sind, wie der Name es schon sagt, die **Intermediärfilamente** (verbindende Proteinfilamente) angesiedelt.

H06
→ **Frage 1.147: Lösung E**

Zu **(A)–(D)**: **Spektrin** ist ein zytoskelettales Makromolekül, das aus zwei dimeren Untereinheiten besteht, die jeweils eine α- und eine β-Kette enthalten. Es bildet an der zytopasmatischen Innenseite der Erythrozyten ein verzweigtes Netzwerk und ist über Ankyrin nicht-kovalent mit integralen Proteinen der Zellmembran verbunden. Auf diese Weise wird die Zellmembran stabilisiert. Eine Mutation im Spektrin-Gen führt über Aufnahme von Natrium und Wasser zur pathologischen Verformung der Erythrozyten (sog. Kugelzellen bzw. Sphärozyten). Diese Kugelzellen bzw. Sphärozyten besitzen eine gegenüber normalen Erythrozyten deutlich verminderte osmotische Resistenz und hämolysieren dadurch schon bei geringer Hypotonie des Außenmediums. Die veränderten Erythrozyten werden vorzeitig in der Milz abgebaut. Es resultiert eine normochrome Anämie mit Hämolysezeichen.

Zu **(E)**: Spektrin ist an der Innenseite der Zellmembran lokalisiert und hat auch keine Verbindung zu Mikrotubuli.

H10
→ **Frage 1.148: Lösung D**

Zu **(D)**: **Glycophorin A** ist ein Transmembranprotein der roten Blutkörperchen, dessen Kohlenhydratanteil sich extrazellulär wie eine Hülle um die Erythrozyten legt. Glykophorine weisen als Kohlenhydratanteil viel **Sialinsäure** auf, die für die stark hydrophilen Eigenschaften von Erythrozyten mit verantwortlich ist.

Zu **(A)**: **Aktin** findet sich **intrazellulär**, nicht in der Membran.

Zu **(B)**: **Dystrophin** ist ein Protein, welches bei **Muskelzellen** vorkommt. Hier verbindet es Aktin mit Beta-Dystroglycan und stellt so eine Verbindung von kontraktilen Filamenten mit der Zellmembran her. Bei den **Muskeldystrophien** Typ Becker und Typ Duchenne gibt es Defekte im Dystrophin-Gen, welches auf dem X-Chromosom liegt.

Zu **(C)**: **Ezrin** (auch Villin-2 genannt) ist ein Protein, das in **Mikrovilli** vorkommt und hier Aktin und die Zellmembran miteinander verbindet.

Zu **(E)**: Das **Zytoskelett** der roten Blutkörperchen hat einige Besonderheiten zu bieten, schließlich muss sich ein Erythrozyt durch Milzsinus und enge Kapillaren „quetschen". Für diese enorme Verformbarkeit sorgen spezielle Proteine. Das wichtigste ist das **Spectrin**. Es besteht aus **α- und ß-Untereinheiten** und wird mittels **Ankyrin** und dem **Protein 4.2** an der Zellmembran (genauer einem integralen Membranprotein namens „**Band 3**") befestigt. Bei Spectrin selbst handelt es sich aber **nicht** um ein integrales Membranprotein.

1.13.1 Mikrotubuli

F05
→ **Frage 1.149: Lösung A**

Zu **(A)**: Die **Mikrotubuli**, schlanke Proteinröhren mit einem Durchmesser von 24 nm, sind in der Tat sehr dynamische Strukturen des Zytoskeletts, die einem fortwährenden Umbau unterworfen sind. Sie bestehen aus einer Vielzahl einzelner globulärer Proteine, der **Tubuline**, die unter Verbauch des energiereichen GTP polymerisiert werden. Mikrotubuli sind gerichtete Strukturen, sie wachsen nur am sog. (+)-Ende. Mikrotubuli dienen in der Zelle zahlreichen Transportvorgängen, wobei sie zumeist eine Art Leitschiene darstellen. Siehe Lerntext I.11 „Zytoskelett".
Zu **(B)**: Spektrin gehört zu den Aktin-bindenden Proteinen. Medizinische Bedeutung besitzt dieses Protein bei bestimmten Formen der Sphärozytose – einer Erbkrankheit, bei der die Flexibilität der Erythrozytenmembran durch einen Mangel an funktionstüchtigem Spektrin stark eingeschränkt ist, sodass ein vermehrter Abbau der roten Blutkörperchen in der Milz erfolgt.
Zu **(C)**, **(D)** und **(E)**: Diese drei Elemente des Zytoskeletts gehören zu den Intermediärfilamenten, die als Zell-spezifische Strukturproteine vermutlich v. a. eine Stützfunktion haben und dabei recht stabil sind.
Desmin ist charakteristisch für Muskelzellen, Zytokeratin für Epithelzellen und Vimentin für Fibroblasten.

H93
→ **Frage 1.150: Lösung C**

Zu **(C)**: Mikrovilli sind kleine, fingerförmige Ausstülpungen der Zelle, die im Dienste der Oberflächenvergrößerung stehen. Sie sind besonders häufig an resorbierenden Epithelien (z. B. Darmschleimhaut) ausgebildet. Ihre Beweglichkeit wird über ein System aus Aktin- und Myosinfilamenten gewährleistet, Mikrotubuli sind daran nicht beteiligt.
Zu **(A)** und **(D)**: Siehe Lerntext I.11 „Zytoskelett".
Zu **(B)**: **Dynein** ist ein ATP-spaltendes Enzym, das die neun peripheren Mikrotubuli-Paare eines Axonema miteinander verbindet. Durch die energieabhängige Konformationsänderung des Dyneins gleiten die Mikrotubuli aneinander entlang und führen so zur Bewegung der Geißel.

Zu **(E)**: **Colchizin** als Gift der Herbstzeitlosen *(Colchicum autumnale)* verhindert die Polymerisation der Mikrotubuli, was für die Bewegung der Chromosomen bei der Zellteilung notwendig ist. Diese Giftwirkung macht man sich diagnostisch zunutze: Die Chromosomen werden in der Metaphase „arretiert" und können so isoliert und lichtmikroskopisch untersucht werden.
Ähnlich wirkende Alkaloide der Pflanze *Vinca rosea* werden auch therapeutisch genutzt. Präparate wie Vincristin oder Vinblastin dienen als Chemotherapeutika der Eindämmung ungehemmter Zellvermehrung, insbesondere bei Leukämien und Lymphomen.

H07 ■
→ **Frage 1.151: Lösung E**

Zu **(E)**: **Stereozilien** sind gleichbedeutend mit langen **Mikrovilli**, d. h. membranumgrenzte Ausstülpungen auf der Oberfläche von epithelialen Zellen. Stereozilien besitzen – im Gegensatz zu Kinozilien – nicht die unter (A) beschriebene, zentrale Struktur aus Mikrotubuli, sondern enthalten vorwiegend Aktinfilamente, weshalb sie im Unterschied zu ihnen unbeweglich sind.
Zu **(A)**: **Kinozilien** sind aktiv bewegliche Ausläufer der Zellmembran, die in ihrem Inneren eine charakteristische Kernstruktur aus 9 Mikrotubulus-Doppelzylindern mit zwei zentralen einzelnen Mikrotubuli (sogenannte „9 × 2 + 2-Struktur") enthalten. Sie kommen beispielsweise im Flimmerepithel von Luftröhre und Bronchien vor.
Zu **(B)**: Ein **Basalkörperchen** ist eine definierte Struktur aus 13 zirkulär angeordneten Mikrotubulus-Tripletts an der Basis einer Zilie. Das Basalkörperchen dient der Verankerung des kontraktilen Apparates der Zilie in der Zelle.
Zu **(C)**: **Axone** enthalten in ihrem Inneren ebenfalls Mikrotubuli, die hier als „Schienen" für den aktiven Transport von Vesikeln durch die ATP-spaltenden Proteine Dynein und Kinesin dienen.
Zu **(D)**: Die **Teilungsspindel** sorgt für die geordnete Verteilung der Chromosomen bei der mitotischen und meiotischen Zellteilung auf beide Tochterzellen. Sie besteht aus Mikrotubuli.

F10 ■ ■
→ **Frage 1.152: Lösung E**

Zu **(E)**: In Gegenwart des Gifts der Herbstzeitlose, **Colchizin,** können keine Mikrotubulusfilamente aufgebaut werden, die **Mitosespindel,** die die Chromosomensätze auseinander zieht, kann sich **nicht bilden**. Dies macht man sich bei der Chromosomenanalyse (Karyogramm) zu Nutze. Die übrigen Vorgänge der Mitose laufen jedoch ab, einschließlich der Zellteilung: Es resultiert je eine Zelle mit doppeltem und eine ohne Chromosomensatz – beide

Zellen sind nicht überlebensfähig und sterben ab. Colchizin kann bei **akutem Gichtanfall** verwendet werden, da es hier wahrscheinlich die Einwanderung von Entzündungszellen in das betroffene Gelenk hemmt.
Zu **(A)**: Es gibt mehrere Substanzen, die die **Aktin-Polymerisation hemmen**, z. B. Cofilin oder ADF (Aktin depolymerisierender Faktor). Aktin ist jedoch nicht an der Ausbildung der Mitosespindel beteiligt, ein geregelter Ablauf von Polymersiation und Depolymerisation von Aktin ist essentiell für die **Beweglichkeit** vieler Zellen.
Zu **(B)**: Das Zentromer bezeichnet den Bereich der primären Konstriktion des Metaphasenchromosoms, die „Einschnürungsstelle". Die **Zentromere** lösen sich daher erst nach dem Ende der Mitose auf, wenn die Zelle wieder in die Interphase übergeht.
Zu **(C)**: Die **Zytokinese** bezeichnet den Vorgang der Zellteilung. Wie bei (E) beschrieben, kann sich die Zelle unabhängig von der Chromatidentrennung teilen.
Zu **(D)**: Hier könnte der Anaphase-Promoting Complex (APC) angesprochen sein, ein Enzymkomplex, der die Mitose zeitlich reguliert. Durch diesen kann Ubiquitin an bestimmte Proteine angelagert werden, die dann abgebaut werden. **Cyclin B** gehört zu den Substraten des APC und ist essentiell für den Beginn der Mitose. Colchizin beeinflusst Cyclin B jedoch nicht.

H10
→ **Frage 1.153: Lösung C**

Zu **(C)**: In Kinozilien (Flimmerhärchen) findet man eine ganze Reihe von Proteinen. Die Kinozilien enthalten zentral zwei voneinander getrennte Mikrotubuli, die von neun doppelten Mikrotubuli umgeben sind. Diese sog. Doubletten bestehen aus Alpha- und Beta-Tubulinen und werden untereinander durch **Nexine** verbunden.
Zu **(A)**: **Centrine** sind kalziumbindende Proteine mit einer Größe von ca. 20 kDa. Sie spielen eine zentrale Rolle bei der Duplikation von **MTOCs**, den **m**icrotubule **o**rganising **c**entres.
Zu **(B)**: **Desmin** gehört zur Gruppe der Intermediärfilamente und findet sich in Muskelzellen.
Zu **(D)**: Die **Speichenproteine** sind ebenfalls in Mikrotubuli zu finden. Sie sind aber radiär angeordnet und verbinden **nicht** zwei benachbarte Mikrotubulusdoubletten, sondern die Mikrotubulidoubletten mit den beiden Zentraltubuli.
Zu **(E)**: **Vimentin** ist Bestandteil des Zytoplasmas von Mesenchymzellen und gehört auch zur Gruppe der Intermediärfilamente. Seine Funktion ist noch nicht eindeutig geklärt.

H06
→ **Frage 1.154: Lösung E**

Zu **(E)**: **Dynein** und **Kinesin** sind beide zur enzymatischen Spaltung des energiereichen ATP befähigt. Die dabei frei werdende Energie wird für einen aktiven Transport von Vesikeln und anderen Organellen entlang einer „Schiene" aus **Mikrotubuli** genutzt. Der Unterschied zwischen beiden Proteinen liegt lediglich in der Richtung des Transportvorganges; Dynein bewegt sich vom (+)- zum (−)-Ende des Mikrotubulus, Kinesin hingegen vom (−)- zum (+)-Ende.
Zu **(A)** und **(B)**: Aktin und Myosin sind die für den aktiven Kontraktionsvorgang notwendigen Funktionsproteine von Muskelzellen. Zusätzlich erfüllen Aktinfilamente, auch Mikrofilamente genannt, wichtige Aufgaben bei der statischen Stabilisierung von Zellen und ihrer Membranen.
Zu **(C)**: Vimentin ist das typische Intermediärfilament von Bindegewebszellen und Fibroblasten.
Zu **(D)**: Eine Epithelzelle besitzt als charakteristisches Intermediärfilament das Keratin.

H06
→ **Frage 1.155: Lösung E**

Siehe Kommentar zu Frage 1.154.

F09
→ **Frage 1.156: Lösung D**

Mikrotubuli sind gerichtete Strukturen des Zytoskeletts. Sie bestehen aus einer Vielzahl einzelner, globulärer Proteine (den Tubulin-Monomeren) und werden nur am sog. (+)-Ende verlängert.
Zu **(D)**: In der Tat findet sich das (+)-Ende der zentralen Mikrotubulus-Struktur eines Axons am **Axonende (Axonterminale)**. Kinesin transportiert u. a. Neurotransmitter-haltige Vesikel von ihrem Syntheseort am Zellleib entlang dieser Mikrotubuli zum Axonende.
Zu **(A)**, **(B)**, **(C)** und **(E)**: Alle hier genannten Strukturen sind Organellen, die in einer Nervenzelle im Perikaryon – und nicht in der Axonterminale – zu finden sind.

H04 F04
→ **Frage 1.157: Lösung D**

Eine fast identische Zeichnung wurde erst im letzten Physikum verwendet. Die Antwortmöglichkeiten sind vollkommen identisch. Doch Vorsicht: Dieses Mal wird nach dem gerichteten Transport vom Zellkörper zur präsynaptischen Membran gefragt; im letzten Physikum war es genau anders herum!
Zu **(B)** und **(D)**: Die Entscheidung fällt zwischen den beiden ATP-spaltenden Proteinen **Dynein** (B) und **Kinesin** (D), die beide für zelluläre Bewegungs- und

Transportvorgänge verantwortlich sind. Beide nutzen Mikrotubuli als „Leitschiene" und können sich unter Energieverbrauch an diesen entlangbewegen. Beide Substanzen unterscheiden sich aber in ihrer Laufrichtung: Dynein transportiert Vesikel vom (+)- zum (−)-Ende eines Mikrotubulus; Kinesin bewegt sich vom (−)- zum (+)-Ende, genau wie es hier gefragt wird.
Kinesin ist ein Molekül, das typischerweise in **Nervenzellen** vorkommt und dort den Vesikeltransport mit dem entsprechenden Transmitter vom Zellkörper (−) zur Nervenendigung (+) vermittelt. **Dynein** ist hauptsächlich in der **Geißel** eukaryontischer Zellen vorhanden, wo es eine Verbindung zwischen den peripheren Mikrotubuli-Paaren vermittelt und durch energieabhängige Konformationsänderung die Bewegung der Geißel ermöglicht.
Zu **(A)**: **Aktin** ist der Baustein von Mikrofilamenten.
Zu **(C)**: Glial fibrillary acidic protein (**GFAP**) ist das Intermediärfilamentprotein von Gliazellen.
Zu **(E)**: **Dynamin** ist ein GTP-spaltendes, Mikrotubuli-bindendes Protein, das wichtige Funktionen im Rahmen der Rezeptor-vermittelten Endozytose von Clathrin-Vesikeln besitzt.

F03 ■
→ **Frage 1.158: Lösung A**

Zu **(A)**: In der Abbildung ist die typische Struktur eines **Mikrotubulus** dargestellt. Als wichtige Bestandteile des Zytoskeletts bestehen diese hohlen, etwa 24 nm im Durchmesser messenden Proteinröhren aus einzelnen, globulären Proteinen, dem **Tubulin**.
Zu **(B)**: Monomeres Aktin ist ein Bestandteil der viel dünneren (5–7 nm) und nicht hohlen **Aktinfilamente**.
Zu **(C)** und **(D)**: **Dynein** und **Kinesin** sind ATP-spaltende „**Motorproteine**", die für intrazelluläre Transportvorgänge entlang von Mikrotubuli und für die Bewegung eukaryontischer Geißeln („Dynein-Arme") zuständig sind.
Zu **(E)**: Auch das **Myosin** ist ein ATP-spaltendes **Motorprotein** mit Bindungsstellen für Aktin und ATP; es hat eine wichtige Funktion bei der Muskelkontraktion. Myosin, das außerhalb von Muskelzellen vorkommt, wird als Myosin II bezeichnet.

F01
→ **Frage 1.159: Lösung A**

Die Zeichnung zeigt den Aufbau einer eukaryontischen Zilie mit ihrem charakteristischen „9 × 2 + 2-Muster". Ein zentral liegendes Paar von Mikrotubuli, aufgebaut aus dem Monomer Tubulin (A), ist umgeben von 9 Paaren Mikrotubuli, die jeweils zwei sog. Dynein-Arme (D) tragen. Dynein ist als ATP-spaltendes Enzym für die Energieerzeugung zur aktiven Bewegung der Zilie verantwortlich.

Zu **(B)** und **(E)**: Aktin und Myosin sind die charakteristischen Funktionsproteine der Muskelzelle. Das ATP-abhängige „aneinander Vorbeigleiten" der hochgeordneten Proteinstrukturen ist Grundlage der Bewegung von Muskeln, spielt aber auch in der Bewegung verschiedener Einzelzellen eine wichtige Rolle.
Zu **(C)**: Gelsolin ist ein Aktin modulierendes Protein. Es hat in veränderter Form klinische Bedeutung bei der Auslösung einer Amyloidose.

F01
→ **Frage 1.160: Lösung D**

Siehe Kommentar zu Frage 1.159.

F10 ■
→ **Frage 1.161: Lösung B**

Zu **(B)**: Dynein ist für die Bewegung der Kinozilien (Flimmerhärchen) essentiell wichtig. Im Respirationstrakt sind **Kinozilien** sehr wichtig, da sie Schleim und Staub mittels gerichteten Schlägen aus der Lunge oralwärts abtransportieren können. Im Mund werden diese Sekrete dann entweder verschluckt oder können abgehustet werden. Diese Reinigungsfunktion des funktionellen Respirationsepithels nennt man übrigens auch „mukoziliäre Clearance". Wenn diese geschädigt ist und das ist beim Kartagener-Syndrom der Fall, kann man sich gut vorstellen, dass es zu einer Funktionsstörung im Sinne eines Sekretverhalts und/oder einer chronischen Bronchitis kommt.
Zu **(A)**: Im Darmepithel finden sich **Mikrovilli**, aber keine Kinozilien.
Zu **(C)**: Das **Endokard** verfügt nicht über Zilien.
Zu **(D)**: **Kinozilien** kommen im weiblichen Geschlechtstrakt zwar auch im Uterus, v. a. aber **in den Tuben** vor. Antwortmöglichkeit (B) trifft daher eher zu. Patientinnen mit Kartagener-Syndrom haben daher ein deutlich erhöhtes Risiko für Tubargraviditäten oder sind häufig infertil.
Zu **(E)**: Im **Ductus epididymidis** finden sich **Stereozilien**, nicht aber Kinozilien. Sterozilien enthalten kein Dynein. Männer mit Kartagener-Syndrom sind meist steril, da die **Flagellen der Spermien** ebenfalls Dynein benötigen.

H05
→ **Frage 1.162: Lösung D**

Zu **(D)**: Zentriol und umgebendes Zentroplasma werden auch als **Zentrosom** – oder unter funktionellen Gesichtspunkten als „Mikrotubulus-Organisationszentrum" (MTOC) bezeichnet. Die große Bedeutung für die Organisation des Zytoskeletts wird durch aktuelle Forschungsergebnisse gestützt, die Veränderungen des Zentrosoms in den meisten menschlichen Tumoren beschreiben.

Zu (A): **Peroxisomen** enthalten Enzyme des oxidativen Stoffwechsels, insbesondere Wasserstoffperoxid-bildende Oxidasen und als sog. Leitenzym die Katalase, die dieses Peroxid wieder aufspaltet.
Zu (B): Das **glatte endoplasmatische Retikulum** hat seine Funktionen v. a. in der chemischen Modifikation von Proteinen, Kohlenhydraten und Fetten – mit Mikrotubuli hat es nichts zu tun.
Zu (C): Der **Golgi-Apparat** ist ebenfalls für verschiedene chemische Modifikationen zuständig, v. a. werden in ihm aber exportable Proteine in Transportvesikel verpackt.
Zu (E): Die **Caveolae** sind kleine Einstülpungen der äußeren Zellmembran, die morphologisch dem endoplasmatischen Retikulum ähneln. Die genaue Funktion ist nicht bekannt, eine Speicherung von Ca^{2+}-Ionen wird jedoch für bestimmte Zellen diskutiert.

F04 ■
→ **Frage 1.163: Lösung D**

Zu (D): Zentriolen bestehen aus jeweils 9 **Mikrotubuli**-Tripletts, nicht aus Aktin.
Zu (A), (B) und (E): Zentriolen sind paarweise vorliegende, zylindrische Organellen in allen teilungsfähigen Zellen. Sie verdoppeln sich vor der Zellteilung und wandern zu den beiden Zellpolen. Damit legen sie als Anheftungspunkt der Spindelfasern die Teilungsebene der Zelle fest.
Zu (C): Zentriol und das umliegende Zentroplasma bilden gemeinsam das **Zentrosom**. Funktionell spricht man auch von der „Mikrotubulus-Organisationsregion" (MTOR).

H10 ■
→ **Frage 1.164: Lösung C**

Zu (C): Die „Organisationszentren von Mikrotubuli" nennt man **MTOCs** (=**m**icrotubule **o**rganising **c**entres). Hier beginnt das Wachstum von Mikrotubuli. Die wichtigsten MTOCs sind zum einen die **Zentriolen**. Hier beginnen Mikrotubuli im Rahmen der Mitose auszustrahlen, um die Chromosomen in der Äquatorialebene anzuordnen und zu trennen. Zum anderen ist das **Basalkörperchen** wichtig: Von hier aus wird der Aufbau einer Kinozilie organisiert.
Zu (A): Nicht im Axonem (= Achsenfaden bestehend aus Mikrotubuli) der Kinozilien, sondern ganz unten, in den basal der Kinozilien liegenden Kinetosomen (= **Basalkörperchen**) findet sich ein MTOC.
Zu (B): Die chromosomalen Adhäsionspunkte der Mikrotubuli sind am **Kinetochor** zu finden. Das ist ein Bereich an den **Zentromeren** der Chromosomen, wo die Mikrotubuli „andocken". Das dazugehörige MTOC, von dem die Mikrotubuli ausstrahlen, ist an den Zentriolen zu finden.
Zu (D): Mit den zentralen Abschnitten der Chromosomen ist wohl ein Zentromer gemeint (vgl. (B)).

Zu (E): Im Zentrum des **Nukleolus** gibt es z. B. **rRNA**, aber kein MTOC.

1.13.2 Intermediärfilamente

F10 ■ ■
→ **Frage 1.165: Lösung A**

Zu (A) – (D): Das **Zytoskelett** ist ein kompliziertes intrazelluläres Netzwerk aus verschiedenen Proteinen, das der Strukturaufrechterhaltung, intrazellulären Transportvorgängen und der Zellteilung dient. Hierzu zählen auch die **Intermediärfilamente**, die durch Polymerisation von einzelnen fibrillären Untereinheiten entstehen. Sie erhalten die strukturelle Integrität der Zelle aufrecht. Intermediärfilamente werden **gewebespezifisch exprimiert,** man kann daher verschiedene Klassen unterscheiden, z. B.:

Tabelle 1.2   Klassen der Intermediärfilamente

Gewebe	Intermediärfilament
Epithelien (B, D)	Zytokeratine
Mesenchym	Vimentin
glatte Muskelzellen (A)	Desmin
Nervenzellen (C)	Neurofilamente
Astrozyten	Glial fibrillary acidic Proteins (= GFAP)

Zu (E): Im Zytoskelett von **Erythrozyten** kommen keine Intermediärfilamente vor. Das wichtigste Strukturprotein der roten Blutkörperchen ist **Spectrin**, das mitverantwortlich für die extreme Verformbarkeit der Zellen ist.

H04
→ **Frage 1.166: Lösung B**

Zu (B): **Fibrozyten** und ihre „unreiferen" Vorläuferzellen, die **Fibroblasten**, sind Zellen des kollagenen Bindegewebes und sind durch ihr charakteristisches Intermediärfilament **Vimentin** gekennzeichnet.
Zu (A): **Oligodendrozyten** als Gliazellen des zentralen Nervensystems enthalten das Intermediärfilament **GFAP** (glial fibrillary acidic protein).
Zu (C): **Neuronen** sind u. a. durch den Gehalt an **Neurofilamenten** gekennzeichnet.
Zu (D): Das typische Strukturprotein der epithelialen **Keratinozyten** ist das **Keratin**, das in verhornter Form sowohl für die oberste Hautschicht wie auch für den Aufbau von Haaren und Nägeln benötigt wird.
Zu (E): **Darmepithelzellen** besitzen an ihrem apikalen Zellpol sog. **Mikrovilli** zur Oberflächenvergrößerung. Diese Zellausläufer werden u. a. durch **Aktinfilamente** und **Villin** stabilisiert.

1.13 Zytoskelett

H10
→ **Frage 1.167: Lösung A**

Zu **(A)**: In der Aufgabenstellung steht, dass das Hutchinson-Gilford-Syndrom (Progerie) auf eine Mutation im **Lamin**-A-Gen zurückzuführen ist. Wenn man weiß, dass **Lamine** die Intermediärfilamente der **Kernhülle** sind, dann kann man sich herleiten, dass es zu deformierten Zellkernen kommt.
Zu **(B)** und **(C)**: Mitochondrien und Peroxisomen haben **keine** Lamine.
Zu **(D)**: Mit Stachelsaum-Vesikeln sind **clathrin**-coated vesicles bei der Endozytose gemeint. Lamine sind aber an der Endozytose nicht beteiligt.
Zu **(E)**: Mikrofilamente bestehen aus **Aktin**.

H08 ■
→ **Frage 1.168: Lösung D**

Zu **(D)**: Das im Fragetext genannte **GFAP** ist in der Tat das spezifische **Intermediärfilament** der **Astrozyten**. Somit handelt es sich bei dem beschriebenen Hirntumor um ein Astrozytom.
Zu **(A)**: **Nervenzellen** enthalten **Neurofilamente**, kein GFAP (da sie ja keine Gliazellen sind).
Zu **(B)** und **(E)**: Oligodendrozyten und Mikroglia bilden zwar neben den Astrozyten die sogenannte „Neuroglia", das GFAP kommt aber nur in Astrozyten vor.
Zu **(C)**: Das Intermediärfilament von **Fibroblasten** ist das **Vimentin**.

F08
→ **Frage 1.169: Lösung C**

Zu **(C)**: Keratine sind die Intermediärfilamente von Epithelzellen. Sie bilden die Grundsubstanz zur Bildung von Horn, Haaren und Nägeln und dienen als Tonofilamente intrazellulär der strukturellen Integrität und Stabilität der Zellen. Bei der zumeist autosomal dominant vererbten, **Epidermolysis bullosa simplex** gibt es verschiedene Entitäten, die durch eine jeweils spezielle **Mutation von Keratin-Genen** gekennzeichnet sind.
Zu **(A)** und **(B)**: Desmosomen (Maculae adhaerentes) enthalten Desmocollin und Desmoglein, Gürteldesmosomen (Zonulae adhaerentes) enthalten u. a. E-Cadherin und β-Catenin. **Autoantikörper gegen Desmoglein** tragen zur Entstehung einer anderen, blasenbildenden Hautkrankheit, dem **Pemphigus vulgaris**, bei.
Zu **(D)**: **Connexine** sind charakteristische Tunnelproteine, die den offenen Zellkontakt (= **Nexus**) aufbauen. Man findet sie klassischerweise an den Kontaktstellen zwischen Herzmuskelzellen.
Zu **(E)**: **Claudine** sorgen in der sogenannten Schlussleiste (**Zonula occludens**) im Epithel von Hohlorganen für eine chemische Barriere, die ein unkontrolliertes Eindringen des Organinhaltes in die Organwand verhindert (z. B. Gallenblase, Magen-Darm-Trakt, Harnblase).

H07 ■
→ **Frage 1.170: Lösung B**

Zu **(B)**: Im vorliegenden Fall wird eine Unterscheidungsmöglichkeit zwischen zwei epithelialen Tumorzelltypen, einmal aus dem Darmepithel und einmal aus den Drüsenausführungsgängen der Mamma, gesucht. **Zytokeratine** sind in der Tat die für Epithelzellen typischen Intermediärfilamente, sie unterscheiden sich aber auch noch von Epithel zu Epithel, je nachdem zu welchem Organsystem sie gehören. Daher kann eine Analyse des Organspezifischen Expressionsmusters der Zytokeratine bei der geschilderten Fragestellung noch am ehesten weiterhelfen.
Siehe Lerntext I.11 „Zytoskelett".
Betrachtet man die Fragestellung nach klinischen Gesichtspunkten, wäre das Sigmakarzinom als Ursprungsort der hepatischen Metastasen weitaus wahrscheinlicher. Dies ist durch den Pfortaderkreislauf begründet, der kontinuierlich venöses Blut vom Magen-Darm-Trakt in die Leber transportiert, in dem sich natürlich auch Tumorzellen befinden können. Natürlich können auch Mammakarzinome in die Leber streuen, im Vergleich zu gastrointestinalen Malignomen aber erheblich seltener.
Zu **(A)**: **Vimentin** ist das Intermediärfilament mesenchymaler Zellen, bei der Differenzierung von epithelialen Zellen hilft es also nicht weiter.
Zu **(C)** und **(D)**: **Lamine** sind typische Intermediärfilamente unterhalb der inneren Kernmembran; auch **Mikrofilamente** kommen in allen Zellen vor. Eine Unterscheidung zwischen verschiedenen Tumorzelltypen kann also hiermit nicht möglich sein.
Zu **(E)**: **Dynein** ist ein ATP-spaltendes Protein, das u. a. den intrazellulären Transport von Vesikeln entlang von Mikrotubuli bewirkt und für die Bewegung der eukaryontischen Geißeln zuständig ist. Eine Differenzierung zwischen Darm- und Drüsenepithel wird damit sicher nicht gelingen.

1.13.3 Aktinfilamentsystem

H95
→ **Frage 1.171: Lösung C**

Das **Zytoskelett** eukaryontischer Zellen besteht aus drei Gruppen von Proteinfilamenten: **Mikrofilamente** (bestehend aus Aktin), **Mikrotubuli** und **Intermediärfilamente**.
Zu **(C)**: Zilienbewegung beruht auf der energieabhängigen „Verwringung" der Mikrotubuli-Aggregate im Inneren der Zilie. Neun Doppeltubuli sind kreisförmig um zwei zentrale einzelne Tubuli gelagert. Über die ATPase-Aktivität der an den äußeren

1 Allgemeine Zellbiologie, Zellteilung und Zelltod

Tubuli befestigten „Dynein-Arme" wird die aktive Bewegung ermöglicht.

Zu (A): „Mikrofilamente" ist ein älterer zytologischer Ausdruck für „Aktinfilamente". Ein Aktinfilament (F-Aktin) besteht aus einer Vielzahl aneinandergereihter globulärer Aktin-Monomere (G-Aktin).

Zu (D): In Kombination mit dem ATP-spaltenden Myosin dienen Aktin-/Mikrofilamente der amöboiden Zellbewegung. Die biochemischen Vorgänge (Ineinandergleiten von Aktin und Myosin) sind dabei genau die gleichen wie bei der Muskelkontraktion.

Zu (E): Mikrovilli im Darmepithel sind in ihrem Inneren von einem Netz aus Aktinfilamenten durchzogen, das ihrer Stabilisierung dient. Diese Mikrofilamente sind am oberen Zellpol in einem größeren Netzwerk, dem sog. terminal web, verankert.

Siehe auch Lerntext I.11 „Zytoskelett".

H03 ■
→ **Frage 1.172: Lösung D**

Zu (D): Desmosomen (= Haftplatten) als mechanische Zellkontakte bestehen aus scheibenförmigen Proteinen an der Innenseite der Zellmembran, die über sog. **Tonofilamente**, die zu den **Mikrofilamenten** gehören, innerhalb der Zelle ausgesteift sind.

Zu (A): Der Durchmesser von Mikrotubuli beträgt 24 nm, der von Intermediärfilamenten 8–10 nm und der von Aktin-/Mikrofilamenten 5–7 nm.

Zu (B): Intermediär- und Mikrofilamente sowie Mikrotubuli werden aus monomeren Einzelproteinen zusammengelagert.

Zu (C): Die beschriebene, polare Struktur ist die Basis eines gerichteten Auf- und Abbaus der genannten zytoskelettalen Proteine.

Zu (E): Die lumenseitigen Zellen des Darmepithels besitzen zur Oberflächenvergrößerung eine Vielzahl kleinster Ausstülpungen, die **Mikrovilli**, die in ihrer Gesamtheit den sog. **Bürstensaum** bilden. An der Basis der Mikrovilli sind in der Tat zahlreiche Aktinfilamente zu einem dichten Netz, dem **„terminal web"**, verwoben. Diese Struktur dient dem Bürstensaum zum Erhalt seiner Stabilität. Eine aktive Beweglichkeit ist für die Mikrovilli nicht bekannt.

H08 ■
→ **Frage 1.173: Lösung A**

Zu (A): Abgebildet sind Anteile des typischen Zytoskeletts, die aus **Aktinfilamenten** bestehen – links die typische Struktur von **Mikrovilli** an der luminalen Seite von Darmepithelzellen, rechts die typischen **Aktinfilamente**, die das **Zellinnere** (als sog. „**Tonofilamente**") stabilisieren und in der äußeren Zellmembran verankert sind.

Zu (B): Mikrotubuli bilden u. a. die zentrale Baueinheit eukaryotischer Geißeln, die Zellteilungsspindel und die Grundstruktur des Zentriols.

Zu (C) und (E): Desmin- und Vimentinfilamente sind typische Vertreter der Intermediärfilamente von Muskelzellen bzw. mesenchymalen Zellen, die jedoch als geordnete Strukturen in der dargestellten Weise vorkommen können.

Zu (D): Myosin bildet als ATP-spaltendes Enzym in funktioneller Aggregation mit Aktinfilamenten die Basis der Kontraktion von Muskelzellen.

H01
→ **Frage 1.174: Lösung C**

Zu (C): Aktinfilamente, die auch als so genannte **Mikrofilamente** dem Zytoskelett zugerechnet werden, sind tatsächlich zur Stabilisierung der intestinalen Mikrovilli unter der Basalmembran des Darmepithels lokalisiert. Über das zusätzliche Vorkommen von **Myosin**filamenten entsteht ein kontraktiles System, das auch als „**terminal web**" bezeichnet wird.

Zu (A): Die bakterielle Geißel, im Vergleich zur analogen Struktur der eukaryontischen Zelle mit einem Durchmesser von nur 10–20 nm erheblich dünner, ist aus dem Protein **Flagellin** aufgebaut.

Zu (B) und (E): Mikrotubuli und das ATP-spaltende **Dynein** sind die Proteine, die die Geißeln eukaryontischer Zellen aufbauen. Hierbei sind in hochgeordneter Struktur zwei zentrale Mikrotubuli von insgesamt 9 Doppeltubuli mit angehängten „Dynein-Armen" umgeben, das so genannte „9 × 2 + 2"-Muster. Außerdem sind Mikrotubuli ein Bestandteil des Zytoskeletts und als solche an wichtigen Vorgängen und Strukturen wie Membranfluss, Mitosespindel oder amöboider Zellbewegung beteiligt.

Zu (D): Die Gruppe der **Intermediärfilamente** besteht aus einer Vielzahl unterschiedlicher Proteine, die für jeden Zelltyp spezifisch sind.

Siehe auch Lerntext I.11 „Zytoskelett".

F08
→ **Frage 1.175: Lösung D**

Zu (D): Die Abbildung zeigt in der Tat einen Querschnitt durch multiple **Mikrovilli** einer Darmepithelzelle. Mikrovilli sind typische Ausstülpungen von Zellen resorbierender Epithelien, die vor allem der Oberflächenvergrößerung dienen und in ihrem Inneren durch ein feines Netzwerk von **Mikrofilamenten** stabilisiert werden. Man erkennt neben der Abgrenzung durch eine Membran eine im Vergleich der verschiedenen Anschnitte sehr unregelmäßige Binnenstruktur ohne ein immer wiederkehrendes, identisches Muster. Hier liegt der Schlüssel zur Erkennung der richtigen Antwort.

Zu (A): Endosomen sind membranumgrenzte Vesikel, die als Ergebnis der endozytotischen Aufnahme

1.13 Zytoskelett

von Stoffen in der Zelle vorliegen. Sie verschmelzen mit Lysosomen, deren katabole Enzyme die endozytierten Substanzen verdauen. Bei einem Querschnitt durch Endozytosevesikel wäre es schon extrem unwahrscheinlich, alle in identischem Durchmesser in einer Ebene getroffen zu haben.

Zu **(B)**, **(C)** und **(E)**: Die drei hier genannten Strukturen besitzen eine definierte, hoch geordnete Binnenstruktur aus **Mikrotubuli**. Kinozilien und die Schwanzstücke von Spermien bestehen im Zentrum aus zwei Mikrotubuli, die von 9 Paaren Mikrotubuli umgeben werden (sogenannte „9 × 2 + 2"-Struktur). In Axonen von Nervenzellen verlaufen parallel liegende Mikrotubuli, die als „Schienen" für den Transport von Neurotransmitter-Vesikeln dienen.

F06
→ **Frage 1.176: Lösung D**

Zu **(D)**: **Aktin**- oder **Mikrofilamente** gehören zum Zytoskelett und stabilisieren u. a. die **Mikrovilli** der lumenseitigen Membran von Darmepithelzellen. Über das zusätzliche Vorkommen von Myosinfilamenten entsteht dort ein kontraktiles System, das sog. „terminal web".

Zu **(A)**: **Kinozilien** sind bewegliche Zellfortsätze an der Oberfläche verschiedener Epithelzellen und bestehen aus einer hochgeordneten Struktur von zwei zentralen Mikrotubuli, die von 9 Mikrotubuli-Paaren umgeben sind – die sog. „9+2-Struktur". Über die an den peripheren Mikrotubuli ansetzenden Dynein-Arme sind die Zilien durch ATP-Spaltung aktiv beweglich. Ein gutes Beispiel für ein Epithel, das sehr dicht mit Kinozilien besetzt ist, ist die Auskleidung der Atemwege, das sog. **Flimmerepithel**.

Zu **(B)** und **(C)**: **Zentriolen** bestehen aus 9 Tripletts von Mikrotubuli, die in jeder Zelle vorkommen und bei der Zellteilung als Ausgangspunkt der Bildung von **Spindelfasern** dienen. Diese Spindelfasern bestehen ebenfalls aus Mikrotubuli und sind u. a. für die regelrechte Verteilung der Chromosomen auf beide Tochterzellen zuständig.

Zu **(E)**: Der Zellkern ist von einer Kernmembran in Form einer Lipiddoppelschicht umgeben. An die innere Membranoberfläche ist die sog. **Kernlamina** angelagert. Sie gehört strukturell zum Kerngerüst und besteht aus den Intermediärfilamenten Lamin A und C.

F03
→ **Frage 1.177: Lösung E**

Zu **(E)**: **Villin** ist ein Protein, das jeweils 20–30 Aktinfilamente in einem gastrointestinalen Mikrovillus bündelt und auf diese Weise dessen strukturelle Integrität sichert.

Zu **(A)**: **Laminin** ist ein Glykoprotein der Basalmembranen und dient der Vermittlung von Zell-Zell- und Zell-Matrix-Interaktionen.

Zu **(B)**: **Integrine** kommen an den basalen Membrananteilen von Epithelzellen vor. Sie dienen vor allem zur Herstellung und Erhaltung eines Kontaktes zwischen Zelle und darunter liegender extrazellulärer Matrix (vor allem Aktinfilamente). Darüber hinaus spielen Integrine eine wichtige Rolle bei der Neubildung von Gefäßen (Angiogenese) und bei der Regulation der Leukozytenmigration.

Zu **(C)**: **Fibronectin** ist ein wichtiges Plasmaprotein, das von Leberzellen synthetisiert wird und dessen Funktion durch den angloamerikanischen Namen „**cell attachment factor**" gut charakterisiert wird. Es vermittelt z. B. die Bindung von Fibroblasten an Kollagenfibrillen und ist im Rahmen entzündlicher Vorgänge (Granulationsgewebe) von großer Bedeutung.

Zu **(D)**: **Connexine** sind als integrale Membranproteine am Aufbau des offenen Zellkontaktes (Nexus) maßgeblich beteiligt.

H10 ■■
→ **Frage 1.178: Lösung A**

Zu **(A)**: Aktin bildet **Mikrofilamente** aus – die kleinsten Filamente des Zytoskeletts. Die wichtigste Aufgabe dieser Mikrofilamente ist die Aufrechterhaltung der Strukturintegrität einer Zelle. Man findet sie auch in **Stereozilien**, das sind extrem lange **Mikrovilli**. Die Mikrovilli werden im Gegensatz zu echten Zilien nicht aus Mikrotubuli, sondern eben **Aktin** gebildet. Stereozilien (Mikrovilli) findet man im Ductus epididymidis (Anteil an der Spermienreifung) und im Innenohr (Signaltransduktion).

Zu **(B)**: In **Basalkörperchen** findet man **Mikrotubuli**. Diese bestehen aus Tubulinen und nicht aus Aktin. Stereozilien (Mikrovilli) bestehen aus Aktin und nicht aus Mikrotubuli und besitzten daher auch keine Basalkörperchen.

Zu **(C)**: **Intermediärfilamente** sind ebenfalls an der Ausbildung des Zytoskeletts beteiligt. In Stereozilien (Mikrovilli) sind sie aber nicht zu finden, sie sind eher gleichmäßig in der Zelle verteilt.

Zu **(D)**: **Mikrotubuli** sind die größten Filamente des Zytoskeletts. Man findet sie in Kinozilien, Zentromeren und auch ubiquitär in der Zelle verteilt. Stereozilien (Mikrovilli) bestehen, wie gesagt, aus Aktin und nicht aus Mikrotubuli.

Zu **(E)**: **Myosin** ist das klassische Motorprotein des Muskels. Man findet es auch am Zytoskelett, wo es in Kombination mit Kinesin und Dynein am Transport von großen Molekülen beteiligt ist.

1.14 Zellzyklus und Zellteilung (Mitose)

I.12 Zellzyklus

Verschiedene Phasen wechselnder Stoffwechselaktivität mit dazwischen liegenden Teilungen einer Zelle werden mit dem Begriff **Zellzyklus** beschrieben. Der **mitotischen Zellteilung** folgt die G_1-Phase (G vom englischen gap = Lücke), in der die Zelle eine rege Proteinbiosynthese zeigt. Die darauf folgende **S-Phase** (S von Synthese) dient der DNA-Replikation. Nach einer sehr kurzen G_2-Phase folgt dann die erneute Zellteilung, womit der Kreislauf geschlossen ist. Stellt eine Zelle ihre mitotische Aktivität ein, tritt sie in die sog. G_0-Phase ein.

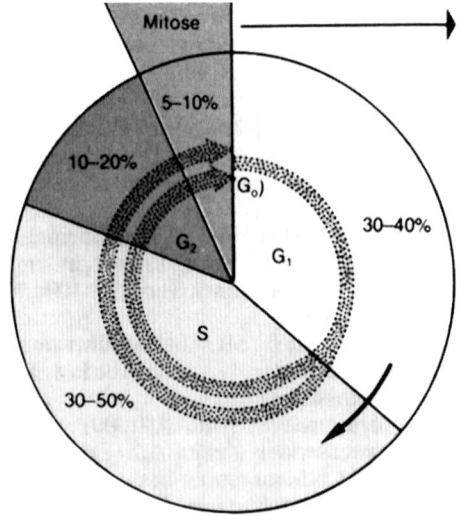

Abb. 1.4 Interphasedauer im Zellzyklus (aus: Vogel, G., Angermann, H.: Taschenatlas der Biologie, Band 1, 5. Auflage, Thieme, Stuttgart, New York, 1990)

Klinischer Bezug

Maligne Tumoren sind in der Regel durch eine hohe Teilungsrate gekennzeichnet. Bei dem Einsatz der Chemotherapie macht man sich genau dieses Phänomen zunutze, da die Medikamente besonders solche Zellen beeinflussen, die sich in der Proliferation befinden. Zellen innerhalb der G_0-Phase, z. B. gesundes Nerven- oder Muskelgewebe, werden hiervon nicht geschädigt. Darüber hinaus wirken viele Chemotherapeutika streng zellzyklus-abhängig, d. h. sie schädigen oder blockieren bevorzugt Zellen in einer bestimmten Lebensphase.
Durch diese Tatsache erklärt sich aber auch das Nebenwirkungsprofil zahlreicher Chemotherapeutika. Die Beeinflussung physiologisch schnell wachsender Gewebe wie Haarfollikel oder Magen-Darm-Schleimhaut führt zu den bekannten Nebenwirkungen wie Haarausfall oder Übelkeit und Erbrechen.

F02
→ **Frage 1.179: Lösung A**

Zu **(A)**: Außerhalb der Zellteilung befinden sich Zellen im Stadium der **Interphase**. Sie zeigen einen mehr oder weniger intensiven Stoffwechsel, bauen Strukturproteine auf und nehmen an den jeweiligen organspezifischen Funktionen teil. Während dieser Zeit erfordert der hohe Stoffwechsel eine geregelte **Genexpression**, d. h. die Zellen synthetisieren spezifische Proteine auf der Basis der chromosomalen Gene. Für diese Genexpression muss der entsprechende Abschnitt der DNA im unspiralisierten Zustand vorliegen, damit eine problemlose Ablesung der Erbinformation gewährleistet ist. Die Kondensation (oder Spiralisierung) der Chromosomen in ihre Transportform ist für die mitotische oder meiotische Zellteilung eine wichtige Voraussetzung.
Zu **(B)**: Zellen, die ihre Teilungsfähigkeit einstellen, scheren aus dem regulären Zellzyklus aus und treten in die sog. G_0-Phase ein.
Zu **(C)** und **(D)**: In der S-Phase (S wie Synthese) wird zur Vorbereitung auf die Zellteilung die Gesamtmenge der Erbinformation verdoppelt. Nach beendeter DNA-Replikation besteht jedes Chromosom aus zwei identischen Schwesterchromatiden.
Zu **(E)**: Die sehr kurze G_2-Phase ist der Zellteilung unmittelbar vorgeschaltet. In ihr finden letzte Vorbereitungen auf den eigentlichen Teilungsprozess statt.
Siehe Lerntext I.12 „Zellzyklus".

■■
→ **Frage 1.180: Lösung C**

Zu **(C)**: Die DNA-Replikation findet in der S-Phase statt, die der G_1-Phase nachgeschaltet ist.
Zu **(A)**, **(B)**, **(D)** und **(E)**: Proteinbiosynthese und das damit verbundene Zellwachstum sind die Hauptmerkmale der G_1-Phase.

F02 H99 H97 ■■
→ **Frage 1.181: Lösung C**

Zu **(A)**, **(B)** und **(C)**: Ein haploider Chromosomensatz existiert nur in der meiotischen Keimzellteilung. Mit G_1 (G für *gap*, engl. = Lücke) bezeichnet man den ersten Abschnitt der Interphase **nach der Zellteilung**, in dem vor allem die Genexpression mit **Proteinbiosynthese** und **Zellwachstum** abläuft.
Zu **(D)**: Die **Replikation der DNA**, deren Resultat die Bildung der zweiten Chromatide eines jeden Chro-

1.14 Zellzyklus und Zellteilung (Mitose)

mosoms ist, findet erst in der **S**ynthese-**Phase** statt, die auf die G_1-Phase folgt.
Zu **(E)**: Stellt eine Zelle ihre mitotische Teilungsaktivität ein, spricht man von der **G_0-Phase**. Dieses Stadium findet man vor allem bei ausdifferenzierten Körperzellen, z. B. Neuronen oder Skelettmuskelzellen.
Siehe Lerntext I.12 „Zellzyklus".

H04 ■
→ **Frage 1.182: Lösung D**

Fragen zum Zellzyklus sind sehr häufig.
Zu **(D)**: Innerhalb des Zellzyklus ist die S-Phase der Mitose vorgeschaltet, nur unterbrochen von der kurzen G_2-(Ruhe-)Phase. Da **Chromosomen** eine komplexe Struktur aus **DNA-Doppelhelix** und basischen Proteinen, den **Histonen** bilden, müssen natürlich neben der Verdopplung der Erbsubstanz auch genügend Histone zur Verfügung stehen, bevor sich die Zelle teilen kann. Die Histon-Synthese ist daher auch ein wichtiger Bestandteil der S-Phase.
Zu **(A)**–**(C)** und **(E)**: Alle genannten Vorgänge finden in der **Prophase** von Mitose und 1. Teilungsphase der Meiose statt, sind somit der S-Phase nachgeschaltet.
Siehe Lerntext I.12 „Zellzyklus".

■
→ **Frage 1.183: Lösung C**

Zu **(C)**: Die Chromosomen werden erst in der Prophase der Mitose/Meiose sichtbar.
Zu **(A)** und **(B)**: Die G_2-Phase liegt als „Pause" mit reduziertem Stoffwechsel zwischen S-Phase und Mitose.
Zu **(D)**: Etwaige DNA-Defekte, die in der vorausgegangenen S-Phase aufgetreten sind, werden durch hocheffektive Kontroll- und Reparaturenzyme erkannt und beseitigt. Dies ist die Grundlage der enorm niedrigen Frequenz von Spontanmutationen unseres Erbgutes.

F09 ■
→ **Frage 1.184: Lösung B**

Zu **(B)**: Die Kernmembran wird am **Übergang der Prophase zur Metaphase** (= **Prometaphase**) aufgelöst.
Zu **(A)**: In der **Prophase** kommt es zur zunehmenden Spiralisierung der Chromosomen.
Zu **(C)**: Die Anordnung der Chromosomen an der **Äquatorialebene** ist das Charakteristikum der **Metaphase**.
Zu **(D)**: In der **Anaphase** werden die Chromosomen längs geteilt, die Chromatiden werden von den Fasern der **Mitosespindel** zu den gegenüberliegenden Zellpolen gezogen.

Zu **(E)**: In der **Telophase** zum Abschluss der Mitose werden die Chromosomen innerhalb der sich neu bildenden Kernhülle entspiralisiert. Es erfolgt die endgültige Teilung der Mutterzelle in die zwei Tochterzellen.

F10 ■
→ **Frage 1.185: Lösung C**

Zu **(C)**: Folgende Vorgänge finden in der **Telophase** statt: (1) Ausbildung neuer Kernhüllen, (2) Ausbildung von Nuceoli, (3) Entspiralisierung des genetischen Materials = Dekondensierung der Chromatiden, (4) Teilung des Zellleibs = **Zytokinese**.
Zu **(A)**: In der Telophase bilden sich neue Kernhüllen, es kommt somit zur Polymerisation der Lamine.
Zu **(B)**: Eine **Phosphorylierung von Histon H1** beobachtet man zu Beginn der **G_1-Phase**.
Zu **(D)**: Die **Mitosespindel** formiert sich in der **Prometaphase**.
Zu **(E)**: Die **Zentrosomen** beginnen sich schon in der **Prophase** zu teilen.

I.13 Mitose

Die mitotische Teilung dient der Entstehung von Tochterzellen mit gleich bleibender Chromosomenanzahl. Damit ein **diploider Chromosomensatz (2n)** der elterlichen Zelle auch in den Tochterzellen diploid bleibt, wird vor der Mitose die DNA repliziert. Aus einem Chromosom (= einer Chromatide) wird ein Chromosom mit zwei Chromatiden, die jeweils identische Kopien der Erbinformation darstellen.
Die Mitose selbst verläuft in vier Phasen, denen jeweils charakteristische funktionelle und morphologische Zellstadien zugeordnet werden können:

1. Prophase
In dieser ersten Phase der Mitose werden die Chromosomen sichtbar. Sie bestehen (seit der S-Phase) aus je zwei Chromatiden. Kernhülle und Nukleolen lösen sich auf. Die Zentriolen wandern zu zwei gegenüberliegenden Zellpolen und legen somit die spätere Teilungsebene fest. Der **Spindelapparat** wird aufgebaut.

2. Metaphase
Die Chromosomen werden maximal spiralisiert (Transportform) und lagern sich in der **Äquatorialebene** der Zelle zusammen. Die Spindelfasern setzen an jedem Chromosom im Verbindungsbereich der Chromatiden (sog. Zentromer) an und unterstützen die exakte räumliche Anordnung.

3. Anaphase
In dieser recht kurzen Phase werden die Chromosomen in ihre Chromatiden getrennt, die durch Verkürzung der Spindelfasern zu den Zellpolen gezogen werden.

1 Allgemeine Zellbiologie, Zellteilung und Zelltod

4. Telophase
Am Ende der Mitose werden die Chromosomen (die jetzt aus jeweils einer Chromatide bestehen!) wieder entspiralisiert und von einer neu gebildeten Kernmembran eingeschlossen. Jetzt erfolgt auch die **Zytokinese,** die eigentliche Teilung der Zelle durch Einschnürung und Neubildung einer Zellmembran im Bereich der Äquatorialebene.
Anmerkung: Bei der **Endomitose** fehlen Ausbildung des Spindelapparats, Auflösung der Kernmembran und Zytokinese. Folge der Endomitose ist daher eine Zelle mit verdoppeltem (allg. vervielfachtem) Chromosomensatz.

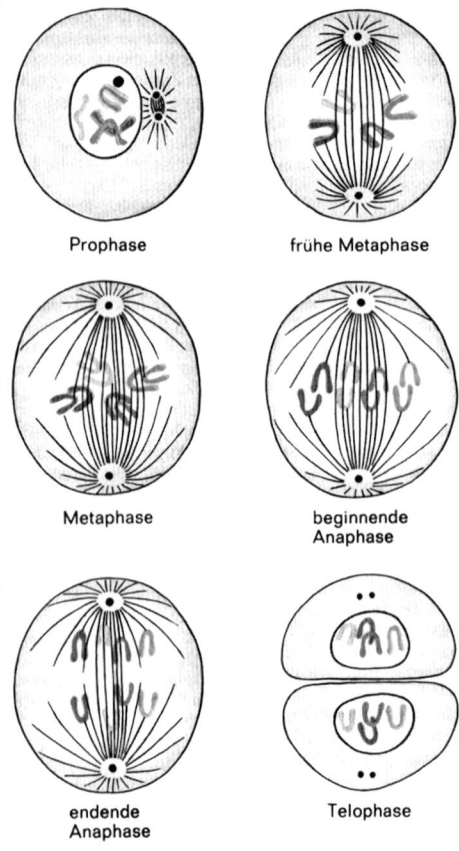

Abb. 1.5 Indirekte Kernteilung (Mitose) (aus: Vogel, G., Angermann, H.: Taschenatlas der Biologie, Band 1, 5. Auflage, Thieme, Stuttgart, New York, 1990)

→ **Frage 1.186: Lösung A**

Zu **(A)**: Bei der Teilung der Keimzellen (Meiose) wird der diploide Chromosomensatz auf einen haploiden Satz halbiert (vgl. Lerntext I.15 „Meiose und zeitlicher Ablauf der Keimzellreifung").

Zu **(B)**: Der Verlust eines Chromosoms ist nicht ausgleichbar.
Zu **(C)**: Die Differenzierung von Zellen erfolgt nicht durch die Mitose, sondern durch regulierte und zeitlich abgestimmte Expression ganz bestimmter Gene, sog. differenzielle Genexpression.
Zu **(D)**: Die DNA-Synthese ist in der S-Phase vor der Mitose abgeschlossen.
Zu **(E)**: Die Verteilung der Organellen auf beide Tochterzellen verläuft rein zufällig und ist in keiner Weise reguliert.

F97 F93 ■

→ **Frage 1.187: Lösung B**

Zu **(B)**: Die DNA muss natürlich schon vor der Mitose repliziert (= verdoppelt) werden, da ja sonst beide Tochterzellen nur den halben Bestand an Erbinformationen erhalten würden.
Zu **(A)**: In der sog. **Transportform** liegen die Chromosomen im Zustand maximaler Kondensation („aufgeknäuelt") vor.
Zu **(C)**: Die Auflösung der Kernmembran während der Prophase ist eine wichtige Voraussetzung für den reibungslosen Ablauf der Mitose.
Zu **(D)**: Die zwei genetisch identischen Schwesterchromatiden eines jeden Chromosoms werden in der Anaphase voneinander getrennt und zu gleichen Teilen auf die prospektiven Tochterzellen verteilt.

→ **Frage 1.188: Lösung D**

Zu **(D)**: Die Proteinsynthese-Aktivität der Zelle ist in der Interphase, besonders der G_1-Phase, maximal.

→ **Frage 1.189: Lösung A**

Zu **(A)**: Das Zentromer ist die Verknüpfungsstelle der beiden Schwesterchromatiden eines Chromosoms. An diesem Punkt setzt die Mitosespindel an und trennt in der Anaphase beide Chromatiden voneinander.

F00 F95 ■ ■

→ **Frage 1.190: Lösung C**

Zu **(C)**: Die DNA-Replikation findet in der **S-Phase** statt. Dieser Abschnitt liegt im Zellzyklus zeitlich vor der Zellteilung, zu der bekanntlich die Prophase gehört.
Siehe Lerntext I.12 „Zellzyklus".
Zu **(A)**: Die in der S-Phase verdoppelte Erbinformation erscheint in der Zellteilung in Form der zweischenkligen Chromosomen. Beide Schenkel, die sog. Chromatiden, enthalten also die identische genetische Information. Bei der Mitose wird diese Information durch exakte Trennung in der Mitte zu gleichen Teilen auf beide Tochterzellen verteilt.

1.14 Zellzyklus und Zellteilung (Mitose)

Zu **(B)**, **(D)** und **(E)**: Die **Zentromere** sind die einzige Verbindungsstelle beider Chromatiden. Sie dienen als Anheftungspunkt der Spindelfasern, die die Chromatiden zu Beginn der Anaphase auseinander ziehen. Chromosomenfehlverteilungen sind häufig Folge defekter Zentromere. Kommt es zu keiner echten Trennung der Chromatiden, so gelangt in der zweiten Reifeteilung der Meiose das komplette Chromosom (aus zwei Chromatiden bestehend) in eine Tochterzelle, sog. **sekundäre Non-disjunction**. Auch bei mutationsbedingtem Verlust der Zentromere können die Chromatiden nicht ordnungsgemäß auf beide Tochterzellen verteilt werden.

H10 ■■
→ **Frage 1.191: Lösung D**

Bei der **Mitose** handelt es sich um den Ablauf der Zellkernteilung. Dabei entstehen zwei Tochterkerne mit identischem Erbgut. Die Mitose läuft grob in vier Schritten ab: Prophase → Metaphase → Anaphase → Telophase:
Zu **(D)**: In der **Anaphase** treten die Trennung der Schwesterchromatiden sowie die Bewegung der Chromatiden in Richtung Spindelpole auf.
Zu **(A)**: Der Abbau der Kernhülle findet in der **Prophase** statt.
Zu **(B)**: Die Mitosespindel wird in der **Metaphase** gebildet.
Zu **(C)**: Der Monaster (= Ein-Stern-Figur) beschreibt die **Metaphase**: Die Chromosomen liegen in der Äquatorialebene und die Mikrotubuli ziehen diese wie die „Lichtstrahlen" eines Sterns nach außen weg.
Zu **(E)**: Der Schluss der Kernhülle um die beiden neu entstandenen Tochterkerne findet in der letzten Phase der Mitose statt, der **Telophase**.

F07 ■
→ **Frage 1.192: Lösung A**

Zu **(A)**: In der **Metaphase** sammeln sich die kondensierten Chromosomen in der sog. **Äquatorialebene** der sich teilenden Zelle, bevor sie dann durch den Spindelapparat zu den neuen Zellpolen transportiert werden.
Zu **(B)** und **(E)**: In der sich an die Metaphase anschließenden **Anaphase** werden die spiralisierten Chromosomen durch die Spindelfasern zu den beiden Zellpolen gezogen; dieser Prozess ist in (B) in einem frühen, in (E) in einem späten Stadium dargestellt.
Zu **(C)**: Hier ist eine Zelle markiert, in der noch keine spiralisierten Chromosomen sichtbar sind. Diese Zelle befindet sich nicht in der Zellteilung; sie stellt eine **Interphase** dar, in der neben dem sonstigen Stoffwechsel auch die Replikation der DNA in Vorbereitung der nächsten Mitose abläuft.

Zu **(D)**: Die **Telophase** kennzeichnet das Ende der mitotischen Zellteilung. In dieser Phase werden die Chromosomen wieder entspiralisiert und die Mutterzelle wird durch Bildung einer neuen Zellmembran im Bereich der vormaligen Äquatorialebene geteilt, wodurch schließlich zwei Tochterzellen entstehen.

F99
→ **Frage 1.193: Lösung C**

Zu **(C)**: Die G_1-Phase des Zellzyklus ist der Mitose unmittelbar nachgeschaltet; die Zelle zeigt in dieser Phase die höchste Aktivität der Proteinbiosynthese. Chromosomen sind jedoch ausschließlich während der Mitose/Meiose sichtbar.
Siehe Lerntext I.12 „Zellzyklus".
Zu **(A)**: In jeder Phase des Zellzyklus bestehen menschliche Chromosomen aus DNA und verschiedenen Proteinen. Diese dienen dem Strukturerhalt sowie dem Schutz vor enzymatischem Abbau durch Nukleasen.
Zu **(B)**, **(D)** und **(E)**: Bei jeder Zellteilung sind die Chromosomen maximal spiralisiert (D), sog. Transportform. Im Mikroskop sind die Chromosomen, die aus zwei Chromatiden bestehen (B), als x-förmige Strukturen erkennbar. Am Zentromer, dessen Lage ein wichtiges Kriterium zur Klassifikation der menschlichen Chromosomen in verschiedene Gruppen ist, sind beide Chromatiden aneinander geheftet (E).

F01 F98 F93 ■
→ **Frage 1.194: Lösung B**

Zu **(B)**: Colchizin, das Alkaloid der Herbstzeitlosen, wirkt über die Polymerisationshemmung von Mikrotubuli als sog. Spindelgift. Somit verhindert es das „Auseinanderziehen" der Chromosomen in der Anaphase der Zellteilung, die in der Metaphasenplatte arretiert bleiben und so lichtmikroskopisch einfach untersucht werden können.
Alle anderen Antworten sind falsch. Von klinischer Bedeutung ist ein „Verkleben" der Chromatiden, was zu einer Ungleichverteilung der Chromosomen in den Tochterzellen und somit zu einer Tri- bzw. Monosomie führen kann.

H05
→ **Frage 1.195: Lösung D**

Zu **(D)**: Das Alkaloid **Vincristin** wird klinisch als Zytostatikum bei der Behandlung verschiedenster maligner Tumoren, z. B. bei Mammakarzinomen, Leukämien oder malignen Lymphomen, eingesetzt. Es wirkt als Mitosehemmer durch eine feste Bindung an Tubulin-Monomere, die dadurch nicht mehr zu einem vollständigen Mikrotubulus polymerisieren können. Damit wird die Ausbildung ei-

ner Mitosespindel unmöglich gemacht. Wie viele „Antibiotika", zu denen auch Zytostatika gehören, wirkt Vincristin v. a. auf Zellen, die sich in der aktiven Teilung – also in der M-Phase – befinden.
Zu **(A)**, **(B)**, **(C)** und **(E)**: Alle hier genannten Abschnitte des Zellzyklus sind durch zelluläre Stoffwechselaktivität gekennzeichnet – es werden hier aber kaum Funktionen unter Beteiligung von Mikrotubuli benötigt, weshalb Vincristin und andere sog. Spindelgifte nicht wirksam sind.

F07
→ **Frage 1.196: Lösung B**

Eine wirklich merkwürdige Frage ... Insbesondere die Kombination eines zeitlichen Verlaufes (es ist vom Zellzyklus die Rede) mit den abgebildeten Grafiken, bei denen die X-Achse für die Menge an mit einem Fluorochrom markierter DNA steht, macht die Beantwortung schwierig. Die richtige Lösung (B) ist am ehesten wie folgt nachzuvollziehen:
Zwischen den Markierungen w und y der linken Grafik hat sich der DNA-Gehalt, angegeben als Fluoreszenz in einem relativen Maß, von 10 auf 20 verdoppelt; die Anzahl der Zellen ist in etwa gleich geblieben. Das bedeutet, dass dazwischen keine Zellteilung stattgefunden hat – Antwort (D) ist sicher falsch. Eine Verdopplung des DNA-Gehaltes bei mehr oder weniger konstanter Zellzahl kann nur durch eine S-Phase mit entsprechender DNA-Replikation erklärt werden – also muss der mit x gekennzeichnete Abschnitt dieser S-Phase (Antwort (B)) entsprechen. In den G-Phasen verändert sich der DNA-Gehalt einer Zelle nicht, egal ob G_1, G_2, G_0, egal ob Medium mit oder ohne Serum ...
Siehe Lerntext I.12 „Zellzyklus".

■
→ **Frage 1.197: Lösung D**

Zu **(D)**: Metaplasie ist eine **fehlgeleitete Differenzierung** von Zellen. Es kommt dabei zum Auftreten von Zellen, die nicht in das betreffende Gewebe gehören. Die Metaplasie ist häufig auf äußere Einflüsse zurückzuführen. Beispiel: Plattenepithel-Metaplasie innerhalb des Flimmerepithels der Trachea und Bronchien bei starken Rauchern.
Zu **(E)**: Ein **Blastem** ist ein Gewebe, das aus Stammzellen besteht.

→ **Frage 1.198: Lösung C**

Das Wachstum einer Zelle findet zum überwiegenden Anteil in der G_1-Phase der Interphase statt. Zu dieser Zeit ist die Proteinbiosynthese der Zelle maximal aktiviert und vergrößert den intrazellulären Proteingehalt.

> **Klinischer Bezug:**
> Hypertrophie und Hyperplasie können bei der Vergrößerung eines Organs auch parallel ablaufen. Bei der in Deutschland sehr häufigen Vergrößerung der Schilddrüse führt Iodmangel zur Hyperplasie, während ein hoher TSH-Wert (Thyreoidea-stimulierendes Hormon) eine Hypertrophie zur Folge hat.

H99 ■■
→ **Frage 1.199: Lösung C**

Nahezu identische Fragen zu den Stichworten Hypertrophie, Hyperplasie oder Metaplasie mit unterschiedlichen Antwortmöglichkeiten kamen in den Examina H94, H95 und H97 vor.
Zu **(C)**: **Hypertrophie** steht für die Volumenzunahme eines Gewebes durch Größenwachstum der einzelnen Zellen; z. B. trainierter Skelettmuskel.
Zu **(A)**: Die Entstehung vielkerniger, **polyploider** Zellen über Endomitosen (DNA-Replikation ohne nachfolgende Zellteilung) führt in manchen Organen zu einer zunehmenden Stoffwechselaktivität; z. B. Leberzellen.
Zu **(B)**: Die Volumenzunahme eines Gewebes durch Vervielfachung der Zellzahl wird als **Hyperplasie** bezeichnet; z. B. Organwachstum.
Zu **(D)**: Beschrieben ist der Prozess der **Metaplasie**, die eine fehlgeleitete Zelldifferenzierung darstellt und häufig als Folge einer chronischen Exposition gegenüber verschiedensten exogenen Schadstoffen auftritt; z. B. Umwandlung des trachealen Flimmerepithels in Plattenepithel bei chronischem Nikotinabusus.
Zu **(E)**: Bei Ausfall der zellulären Kontaktinhibition im Rahmen des **Tumorwachstums** kann es zur Verschleppung von Tumorzellen über den Blut- oder Lymphweg kommen, ein charakteristischer Vorgang bei der Metastasierung.

H95 ■
→ **Frage 1.200: Lösung C**

Zu **(C)**: **Hyperplasie** ist die Volumenzunahme eines Gewebes durch Zunahme der Zellzahl.
Zu **(A)**: **Endomitose** ist die Vermehrung der Erbinformation ohne nachfolgende Zellteilung, was zu einer erhöhten Stoffwechselaktivität der Zelle führen kann, z. B. polyploide Leberzelle.

I.14	Metaplasie

Die ursprüngliche Differenzierung einer Zellpopulation kann sich durch eine Vielzahl von äußeren Einflüssen ändern. Vor allem bei langfristiger Exposition gegenüber Schadstoffen führen chronische Entzündungsreaktionen zu einer veränderten Genexpression in Stammzellen, sodass Morphologie und Funktion der daraus entstehenden Zellen erheblich von der Ausgangssituation abweichen. Diesen Vorgang, der grundsätzlich reversibel ist, bezeichnet man als Metaplasie. Im Gegensatz dazu bezeichnet der Ausdruck Anaplasie die irreversible Umwandlung einer Gewebeart in eine andere.

Klinischer Bezug:
Das Entstehen verschiedener Karzinome als maligne Tumoren von Epithelgewebe wird durch die Sequenz „Metaplasie – Dysplasie – Karzinom" beschrieben; derartige Metaplasien sind als Präkanzerosen zu bewerten. Die Entstehung eines Karzinoms, z. B. im distalen Ösophagus nach intestinaler Metaplasie des auskleidenden Plattenepithels (Barrett-Ösophagus) durch eine chronische Reflux-Ösophagitis, hat große klinische Relevanz. Ein weiteres Beispiel metaplastischer Gewebsveränderungen als Ursache maligner Tumoren ist die Entwicklung eines Bronchialkarzinoms in den tiefen luftleitenden Wegen als Folge chronischer Nikotinexposition durch eine Metaplasie des Flimmerepithels.

H97 H94 ∎
→ **Frage 1.201: Lösung B**

Zu **(B)**: Bei Änderung des äußeren Milieus kann ein Gewebe die Gestalt seiner Zellen ändern; so kann sich z. B. bei chronischem Nikotinabusus das Flimmerepithel von Trachea und Bronchien in ein Plattenepithel umwandeln. Diesen Vorgang bezeichnet man als **Metaplasie**. Nicht selten liegt hier der Beginn einer malignen Entartung von Geweben.
Zu **(A)**: Bei Ausfall der zellulären Kontaktinhibition kann es zur Verschleppung von Zellen über den Blut- oder Lymphweg kommen – ein charakteristischer Vorgang bei der **Metastasierung** maligner Tumoren.
Zu **(C)**: Die Entstehung vielkerniger (polyploider) Zellen durch Endomitose (DNA-Replikation ohne nachfolgende Zellteilung) kann bei manchen Zellen, z. B. Leberzellen, zur Steigerung des Stoffwechsels beitragen.
Zu **(D)**: Verkümmerung oder Abbau eines Gewebes wird als **Atrophie** bezeichnet, egal ob dieser Vorgang physiologisch auftritt (z. B. Altersinvolution des Thymus) oder auf pathologische Veränderungen beruht (z. B. Inaktivitätsatrophie eines Muskels).

F99 ∎
→ **Frage 1.202: Lösung B**

Zu **(B)**: Eine Vermehrung der Erbinformation ohne nachfolgende Zellteilung, sog. **Endomitose,** führt zu polyploiden, einkernigen Zellen. Dieses Phänomen ist u. a. für humane Leberzellen bekannt und führt zu einer deutlichen Steigerung der Stoffwechselrate.
Zu **(A)**: Polyploidie kommt auch in pflanzlichen Zellen vor, aber eben nicht nur dort.
Zu **(C)**: Das mehrfache Vorkommen eines Chromosoms wird als **Polysomie** bezeichnet, z. B. Trisomie. Eine Polyploidie betrifft immer den gesamten Chromosomensatz.
Zu **(D)**: Crossing-over führt zum Austausch gleicher Genloci homologer Chromosomen und hat mit Polyploidie nichts zu tun.
Zu **(E)**: Eine Störung der Chromosomenverteilung in der Mitose führt zu Fehlverteilungen einzelner Chromosomen im Sinne von Mono- oder Polysomien.

H00 F90
→ **Frage 1.203: Lösung D**

Eine **Endomitose** ist die Verdopplung des Chromosomensatzes ohne nachfolgende Teilung der Zelle.
Zu **(D)**: Endomitose führt zu einer polyploiden, einkernigen Zelle mit meist erhöhter Stoffwechselaktivität. Eine erhöhte Teilungsaktivität ist nicht die Folge, zumal Polyploidie meist bei ausdifferenzierten Zellen vorkommt, die sich in der G_0-Phase befinden und sich daher nicht mehr teilen.
Zu **(A), (B), (C)** und **(E)**: Die Vervielfachung des Chromosomensatzes führt zur Volumenzunahme des Zellkerns. Bei erhöhter Stoffwechselaktivität nimmt die Transkriptionsrate deutlich zu und die Zelle gewinnt durch die verstärkte Proteinsynthese an Volumen.

→ **Frage 1.204: Lösung C**

Zu **(C)**: Eine **Amitose** ist die Durchschnürung des Zellkerns ohne vorangegangene DNA-Replikation und ohne Spindelapparat. Eine Durchschnürung des Zellleibes kann auftreten, muss aber nicht. Fehlt die Zytokinese, kommt es zur Bildung einer zweikernigen Zelle, deren Kerne allerdings einen unterschiedlichen DNA-Gehalt aufweisen.

F92
→ **Frage 1.205: Lösung B**

Plasmodien sind mehrkernige Zellen, die durch mitotische Kernteilungen ohne nachfolgende Zellteilung oder auch durch Amitose entstehen können. Im menschlichen Körper sind mehrkernige Zellen beispielsweise **Skelettmuskelzellen.**

F92
→ **Frage 1.206: Lösung E**

Synzytien sind mehrkernige Strukturen, die durch Fusion vieler Zellen entstehen. Beispiel: Synzytiotrophoblast der menschlichen **Plazenta.**

(Bei den Zellen des Herzmuskels, die durch Gap junctions elektrisch miteinander gekoppelt sind, spricht man auch von einem funktionellen Synzytium).

1.15 Meiose (Reifeteilung)

1.15.1 Meiose (Reifeteilung)

I.15 Meiose und zeitlicher Ablauf der Keimzellreifung

Die Meiose als Zellteilung bei der Entstehung der Keimzellen hat zwei wichtige Funktionen:
- Sie dient der **Reduktion der Chromosomenzahl auf die Hälfte** (haploid = n), damit die reifen Keimzellen bei der nachfolgenden Befruchtung zu einer erneut diploiden Zygote verschmelzen können.
- Im Rahmen des Crossing-over mit Stückaustausch zwischen homologen Chromosomen und durch die zufällige Verteilung der mütterlichen und väterlichen Chromosomen auf beide Tochterzellen kommt es zur **Neukombination des Erbgutes**.

Der Ablauf der Meiose ist in zwei Schritte unterteilt:

Reduktionsteilung = 1. Reifeteilung
Die in einer vorangegangenen S-Phase replizierten Chromosomen werden zu Beginn der Prophase sichtbar. Sie bestehen, wie bei der Mitose, aus je zwei genetisch identischen Schwesterchromatiden, lagern sich jedoch als Paare homologer Chromosomen dicht zusammen und bilden die sog. Chromatiden-**Tetrade**. In dieser Situation kann es zur Überkreuzung zwischen zwei Chromatiden der homologen Chromosomen kommen (**Crossing-over**). Nach Strangbruch und Wiederverschmelzung werden auf diese Weise mütterliche und väterliche Allele vermischt.

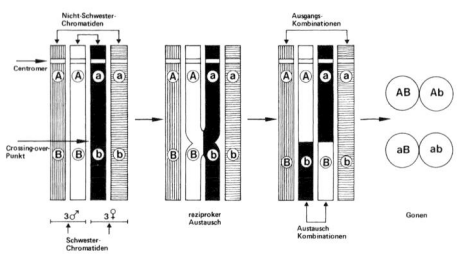

Abb. 1.6 Die genetischen Konsequenzen eines einfachen Crossing-over zwischen zwei Nicht-Schwester-Chromatiden

Ausgangssituation: Heterozygotie für die Genpaare Aa und Bb auf den beiden Homologen des Chromosoms Nr. 3. Das Crossing-over liegt zwischen den beiden Genpaaren. Die beiden Homologen des Pachytän-Bivalents sind aus zeichnerischen Gründen in aufgeklappter Form dargestellt. Vom Crossing-over sind nur zwei der vier Chromatiden betroffen.

In der Metaphase ordnen sich die homologen Chromosomen gepaart in der Äquatorialebene an und werden in der nun folgenden Anaphase der 1. Reifeteilung voneinander getrennt. Hierbei ist es für jedes Chromosomenpaar dem Zufall überlassen, welche Tochterzelle das väterliche und welche das mütterliche Chromosom erhält.

An Orten mit Crossing-over entstehen durch das Auseinanderziehen der homologen Chromosomen Figuren, die als **Chiasmata** bezeichnet werden. Nach Ende der 1. Reifeteilung ist der Chromosomensatz der zwei entstandenen Zellen auf n = haploid reduziert.

Es folgt nur eine kurze Ruhepause (keine Interphase!) und die Zellen treten ein in die

Äquationsteilung = 2. Reifeteilung
Diese Teilung entspricht in ihrem Ablauf der Mitose. Die Chromosomen, bestehend aus zwei Chromatiden, ordnen sich in der Metaphase in der Äquatorialebene an und werden durch den Spindelapparat in der Anaphase in die zwei Schwesterchromatiden getrennt.

Eine Gesamtbetrachtung der Meiose ergibt also folgendes Schema:
1 Zelle 2n = 46 Chromosomen (à 2 Chromatiden)
⇨ Reduktionsteilung:
2 Zellen n = 23 Chromosomen (à 2 Chromatiden)
⇨ Äquationsteilung:
4 Zellen n = 23 Chromosomen (à 1 Chromatid)

Das Endergebnis der Meiose stellen somit 4 haploide Keimzellen dar. Den 4 funktionsfähigen Spermien beim Mann steht jedoch bei der Frau nur eine Eizelle gegenüber. Die übrigen drei Zellen geben bei der meiotischen Teilung nahezu ihr gesamtes Zytoplasma an die eine funktionsfähige Eizelle ab und werden zu drei funktionslosen **Polkörperchen**, die im weiteren Verlauf zugrunde gehen.

Der zeitliche Ablauf der Keimzellreifung ist sehr stark verlängert. Insbesondere bei der Frau liegen Jahrzehnte zwischen Beginn und Ende der meiotischen Teilungen. Aus den weiblichen Urkeimzellen differenzieren sich in der embryonalen Gonadenanlage die diploiden Oogonien als Stammzellen der **Oogenese**. Innerhalb der Embryonalzeit durchlaufen die Zellen eine Reihe von mitotischen Teilungen und vermehren sich auf diese Weise sehr stark. Im fünften Entwicklungsmonat liegt ihre maximale Anzahl bei etwa 7 Millionen. Bald darauf setzt eine massive Zelldegeneration ein. Die überlebenden Zellen differenzieren sich zu **primären Oozyten** (= Oozyten I. Ordnung) und treten in die Prophase der 1. Reifeteilung ein, in der sie arretiert werden. Bei Geburt liegt ihre Zahl bei 700 000–2 Millionen. Bis zum Eintritt in die Pubertät gehen weitere Zellen zugrunde, so dass mit Erreichen der Geschlechtsreife noch etwa 30 000–40 000 primäre Oozyten vorhanden sind, von denen dann unter dem Einfluss der Geschlechtshormone pro Zyklus etwa 40–50 die 1. Reifeteilung der Meiose fortsetzen und beenden. Zum Zeitpunkt der Ovulation besitzen die Zellen dann bereits einen haploiden Chromosomensatz und werden als **sekundäre Oozyten** (Oozyten II. Ordnung) bezeichnet. Periovulatorisch beginnen diese mit der 2. Reifeteilung, die sie jedoch erst nach erfolgter Befruchtung beenden.

Beim Mann beginnt die **Spermatogenese** erst während der Pubertät. Der geschlechtsreife Hoden enthält etwa 1 Milliarde diploider Spermatogonien, die sich bis ins höhere Alter kontinuierlich über die Zwischenstufen der Spermatozyten I. und II. Ordnung zu den haploiden Spermien (pro Tag etwa 200 Millionen) differenzieren.
(Siehe auch Abb. 1.7)

H01
→ **Frage 1.207: Lösung D**

Im Rahmen der Meiose entstehen aus einer diploiden Vorläuferzelle (2n) vier Keimzellen mit haploidem Chromosomensatz (n) bzw. eine reife Eizelle und drei funktionslose Polkörperchen im weiblichen Geschlecht. Im ersten Teilungsschritt der Meiose, der Reduktionsteilung, werden die homologen Chromosomen voneinander getrennt (2n → n). Die direkt anschließende Äquationsteilung trennt jedes einzelne Chromosom in seine beiden Schwesterchromatiden, sodass die gesamte Menge an DNA auf ein Viertel reduziert wird. Antwort (D) ist richtig.

F05 ■
→ **Frage 1.208: Lösung C**

Zu **(B)** und **(C)**: Reife Gameten (= Eizelle und Spermium) enthalten beim Menschen 23 Chromosomen, die aus jeweils einer Chromatide bestehen. Die doppelte Menge an DNA, also 46 Chromosomen aus jeweils einer Chromatide, enthalten diploide Zellen nur außerhalb der Zellteilung. In dieser G_1-Phase zeigen die Zellen einen mehr oder weniger aktiven Stoffwechsel, bauen Strukturproteine auf und nehmen an den jeweiligen organspezifischen Funktionen teil.
Vor Eintritt der Zelle in eine Zellteilung wird in der **S**(ynthese)-**Phase** (B) die DNA-Gesamtmenge verdoppelt, die 46 Chromosomen bestehen dann aus jeweils zwei Chromatiden.

Zu **(A)** und **(E)**: **Prophase** und **Metaphase** sind Stadien der Zellteilung, in denen nach dem oben Gesagten eine insgesamt vierfache DNA-Menge gegenüber den reifen Gameten vorliegt.
Zu **(D)**: Die kurze G_2-**Phase** folgt der S-Phase und ist der Zellteilung unmittelbar vorangestellt. Auch zu diesem Zeitpunkt bestehen alle Chromosomen im diploiden Satz aus jeweils zwei Chromatiden.

H01 ■■
→ **Frage 1.209: Lösung A**

Zu **(A)**: In der S-Phase wird jedes Chromosom identisch repliziert, um die notwendige Verdopplung der Erbsubstanz vor Eintritt in eine Zellteilung (Mitose oder Meiose) zu gewährleisten. Die S-Phase ist somit der Teilung einer Zelle grundsätzlich vorgeschaltet.
Zu **(B)** und **(E)**: Beide Antwortmöglichkeiten sind leicht als falsch erkennbar, da die S-Phase niemals innerhalb einer Zellteilung abläuft.
Zu **(C)** und **(D)**: Die zweite meiotische (Äquations-) Teilung ist der ersten (Reduktionsteilung) unmittelbar nachgeschaltet. Hierbei wird, ähnlich einer Mitose, jedes Chromosom in seine zwei Chromatiden aufgetrennt. Eine zwischengeschaltete S-Phase existiert nicht.

H06 ■■
→ **Frage 1.210: Lösung A**

Fragen dieser Art wurden in den vergangenen Jahren immer wieder mit leichten Abwandlungen der Antwortmöglichkeiten gestellt.
Zu **(A)**: In der S-Phase (Synthese-Phase) wird jedes Chromosom einmal identisch repliziert, um die notwendige Verdopplung vor dem Eintritt in eine Zellteilung (Mitose oder Meiose) zu gewährleisten. Die S-Phase ist also jeder Teilung, auch der 1. meiotischen (Äquations-)Teilung, vorgeschaltet.
Zu **(B)** und **(C)**: Die S-Phase läuft niemals während einer Zellteilung ab.
Zu **(D)** und **(E)**: Das Ergebnis der 2. meiotischen (Reduktions-)Teilung ist das reife Spermium. Der Chromosomensatz ist haploid, damit die Befruchtung der ebenfalls haploiden Eizelle wieder zu einer diploiden Zygote führen kann. Eine weitere S-Phase zu diesem Zeitpunkt wäre also fatal.
Siehe Lerntext I.15 „Meiose und zeitlicher Ablauf der Keimzellreifung".

H05
→ **Frage 1.211: Lösung B**

Hier hat das IMPP einmal eine Frage zur Entspannung der Prüfungskandidaten eingebaut – kaum zu glauben, dass auch derartiges Basiswissen noch abgefragt wird ...

Zu **(B)**: Da die menschliche Zelle bekannterweise einen diploiden Chromosomensatz von n = 46 besitzt (44 Körperchromosomen und 2 Geschlechtschromosomen), kann der haploide Satz, wie er in einer reifen Eizelle oder einem Spermium vorkommt, nur aus 23 Chromosomen bestehen. Alle anderen angebotenen Lösungsmöglichkeiten sind falsch.

H02
→ **Frage 1.212: Lösung D**

Die genannte Chromosomenkonstellation entspricht einer **haploiden Zelle** (n = 23), somit sind (A)–(C) als **diploide Zellen** leicht als falsch zu erkennen. Da mit dem vorgegebenen Y-Chromosom der männliche Genotyp definiert ist, kann es sich bei der gesuchten Zelle nur um ein Spermium handeln (D).

F01 F98 H95 H91 ∎
→ **Frage 1.213: Lösung C**

Zu **(C)**: Eine Trennung von genetischem Material findet in jeder Zellteilung nur in der Anaphase statt. Mit diesem Wissen sind die Antworten (A), (B) und (D) sofort als falsch erkennbar. Speziell bei der Keimzellbildung läuft die meiotische Zellteilung in zwei Schritten ab. In der ersten Teilung wird der Chromosomensatz durch Trennung der homologen Chromosomen voneinander auf die Hälfte reduziert. Die so entstandenen zwei Zellen sind haploid.
Zu **(E)**: Im zweiten Teilungsschritt der Meiose werden die einzelnen Chromosomen in jeweils zwei Chromatiden getrennt. Diese Teilung folgt also dem Prinzip der Mitose und führt zum Endprodukt der Keimzellreifung, vier haploiden Keimzellen.

1.15.2 Verlauf der 1. Reifeteilung

H09 ∎∎
→ **Frage 1.214: Lösung B**

Zu **(B)**: Das **Crossing-over** findet während der **1. meiotischen Teilung** statt. Dabei wird genetisches Material zwischen väterlichen und mütterlichen Chromosomen ausgetauscht. Lichtmikroskopisches Korrelat des Crossing-over sind die **Chiasmata**; sie treten mehrfach pro Chromosomenpaar auf. Diese Rekombination genetischer Information erhöht die genetische Vielfalt.
Zu **(A)**: Die **letzte Spermatogonien-Mitose** läuft wie eine ganz normale Mitose ab. Dabei kommt es nicht zu einem Crossing-over. Dies gibt es nur bei der Mitose.
Zu **(C)**: In der **Interphase zwischen der 1. und 2. meiotischen Teilung** findet ebenfalls kein Crossing-over statt.
Zu **(D)**: Die **2. meiotische Teilung** schließt sich der 1. Reifeteilung unmittelbar an. Sie dient dazu, die Schwesterchromatiden voneinander zu trennen.
Zu **(E)**: **Nach der 2. meiotischen Teilung** ist die Meiose vollzogen und ein Crossing-over macht hier keinen Sinn mehr.

H09 ∎
→ **Frage 1.215: Lösung A**

Zu **(A)**: Die Spermienreifung dauert im männlichen Hoden ca. **64 Tage**. Die **Prophase I** dauert hierbei am längsten. Danach reifen die Spermien im Nebenhoden noch ca. 8-17 Tage heran, so dass insgesamt etwa **80 Tage** vergehen, bis aus einer Stammzell-Spermatogonie ein fertiges Spermium im Ejakulat werden kann.
Zu **(B)-(E)**: Alle anderen genannten Phasen sind kürzer als die Prophase I.

1.15.3 Verlauf der 2. Reifeteilung

∎∎
→ **Frage 1.216: Lösung A**

Zu **(A)**: Die Replikation der DNA findet in der S-Phase der Intermitose vor Beginn der 1. meiotischen Teilung statt.
Zu **(C)** und **(D)**: Zwischen der 1. und 2. meiotischen Reifeteilung gibt es keine Interphase, daher auch keine G_1- oder S-Phase.

F00 ∎∎
→ **Frage 1.217: Lösung E**

Zu **(D)** und **(E)**: Die Meiose läuft in zwei Schritten ab: in der ersten **(Reduktions-)Teilung** werden die homologen Chromosomen, bestehend aus jeweils zwei Chromatiden, getrennt. Die zweite **(Äquations-)Teilung** gleicht der Mitose – hier wird jedes Chromosom in seine zwei Schwesterchromatiden getrennt.
Zu **(A)**: Die Replikation der DNA findet lange vor dem Eintritt der Zelle in eine Teilung statt.
Zu **(B)** und **(C)**: Da die homologen Chromosomen bereits in der 1. meiotischen Teilung voneinander getrennt werden, können sie sich in der 2. Teilung nicht mehr paaren. Auch ein Crossing-over, d. h. die Überkreuzung der Chromatiden zwischen zwei homologen Chromosomen, ist dann natürlich nicht mehr möglich.
Siehe Lerntext I.15 „Meiose und zeitlicher Ablauf der Keimzellreifung".

H95 ∎∎
→ **Frage 1.218: Lösung D**

Zu **(D)**: Die primären Oozyten treten schon im 3. Embryonalmonat in die 1. meiotische Reifeteilung und verharren in der Prophase bis zum Eintritt in die Pubertät.

Zu **(A)**: Im Gegensatz dazu beginnt beim Mann die Keimzellreifung erst in der Pubertät.

Zu **(B)**: Die Reduktion der Chromosomenzahl beim Menschen läuft in der Meiose in zwei hintereinander geschalteten Schritten ab, die als 1. Reife-/Reduktionsteilung und 2. Reife-/Äquationsteilung bezeichnet werden.

Zu **(C)**: Siehe Lerntext I.15 „Meiose und zeitlicher Ablauf der Keimzellreifung".

Zu **(E)**: Bei der Reifung einer weiblichen Keimzelle entstehen drei (funktionslose) Polkörperchen, die ihr Zytoplasma an die reife Eizelle abgeben.

H91 ■■
→ **Frage 1.219: Lösung C**

Zu **(C)**: Die Oogonien als Stammzellen der Oogenese teilen sich nur während der Embryonalzeit. Bereits zum Zeitpunkt der Geburt befinden sich alle primären Oozyten in der Prophase der 1. Reifeteilung. Sie verharren in diesem Stadium bis zum Eintritt in die Pubertät. Unter dem Einfluss der Geschlechtshormone setzen pro Zyklus einige Zellen die Meiose fort.

Zu **(A)**, **(D)** und **(E)**: Siehe Lerntext I.15 „Meiose und zeitlicher Ablauf der Keimzellreifung".

Zu **(B)**: Differenzielle Zellteilung bedeutet das Entstehen nur einer neuartig differenzierten Tochterzelle, während die andere als undifferenzierte Stammzelle zurückbleibt.

H90
→ **Frage 1.220: Lösung B**

Zu **(B)**: Bei der Entwicklung der Eizelle wird das Zytoplasma in nur einer reifen, großen Eizelle gesammelt. Die anderen Tochterzellen werden zu den funktionslosen „Polkörperchen", die bald darauf zugrunde gehen.

Zu **(A)**: Bei der Reifung der Spermien entstehen vier gleich große Spermien mit haploidem Chromosomensatz.

Zu **(C)**, **(D)** und **(E)**: Siehe Lerntext I.15 „Meiose und zeitlicher Ablauf der Keimzellreifung".

F07 ■■
→ **Frage 1.221: Lösung A**

Eine in dieser Art häufig gestellte Frage. Bei der Bildung der Keimzellen (**Oogenese** und **Spermiogenese**) findet die letzte Replikation der DNA in der S-Phase der Intermitose vor Beginn der 1. meiotischen Teilung statt (A). Zwischen der 1. und 2. meiotischen Teilung wird die DNA nicht wieder repliziert.
Siehe Lerntext I.15 „Meiose und zeitlicher Ablauf der Keimzellreifung".

H09 ■■
→ **Frage 1.222: Lösung C**

Zu **(C)**: Die 1. Reifeteilung von Eizellen wird **vor (bei) der Ovulation** abgeschlossen. Somit kann die Dauer der 1. Reifeteilung sehr lange dauern. Der **Beginn** findet im **3. Embryonalmonat** statt, das Ende im Extremfall im 40. Lebensjahr oder später.

Zu **(A)** und **(B)**: Die Meiose beginnt bereits in der Embryonalentwicklung. **Bis zur Geburt** liegen alle primären Oozyten in der Prophase der ersten Reifeteilung.

Zu **(D)**: **Nach der Befruchtung** finden die Furchungsteilungen statt, und es entwickelt sich eine **Morula**.

Zu **(E)**: Eine **Zygote** ist eine Zelle, die durch Verschmelzung zweier Gameten (= haploider Geschlechtszellen), also einer Eizelle und einem Spermium, entsteht.

H96 F94 ■■
→ **Frage 1.223: Lösung A**

Zu **(A)**: Bei der Entwicklung der weiblichen Eizelle beginnt die meiotische Teilung der primären Oozyten schon in der Embryonalperiode. Etwa im 4. Monat treten die Zellen in die Prophase der 1. Reifeteilung ein und verharren in diesem Stadium bis zur Pubertät der heranwachsenden Frau. Pro Zyklus treten einige Oozyten wieder in die Meiose ein und sind zum Zeitpunkt der Ovulation (Graafsche Follikel) in der Metaphase der 2. Reifeteilung.

Zu **(B)**: Da – wie oben beschrieben – die Eizelle schon während der Embryonalentwicklung in die Meiose eintritt, muss ihre DNA natürlich „während der vorgeburtlichen Entwicklung synthetisiert" worden sein.

Zu **(C)**, **(D)** und **(E)**: Diese Aussagen sind richtig. Die Keimzellen sind perinatal im Stadium der **Oozyte I**, d. h. einer noch diploiden Zelle, die sich aus einer Oogonie differenziert hat und in der Prophase der 1. Reifeteilung arretiert ist. Bei der monatlichen Reifung von bis zu 50 Oozyten I pro weiblichem Zyklus beenden die Zellen die 1. Reifeteilung, besitzen daher bei der Ovulation einen haploiden Chromosomensatz und werden als **Oozyten II** bezeichnet. Diese beginnen periovulatorisch die 2. Reifeteilung, die sie nur nach erfolgter Befruchtung abschließen.

F98 ■■
→ **Frage 1.224: Lösung E**

Fragen zum Ablauf der Meiose kommen in jedem Physikum vor, hier lohnt sich das Lernen!

Zu **(E)**: Die zweite meiotische Teilung (Äquationsteilung) beginnt zum Zeitpunkt der Ovulation und wird erst nach erfolgter Befruchtung abgeschlossen.

Zu **(A)**: Die Meiose beginnt bereits während der Embryonalentwicklung; bis zur Geburt liegen alle

primären Oozyten in der Prophase der ersten Reifeteilung (Reduktionsteilung) vor.
Zu **(B)**: Von Geburt bis zur Pubertät befinden sich die primären Oozyten in einer Ruhephase. In dieser Zeit laufen keine weiteren Teilungsschritte ab.
Zu **(C)** und **(D)**: Während der Follikelreifung beendet die primäre Oozyte die erste Reifeteilung und wird so, kurz vor der Ovulation, zur sekundären Oozyte. Zum Zeitpunkt der Ovulation tritt die Eizelle in die zweite Reifeteilung ein.

→ **Frage 1.225: Lösung D**

Zu **(D)**: Das Geschlecht des Kindes wird durch das Spermium festgelegt.
Zu **(A)**, **(B)**, **(C)** und **(E)**: Siehe Lerntext I.15 „Meiose und zeitlicher Ablauf der Keimzellreifung".

F02
→ **Frage 1.226: Lösung A**

Zu **(A)**: Im Rahmen der **Oogenese** entstehen aus der diploiden Stammzelle (Oogonie) durch meiotische Zellteilung vier haploide Zellen. Drei davon geben fast ihr gesamtes Zytoplasma an die vierte Zelle ab, die schließlich zur fertigen, großen Eizelle heranreift. Die drei funktionslosen und sehr kleinen Zellen, die als **Polkörperchen** bezeichnet werden, gehen im weiteren Verlauf zugrunde.
Siehe Lerntext I.15 „Meiose und zeitlicher Ablauf der Keimzellreifung".
Zu **(B)**: In der **Spermatogenese** entstehen vier gleichwertige, haploide Spermien aus einer diploiden Stammzelle.
Zu **(C)**: Spindelfasern bestehen aus **Mikrotubuli**. Sie sind in der Tat polar gebaut, d. h. sie werden immer nur an einem Ende (+) durch Anlagerung neuer Tubulin-Monomere verlängert.
Zu **(D)**: Viele Zellen (nicht alle) sind polarisiert. Das bedeutet, dass gegenüberliegende Seiten derselben Zelle unterschiedliche Funktionen haben. Ein gutes Beispiel für diese Polarisierung sind alle Epithelzellen, die an ihrer Basis der Basalmembran aufsitzt und an ihrem apikalen Ende die speziellen Eigenschaften und Funktionen des Epithels ausüben, z. B. Resorption, Reizwahrnehmung oder Sekretion.
Zu **(E)**: **Zentriolen** sind die Ausgangspunkte der Bildung der Mitosespindel bei der Zellteilung. Ihre Ausrichtung legt die Teilungsebene der Zelle fest.

H92 ■
→ **Frage 1.227: Lösung D**

Aus den Urkeimzellen differenzieren sich die **Oogonien** bei der Frau und die **Spermatogonien** beim Mann. Diese Stammzellen sind diploid (D) und vermehren sich durch zahlreiche mitotische Teilungen. Nach weiteren Differenzierungsschritten entstehen die (immer noch diploiden) **Oozyten/Spermatozyten I. Ordnung**. Die Reduktion auf einen haploiden Chromosomensatz findet erst statt, wenn diese Zellen in die 1. meiotische Reifeteilung eintreten und zu **Oozyten/Spermatozyten II. Ordnung** werden.

Abb. 1.7 Die Keimzellenbildung bei höheren Tieren (aus: Gottschalk, W.: Allgemeine Genetik, 4. Auflage Thieme, Stuttgart, New York, 1994)

F08
→ **Frage 1.228: Lösung B**

Eine sehr einfache Frage. Die Spermatogonien sind die diploiden Stammzellen bei der Spermatogenese. Abgebildet sind folgerichtig zwei Paare homologer Chromosomen, die aus jeweils zwei Chromatiden bestehen und die in diesem Beispiel identische Allele in homozygoter Anlage aufweisen. Bei der Entstehung der haploiden Spermien im Rahmen der Meiose enthält jedes Spermium (der aus einer Spermatogonie entstehenden 4 Spermien) jeweils eine Chromatide jedes Chromosomenpaares. Somit kann in dem vorgegebenen Beispiel nur der Chromosomensatz Ab entstehen (Antwort (B)). Alle anderen Antworten sind falsch.

F03 ■■
→ **Frage 1.229: Lösung E**

Zur Beantwortung dieser Frage ist die Kenntnis der einzelnen Phasen des Zellzyklus wichtig (siehe auch Lerntext I.12 „Zellzyklus"). In diesem Zyklus folgt die biosynthetisch aktive **G_1-Phase** der Zellteilung (Mitose oder Meiose), bevor in der ähnlich langen **S-Phase** die Verdopplung des genetischen Materials als Vorbereitung auf eine nächste Teilung stattfindet. Unmittelbar vor dieser **Zellteilung** durchläuft die Zelle die kurze **G_2-Phase**.

Die im Fragetext angegebene DNA-Menge „2 C" ist nicht üblich, meint aber wohl das Vorhandensein eines diploiden Chromosomensatzes mit jeweils einer Chromatide pro Chromosom, wie das in einer G_1-Phase auch typisch ist. Vor Eintritt in die Zellteilung ist das genetische Material in der S-Phase verdoppelt worden, somit beträgt der DNA-Gehalt „4 C". Bei Eintritt in die Metaphase der 1. meiotischen Teilung ist die sich teilende Zelle noch als Einzelzelle vorhanden, der Chromosomensatz ist noch nicht auf zwei Tochterzellen verteilt.
Deshalb ist „4 C" die gesuchte Antwort (E).

F04
→ **Frage 1.230: Lösung D**

Eine eigentlich recht einfache Frage, deren Lösung aber das sehr genaue Lesen des Fragentextes erfordert. Gefragt ist nach dem reinen DNA-Gehalt (= Menge), nicht nach irgendwelchen Ploidiegraden. Außerdem hat die gefragte Tochterzelle die zweite meiotische Teilung (Äquationsteilung) noch nicht abgeschlossen, sondern befindet sich noch in deren Metaphase.
Zur Lösung führt folgende Überlegung: Nach der G_1-Phase folgt im **Zellzyklus** die S-Phase, in der die Zelle zur Vorbereitung auf eine Teilung ihren Chromosomensatz (und damit ihren DNA-Gehalt) verdoppelt – aus 2 C wird dann also 4 C.
Tritt diese Zelle nun in eine Meiose ein, so werden in der ersten meiotischen (Reduktions-) Teilung die homologen Chromosomen voneinander getrennt. Bezogen auf den gesamten DNA-Gehalt wird daher aus 4 C wieder 2 C. Nun tritt die Zelle in die zweite meiotische Teilung ein, die sie aber zum gefragten Zeitpunkt (!) noch nicht abgeschlossen hat – damit bleibt es bei dem DNA-Gehalt 2 C. Nur (D) ist richtig.

F09
→ **Frage 1.231: Lösung B**

Zu **(B)**: Wie der Fragetext bereits erläutert, läuft die **2. Reifeteilung der Meiose** genauso ab wie eine **Mitose**. Es werden die Chromosomen in ihre 2 Chromatiden gespalten, die dann (nach zufälliger Verteilung entlang der Äquatorialebene) zu den beiden Zellpolen wandern. Der Unterschied ist nur, dass der gesamte Chromosomensatz („2n") in der 1. Reifeteilung durch die Trennung der homologen Chromosomen **bereits halbiert wurde** (= haploide Zelle „1n"). Die gesamte Meiose kann man also wie folgt beschreiben (C steht für „Chromatiden"):
[2*n* 2C] → 2 × [1*n* 2C] → 4 × [1*n* 1C]
Zu **(A)**: 1n 1C entspricht dem Genotyp der Spermien bzw. der Eizelle (haploid, jedes Chromosom aus einer Chromatide).

Zu **(C)** und **(D)**: Chromosomen, die aus 3 oder 4 Chromatiden bestehen, gibt es (vielleicht) nur beim IMPP…
Zu **(E)**: **2n 2C** beschreibt den Genotyp der diploiden Stammzelle, Spermatogonie oder Oogonie, bevor sie in die Meiose eintritt.

F10 ■
→ **Frage 1.232: Lösung B**

Zu **(B)**: Die meiotische Teilung findet in den **Geschlechtszellen** statt. Die Ausgangszelle hat einen diploiden Chromosomensatz (2n, 2C). Durch die Meiose (1. und 2. Reifeteilung) entstehen **haploide (= 1n, 1C) Eizellen und Spermien**. Wenn diese miteinander verschmelzen, bildet sich wieder eine diploide (= 2n, 2C) Zygote. So wird gewährleistet, dass die Körperzellen der jeweils folgenden Generation auch wieder einen diploiden Chromosomensatz haben.
Zu **(A)**: Diese Zuordnung kommt während der regelhaften Meiose **nicht vor**.
Zu **(C)**: Während der 1. Reifeteilung wird der diploide Chromosomensatz getrennt und ein haploider Satz entsteht (= 1n, 2C). Merken sollte man sich auch, dass dabei die **homologen Chromosomen** voneinander getrennt werden.
Zu **(D)**: Diese Zuordnung beschreibt eine **Ausgangszelle** (2n, 2C).
Zu **(E)**: Bevor die **Zellen in die Meiose** eintreten können, durchlaufen sie eine **S-Phase**, in der ihr genetisches Material verdoppelt wird (2n, 4C). Auf diese Phase folgen dann die 2 Reifeteilungen.
Zur Erinnerung: „n" bezeichnet die Anzahl der Chromosomen, „C" die Anzahl der Chromatiden bzw. der DNA-Kopien.
Folgende Tabelle fasst die DNA-Verteilung nochmals zusammen:

Tabelle 1.3   DNA-Verteilung

	Chromosomenzahl	DNA-Gehalt
Geschlechtszelle	2n	2C
Geschlechtszelle nach der letzten S-Phase	2n	4C
nach der 1. Reifeteilung	**1n**	2C
nach der 2. Reifeteilung	**1n**	1C
nach Verschmelzung (= Zygote)	2n	2C

1n = haploid = 23 Chromosomen,
2n = diploid = 46 Chromosomen

1.15.4 Funktion der Meiose

H94

→ **Frage 1.233: Lösung A**

Zu **(A)**: Die Meiose führt eben nicht zur Trennung, sondern zur Durchmischung von mütterlichem und väterlichem Erbgut.
Zu **(B)**, **(C)** und **(D)**: Siehe Lerntext I.15 „Meiose und zeitlicher Ablauf der Keimzellreifung".
Zu **(E)**: **Aneuploidie** ist die Abweichung von der normalen Chromosomenzahl. Dies kann als Trisomie oder Monosomie Folge einer Non-disjunction in der Meiose sein.

H98 H94 ■■

→ **Frage 1.234: Lösung B**

Zu **(B)**: **Genetische Rekombination** bezeichnet die Vermischung von mütterlichem und väterlichem Erbgut und ist (neben der Halbierung der Chromosomenzahl) eine wichtige Funktion der Meiose. Im wesentlichen sind zwei Mechanismen an der Rekombination beteiligt:
1. **Zufällige Verteilung** der elterlichen homologen Chromosomen in der Äquatorialebene bei der ersten Reifeteilung.
2. **Crossing-over:** Überkreuzung und Stückaustausch zwischen homologen Chromosomen in der Prophase der ersten Reifeteilung.
Zu **(A)** und **(E)**: Vor und nach der Meiose findet keine genetische Rekombination statt.
Zu **(C)** und **(D)**: Nach dem oben Gesagten erfordert die genetische Rekombination die Anwesenheit der gepaarten homologen Chromosomen – dies ist nur in der ersten Reifeteilung gegeben. In der zweiten Reifeteilung werden die Schwesterchromatiden der dann einzeln vorhandenen Chromosomen getrennt, genetische Rekombination ist also nicht mehr möglich.

H01 ■

→ **Frage 1.235: Lösung C**

Zu **(C)**: Genetische Rekombination ist die Grundlage unserer Artenvielfalt und kommt selbstverständlich auch bei Prokaryonten vor.
Zu **(A)** und **(E)**: Crossing-over bezeichnet die Überkreuzung zweier Nichtschwester-Chromatiden zwischen homologen Chromosomen. Dieser Prozess findet in der Prophase der meiotischen Reduktionsteilung statt und führt durch Strangbruch mit nachfolgender Wiederverknüpfung zum Austausch homologer Allele zwischen beiden Chromatiden.
Siehe auch Lerntext I.15 „Meiose und zeitlicher Ablauf der Zellteilung".
Zu **(B)**: Beim ungleichen Crossing-over werden verschieden lange Chromatiden-Abschnitte ausgetauscht. Das Resultat sind dann zwei homologe Chromosomen mit unterschiedlicher Anzahl an Genen, eine typische strukturelle Chromosomenaberration.
A B C D E F G H I   A B C D E F G H I
A B C D E F G H I → A B C D E F G ***F G H I***
A B C D E F G H I   ***A B C D E*** H I
A B C D E F G H I   ***A B C D E F G H I***
Zu **(D)**: Je näher zwei Allele beieinander liegen, desto häufiger sind sie von einer Rekombination gemeinsam betroffen. Diese Tatsache hat man sich besonders bei der Genkartierung von bakteriellen Genomen zunutze gemacht.

H96

→ **Frage 1.236: Lösung E**

Der Begriff „Chiasma" kommt aus dem Griechischen und bedeutet soviel wie „Kreuzung".
Zu **(E)**: Zwischen jeweils zwei homologen Chromosomen können sich an mehreren Stellen Verklebungen und Überkreuzungen ausbilden.
Zu **(A)**–**(D)**: Die Prophase der ersten Reifeteilung ist prolongiert und wird in fünf Stadien eingeteilt. Im **Leptotän** werden die Chromosomen als dünne Fäden sichtbar. Sie verdicken sich im weiteren Verlauf und lagern sich im **Zygotän** zu den 22 Paaren homologer Chromosomen und zu einem Paar Geschlechtschromosomen zusammen. Jedes Chromosomenpaar bildet mit seinen vier Chromatiden eine sog. Tetrade. Im nun folgenden **Pachytän** kommt es zu Verklebungen der benachbarten Nichtschwester-Chromatiden. Diese Kreuzungsstellen werden zytologisch als Chiasmata bezeichnet, auf DNA-Ebene findet im Rahmen des Crossing-over ein Austausch genetischer Information zwischen den homologen Chromosomen statt. Im **Diplotän** weichen die Chromosomenpaare auseinander, wobei häufig die Chiasmata anfangs noch bestehen bleiben. In der **Diakinese** wird die Kernmembran aufgelöst und es beginnt der Aufbau des Spindelapparats, der den Übergang in die Metaphase einleitet.

H93 ■

→ **Frage 1.237: Lösung D**

Zu **(C)** und **(D)**: In der Spermatogenese findet die Trennung von X- und Y-Chromosom in der 1. Reifeteilung statt, die sich hier wie homologe Chromosomen zusammenlagern. Eine Non-disjunction des Y-Chromosoms kann also nur in der 2. Reifeteilung auftreten, in der normalerweise beide Schwesterchromatiden des Y-Chromosoms voneinander getrennt werden.
Zu **(A)** und **(B)**: Eine Non-disjunction des X-Chromosoms kann bei der Frau dagegen in beiden Reifeteilungen auftreten, da hier schon in der Reduktionsteilung zwei homologe Chromosomen (XX) vorliegen.

Zu **(E)**: Chromosom Nr. 21 ist ein Autosom und verhält sich demzufolge wie die X-Chromosomen der Frau; d. h. Non-disjunction aller Autosomen ist grundsätzlich in beiden meiotischen Teilungen möglich.

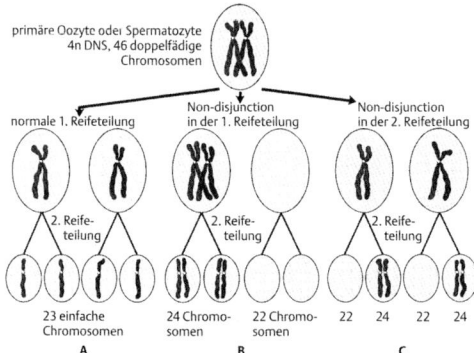

A Normale Reifeteilung. **B** Non-disjunction in der 1. Reifeteilung. **C** Non-disjunction in der 2. Reifeteilung.

Abb. 1.8 Non-disjunction (aus: Sadler, T. W.: Medizinische Embryologie, 10. Auflage, Thieme, Stuttgart, New York, 2003)

H98 F96 F90 ■■
→ **Frage 1.238: Lösung A**

Zu **(A)**: In der 1. meiotischen Teilung werden homologe Chromosomen voneinander getrennt. Die männlichen Geschlechtschromosomen X und Y sind zwar nicht homolog, verhalten sich in dieser Situation aber genauso, d. h. sie werden voneinander getrennt. Eine Non-disjunction zweier X-Chromosomen kann hier deshalb niemals vorkommen.
Zu **(D)**: Die 2. Reifeteilung führt zur Trennung der Schwesterchromatiden, auch beim männlichen X-Chromosom. Eine Non-disjunction kann daher an dieser Stelle durchaus auftreten.
Zu **(C)**, **(D)** und **(E)**: Im weiblichen Geschlecht mit dem Genotyp XX kann eine Non-disjunction zweier X-Chromosomen natürlich bei jeder Teilung auftreten.

> **Merke!**
> Ein Chromosom kann sowohl aus zwei als auch nur aus einer Chromatide bestehen.

H01 ■■
→ **Frage 1.239: Lösung A**

Zu **(A)**: In der ersten meiotischen Teilung werden die homologen Autosomen voneinander getrennt. Bei den Geschlechtschromosomen werden im weiblichen Geschlecht die zwei X-Chromosomen separiert, beim Mann werden X und Y auf die Tochterzellen verteilt. Daher kann eine Non-disjunction von zwei X-Chromosomen in der ersten Teilung beim Mann nicht auftreten.
Zu **(B)**: Die zweite meiotische (Äquations-)Teilung trennt jedes Chromosom in zwei Chromatiden. Hier ist es also auch beim Mann möglich, dass das eine X-Chromosom nicht korrekt aufgespalten wird, was somit zu einem Spermium mit dem Genotyp 22 +XX und einem weiteren ohne Geschlechtschromosom (22+0) führen würde.
Zu **(C)** und **(D)**: Bei der Frau kann es selbstverständlich bei beiden Teilungsschritten der Meiose zur Non-Disjunction zweier X-Chromosomen kommen.
Zu **(E)**: Auch im Rahmen der 1. Furchungsteilung (Mitose!) der weiblichen Zygote, einer diploiden Zelle mit zwei X-Chromosomen, kann ein Fehler in der Auftrennung der X-Chromosomen in ihre Chromatiden auftreten.

F95 ■
→ **Frage 1.240: Lösung A**

Zu **(A)**: Die Häufigkeit einer Non-disjunction ist bei beiden Geschlechtern gleich.
Zu **(B)**, **(C)** und **(D)**: Eine Non-disjunction kann prinzipiell in jeder Zellteilung auftreten – nur die Folgen sind unterschiedlich.
Zu **(E)**: Kommt es bei den mitotischen Furchungsteilungen des wachsenden Keims zur Non-disjunction in einer Zelle, so haben deren „Nachkommen" im späteren Organismus die entsprechende Mono- oder Trisomie. Alle anderen Zellen zeigen dagegen den normalen diploiden Chromosomensatz – eine Situation, die man als **genetisches Mosaik** bezeichnet.

■
→ **Frage 1.241: Lösung E**

Zu **(E)**: **Primäre Non-disjunction** bedeutet eine Non-disjunction **in der ersten Reifeteilung der Meiose**.
Zu **(A)**: Eine Zufallsverteilung der Chromosomen findet immer statt und ist Grundlage der genetischen Vielfalt.
Zu **(B)**: Auch die Paarung von X- und Y-Chromosom in der Meiose des Mannes ist ein normaler Vorgang.
Zu **(C)**: Crossing-over findet nur zwischen homologen Chromosomen statt.
Zu **(D)**: Die Fusion zweier akrozentrischer Chromosomen zu einem Translokationschromosom ist keine Non-disjunction.

H95 ■
→ **Frage 1.242: Lösung B**

Von **Non-disjunction** spricht man bei einer fehlerhaften Trennung von homologen Chromosomen oder von Chromatiden in Meiose oder Mitose. Die Folge ist eine **Chromosomenfehlverteilung** in den

Tochterzellen, von denen eine ein Chromosom zu viel, die andere eines zu wenig enthält. Tritt eine Non-disjunction bei der Keimzellreifung auf, so führen die entstehenden Chromosomenanomalien sehr häufig zum Absterben der sich aus diesen Keimzellen entwickelnden Frucht.

Zu **(B)**: In der 2. Reifeteilung werden die zwei Chromatiden eines jeden Chromosoms voneinander getrennt. Kommt es bei diesem Schritt beim Mann zu einer Non-disjunction des Y-Chromosoms, so entsteht ein Spermium mit zwei YY-Chromosomen. Nach Befruchtung einer Eizelle entsteht der Karyotyp XYY.

Zu **(A)**: In der 1. Reifeteilung werden die homologen Chromosomen getrennt. Beim Mann werden die Chromosomen X und Y voneinander getrennt. Kommt es hier zu einer Non-disjunction, so erhält die eine Tochterzelle beide, die andere keines der Geschlechtschromosomen. Nach der Trennung der Chromatiden in der 2. Reifeteilung entstehen zwei Spermien des Karyotyps XY, die nach Befruchtung einer Eizelle zum Chromosomensatz XXY führen.

Zu **(C)**: Ein XYY-Karyotyp setzt immer ein YY-Spermium voraus. Diese Chromosomenfehlverteilung kann nur in der 2. Reifeteilung entstehen. Siehe Kommentar zu (A) und (B).

Zu **(D)** und **(E)**: Da ein Y-Chromosom nur beim Mann vorkommt, sind diese Antwortmöglichkeiten leicht als falsch zu erkennen.

F00 ■

→ **Frage 1.243: Lösung E**

Eine einfache Frage. Da nach Fehlverteilungen von „Chromosomen bzw. Chromatiden" gefragt ist, sind alle denkbaren Fehler möglich. In der 1. meiotischen Teilung wäre es eine Fehlverteilung von kompletten Chromosomen, in der zweiten Teilung wären die Chromatiden betroffen. Außerdem ist nicht speziell nach Geschlechtschromosomen gefragt, weswegen natürlich keine Geschlechtspräferenz vorliegt.

→ **Frage 1.244: Lösung C**

Zu **(C)**: Kommt es bei den mitotischen Furchungsteilungen des wachsenden Keims zur Non-disjunction in einer Zelle, so haben deren „Nachkommen" im späteren Organismus die entsprechende Mono- oder Trisomie. Alle anderen Zellen zeigen dagegen den normalen diploiden Chromosomensatz – eine Situation, die man als **genetisches Mosaik** bezeichnet.

Zu **(E)**: Die Entstehung eineiiger Zwillinge kommt durch eine vollständige Durchtrennung der Zygote zu Beginn der Furchungsteilungen zustande. Folge ist das Heranwachsen zweier unabhängiger, jedoch genetisch identischer Organismen.

1.16 Zelltod

1.16 Zelltod

Das Absterben von Zellen innerhalb des Körpers wird mit den zwei Vorgängen Nekrose und Apoptose beschrieben.

1. **Nekrose**: Deutliche Abweichungen äußerer Lebensbedingungen von der physiologischen Situation führen zum nekrotischen Zelltod. Hierbei sind thermische Einflüsse wie extreme Hitze, chemische Faktoren wie z. B. eine deutlich reduzierte Sauerstoffzufuhr oder toxische Substanzen für den pathologischen Zelluntergang verantwortlich. Auch eine Infektion mit sog. „lytischen" Viren oder die Aktivierung des körpereigenen Komplementsystems führen zur Nekrose der betroffenen Zellen, die somit eine Form des unspezifischen Zelluntergangs als Reaktion auf vielfältige Noxen darstellt.

Morphologisch zeigen nekrotische Zellen zunächst eine Anschwellung des Zellleibs und der Organellen, da die Plasmamembran ihre Funktion als selektive Barriere für osmotisch wirksame Stoffe nicht mehr ausüben kann. Es kommt zur Fragmentierung und Auflösung des Zellkerns (Karyorhexis). Durch die Zerstörung der Membranen werden schließlich lysosomale Enzyme in die Umgebung der Zelle abgegeben, was im benachbarten Gewebe ebenfalls zum nekrotischen Zelluntergang mit entzündlicher Begleitreaktion führt.

2. **Apoptose**: Im Gegensatz zur Nekrose handelt es sich bei der Apoptose um einen physiologisch programmierten und streng regulierten Zelluntergang. Nur durch apoptotischen Zelltod ist eine Regeneration von Organen/Organsystemen denkbar, ohne dass eine deutliche Vermehrung der Zellzahl auftritt (z. B. Immunsystem). Auch in der Embryonalentwicklung spielt die Apoptose eine wichtige Rolle. So entsteht bei der Skelettreifung der spätere Gelenkspalt zwischen den Anlagen zweier Knochen durch apoptotischen Zelluntergang. Die therapeutische Wirkung ionisierender Strahlung oder mancher Chemotherapeutika bei der Tumorbehandlung wird (z. T.) ebenfalls über die Induktion der Apoptose vermittelt.

Die Apoptose grenzt sich morphologisch durch einige spezielle Merkmale von der Nekrose deutlich ab. So zeigen die betroffenen Zellen eine Schrumpfung, eine Kondensation des Chromatins und eine nachfolgende Aufspaltung des genetischen Materials durch eine aktivierte Endonuklease. Die Zellmembran ist intakt, zeigt jedoch in späteren Phasen der Apoptose die Bildung zahlreicher Bläschen (sog. blebbing) und schließlich die Abschnürung membranumgrenzter Vesikel (apoptotic bodies), die Zellbestandteile und DNA-

Fragmente enthalten. Durch einen sofortigen Abbau dieser Vesikel ohne lokale Entzündungsreaktion ist die Apoptose im histologischen Schnitt nur schwer nachweisbar.

Klinischer Bezug
Medizinisch relevant sind Zustände einer fehlgesteuerten Apoptose. Im Rahmen der Aktivierung sogenannter **Onkogene** kann es durch den Verlust des determinierten Zelltodes zur ungehemmten Vermehrung der maligne transformierten Zellen kommen. Andererseits kann eine übermäßig starke Apoptose zum Verlust von Zellen und Gewebe führen. So löst die Infektion mit dem HI-Virus eine selektiv vermehrte Apoptose der humanen T-Helferzellen aus, was zum klinischen Bild des ausgeprägten Immundefektes führt.

F06
→ **Frage 1.245: Lösung A**

Zu (A): Der Zelluntergang durch eine **Nekrose**, die häufig durch äußere Einflüsse wie Sauerstoffmangel oder Einwirkung von Schadstoffen hervorgerufen wird, ist durch eine Zerstörung der Zellmembran, die Freisetzung lysosomaler Enzyme und eine dadurch ausgelöste Entzündungsreaktion gekennzeichnet.
Zu (B)–(E): Beschrieben sind hier charakteristische Merkmale des „programmierten Zelltods", der sog. **Apoptose**. Dieser physiologische Zelluntergang spielt eine große Rolle u. a. in der Embryonalentwicklung. Eingeleitet wird die Apoptose durch eine Gruppe proteolytischer Enzyme (Caspasen, Antwort (C)), die eine Kaskade intrazellulärer Enzymaktivierungen initiieren. Die betroffenen Zellen schrumpfen, wobei die Integrität der Zellmembran erhalten bleibt (B). Das Chromatin kondensiert und wird in späteren Phasen durch eine Endonuklease aufgespalten (E). Die Zellorganellen bleiben ebenfalls strukturell erhalten (D), werden dann aber innerhalb membranumgrenzter Vesikel („apoptotic bodies") abgespalten und phagozytotisch abgebaut.
Siehe Lerntext I.16 „Zelltod".

H05
→ **Frage 1.246: Lösung B**

Fragen zur Apoptose sind noch immer sehr selten – ihr Schwierigkeitsgrad aber sehr hoch. Wer es nicht weiß, braucht sich bei dieser Frage wirklich nicht zu grämen!
Zu (B): Im Gegensatz zur (meistens durch äußere Einflüsse ausgelösten) Nekrose spielt die **Apoptose (= programmierter Zelltod)** eine wichtige Rolle beim physiologischen und geplanten Zelluntergang, wie z. B. bei Regeneration von Geweben oder in der Embryonalentwicklung. Beim Beginn der Apoptose setzen Mitochondrien **Cytochrom C** frei, dieses verbindet sich mit einem bestimmten Protein (Apaf-1) und der so entstandene Komplex führt zur Aktivierung der Caspasen. Diese proteolytischen Enzyme führen in Form einer Aktivierungskaskade zum programmierten Zelltod.
Alle anderen genannten Organellen haben mit der Apoptose-Induktion nichts zu tun.

H03
→ **Frage 1.247: Lösung A**

Zu (A): **Caspasen** sind in der Tat proteolytische Enzyme, die nach ihrer Aktivierung durch verschiedenste Stimuli eine Kaskade intrazellulärer Enzymaktivierungen initiieren. Am Ende dieser intrazellulären Signalkette steht der programmierte Zelltod, die sog. **Apoptose**, die insbesondere durch einen Abbau der zellulären DNA gekennzeichnet ist.
Zu (B): Bei der Verschmelzung von Lysosomen und Endozytosevesikeln werden **katabole Enzyme** im Rahmen der intrazellulären Verdauung aktiv, mit der Funktionsweise von Caspasen hat das nichts zu tun.
Zu (C): **Mannose-6-Phosphat** dient als Signal im Rahmen der Synthese proteolytischer Enzyme, die vom endoplasmatischen Retikulum über den Golgi-Apparat in **Lysosomen** inkorporiert werden.
Zu (D) und (E): Diese Antwortmöglichkeiten beschreiben Vorgänge bei der Synthese und Sekretion extrazellulär wirksamer Enzyme; Caspasen wirken intrazellulär.

1.17 Zellkommunikation und Signaltransduktion

I.17 Prinzipien der Zellkommunikation und Signaltransduktion

Nicht nur Nervenzellen sind in der Lage, miteinander zu kommunizieren und sich auf diese Weise gegenseitig zu beeinflussen. Mittlerweile kennt man vielfältige Mechanismen der zellulären Kommunikation und viele der daran beteiligten Moleküle. Prinzipiell unterscheidet man die **endokrine** Signalübertragung, die unter Verwendung der klassischen Hormone über weite Distanzen im gesamten Körper von großer Bedeutung ist. Darüber hinaus sind auch die gegenseitige Beeinflussung benachbarter Zellen (**parakrin**) und sogar die „Selbst-Stimulation/-Inhibition" (**autokrin**) bekannte Mechanismen, die z. B. im Magen-Darm-Trakt eine große Rolle spielen.
Die meisten der verwendeten Signalmoleküle („first messenger") übertragen ihren Reiz durch Bindung an **Rezeptormoleküle** auf der Plasmamembran der Zielzelle, da sie diese nicht durch-

dringen können. Als Reaktion darauf wird eine Kaskade intrazellulärer Botenstoffe („second messenger") in Gang gesetzt, die letztlich zum gewünschten Effekt führt. Lipophile Signalmoleküle, z. B. Steroidhormone, penetrieren die Zellmembran und wirken über intrazelluläre Rezeptoren.

Im Folgenden soll die Entstehung eines intrazellulären „second messenger" am Beispiel des zyklischen AMP (cAMP) erläutert werden, da dieses Molekül an der Signaltransduktion vieler Hormone beteiligt ist, z. B. Adrenalin und Noradrenalin, Calcitonin, Glukagon, TSH, FSH und Parathormon. Die Bindung des „first messenger" an den membranständigen Rezeptor führt zunächst zur Aktivierung eines sog. **G-Proteins**, das an der Innenseite der Membran dem Rezeptor anliegt. Dieses G-Protein besteht aus zwei Untereinheiten, von denen eine zur Bindung des energiereichen Guanyl-Triphosphates GTP befähigt ist. Nach seiner Aktivierung löst sich diese Untereinheit des stimulierenden G-Proteins und diffundiert zu einem benachbarten membranständigen Enzym, der **Adenylatzyklase**. Dieses Enzym spaltet daraufhin ATP in Diphosphat und **cAMP**, den gewünschten „second messenger", der nun seinerseits über die Bindung an intrazelluläre Proteinkinasen seine stoffwechselmodulierende Wirkung entfaltet. Die aktivierende G-Protein-Untereinheit spaltet langsam das gebundene GTP in GDP und Phosphat und inaktiviert sich auf diese Weise selbst.

Großer Vorteil dieses komplizierten Mechanismus ist der Aspekt der Signalverstärkung, da die Bindung eines Hormonmoleküls an seinen Rezeptor eine Vielzahl aktivierter G-Proteine erzeugt und die aktivierte Adenylatzyklase ebenfalls multiple Moleküle cAMP synthetisiert (siehe Abb. 1.9).

Die enorme Vielfalt der Signaltransduktion wird durch die Existenz inhibierender G-Proteine sowie zahlreicher weiterer Signalkaskaden, z. B. über Phosphatidyl-inositol-Bisphosphat (Abbauprodukt von Membranlipiden), Calcium-bindendes Calmodulin u. a. erklärt. Vergleichsweise neu ist das Wissen um die Rolle des extrem kurzlebigen Stickstoffmonoxids NO als Signalmolekül, z. B. bei der Induktion des programmierten Zelltodes. Auch beim Prozess der malignen Zellentartung kommt der Signaltransduktion eine entscheidende Rolle zu. Die Produkte mancher sog. **Onkogene** können als veränderte Membranrezeptoren durch eine ständige Tyrosinkinase-Aktivität massiv in Zellvermehrung und -wachstum eingreifen. Physiologische Membranrezeptoren mit Tyrosinkinase-Aktivität sind beispielsweise für Insulin und verschiedene Wachstumsfaktoren bekannt.

F90

→ **Frage 1.248: Lösung E**

Zu **(E)**: Die Bindung einer mRNA an ein Ribosom ist der erste Schritt beim Beginn der Proteinbiosynthese.

Zu **(A)**, **(B)**, **(C)** und **(D)**: Wenn ein extrazellulärer Botenstoff als „first messenger" an den passenden Rezeptor bindet, wird über die Aktivierung eines membrangebundenen Enzyms an der Membraninnenseite ein intrazellulärer „second messenger" gebildet. Diese Substanz kann nun ihrerseits über die Aktivierung/Inaktivierung von Enzymen zelluläre Stoffwechselprozesse oder die Genaktivierung beeinflussen (siehe Abb. 1.9).

Im speziellen Fall von Peptidhormonen (Insulin, Glukagon, Neuropeptide u. a.) ist das aktivierte membranständige Enzym die Adenylatzyklase, die die Umwandlung von Adenosintriphosphat (ATP) zu zyklischem Adenosinmonophosphat (cAMP) als second messenger katalysiert.

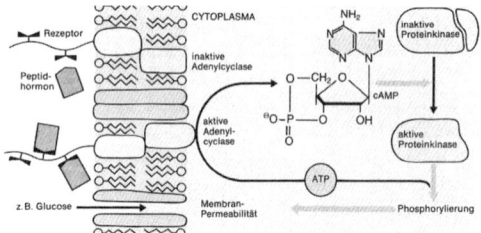

Abb. **1.9** Enzymaktivierung durch ein Peptidhormon über cAMP (aus: Vogel, G., Angermann, H.: Taschenatlas der Biologie, Band 2, 5. Auflage, Thieme, Stuttgart, New York, 1990)

F07

→ **Frage 1.249: Lösung C**

Zu **(C)**: Der **Insulinrezeptor** ist ein Transmembranprotein aus 4 Untereinheiten (2α, 2β). Die β-Einheit besitzt an ihrem zytosolischen Ende eine enzymatische Aktivität, die ihre eigene Phosphorylierung von Tyrosinresten katalysiert (**Tyrosin-Kinase**). Im Anschluss an diese „Autophosphorylierung" werden dann im weiteren Verlauf intrazelluläre Folgeprozesse als spezifische Effekte der Insulinwirkung ausgelöst.

Zu **(A)**: Glycin-gesteuerte Ionenkanäle steuern den Transmembranfluss von Chloridionen in inhibitorischen Neuronen.

Zu **(B)**: Der **Glukosetransporter** ist als zentraler Aufnahmemechanismus von Traubenzucker als wichtigstem Nahrungsstoff vieler Zellen von großer Bedeutung und wird in entzündlich aktiviertem oder auch in Tumorgewebe überexprimiert. Ein Cotransport mit Calcium ist mir nicht bekannt.

Zu **(D)**: Die Kopplung von membranständigen Rezeptoren mit stimulierenden oder inhibierenden **G-**

Proteinen ist häufig (Wirkung von Adrenalin, Calcitonin, TSH usw.) – bei Insulin ist das jedoch nicht der Fall.

Zu **(E)**: Zytosolische Rezeptoren können nur dann als primärer Bindungsort von Botenstoffen funktionieren, wenn das entsprechende Hormon vorher die Zellmembran penetriert hat. Dies ist z. B. für die lipophilen **Steroidhormone** bekannt. Insulin ist als Peptidhormon eher hydrophil und kann die Zellmembran nicht durchdringen.

H06
→ **Frage 1.250: Lösung D**

Zu **(C)** und **(D)**: Aktivierbare **G-Proteine** bestehen aus drei Untereinheiten α, β und γ. Sie sind an der Innenseite der Zellmembran lokalisiert und haben Kontakt zu einem membranständigen Rezeptor der äußeren Membran. Bindet nun das entsprechende Signalmolekül („first messenger") an diesen Rezeptor, wird das G-Protein aktiviert, zerfällt in die α-Untereinheit und ein Dimer aus β- und γ-Anteil. Die α-Untereinheit bindet GTP, diffundiert daraufhin zu einem benachbarten, membranständigen Enzym, der Adenylatzyklase. Die Adenylatzyklase wiederum erzeugt durch die enzymatische Spaltung von ATP den sog. „**second messenger**" zyklisches AMP (cAMP). Durch dieses Botenmolekül können eine Vielzahl intrazellulärer Proteinkinasen aktiviert werden. Die α-Untereinheit inaktiviert sich im weiteren Verlauf selbst durch enzymatische Spaltung des gebundenen GTP. Siehe Lerntext I.17 „Prinzipien der Zellkommunikation und Signaltransduktion".

Zu **(A)**: Es gibt sehr wohl Kaliumkanäle, die durch ein aktiviertes G-Protein geöffnet werden, z. B. bei der Signaltransduktion des muskarinen Acetylcholinrezeptors. Hier ist am ehesten der Zusatz „in der Regel" die Falschaussage dieser Antwortmöglichkeit.

Zu **(B)**: Steroidhormone binden an intrazelluläre Rezeptoren, mit der Signaltransduktion durch G-Proteine haben sie nichts zu tun.

Zu **(E)**: Die β- und γ-Untereinheit zerfallen nicht mehr weiter, eine kovalente Bindung zum Rezeptor besteht ebenfalls nicht.

> **Klinischer Bezug:**
> Das klinische Bild der Cholera mit massiven, wässrigen Durchfällen wird durch eine G-Protein-vermittelte Aktivierung der Adenylatzyklase durch die A-Komponente des Choleratoxins hervorgerufen. Eine vermehrte Bildung von cAMP führt zur Aktivierung von Proteinkinasen, die ihrerseits bestimmte Membranproteine durch Phosphorylierung aktivieren. Durch diese aktivierten Membranproteine kommt es zu einem massiven Elektrolyt- und damit Wasserverlust in das Darmlumen.

H10
→ **Frage 1.251: Lösung B**

Zu **(B)**: **Rezeptor-Tyrosinkinasen** (z. B. Insulinrezeptoren) sind membrangebundene Rezeptoren, deren intrazellulärer Anteil eine enzymatische Aktivität zur Phosphorylierung von Tyrosinresten besitzt. Ganz typischerweise führt eine Aktivierung von solchen Rezeptoren zu einer Dimerisierung von Rezeptormolekülen, die sich dann gegenseitig phosphorylieren und aktivieren. Dadurch wird eine **Signalkaskade** aktiviert.

Zu **(A)**: Ein **Rezeptorpotential** bezeichnet eine membranelektrische Antwort auf einen bestimmten Reiz. Ein solches ist bei Rezeptor-Tyrosinkinasen aber nicht direkt nach der Bindung von Liganden zu beobachten.

Zu **(C)**: Bei einer **Rezeptorinternalisierung** handelt es sich um einen Rückzug von Rezeptoren als Reaktion auf eine Überstimulation durch Liganden. Dadurch kommt es zu einer Abnahme der Rezeptordichte, was zu einer Abschwächung starker/dauerhafter Reize führt. Die Rezeptorinternalisierung ist ebenfalls in diesem Zusammenhang nicht typisch für Rezeptor-Tyrosinkinasen.

Zu **(D)**: Eine **Porenbildung** in der Plasmamembran ist, z. B. für den **MAK** (= Membran-Angriffs-Komplex), beim Komplementsystem beschrieben. Diese kann zur Zelllyse im Rahmen einer körpereigenen Abwehrreaktion führen.

Zu **(E)**: **Proteolytische Spaltungen** finden sich meist beim **intrazellulären** Teil der Peptidketten und sind nicht typisch für Rezeptor-Tyrosinkinasen.

H07
→ **Frage 1.252: Lösung C**

Rezeptortyrosinkinasen sind membrangebundene (Hormon-)Rezeptoren, deren intrazellulärer Anteil eine enzymatische Aktivität zur Phosphorylierung von Tyrosinresten in Proteinen besitzt. Möglich ist sowohl eine sogenannte Autophosphorylierung, bei der der Rezeptor einen eigenen Tyrosinrest phosphoryliert, als auch die enzymatische Umwandlung eines nachgeschalteten Proteins.

Zu **(C)**: In jedem Fall löst die durch die Bindung des extrazellulären Liganden aktivierte Phosphorylierung des Zielproteins eine nachgeschaltete, intrazelluläre Kaskade mit Aktivierung weiterer Botenstoffe aus. Auch die sehr komplexen Signalkaskaden der sogenannten MAP-Kinasen (von „mitogen-activated proteine") werden initial durch eine Phosphorylierung von Tyrosin- und Threoninresten aktiviert. Diese intrazellulären Signalketten haben z. B. wichtige Funktionen bei der Embryonalentwicklung, aber auch beim programmierten Zelltod (Apoptose) oder beim Wachstum bösartiger Tumoren.

Zu (A): Die Liganden der Rezeptortyrosinkinasen sind eben gerade diffusible Botenstoffe, zu denen z. B. Hormone (Insulin) oder auch verschiedene Wachstumsfaktoren gehören.

Zu (B): Die Aktivierung der Rezeptortyrosinkinasen resultiert – wie oben beschrieben – in einer Phosphorylierung eines primären Zielproteins (oder des Rezeptors selber), was dann zu einer nachgeschalteten Signalkette führt. Eine direkte Bindung an einen im Zellkern lokalisierten Rezeptor ist schon alleine deshalb nicht möglich, weil die Rezeptoren ja in der Plasmamembran verankert sind.

Zu (D) und (E): Das Tumorsuppressorgen APC (Adenomatosis-Polyposis-Coli) codiert für ein Protein, das zusammen mit einer Proteinkinase und einem weiteren Protein namens Axin einen Komplex bildet, der β-Catenin abbaut. Kommt es zu einer Mutation im APC-Gen, ist dieser katabole Stoffwechselweg nicht mehr ausreichend aktiv. Das akkumulierende β-Catenin bindet im Zellkern an einen weiteren Faktor und es kommt über eine geänderte Genexpression zum unkontrollierten Wachstum der maligne transformierten Zellen. Diese Kaskade besitzt eine große pathogenetische Bedeutung bei der Entstehung des Kolonkarzinoms. Das APC-Protein ist hier Teil einer anderen Signaltransduktionskette, die als „Wnt-Signalweg" bezeichnet wird. Mit den Rezeptortyrosinkinasen hat das Ganze nichts zu tun.

Kommentare aus Examen
1.18 Frühjahr 2011

F11 ■
→ **Frage 1.253: Lösung B**

Zu (B): Das **glatte endoplasmatische Retikulum** (sER) ist für die Speicherung und Freisetzung von **Kalzium** zuständig: In seinem Lumen ist die Kalziumkonzentration um ein Vielfaches höher als im Zytosol. Besondere Bedeutung hat dies in Muskelzellen, wo das sER als sarkoplasmatisches Retikulum bezeichnet wird und die Kalziumfreisetzung Muskelkontraktionen auslöst. Zu den weiteren Aufgaben des sER zählen die Synthese von Triglyzeriden, Cholesterol, Phospholipiden und Steroidhormonen und die Biotransformation (z. B. Cytochrom P_{450}-System in der Leber).

Zu (A): Proteine werden u. a. in den **Lysosomen** abgebaut.

Zu (C) – (E): Die Bildung von Disulfidbrücken sowie die Hydroxylierung und die N-Glykosylierung von Proteinen sind Beispiele für **posttranslationale Proteinmodifizierung**. Diese beginnt im rauen endoplasmatischen Retikulum (rER) und wird im Golgi-Apparat fortgeführt.

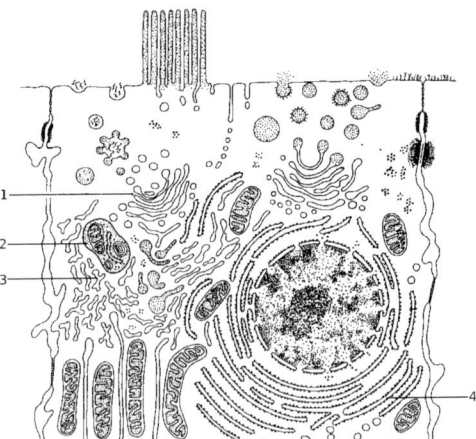

Zellorganellen: 1: Golgi-Apparat, 2: Lysosom, 3: glattes endoplasmatisches Retikulum, 4: raues endoplasmatisches Retikulum.

F11
→ **Frage 1.254: Lösung A**

Zu (A): Die **Galaktosyl-Transferase** wird zur Bildung von Glykoproteinen im **Golgi-Apparat** benötigt.

Zu (B): Die **Glutamat-Deyhdrogenase**, ein Enzym des Stickstoffmetabolismus, wird in **Mitochondrien** gefunden.

Zu (C): Die für die Glutathion-abhängige Reduktion von organischen Peroxiden und Wasserstoffperoxid verantwortliche **Glutathion-Peroxidase** ist in **Peroxisomen** zu finden.

Zu (D): Die **Lactat-Dehydrogenase** katalysiert die Oxidation von Laktat zu Pyruvat bzw. umgekehrt die Reduktion von Pyruvat zu Laktat und ist ein **zytosolisches Enzym**.

Zu (E): Die **Succinat-Dehydrogenase** (Komplex II der Atmungskette) wird ebenfalls in den **Mitochondrien** angetroffen.

F11 ■■
→ **Frage 1.255: Lösung B**

Zu (B): Melanin wird in der Haut im Golgi-Apparat von Melanozyten gebildet, in **Melanosomen** (kleinen Vesikeln) gespeichert und an die umgebenden Keratinozyten abgegeben. Auch **Lysosomen** sind membranbegrenzte Vesikel, die sich vom Golgi-Apparat abschnüren und unterschiedliches Material speichern können, daher die Verwandtschaft.

Zu (A): Der **Golgi-Apparat** dient der Reifung, Sortierung und Verpackung von Proteinen.

Zu (C): **Mitochondrien** sind die Energielieferanten der Zellen (Zitratzyklus, β-Oxidation der Fettsäuren, Atmungskette). Im Unterschied zu Melanosomen und Lysosomen haben sie eine doppelte Membran.

Zu (D): Auch **Peroxisomen** sind Vesikel mit einfacher Membran, die sich jedoch im Unterschied zu Lysosomen und Melanosomen **nicht vom Golgi-Apparat abschnüren**. Sie beinhalten u. a. die Enzyme Katalase und Peroxidase, die dem Abbau von organischen Peroxiden und Wasserstoffperoxid dienen.

Zu (E): Im **rauen endoplasmatischem Retikulum** (rER) werden Proteine synthetisiert, posttranslational modifiziert und zum Golgi-Apparat transportiert.

F11 ■
→ **Frage 1.256: Lösung D**

Zu (D): **Spektrin** ist ein Molekül, das u. a. im **Zytoskelett von Erythrozyten** anzutreffen ist und deren Verformbarkeit garantiert. Es besteht aus α- und β-Untereinheiten. Mutationen im Spektrin-Gen können u. a. eine Sphärozytose (Kugelzellanämie) verursachen, bei der die Erythrozyten weniger verformbar sind, eine Kugelform annehmen und daher verfrüht in der Milz abgebaut werden. Die Folge ist eine hämolytische Anämie.

Zu (A): **α-Tubulin** bildet mit β-Tubulin ein Heterodimer. Aus diesen assemblieren sich die Mikrotubuli, wichtige stabilisierende Bestandteile des Zytoskeletts in fast allen Körperzellen. In Erythrozyten kommen jedoch keine Mikrotubuli vor.

Zu (B): **Dynein** ist ein ATP-abhängiges Motorprotein. Man findet es z. B. in Kinozilien oder beim Mikrotubulus-assoziierten Transport. Es wirkt nicht stabilisierend am Zytoskelett mit.

Zu (C): **Lamine** sind Intermediärfilamente der Kernlamina und wichtig für die Formgebung des Zellkerns. Reife Erythrozyten besitzen keinen Zellkern und daher auch keine Lamine.

Zu (E): **Vimentin** ist ebenfalls ein Intermediärfilament und ein Teil des Zytoskeletts. Es wird nur in Zellen mesenchymaler Herkunft exprimiert (z. B. Bindegewebe, glatte Muskelzellen, Endothelzellen). Auch die Blutzellen sind mesenchymaler Herkunft, im Verlauf der Erythropoese synthetisieren die Erythrozytenvorläufer jedoch immer weniger Vimentin. In reifen Erythrozyten wird es nicht mehr exprimiert.

F11
→ **Frage 1.257: Lösung E**

Zu (E): Thrombozyten enthalten **Serotonin** (5-Hydroxytryptamin) und setzen dieses bei Gefäßwandverletzungen frei. Es bewirkt eine Vasokonstriktion und kann über bestimmte Signalwege eine Plättchenaggregation anregen.

Zu (A): **Defensine** sind Proteine, die der unspezifischen Abwehr von Mikroorganismen dienen. Sie werden v. a. von neutrophilen Granulozyten, Paneth-Zellen und Epithelien sezerniert.

Zu (B): **Heparin** ist ein Antikoagulans und hemmt die Blutgerinnung. Im Körper wird es v. a. von Mastzellen sowie von basophilen Granulozyten exprimiert.

Zu (C): **Kollagenase** ist ein Enzym, das Kollagen spalten kann. Es kommt z. B. in neutrophilen Granulozyten oder Fibroblasten vor.

Zu (D): **Lysozym** ist ein bakterizides Enzym, das bakterielle Zellwände zerstören kann (angeborenes Immunsystem). Es kommt u. a. in der Tränenflüssigkeit, im Nasensekret und in der Muttermilch vor.

F11 ■■
→ **Frage 1.258: Lösung B**

Zu (B): **Connexine** sind die kleinste Baueinheit von Gap Junctions (Nexus). 6 Connexine setzen sich zu einem Connex**on** (= P**o**re, Halbkanal) zusammen, das die Zellmembran einer Zelle durchdringt. Für eine Zell-Zell-Verbindung werden 2 solche Connexone benötigt. Die Nexus dienen der chemischen und elektrischen Kopplung, also der „Kommunikation" von Zellen.

Zu (A): **Desmosomen** (Maculae adhaerentes) sind runde Zellhaftkomplexe, die mit starken Druckknöpfen vergleichbar sind, die 2 Zellen zusammenhalten. Sie sind an intrazellulären Intermediärfilamenten verankert. Wichtige Proteine sind z. B. **Desmoglein** und **Desmoplakin**.

Zu (C): **Hemidesmosomen** liegen am basalen Zellpol und dienen der Verankerung der Zelle an der Basallamina. Sie sind für die mechanische Stabilität der Zelle mitverantwortlich. Auch sie sind mit **Intermediärfilamenten** verknüpft.

Zu (D): **Tight Junctions** (Zonulae occludentes) bilden v. a. in Epithelien am oberen Zellpol einen Gürtel aus anastomosierenden (= sich verbindenden) Proteinleisten. Wichtige Proteine sind **Claudin** und **Occludin**. Funktionell sind Tight Junctions für eine Permeabilitätsbarriere und die Ausbildung einer Zellpolarität zuständig.

Zu (E): **Zonulae adhaerentes** sind mechanische Zell-Zell-Verbindungen und bestehen aus **Cateninen**, **Cadherinen** und **Aktinfilamenten**.

F11 ■
→ **Frage 1.259: Lösung C**

Zu den Zell-Zell-Kontakten gibt es einiges zu merken, hier geht es um immer wieder gerne abgefragte Facts!

Zu (C): **Maculae adhaerentes** (Desmosomen) sind mit Intermediärfilamenten assoziiert, **Zonulae adhaerentes** mit Mikrofilamenten (Aktinfilamente).

Zu (A): Beide genannten Strukturen sind „Haftkomplexe" zur mechanischen Verbindung von Zellen. Zu erkennen ist das auch schon am Namen („adhaerens").

1 Allgemeine Zellbiologie, Zellteilung und Zelltod

Zu **(B)**: Der parazelluläre Transport wird v. a. in Epithelien durch **Zonulae occludentes** (Tight Junctions) verhindert. Maculae und Zonulae adhaerentes schränken ihn nur etwas ein.

Zu **(D)**: An der Basis kommen **fokale Kontakte** und **Hemidesmosomen** vor, die die Zelle an der Basallamina verankern. Maculae und Zonulae adhaerentes sind am lateralen Zellpol zu finden.

Zu **(E)**: Der interzelluläre Ionenaustausch wird durch **Gap Junctions** (Nexus) ermöglicht, die eine Verbindung zwischen dem Zytoplasma zweier Zellen herstellen.

F11
→ **Frage 1.260: Lösung A**

Zum Transport von Glukose in die Zellen kann zwischen aktiven und passiven Glukosetransportern unterschieden werden. Passive Transporter erlauben den Einstrom von Glukose entlang ihres Konzentrationsgradienten. Derzeit sind 12 Isoformen der **passiven Glukosetransporter** (GLUT1-12) bekannt.

Zu **(A)**: Sich die lokale Verteilung aller Isoformen zu merken, ist wenig zielführend, folgende Fakten sollten Sie sich aber merken:
– **GLUT1** und **GLUT3** kommen u. a. im ZNS vor und haben eine hohe Affinität zu Glukose, was eine permanente Glukoseaufnahme sicherstellt. Beide Transporter sind insulin-unabhängig.
– **GLUT2** kommt u. a. in den Hepatozyten und in den β-Zellen des Pankreas vor. Er ist ebenfalls insulin-unabhängig, seine Glukoseaffinität ist aber geringer: Dadurch korreliert die Glukoseaufnahme gut mit dem Blutzuckerspiegel („Glukosesensor"). Dies ist z. B. wichtig für die Insulinausschüttung und die Hemmung der hepatischen Gluconeogenese bei hohem Blutzucker.
– **GLUT4** kommt im Fettgewebe, der quergestreiften und der Herzmuskulatur vor. Er ist insulin-abhängig, also nur bei relativ hohen Blutzuckerspiegeln aktiv und sorgt so dafür, dass „überschüssige" Glukose gespeichert wird.

Zu **(B)** – **(E)**. Letztendlich gibt es überall GLUT-Rezeptoren. In der **Niere** z. B. **GLUT 5**. Das ist allerdings unwichtiges Spezialwissen, nach dem hoffentlich auch das IMPP nicht fragen wird!

F11 ■■
→ **Frage 1.261: Lösung C**

Zu **(C)**: **Kinetosomen** sind die Basalkörperchen von Kinozilien, an denen diese beweglichen, haarförmigen Fortsätze an der Zelle befestigt sind. In kinozilienbesetzten Zellen (z. B. im Respirationstrakt oder in der Tuba uterina) kommen daher sehr viele Kinetosomen vor.

Zu **(A)**: Kinozilien sind zwar essenziell wichtig für den Transport der **Eizelle** durch die Tuba uterina zum Uterus, allerdings sitzen die Kinozilien auf dem Tubenepithel und nicht auf der Oberfläche der Eizelle.

Zu **(B)**: Ein typisches Beispiel für Zellen mit **Mikrovilli-Besatz** sind die Enterozyten. Mikrovilli sehen zwar ähnlich aus wie Kinozilien, sind aber nicht aktiv beweglich. Sie dienen der Vergrößerung der Oberfläche, nicht einem aktiven Transport. Die Gesamtheit der Mikrovilli wird als Bürstensaum bezeichnet.

Zu **(D)**: **Stereozilien tragende Zellen** gibt es im Nebenhoden (Ductus epididymidis) und im Innenohr (sensorische Zellen). Stereozilien sind nicht eigenbeweglich. Im Nebenhodengang sind sie flexibel und ähneln Mikrovilli, im Innenohr sind sie steif.

Zu **(E)**: Im Rahmen der Spermatogenese treten **Spermatozyten** 1. Ordnung in die Meiose ein, im Rahmen der 1. Reifeteilung entstehen 2 Spermatozyten 2. Ordnung. Aus letzteren bilden sich bei der 2. Reifeteilung 4 Spermatiden, die zu Spermien (Spermatozoen) heranreifen. Fertige **Spermien** haben eine einzelne Kinozilie (Geißel), mit der sie sich fortbewegen können, also auch nur ein einzelnes Kinetosom. Außerdem wurde nach den Spermatozyten gefragt, die noch keine Geißel besitzen.

2 Genetik

2.1 Organisation und Funktion eukaryontischer Gene

2.1.1 Aufbau und Replikation der DNA

II.1 Aufbau der Nukleinsäuren

Nukleinsäuren bestehen aus einer linearen Kette mit einer Vielzahl von Einzelbausteinen, den sog. Nukleotiden. Jedes dieser Nukleotide besteht aus
- einem **C_5-Zucker**: 2'-Desoxyribose (DNA) oder Ribose (RNA),
- einem **Phosphatrest** und
- einer **organischen Base**: Adenin, Guanin, Cytosin, Thymin oder Uracil (bei RNA).

Die Zucker- und Phosphatreste sind in alternierender Reihenfolge zu langen Strängen verknüpft, die Base ist an das C_1-Atom des Zuckers gebunden.

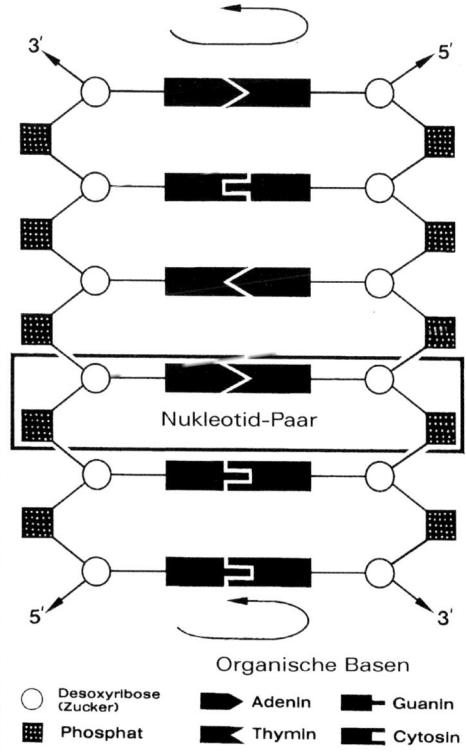

Abb. 2.1 Die Komplementärstruktur zweier DNA-Moleküle im Sinne des Watson-Crick-Modells (aus Gottschalk, W.: Allgemeine Genetik, 4. Auflage, Thieme, Stuttgart, New York, 1994)

Die Struktur der DNA wurde mit dem **Doppel-Helix-Modell von Watson und Crick 1953** erstmals beschrieben. Dabei sind jeweils zwei DNA-Stränge spiralig umeinander gewunden, wobei die Basen in Form von Stufen einer Wendeltreppe innen angeordnet sind.

Der Zusammenhalt beider DNA-Stränge wird durch Wasserstoffbrückenbindungen gewährleistet, die zwischen den Basen ausgebildet werden. Hierbei kommt es zur spezifischen Paarung von Adenin und Thymin sowie Guanin und Cytosin. **Die hochspezifischen Paarungen A-T und G-C** bedingen die sog. **Komplementarität** der DNA-Stränge und sind Grundlage von DNA-Replikation und Transkription (DNA → RNA). Im Gegensatz zur doppelsträngigen DNA ist RNA immer einzelsträngig. Es kann jedoch zu partiell doppelsträngigen Abschnitten kommen, wobei auch hier die Paare G-C und A-U (Uracil statt Thymin) ausgebildet werden.

Klinischer Bezug

Die Spezifität der Basenpaarung ist klinisch relevant beim Einsatz verschiedener Zytostatika, die als sogenannte Antimetabolite zur Therapie von Tumorleiden eingesetzt werden. Die wohl bekannteste und seit mehr als 40 Jahren eingesetzte Substanz ist das 5-Fluoruracil (5-FU).
5-FU wird in der S-Phase vor Eintritt der Zelle in die Mitose als Strukturanalogon der Pyrimidinbasen Cytosin und Thymin in die DNA eingebaut, verhindert jedoch im weiteren Verlauf u. a. die sinnvolle Genexpression. Auf diese Weise werden DNA- und RNA-Synthese gehemmt. Neben dem Anti-Tumor-Effekt sind durch die geschilderten Vorgänge natürlich auch gesunde Gewebe mit hoher Zellproliferation, z. B. Magen-Darm-Schleimhaut oder das blutbildende Knochenmark, beeinträchtigt, was zu den typischen Nebenwirkungen wie Übelkeit und Erbrechen oder einer reduzierten Blutbildung führt.
Neben 5-FU gibt es zahlreiche weitere Antimetabolite sowohl der Pyrimidine als auch der Purine, die jeweils ihr eigenes Indikationsspektrum in der klinischen Anwendung haben.

H02
→ Frage 2.1: Lösung D

In einer doppelsträngigen DNA findet man die spezifischen Basenpaarungen immer zwischen den Basen Adenin und Thymin (AT) bzw. Guanin und Cytosin (GC). Das bedeutet, dass die **molaren Mengen von A und T bzw. G und C immer identisch** sind. Diese Tatsache versteckt sich in der bewusst kompliziert formulierten Antwort (D), da bei der gefrag-

ten Summenbildung A + G und C + T unter den genannten Voraussetzungen natürlich identische Zahlen zu erwarten sind.
Also: A = T und C = G, deshalb gilt: A + G = C + T.
Alle anderen Antworten sind falsch.

H04 ■
→ **Frage 2.2: Lösung A**

Eine einfache Frage, deren Lösung neben der Kenntnis der Grundrechenarten nur das Wissen voraussetzt, dass in einer doppelsträngigen DNA immer Adenin und Thymin sowie Guanin und Cytosin aufgrund ihrer komplementären Bindung in gleichen Mengen vorhanden sind.
Bei 38 % Cytosin sind daher auch 38 % Guanin zu erwarten, macht zusammen 76 %. Die restlichen 24 % müssen sich deshalb zu gleichen Teilen auf Adenin und Thymin verteilen – 12 % Thymin (A) ist die korrekte Antwort.

→ **Frage 2.3: Lösung B**

Aufgrund der komplementären Basenpaarungen kommt nur Lösung (B) in Frage. Man muss dabei bedenken, dass RNA Uracil anstatt Thymin besitzt und dass dieses Uracil mit Adenin gepaart ist: bei A 1,0 in der DNA muss U 1,0 in der RNA vorliegen.

→ **Frage 2.4: Lösung D**

Zu **(D)**: Jeweils drei Basen der DNA (und nach der Transkription der RNA) bilden die **Informationseinheit für eine Aminosäure**, das sog. **Triplett**. Die Reihenfolge des Basentripletts ist nicht zufällig. Da die Aminosäuresequenz eines Proteins nicht periodisch ist, zeigt auch die Basensequenz keinerlei Periodizität.
Anmerkung: Der Vergleich der Basensequenz mit den Buchstaben einer Schrift ist sehr eingängig; dennoch sollte man nie vergessen, dass die Basen – im Gegensatz zu den Buchstaben in einer Schrift – in einer linearen Abfolge ohne jegliche „Satzzeichen" hintereinander geschrieben sind … nurgutdassdasinunsererschriftetwasbessergeregeltist …
Zu **(A)**: Uracil ist Baustein der RNA und kommt in DNA nicht vor.

H97
→ **Frage 2.5: Lösung B**

Zu **(B)**: Die **tRNA** dient bei der Proteinsynthese als „Vermittler" zwischen codierendem Triplett der mRNA und der spezifisch dazugehörenden Aminosäure. Sie besitzt dazu an ihrem einen Ende das zum mRNA-Codon komplementäre Anticodon und hat an ihrem anderen Ende die entsprechende Aminosäure gebunden. Die tRNA ist primär einsträngig; es lagern sich jedoch einige komplementäre Abschnitte zusammen, sodass sich in der Struktur einzel- und doppelsträngige Abschnitte abwechseln. Diese räumliche Anordnung wird auch als „Kleeblattstruktur" bezeichnet (siehe Abb. 2.4).
Zu **(A)**, **(C)** und **(D)**: Eine **DNA** ist im intakten Zustand **immer doppelsträngig** (Ausnahme: das humanpathogene Parvovirus, Erreger des Erythema infectiosum, besitzt einzelsträngige DNA). Die Klassifizierung von Bakterien in gramnegativ und grampositiv bezieht sich auf den Aufbau der Zellwand und hat nichts mit der DNA zu tun.
Zu **(E)**: **Plasmide** sind extrachromosomale Nukleinsäuren von Bakterien; es sind ringförmige, doppelsträngige DNA-Moleküle, die z. B. Gene für Antibiotikaresistenzen tragen.

■
→ **Frage 2.6: Lösung E**

Zu **(E)**: Mitochondrien enthalten eine eigene, ringförmige DNA, auf der ein kleiner Anteil der mitochondrialen Proteine codiert ist.
Zu **(A)**: DNA als Träger unserer Erbinformation ist natürlich in einer lebenden Zelle immer enthalten. Das IMPP spielt hier auf die Chromosomen als die maximal kondensierte Form der DNA an, die dann im Lichtmikroskop sichtbar werden.
Zu **(B)**: Ribosomen bestehen aus Proteinen und ribosomaler RNA. DNA ist in ihnen nicht vorhanden.
Zu **(C)**: Die grundlegende Erbinformation der Zelle ist immer in der DNA festgelegt. Beim Vorgang der Genexpression wird von dem entsprechenden DNA-Abschnitt lediglich eine Kopie aus mRNA hergestellt, die dann zur Proteinsynthese herangezogen wird.
Zu **(D)**: Zentriolen sind paarige Zylinder aus Mikrotubuli, die eine wichtige Funktion bei der Bildung der Zellteilungsspindel haben; DNA kommt in ihnen nicht vor.

II.2 DNA-Replikation

Vor Beginn einer Zellteilung muss der gesamte Chromosomensatz einer Zelle verdoppelt werden, damit die Tochterzellen einen identischen, der Ausgangszelle entsprechenden Informationsgehalt besitzen. Dieser Prozess wird als DNA-Replikation bezeichnet und findet in eukaryontischen Zellen während der S-Phase im Zellkern unter Beteiligung zahlreicher Enzyme statt.
Zunächst wird der DNA-Doppelstrang durch eine Helikase unter partieller Lösung der Wasserstoffbrückenbindungen zwischen den Nukleobasen parallel entwunden und so in seine Einzelstränge aufgetrennt. Jeder der beiden Einzelstränge dient im Folgenden zugleich als Matrize, auf der der neue DNA-Strang gebildet wird. Als Grundprinzip gilt auch hier die spezielle Basenpaarung, die nur die Bindung über Wasserstoffbrücken zwischen

Adenosin und Thymin sowie zwischen Guanin und Cytosin erlaubt.

Der eine Tochterstang ("leading strand") wird von der DNA-Polymerase in 5'-3'-Richtung kontinuierlich synthetisiert. Das Enzym ist jedoch nicht in der Lage, in umgekehrter Richtung (3'-5') zu arbeiten. Daher kann der andere („lagging strand") Strang nur diskontinuierlich in einzelnen Stückchen, den so genannten Okazaki-Fragmenten aufgebaut werden. Für jedes Fragment wird zunächst eine kurze Anfangssequenz aus RNA, der so nannte Primer, durch das Enzym Primase synthetisiert, der im weiteren Verlauf wieder durch eine Exonuklease entfernt wird. Die entstandenen Lücken werden durch die DNA-Polymerase I mit DNA aufgefüllt, schließlich verbindet eine Ligase die einzelnen Fragmente zum fertigen Tochterstrang.

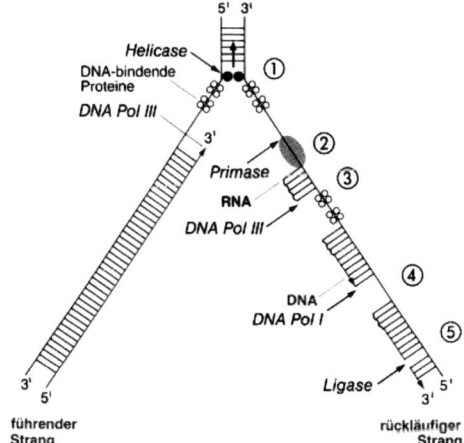

Abb. 2.2 Replikation doppelsträngiger DNA (aus: Schlegel, H. G.: Allgemeine Mikrobiologie, 7. Auflage, Thieme, Stuttgart, New York, 1992). Die doppelsträngige DNA wird durch *Helicase* zunächst entwunden, und es entsteht die Replikationsgabel. 1 Die DNA-Einzelstränge werden durch DNA-bindende (SSB, single strand binding) Proteine stabilisiert. Der eine (führende) Strang wird von der *DNA-Polymerase III (DNA Pol III)* von 5' nach 3' repliziert (kontinuierliche Replikation). 2 Die Synthese des anderen Stranges muss rückläufig und daher diskontinuierlich erfolgen. Sie beginnt mit der Synthese eines kurzen RNA-Stranges, der als Startermolekül (RNA-primer) dient. Daran ist eine *Primase* beteiligt. 3 Durch *DNA-Polymerase III* wird an die RNA anschließend ein DNA-Strang synthetisiert. 4 Dann wird der RNA-Primer durch eine *Exonuclease* entfernt, und die Lücke wird durch *DNA-Polymerase I (DNA Pol I)* aufgefüllt und 5 durch *DNA-Ligase* geschlossen.

Beim ringförmigen Bakterienchromosom beginnt die DNA-Replikation an einer Stelle, die beiden entstehenden Replikationsgabeln „wandern" in beide Richtungen und treffen sich an der gegenüberliegenden Stelle. Im eukaryontischen Genom startet die DNA-Replikation an bis zu 1000 Stellen gleichzeitig, die auch als Replikons bezeichnet werden.

■

→ **Frage 2.7: Lösung D**

Zu **(D)**: Die Replikation der DNA erfolgt in der S-Phase des Zellzyklus.

Zu **(A)**, **(B)**, **(C)** und **(E)**: Die DNA-Replikation läuft unter Beteiligung vieler Enzyme im Zellkern ab.

Hierzu wird die Doppelhelix durch sukzessive Lösung der Wasserstoffbrückenbindungen zwischen den Basen aufgewunden. An die jeweils freiliegenden Einzelstränge werden die komplementären Basen gebunden, die danach zu einem durchgehenden neuen DNA-Strang verknüpft werden.

Dieses Modell wird als **semikonservative Replikation** bezeichnet, da jeweils ein Einzelstrang der ursprünglichen DNA als Matrize für einen neu gebildeten Strang dient.

F01

→ **Frage 2.8: Lösung C**

Die Zeichnung zeigt die sog. Replikationsgabel, die während der Verdopplung einer doppelsträngigen DNA entsteht.

Zu **(C)**, **(B)** und **(D)**: Grundlegender Fehler der Zeichnung ist die identische Polarität beider DNA-Stränge. Korrekt wäre, dass die Stränge in entgegengesetzter Richtung verlaufen – der eine vom 5'- zum 3'-Ende, der andere vom 3'- zum 5'-Ende. Diese Polarität hängt mit der Tätigkeit des DNA-synthetisierenden Enzyms, der DNA-Polymerase, zusammen, die eine Nukleotidkette immer nur vom 5'- zum 3'-Ende aufbauen kann. Aus diesem Grund kann nur einer der beiden neu synthetisierten Tochterstränge kontinuierlich gebildet werden, in der Abbildung der untere (B). Dieser Tochterstrang ist Hinweis darauf, dass die Polarität des unteren elterlichen DNA-Stranges richtig gezeichnet ist (D); somit ist der obere Strang in falscher Richtung dargestellt.

Zu **(A)**: Die sog. Okazaki-Fragmente sind kleine DNA-Abschnitte, die von der DNA-Polymerase in 5'-3'-Richtung gebildet und erst zu einem späteren Zeitpunkt durch eine Ligase miteinander verknüpft werden. Der auf diese Weise gebildete Tochterstrang wird auch als diskontinuierlich gebildeter Strang bezeichnet.

Zu **(E)**: Die **DNA-Helikase** ist das Enzym, das bei der DNA-Replikation die Doppelhelix partiell entwindet, sodass jeder einzelne elterliche Strang als Vorlage für einen Tochterstrang dienen kann. In der

2 Genetik

Zeichnung ist dieses Enzym als schwarze Ellipse dargestellt.
Siehe Lerntext II.2 „DNA-Replikation".

H02
→ **Frage 2.9: Lösung D**

Doppelsträngige DNA wird durch die sog. **semikonservative Replikation** vermehrt. Das bedeutet, dass für jeden Verdopplungszyklus jeweils ein Elternstrang als Matrize für den entsprechend komplementären Strang dient (siehe Abb. 2.2).
Zu **(D)**: Aufgrund des oben Gesagten enthält nach einem Replikationszyklus jede DNA den radioaktiven Marker (100 %), wenn auch natürlich nur in einem der beiden Stränge. Nach einer zweiten Verdopplung reduziert sich der Anteil auf 50 %, da die doppelsträngige Ausgangs-DNA für diesen Replikationszyklus die Radioaktivität nur noch in einem der beiden Stränge enthält.
Die Lösung erkennt man am besten durch eine kleine Skizze der zwei Replikationszyklen (der dicke Strich stellt den radioaktiv markierten, der dünne Strich den nicht-markierten Strang dar):

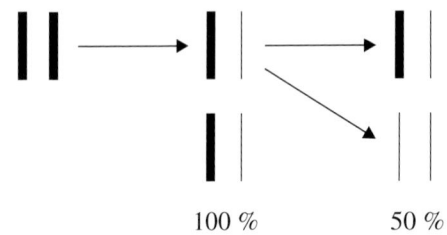

100 %   50 %

2.1.2 DNA-Reparatur

II.3 Exzisionsreparatur strahlungsinduzierter Thymin-Dimere

UV-Strahlung induziert in der DNA die Bildung von Thymin-Dimeren, die bei einer nachfolgenden Transkription zu fehlerhafter Genexpression führen. Gesunde Zellen enthalten ein „Set" verschiedener Enzyme, die diesen Schaden beheben können.

1.	A-C-C-T-T-A-G-C T-G-G-A-A-T-C-G	Thymindimer
2.	A-C G-C T-G-G-A-A-T-C-G	Die **Endonuklease** entfernt das T-Dimer „im Gesunden" (fehlt bei Xeroderma pigmentosum).
3.	A-C C-T-T-A G-C T-G-G-A-A-T-C-G	Die **DNA-Polymerase** füllt die Lücke auf, benutzt dabei den intakten Strang als **Matrize**.
4.	A-C-C-T-T-A-G-C T-G-G-A-A-T-C-G	Die **Ligase** verknüpft die freien Enden.

Klinischer Bezug
Die Verminderung oder gar das Fehlen der o. g. Reparaturmechanismen führt zu der seltenen, autosomal-rezessiv vererbten **Xeroderma pigmentosum**. Die persistierenden Thymindimere führen zu zahlreichen Punktmutationen, was sich klinisch in einer ausgeprägten Lichtempfindlichkeit der Haut mit Pigmentänderungen und epidermaler Atrophie sowie der extremen Neigung zur Bildung von Präkanzerosen und malignen Hauttumoren äußert. Eine kausale Therapie ist nicht möglich; vorhandene Tumoren müssen operativ entfernt werden, die Patienten müssen jegliche Exposition mit Sonnenlicht meiden.

F06
→ **Frage 2.10: Lösung C**

Zu **(C)**: Die Bildung sog. **Thymin-Dimere** ist in der Tat eine typische Folge von UV-Strahlung. Gesunde Zellen können diese strukturelle Änderung der Basenabfolge der DNA jedoch durch eine Abfolge enzymatischer Reaktionen mit Exzision des betreffenden Abschnitts, Einfügen der korrekten Nukleobasen und schließlich durch die Verknüpfung mit den vorbestehenden Enden des ursprünglichen DNA-Stranges wieder reparieren. Siehe auch Lerntext II.3 „Exzisionsreparatur strahlungsinduzierter Thymin-Dimere".
Zu **(A)**: Ein Verlust der Aminogruppe durch enzymatische, hydrolytische Deaminierung ist bekannt für die Umsetzung von Cytosin zu Uracil und von Adenin zu Hypoxanthin. Auf jeden Fall hat dieser Vorgang nichts mit Einwirkung von UV-Licht zu tun.
Zu **(B)** und **(E)**: Beschrieben sind strukturelle Chromosomenaberrationen, die mit dem Einfluss von UV-Strahlung nichts zu tun haben. Bei der **Inversion** wird ein DNA-Abschnitt innerhalb eines Chromosoms umgekehrt, die **Translokation** beschreibt einen Stückaustausch zwischen zwei nicht-homologen Chromosomen. Bei der häufig vom IMPP erfragten Robertson'schen Translokation verschmelzen zwei Chromosomen mit endständigem Zentromer. Hierbei gehen die kurzen Arme der Chromosomen verloren, die langen Arme verbinden sich zum neuen Translokationschromosom und die Chromosomenzahl wird dadurch um eins reduziert.
Zu **(D)**: Die enzymatische Methylierung von Nukleobasen (nicht nur von Guanin) ist ein physiologischer Vorgang, also keine Mutation, und kommt in vielen Lebewesen vor. Mögliche Funktionen dieser chemischen DNA-Modifikation sind die Unterscheidung der zelleigenen DNA von möglicherweise in die Zelle eingedrungener Fremd-DNA oder auch die Unterscheidung eines vor der Zellteilung neu synthetisierten DNA-Stranges von der elterlichen DNA.

F01 F97 H94 ■
→ **Frage 2.11: Lösung A**

Thema ist die Reparatur UV-geschädigter DNA, in der zwei benachbarte Thymin-Basen durch Strahlung zu einem Dimer verbunden werden. Zur Wiederholung siehe Lerntext II.3 „Exzisionsreparatur strahlungsinduzierter Thymindimere".
Zu **(A)**: Der fehlerhafte DNA-Abschnitt wird von einer Endonuklease entfernt und durch eine DNA-Polymerase neu synthetisiert.
Zu **(B)**: Beim Entfernen des fehlerhaften Abschnitts wird ein Sicherheitsabstand von einigen Basenpaaren eingehalten.
Zu **(C)** und **(E)**: Der betreffende Teil wird nur aus dem fehlerhaften DNA-Strang entfernt, der komplementäre Strang dient als Matrize für die Neusynthese der richtigen Sequenz.
Zu **(D)**: Die Einstrahlung von „Licht", genauer gesagt von UV-Strahlung, ist Ursache der DNA-Schädigung, aber nicht Bedingung für deren Reparatur.

F96 ■
→ **Frage 2.12: Lösung B**

Zu **(B)**: Die **reverse Transkriptase** ist ein typisches Enzym RNA-haltiger **Retroviren** (z. B. HIV). Sie bildet von der RNA-Matrize des Virus-Genoms einen komplementären DNA-Strang, der in das Genom der infizierten Zelle eingebaut wird.
Zu **(A)**, **(C)**, **(D)** und **(E)**: Siehe Lerntext II.3 „Exzisionsreparatur strahlungsinduzierter Thymin-Dimere".

2.1.3 Genbegriff, Transkription und Prozessierung der RNA

→ **Frage 2.13: Lösung B**

Zu **(B)**: Bei numerischen Chromosomenaberrationen, z. B. Trisomie 21, ist die Gesamtzahl der Chromosomen vermindert oder erhöht. Die Struktur der Gene selbst ist nicht verändert.
Zu **(A)** und **(C)**: Ein Gen bezeichnet stets eine Funktionseinheit der DNA; dies kann die Information für ein Protein (C) sein oder auch der DNA-Abschnitt, der eine tRNA oder rRNA codiert.
Zu **(D)**: Die Anzahl an Nukleotiden ist für verschiedene Gene sehr unterschiedlich. So reichen der Hefezelle 77 Nukleotidpaare zur Codierung der Alanin-tRNA; das Gen für Ovalbumin im Hühnerei enthält etwa 7 700 Basenpaare; die menschliche Zelle legt die Struktur des Muskelproteins Dystrophin dagegen in etwa 2 Millionen Nukleotidpaaren fest.

2.1 Organisation und Funktion eukaryontischer Gene

F86 ■
→ **Frage 2.14: Lösung C**

Zu **(C)**: Viele Gene sind im haploiden Chromosomensatz mehrfach vorhanden, aber nicht alle.
Zu **(A)** und **(B)**: Repetitive DNA enthält Gene in vielfacher Kopie (redundant) hintereinander. Man unterscheidet:
– **hochrepetitive DNA** im Bereich des Zentromers mit bis zu 1 Millionen Kopien von Genen, deren Bedeutung bislang noch völlig unklar ist.
– **mittelrepetitive DNA,** die Gene für die Synthese von rRNA oder von Proteinen in 100–1 000 Kopien enthalten, welche von der Zelle in großen Mengen benötigt werden, z. B. Histone.
Zu **(D)** und **(E)**: Die Genome eukaryotischer Zellen enthalten z. T. große Mengen an DNA, die nach bisherigem Wissensstand keine Informationen enthalten. So sind etwa beim Menschen nur 3 % der gesamten DNA-Menge für die Produktion von Proteinen zuständig.
Man findet derartige „informationslose" DNA sowohl innerhalb der Strukturgene (sog. Introns) als auch in Form langer Sequenzen, die die einzelnen Gene flankieren.

F95
→ **Frage 2.15: Lösung A**

Zu **(A)**: Repetitive DNA kommt bei Prokaryonten nicht vor.
Zu **(B)**: Repetitive DNA enthält Gene in vielfacher Kopie, die häufig genetisch inaktiv und im Interphasekern hochgradig spiralisiert vorliegen. Diese stark kondensierten Genomabschnitte besitzen eine hohe elektronenoptische Dichte und sind auf entsprechenden Abbildungen als dunkle Chromatinareale **(Heterochromatin)** im Kern dargestellt.
Im Gegensatz dazu sind genetisch aktive, d. h. transkribierende Abschnitte des Genoms entspiralisiert und erscheinen im elektronenmikroskopischen Bild als helles **Euchromatin.**
Zu **(C)**, **(D)** und **(E)**: Siehe Kommentar zu Frage 2.14.

→ **Frage 2.16: Lösung B**

Zu **(B)**: Der Informationsfluss läuft in Richtung **DNA → RNA → Protein.** Dieses sog. „Dogma der Molekularbiologie" wurde mit der Entdeckung der Retroviren (z. B. HIV) relativiert, die mittels des Enzyms reverse Transkriptase den Weg von der RNA zur DNA beschreiten können.
Zu **(A)**: Beschrieben ist der Prozess der **Transformation** als Aufnahme freier DNA aus einer Lösung in eine Zelle; ein Vorgang, der manchen Bakterien möglich ist.
Zu **(C)**: Das Ribosom besitzt zwei Bindungsstellen für tRNA:
1. A(minoacyl)-**Stelle:** Bindung der einzelnen tRNA mit ihrer aktiven Aminosäure.

2. P(eptidyl)-Stelle: Bindung der wachsenden Polypeptidkette.
Bei der Translation wird die Polypeptidkette auf die tRNA-gebundene Aminosäure der A-Stelle übertragen. Dadurch wird die P-Stelle des Ribosoms frei. In einem nächsten Schritt kommt es zur **Translokation** des Ribosoms um ein Triplett, wobei die um eine Aminosäure verlängerte Polypeptidkette nun an der P-Stelle gebunden wird. An der A-Stelle bindet eine neue Aminoacyl-tRNA, auf die erneut die Polypeptidkette übertragen wird, usw. Die Peptidyl-tRNA wird also von der P- auf die A-Stelle übertragen, nicht umgekehrt. Siehe Lerntext II.7 „Proteinbiosynthese".
Zu **(D)**: Die Proteinsynthese am Ribosom ist die **Translation**.
Zu **(E)**: Die Verdopplung der DNA nach dem semikonservativen Modell ist die **Replikation**.

H98 H97 F97 H96 ■■
→ **Frage 2.17: Lösung D**

Ein **Strukturgen** entspricht dem Abschnitt einer DNA, der die Informationen für die Synthese eines Proteins enthält. Die bei der Transkription entstehende RNA wird als **primäres Transkript** bezeichnet und enthält neben den „relevanten" Genabschnitten (**Exons**) Sequenzen, die für die Synthese des späteren Genprodukts keine Bedeutung haben (**Introns**). Bei der Entstehung der funktionsfähigen mRNA werden die Introns enzymatisch herausgeschnitten und die informationstragenden Exons aneinandergefügt – ein Prozess, der als **Splicing** bezeichnet wird. Die reife mRNA wird dann, nach enzymatischer Veränderung beider freier Enden, aus dem Zellkern ins Zytoplasma transportiert, wo schließlich die Übersetzung der Basensequenz in die Polypeptidkette (Translation) erfolgt.
Zu **(D)**: Die sechs ungepaarten DNA-Schleifen entsprechen den **Introns**, die in der reifen mRNA nicht mehr vorhanden sind. Diese Anteile sind – leicht erkennbar – länger als die sieben gepaarten Abschnitte, die den **Exons** entsprechen.
Zu **(A)**: Die Exons sind in der reifen mRNA vorhanden – sie sollen ja in eine definierte Aminosäuresequenz übersetzt werden. Die ungepaarten Abschnitte entsprechen den Introns, deren Basensequenzen beim Splicing des primären Transkriptes entfernt werden.
Zu **(B)**: Schon bei oberflächlicher Betrachtung erkennt man diese Antwort als falsch.
Zu **(C)**: Man erkennt sieben gepaarte Abschnitte zwischen DNA und mRNA, also sieben Exons; die Introns entsprechen den nicht gepaarten Abschnitten, hier sechs an der Zahl.
Zu **(E)**: Der poly-A-Schwanz eukaryotischer mRNA, der nicht von der DNA codiert wird, befindet sich am 3'-Ende. Am 5'-Ende wird eine „Kappe" aus 7-Methyl-Guanylat über eine Triphosphat-Brücke gebunden, um die mRNA vor dem Abbau durch Phosphatasen und Nukleasen zu schützen.

H00
→ **Frage 2.18: Lösung A**

Zu **(A)**: Die Zeichnungen 1 und 2 zeigen einen Ausschnitt eines partiell denaturierten DNA-Doppelstrangs zu zwei aufeinander folgenden Zeitpunkten. Im jeweils entspiralisierten Anteil wird eine RNA als komplementäre Nukleinsäure gebildet, wobei der hier unten liegende DNA-Einzelstrang, der auch als „codogener Strang" bezeichnet wird, als Matrize dient. Die wachsende RNA wird unidirektional vom 5'- zum 3'-Ende synthetisiert. Der dargestellte Vorgang entspricht der **Transkription**.
Zu **(B)**: Bei der Proteinsynthese (= **Translation**) wird eine wachsende Aminosäurenkette an der einzelsträngigen mRNA synthetisiert.
Zu **(C)**: Im Rahmen der Reparatur einer DNA, z. B. bei der Exzision strahlungsbedingter Thymin-Dimere, wird der geschädigte Bereich auf einem DNA-Strang entfernt und durch die zum Gegenstrang passenden Basen ersetzt. Sind beide DNA-Stränge an derselben Stelle beschädigt, so ist dies kaum reparabel. Die in der Zeichnung dargestellte dritte Nukleinsäure (RNA) kommt bei einer DNA-Reparatur nicht vor.
Zu **(D)**: Bei der **DNA-Replikation** entstehen zwei DNA-Doppelstränge durch Synthese jeweils eines neuen Stranges auf der Basis eines „alten" Einzelstrangs. Bei dieser „semikonservativen" DNA-Replikation, die vor jeder Zellteilung stattfindet, werden also beide DNA-Stränge als Matrize benutzt, was in der Zeichnung eindeutig nicht der Fall ist.
Zu **(E)**: **DNA-Rekombination** bezeichnet die Neukombination von Genen, die in vivo im Rahmen der Meiose vorkommt oder gentechnologisch in vitro durchgeführt werden kann. In beiden Fällen ist die Bildung eines (neuen) DNA-Doppelstrangs aus zwei Einzelsträngen das Ergebnis der Rekombination.

II.4	Bildung der reifen mRNA

Das bei der Transkription eines eukaryontischen Strukturgens entstehende primäre Transkript enthält die komplementäre Basensequenz zur gesamten Länge des Gens auf der DNA. Somit sind auch die vielen Abschnitte nichtkodierender DNA innerhalb des Gens in der primären mRNA enthalten. Die Bildung der reifen mRNA aus dem primären Transkript ist ein zweistufiger Prozess:
1. **Splicing:** Es werden die nicht-informationshaltigen Basensequenzen (die **Introns**) aus der mRNA herausgeschnitten und somit nur die codierenden Abschnitte (die **Exons**) miteinander verknüpft.
2. **Processing:** Die mRNA wird an beiden Enden enzymatisch verändert. Das 5'-Ende wird mit ei-

2.1 Organisation und Funktion eukaryontischer Gene

ner „Kappe" aus 7-Methyl-Guanylat versehen, das 3'-Ende erhält einen „Schwanz" aus 150–200 Adenin-Nukleotiden (sog. poly-A-Schwanz), die an der Translation nicht beteiligt sind.
Der Umfang dieses Reifungsprozesses wird durch die stark unterschiedliche Länge von primärem Transkript und reifer mRNA deutlich: Primärtranskripte bestehen im Mittel aus etwa 6 000, reife mRNA aus etwa 1 500 Basenpaaren.

Klinischer Bezug
Fehler bei der Exzision der Introns aus dem primären RNA-Transkript können zu klinisch bedeutsamen Erkrankungen führen. So liegen bei verschiedenen Formen der Thalassämien, einer Gruppe von Erbkrankheiten mit fehlerhafter Bildung des Globinanteils des Hämoglobins, häufig funktionslose, nicht korrekt in das benötigte Protein übersetzbare mRNA vor, obwohl das ursprüngliche Gen auf der DNA intakt ist.

F00 ■
→ **Frage 2.19: Lösung D**

Zu **(D)**: Mit dem Begriff „**Spleißen**" (häufig auch mit dem englischen Terminus **Splicing** benannt) bezeichnet man das Herausschneiden der informationslosen **Introns** aus der primär transkribierten mRNA. Die für die spätere Aminosäurensequenz wichtigen **Exons** werden auf diese Weise miteinander verbunden und es entsteht die reife mRNA, die dann aus dem Zellkern ins Zytoplasma transportiert wird.
Zu **(A)**: Dargestellt ist die **Transkription** als Übersetzung der DNA-Basenabfolge eines Gens in die primäre mRNA. In eukaryontischen Genen sind die informationsrelevanten Exons durch inhaltslose Abschnitte, die Introns, voneinander getrennt.
Zu **(B)** und **(C)**: Die primär transkribierte mRNA wird in den nächsten Schritten an beiden Enden enzymatisch modifiziert. Das 5'-Ende erhält eine „Kappe" aus einem methylierten Guanin, das 3'-Ende wird mit einem Schwanz aus 150–200 Adenin-Nukleotiden versehen, dem sog. poly-A-Schwanz. Der Vorgang dieser biochemischen Modifikation, der die mRNA vor dem enzymatischen Abbau schützt, wird auch als **Processing** bezeichnet.
Siehe Lerntext II.4 „Bildung der reifen mRNA".
Zu **(E)**: Der letzte Schritt ist die Synthese einer Polypeptidkette auf der Informationsgrundlage der reifen mRNA. Dieser Prozess ist die **Translation** und findet an den **Ribosomen** statt.

H07 H06 ■■
→ **Frage 2.20: Lösung A**

Diese Frage wurde im Herbst 2006 in nur leicht abgewandelter Wortwahl schon einmal gestellt.

Zu **(A)**: Als **Spleißen** bezeichnet man das enzymatische Entfernen informationsloser DNA-Abschnitte (= Introns) aus der primären mRNA, die das Produkt der im Zellkern ablaufenden Transkription darstellt. Die übrig bleibenden, informationstragenden Exons werden zusammengefügt; die enzymatische Modifikation beider Enden, das sogenannte **Processing**, führt schließlich zur reifen mRNA. Dieser enzymatische Prozess findet in der Tat im Zellkern statt.
Zu **(B)**: Der Zellkern ist von einer doppelten Membran umgeben, deren äußere Schicht an einigen Stellen kontinuierlich in die Zisternen des rauen Endoplasmatischen Retikulums übergeht.
Zu **(C)** und **(E)**: Die Umsetzung der in der reifen mRNA enthaltenen Information in ein Protein, die Translation, läuft an den Ribosomen im Zytoplasma oder am rauen ER ab.
Zu **(D)**: Im glatten ER sind verschiedenste anabole Stoffwechselprozesse, wie z. B. die Synthese von Lipiden und Steroiden, lokalisiert. Außerdem spielt es eine wichtige Rolle bei der Entgiftung von Fremdstoffen und dient auch als Kalziumspeicher.

F01
→ **Frage 2.21: Lösung A**

Dargestellt ist der komplette Syntheseweg vom Gen der eukaryontischen DNA (mit Introns und Exons) bis zur Synthese des entsprechenden Proteins. Die als korrekt angegebene Antwort (A) erscheint mir jedoch nicht richtig zu sein!
Der Begriff der heterogenen nukleären RNA (hnRNA) kennzeichnet ein Vorläufer-Molekül der reifen mRNA. Sie besitzt den 3'-poly-A-Schwanz und eine sekundäre Schleifenstruktur mit angelagerten Proteinen am 5'-Ende, die sie vor dem enzymatischen Abbau schützen sollen. Aus diesem Grund erscheint mir die Antwortmöglichkeit (C) als am ehesten richtig.

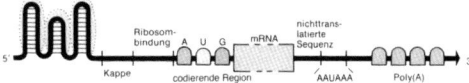

Abb. 2.3 Schema einer hnRNA (heterogene nukleäre RNA) (aus: Vogel, G., Angermann, H.: Taschenatlas der Biologie, Band 1, 5. Auflage, Thieme, Stuttgart, New York, 1990)

Zu **(A)**: Dargestellt ist die Entstehung des primären RNA-Transkriptes aus dem betreffenden DNA-Abschnitt. Exons und Introns sind noch komplett erhalten, die freien Enden sind noch nicht modifiziert.
Zu **(B)** und **(C)**: Hier ist die chemische Modifikation der reifenden mRNA mit 3'-poly-A-Schwanz und 5'-Methyl-Guanylat-Kappe gezeichnet.

2 Genetik

Zu **(D)**: In dem dargestellten Prozess des Splicings werden die inhaltslosen Introns aus der RNA entfernt, die codierten Exons werden aneinander gereiht.
Zu **(E)**: In diesem Schritt wird die reife mRNA aus dem Zellkern ins Zytoplasma geschleust, wo dann die Synthese des entsprechenden Proteins beginnen kann.

H01

→ **Frage 2.22: Lösung C**

Dargestellt ist der komplette Weg der Umsetzung der genetischen Information auf DNA-Ebene in das am Ribosom produzierte Protein.
Zu **(C)**: **Poly-Adenylierung** bedeutet die enzymatische Anfügung von 150–200 Adenin-Nukleotiden an das 3'-Ende der reifenden mRNA. Dieser Schritt, der gemeinsam mit der 5'-„Kappe" aus methyliertem Guanin dem Schutz vor dem vorzeitigen enzymatischen Abbau dient, ist mit dem Buchstaben (C) gekennzeichnet.
Zu **(A)**: Der erste Schritt ist die Synthese der primären, einzelsträngigen mRNA auf der Basis des codogenen Stranges der DNA.
Zu **(B)**: Gemeinsam mit der 3'-Poly-Adenylierung bildet die Synthese der Methyl-Guanylat-Kappe am 5'-Ende der reifenden mRNA das so genannte **Processing**.
Zu **(D)**: Die Entfernung der informationslosen Introns aus dem primären Transkript wird als **Splicing** bezeichnet.
Zu **(E)**: Dargestellt ist die **Translation** als letzter Schritt der Genexpression. Es wird die spezifische Polypeptidkette auf Basis der reifen mRNA am Ribosom synthetisiert.

→ **Frage 2.23: Lösung E**

Zu **(A)–(D)**: Transfer-RNA (tRNA) ist der Vermittler zwischen dem Basentriplett der mRNA und der entsprechenden Aminosäure. Dazu hat die tRNA eine charakteristische Struktur. Sie ist primär einzelsträngig, besitzt jedoch einige partiell doppelsträngige Bereiche, was zu ihrer Kleeblatt-ähnlichen Form führt.
Am 3'-OH-Ende des Moleküls ist die Bindungsstelle für die Aminosäure. Die Esterbindung wird durch Vermittlung der Aminoacyl-tRNA-Synthetase zwischen Carboxylgruppe der Aminosäure und Hydroxylgruppe der Ribose geknüpft. Eine andere, schlaufenartige Region enthält das sog. **Anticodon**; dies ist ein Basentriplett, das zu dem Codon der mRNA komplementär ist. Auf diese Weise wird die genaue Zuordnung von Codon (mRNA) über Anticodon (tRNA) zur Aminosäure erreicht.
Zu **(E)**: Die Aufnahme von Aminosäuren aus dem Extrazellulärraum erfolgt über spezifische Membranproteine, sog. Carrier.

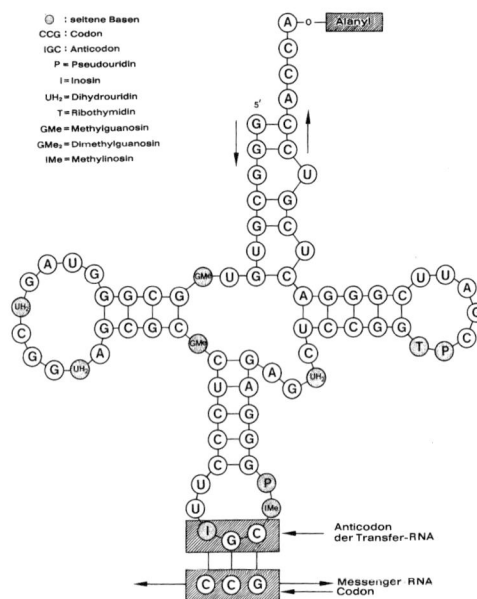

Abb. 2.4 Die Struktur der alaninspezifischen tRNA aus *Escherichia coli* mit der gesamten Nucleotidsequenz (aus: Gottschalk, W.: Allgemeine Genetik, 4. Auflage, Thieme, Stuttgart, New York, 1994)

F95

→ **Frage 2.24: Lösung B**

Mitochondrien sind in tierischen Zellen die einzigen Organellen, in denen außerhalb des Kerns genetisches Material vorliegt. Auf der mitochondrialen DNA sind Gene für einige mitochondriale Proteine, aber auch für einige rRNA- und tRNA-Moleküle enthalten.

II.5 RNA

RNA findet sich in verschiedenen Funktionszuständen in der Zelle. Die folgende Tabelle gibt einen zusammenfassenden Überblick über die relevanten Arten.

Tabelle 2.1 Funktionszustände RNA

RNA		Funktion
hnRNA	heterogene nucleäre RNA	Primäres Produkt bei der Transkription. Wird durch Reifung in die mRNA überführt.
mRNA	messenger RNA	Dient als Vorlage bei der Translation, also der Proteinbiosynthese an den Ribosomen. Entsteht aus hnRNA durch Speißen.

2.1 Organisation und Funktion eukaryontischer Gene

RNA		Funktion
tRNA	transfer RNA	Eine tRNA bindet ihre aktivierte Aminosäure und lotst diese zu einem Ribosom, wo die Aminosäure in die Polypeptidkette eingebaut wird.
rRNA	ribosomale RNA	Ribosomale RNA ist ein Strukturelement der Ribosomen.
snRNA	small nuclear RNA	Dient bei der Reifung der mRNA dem Heraussspleißen der Introns. Ist Bestandteil des Spleißosoms.
scRNA	small cytoplasmic RNA	scRNA findet man als Bestandteil des SRPs.

Auf der reifen mRNA sind Anfang und Ende der Gene mit bestimmten Basen-Tripletts markiert, die die Translation steuern. Jeder Translationsvorgang beginnt mit dem **Start-Codon AUG** (merke: **AU**f **G**eht's) und endet mit einem der drei **Stop-Codons UAA, UAG** oder **UGA**.

H99

→ **Frage 2.25: Lösung D**

Eine eigentlich nicht schwierige Frage, die aber durch die vorgegebenen, mehr als fragwürdigen Antwortmöglichkeiten des IMPP sehr verkompliziert wird.
Zu **(D):** Der Begriff des **Operon** bezeichnet ein „**Set**" **von Strukturgenen**, das unter der Kontrolle eines **Regulator**-Gens (Hemmung oder Aktivierung) steht. Die Bindung des am Regulator-Gen synthetisierten Proteins an die zugehörige **Operator**-Region ermöglicht oder unterdrückt die Bindung der RNA-Polymerase an den **Promotor** der betreffenden Strukturgene. Dieses sog. Operon-Modell wurde für die Genexpression bei E. coli entwickelt und in der Folge auf andere Prokaryonten übertragen. Bei Eukaryonten ist eine identische Regulation auf Transkriptionsebene (noch) nicht nachgewiesen. Siehe Lerntext II.6 „Regulation der Genexpression auf DNA- und RNA-Ebene".
Zu **(A):** Bei Eukaryonten wird die Kontrolle der Transkription vor allem durch Transkriptions-Faktoren reguliert. Dies sind Proteine, die an bestimmten Stellen der DNA eine **Promotor**-Region binden und zur Initiation der Transkription benachbarter Gene führen.
Zu **(B):** Die Genstruktur bei Eukaryonten besteht, anders als bei Prokaryonten, aus einem Mosaik von codierenden Sequenzen (**Exons**), unterbrochen von Basensequenzen, die nicht in eine Aminosäurenabfolge umgesetzt werden, sog. **Introns.** In der primär transkribierten RNA sind noch beide Anteile vertreten; im Rahmen des sog. „Splicing" werden jedoch die Introns entfernt, sodass die reife mRNA nur noch die Exons enthält, welche die Information für das zu synthetisierende Protein codieren.
Zu **(C):** Diese Antwortmöglichkeit scheint aus einem Hollywood-Film zu stammen. In der naturwissenschaftlichen Literatur sucht man den Begriff vergebens. Die Beendigung der Genexpression bei Eukaryonten ist noch nicht vollständig geklärt. Wichtig sind vermutlich bestimmte Signalsequenzen auf der mRNA sowie der sog. Poly-A-Schwanz an deren 3'-OH-Ende. Terminations-Faktoren (vielleicht mit dem Begriff „Terminator" gemeint?) sind bislang nur für Prokaryonten bekannt.
Zu **(E):** Histone sind basische Proteine, die im eukaryontischen Zellkern wichtige Chromosomen-Bestandteile darstellen.

2.1.4 Regulation der Genexpression

II.6 Regulation der Genexpression auf DNA- und RNA-Ebene

Die Regulation der Genexpression auf der Transkriptionsebene wurde von Jacob und Monod 1961 mit dem sogenannten **Operon-Modell** beschrieben. Es beschreibt ein ganzes Set von Strukturgenen, deren Expression unter der Kontrolle eines Regulatorgens und einer direkt vorgeschalteten Region mit dem **Promotor**- und dem **Operator**gen steht

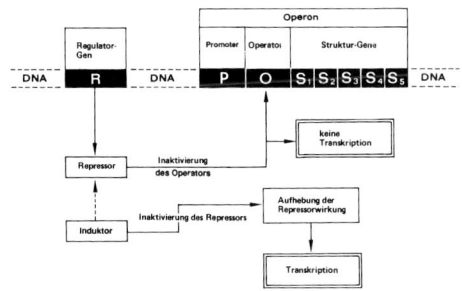

Abb. 2.5 Die Regulation der Genaktivität nach dem Jacob-Monod-Modell (aus: Gottschalk, W., Allgemeine Genetik, 4. Auflage, Thieme, Stuttgart, New York, 1994)

Beispiel: Durch das Regulatorgen wird ein Supressormolekül codiert, das an die Operatorregion bindet und die Transkription der Strukturgene blockiert. Die Bindung eines Induktormoleküls – das kann bei Strukturgenen, die katabolische Enzyme codieren z. B. das entsprechende Substrat sein – inaktiviert den Supressor. Dieser löst sich vom Operator und ermöglicht der RNA-Polymerase die Bindung an den Promotor, so dass die Transkription der Strukturgene beginnen kann.

2 Genetik

2.1.5 Differenzielle Genaktivität als Grundlage von Entwicklung und Differenzierung

Zu diesem Kapitel gibt es keine aktuellen Fragen.

2.1.6 Translation und genetischer Code

II.7 Proteinbiosynthese

Der Weg vom Gen zum Protein läuft in zwei hintereinander geschalteten Prozessen ab:
1. Transkription
Ein aktivierter Abschnitt der DNA, der die Information zur Herstellung eines Proteins enthält (= **Strukturgen**), wird im Zellkern in eine **m**essenger-**RNA** umgeschrieben. Dabei wird die Basenfolge eines DNA-Stranges als Grundlage benutzt, auf der sich die komplementären Basen der mRNA anlagern; diese werden dann zum primären Genprodukt miteinander verknüpft.
Da die Gene eukaryontischer Zellen von vielen informationslosen DNA-Abschnitten, den sog. Introns, unterbrochen sind, muss das primäre Genprodukt zunächst weiter modifiziert werden. Im Prozess des sog. **Splicings** werden die Introns herausgeschnitten und danach die informationstragenden Abschnitte, die Exons, miteinander verknüpft. Nach einer weiteren chemischen Veränderung beider Enden entsteht die definitive mRNA.
2. Translation
Die Umsetzung der Basenabfolge der mRNA in die Aminosäurenabfolge des Proteins geschieht an den Ribosomen. Diese lagern sich mit ihren zwei Untereinheiten an der mRNA zusammen und treten nun in Verbindung mit einer weiteren Sorte RNA, der **t**ransfer-**RNA**. Jede dieser kleeblattförmigen tRNA besitzt auf der einen Seite eine Abfolge von drei Basen (Triplett), auf der anderen Seite eine spezielle Aminosäure, die sog. aktivierte Aminosäure. Die Bindung beider RNA erfolgt am Ribosom nur dann, wenn das Triplett der tRNA zu den drei Basen der mRNA an der Bindungsstelle des Ribosoms komplementär ist. An einer benachbarten Bindungsstelle des Ribosoms wird eine zweite passende tRNA mit ihrer Aminosäure gebunden. Die Aminosäure der ersten tRNA wird auf die der zweiten tRNA übertragen; somit ist die erste tRNA frei, diffundiert vom Ribosom ab und kann erneut mit ihrer spezifischen Aminosäure beladen werden. Das Ribosom rückt drei Basen auf der mRNA weiter, es lagert sich eine dritte tRNA mit dem passenden Triplett an usw ...
Auf diese Weise entsteht eine **Polypeptidkette mit definierter Aminosäuren-Abfolge,** die letztlich **im Gen der DNA codiert** ist. Ist die letzte Aminosäure gebunden, wird das fertige Protein vom Ribosom freigesetzt, welches dann in seine Untereinheiten dissoziiert und erneut eine mRNA zur Synthese eines weiteren Proteins binden kann.

mRNA = messenger-RNA
AA-tRNA = Aminoacyl-Transfer-RNA
AS = Aminosäure
A = Aminosäurestelle
P = Peptidort

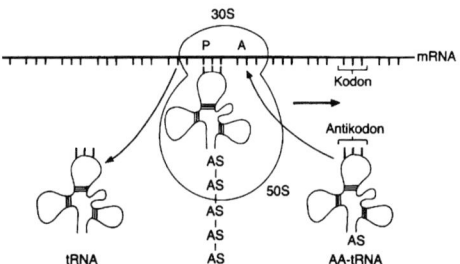

Abb. 2.6 Schema der Translation (aus: Kayser, F. H., Bienz, K. A., Eckert, J.: Medizinische Mikrobiologie, 8. Auflage, Thieme, Stuttgart, New York, 1998)

Klinischer Bezug
Zahlreiche Antibiotika greifen in die bakterielle Biosynthese ein und wirken auf diese Weise zumeist bakteriostatisch. Sehr häufig eingesetzt werden
- Tetrazykline (aus verschiedenen Streptomyces-Arten): Blockade der Bindung zwischen Aminosäure-beladener tRNA und dem bakteriellen Ribosom, und
- Erythromycin (aus der Gruppe der Makrolide, ebenfalls aus Streptomyceten): Die Bindung der wachsenden Polypeptidkette und die Translokation an der 50S-Untereinheit der prokaryontischen Ribosomen werden verhindert.

→ Frage 2.26: Lösung B

Zu **(B)**: Die Proteinbiosynthese besteht aus zwei Teilschritten: Transkription (DNA → mRNA) und Translation (mRNA → Protein).
Zu **(E)**: Die Basen einer Nukleinsäure, DNA oder RNA, sind unmittelbar aneinander gereiht. Es existieren keine „Leerzeichen" zwischen den einzelnen Tripletts, wie es der Begriff „Gliederung" in der Frage suggeriert. Die Trennung in einzelne Informationseinheiten als sog. Codons ist nur durch die Zuordnung einer aktivierten Aminosäure zu einem Triplett der tRNA bedingt und daher rein funktioneller Natur.

→ Frage 2.27: Lösung B

Zu **(B)**: Die DNA ist Ort der Transkription. Die Translation als eigentliche Proteinbiosynthese findet an den Ribosomen statt.

2.1 Organisation und Funktion eukaryontischer Gene

Zu **(D)**: Als aktivierte Aminosäuren bezeichnet man die Aminosäuren, die an „ihre" passende tRNA gebunden sind und somit für die Translation zur Verfügung stehen.
Zu **(A)**, **(C)** und **(E)**: Siehe Lerntext II.7 „Proteinbiosynthese".

F02 ■
→ **Frage 2.28: Lösung E**

Die gleiche Abbildung wurde bereits in den Physikumsprüfungen Herbst 2000 und Frühjahr 2001 verwendet. Die Fragestellung ist allerdings neu.
Zu **(E)**: Der dargestellte Vorgang entspricht in der Tat der **Proteinbiosynthese**. Man erkennt ein an einer mRNA angeheftetes Ribosom. Am Ribosom befindet sich der Anfang eines wachsenden Proteins, das bislang aus zwei Aminosäuren (Met-Gly) besteht. Dieses Dipeptid ist an den sog. Peptidort des Ribosoms gebunden. Rechts daneben bindet bereits die dritte Aminosäure (Ser) über ihre spezifische tRNA an die Aminosäurestelle.
Siehe Lerntext II.7 „Proteinbiosynthese".
Zu **(A)**: Die **Replikation** der DNA findet im Zytoplasma statt. Hierbei wird die DNA der Mutterzelle partiell entwunden; jeder der beiden einzelnen Nukleinsäurestränge dient dann als Matrize für den jeweils komplementären, neu zu bildenden Strang.
Zu **(B)**: Bei der Reparatur von DNA-Schäden werden über das Zusammenspiel verschiedener Enzyme die schadhaften Stellen entfernt; der komplementäre Strang dient dann – ähnlich der DNA-Replikation – als Matrize für den Ersatz der entfernten Anteile.
Zu **(C)** und **(D)**: Alle Typen der RNA (rRNA, mRNA und tRNA) werden durch den Vorgang der **Transkription** als Umschreiben des jeweiligen Gens von der DNA synthetisiert. Ribosomen spielen bei der RNA-Synthese keine Rolle.

H98 ■■
→ **Frage 2.29: Lösung B**

Zu **(B)**: Freie Ribosomen sind im Zytoplasma der Zelle lokalisiert. An ihnen findet die Translation von Proteinen statt, die innerhalb der Zelle benötigt werden; dazu gehören intrazytoplasmatische Enzyme, Proteine des Zytoskeletts, Kernproteine oder ribosomale Proteine.
Zu **(A)**: Eukaryontische Ribosomen sind mit 80S (von Svedberg als Einheit der Sedimentationsgeschwindigkeit) größer als prokaryontische Ribosomen mit 70S.
Zu **(C)** und **(E)**: Die Transkription (DNA ⇒ RNA) mitochondrialer Gene mit nachfolgender Translation findet in den Mitochondrien statt. Die mtDNA codiert allerdings nur für einen kleinen Teil der mitochondrialen Proteine, ca. 10%. Der überwiegende Anteil ist auf der Kern-DNA determiniert und wird im Kern transkribiert. Die Proteinsynthese erfolgt an zytoplasmatischen Ribosomen; die fertigen Proteine werden dann ins Mitochondrium transportiert.
Zu **(D)**: An Ribosomen des rauen Endoplasmatischen Retikulums werden sog. Exportproteine synthetisiert. Dies sind Eiweiße, die von der Zelle in die Umgebung abgegeben (Kollagen, extrazelluläre Enzyme, Transmitter, Peptidhormone etc.) oder in die Zellmembran integriert werden (Rezeptoren, Carrier- oder Tunnelproteine etc.). Kernproteine werden an freien Ribosomen gebildet.

→ **Frage 2.30: Lösung B**

Zu **(B)**: Den Beginn der Translation initiieren verschiedene Faktoren, die zusammen den **Initiatorkomplex** bilden. Dazu gehören:
– die **mRNA** mit dem sog. Start-Codon AUG
– die aktivierte Aminosäure **N-Formyl-Methionin**, gebunden an die passende tRNA
– die **kleine Ribosomen-Untereinheit.**
Zur Bildung dieses Initiatorkomplexes sind Energie in Form von Guanosin-Triphosphat **(GTP)**, **Mg^{2+}-Ionen** und **drei Proteinfaktoren** nötig.
Zu **(A)**: Jede Aminosäure besitzt mit einer Carboxyl (-COOH)- und einer Amino(-NH$_2$)-Gruppe zwei funktionelle Gruppen, über die unter Bildung von Wasser die **Peptidbindung** geknüpft wird. Daher findet man an den Enden einer Polypeptidkette ebenfalls eine Carboxyl- und eine Aminogruppe. Bei Beginn der Proteinbiosynthese wird stets die zweite Aminosäure an die Carboxylgruppe des N-Formyl-Methionin geknüpft. Somit findet man am Beginn eines Proteins immer eine freie Aminogruppe, die auch als **N-Terminus** (von –NH$_2$) bezeichnet wird.
Zu **(C)**, **(D)** und **(E)**: Siehe Lerntext II.7 „Proteinbiosynthese".

> **Merke!**
> Start-Codon AUG: **AU**f **G**eht's!

F01 ■
→ **Frage 2.31: Lösung C**

Zu **(C)**: Im Zellkern findet der Prozess der Transkription statt, also das Umschreiben der gewünschten DNA-Information in die mRNA. Eine Synthese von Proteinen, auch von Kernproteinen, ist nicht bekannt. Diese werden von zytoplasmatischen Ribosomen synthetisiert und dann durch Poren der Kernmembran in den Zellkern eingeschleust.
Zu **(A)**: Auch wenn Mitochondrien zur eigenständigen Proteinbiosynthese befähigt sind, so werden doch die meisten ihrer Eiweiße an zytoplasmatischen Ribosomen gebildet und danach in das Organell hineintransportiert, wie es in der Antwort beschrieben wird.

Zu **(B)**: Lysosomen sind Membran-umgrenzte Organellen der intra- und extrazellulären Verdauung. Die entsprechenden abbauenden Enzyme werden in der Tat an Ribosomen aufgebaut, die auf der Membran des endoplasmatischen Retikulums (raues ER) lokalisiert sind. Die wachsende Polypeptidkette wird dabei direkt in das Lumen des ER synthetisiert, sodass dann durch Abspaltung eines Membranvesikels ein Lysosom mit seiner entsprechenden Enzymausstattung gebildet werden kann.

Zu **(D)**: Auf identische Art und Weise werden am rauen ER auch reine Exportproteine, die von der Zelle in die äußere Membran eingebaut oder in den Extrazellulärraum abgegeben werden, synthetisiert. Beispielhaft sind Membranrezeptoren oder Kollagen zu nennen.

Zu **(E)**: Glykosylierung, Phosphorylierung, Sulfatierung und viele andere chemische Modifikationen von Proteinen sind in der Tat Aufgabe des Golgi-Apparates.

II.8 Genetischer Code

Der genetische Code ist eine Regel, nach der Tripletts aus drei Nukleobasen der DNA bzw. nach der Transkription der mRNA in Aminosäuren übersetzt werden. Er ist somit die Basis der eindeutigen Zuordnung von Typ und Lokalisation einer Aminosäure im fertigen Genprodukt Protein.

Die Informationseinheit ist das Basentriplett – bei vier verschiedenen Basen lassen sich somit 4^3 = 64 eindeutige Kombinationen bilden, die zur Festlegung der 21 natürlich vorkommenden Aminosäuren ausreichen. Die Umsetzung der Information von der DNA zum fertigen Protein erfolgt durch die spezifischen Basenpaarungen bei der Transkription (DNA → mRNA) und der Translation, bei der das Triplett der mRNA (Codon) vom entsprechenden Triplett der tRNA (Anticodon) gebunden wird. Da jede tRNA eine zu ihrem Anticodon „spezifische" Aminosäure trägt, wird so die genaue Umsetzung der Erbinformation in das gewünschte Protein sichergestellt. Einige Basentripletts besitzen keine passenden Anticodons an einer tRNA – diese werden auch als Stopcodons bezeichnet, da sie zum Abbruch der Proteinbiosynthese führen.

Die Darstellung des genetischen Codes erfolgt zumeist in der typischen „Code-Sonne", die von innen nach außen gelesen wird. Es ist gut zu erkennen, dass durchaus mehrere Tripletts dieselbe Aminosäure codieren können, wobei die Nukleobase an der dritten Stelle (in der Code-Sonne außen) hier die variabelste Information darstellen. Dennoch kann EIN gegebenes Triplett immer nur EINE Aminosäure codieren, der genetische Code ist somit immer eindeutig.

F98 H97 ■
→ **Frage 2.32: Lösung C**

Der genetische Code wird in der gewählten Darstellung von innen nach außen gelesen. Das bedeutet, die Proteinsequenz Prolin-Threonin wird durch die Basentripletts Cxx-Axx codiert. Bereits mit diesem Wissen ist die Antwortmöglichkeit (C) als falsch identifiziert.

Die Spezifität der Paarung zwischen mRNA-Codon und tRNA-Anticodon nimmt von der ersten bis zur dritten Base kontinuierlich ab. So müssen z. B. für Prolin die beiden ersten Basen CC sein. Die dritte Stelle kann beliebig mit U, C, A oder G besetzt werden. Diese Beobachtung wird mit dem schönen Namen „Wobble-Theorie" beschrieben.

Siehe auch Lerntext II.8 „Genetischer Code".

H00 ■
→ **Frage 2.33: Lösung A**

Zu **(A)** und **(B)**: Das dargestellte Schema zeigt mit der mRNA (B), dem Ribosom und zwei Aminoacyl-tRNA alle wichtigen Komponenten der Proteinbiosynthese. Mit A ist ein Basen-Triplett CGG der mRNA markiert, das als **Codon** bezeichnet wird. Nicht ganz korrekt, jedoch didaktisch anschaulich, ist die jeweils getrennte Zeichnung der einzelnen Tripletts; in der Realität sind alle Basen direkt hintereinander angeordnet. Die Gruppierung in die funktionellen Tripletts wird alleine durch ein so genanntes Start-Codon definiert (AUG bei Prokaryonten).

H00 ■
→ **Frage 2.34: Lösung E**

Zu **(E)** und **(C)**: Die mit E markierte Struktur entspricht in der Tat einer **aminoacylierten tRNA**, d. h. einer transfer-RNA, die mit der zu ihrem **Anticodon** (C) passenden Aminosäure, hier Serin, beladen ist. Genau an dieser Stelle wird die Spezifität der Umsetzung einer Basenabfolge als genetischer Code zu einer definierten Aminosäurenkette (= Protein) deutlich. Zum Codon der mRNA (A) passt das Anticodon (C) der tRNA, die mit einer dazugehörigen Aminosäure beladen ist.

Zu **(D)**: Im Rahmen der Bildung einer reifen mRNA aus dem primären Transkript werden u. a. die Enden chemisch verändert, um das Molekül vor dem Abbau durch intrazelluläre Nukleasen zu schützen. Mit D markiert ist die so genannte „**Kappe**" aus **Methyl-Guanylat**, die über eine Triphosphatbrücke an das 5'-Ende der mRNA gebunden wird. Am gegenüberliegenden 3'-Ende findet man einen „Schwanz" aus 150–200 Adenin-Nukleotiden.

Siehe Lerntext II.4 „Bildung der reifen mRNA".

2.1 Organisation und Funktion eukaryontischer Gene

F01

→ **Frage 2.35: Lösung C**

Zu **(C)**: Ribonukleinsäure enthält statt Thymin immer Uracil; Thymin gibt es nur in der DNA. Daher ist die Antwortmöglichkeit (C) leicht als die gesuchte falsche zu erkennen. Im 1., 3. und 4. Triplett der oben dargestellten mRNA müsste somit jeweils ein U anstelle eines T stehen.
Zu **(A)**: Ein Ribosom besteht immer aus zwei (ungleich großen) Untereinheiten, die sich erst im Zusammenhang mit einer mRNA zum funktionsfähigen Dimer verbinden.
Zu **(B)**: Eine reife mRNA besitzt an ihren freien Enden chemische Modifikationen, die nicht in der Matrizensequenz der entsprechenden DNA codiert sind. Am 3'-Ende findet man den sog. Poly-A-Schwanz aus bis zu 200 Adenin-Nukleotiden, das 5'-Ende besitzt eine „Kappe" aus 7-Methyl-Guanylat, gebunden über eine Triphosphat-Brücke. Diese endständigen Modifikationen dienen vermutlich dem Schutz vor enzymatischem Abbau.
Zu **(D)**: Die tRNA dient als Vermittler zwischen einer Aminosäure und dem entsprechenden Basentriplett (= Codon) der mRNA. Die dabei notwendige Spezifität wird durch die exakte Basenpaarung über ein Triplett der tRNA (= Anticodon) erreicht. Hierbei bindet immer G an C und A an U (nicht an T, siehe Kommentar zu (C)). Beide dargestellten Basenpaarungen sind daher – mit Einschränkung durch die falsche Base T – korrekt.
Zu **(E)**: Da das mRNA-Triplett AUG (nicht ATG, wie in der Zeichnung!) als sog. Start-Codon fungiert und die dazu passende Aminosäure Methionin ist, beginnt eine wachsende Polypeptidkette immer mit einem (Formyl-)Methionin. Diese Aussage ist zumindest für prokaryontische Zellen korrekt. Bei Eukaryonten ist die Regulation von Beginn und Ende der Proteinbiosynthese noch nicht vollständig bekannt.

2.1.7 Kartierung von Genen/Genfamilien

H90 ■

→ **Frage 2.36: Lösung D**

Zu **(D)**: Die Hämoglobin-Ketten sind bei beiden Geschlechtern identisch.
Zu **(A)**: Das komplette Hämoglobin-Molekül besteht aus vier Peptidketten (= Globine) mit je einem Fe-haltigen Häm als prosthetischer Gruppe.
Zu **(B)**: Das fetale Hämoglobin HbF besteht aus 2 α- und 2 γ-Ketten ($α_2γ_2$) und hat eine höhere O_2-Affinität als das mütterliche HbA, damit der intraplazentare Sauerstoffaustausch vom HbA auf das HbF ablaufen kann.
Zu **(E)**: **Sichelzellanämie:** Punktmutation in der β-Kette, die zum Austausch einer Aminosäure führt.

Das Sichelzell-Hämoglobin HbS bewirkt eine verstärkte Tendenz zur Aggregation von Erythrozyten bei erniedrigtem Sauerstoffpartialdruck sowie eine Verformung der Erythrozyten.
Thalassämien: defekte Globin-Synthese, Krankheit des Mittelmeerraums mit unterschiedlich starker Ausprägung von klinisch unauffällig bis letal.

F99 F92 ■

→ **Frage 2.37: Lösung C**

Zu **(C)**: Die Hämoglobingene sind natürlich in allen Körperzellen vorhanden – exprimiert (d. h. im Phänotyp der Zelle ausgeprägt) werden sie jedoch nur in den Vorstufen der Erythrozyten, in denen der Zellkern noch vorhanden ist. Die genauen Regulationsmechanismen dieser differenziellen Genexpression sind noch weitgehend unbekannt.
Zu **(A), (B)** und **(E)**: Die verschiedenen Gene der einzelnen Hämoglobin-Ketten gehen auf ein gemeinsames „Ur-Gen" zurück. Durch Genduplikation und nachfolgende Mutationen sind im Laufe der Evolution die heute bekannten 6 Hämoglobingene und das Myoglobingen entstanden.
Zu **(D)**: Bereits in der Embryonalzeit werden verschiedene Ketten des Hämoglobins zu unterschiedlichen Zeiten synthetisiert. In den ersten zwei Monaten dominieren α-, γ-, ε- und ζ-Ketten, danach werden ε- und ζ-Ketten nicht mehr gebildet und es überwiegt das fetale Hämoglobin **HbF** ($α_2γ_2$). Perinatal sinkt die Synthese der γ-Ketten, die durch β- (und δ-)Ketten des adulten Hämoglobins (HbA) ersetzt werden (98 % **HbA$_1$** $α_2 β_2$, 2 % **HbA$_2$** $α_2 δ_2$).

■

→ **Frage 2.38: Lösung C**

Zu **(C)**: Die α- und β-Ketten des Hämoglobins sind Produkte duplizierter und unabhängig voneinander mutierter Gene.
Zu **(A)**: Multiple Allelie entsteht durch Mutation in Genen, die auf zwei homologen Chromosomen an identischer Stelle lokalisiert sind. Duplizierte Gene liegen auf einem Chromosom.
Zu **(B)**: Die Trisomie 21 ist Folge einer Non-disjunction des Chromosoms Nr. 21 in der Meiose.
Zu **(D)**: Das Turner-Syndrom X0 ist eine numerische Chromosomenaberration. Das X-Chromosom ist strukturell nicht verändert.

F99 F96 ■

→ **Frage 2.39: Lösung D**

Grundwissen zu Art und Folge von Mutationen ist hier in den Kontext der möglichen Veränderungen des Hämoglobins verpackt. Der beschriebene Austausch einer einzigen Aminosäure kann nur durch eine **Punktmutation**, d. h. durch die Veränderung einer einzigen Base, zustande kommen.

Zu (D): In der β-Kette des Hämoglobins von Patienten mit Sichelzellanämie hat eine solche Punktmutation zum Austausch von Glutamat gegen Valin geführt.

Zu (A) und (E): Ausfall eines Enzyms oder Austausch von Genmaterial im Rahmen eines Crossing-over führt stets zu komplexen Veränderungen der Proteinbiosynthese – ein singulärer Aminosäurenaustausch ist sicher nicht die Folge.

Zu (B): Eine **Deletion** von drei oder [n] × drei Basen führt zum Verlust einer oder [n] Aminosäuren, da immer ein Triplett aus drei Nucleobasen für eine Aminosäure codiert.

Zu (C): Bei der Veränderung eines Stop-Codons ist allenfalls eine verlängerte Polypeptidkette denkbar; zu einem Aminosäuren-Austausch innerhalb des Proteins kommt es sicher nicht.

F89

→ **Frage 2.40: Lösung A**

Isoenzyme katalysieren identische biochemische Reaktionen, haben aber unterschiedliche Aminosäuresequenzen und daher verschiedene Strukturen und biochemisches Verhalten (z. B. in der Elektrophorese).

Sie entstehen im Wesentlichen durch **Genduplikation**: Bei ungleichem Crossing-over zwischen zwei homologen Chromosomen entsteht ein Chromosom mit dem verdoppelten Gen, das andere ist defizient für diese Erbinformation. Keimzellen mit dem defizienten Chromosom sind häufig nicht befruchtungsfähig, sodass sich das duplizierte Gen in Verbindung mit dem intakten Gen des anderen Elternteils etablieren kann.

Beide duplizierten Gene können im weiteren Verlauf unabhängig voneinander mutieren und so zu verschiedenen Peptidketten eines Proteins führen. Ein Beispiel für Isoenzyme sind die fünf verschiedenen Formen der Lactat-Dehydrogenase (LDH) beim Menschen.

Alloenzyme sind verschiedene funktionsgleiche Enzyme innerhalb einer Art (Enzympolymorphismus), die durch unterschiedliche Allele eines Gens codiert werden. Beispiel dafür sind die verschiedenen Formen der Glukose-6-Phosphat-Dehydrogenase.

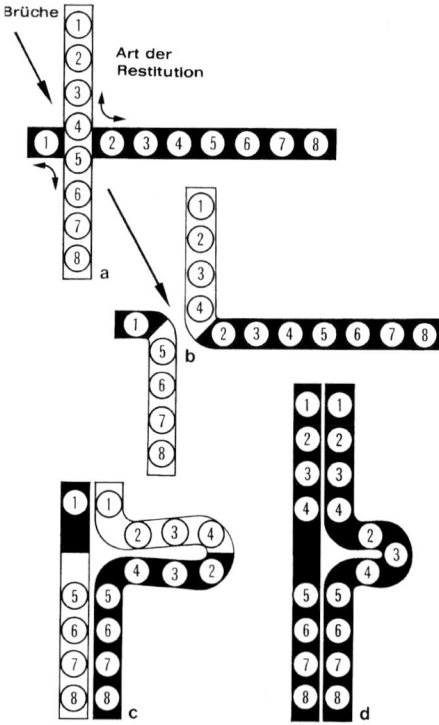

Abb. 2.7 Die Entstehung einer Duplikation und ihre Folgen in der Meiosis (aus: Gottschalk, W.: Allgemeine Genetik, 4. Auflage, Thieme, Stuttgart, New York, 1994)

a Ausgangssituation. Es sind zwei homologe Chromosomen mit den Segmenten 1–8 vorhanden. An der Berührungsstelle kommen zwei Brüche zustande; die Restitution erfolgt in der durch die Pfeile angegebenen Weise.

b Durch die Restitution entsteht ein defizientes und ein dupliziertes Chromosom. Die Duplikation umfasst die Segmente 2, 3, 4.

c Im Pachytän paaren die beiden strukturell nicht mehr voll übereinstimmenden Homologen mit einer charakteristischen Schleifenbildung. Links das defiziente, rechts das duplizierte Homologe.

d Pachytän eines duplikations-heterozygoten Organismus. Links das normale, rechts das duplizierte Homologe.

2.1.8 Anzahl und Größe von Genen

Zu diesem Kapitel wurden bisher keine Prüfungsfragen gestellt.

II.9 Repetitive DNA und Genomgröße

Die DNA eukaryontischer Zellen enthält zahlreiche Gene in vielfacher Ausfertigung. Man unterscheidet **hochrepetitive Sequenzen**, die in 1 Million Kopien und mehr vorkommen, von **mittelrepetitiven Sequenzen**, deren Häufigkeit zwischen 100 und 1000 Kopien pro Genom variiert. Die Bedeutung der hochrepetitiven Sequenzen ist noch ungeklärt, allem Anschein nach gehen aus ihnen keine Genprodukte hervor. In mittelrepetitiven Sequenzen sind Gene für verschiedene RNA und Proteine (z. B. Histone) enthalten – Genprodukte, die von der Zelle in großer Menge benötigt werden.

Darüber hinaus sind die Strukturgene eukaryontischer DNA von sog. **Introns** unterbrochen, Sequenzen ohne relevante genetische Information, die bei der Entstehung der reifen RNA aus dem primären Transkript entfernt werden. Die informationstragenden **Exons** werden unmittelbar miteinander verknüpft, so dass eine fertige RNA viel kürzer ist als das erste Ergebnis der reinen Transkription.

Prokaryontische Genome enthalten keine Introns und keine repetitive DNA.

Beide Gesichtspunkte bedingen die enormen Größenunterschiede von prokaryontischen und eukaryontischen Genomen. Das Bakterium E. coli besitzt ein zirkuläres DNA-Molekül mit 4000 kb (1 kb = 1 kilobase = 1000 Basenpaare) bei 1,4 µm Länge im entspiralisierten Zustand. Eine menschliche Zelle enthält etwa 2 900 000 kb und ist entspiralisiert knapp 1 m lang.

2.2 Chromosomen des Menschen

H02
→ **Frage 2.41: Lösung B**

Zu **(B)**: Die Granulozyten des peripheren Blutes sind weitgehend ausdifferenzierte Zellen, die sich in der Zellkultur nur schwer vermehren lassen. Die Erstellung eines Karyogramms ist somit aus Granulozyten kaum möglich.

Zu **(A)**, **(C)**, **(D)** und **(E)**: Alle genannten Zelltypen sind in vitro recht gut kultivierbar, da es sich noch um „Vorläuferzellen" mit einer hohen Teilungsrate handelt, sodass die für eine Chromosomenanalyse gewünschte Zellzahl weitgehend unproblematisch erreicht wird. Wie bereits in früheren Kommentaren erwähnt, ist die Erstellung eines Karyogramms aus Knochenmarkszellen jedoch eher akademischer Natur, da die Gewinnung dieser Zellen im Rahmen einer Knochenmarkspunktion für den Patienten einen häufig unangenehmen und nicht völlig risikolosen Eingriff darstellt.

H01
→ **Frage 2.42: Lösung C**

Zu **(C)**: Der Zellzyklus beschreibt die verschiedenen Abschnitte der **Interphase** im Wechsel mit der mitotischen Zellteilung. Da die G_1-Phase ein Teil der Interphase ist, sind die Chromosomen im Lichtmikroskop nicht sichtbar. Die Metaphase, in der sich die Chromosomen in der so genannten Äquatorialplatte anordnen, ist ein Teil der Zellteilung.
Siehe auch Lerntext I.12 „Zellzyklus".

Zu **(A)**: Menschliche Chromosomen bestehen in der Tat aus der eigentlichen Erbinformation in Form der doppelsträngigen DNA und aus basischen Proteinen, den **Histonen**, um die die Nukleinsäure partiell herumgewickelt ist.

Zu **(B)**: Vor Eintritt in die Zellteilung wird die gesamte Erbinformation der Zelle verdoppelt; dies geschieht in der S-Phase (S für Synthese) des Zellzyklus.

Zu **(D)** und **(E)**: In der Metaphase zeigen die Chromosomen eine starke Spiralisierung und Kondensation; es bildet sich hier bereits der Transportform der Chromosomen für die nachfolgende Anaphase, die Wanderung der Chromosomen zu den Zellpolen. Jedes Chromosom besteht zu diesem Zeitpunkt aus zwei identischen DNA-Strängen, die am Zentromer miteinander verbunden sind, den Chromatiden.

H07
→ **Frage 2.43: Lösung D**

Zu **(D)**: Eine recht schwierige Frage, für deren Beantwortung man sich vor Augen halten muss, dass die menschlichen Chromosomen im Karyogramm in Gruppen und in absteigender Größe angeordnet werden. Das Chromosom 1 ist das größte aller Chromosomen, die Chromosomen 19 und 20 sind dagegen fast die kleinsten – nur noch gefolgt von Nr. 21 und 22 sowie vom Y-Chromosom. Wenn man sich mit diesem Wissen die Anzahl der Gene in der Abbildung zum Fragentext anschaut, kann man verstehen, dass das Chromosom 19 (mit der zweithöchsten Anzahl an Genen nach dem – mindestens vierfach längeren – Chromosom 1) die höchste Gendichte aufweist.

Interessant ist, dass die Anordnung der Chromosomen innerhalb des Zellkerns unter anderem von ihrer Gendichte bestimmt wird. So ist beispielsweise für Lymphozyten nachgewiesen, dass genreiche Abschnitte der Chromosomen eher zur Mitte des Kerns hin orientiert sind, während sich genarme Abschnitte in der Peripherie befinden.

Zu **(B)**: Auf dem Chromosom 1 liegen zwar die meisten Gene, da es aber das größte aller menschlichen Chromosomen ist, hat es nicht die höchste Gendichte.

Zu (A): Das X-Chromosom ist größer als Chromosom 19, hat aber laut der Abbildung weniger Gene, damit ist seine Gendichte sicherlich niedriger.
Zu (C): Chromosom 13 ist deutlich größer als Chromosom 19 und hat zusätzlich erheblich weniger Gene, damit eine geringere Gendichte.
Zu (E): Chromosom 21 ist noch etwas kleiner als Chromosom 19 und hat viel weniger Gene, also auch eine geringere Gendichte.

F10

→ **Frage 2.44: Lösung A**

Zu (A): Die Chromosomen werden nach der Morphologie in die Gruppen A–G eingeteilt, das Chromosom 21 ist gemeinsam mit den Chromosomen 13, 14, 15 und 22 der Gruppe G (kurze akrozentrische Chromosomen) zugeordnet. An den **Nukleolus-Organisator-Regionen** (NOR) liegen die Gene für die rRNA des Menschen, dort bilden sich in der Interphase die Nukleoli. Die NORs befinden sich nur auf den **akrozentrischen Chromosomen**.
Zu (B): Jedes Chromosom hat 2 Arme: der kurze **p-Arm** (petit = klein) und der längere **q-Arm**. Natürlich kann es hier Abberationen geben, aber das **Down-Syndrom** ist durch eine **komplette Trisomie des Chromosoms 21** gekennzeichnet.
Zu (C): Die **Hämophilie A** (wie auch die Hämophilie B) sind **X-chromosomal rezessiv** vererbte Krankheiten, Ursache sind Punktmutationen auf dem X-Chromosom.
Zu (D): Als **Telomere** bezeichnet man spezifische DNA-Sequenzen an den Chromosomenenden; diese Sequenzen tragen keine genetische Information. Ein Interphase-Chromosom hat normalerweise 2 Enden. 3 Enden können vorkommen, wenn ein Arm zuviel vorkommt.
Zu (E): Beim (Ulrich-)**Turner-Syndrom** fehlt ein Geschlechtschromosom (**gonosomale Monosomie**). Der Chromosomensatz lautete demnach 45, X0.

H04

→ **Frage 2.45: Lösung A**

Zu (A): **Colchicin** als Gift der Herbstzeitlosen (*Colchicum autumnale*) verhindert die Polymerisation von Mikrotubuli, was für die Bildung einer Mitosespindel unabdingbar ist. Diese Giftwirkung macht man sich diagnostisch zunutze, um Chromosomen in der Metaphase der Zellteilung zu „arretieren" und sie so licht- oder elektronenmikroskopisch untersuchen zu können.
Zu (B) und (C): Beschrieben sind zwei mögliche Wirkmechanismen von **Antibiotika** auf die bakterielle DNA-Synthese und Zellteilung. So hemmen Sulfonamide und Trimethoprim die Synthese von Tetrahydrofolat, das zur Synthese von DNA benötigt wird. Gyrase-Hemmer verhindern die platzsparende Verdrillung der DNA-Doppelhelix.
Zu (D): In der Regel ist es genau umgekehrt. Gerade solche Zellen, die sich in Teilung befinden, reagieren am stärksten auf bakterizide oder tumorizide Chemotherapeutika. Ruhende Gewebe sind von den meisten dieser Medikamente nicht betroffen.

→ **Frage 2.46: Lösung C**

Zu (C): **Chiasmata** sind Überkreuzungsstellen homologer Chromosomen während der Prophase der **Meiose** und dienen der Neukombination der genetischen Information.
Zu (D) und (E): G-Banden entstehen nach **G**iemsa, Q-Banden nach Anfärbung mit Fluoreszenzfarbstoffen, z. B. **Q**uinacrin. Die Muster stimmen bei homologen Chromosomen überein und sind charakteristisch für jedes einzelne Chromosomenpaar.

F10

→ **Frage 2.47: Lösung A**

Zu (A): Die nach dem Hamburger Chemiker **Giemsa** benannte Färbetechnik mit Azur-, Eosin- und Methylenblaufarbstoffen wird zur Anfärbung von Metaphasechromosomen benutzt.
Zu (B): Die Hämatoxylin-Eosin-Färbung (= **HE-Färbung**) ist eine Standardfärbung für histologische Präparate. Kerne werden blau gefärbt, das Zytoplasma blass-rosa.
Zu (C): Eisenhämatoxylin ist ein Färbereagenz, welches bei unterschiedlichen Färbungen (z. B. bei der **van-Gieson-Färbung** zur Anfärbung von Bindegewebe und Muskeln) eingesetzt wird.
Zu (D): **Alcianblau** kann zur Anfärbung stark anionischer Substanzen (z. B. Mucopolysaccharide, sulfatierte Glykosaminoglykane) verwendet werden.
Zu (E): Die **PAS-Färbung** (Periodic Acid-Schiff) kann für Muzine, Polysaccharide, Glykoproteine oder Glykolipide verwendet werden. Beispielsweise kann man damit Becherzellen im Gastrointestinaltrakt oder schleimbildende Adenokarzinome anfärben.

II.10 Telomere

Telomere sind einzelsträngige Enden der Chromosomen. Sie verhindern das Verschmelzen zweier Chromosomen oder auch deren enzymatischen Abbau. Außerdem haben sie eine erhöhte Bindungsaffinität zu bestimmten Stellen der Kernmembran. Die Telomer-DNA hat beim Menschen einen Anteil von 0,03 % der gesamten DNA, enthält keine bislang bekannten Strukturgene und besteht aus bis zu 3000 Wiederholungen der charakteristischen Sequenz TTAGGG.
Den Telomeren wird eine wichtige Rolle bei der Alterung der Zelle („biologische Uhr") zugesprochen. Mit jedem Teilungsschritt gehen etwa 100 Basenpaare verloren, da die DNA-Polymerase an

freien DNA-Enden nicht ohne weiteres ansetzen kann. Man schätzt, dass auf diese Weise die Anzahl möglicher Zellteilungen auf etwa 125 begrenzt wird. Wird eine bestimmte Länge der Telomer-DNA schließlich unterschritten, stellt die betreffende Zelle die Teilungsaktivität ein; es kommt dann entweder zu einem andauernden Wachstumsstop oder zum programmierten Zelltod (Apoptose).

Zellen, die dieser Begrenzung ihrer Teilungsfähigkeit nicht unterliegen, besitzen mit der Telomerase ein Enzym, das neue Telomersequenzen an das 3'-Ende der DNA anhängen kann. Dieses Enzym, was durch den o. g. Mechanismus gewissermaßen eine „Unsterblichkeit" verleiht, findet man in der Keimbahn, in embryonalen Stammzellen, in verschiedenen einzelligen Eukaryonten und eben auch in 85–90 % der Zellen maligner Tumoren.

F04
→ **Frage 2.48: Lösung B**

Zu **(B)**: Als **Kinetochor** bezeichnet man einen Protein-DNA-Komplex im Bereich des Zentromers, der als Ansatzstelle für die Mikrotubuli der Zellteilungsspindel fungiert.
Zu **(A)**: Die Baueinheit aus Histonen und einem DNA-Abschnitt wird als **Nucleosom** bezeichnet.
Zu **(C)**: Hier sind die **Telomere** beschrieben: lange DNA-Sequenzen an den Enden der Chromosomen, die deren strukturelle Integrität sichern und eine End-zu-End-Anlagerung verhindern.
Zu **(D)**: **Proteasomen** sind große Aggregate verschiedener proteolytischer Enzyme, die den nichtlysosomalen Proteinabbau intrazellulär katalysieren. Sie sind u. a. an der Regulation des Zellzyklus bei pflanzlichen und tierischen Zellen beteiligt.
Zu **(E)**: **Aktin-** und Tubulin-Polymere sind vermutlich auch am strukturellen Aufbau des Kern- und Chromosomengerüstes beteiligt. Das hat allerdings nichts mit dem Kinetochor zu tun.

F02
→ **Frage 2.49: Lösung D**

Zu **(D)**: **Telomere** sind am Ende der Chromosomenarme lokalisiert und verhindern den Abbau oder das Verschmelzen von Chromosomenenden. Siehe Lerntext II.10 Telomere".
Zu **(A)**: Beschrieben ist das **Nucleosom** als monomere Baueinheit des Chromatins.
Zu **(B)**: Verschiedene intrazytoplasmatische Eiweiße sind zu sog. Multiproteinkomplexen aggregiert, z. B. im Rahmen der kaskadenartigen Aktivierung intrazellulärer Signalketten, sog. second messenger, oder bei der Initialisierung der Apoptose. Mit den Telomeren hat das allerdings nichts zu tun.

Zu **(C)**: Der programmierte Zelltod ist unter dem Namen **Apoptose** bekannt.
Zu **(E)**: Die Zentromere als Verbindungsstellen der beiden Chromatiden eines Chromosoms bestehen aus zwei Untereinheiten, den sog. Kinetomeren. Die Strukturen stellen auch den Ort der Abheftung von Mikrotubuli der Mitosespindel dar, sodass beide Chromatiden bei der Zellteilung in die entsprechenden Tochterzellen transportiert werden können.

F07
→ **Frage 2.50: Lösung C**

In dieser Frage wird das Wissen um den diploiden Chromosomensatz einer normalen Körperzelle auf höchst komplizierte Weise abgefragt.
Bei der in-situ Hybridisierung werden bestimmte Gene (hier das c-myc Onkogen und der Ig-Locus) über die Anlagerung spezifischer, zur DNA-Sequenz komplementärer Gensonden markiert. Die Sonden ihrerseits tragen bestimmte Marker (hier sind es verschiedenfarbige Fluoreszenzmarker), sodass man unter dem Mikroskop die einzelnen Gene nach erfolgreicher Anlagerung der Sonde unter dem (Fluoreszenz-)Mikroskop identifizieren kann.
Zu **(C)**: In der vorgegebenen Abbildung erkennt man sehr leicht jeweils zwei rot und zwei blau markierte Punkte, die den genannten Genen auf den unterschiedlichen Chromosomen 8 und 14 entsprechen, die natürlich als homologe Chromosomen in zweifacher Ausfertigung vorliegen. Die im Aufgabentext beschriebene Translokation eines Gens bedeutet eine Verlagerung des betreffenden DNA-Abschnittes auf ein anderes Chromosom. Damit liegt die entsprechende Sequenz natürlich aber weiterhin genau zweimal vor – nur einmal nicht mehr an der ursprünglichen Stelle. Nur in der Antwortmöglichkeit (C) erkennt man auch weiterhin zwei rote und zwei blaue Punkte, wobei die veränderte räumliche Beziehung im oberen Bildteil die Translokation darstellt.
Zu **(A)**, **(B)**, **(D)** und **(E)**: In allen Abbildungen kommen die betreffenden Genloci nicht mehr in jeweils zweifacher Ausprägung vor – von insgesamt 3 bis zu 8 farbigen Markierungen ist alles vorhanden. Bei einer Translokation wird der Gesamtbestand an DNA – und damit die Anzahl der Gene – jedoch nicht verändert.

2.3 Formale Genetik

2.3.1 Begriffe und Symbole

II.11 Formale Genetik

In diesem Lerntext sind einige wichtige Begriffe der formalen Genetik zum schnellen Wiederholen zusammengefasst, die zuletzt immer wieder gefragt wurden.

Expressivität bezeichnet das Ausmaß einer variablen Merkmalsausprägung; das bedeutet, ein pathologisches Merkmal kann von nur geringer, kaum relevanter Auswirkung auf den Organismus bis zu schwersten Behinderungen reichen. (Unvollständige) **Penetranz** hingegen meint, dass ein eigentlich dominantes Gen nicht bei allen Genträgern im Phänotyp zur Ausprägung kommt. Diese Beobachtung kann nur durch einen modulierenden Einfluss anderer Gene und/oder äußere Faktoren erklärt werden.

Der Begriff der **Pleiotropie** oder **Polyphänie** beschreibt die Fähigkeit eines einzelnen Gens, mehrere phänotypische Merkmale zu verursachen. Im Gegensatz dazu spricht man von **Heterogenie** oder **Polygenie**, wenn ein definiertes Krankheitsbild („Merkmal") von verschiedenen, zusammenwirkenden Genen hervorgerufen wird.

Antizipation meint, dass ein vererbtes Merkmal im Verlauf mehrerer Generationen in einem immer früheren Lebensalter auftritt und zugleich einen zunehmenden Schweregrad zeigt.

Der Begriff des **Imprinting** schließlich bedeutet, dass bestimmte Gene in Abhängigkeit von ihrer mütterlichen oder väterlichen Herkunft unterschiedliche Aktivität zeigen können.

→ **Frage 2.51: Lösung D**

Zu **(D)**: **Expressivität** ist das Maß der Merkmalsausprägung, das bei pathogenen Merkmalen von leichten, klinisch kaum auffälligen Veränderungen bis zu schwersten Behinderungen reichen kann.
Zu **(A)**: Gemeint ist hier die **Mutationsrate**.
Zu **(B)**: Die **Genfrequenz** ist das beschriebene Maß.
Zu **(C)**: Die Häufigkeit der Merkmalsausprägung ist die **Penetranz**.
Siehe Lerntext II.11 „Formale Genetik".

→ **Frage 2.52: Lösung D**

Zu **(D)**: Ein Merkmal wird als dominant bezeichnet, wenn es in einfacher Ausführung, d. h. nur auf einem der beiden homologen Chromosomen, zur Ausprägung im Phänotyp kommen kann. Dennoch zeigen nicht alle Träger des dominanten Gens das entsprechende Merkmal im Phänotyp – man spricht von unvollständiger Penetranz. Die Merkmalsausprägung wird in diesen Fällen von anderen Genen und/oder durch äußere Faktoren unterdrückt.

H07

→ **Frage 2.53: Lösung A**

Zu **(A)**: Wenn Mutationen unterschiedlicher Gene ein gleiches Krankheitsbild auslösen können, spricht man in der Tat von **Heterogenie**. Ein Beispiel für dieses Phänomen ist u. a. die Taubstummheit.
Zu **(B)**: Die Beeinflussung verschiedener phänotypischer (pathologischer) Merkmale durch ein verändertes Gen wird als **Pleiotropie** oder **Polyphänie** bezeichnet.
Zu **(C)**: Einem unterschiedlichen Bandenmuster zweier homologer Chromosomen liegt eine strukturelle Mutation zu Grunde. Dies kann z. B. eine Inversion sein, bei der ein Teil des Chromosoms um 180° umgekehrt vorliegt. Auch umfangreiche Deletionen oder eine Translokation können zu unterschiedlichen Bandenmustern führen.
Zu **(D)**: Bei rezessiv oder auch X-chromosomal vererbten Krankheiten ist die heterozygote Genanlage gegenüber der homozygoten Situation im Vorteil, da das jeweils gesunde Allel die klinische Ausprägung oder gar den Krankheitsausbruch verhindern kann. Diese Tatsache hat aber nichts mit dem Begriff der Heterogenie zu tun.
Zu **(E)**: Viele Erkrankungen basieren auf einer genetischen Prädisposition. In welcher klinischen Relevanz oder ob sie überhaupt auftreten, ist jedoch häufig von äußeren Faktoren abhängig. Man spricht in diesem Zusammenhang auch von „epigenetischen Einflüssen", die z. B. beim Diabetes mellitus Typ II oder auch bei der Iodmangelstruma von Bedeutung sind.

H03

→ **Frage 2.54: Lösung A**

Zu **(A)**: Die Verringerung des Manifestationsalters und der zunehmende Schweregrad der Symptomatik im Verlauf der Generationen einer betroffenen Familie wird in der Tat als **Antizipation** bezeichnet. Bei einigen neurodegenerativen Erkrankungen ist für dieses Phänomen eine Verlängerung spezieller Trinukleotidsequenzen auf DNA-Ebene nachgewiesen, was jedoch bei der als Beispiel genannten Muskeldystrophie nicht bekannt ist.
Zu **(B)**: **Imprinting** bedeutet, dass bestimmte Gene in Abhängigkeit von ihrer mütterlichen oder väterlichen Herkunft unterschiedlich aktiv sein können. Die entsprechende Prägung passiert in der Embryonalzeit und beruht molekulargenetisch wohl auf einer spezifischen Methylierung der entsprechenden DNA-Sequenzen.

Zu **(C)**: Beim Mann kommen auch rezessive Allele des X-Chromosoms wie dominante Gene zum Ausdruck, da ein homologes X-Chromosom nicht vorliegt. Diese Tatsache wird als **Pseudodominanz** bezeichnet.
Zu **(D)**: **Unvollständige Penetranz** bezeichnet das Phänomen, dass sich ein eigentlich dominantes Gen im Phänotyp nicht immer vollständig ausprägt.
Zu **(E)**: Die **Expressivität** bezeichnet allein den Schweregrad einer Erkrankung, der ebenfalls sehr unterschiedlich sein kann.
Siehe auch Lerntext II.11 „Formale Genetik".

F04

→ **Frage 2.55: Lösung D**

Der Begriff der **Triplett-Wiederholung** beschreibt das Vorkommen aufeinander folgender, identischer Nukleotidtripletts, die im menschlichen Genom an unterschiedlichen Stellen vorkommen. Die Anzahl dieser Triplettwiederholungen ist an den verschiedenen Stellen unterschiedlich, in jeder Lokalisation aber weitgehend konstant und auf einen gewissen Wert begrenzt.
Zu **(D)**: Mit der **Triplett-Expansion** oder auch **dynamischen Mutation** ist gemeint, dass die o. g. Triplettwiederholungen durch bislang unbekannte Mechanismen über einen kritischen Schwellenwert von Generation zu Generation weiter erhöht werden, was dann zu Krankheiten führen kann. Genau dieser Mechanismus kann die Zunahme von Ausprägungsgrad und Manifestationsalter einer klinischen Symptomatik, die sog. **Antizipation**, erklären.
Zu **(A)**: Wenn zwei Allele ihre Merkmale zu gleichen Teilen im Phänotyp ausprägen, spricht man von der **Co-Dominanz** der Allele, z. B. die Merkmale A und B im AB0-Blutgruppensystem.
Zu **(B)**: Eine neu aufgetretene Mutation hat mit der Triplett-Expansion nichts zu tun.
Zu **(C)**: **Imprinting** bedeutet, dass bestimmte Gene in Abhängigkeit von ihrer mütterlichen oder väterlichen Herkunft unterschiedlich aktiv sein können. Die entsprechende Prägung findet in der Embryonalzeit statt und ist molekular wohl auf spezifische Methylierungen bestimmter DNA-Abschnitte zurückzuführen.
Zu **(E)**: Ein Zusammenwirken verschiedener Gene bei der Ausprägung eines Merkmals wird mit dem Begriff der **Polygenie** beschrieben.

H05

→ **Frage 2.56: Lösung D**

Zu **(D)**: **Imprinting** bedeutet, dass bestimmte Gene in Abhängigkeit von ihrer mütterlichen oder väterlichen Herkunft unterschiedliche Aktivität zeigen können. Vermutlich wird diese Eigenschaft in der Embryonalzeit geprägt und beruht molekulargenetisch auf Unterschieden in der Methylierung entsprechender DNA-Sequenzen.
Zu **(A)**: Im Sinne eines gesunden Kindes ist zu hoffen, dass die von den Eltern weitergegebene genetische Information nicht besonders „modifiziert" wird.
Zu **(B)**: Eine Reihe von Erbkrankheiten werden aufgrund ihrer speziellen genetischen Charakteristika mit zahlreichen Wiederholungen (repeats) von Basen-Tripletts innerhalb eines speziellen Gens als **Trinukleotiderkrankungen** bezeichnet. Die klinischen Symptome sind bei den betroffenen Patienten aber sehr unterschiedlich, da diese Wiederholungen sehr instabil sind.
Zu **(C)**: Mit dieser Beschreibung ist das Phänomen der unvollständigen Penetranz gemeint.
Zu **(E)**: Ein Vater kann immer nur X-chromosomale Gene an seine Tochter vererben. Würde das Y-Chromosom vererbt, wäre das Kind ein Sohn.

→ **Frage 2.57: Lösung C**

Zu **(C)**: Die sensible Phase ist die Wachstumsperiode, in der durch den **Letalfaktor** bestimmte Genprodukte fehlen, die für die weitere Entwicklung notwendig wären. Ein Letalfaktor führt daher immer zum Tod des Individuums vor Erreichen der Geschlechtsreife. Strukturell betrachtet sind Letalfaktoren meist Defektmutationen, die zu substanziellen Fehlern in der Ausprägung des Bauplans eines Organismus führen können. Es können sowohl Genmutationen als auch Chromosomen-Mutationen (z. B. Stückverluste) zur Entstehung von Letalfaktoren führen. In Zeiten der modernen Medizin können derartige Defekte jedoch – zumindest in den Industriestaaten – gelegentlich durch medikamentöse Therapie überwunden werden.

F06 ■

→ **Frage 2.58: Lösung E**

Zu **(E)**: Die Begriffe **Pleiotropie** oder auch **Polyphänie** beschreiben die Auswirkung eines Gens – oder eben auch eines Gendefektes – auf verschiedene Organe oder Organsysteme. Ein klinisches Beispiel ist das Marfan-Syndrom; die betroffenen Patienten zeigen u. a. eine Unterentwicklung von Muskulatur und Fettgewebe, ein verstärktes Längenwachstum des Skelettsystems oder auch Missbildungen der Augen.
Zu **(A)**: Eine **multiple Allelie** liegt vor, wenn in einer Population mehr als zwei Allele des gleichen Gens vorhanden sind, z. B. im menschlichen AB0-Blutgruppensystem.
Zu **(B)**: Eine genetische Heterogenität, auch als **Heterogenie** bezeichnet, beschreibt das Phänomen, dass mehrere Gendefekte ein und dieselbe Erkrankung auslösen können, z. B. die angeborene Taubstummheit.

2 Genetik

Zu **(C)**: Ist ein pathologisches Merkmal bei betroffenen Patienten unterschiedlich stark ausgeprägt, so spricht man von einer variablen **Expressivität**.
Zu **(D)**: Wenn innerhalb einer Erblinie ein autosomal-dominantes Merkmal nicht bei jedem Familienmitglied auftritt, bezeichnet man dies als unvollständige **Penetranz**.
Siehe auch Lerntext II.11 „Formale Genetik".

H01 ■

→ **Frage 2.59: Lösung B**

Zu **(B)**: **Kodominanz** bezeichnet die gleichwertige Ausprägung zweier Gene nebeneinander. So sind die Blutgruppenallele M und N ebenso kodominant wie die Allele A und B. Die Kombination beider Allele führt zum Genotyp MN bzw. AB. Kein Gen setzt sich gegenüber dem anderen durch.
Zu **(A)** und **(C)**: Die Blutgruppenmerkmale A und B verhalten sich gegenüber dem Merkmal 0 **dominant**; d. h. bei heterozygoter Anlage von A0 bzw. B0 lautet der Phänotyp A bzw. B. 0 verhält sich gegenüber A und B **rezessiv**.
Zu **(D)**: Der Begriff der **Hemizygotie** bezeichnet vor allem das einmalige Vorkommen der X-chromosomalen Gene beim Mann. Allerdings wird auch bei der Frau durch die Inaktivierung eines X-Chromosoms (Lyon-Hypothese) von funktioneller Hemizygotie gesprochen.
Zu **(E)**: **Heterozygotie** beschreibt das Vorhandensein eines Allels auf nur einem von zwei homologen Chromosomen.

F07

→ **Frage 2.60: Lösung A**

Nach dem 2. Mendel'schen Gesetz ist die Aufteilung der Gene in der ersten Filialgeneration bei Eltern, die beide heterozygote Träger des gleichen Merkmals sind, 1 (XX) : 2 (Xx) : 1 (xx). Bei einer rezessiv vererbten Erkrankung ist also prinzipiell mit 25 % klinisch kranken Kindern zu rechnen, da sowohl die homozygoten Träger des intakten Allels wie auch die Heterozygoten keine klinische Ausprägung der Erkrankung zeigen.
Zu **(A)** und **(E)**: Der **Albinismus** ist das klassische Beispiel einer **Heterogenie**. Dies bedeutet, dass die Erkrankung durch mehrere Gene, die auf verschiedenen Chromosomen liegen, verursacht werden kann. Demnach ist hier die einfache Berechnung über die Verteilung eines autosomal-rezessiv vererbten Gens nicht möglich. Durch Kinder, die die Erkrankung durch andere Gene (in homozygoter Anlage) bekommen, muss die tatsächliche Häufigkeit betroffener Kinder höher liegen als 25 %, dies würde Antwort (E) erklären.
Die vom IMPP als richtig bewertete Antwort ist aber dennoch (A). Im Fragentext ist vorgegeben, dass die Eltern sich *in einem heterozygoten Merkmal* gleichen. Dies soll vermutlich signalisieren, dass im vorgegebenen Fall bei der „Erfassung" der betroffenen Familien nur das klinische Bild als Anhaltspunkt gewählt wurde, nicht aber die genetische Analyse, die hier eben aussagen soll, dass *nur ein Merkmal* bei den Eltern betrachtet wird (was theoretisch die Heterogenie gewissermaßen außer Kraft setzt) ... Eine in meinen Augen äußerst unfaire, bewusst gelegte Fußangel.
Zu **(B)**: **Pseudodominanz** bezeichnet eine Besonderheit bei autosomal-rezessiven Erbgängen, wenn es zur Kombination der Gene eines homozygot kranken Elternteils (xx) mit einem heterozygot Gesunden (Xx) kommt. Die möglichen Genotypen in der Filialgeneration verteilen sich zu xX, xx, xX, xx. Das bedeutet, dass die Wahrscheinlichkeit eines klinisch kranken Kindes (homozygot xx) 50 % beträgt – also so, wie es bei eigentlich dominanter Vererbung zu erwarten wäre.
Zu **(C)** und **(D)**: **Penetranz** bezeichnet die Häufigkeit der Ausprägung eines zumeist dominanten Merkmals, die nicht immer 100 % betragen muss. Spielen z. B. auch weitere Faktoren wie äußere Umwelteinflüsse oder auch andere genetische Faktoren bei der Merkmalsausprägung eine Rolle, kann die Penetranz unvollständig sein. In diesem Fall zeigen nicht alle Genträger die Ausprägung des krankmachenden Allels im Phänotyp.

H09 ■

→ **Frage 2.61: Lösung D**

Zu **(D)**: Da die Vaterschaft gesichert ist und nur die Mutter das betreffende Allel besitzt, müssen beide Chromosomen von der Mutter kommen (etwas genauer: es muss ein homologes Chromosomenpaar an das Kind weitergegeben worden sein). In einem solchen Sonderfall spricht man von **uniparentaler Disomie** („uni-parental" = „von einem Elternteil kommend").
Zu **(A)**: **Mosaizismus** beschreibt das Vorliegen eines genetischen Mosaiks. Als Mosaik wird ein Individuum bezeichnet, in dessen Zellen unterschiedliche Karyotypen und/oder Genotypen vorkommen.
Zu **(B)**: Penetranz beschreibt den Anteil der Merkmalsträger bezogen auf die Genträger. Bei vollständiger Penetranz (= 100 %) weisen alle Genträger das Merkmal auf, bei **unvollständiger Penetranz** nur ein Teil. Beispiel: Bei 50 %iger Penetranz würde die Hälfte der Mitglieder einer betroffenen Familie das Merkmal ausprägen.
Zu **(C)**: **Expressivität** ist der Grad der Ausprägung eines Gens im Phänotyp. Nur ein Gen mit 100 %iger Expressivität schlägt vollständig durch.
Zu **(E)**: **Pseudodominanz** kommt vor, wenn ein Elternteil homozygot und das andere heterozygot für eine bestimmte **rezessive** Erkrankung ist. Dann sind durchschnittlich 50 % der Kinder krank, die anderen 50 % sind heterozygot. Die Tatsache, dass 50 % der

Nachkommen erkranken, kennt man vom dominanten Vererbungsgang. Da hier eine **rezessiv** vererbte Krankheit (die „normalerweise" nur 25 % Erkrankungen aufweisen sollte) einen dominanten Erbgang mit 50 % Erkrankungsrisiko „vortäuscht", bezeichnet man dieses Phänomen als Pseudodominanz.

2.3.2 Mendel'sche Gesetze

→ **Frage 2.62: Lösung C**

Zu **(C)**: Das **Vorhandensein eines diploiden Chromosomensatzes** ist die erste Bedingung für die Gültigkeit der Mendel'schen Gesetze. Jedes Merkmal wird durch zwei Allele bestimmt, die an gleicher Stelle auf den jeweils homologen Chromosomen liegen. Ausgenommen sind die Merkmale, die auf den Geschlechtschromosomen zu finden sind.
Die zweite Bedingung sind **haploide Keimzellen**; d. h. in einer Meiose werden die homologen Chromosomen bei der Bildung der Keimzellen voneinander getrennt. Nur so kann bei der Bildung einer Zygote aus den zwei haploiden Keimzellen wieder der neu kombinierte, diploide Chromosomensatz werden.

II.12 Mendel'sche Gesetze

Gregor Johann Mendel (1822–1884), Biologe und seit 1843 Augustiner-Mönch, stellte 1865 nach umfangreichen Pflanzenstudien die ersten Gesetze zur genetischen Rekombination auf:

1. Mendel'sches Gesetz = Uniformitätsgesetz
Kreuzt man zwei Organismen miteinander, die sich in einem homozygoten Merkmal unterscheiden, so sind alle Nachkommen der F_1-Generation gleich.
Bei dominant-rezessivem Erbgang setzt sich das dominante Allel durch, bei intermediärem Erbgang liegt das hybride Merkmal zwischen den Ausprägungen der elterlichen Merkmale.
Beispiel:
AA (rote Blüte) × aa (weiße Blüte) → Aa (rote Blüte, wenn A dominant)
AA (rote Blüte) × aa (weiße Blüte) → Aa (rosa Blüte, wenn intermediär)
Bei dieser Regel ist es ohne Bedeutung, ob das dominante Gen von der Mutter oder dem Vater stammt (sog. Reziprozitätsgesetz).

2. Mendel'sches Gesetz = Spaltungsgesetz
Kreuzt man zwei der o. g. F_1-Organismen, die sich in einem heterozygoten Merkmal gleichen, so findet man in der F_2-Generation eine Aufspaltung der Genotypen dieses Merkmals im Verhältnis 1:2:1.

Tabelle 2.2 Beispiel: F_1-Generation mit Merkmal Aa → Keimzellen A und a

F_1-Eltern	A	a
A	AA	Aa
a	aA	aa

Die Verteilung des Phänotyps hängt auch hier vom Erbgang ab: Beim dominant-rezessiven Erbgang sind drei Organismen gleich (AA, Aa und aA), bei intermediärem Erbgang resultieren drei verschiedene Phänotypen im Verhältnis 1 (AA) : 2 (Aa) : 1 (aa).

3. Mendel'sches Gesetz = Gesetz von der freien Kombination
Dieses Gesetz gilt nur bei der Vererbung von mindestens zwei Genpaaren, die auf unterschiedlichen Chromosomensätzen lokalisiert sein müssen und nicht gekoppelt sein dürfen. Unter diesen Umständen kommt es zu neuen Kombinationen des Erbguts, da die einzelnen Merkmale unabhängig voneinander und nach den ersten beiden Mendel'schen Gesetzen vererbt werden.
Beispiel:
Elterngeneration: AABB × aabb
→ Keimzellen: AB   ab
F_1-Generation: nur Kombination AaBb möglich (1. Mendel'sches Gesetz)

Tabelle 2.3 Beispiel

F_1-Keimzellen	AB	Ab	aB	ab
AB	AA BB	AA Bb	Aa BB	Aa Bb
Ab	AA Bb	AA bb	Aa Bb	Aa bb
aB	Aa BB	Aa Bb	aa BB	aa Bb
ab	Aa Bb	Aa bb	aa Bb	aa bb

→ Bei dominant-rezessivem Erbgang verteilen sich die Merkmale in folgendem Verhältnis:
9 (A und B) : 3 (A und b) : 3 (a und B) : 1 (a und b). Entscheidend ist, dass neben der Merkmalskombination der Eltern (A und B/a und b) in der F_2-Generation zwei neue Kombinationen (A und b, a und B) auftreten.

→ **Frage 2.63: Lösung B**

Zu **(B)**: Beschrieben ist die Aussage des 1. Mendel'schen Gesetzes.
Siehe Lerntext II.12 „Mendel'sche Gesetze".

F02 H99 H92 ∎

→ **Frage 2.64: Lösung B**

Zu **(B)**, **(D)** und **(E)**: Das 3. Mendel'sche Gesetz, auch Unabhängigkeitsgesetz oder Gesetz von der freien Kombination genannt, beschreibt **die Vererbung**

2 Genetik

von mindestens zwei Genpaaren, die **auf verschiedenen Chromosomen** liegen müssen und **nicht in Form einer Kopplungsgruppe** miteinander verbunden sein dürfen.
Siehe Lerntext II.12 „Mendel'sche Gesetze".
Zu **(A)**: Die genetische Information der betreffenden Allele hat natürlich nichts mit der Gültigkeit oder Ungültigkeit der Mendel'schen Gesetze zu tun.
Zu **(C)**: Der Begriff der multiplen Allelie beschreibt das Vorkommen von mehr als zwei Allelen des gleichen Gens in einer Population, z. B. die Blutgruppenallele AB0. Auch hier besteht also kein direkter Zusammenhang mit den Mendel'schen Regeln.

F04
→ **Frage 2.65: Lösung D**

Zu **(D)**: Das 3. Mendel'sche Gesetz, auch als Unabhängigkeitsgesetz oder Gesetz von der freien Kombination bezeichnet, gilt nur für die **Vererbung von mindestens zwei Genpaaren**, die **auf unterschiedlichen Chromosomen** liegen und **nicht in einer Kopplungsgruppe** verbunden sein dürfen.
Siehe Lerntext II.12 „Mendel'sche Gesetze".
Zu **(A)** und **(B)**: Gene, die auf einem Chromosom liegen, werden nicht nach dem 3. Mendel'schen Gesetz vererbt. Häufig werden sie sogar in Form einer Kopplungsgruppe gemeinsam weitergegeben.
Zu **(C)**: **Multiple Allelie** bedeutet, dass in einer Population mehrere Allele (Ausprägungen) desselben Gens vorkommen, z. B. die Blutgruppenallele des AB0-Systems. Dieser Begriff hat nichts mit den Mendel'schen Gesetzen zu tun.
Zu **(E)**: Für die Gene der Geschlechtschromosomen sind die Mendel'schen Gesetze nicht gültig.

→ **Frage 2.66: Lösung D**

Zu **(D)**: Für die Gültigkeit des 3. Mendel'schen Gesetzes müssen die betrachteten Gene auf zwei getrennten Chromosomen liegen. Sind sie auf demselben Chromosom lokalisiert, werden sie häufig als sog. **Kopplungsgruppe** vererbt, das 3. Mendel'sche Gesetz gilt in diesem Fall nicht.
Zu **(A)**: Für Gene auf den Geschlechtschromosomen gelten die Mendel'schen Gesetze nicht.
Zu **(B)**: Sollte ein Letalfaktor vorhanden sein, so kommt der Organismus nicht zur Vermehrung und somit ist jede Überlegung zu den Mendel'schen Gesetzen sinnlos.
Zu **(C)** und **(E)**: Beide Faktoren stören die Gültigkeit der Mendel'schen Gesetze nicht.

2.3.3 Autosomal-dominanter/kodominanter Erbgang, multiple Allelie

H05 H01 ■
→ **Frage 2.67: Lösung D**

Zu **(D)**: Ein dominantes Merkmal kann zur Ausprägung im Phänotyp kommen, auch wenn es (heterozygot) nur auf einem der beiden homologen Chromosomen vorliegt. Zeigen allerdings nicht alle Genträger das entsprechende Merkmal im Phänotyp, liegen andere Einflüsse genetischer oder äußerer Faktoren vor, die in die Merkmalsausprägung eingreifen. Man spricht in diesen Fällen von einer **unvollständigen Penetranz**.
Zu **(A)**: **Multiple Allelie** bedeutet, dass in einer Population mehrere Allele desselben Gens vorkommen, z. B. die verschiedenen Blutgruppenmerkmale des AB0-Systems.
Zu **(B)**: Der Begriff der **genetischen Heterogenität** beschreibt das Phänomen, dass verschiedenste genetische Veränderungen, z. B. in den Zellen gleicher Tumoren, gefunden werden, d. h. verschiedene genetische Defekte führen zu einem gleichen klinischen Bild. Mit dem Kontext der Frage hat dies nichts zu tun.
Zu **(C)**: Die **Expressivität** ist der Grad der Merkmalsausprägung, die bei pathogenen Allelen von leichten, klinisch kaum auffälligen Veränderungen bis zu schwersten Defekten führen kann.
Zu **(E)**: Eine **Neumutation** ist natürlich nicht auszuschließen – gefragt war aber nach der wahrscheinlichsten Ursache.

F05 ■
→ **Frage 2.68: Lösung B**

Zu **(B)**: Ein dominantes Merkmal kann zur Ausprägung im Phänotyp kommen, auch wenn es (heterozygot) nur auf einem der beiden homologen Chromosomen vorliegt. Zeigen allerdings nicht alle Genträger das entsprechende Merkmal im Phänotyp, liegen andere Einflüsse genetischer oder äußerer Faktoren vor, die in die Merkmalsausprägung eingreifen. Man spricht in diesen Fällen von einer **unvollständigen Penetranz**.
Zu **(C)** und **(E)**: Häufigkeiten werden oft mit dem Begriff der Frequenz beschrieben. Feststehende Begriffe in der formalen Genetik sind aber nur die Genfrequenz und die Mutationsfrequenz. Eine „Merkmalsfrequenz", wie sie in den beiden Antworten beschrieben wird, ist in diesem Zusammenhang nicht definiert.
Zu **(D)**: Die Expressivität ist der Grad der Merkmalsausprägung, die bei pathogenen Allelen von leichten, klinisch kaum auffälligen Veränderungen bis zu schwersten Defekten führen kann.

2.3 Formale Genetik

F03 ■
→ **Frage 2.69: Lösung B**

Die Abbildung eines großen, verzweigen Stammbaumes darf hier nicht verwirren – die Beantwortung dieser Frage ist nicht schwierig.

Zu **(B)**: Es sind beide Geschlechter von der Erkrankung betroffen, die in allen Generationen immer wieder auftritt – obwohl durch neu hinzugekommene Familienmitglieder immer wieder neues Erbgut in den Stammbaum eingeführt wird. Dies ist das klassische Bild einer autosomal-dominanten Erbkrankheit, bei der ein defektes Allel für die Ausprägung klinischer Symptome ausreicht. Auch werden aus der Verbindung zweier klinisch gesunder Personen, die das krankmachende Allel nicht besitzen, immer nur gesunde Kinder hervorgehen, was ebenfalls mit dem abgebildeten Stammbaum übereinstimmt.

Zu **(A)**: Bei autosomal-rezessivem Erbgang tritt eine Erkrankung nur im homozygoten Zustand auf. Angesichts der vielen neuen Allele, die in dem abgebildeten Stammbaum hinzugekommen sind, dürfte eine solche Krankheit nicht in jeder Generation in der abgebildeten Häufigkeit wieder auftreten.

Zu **(C)**: Bei der Vererbung mitochondrialer Krankheiten wird das kranke Allel der Mitochondrien-DNA immer von der Mutter an alle Kinder weitergegeben, da die Mitochondrien des väterlichen Spermiums nicht in die Bildung der Zygote eingehen.

Zu **(E)**: Bei der X-chromosomal-rezessiven Vererbung erkranken nur homozygote Frauen, jedoch alle Männer, da ihnen das zweite X-Chromosom zum Ausgleich des defekten Allels fehlt. Eine klinisch kranke und damit homozygote Frau (linker Teil des Stammbaumes) kann keinen gesunden Sohn zur Welt bringen.

H04 ■
→ **Frage 2.70: Lösung B**

Zu **(A)** und **(B)**: Autosomal-dominante Allele sind alleine krankheitsauslösend. Das bedeutet, dass ein krankes Elternteil, das für das betreffende Gen heterozygot ist, dann ein gesundes Kind haben kann, wenn das gesunde Allel weitervererbt wird. Dies ist sogar dann möglich, wenn beide Eltern heterozygot krank sind.

Zu **(C)** und **(D)**: Auch eine herabgesetzte Penetranz, d. h. fehlende Merkmalsausprägung trotz genetischer Anlage, oder eine Neumutation im betreffenden Allel sind mögliche Gründe für ein gesundes Kind bei autosomal-dominant krankem Elternteil. Beide Antwortfragen enthalten aber das kleine Wörtchen „nur" und sind daher nicht zutreffend.

H96
→ **Frage 2.71: Lösung D**

Bei autosomal-dominanter Vererbung reicht die Anwesenheit eines kranken Allels aus, um die betreffende Krankheit zum Ausbruch kommen zu lassen.

Zu **(D)**: Zu dieser Lösung kommt man, wenn man den Ausdruck „im Regelfall" so interpretiert, dass beide Eltern heterozygot für das krankmachende Allel sind. Bei den 4 möglichen Chromosomen-Konstellationen ergibt sich nur eine Paarung beider gesunder Allele der Eltern. Drei von vier Kindern (75 %) sind erkrankt.

Tabelle 2.4 Chromosomenkonstellationen

	X gesund	x krank
X gesund	XX (gesund)	Xx (krank)
x krank	xX (krank)	xx (krank)

Zu **(A)** und **(C)**: Für diese beiden Antwortmöglichkeiten gibt es keine Chromosomen-Konstellation bei autosomal-dominantem Erbgang.

Zu **(B)**: Ein 50 %iges Erkrankungsrisiko ergibt sich nur, wenn ein Elternteil homozygot gesund, der andere heterozygot krank ist. Der kranke Elternteil gibt mit einer Wahrscheinlichkeit von 1:1 sein krankes Allel an die Nachkommen weiter.

Zu **(E)**: Sobald ein Elternteil homozygot erkrankt ist, werden alle Nachkommen mit einer Wahrscheinlichkeit von 100 % ein krankes Allel erben und daher auch selber erkranken.

F95
→ **Frage 2.72: Lösung B**

Beim jungen Mann III,1 ist aufgrund des Alters noch nicht bekannt, ob er das gesunde oder das kranke Allel seiner Mutter (II,1) geerbt hat. Bei autosomal-dominantem Erbgang beträgt sein Erkrankungsrisiko demnach 50 %. Aus seiner Verbindung mit einer gesunden Frau (III,2) gehen demnach Kinder hervor, die erneut mit einer Wahrscheinlichkeit von 50 % erkrankt sind. Das gefragte Gesamtrisiko beträgt somit 50 % von 50 %, also 25 % (½ × ½ = ¼).

H09 ■■
→ **Frage 2.73: Lösung D**

Zu **(D)**: Autosomal-dominante Erkrankungen werden vom Betroffenen zu 50 % weitervererbt. Die Wahrscheinlichkeit beträgt also ½. Die Erkrankung an alle fünf Kinder weiterzuvererben beträgt somit ½ · ½ · ½ · ½ · ½ = **1/32**. Das würde allerdings nur bei gegebener Vererbbarkeit nach Mendel zutreffen, die hier ja wie unter (A) ausgeführt ist, nicht gegeben ist.

Zu **(A)**: Die Mendel´schen Gesetze beschreiben Regeln, nach denen sich genetische Rekombinationen

ereignen. Es gibt das 1. Mendel-Gesetz (= **Uniformitätsgesetz**), das 2. Mendel-Gesetz (= **Spaltungsgesetz**) und das 3. Mendel-Gesetz (= **Unabhängigkeitsgesetz**).
Diese Gesetze beschreiben die Vererbung eines Merkmals durch mehrere Generationen. In der Aufgabenstellung wird aber erklärt, dass die Eltern des kranken Vaters klinisch gesund waren. Das ist **nicht mit den Vererbungsregeln nach Mendel** in Einklang zu bringen. Beim Vater muss somit eine Neumutation stattgefunden haben. Eine ziemlich spitzfindige Frage.
Zu **(B)**: Das wäre (allerdings **nur** bei gegebener Vererbbarkeit nach Mendel) die Wahrscheinlichkeit für zwei kranke Kinder: ½ · ½ = 1/4.
Zu **(C)**: Das wäre (nach den Mendel'schen Vererbungsregeln) die Wahrscheinlichkeit für **3 kranke Kinder**: ½ · ½ · ½ = 1/8.
Zu **(E)**: Bei autosomal-rezessiven Erkrankungen müssen i. d. R. **beide Elternteile** zumindest heterozygot für ein Gen sein. Bei autosomal-dominanten Erkrankungen reicht ein betroffenes Elternteil für eine Vererbbarkeit der Krankheit aus.

II.13 Blutgruppen

Das Klassifikationssystem der Blutgruppen beschreibt das Vorhandensein oder das Fehlen bestimmter Protein- oder Glykolipidmerkmale auf der Oberfläche der roten Blutkörperchen. Diese Merkmale sind bei jedem Menschen individuell genetisch determiniert und sind somit erblich. Die Blutgruppenmerkmale (international akzeptiert sind bis heute 29 Verschiedene!) sind somit wichtige, individuelle Merkmale, die im Rahmen von Abstammungsnachweisen (Vaterschaftstest, Forensik, etc.) eine große Rolle spielen.
Mit den verschiedenen Merkmalen auf der Oberfläche der Erythrozyten ist immer ein „komplementäres" Muster an Serum-Antikörpern kombiniert, die entweder von Geburt an vorhanden sind (AB0-System) oder im Laufe des Lebens nach Antigenkontakt erworben wurden (Rh-System). Aus diesem Grund sind die Blutgruppen klinisch ungeheuer wichtig, da sie bei „nicht passendem Antigen-Antikörper-Muster", z. B. im Rahmen von Bluttransfusionen oder auch bei bestimmten Mutter/Kind-Konstellationen, für Komplikationen im Rahmen einer Blutgruppenunverträglichkeit verantwortlich sind.
Die zwei wichtigsten Blutgruppensysteme sind das AB0-System und der Rhesus-Faktor, die beide von Landsteiner 1901 bzw. 1940 erstmals beschrieben wurden. Die Merkmale A und B, bzw. der Rhesusfaktor, werden autosomal-dominant vererbt; d. h., die Genotypen A/0, B/0 oder auch Rh/0 entsprechen den Phänotypen A, B oder Rhesus-positiv (Rh$^+$). Die „0" bedeutet in diesem Zusammenhang, dass das entsprechende Allel kein Blutgruppenmerkmal kodiert. Die Gene für die Merkmale A und B werden dagegen kodominant vererbt, so dass ein Genotyp A/B die Existenz beider Merkmale (Phänotyp AB) auf der Erythrozytenmembran codiert.
Gleiches gilt für das Blutgruppensystem MN, das ebenfalls autosomal kodominant vererbt wird.
Somit sind folgende Blutgruppenmerkmale phänotypisch möglich und durch die nachgestellten Genotypen codiert:

Phänotypen: Genotypen:
A, B, AB und 0   AA/A0, BB/B0, AB und 00
M, N, und MN   MM/M0, NN/N0, MN
jeweils Rh$^+$ oder rh$^-$ Rh$^+$Rh$^+$/ Rh$^+$0 oder rh$^-$rh$^-$

Eine weitere Blutgruppe, das sogenannte Kell-System ist klinisch von größerer Bedeutung als das MN-System, wurde aber bislang noch niemals vom IMPP abgefragt. Insbesondere an diesem Merkmal ist allerdings gut erkennbar, dass die Häufigkeitsverteilung der Blutgruppen nicht homogen ist – so sind z. B. etwa 92 % der Menschen Kell-negativ und nur 0,2 % sind homozygot Kell-positiv! Auch das Kell-Merkmal wird vererbt, der genaue Erbgang ist aber bislang noch nicht bekannt.

F99 ■■
→ **Frage 2.74: Lösung B**

Zu **(B)**: Die Häufigkeit der verschiedenen Blutgruppen in Mitteleuropa ist tatsächlich sehr unterschiedlich. Die häufigsten sind A (43 %) und 0 (40 %), seltener sind B (12 %) und AB (5 %).
Zu **(A)**: Multiple Allelie entsteht durch Mutationen in Genen, die auf homologen Chromosomen an identischer Stelle lokalisiert sind. So können in einer Population mehr als zwei Allele des gleichen Gens vorkommen. Ein Beispiel sind die Blutgruppenmerkmale A, B und 0.
Zu **(C), (D)** und **(E)**: Die Merkmale A und B sind tatsächlich kodominant. Nur so ist die Blutgruppe AB erklärlich. Beide Merkmale sind jedoch gegenüber 0 dominant.

Phänotyp: A   Genotyp: AA oder A0
            B   BB oder B0
            AB   AB
            0   00

F90 ■
→ **Frage 2.75: Lösung B**

Zu **(B)**: Von den drei Merkmalen A, B und 0 sind nur A und B gegenseitig kodominant. Gegenüber dem dritten Merkmal 0 sind sie beide dominant.
Zu **(A)**: Die Blutgruppenmerkmale des AB0-Systems sind in der Glykokalix der Erythrozyten lokalisiert.

Das gleiche trifft im übrigen auf den Rhesus-Faktor zu.

Zu **(C)**: Kommen in einer Population zwei oder mehr Varianten eines Gens vor, so bezeichnet man das als Polymorphismus. Das AB0-Blutgruppensystem ist ein Paradebeispiel dafür.

Zu **(D)**: Mit jeder Blutgruppe ist das Vorhandensein von Antikörpern im Serum verbunden:

Blutgruppe A   anti-B im Serum
Blutgruppe B   anti-A im Serum
Blutgruppe 0   anti-A und anti-B im Serum
Blutgruppe AB   keine Antikörper

Bei Missachtung dieser Tatsache kann es bei Bluttransfusionen zu erheblichen Zwischenfällen kommen.

Zu **(E)**: Die AB0-Blutgruppen können bei Vaterschaftsprozessen zur Klärung herangezogen werden. So könnte ein Mann der Blutgruppe 0 (Genotyp 00) niemals leiblicher Vater eines Kindes der Blutgruppe AB sein.

F96 ■ ■
→ **Frage 2.76: Lösung C**

Fragen dieser Art sind beim IMPP sehr beliebt. Jeder Prüfungskandidat sollte im Hinterkopf haben, dass die Blutgruppenmerkmale **A und B kodominant** vererbt werden und **gegenüber 0 dominant** sind. Zeichnet man sich die gegebenen Chromosomenkonstellationen noch auf, so sind die Aufgaben in der Regel leicht lösbar.

Zu **(C)**: Ein Kind mit Blutgruppe 0 muss von beiden Eltern das Allel 0 geerbt haben (Genotyp 00). Wenn die Mutter Blutgruppe B, der Vater Blutgruppe A hat, liegt die Lösung wahrscheinlich in heterozygoten Genotypen der Eltern (B0 und A0). Siehe auch Lerntext II.13 „Blutgruppen".

Tabelle 2.5   AB0-Blutgruppenkonstellationen

Eltern	A	0
B	AB	B0
0	A0	00

Zu **(A)**, **(B)**, **(D)** und **(E)**: Alle Antworten sind möglich – es war aber nach der *wahrscheinlichsten* Erklärung gefragt.

F99 ■ ■
→ **Frage 2.77: Lösung A**

Die **phänotypische Blutgruppe 0** setzt den **Genotyp 00** voraus. Lediglich in Antwortmöglichkeit (A) ist bei der Mutter mit Blutgruppe AB eine Vererbung des Allels 0 nicht möglich. Alle anderen Konstellationen sind denkbar, da bei der phänotypischen Blutgruppe A oder B mit dem Genotyp A0 oder B0 eine Vererbung von 0 an das Kind möglich ist.

F03 H96 ■ ■
→ **Frage 2.78: Lösung D**

Zu **(D)**: Das in der Frage beschriebene Kind ist in beiden Blutgruppenmerkmalen nach dem oben Gesagten homozygot, also 00 und MM. Es muss also von beiden Elternteilen jeweils die Merkmale **0** und **M** geerbt haben (d. h. die Mutter muss den Genotyp A**0** / **M**N haben). Nur bei (D) ist das nicht möglich, da die phänotypische Blutgruppe N im Genotyp ebenfalls homozygot NN sein muss. Dieser Mann kann also nicht der Vater eines Kindes mit der Blutgruppe M sein. Siehe auch Lerntext II.13 „Blutgruppen".

Zu **(A)**: Genotypen Mutter: A0 / MN – Vater: 00 / MM – Kind: 00 / MM

Zu **(B)**: Genotypen Mutter: A0 / MN – Vater: 00 / MN – Kind: 00 / MM

Zu **(C)**: Genotypen Mutter: A0 / MN – Vater: A0 / MM – Kind: 00 / MM

Zu **(E)**: Genotypen Mutter: A0 / MN – Vater: B0 / MN – Kind: 00 / MM

F01 F98 F95 ■
→ **Frage 2.79: Lösung C**

Zu **(C)**: Fragen dieser Art kann man am besten lösen, wenn man sich die Verteilung der vorhandenen Allele aufzeichnet. Wichtig ist natürlich zu wissen, dass beim Phänotyp M im kodominanten Erbgang der Genotyp MM vorliegen muss. Für die Mutter ist der Genotyp MN bereits vorgegeben.

Tabelle 2.6   Verteilung der MN-Blugruppenallele

Eltern	Vater M	Vater M
Mutter M	MM	MM
Mutter N	MN	MN

Diese einfache Tabelle ergibt somit eine statistische Verteilung von 50% MM (Phänotyp M) und 50% MN der Kinder und damit Lösung (C) als einzig richtige Antwortmöglichkeit.

H02 ■
→ **Frage 2.80: Lösung A**

Die Blutgruppenmerkmale M und N mit immer wieder ähnlichen Eltern/Kind-Konstellationen sind beim IMPP seit einigen Jahren sehr beliebt. Vorgegeben sind die **kodominante Vererbung** und der **Phänotyp** N des Kindes. Beim vorliegenden Erbgang ist der **Genotyp** des Kindes deshalb mit NN definiert, was bedeutet, dass es von jedem Elternteil ein Merkmal N bekommen haben muss.

Man braucht also nur eine Gen-Kombination bei den Eltern zu suchen, bei denen dieses Merkmal N nicht auftaucht – diese Antwort muss die gesuchte, falsche Kombination sein.

2 Genetik

Zu **(A)**: Der Vater hat den Blutgruppen-Phänotyp M, also den Genotyp MM – somit kann er seinem Kind kein Merkmal N vererbt haben, (A) ist falsch.
Zu **(B)**–**(E)**: In allen Antwortmöglichkeiten haben beide Eltern jeweils mindestens einmal das Merkmal N, was sie an ihre Kinder vererben können. Aus diesem Grund sind diese Kombinationen möglich.

H09

→ **Frage 2.81: Lösung B**

Zu **(B)**: Zunächst einmal muss man wissen, dass es beim MN-System die Allele M und N gibt, die sich **kodominant** verhalten. Hier gibt es kein rezessives 0-Allel wie beim AB0-System. Daher ergeben sich folgende Phäno- und Genotypen:

Tabelle 2.7 Phäno- und Genotypen

Phänotyp	Genotyp
M	MM
N	NN
MN	MN

Nun muss man errechnen, wie oft die einzelnen Allele vorkommen. 36 Personen haben die Blutgruppe M. Da das Allel bei diesen doppelt vorkommt (siehe Genotyp), gibt es 36 · 2 = **72 M-Allele**. 16 Personen haben die Blutgruppe N. Da das Allel bei diesen doppelt vorkommt (siehe Genotyp), gibt es 16 · 2 = **32 N-Allele**. 48 Personen haben die **Blutgruppe MN**. Bei diesen kommen die Allele gleich häufig (also **je 48 Mal**) vor. Dann zählt man die Allele zusammen:

M = 36 · 2 + 48 = 120.
N = 16 · 2 + 48 = 80.

Das Verhältnis ist 80/120 = 8/12 = 4/6. Somit ist die Häufigkeitsverteilung M = 0,6 und N = 0,4.
Zu **(A)**, **(C)**, **(D)** und **(E)**: Nur mit dem unter (A) beschriebenen Rechenansatz kommt man zur richtigen Lösung. Die anderen angegebenen Zahlenkombinationen sind falsch.

H10

→ **Frage 2.82: Lösung C**

Zu **(C)**: Zunächst einmal muss man wissen, dass es beim MN-System die **Allele M** und **N** gibt, die sich **kodominant** verhalten. Hier gibt es kein rezessives 0-Allel wie beim AB0-System. Schreibt man die Erbanlagen der Eltern in ein Kreuzschema (unten **fett**), so ergeben sich für ein Kind folgende theoretische Möglichkeiten:

Tabelle 2.8 Mögliche Blutgruppen MN-System

	M	N
M	MM	MN
N	MN	NN

Daraus ergibt sich, dass die Wahrscheinlichkeit, dass ein Kind die Blutgruppe MN hat, 50 % (= 1/2) beträgt. NN und MM haben jeweils eine 25%ige (= 1/4) Wahrscheinlichkeit. Da eineiige Zwillinge genetisch identisch sind, ist 50 % die gesuchte Lösung.

→ **Frage 2.83: Lösung E**

Zu **(E)**: **Multifaktorielle Vererbung** liegt dann vor, wenn **mehrere Gene unterschiedlicher Lokalisation** die Ausprägung eines Merkmals steuern. Körpergröße und Haarfarbe sowie vermutlich auch die Prädisposition für eine Vielzahl von Krankheiten werden auf diese Weise vererbt.

2.3.4 Autosomal-rezessiver Erbgang

→ **Frage 2.84: Lösung C**

Bei autosomal-rezessiver Vererbung müssen die krankheitsauslösenden Gene homozygot vorliegen, um die Erkrankung zum Ausbruch zu bringen. In heterozygotem Zustand wird das kranke vom gesunden Allel überdeckt – die betreffende Person ist klinisch gesund, kann aber mit einer 50%igen Wahrscheinlichkeit das kranke Allel an seine Nachkommen weitergeben.
Zu **(C)**: **Heterogenie** bedeutet, dass ein Merkmal/eine Krankheit durch mehrere Gene verursacht werden kann. Ein Beispiel hierfür ist der genannte Albinismus.
Die in der Frage erläuterte Situation ist dadurch zu erklären, dass beide Eltern zwar homozygot für ein Albinismus-Gen sind, die verursachenden Gene bei Mutter und Vater aber unterschiedlich sind. Die Kinder erhalten somit von beiden kranken Genen je ein Allel, das aber durch das gesunde andere Allel des anderen Elternteils kompensiert wird.
Beispiel:
Albinismus durch Allele A'A' beim Vater, durch B'B' bei der Mutter
→ Keimzellen der Eltern: Vater A'B/Mutter AB'
→ gesundes Kind: AA'B'B (gesundes A der Mutter, gesundes B des Vaters)
Zu **(A)**: Eine interessante Idee, aber Pigmentgene tragende Viren sind eher rar ...
Zu **(E)**: Das ist möglich, aber in diesem Zusammenhang nicht wahrscheinlich.

F07

→ **Frage 2.85: Lösung C**

Autosomal-rezessiv vererbte Erkrankungen manifestieren sich nur bei homozygoter Erbanlage; bei heterozygoten Genträgern verhindert die Information des gesunden Allels die klinische Ausprägung der Krankheit.
Im Fragetext sind die Eltern des Kindes mit ihren Erbanlagen, heterozygot (Xx) und homozygot (xx),

definiert. Die Kombination dieser 4 Allele ergibt folgende Möglichkeiten für den Genotyp der Kinder: Xx / Xx / xx / xx.
Somit werden die Kinder zu jeweils 50 % heterozygot (klinisch gesund) und homozygot (krank) sein; nur Antwort (C) ist korrekt.

H05

→ **Frage 2.86: Lösung C**

Diese Frage klingt deutlich komplizierter als sie in Wahrheit ist. Ohne großes Rechnen führt folgende Überlegung zur einzig möglichen Antwort:
Zu **(C)**: Eine autosomal-rezessive Erkrankung kommt nur zur Ausprägung, wenn beim Kind beide Allele in mutierter Form (d. h. homozygot) vorliegen. Dies setzt natürlich voraus, dass auch beide Elternteile das krankmachende Gen besitzen. Somit kann also nur bei einer Frequenz von 0,01 = 1:100 (C) für jedes Elternteil eine Wahrscheinlichkeit von 1:10 000 aus dem Produkt von 0,01 × 0,01 entstehen.
Anders gesagt: Nur wenn für jeden Menschen die Wahrscheinlichkeit von 1:100 für den Besitz eines kranken Gens besteht, kann aus dem Produkt dieser Wahrscheinlichkeit bei Vater und Mutter die Wahrscheinlichkeit von 1:10 000 für ein Neugeborenes vorliegen.

F07

→ **Frage 2.87: Lösung C**

Zur Beantwortung dieser Frage muss man wissen, wie die genannten Erkrankungen vererbt werden: Die klassische **Phenylketonurie** (PKU) wird **autosomal-rezessiv**, die **Achondroplasie** dagegen **autosomal-dominant** weitergegeben.
Zu **(C)**: Wenn ein Patient an der PKU leidet, muss er aufgrund des autosomal-rezessiven Erbgangs homozygot (xx) für das defekte Allel sein, damit ist auch bei beiden Elternteilen von einer heterozygoten Erbanlage (Xx) auszugehen. Gemäß dem 2. Mendel'schen Gesetz teilen sich die Erbanlagen in der 1. Filialgeneration dann im Verhältnis 1 (XX) : 2 (Xx) : 1 (xx) auf. Bei der rezessiv vererbten PKU kommt also statistisch auf 3 gesunde Kinder (einmal homozygot, zweimal heterozygot) ein erkranktes (homozygotes) Kind. Die erfragte Schwester ist klinisch gesund, hat also ein Risiko von 2/3, heterozygote Trägerin des defekten Gens zu sein.
Zu **(A)** und **(B)**: Bei der autosomal-dominant vererbten Achondroplasie kann ein gesunder Mensch nicht heterozygot für das entsprechende Gen sein, er/sie muss zwangsläufig homozygot für das gesunde Allel sein.
Zu **(D)**: Eine Patientin, die an der klassischen PKU leidet, muss homozygot für das defekte Allel (xx) sein. Vorausgesetzt, der Vater des betreffenden Kindes ist gesund und kein (heterozygoter) Träger des krankmachenden Gens (XX), beträgt die Wahrscheinlichkeit 50 %, das defekte Gen von der Mutter zu erben.
Zu **(E)**: **Albinismus** wird zwar prinzipiell auch autosomal-rezessiv vererbt, da aber verschiedene Gene zur klinischen Ausprägung der Erkrankung beitragen, ein Beispiel für die sog. **Heterogenie**, ist eine genaue Risikoabschätzung (wie bei der „monogenisch" vererbten PKU) nicht möglich.

H00 ■■

→ **Frage 2.88: Lösung D**

Die Phenylketonurie mit ihrem autosomal-rezessiven Erbgang (A) ist ein beliebtes Thema.
Da die Frau II/1 an PKU erkrankt ist, muss sie bei rezessivem Erbgang homozygot für das mutierte Allel sein (C). Somit hat sie von beiden Elternteilen je ein krankes Chromosom geerbt; da die Eltern selbst aber klinisch unauffällig („gesund") sind, sind sie zwangsläufig heterozygot für das PKU-Gen (B).
Mit dieser Überlegung kommt man zur Anwendung des 2. Mendel'schen Gesetzes (Spaltungsgesetz), wonach sich bei den Nachkommen zweier in einem heterozygoten Merkmal gleicher Organismen die Nachkommen genotypisch im Verhältnis 1:2:1 aufspalten.

Tabelle 2.9 Verteilung der PKU-Genotypen

Eltern	P	p
P	PP	P*p*
p	P*p*	*pp*

Mit P = gesundes und *p* = krankes Allel für PKU erkennt man auf einen Blick die erwähnte 1:2:1-Verteilung der Genotypen. Beim rezessiven Erbgang kommt die Krankheit jedoch nur in homozygoter Anlage (*pp*) zum Ausbruch. Klinisch ist somit eine Aufteilung von 3 (gesund) : 1 (krank) zu erwarten.
Zu **(D)**: Der Mann II/2 ist klinisch gesund und hat damit nach dem oben gesagten eine Wahrscheinlichkeit von 2/3 (ca. 67 %), heterozygot für das PKU-Gen zu sein.
Zu **(E)**: Unter der Voraussetzung, dass die Frau II/3 homozygot gesund ist, kann ihre Tochter aus der Verbindung mit dem Mann II/2 mit einer Wahrscheinlichkeit von 50 % das kranke Allel vom Vater erben. Da dieser aber selbst nur mit einer Wahrscheinlichkeit von 2/3 betroffen ist, hat die Tochter das halbe Risiko, also 1/3.

H09

→ **Frage 2.89: Lösung B**

Zu **(B)**: Der Knackpunkt liegt darin, dass die Frau aufgrund der familiären Belastung ein Risiko von 2/3 (66 %) hat, heterozygot für das autosomal-rezessive Merkmal zu sein. Dazu folgende Überlegung:

Die Eltern sind klinisch gesund, haben aber das kranke Gen jeweils an beide Söhne weitervererbt, sie müssen somit heterozygot sein. Schreibt man die Erbanlagen der Eltern in ein Kreuzschema (unten **fett**) mit A= gesundes Merkmal und a= krankes Merkmal, so ergeben sich für die Frau folgende theoretische Möglichkeiten:

Tabelle 2.10 Verteilung der Genotypen

	A	a
A	AA	Aa
A	Aa	aa (= erkrankt)

Da die Frau gesund ist, kommen nur drei Genotypen in Frage, von denen zwei heterozygot (Aa) sind. Das Risiko, heterozygot zu sein, ist somit 2/3 (= 66%).
Zusätzlich hat der Mann ein Risiko, welches der Normalbevölkerung entspricht. Somit ist das Risiko für das Kind insgesamt **höher** als beim Bevölkerungsdurchschnitt, aber trotzdem mit **< 1%** noch relativ gering.
Zu **(A)**: Das wäre der Fall, wenn beide Eltern keine Risikofaktoren hätten. Bei der Frau ist die Erbkrankheit aber in der Familie bekannt, daher ist ihr **Risiko höher** als im Bevölkerungsdurchschnitt heterozygot zu sein (siehe Kommentar zu (B)).
Zu **(E)**: 25% ist die Wahrscheinlichkeit für ein Kind, an PKU zu erkranken, wenn beide Elternteile heterozygot für die autosomal-rezessiv vererbbare Erkrankung wären. Dies ist hier jedoch nicht der Fall.

F09
→ **Frage 2.90: Lösung D**

Bei autosomal-rezessiv vererbten Erkrankungen (wie der Phenylketonurie) berechnet sich die **Häufigkeit des krankmachenden Allels** (p) aus der Quadratwurzel der homozygot Erkrankten (p^2); im vorliegenden Fall gilt also **p = 1/100**. Außerdem ist die **Summe der Genhäufigkeiten p + q (gesundes Allel) = 1**. Somit kann bei kleinem p (1/100) die Häufigkeit von q näherungsweise gleich 1 gesetzt werden. Die **Heterozygotenfrequenz** beträgt nach dem Hardy-Weinberg-Gesetz 2pq und ist daher näherungsweise 2 x 1/100 x 1, also **1/50**.
Zu **(D)**: Der Vater wird sein defektes Allel immer an die Kinder vererben. Ob das erste (zweite, dritte, vierte, usw. ...) Kind an der PKU erkrankt, hängt also nur von der Mutter ab. Bei ihr liegt die Wahrscheinlichkeit, heterozygote Merkmalsträgerin zu sein (Genotyp pq), bei 1/50 (siehe oben). Das Kind wird aber nur mit 50%iger Wahrscheinlichkeit das defekte Allel p von der Mutter erben. Somit liegt die Wahrscheinlichkeit, dass das Kind eine PKU aufweist (Genotyp pp), bei 1/50 x 1/2 = **1/100**.
Zu **(A)**: Die Heterozygotenfrequenz berechnet sich aus 2 x p x q. Die Wahrscheinlichkeit, dass die Frau heterozygot für das krankmachende Allel ist, beträgt 2 x 1/100 x 1 = **1/50**.

Zu **(B)**: Da der Mann an der PKU erkrankt ist, muss das krankmachende Allel in homozygoter Form vorliegen. Somit wird er in jedem Fall (100%) ein defektes Allel an jedes seiner Kinder weitergeben.
Zu **(C)**: Über die Eltern des erkrankten Mannes wird im Text keine Aussage gemacht. Folgende Konstellationen wären daher bei einem unauffälligen Geschwisterkind denkbar:
– Beide Eltern sind heterozygot. Dann ist ein **unauffälliges** Kind mit einer Wahrscheinlichkeit von **2/3** heterozygot, das heißt unauffälliger Phänotyp **mit Krankheitsgen**.
– Ein Elternteil ist homozygot für das Krankheitsgen. Dann besitzt jedes unauffällige Kind automatisch das Krankheitsgen (Wahrscheinlichkeit = 1).
Eine Wahrscheinlichkeit von 50% für das gesunde Geschwisterkind, das Krankheitsgen aufzuweisen, ist also für jeden dieser denkbaren Fälle zu niedrig, (C) ist falsch.
Zu **(E)**: Da keine weiteren Aussagen über die Mutter gemacht werden, gehen wir davon aus, dass sie gesund ist – ihr Sohn ist aber (homozygot) erkrankt. Da ein homozygot krankes Kind je ein defektes Allel von beiden Elternpaaren bekommen hat, muss die (gesunde) Mutter heterozygot sein – die Wahrscheinlichkeit beträgt daher 100%.

Klinischer Bezug
Die **Phenylketonurie** (PKU) ist die häufigste angeborene Stoffwechselstörung, die über einen autosomal-rezessiven Erbgang vererbt wird. In den meisten Fällen liegt als Folge einer Mutation des Chromosoms Nr. 12 ein Defekt des Enzyms Phenylalaninhydroxylase vor. Dieser Enzymdefekt führt bei den betroffenen Kindern zu einem Anstieg der Konzentration der essenziellen Aminosäure Phenylalanin, die nicht - wie es bei Gesunden der Fall ist - zu Tyrosin umgebaut werden kann. Eine Anreicherung von Phenylalanin und von verschiedenen Metaboliten im Körper führt über bislang noch nicht geklärte Zusammenhänge zu einer deutlichen Störung der Gehirnentwicklung. Wenn die PKU unerkannt bleibt, entwickelt das betroffene Kind eine schwere geistige Behinderung; außerdem kann es zu einem gestörten Schädelwachstum kommen.
In der heutigen Zeit wird die PKU schon im Rahmen des Neugeborenen-Screenings durch einen einfachen Test („Guthrie-Test") über die Bestimmung der Abbauprodukte des Phenylalanins im Urin erkannt. Die Erkrankung ist nicht heilbar, ihr klinischer Ausbruch kann aber durch eine weitgehend Phenylalanin-freie Diät unter Verzicht auf eiweißhaltige Lebensmittel verhindert werden. Wird diese Diät konsequent eingehalten, kommt es zu einer völlig unauffälligen Gehirnentwicklung.

2.3 Formale Genetik

H02

→ **Frage 2.91: Lösung D**

Eine sehr schwierige Frage, die man am besten mit Hilfe einer Zeichnung lösen kann. Der Argumentationsweg zur richtigen Lösung ist folgender:
Gegeben sind zunächst ein **autosomal-rezessiver Erbgang** und zwei kranke Geschwister, die also homozygot für das defekte Allel sein müssen. Damit ist auch klar, dass die Eltern von Helga und die Eltern von Hans beide heterozygote Merkmalsträger sein müssen – sie sind phänotypisch gesund, haben aber beide ein krankes (= homozygotes) Kind.

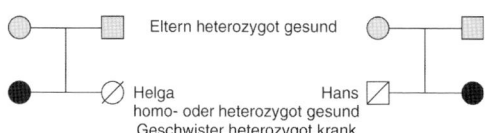
Eltern heterozygot gesund
Helga   Hans
homo- oder heterozygot gesund
Geschwister heterozygot krank

Bei heterozygoten Eltern spaltet sich die 1. Filialgeneration (Helga und Hans) im Verhältnis 1 (homozygot gesund) : 2 (heterozygot gesund) : 1 (homozygot krank) auf, d. h. bei gesundem Phänotyp haben *Helga und Hans* jeweils ein *Risiko von 2/3*, das kranke Allel zu tragen.
Gefragt ist aber letztlich nach dem Kind der beiden und seinem Risiko, (homozygot) krank zu sein. Da das nur möglich ist, wenn Helga und Hans beide heterozygote Merkmalsträger sind und sich dann die Kindesgeneration wieder im selben Verhältnis 1:2:1 aufspaltet, hat das Kind bei den entsprechenden Eltern ein Risiko von 1/4, krank zu sein.
Damit errechnet sich das Gesamtrisiko des Kindes: 2/3 x 2/3 x 1/4 = 4/36 = 1/9. Lösung (D) ist richtig.

F08

→ **Frage 2.92: Lösung D**

Basis dieser Frage ist das 2. Mendel´sche Gesetz über die Aufspaltung der Genotypen in der 1. Filialgeneration von zwei heterozygoten Merkmalsträgern. Die Frage besagt, dass in dieser 1. Filialgeneration sowohl kranke (d. h. homozygot für das defekte Allel) als auch phänotypisch gesunde Kinder vorkommen – somit müssen beide Eltern das krankmachende Allel besitzen. Das außerdem die „am ehesten" wahrscheinliche Häufigkeit gesucht wird und da auch nichts über ein krankes Elternteil gesagt wird, ist bei den Eltern eine heterozygote Genanlage anzunehmen. Somit ergibt die „Kreuzungstabelle" folgendes Bild (X = gesundes Allel, x´= defektes Allel, Nachkommen grau hinterlegt):

Tabelle 2.11 Verteilung der PKU-Genotypen

Eltern	X	x´
X	XX	Xx´
x´	x´X	x´x´

Man erkennt, dass von den drei phänotypisch gesunden Kindern eines homozygot (XX) und zwei heterozygot (Xx´) sind – d. h. zwei von drei gesunden Geschwistern sind heterozygote Träger des defekten Gens. Das 4. Kind ist homozygot krank (x´x´). Siehe auch Lerntext II.12 „Mendel'sche Gesetze".

F01

→ **Frage 2.93: Lösung A**

Durch die Formulierung und die absoluten Zahlen wirkt diese Frage schwierig, obwohl sie bei genauerem Hinsehen eine einfache Anwendung der 2. Mendel'schen Regel, des sog. Spaltungsgesetzes, darstellt. Siehe Lerntext II.12 „Mendel'sche Gesetze".
Zu **(A)**: Bei der Kalkulation einer Filialgeneration zweier in einem Merkmal heterozygoter Eltern, z. B. Aa, entsteht immer eine genotypische Aufspaltung im Verhältnis 1:2:1, wie die Tabelle verdeutlicht:

Tabelle 2.12 Verteilung der Genotypen

Eltern	A	a
A	AA	Aa
a	Aa	aa

Einen autosomal-rezessiven Erbgang vorausgesetzt, erkranken nur die Personen, die in dem betreffenden Merkmal homozygot sind (aa), also statistisch 25 %. Wenn man nun von 1600 Familien ausgeht, wie im Fragentext vorgegeben, sind 400 Familien mit einem ersten homozygot erkrankten Kind zu erwarten. Da die erwähnten 25 % Wahrscheinlichkeit aber für jedes Kind gelten, ist bei einem weiteren Viertel dieser 400 Familien, nämlich bei 100, auch das zweite Kind von der Erkrankung betroffen.
Alle anderen Zahlen sind falsch.

F05

→ **Frage 2.94: Lösung C**

Zu **(C)**: Bei einer rezessiv vererbten Erkrankung muss das Kind beide defekte Allele der heterozygoten Eltern erhalten – nach dem 2. Mendel'schen Gesetz ist die Wahrscheinlichkeit dafür 1:4.
Multipliziert man dieses Risiko mit den im Fragentext vorgegebenen Wahrscheinlichkeiten in der Elterngeneration, so ergibt sich (1:20) x (1:50) x (1:4) = 1:4000 als das kumulative Risiko des betreffenden Kindes.
Alle anderen Angaben sind falsch.

F10

→ **Frage 2.95: Lösung B**

Zu **(B)**: Beide Eltern sind heterozygot (Aa) für das autosomal-rezessive Merkmal. Es ergibt sich folgen-

2 Genetik

des Kreuzschema (Parenteralgeneration **fett**) mit A = gesundes Merkmal und a = krankes Merkmal.

Tabelle 2.13 Mögliche Genotypen

	A	a
A	AA	Aa
a	Aa	aa (krank)

Es besteht somit ein Risiko von ¼ = 25 %, dass ein Kind erkrankt. Bei 2 Kindern muss man die Risiken multiplizieren= ¼ x ¼ = 1/16 = 6,25 %
Zu **(A), (C), (D)** und **(E)**: Die hier angegebenen Lösungen sind falsch.

H09 ■
→ **Frage 2.96: Lösung B**

Zu **(B)**: Bei blutsverwandten Eltern ist der Anteil an Erbkrankheiten (und besonders **autosomal-rezessiver Krankheiten**) häufiger. Viele Studien belegen eine höhere Zahl von Totgeburten und Behinderungen. Das Problem sind die abstammungsbedingten gleichen Gene. Bei Ehen zwischen Cousin und Cousine ersten Grades beträgt der Anteil 1/8. Dadurch ist die Wahrscheinlichkeit, dasselbe rezessive Merkmal zu haben (und damit auch zu vererben), ungleich höher als bei einer nicht blutsverwandten Partnerschaft.
Zu **(A)**: Autosomal-dominante Erkrankungen werden zu 50 % vom Elternteil weitervererbt.
Zu **(C)**: X-chromosomal-dominante Krankheiten werden ebenfalls zu 50 % vom Elternteil weitervererbt.
Zu **(D)**: Eine Reihe von Erbkrankheiten werden aufgrund ihrer speziellen genetischen Charakteristika mit zahlreichen Wiederholungen (repeats) von Basen-Triplets innerhalb eines speziellen Gens als **Trinukleotiderkrankungen** bezeichnet. Damit verknüpft ist die **Antizipation**: Tendenz einiger genetischer Erkrankungen, sich von Generation zu Generation früher und stärker auszuprägen. Beispiele: Myotone Muskeldystrophie, Chorea Huntington (= Veitstanz) und das Fragile X-Syndrom.
Zu **(E)**: **Genomisches Imprinting** beschreibt eine unterschiedliche Ausprägung eines Gens. Je nachdem, ob es vom Vater (= **paternal**) oder der Mutter (= **maternal**) weitergegeben wurde, entstehen zwei unterschiedliche Krankheitsbilder. Beispiel: Bestimmte Chromosomenschäden auf Chromosom 15 führen bei maternaler Vererbung zum Angelman-Syndrom, bei paternaler Vererbung zum Prader-Willi-Syndrom.

H04
→ **Frage 2.97: Lösung C**

Eine recht schwierige Frage, die aber durch folgende Überlegung – am besten unter Erstellung einer kurzen Skizze – zu lösen ist:
Bei einer autosomal-rezessiven Erkrankung sind nur solche Personen klinisch krank, die das betreffende Allel in homozygoter Anlage tragen – das sind im vorgegebenen Stammbaum die Personen II2 und III5. Damit hat der Vater III3 der gefragten Person sicher ein krankes Allel, das er mit der Wahrscheinlichkeit von 1/2 an sein Kind vererben wird.
Die Mutter III4 hat einen homozygot kranken Bruder (III5). Die phänotypisch gesunden Eltern der beiden müssen deshalb beide heterozygote Merkmalsträger des krankheitsauslösenden Gens sein. Nach dem 2. Mendel'schen Gesetz verteilen sich die Kinder zweier Heterozygoter im Verhältnis 1 (homozygot gesund) : 2 (heterozygot gesund) : 1 (homozygot krank). Die Person III4 ist phänotypisch gesund – d.h. sie trägt mit einem Risiko von 2/3 ein krankmachendes Allel.
Gefragt ist nun nach dem Risiko des am Ende des Stammbaumes stehenden Kindes. Vom Vater (III3) bekommt es mit der Wahrscheinlichkeit von 1/2 das kranke Allel. Die Mutter hat zu 2/3 ein krankes Allel, das sie dann mit der Wahrscheinlichkeit von 1/2 an ihr Kind weitergeben wird. Dessen Risiko, homozygot krank zu sein, beträgt daher 1/2 × 2/3 × 1/2 = 2/12 oder 1/6 – (C) ist richtig.

H10 H05 ■■
→ **Frage 2.98: Lösung A**

Zu **(A)**: In der Frage geht es um eine autosomal-rezessiv vererbte Krankheit. D.h. die Krankheit tritt klinisch nur in Erscheinung, wenn die betroffene Person homozygot (reinerbig = aa) für das kranke Merkmal ist. Die Eltern sind klinisch gesund, müssen aber heterozygot (mischerbig = Aa) für das kranke Gen sein, da sie ja vier bereits erkrankte Kinder haben. Schreibt man die Erbanlagen der Eltern in ein Kreuzschema (unten **fett**) mit A= gesundes Merkmal und a= krankes Merkmal, so ergeben sich für ein weiteres Kind folgende theoretische Möglichkeiten:

Tabelle 2.14 Mögliche Genotypen

	A	a
A	AA	Aa
a	Aa	aa (= erkrankt)

Daraus ergibt sich, dass das Wiederholungsrisiko für ein erkranktes Kind bei 25 % (1/4) liegt.

2.3 Formale Genetik

F03 ■■
→ **Frage 2.99: Lösung A**

Bei **autosomal-rezessivem Erbgang** kommt das klinische Bild einer **Erkrankung nur bei homozygoter Anlage** zur Ausprägung. Das bedeutet, dass beide kranke Eltern ausschließlich das defekte Allel besitzen. Ein Kind aus einer solchen Verbindung wird daher natürlich auch mit 100 %iger Sicherheit für das krankmachende Gen homozygot sein und entsprechend auch erkranken, (A) ist richtig.

H07
→ **Frage 2.100: Lösung E**

Eine meines Erachtens sehr schwierige Frage aus dem Fachbereich der Biometrie.
Der erfragte „**positive prädiktive Wert (PPW)**" beziffert die Wahrscheinlichkeit, dass ein positives Testergebnis (in der Frage ein Heterozygotentest) auch wirklich einem positiven Befund entspricht. Der Wert berechnet sich aus dem Quotienten zwischen dem Anteil der richtig positiven geteilt durch die Summe aus richtig positiven und falsch positiven Ergebnissen (**PPW = RP / [RP + FP]**).
Gefragt wird alleine nach diesem positiven prädiktiven Wert für die „neue Verlobte". Ob der anfangs in der Frage genannte Mann Kinder hat, ehelich oder unehelich, krank oder gesund, ist für die Beantwortung dieser Frage völlig nebensächlich und dient nur der Verunsicherung der Prüfungskandidaten.
Für die Berechnung des PPW sind bei gegebener Prävalenz die Werte für die Sensitivität und die Spezifität eines Testes von Bedeutung. Die **Sensitivität** beschreibt den Anteil der richtig als krank (hier heterozygot) erkannten Personen unter allen Kranken (Heterozygoten), also **RP / RP + FN**.
Die **Spezifität** dagegen sagt aus, wie viele Gesunde (hier Homozygote) als richtig positiv aus allen Gesunden (Homozygoten) durch den Test erkannt wurden, also **RN / RN + FP**. Für die Berechnung des PPW stehen alle genannten Größen durch den (sehr komplizierten) Satz von Bayes in einem bestimmten Zusammenhang. „Einfacher" kommt man durch eine Beispielrechnung zur richtigen Lösung:
Population = 1000, Prävalenz der Heterozygoten = 1/20 = 5 %
⇨ das bedeutet: 50 heterozygot (krank) und 950 homozygot (gesund)
⇨ Sensitivität 95 %, d. h. *47,5 als krank erkannt (RP)*, 2,5 nicht erkannt (FN)
⇨ Spezifität 95 %, d. h. 902,5 als gesund erkannt (RN), *47,5 nicht erkannt (FP)*
⇨ **PPW = RP / [RP + FP]**), also 47,5 / [47,5 + 47,5] = ½ = 50 %, Antwort (E) ist richtig!

H98 F98 ■
→ **Frage 2.101: Lösung D**

Die Kombination von zwei verschiedenen Erbgängen macht die Beantwortung der Frage nicht leicht. Zur Lösung (D) führt folgende Überlegung:
Die **erfragte Person** ist weiblich und gesund. Ihr Vater leidet an der autosomal-rezessiven Erkrankung, ist also homozygot a/a. Somit muss die gesuchte Frau den **Genotyp A/a** haben, das gesunde Allel stammt von der Mutter. Durch diese Überlegung entfallen die Antwortmöglichkeiten (A) und (C).
Die Mutter leidet an der X-chromosomal-rezessiven Erkrankung, hat also den Genotyp x/x. An ihre Tochter – die erfragte Person – hat sie auf jeden Fall eines der X-Chromosomen vererbt. Da die Tochter aber gesund ist, muss ihr anderes X-Chromosom (vom Vater) intakt sein, daher lautet der **Genotyp X/x**.

H10
→ **Frage 2.102: Lösung D**

Zu **(D)**: In der Frage geht es um eine autosomal-rezessiv vererbte Krankheit. Beide Eltern sind heterozygot für das kranke Gen. Schreibt man die Erbanlagen der Eltern in ein Kreuzschema (unten **fett**) mit A = gesundes Merkmal und a = krankes Merkmal, so ergeben sich für ein Kind folgende theoretische Möglichkeiten:

Tabelle 2.15 Mögliche Genotypen

	A	a
A	AA	Aa
a	Aa	aa (= erkrankt)

Das Risiko zu erkranken beträgt also 25 %. Nun könnte man annehmen, dass man statistisch gesehen vier Embryonen behandeln muss (NNT=4), damit einer einen Nutzen davon hat. Zusätzlich steht aber in der Aufgabenstellung, dass nur die **Virilisierung von weiblichen Embryonen** verhindert werden soll. Damit verdoppelt sich die NNT auf acht, denn männliche Embryonen werden ja ebenfalls mitbehandelt.
Zu **(B)**: Eine NNT von 4 wäre der Fall, wenn sowohl männliche als auch weibliche Embryonen profitieren würden (vgl. Lösung (D)).

2.3.5 X-chromosomaler Erbgang

H02 F90 ■
→ **Frage 2.103: Lösung A**

Zu **(A)**: Die wichtigste Information im Fragetext ist die Vererbung der gesuchten Krankheit über den Vater. Wenn alle Töchter erkranken, alle Söhne aber gesund sind, spricht dies zunächst für eine **X-chro-**

mosomal definierte Erkrankung. Ein Sohn erbt vom Vater immer das Y-Chromosom, kann daher nicht betroffen sein; jede Tochter erhält das kranke X-Chromosom. Wenn dieses eine X-Chromosom für die Krankheitsausprägung ausreicht (*alle* Töchter eines kranken Vaters sind ebenfalls erkrankt!), muss das betreffende Merkmal außerdem **dominant** sein, da ansonsten das zweite, gesunde X-Chromosom der Mutter den Defekt kompensieren würde. Von der Mutter werden X-Chromosomen auf alle Kinder unabhängig vom Geschlecht vererbt. Da die Mutter von ihren zwei X-Chromosomen jedes einzelne statistisch an 50 % ihrer Kinder vererbt, tritt die Krankheit auch bei 50 % der Nachkommen auf. Somit liegt eindeutig ein X-chromosomal-dominanter Erbgang vor.

Zu **(B)**: Bei X-chromosomal-rezessivem Erbgang würde das betreffende Gen vom Vater zwar an alle Töchter vererbt – die Erkrankung würde aber klinisch aufgrund der Kompensation durch ein gesundes X der Mutter nicht auftreten.

Zu **(C)**–**(E)**: Bei diesen Erbgängen wäre die geschlechtsabhängige Vererbung der Erkrankung, wie sie für den väterlichen Erbgang beschrieben ist, nicht erklärlich.

→ **Frage 2.104: Lösung E**

Der kranke Vater hat das X-chromosomale, krankheitsverursachende Allel (X'Y), das dominant vererbt wird. Bei einer gesunden Mutter (XX) sind daher alle Söhne gesund (XY) und alle Töchter krank (X'X). Antwort (E) ist die einzig richtige.

F03 ■

→ **Frage 2.105: Lösung C**

Bei einer X-chromosomal-dominanten Erkrankung kann bei der im Fragetext beschriebenen, gesunden Mutter das Vorhandensein des defekten Allels ausgeschlossen werden.

Zu **(C)**, **(D)** und **(E)**: Da jede Tochter mit 100 %iger Sicherheit das defekte X-Chromosom vom Vater erben wird (sonst wäre sie nicht Tochter), werden alle Töchter erkranken – (C) ist richtig.

Zu **(A)** und **(B)**: Ein Vater vererbt an einen Sohn immer sein (gesundes) Y-Chromosom. Da die Mutter zwei gesunde X-Chromosomen hat, werden alle Söhne aus dieser Verbindung gesund sein.

H08

→ **Frage 2.106: Lösung E**

Eine recht einfache Frage; wichtig ist allerdings, dass hier nach dem **Risiko für die Erkrankung**, nicht nach dem Risiko für den Erhalt des defekten Gens (Allels) gefragt ist.
Alle Söhne des erkrankten Mannes erhalten von ihrem Vater zwangsläufig das Y-Chromosom – sie sind somit gesund und sind auch nicht mehr Träger des krankmachenden Allels, so dass bei ihnen und ihren Nachkommen die Erkrankung nicht mehr auftreten kann. Die Antworten (A), (C) und (D) sind also leicht erkennbar falsch.
Die Tochter des kranken Mannes (Antwort (B)) erhält von ihrem Vater das X-Chromosom mit dem defekten Allel; sie ist also mit Sicherheit Merkmalsträgerin, ist aber phänotypisch gesund, da sie von ihrer Mutter ja ein gesundes X-Chromosom bekommt; d. h., das Risiko für das kranke Allel beträgt 100 %, das Risiko für die Erkrankung (nahezu) 0 %.
Zu **(E)**: Bekommt diese (heterozygote) Tochter nun ihrerseits mit einem gesunden Partner einen Sohn, so besteht für diesen Jungen eine 50 %ige Wahrscheinlichkeit, mit dem defekten Allel der Mutter (und dem gesunden Y-Chromosom des Vaters) an der Krankheit des Großvaters zu leiden.

F06 ■

→ **Frage 2.107: Lösung C**

Zu **(C)**: X-chromosomal dominant bedeutet, dass die Anwesenheit eines X-Chromosoms ausreicht, um die Erkrankung zum Vorschein kommen zu lassen. Da die Söhne betroffener Väter zwangsläufig von diesen das Y-Chromosom erben (sonst wären es keine Söhne), sind sie bei einer gesunden Mutter immer gesund. Antwort (C) ist die einzig richtige Möglichkeit.
Zu **(A)**, **(B)** und **(D)**: Eine kranke Mutter kann den genetischen Defekt entweder auf einem oder auf beiden X-Chromosomen tragen. Daher sind die genannten Antworten aufgrund des „nur" im Text leicht als falsch zu erkennen.
Zu **(E)**: Die Tochter eines kranken Vaters bekommt immer dessen X-Chromosom – und damit ist sie immer selbst Trägerin des krankmachenden Gens.

■■

→ **Frage 2.108: Lösung C**

Bei X-chromosomal-dominanter Vererbung reicht ein krankes X', um die Erkrankung auszulösen. Männer mit dem kranken X' sind daher immer krank, genau wie heterozygote Frauen X'X (homozygote Frauen X'X' natürlich auch).
Zu **(C)**: Ein gesunder Mann kann nach dem oben Gesagten kein „krankes" X' haben und es daher auch nicht übertragen.
Zu **(A)**: Wenn das krankheitsauslösende Allel X' bei männlichen Feten als Letalfaktor wirkt, ist die Rate an Fehlgeburten natürlich bei erkrankten Frauen erhöht. Gesunde Frauen haben ja zwei „gesunde" X-Chromosomen und daher kein Risiko für einen kranken männlichen Feten.
Zu **(B)** und **(E)**: Wenn männliche Feten aufgrund des X-chromosomalen Letalfaktors bereits in utero absterben, tritt die Krankheit natürlich nur bei

Frauen auf, was das Geschlechterverhältnis der lebenden Kinder in Richtung weiblich verschiebt.
Zu **(D)**: Eine (heterozygot) erkrankte Frau trägt den Genotyp X'X. Statistisch erhalten daher 50 % ihrer Töchter das gesunde, 50 % das kranke X-Chromosom.

H91 ■

→ **Frage 2.109: Lösung C**

Die genannten zwei Brüder leiden an der X-chromosomal vererbten Krankheit. Sie müssen das „kranke" X von der Mutter geerbt haben, da sie vom Vater ja das Y haben, daher ist die Mutter zwangsläufig heterozygote Trägerin des kranken Allels. Sie selber ist gesund, da das zweite „gesunde" X den Defekt kompensiert, kann aber das kranke Allel an ihre Nachkommen weitergeben; sie ist also sog. **Konduktorin**.
Ihre Tochter ist phänotypisch gesund, hat aber mit einer Wahrscheinlichkeit von 50 % das krankheitsverursachende X' in heterozygoter Anlage. Für die Übertragung auf ihre Tochter ist das Risiko erneut 50 %. Insgesamt hat also die Nichte eine Wahrscheinlichkeit von 50 % von 50 % = **25 %**, heterozygote Konduktorin des kranken Allels ihrer Großmutter zu sein.

H92

→ **Frage 2.110: Lösung C**

Der Vater der phänotypisch gesunden Frau ist gesund. Bei X-chromosomal vererbter Erkrankung bedeutet dies, dass er auch genotypisch gesund ist (XY). Der Bruder der Frau ist erkrankt, d. h. er hat von seiner Mutter das krankheitsauslösende X' erhalten. Somit besteht für die Frau selbst ein Risiko von **50 %**, das kranke X-Chromosom der Mutter geerbt zu haben.

F08 ■

→ **Frage 2.111: Lösung B**

Zu **(B)**: Auch diese Frage lässt sich einfach lösen. Vorgegeben sind eine X-chromosomal rezessiv vererbte Erkrankung und die Genotypen beider Eltern, bei denen der gesunde Vater neben seinem Y-Chromosom zwangsläufig das intakte X-Chromosom besitzt, die Mutter die heterozygote Anlage X (gesund) x´ (krank) aufweist. Werden nun diese Erbanlagen kombiniert, ergibt sich folgendes Bild (Nachkommen grau hinterlegt):

Tabelle 2.16 Hämophilie A, mögliche Genotypen

Eltern	X	x´
X	XX	Xx´
Y	XY	x´Y

Aus dieser Kreuzungstabelle ist sofort ersichtlich, dass nur der männliche Nachkomme (1/4) mit dem Chromosomensatz x´Y erkrankt ist, da er das defekte Allel von der Mutter geerbt hat und als Mann nur über ein X-Chromosom verfügt, so dass eine Kompensation durch ein zweites, gesundes Allel auf einem weiteren X-Chromosom nicht möglich ist.
Zu **(A)**: Von den männlichen Nachkommen ist statistisch die Hälfte gesund, die andere Hälfte krank – je nachdem, ob die betreffende Person das gesunde oder das kranke X-Chromosom von der Mutter geerbt hat.
Zu **(C)**: Nur die weiblichen Nachkommen, die das erkrankte Gen von ihrer Mutter geerbt haben, sind potentielle Überträger auf die nächste Generation – statistisch die Hälfte der weiblichen Nachkommen.
Zu **(D)** und **(E)**: Auch ein Mann kann das erkrankte X-Chromosom von seiner Mutter haben und es dann auf seine (weiblichen) Nachkommen übertragen. Ein solcher Mann wäre auch selber phänotypisch krank, da er mangels zweitem X-Chromosom kein intaktes Allel besitzt, das den Gendefekt kompensieren könnte.

F90 ■■

→ **Frage 2.112: Lösung D**

Beide genannten Brüder tragen das krankheitsauslösende Allel auf ihrem X-Chromosom. Bei homozygot gesunden Frauen ist der Sohn des einen somit auf jeden Fall gesund. Die Tochter des anderen Bruders ist auf jeden Fall Konduktorin. Diese gibt das defekte X-Chromosom mit 50 %iger Wahrscheinlichkeit an alle ihre Kinder weiter. Sind es **Mädchen,** so werden diese phänotypisch gesund sein, da sie ein zweites X zum Kompensieren des Defekts besitzen (0 % Erkrankungsrisiko). Bei **Jungen** führt das in 50 % vorhandene defekte X-Chromosom immer zur Erkrankung, da ein zweites X fehlt (**50 %** Erkrankungsrisiko).

> **Klinischer Bezug**
> Die Hämophilie A ist eine X-chromosomal-rezessiv vererbte Bluterkrankheit, bei der der Gerinnungsfaktor VIII aufgrund eines Gendefekts vermindert ist oder ganz fehlt. Die Patienten leiden besonders an chronischen Einblutungen in die Gelenke, die durch rezidivierende Mikrotraumen entstehen. Die Erkrankung wurde berühmt durch ihr Vorkommen in der russischen Zarenfamilie.

F06

→ **Frage 2.113: Lösung C**

Zu **(A)** und **(C)**: Beide abgebildeten Stammbäume sind prinzipiell möglich. Ein klinisch betroffener Mann der Filialgeneration (ausgefülltes Quadrat in der unteren Zeile) hat das kranke X-Chromosom von der Mutter geerbt, denn vom Vater hat er ja sein Y-Chromosom. Da die Mutter in beiden Beispielen klinisch gesund ist, ist sie für das defekte X-Chromosom heterozygot. Da im Stammbaum (C) aber der Bruder der Mutter ebenfalls erkrankt ist, muss dieser auch ein defektes X besitzen. Somit tritt das defekte Allel in Antwort (C) vermehrt in einer Familie auf. Dies ist aus meiner Sicht der einzige Grund, die Antwort (C) gegenüber (A) als richtig(er) zu werten.

Zu **(B)**, **(D)** und **(E)**: Diese Stammbäume sind unmöglich. Ein an einer X-chromosomal rezessiven Krankheit leidendes Mädchen (ausgefüllter Kreis) ist immer homozygot für das defekte Allel. Da es aber als Mädchen eines seiner X-Chromosomen vom Vater haben muss, kann der nicht klinisch gesund sein (leeres Quadrat), wie es in den abgebildeten Erbfolgen der Fall ist.

F02 ■
→ **Frage 2.114: Lösung A**

Diese scheinbar schwierige Aufgabe ist bei genauerem Hinsehen ganz einfach zu lösen. Da es sich um einen X-chromosomal-rezessiven Erbgang handelt, kann das defekte Allel immer nur von der Mutter auf einen Sohn vererbt werden (denn als Sohn bekommt er vom Vater ja das Y-Chromosom). Da aber über die Mutter II.2 des in der Frage erwähnten Sohnes III keine Angaben gemacht werden, ist über das Vorhandensein eines defekten Allels nichts ausgesagt. Sie ist auf keinen Fall homozygot für das defekte Gen (sonst wäre sie phänotypisch krank). Das Risiko, dass sie als Überträgerin des mutierten Allels fungiert und es somit auf ihren Sohn übertragen könnte, ist also statistisch nicht erhöht; Antwort (A) ist die einzig richtige Lösung.

H88 ■■
→ **Frage 2.115: Lösung E**

Der Vater der Person III 1 ist gesund, d. h. er hat von seiner Mutter das intakte X-Chromosom geerbt (seine erkrankten Brüder haben das defekte X erhalten). Für III 1 und deren Kinder besteht somit kein gegenüber der Normalbevölkerung erhöhtes Risiko, eine homozygot gesunde Mutter vorausgesetzt.

Klinischer Bezug
Die infantile Form der progressiven Muskeldystrophie vom Typ Duchenne führt zum Zerfall der Skelettmuskulatur durch eine erbliche Stoffwechselstörung. Man unterscheidet den meist recht gutartig verlaufenden „Schultergürteltyp" des Jugendlichen von der „Beckengürtelform" des Kleinkindes, die meist im 2. Lebensjahr beginnt und rasch vom Becken-Bein-Bereich nach kranial fortschreitet.

H05
→ **Frage 2.116: Lösung E**

Zu **(E)**: Die Verdauung definierter DNA-Abschnitte mit einem zu untersuchenden Gen mittels hochspezifischer, Nukleinsäure-spaltender Enzyme (Restriktionsenzyme) führt zu einem Gemisch von DNA-Fragmenten definierter Längen. Trennt man diese Fragmente z. B. mittels Elektrophorese auf, erhält man ein charakteristisches Muster, das bei Mutation des betreffenden Gens eine atypische Bande enthält. Dieses Phänomen wird als Restriktionsfragment-Längenpolymorphismus (RFLP) bezeichnet.

Im gezeigten Stammbaum einer X-chromosomal-rezessiv vererbten Erkrankung sind alle Männer klinisch krank, d. h. sie alle besitzen ein krankes X-Chromosom von der Mutter (und ein gesundes Y vom Vater). Da die Mutter selbst aber gesund ist, muss sie bzgl. des defekten Gens heterozygot sein. Die in der Frage genannte Tochter ist ebenfalls klinisch gesund, hat also vom Vater ein gesundes X-Chromosom. Die Frage, ob sie von der Mutter das kranke oder das gesunde X geerbt hat, lässt sich anhand der angegebenen Elektrophoresebanden klären.

Es ist problemlos erkennbar, dass alle kranken (männlichen) Familienmitglieder nur eine Bande bei 6 kb (Kilobasen = 1000 Nukleotide) besitzen – d. h. das defekte Allel auf dem X-Chromosom ist 6 kb lang. Der gesunde Vater des Mädchens, der auf jeden Fall ein gesundes X-Chromosom besitzt – sonst wäre er nicht gesund! – zeigt nur eine Bande bei 3,5 kb. Die betroffene Tochter besitzt jedoch das gleiche Bandenmuster mit 6 und 3,5 kb wie ihre klinisch gesunde Mutter, die nach dem oben Gesagten heterozygot für das krankmachende Gen ist. Somit beträgt die Wahrscheinlichkeit einer ebenfalls heterozygoten Anlage für sie 100 %.

H01
→ **Frage 2.117: Lösung A**

Zu **(A)**: Bei der Frau wird eines der beiden X-Chromosomen genetisch inaktiviert (**Lyon-Hypothese**), sodass auch ein rezessiv vererbtes Allel zur Ausprägung im Phänotyp kommen kann. Es ist jedoch in der Tat dem Zufall überlassen, welches der beiden X-Chromosomen inaktiviert wird. Der geschilderte Fall ist durch diese Tatsache somit erklärbar.

Zu **(B)**: Was das IMPP mit „genetischem Background" meint, wird wohl ein Geheimnis bleiben.

Zu **(C)**: Die **Penetranz** bezeichnet die unterschiedliche Häufigkeit einer Merkmalsausprägung.

Zu **(D)**: Die unterschiedliche **Expressivität** eines Merkmals bedeutet eine graduelle Abstufung der Merkmalsausprägung von klinisch unauffällig bis zu schwersten Beeinträchtigungen. Bei unterschiedlicher Merkmalsausprägung zwischen genetisch identischen Organismen (eineiigen Zwillin-

gen) ist mit diesem Phänomen jedoch nicht zu rechnen.
Zu **(E)**: Auf eine X-chromosomal determinierte Erkrankung sollten somatische Mutationen keinen Einfluss haben.

F06 ■
→ **Frage 2.118: Lösung E**

Zu **(E)**: Eine rezessiv vererbte Erkrankung kommt nur dann klinisch zum Ausbruch, wenn die betreffende Person das defekte Allel in homozygoter Anlage besitzt. Liegt das defekte Gen auf dem X-Chromosom, so kann die Ausprägung des Merkmals bei heterozygoten Frauen aber davon abhängen, welches der beiden X-Chromosomen im Sinne der **Lyon-Hypothese** zum sog. **Barr-Körperchen** inaktiviert ist. Da diese Inaktivierung zufällig abläuft, kommt es in dem gezeigten Beispiel zu einem irregulären Muster von gesundem Gewebe und solchen Arealen, in denen durch die Inaktivierung des gesunden X-Chromosoms das kranke Allel nicht kompensiert werden kann und daher zum entsprechenden klinischen Korrelat führt. Siehe Lerntext II.14 „Barr-Körperchen".
Zu **(A)**: Somatische Mutationen treten in Körperzellen auf – dies wäre in der äußeren Haut also prinzipiell denkbar. Es ist aber sehr unwahrscheinlich, dass in einem Individuum zur selben Zeit die gleiche Mutation (das gleiche klinische Bild) in unterschiedlichen Hautarealen auftritt.
Zu **(B)**: Kommt es während der ersten Zellteilungen des Embryos zu einer Fehlverteilung von Chromosomen und können diese Zellen auch überleben, entwickelt sich ein **genetisches Mosaik**, d.h. es kommen Zellen mit unterschiedlichem Chromosomensatz in einem Individuum vor. Beim 46, XX/45, X0-Mosaik zeigen die betroffenen Patientinnen ein klinisches Bild, das durch einen Östrogenmangel hervorgerufen wird und dem Ullrich-Turner-Syndrom (45, X0) ähnelt.
Zu **(C)**: Im Gegensatz zur „klassischen", durch einen Gendefekt ausgelösten Erbkrankheit zeigt sich bei vielen Krankheitsbildern der Einfluss mehrerer genetischer Faktoren, die zu Veränderungen des Phänotyps führen können. Ein typisches Beispiel ist hierzu die polygen bedingte Hyperlipidämie, bei der neben ernährungsbedingten Faktoren zahlreiche genetische Einflüsse den Lipidstoffwechsel modulieren und im Einzelfall in einer pathologischen Situation münden.
Zu **(D)**: Eine unvollständige Penetranz bezeichnet das variable Auftreten autosomal-dominanter Merkmale bei verschiedenen Individuen einer Erblinie.

F96 ■
→ **Frage 2.119: Lösung A**

Farbuntüchtigkeiten im Rot-Grün-Bereich werden X-chromosomal-rezessiv vererbt. Mit diesem Wissen und der Information, dass Vater und Mutter normalsichtig sind, lassen sich die betreffenden Allele bei den Eltern lokalisieren. Der normalsichtige Vater hat ein gesundes X-Chromosom. Die Mutter hat ein gesundes und ein defektes Allel auf ihren zwei X-Chromosomen. Da das gesunde das kranke Allel kompensiert, ist sie selber normalsichtig, kann aber die Erkrankung an ihre Kinder weitergeben **(Konduktorin).**
Zu **(A)**: Alle Gene für farbtüchtiges Sehen liegen auf dem X-Chromosom.
Zu **(B)**: Siehe einleitender Text.
Zu **(C)**: Die Tochter hat ein gesundes X-Chromosom vom Vater erhalten und ist daher normalsichtig. Da sie mit 50%iger Wahrscheinlichkeit das kranke oder das gesunde X von der Mutter geerbt hat, liegt ihr Risiko, selber Überträgerin des defekten Allels zu sein, ebenfalls bei 50%.
Zu **(D)**: Jeder Sohn hat eine Chance von 50%, das gesunde oder das defekte X-Chromosom von der Mutter zu erhalten. Da er nur ein X-Chromosom besitzt, hängt von diesem auch die Erkrankungswahrscheinlichkeit (eben 50%) ab.
Zu **(E)**: Jede Tochter erhält vom Vater ein gesundes X-Chromosom und ist damit zu 100% normalsichtig. Zur Frage des Überträgerstatus siehe Kommentar zu (C).

H90 ■
→ **Frage 2.120: Lösung A**

Deuteranopie (Grünblindheit), Protanopie (Rotblindheit) und die kombinierte Rot-Grün-Blindheit werden alle X-chromosomal-rezessiv vererbt.
Zu **(A)**: Die in der Einleitung der Frage genannte Frau ist homozygot (XX) für das Protanopie-Allel. Ihre **Söhne** erhalten von ihr in jedem Fall ein defektes X-Chromosom und sind **protanop,** da kein intaktes X zur Kompensation zur Verfügung steht. Die Töchter erhalten vom Vater ein X-Chromosom, das Allel für Deuteranopie trägt. Somit gleichen sich die beiden defekten Allele (eines für Rotblindheit von der Mutter und eines für Grünblindheit vom Vater) gegenseitig aus. Die **Töchter** haben daher ein **normales Farbsehvermögen.**
Zu **(B)**: Das Deuteranopie-Allel auf dem väterlichen X wird durch das mütterliche X kompensiert.
Zu **(C)**: Da die Söhne ein defektes X-Chromosom der homozygoten Mutter erben, sind alle protanop.
Zu **(E)**: Die Töchter erhalten alle ein Deuteranopie-Allel vom Vater sowie ein Protanopie-Allel von der Mutter. Da es sich aber um verschiedene Genorte auf den X-Chromosomen handelt, gleichen sich die jeweils intakten Allele der zwei X-Chromosomen

aus, sodass alle Töchter ein normales Farbsehvermögen zeigen.

H03 ■
→ **Frage 2.121: Lösung B**

Die Protanopie wird rezessiv durch ein geschädigtes Gen auf dem X-Chromosom vererbt. Daher kommt die Erkrankung in heterozygoter Anlage nur bei Männern zum Ausdruck. Mit diesem Wissen, das durch den Fragentext vermittelt wird, ist die Frage leicht zu lösen:
Die Eltern des betreffenden Mannes sind „normalsichtig". Daher muss der Vater ein gesundes X-Chromosom besitzen (sonst wäre er auch rotblind). Der betroffene Mann kann sein mutiertes X also nur von der Mutter haben, die somit klinisch gesunde, heterozygote Merkmalsträgerin ist (Genotyp $X_{krank} X_{gesund}$). Mit dieser Überlegung fallen die Antwortmöglichkeiten der väterlichen Großeltern ((C) bis (E)) schon einmal weg.
Für die Entscheidung zwischen Antwort (A) und (B) muss man sich daran erinnern, dass die Protanopie bei einer Frau nur dann klinisch in Erscheinung tritt, wenn sie homozygot, d. h. auf beiden X-Chromosomen vorliegt. Eher wahrscheinlich (und genau das war gefragt) ist, dass der Vater der Mutter (B) als heterozygoter Merkmalsträger auch klinisch betroffen gewesen ist.
Der Stammbaum sieht wie folgt aus (X = gesund, **X** = krank):

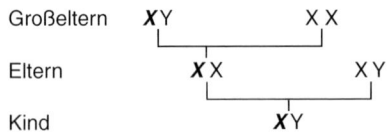

F94 ■
→ **Frage 2.122: Lösung C**

Protanopie wird X-chromosomal-rezessiv vererbt. Der erkrankte Sohn II2 aus 1. Ehe hat ein defektes Allel mit dem mütterlichen X-Chromosom erhalten. Da seine Mutter I2 jedoch farbtüchtig ist, liegt bei ihr der Status einer heterozygoten Konduktorin vor. Somit hat die Tochter II2 eine **50 %ige Wahrscheinlichkeit,** das defekte X der Mutter zu erben, das dann mit dem in jedem Fall defekten X des kranken Vaters zur homozygoten Ausprägung der Protanopie führen würde.

2.3.6 Imprinting

Zu diesem Kapitel wurden bisher keine Fragen gestellt.

2.3.7 Mitochondriale Vererbung

F02
→ **Frage 2.123: Lösung A**

Zu **(A)**: Bei der Bildung der Zygote bringt das Spermium lediglich seinen Zellkern in die Eizelle ein. Alle anderen Organellen des im weiteren Verlaufe entstehenden Keimes stammen somit aus der mütterlichen Eizelle. Da die Mitochondrien eine eigene DNA besitzen, kann eine hier lokalisierte Mutation nur von der Mutter vererbt werden, allerdings auf Töchter und Söhne gleichermaßen.
Zu **(B)** und **(C)**: Bei autosomal determinierten Erkrankungen ist die Vererbung unabhängig von Vater- oder Mutterseite.
Zu **(D)**: Bei X-chromosomaler Vererbung wird ein Vater das defekte Gen immer an seine Tochter weitergeben, da er nur ein X-Chromosom besitzt.
Zu **(E)**: **Hemizygotie** kennzeichnet die einfache Anlage der geschlechtschromosomalen Gene beim Mann, da er über ein X- und ein Y-Chromosom verfügt, auf denen unterschiedliche Merkmale lokalisiert sind. Im Vergleich zu den Körperchromosomen liegt hier also keine Homologie vor. Diese Tatsache hat aber nichts mit der Fragestellung zu tun.

H06
→ **Frage 2.124: Lösung B**

Zu **(B)** und **(D)**: Die mitochondrialen Gene werden ausschließlich über die mütterliche Linie vererbt, da bei der Bildung der Zygote als Ausgangspunkt des Embryos lediglich die Erbinformation des Spermiums in die Einzelle übertragen wird – die Mitochondrien des heranwachsenden Keimes stammen also stets aus der mütterlichen Eizelle. Aus diesem Grund ist die mitochondriale Erbinformation eines Mannes (die ja von seiner Mutter stammt (D)) von der seiner Tochter komplett verschieden.
Zu **(A)**, **(C)** und **(E)**: Die Großmutter mütterlicherseits vererbte ihr mitochondriales Genom an ihre Kinder, also die Mutter und die Schwester der Mutter. Der in der Frage genannte Mann und seine Schwester haben diese mitochondriale DNA mit gleicher Information dann von ihrer Mutter geerbt.

F90
→ **Frage 2.125: Lösung E**

Zu **(E)**: Defekte der mitochondrialen DNA können nur von der Mutter weitergegeben werden, da bei der Bildung der Zygote lediglich der Kern des Spermiums in die Eizelle aufgenommen wird. Sämtliche Mitochondrien der Zygote stammen also aus der Eizelle. Dabei ist das Geschlecht des Kindes für die Krankheitsausprägung unerheblich.
Zu **(A)** und **(B)**: Da mitochondriale DNA lediglich in einer Kopie vorliegt, sind die Begriffe dominant und rezessiv in diesem Zusammenhang sinnlos.

2.4 Gonosomen, Geschlechtsbestimmung und -differenzierung

2.4.1 X-Y-Chromosom und pseudoautosomale Region

→ **Frage 2.126: Lösung D**

Das X-Chromosom enthält, ähnlich den Autosomen, eine Vielzahl von Genen, denen aber im männlichen Karyotyp XY die homologen Allele fehlen. Daher kommen X-chromosomal-rezessiv determinierte Krankheiten (Rot-Grün-Blindheit, Hämophilie u. a.) beim Mann immer zur Ausprägung, während sie bei einer heterozygoten Frau durch das intakte X kompensiert werden können. Auf dem X-Chromosom kommen darüber hinaus auch wenige, dominant vererbte Allele vor.
Auf dem kleineren Y-Chromosom sind bislang nur 4 Gene identifiziert, die im Rahmen der männlichen Differenzierung des Embryos und in der Spermatogenese steuernd eingreifen.

2.4.2 X-Inaktivierung

II.14 Barr-Körperchen

Nach der sog. **Lyon-Hypothese** können die Genprodukte nur eines X-Chromosoms in der weiblichen Zelle einen ausreichenden Stoffwechsel gewährleisten. Daher kommt es bereits Ende der zweiten/Anfang der dritten Woche der Embryonalentwicklung zur starken Kondensation und damit zur genetischen Inaktivierung des zweiten X-Chromosoms. Bereits lichtmikroskopisch kann man das sog. **Barr-Körperchen** oder **Sex-Chromatin** als dunklen, der Kernmembran anliegenden Fleck identifizieren.
Die maximale Anzahl an Barr-Körperchen in einer Zelle entspricht der **Anzahl ihrer X-Chromosomen – 1**.

Klinischer Bezug
Das lichtmikroskopisch sichtbare Barr-Körperchen wird zur zellkernmorphologischen Geschlechtsbestimmung verwendet. Bei mindestens 50 ausgewerteten Körperzellen aus verschiedenen Schleimhäuten (Mund, Nase, Vagina), Haarwurzelzellen oder Amnionzellen weisen Barr-Körperchen in 60–70 % den weiblichen Genotyp nach.

Tabelle 2.17 Vorkommen Barr-Körperchen

	Karyogramm	Barr-Körperchen
Gesunde Frau	46, XX	Ja (1)
Gesunder Mann	46, XY	Nein
Turner-Syndrom	45, X0	Nein
XYY-Syndrom	47, XYY	Nein
Klinefelter Syndrom	47, XXY	Ja (1)
Triple-X-Syndrom	47, XXX	Ja (2)

F10

→ **Frage 2.127: Lösung D**

Zu **(D)**: Das Geschlecht oder eine numerische Aberration gonosomaler Chromosomen kann über das Barr-Körperchen bestimmt werden: Das **Barr-Körperchen** ist das „überzählige" kondensierte X-Chromosom der Frau. Man kann solche Körperchen lichtmikroskopisch an Zellkernen eines Mundschleimhautabstrichs sehen. Warum entwickeln Frauen Barr-Körperchen? Um normal zu funktionieren, muss der weibliche Organismus ein X-Chromosom zu fakultativem Heterochromatin inaktivieren (**Lyon-Hypothese**). Die Wahl des zu inaktivierenden X-Chromosoms ist zufällig, geschieht aber schon während der Frühphase der Embryonalentwicklung. Als Grund wird ein **Gen-Dosis-Ausgleich** angenommen. So wird garantiert, dass bei beiden Geschlechtern Genprodukte der X-Chromosomen in etwa gleicher Menge vorhanden sind.
Zu **(A)**: Standardmäßig wird die sog. **Feulgenfärbung** (ergibt einen lila Farbton) benutzt, um Barr-Körperchen nachzuweisen.
Zu **(B)**: Barr-Körperchen sind v. a. in **somatischen** Zellen zu beobachten.
Zu **(C)**: Das Barr-Körperchen lässt sich im **Kern** visualisieren und liegt von innen der **Kernmembran** an.
Zu **(E)**: Die Inaktivierung eines X-Chromosoms hat nichts mit der **sexuellen Differenzierung** zu tun. Vielmehr ist sie für den Gen-Dosis-Ausgleich wichtig.
Siehe auch Lerntext II.14 „Barr-Körperchen".

→ **Frage 2.128: Lösung E**

Zu **(E)**: Die Festlegung des Geschlechtes eines Embryos wird allein durch das Y-Chromosom gewährleistet. Ist es vorhanden, entwickelt sich das Kind zum Jungen, fehlt es, zum Mädchen.
Zu **(A)**: Hemizygotie bezeichnet das einfache Vorliegen der X- und Y-chromosomalen Gene beim Mann. Der Nachweis eines Barr-Körperchens spricht jedoch für ein weibliches Geschlecht und somit in der Regel für ein Fehlen der Y-chromosomalen Gene (Ausnahme: Klinefelter-Syndrom XXY).

H06

→ **Frage 2.129: Lösung A**

Zu **(A)**: Nach der Lyon-Hypothese ist das **Barr-Körperchen** als **kondensiertes X-Chromosom** definiert, das nur dann vorliegt, wenn die Information dieses Chromosoms in mindestens zweifacher Ausfertigung vorhanden ist. Ein Junge mit dem Chromosomensatz **XYY** wird somit niemals ein Barr-Körperchen haben.
Bei dieser Frage ist genaues Hinsehen wichtig, es wird vermutlich auf Patienten mit dem Klinefelter-Syndrom abgezielt, die den Chromosomensatz **XXY** – und damit auch ein Barr-Körperchen – besitzen.
Siehe Lerntext II.14 „Barr-Körperchen".

F91 ■

→ **Frage 2.130: Lösung A**

Zu **(A)** und **(B)**: Die Bildung des Barr-Körperchens erfolgt erst zum Zeitpunkt der beendeten Implantation Ende der zweiten/Anfang der dritten Embryonalwoche. Die erste Furchung der Zygote findet schon etwa 30 Stunden nach der Befruchtung statt.
Zu **(C)**: Bei Anwendung einer Kernfärbung tritt das inaktive X-Chromosom als Barr-Körperchen in Form eines schwarzen Flecks an der Kernmembran hervor.
Zu **(D)**: Im weiblichen Organismus stammt ein X-Chromosom von der Mutter und eines vom Vater. Welches der beiden in Form eines Barr-Körperchens inaktiviert wird, ist dem Zufall überlassen.
Zu **(E)**: Beschrieben ist der Gedanke, der zum Begriff der „kompensierten Gendosis" führt. Durch die Inaktivierung eines X-Chromosoms bei der Frau kommt es zur gleichen „Dosis" X-chromosomaler Genprodukte bei beiden Geschlechtern.

H07

→ **Frage 2.131: Lösung C**

Zu **(C)**: Die Abbildung eines polymorphkernigen, neutrophilen Granulozyten zeigt einen sogenannten trommelschlägelartigen Kernanhang („**drumstick**"), der wie das **Barr-Körperchen** in Schleimhautzellen einem in der Interphase kondensierten und damit genetisch inaktivierten X-Chromosom eines weiblichen Organismus entspricht. Nach der Lyon-Hypothese gewährleisten die Genprodukte eines X-Chromosoms einen ausreichenden Stoffwechsel der weiblichen Zelle; das andere X-Chromosom wird in der o. g. Form kondensiert.
Zu **(A)** und **(B)**: An bestimmten Abschnitten der Chromosomen 13–15, 21 und 22 befinden sich die redundanten Gene für die Synthese der ribosomalen RNA, die **Nukleolus-Organizer-Regionen (NOR)**. Diese Bereiche sind im Interphasekern der Ort der Transkription der Gene für die rRNA; zusammen mit den ribosomalen Proteinen entstehen hier die zwei Untereinheiten der Ribosomen. Durch die große Menge an rRNA und Proteinen zeigt dieses Areal, der **Nukleolus** (= Kernkörperchen), eine höhere Dichte als das umgebende Chromatin. Diese Strukturen, die *im* (und *nicht am*) Zellkern liegen, sind in einem lichtmikroskopischen Bild einer intensiv angefärbten Zelle nicht zu erkennen.
Zu **(D)**: Zwei assoziierte (vermutlich meint das IMPP hier auch kondensierte) X-Chromosomen würden für eine normale weibliche Zelle den Tod bedeuten, da dann keine genetische Information des X-Chromosoms mehr abgelesen werden könnte. So etwas ist nur für den seltenen Fall einer Zelle mit drei X-Chromosomen denkbar und in der vorliegenden Frage mehr als unwahrscheinlich.
Zu **(E)**: Auch ein (normalerweise nur einmal pro männlicher Zelle vorhandenes) Y-Chromosom wird niemals kondensiert, da dann keine Expression der auf ihm lokalisierten Gene mehr möglich wäre.

2.5 Mutationen

2.5.1 Genmutationen

II.15 Mutationen

Mutationen sind vererbbare Veränderungen der DNA. Sie können ohne äußere Einflüsse und erkennbare Ursachen auftreten. Diese sog. **Spontanmutationen** treten in verschiedenen Genen unterschiedlich oft (bei Menschen mit einer mittleren Häufigkeit von 10^{-4} bis 10^{-6}). Mutationen können jedoch auch **induziert** werden. Verschiedene Einflüsse physikalischer (vor allem ionisierende Strahlung) oder chemischer (Zytostatika, Pflanzenschutzmittel, Benzol usw.) Natur sind für ihre mutagenen Eigenschaften bekannt und erhöhen die Wahrscheinlichkeit einer möglichen Genom-Veränderung um ein Vielfaches.
Je nach Art der Abweichung vom Normalzustand unterscheidet man:
1. Genom-Mutationen
Die Gesamtzahl der Gene wird verändert. Es kann sich bei der Veränderung um ein einzelnes Chromosom handeln (Trisomie/Monosomie), es kann jedoch auch das gesamte Genom vervielfacht werden (tetraploider Chromosomensatz, Polyploidie). Viele Mutationen dieser Art führen zum frühen Absterben des Keimes im Mutterleib.
2. Chromosomenmutationen
Hier ist die Struktur eines Chromosoms und damit die Reihenfolge und Anordnung der Gene verändert. Beispiele hierfür sind der Verlust eines Chromosomenteils (Deletion) oder ein umgedrehter Chromosomenabschnitt (Inversion).

3. Genmutation

Veränderungen auf molekularer Ebene können ein Gen in unterschiedlicher Weise (zer)stören. Kurze DNA-Abschnitte, im Extremfall ein einziges Nukleotid (**Punktmutation**), sind verändert, fehlen völlig oder sind zusätzlich vorhanden.

Neben der Neukombination der Gene bei der Meiose sind Mutationen **die Grundlage einer genetischen Vielfalt der Organismen**. Jede Mutation ist zunächst **ungerichtet**, d. h. sie tritt zufällig und „planlos" an einer beliebigen Stelle des Genoms auf. Entsteht durch sie kein unmittelbarer Nachteil (z. B. Letalfaktor), so kann sich die Mutation von Organismen verbesserter Anpassung im Rahmen der **Selektion** durchsetzen und verbleibt im Gen-Pool der Population. Nachteilige Mutationen werden auf diese Weise durch den Selektionsnachteil ihres Trägers wieder beseitigt.

→ **Frage 2.132: Lösung D**

Zu **(D)**: Spontanmutationen treten mit einer mittleren Wahrscheinlichkeit von 10^{-4} bis 10^{-6} auf.
Zu **(A)** und **(C)**: Mutationen sind ungerichtet und daher in ihren Auswirkungen nicht vorhersehbar.
Zu **(E)**: Mutationen treten in Keimzellen und in somatischen Zellen auf. Vererbt werden natürlich nur Mutationen in Keimzellen, die den Mendel'schen Regeln folgen, sofern sie auf den Autosomen lokalisiert sind.

F08

→ **Frage 2.133: Lösung C**

Zu **(C)**: Der Begriff der **somatischen Mutation** bezeichnet eine Veränderung des Erbgutes, die in einem Organismus auftritt, jedoch **außerhalb der Keimzellreifung** lokalisiert ist und damit **nicht an die Nachkommen weiter vererbt** wird. Somatische Mutationen werden häufig durch äußere mutagene Einflüsse wie Strahlung oder chemische Substanzen ausgelöst und führen im schlimmsten Fall zu schweren Erkrankungen des Organismus (z. B. Krebserkrankungen). Da es sich bei diesen Mutationen um zufällige Änderungen der DNA-Sequenz handelt, ist typischerweise nur ein Allel betroffen.
Zu **(A)**: Nach dem oben Gesagten ist eine gleichzeitige Erbgutveränderung in allen Zellen eines Organismus nicht möglich.
Zu **(B)**, **(D)** und **(E)**: Somatische Mutationen werden eben nicht vererbt. Im Gegensatz dazu werden **Keimbahnmutationen**, die im Rahmen der Meiose auftreten, an die Nachkommen weitergegeben und sind Basis der unterschiedlichsten **Erbkrankheiten**.

2.5.2 Folge von Genmutationen

H96

→ **Frage 2.134: Lösung C**

Jede Aminosäure eines Proteins wird durch eine Einheit von drei Basenpaaren, das sog. **Triplett**, codiert. Fällt eine dieser drei Basen aus, so verschiebt sich das Leseraster stromabwärts (**frame-shift**), was zu tief greifenden Änderungen und Störungen bei der Synthese des Genproduktes führt.
Man möge sich diesen Effekt an folgendem Satz verdeutlichen:
ACH WIE GUT MIR DAS BAD TUT. Bei der Deletion der neunten Base wird daraus:
ACH WIE GUM IRD ASB ADT UT.
Zu **(C)**: Der Austausch einer einzigen Aminosäure kann auftreten, wenn eine Base mit einer anderen vertauscht wird. Dies kann je nach Lokalisation und Funktion der betroffenen Aminosäure im Protein sehr unterschiedliche Auswirkungen haben und bleibt im besten Fall ohne Folgen. Auf jeden Fall aber kommt es zu keiner Verschiebung des Leserasters.
Zu **(A)**: Da die Introns beim Splicing der primären mRNA entfernt werden, hat eine Deletion an dieser Stelle keine Auswirkung auf die nachfolgende Proteinbiosynthese.
Zu **(B)**: Eine Leserasterverschiebung führt zum Einbau falscher Aminosäuren vom Ort der Deletion an stromabwärts. Dies hat natürlich große Konsequenzen für die Struktur des Proteins.
Zu **(D)**: Die drei Basen-Tripletts UAA, UAG und UGA (auf der mRNA) haben keine Entsprechung in komplementären tRNA-Tripletts. Man nennt diese Tripletts auch **Stop-Codons**, da sie in Ermangelung eines Bindungspartners zum Abbruch der Proteinsynthese führen. Entsteht durch eine Deletion ein derartiges Codon, so kommt es zum verfrühten Synthese-Stop und damit zu einer verkürzten Polypeptidkette.
Zu **(E)**: Liegt die Deletion am Beginn eines Gens, so kann die Mutation dazu führen, dass die Proteinsynthese gar nicht startet und daher das Genprodukt nicht gebildet wird.

H99

→ **Frage 2.135: Lösung A**

Eine auf den ersten Blick sehr schwierige Frage. Durch logisches Überlegen und durch genaue Beachtung der Wortwahl des IMPP kommt man aber trotzdem zur richtigen Lösung.
Zu **(A)**: Ein **Promotor** ist eine Signalsequenz, die als Erkennungsmerkmal für die Anheftung der **DNA-abhängigen RNA-Polymerase** fungiert. Dieses Enzym bildet das erste RNA-Transkript der Kern-DNA. Daher ist hier die erste mögliche Stufe einer Promotor-Mutation. Alle weiteren Stufen der abgebildeten

"Kaskade" sind nur weitere mögliche Manifestationsorte – gefragt war jedoch nach dem ersten!

Zu **(B)**: Der Begriff der heterogenen nukleären RNA (hnRNA) hat außerhalb des Mainzer Fragenkataloges eine nicht so große Bedeutung. Die hnRNA (siehe Abb. 2.3) ist der Vorläufer der reifen mRNA und wird durch den bereits gebildeten Poly-A-Schwanz am 3'-OH-Ende (fehlt in der Abbildung) sowie durch die Bildung einer schleifenhaltigen Sekundärstruktur mit angelagerten Proteinen vor dem enzymatischen Abbau geschützt.

Zu **(C)**: Dargestellt ist die Translation als Umsetzung der Basensequenz der reifen mRNA in das entsprechende Protein.

Zu **(D)**: Viele Proteine werden von der Zelle in einer noch unreifen Form synthetisiert und erst danach enzymatisch verändert („prozessiert"). Ein bekanntes Beispiel ist das von Bindegewebszellen gebildete und in den Extrazellulärraum sezernierte Prokollagen, welches erst sekundär durch Protolyse zum reifen Kollagen-Monomer umgebaut wird.

Zu **(E)**: Dieser letzte Schritt ist typisch für viele Enzyme, die in inaktivierter Form als Zymogene (Proenzyme) gebildet und von der Drüse abgegeben werden. Erst durch eine enzymatische Modifikation, z. B. Phosphorylierung, entstehen die katalytisch aktiven Enzyme.

F00

→ **Frage 2.136: Lösung C**

Zu **(C)**: Ein Stop-Codon auf der mRNA markiert den Endpunkt der **Translation** eines Proteins. Die Entstehung eines vorzeitigen Stop-Codons manifestiert sich daher zuerst bei der Übersetzung der mRNA-Basensequenz ins primär synthetisierte Protein.

Zu **(A)**: Die Synthese der heterogenen nukleären (hn)RNA anhand der primären DNA-Basensequenz wird als **Transkription** bezeichnet. Stop-Codons spielen in diesem Prozess keine Rolle.

Zu **(B)**: Auch bei der Bildung der reifen mRNA aus ihrem Vorläufer hnRNA sind Stop-Codons nicht beteiligt.

Zu **(D)** und **(E)**: Bei weiteren Umbauprozessen eines Proteins ist ein Stop-Codon nicht mehr notwendig.

F05 F02 H99 ■

→ **Frage 2.137: Lösung D**

Zu **(D)**: Die Mutation des Chlorid-Ionenkanals ist Ursache der autosomal-rezessiv vererbten **Mukoviszidose** (= zystische Fibrose). Es kommt dadurch zur Veränderung der Zusammensetzung von Sekreten diverser exokriner Drüsen, v. a. der Bronchialschleimhaut und des Pankreas. Der sezernierte Schleim ist sehr zähflüssig, führt zur Obstruktion der Drüsenausführungsgänge und schließlich zur exokrinen Insuffizienz. Die Diagnose wird über die Messung des Chloridgehaltes im Schweiß gestellt.

Zu **(A)**: Einen Defekt des bindegewebigen Strukturproteins Kollagen findet man als erworbene Erkrankung im Rahmen von Vitamin-C-Hypovitaminosen (**Skorbut**) oder auch angeboren beim überaus seltenen **Ehlers-Danlos-Syndrom**.

Zu **(B)**: Viele der typischen **Alterungsvorgänge** von Haut und inneren Organen sind auf eine verminderte Elastinbildung oder auch auf strukturelle Defekte dieses Bindegewebsproteins zurückzuführen. Eine angeborene Form als X-chromosomal-rezessiv vererbte Vernetzungsstörung des Elastins kommt bei einer Unterart (Typ V) des bereits genannten **Ehlers-Danlos-Syndroms** vor.

Zu **(C)**: Fibronektin ist ein ubiquitär im Bindegewebe vorkommendes Strukturprotein, das durch Bindungsstellen für Kollagene, Fibrin oder Zellmembranen vielfältige Aufgaben bei der Zell-Zell- und Zell-Matrix-Interaktion erfüllt. Die Zellen diverser **Tumoren**, z. B. des Zervixkarzinoms, stellen die Synthese von Fibronektin ein, was zu einer deutlich erhöhten Zellmobilität im Rahmen des invasiven Tumorwachstums führt.

Zu **(E)**: Die Na$^+$/K$^+$-ATPase ist als eine energieabhängige Ionenpumpe wichtiger Bestandteile biologischer Membranen und kann über die Aufrechterhaltung eines Konzentrationsgradienten von Na$^+$- und K$^+$-Ionen ein Transmembranpotenzial zwischen zwei Kompartimenten aufrechterhalten. Eine spezielle Erkrankung durch einen Defekt dieses Proteins ist mir nicht bekannt.

F05 H00 ■

→ **Frage 2.138: Lösung B**

Zu **(B)**: Das **Klinefelter-Syndrom** mit männlicher Keimdrüsenunterfunktion (= primärer Hypogonadismus) ist bedingt durch eine gonosomale Trisomie mit dem Karyotyp 47,XXY.

Zu **(A)**: Typisches Beispiel einer gonosomalen Monosomie ist das **Ullrich-Turner-Syndrom** mit dem Karyotyp 45,X0. Die Betroffenen sind phänotypisch weiblich bei Hypoplasie der inneren und äußeren Geschlechtsmerkmale und leiden an Kleinwuchs und Unterentwicklung.

Zu **(C)**: Die Trisomie des Körperchromosoms 21 ist als **Down-Syndrom** allgemein bekannt.

Zu **(D)**: Der Verlust des kurzen Arms am Körperchromosom Nr. 5 durch eine Deletion ist Ursache des seltenen **Katzenschrei-Syndroms**. Hier liegt also eine strukturelle, keine numerische Chromosomenaberration vor.

Zu **(E)**: Die **Robertson'sche Translokation** beschreibt einen Stückaustausch zwischen zwei nicht-homologen Chromosomen mit endständigem Zentromer. Die beiden langen Chromosomenschenkel vereinigen sich dabei zum neuen Translokationschromosom.

2.5 Mutationen

2.5.3 Spontane und induzierte Genmutationen

→ **Frage 2.139: Lösung C**

Zu (C): Die Häufigkeit vorangegangener Geburten beeinflusst die Mutationsrate nicht.
Zu (A): Mit steigendem Alter der Mutter wächst das Risiko einer numerischen Chromosomen-Aberration (Genom-Mutation) beim Kind, z. B. Trisomie.
Zu (B): Steigendes Alter des Vaters führt zu wachsendem Risiko für Genmutationen beim Kind.
Zu (D) und (E): Siehe Lerntext II.15 „Mutationen".

F96

→ **Frage 2.140: Lösung C**

Zu (C): Für mutagen wirkende Substanzen gibt es keine Schwellenwerte, unterhalb derer eine Exposition unbedenklich wäre.
Zu (A): Vermutlich ist mit „kurzwelligem Sonnenlicht" UV-Strahlung gemeint, die tatsächlich an exponierten Hautarealen mutagen wirkt. Tiefer liegende Gewebe werden aufgrund der schlechten Durchdringungsfähigkeit des UV-Lichts (im Vergleich zu Röntgen- oder γ-Strahlung) nicht geschädigt.
Zu (B): Die Genese bösartiger Tumoren wird nach heutiger Sicht mit der Aktivierung sog. **Onkogene** erklärt, die in der gesunden Zelle supprimiert sind und nach ihrer Aktivierung ein ungehemmtes Wachstum des betreffenden Gewebes induzieren. Die Aktivierung dieser Gene wird in engem Zusammenhang mit dem Einfluss mutagener Agentien gesehen. Das verstärkte Auftreten verschiedener Arten von Hautkrebs (Basaliom, Melanom) korreliert mit der Häufigkeit der Strahlenexposition.
Zu (D) und (E): Eine gesunde Zelle verfügt über diverse Schutzmechanismen, die der Schadensbegrenzung bei spontan auftretenden oder induzierten DNA-Schäden dienen. Am bekanntesten ist in diesem Zusammenhang die Exzision von Thymindimeren, die durch UV-Strahlung entstehen können. Ein Enzymsystem entfernt den fehlerhaften Bezirk, füllt die Lücke korrekt wieder auf und verbindet die DNA-Abschnitte miteinander.
Bei der autosomal-rezessiv erblichen **Xeroderma pigmentosum** ist das o. g. Enzymsytem defekt. Die betroffenen Patienten leiden unter massiver Lichtempfindlichkeit der Haut und einer stark erhöhten Inzidenz benigner und maligner Hauttumoren.

2.5.4 Strukturelle Chromosomenmutationen

→ **Frage 2.141: Lösung B**

Zu (B): Monosomie ist eine Genom-Mutation, da sie den gesamten Gen-Bestand betrifft. Hier ist von zwei homologen Chromosomen nur eines vertreten; Beispiel *Turner-Syndrom* (X0).
Zu (A): Bei einer **Deletion** kommt es zum Verlust eines Chromosomenteilstücks und damit zum Verlust der genetischen Information.
Beispiel: A B C **D E** F G H I J K → A B C F G H I J K
Zu (C): Bei einer **Inversion** ist ein Abschnitt des Chromosoms um 180° gedreht. Die Information ist daher nicht verloren, aber der veränderte Kontext kann fatale Folgen haben.
Beispiel: A B C **D E** F G H I J K → A B C **E D** F G H I J K
Zu (D): Die **zentrische Fusion** (= Robertson'sche Translokation) beschreibt die Verschmelzung zweier akrozentrischer Chromosomen, bei denen vorher die kurzen Arme verloren gegangen sind. Durch diese Fusion sinkt die Zahl der gesamten Chromosomen um 1.
Zu (E): Bei der **Translokation** wird ein Chromosomenabschnitt auf ein anderes Chromosom übertragen. Es kann ein Austausch zwischen zwei Chromosomen sein (reziproke Translokation), es kann aber auch nur ein Fragment auf ein anderes Chromosom übertragen werden (nichtreziproke Translokation).

F06

→ **Frage 2.142: Lösung D**

Die Verschiebung des Leserasters innerhalb eines Gens gehört zu den schlimmsten Mutationen, da nicht nur das mutierte **Triplett** eine falsche Aminosäure kodiert, sondern alle nachfolgenden Tripletts ebenfalls fehlerhaft sind.
Zu (D): Wird eine Base gegen eine andere Base ausgetauscht, also eine typische Punktmutation, so ist in den meisten Fällen eine falsche Aminosäure im Protein die Folge. Dies kann von völliger Unwichtigkeit sein oder bis zur Wirkungslosigkeit des betreffenden Genprodukts führen, je nachdem, wo die falsche Aminosäure im Protein lokalisiert ist.
Zu (A), (B), (C) und (E): Alle Veränderungen der Basensequenz, die einen Verlust oder ein Zuviel von ein oder zwei Basen zur Folge haben, verschieben das Leseraster, das ja bekanntlich aus drei Basen besteht.

F03

→ **Frage 2.143: Lösung B**

Zu (B): Das Katzenschrei-Syndrom (Cri-du-chat-Syndrom) beruht auf einer **strukturellen Chromosomenaberration**, bei der dem Chromosom Nr. 5 der kurze Arm durch eine Deletion fehlt.
Zu (A): Ein durch eine **Genmutation** bedingtes Fehlen der Phenylalanin-4-Hydroxylase (Umsetzung von Phenylalanin zu Tyrosin) führt über die intrazelluläre Ansammlung von Phenylalanin zu schweren geistigen und körperlichen Entwicklungsstörungen sowie zahlreichen neurologischen Symptomen. Die Entwicklung der genannten klinischen

Symptome kann durch eine strikte Phenylalanin-arme Diät weitgehend verhindert werden.

Zu **(C)**, **(D)** und **(E)**: Alle genannten Krankheitsbilder sind **numerische Chromosomenaberrationen**, d. h. der Chromosomensatz weicht in seiner absoluten Anzahl von den normalen 46 Chromosomen (44 Autosomen + 2 Gonosomen) ab:
- Down-Syndrom = Trisomie 21
- Ullrich-Turner-Syndrom = X0
- Klinefelter-Syndrom = XXY

Siehe auch Lerntext II.15 „Mutationen".

H99
→ **Frage 2.144: Lösung B**

Zu **(B)**: Eine **Inversion** ist die Umkehrung eines Chromosomenabschnittes innerhalb eines einzelnen Chromosoms. Die kleinen Pfeile in der Zeichnung links kennzeichnen die Bruchstellen und begrenzen somit das „perizentrische" Fragment, das in dem rechts abgebildeten Chromosom bereits um 180° gedreht und wieder eingefügt ist.

H99
→ **Frage 2.145: Lösung E**

Zu **(E)**: Bei der Robertson'schen **Translokation** kommt es zu einem Stückaustausch zwischen zwei nicht homologen Chromosomen mit endständigem Zentromer. Hierbei vereinigen sich die langen Chromosomenschenkel zu einem neuen Translokationschromosom.
Zu **(A)**: Dargestellt ist eine **Insertion**, bei der das Fragement des „schwarzen" Chromosoms in das „weiße" Chromosom eingefügt wird.
Zu **(C)**: Das im linken Chromosom durch Pfeile begrenzte Fragment ist rechts nicht mehr vorhanden – es hat eine **Deletion** und damit ein Verlust an Erbinformation stattgefunden.
Zu **(D)**: Dargestellt ist ein ungleicher Segmentaustausch zwischen zwei homologen Chromosomen; somit liegt definitionsgemäß keine Robertson'sche Translokation vor. Siehe Kommentar zu Frage 2.148.

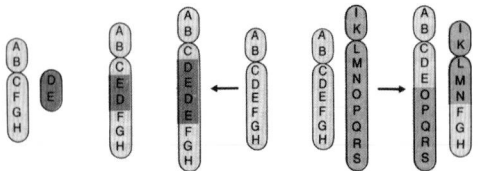

Abb. 2.8 Chromosomenmutationen (aus: Vogel, G., Angermann, H.: Taschenatlas der Biologie, Band 3, Genetik und Evolution, Systematik, 4. Auflage, Thieme, Stuttgart, New York, 1990)

F02
→ **Frage 2.146: Lösung D**

Zu **(D)**: Dieser ungleiche Segment-Austausch zwischen nicht-homologen Chromosomen wird als **reziproke Translokation** bezeichnet.
Zu **(A)**: Dargestellt ist eine **Insertion**, bei der das kurze Stück des schwarzen Chromosoms in das weiße Chromosom eingesetzt wird.
Zu **(B)**: Die Umkehrung eines Chromosomenabschnittes innerhalb eines Chromosoms wird als **Inversion** bezeichnet.
Zu **(C)**: Dargestellt ist der Verlust eines Chromosomenabschnitts, der als **Deletion** bezeichnet wird.
Zu **(E)**: Bei diesem Vorgang, der sog. **Robertson'schen Translokation**, kommt es zu einem Stückaustausch zwischen zwei nicht homologen Chromosomen mit endständigem Zentromer. Die jeweils langen Chromosomenschenkel verschmelzen hierbei zum neuen **Translokationschromosom**.

H93
→ **Frage 2.147: Lösung D**

Bei der zentrischen Fusion zweier nicht-homologer Chromosomen kommt es in der nächsten Meiose zur Paarung mit den zwei entsprechenden Einzelchromosomen. Das Translokationschromosom wird in die eine, die beiden Einzelchromosomen in die andere Tochterzelle übertragen. Dadurch ist der Inhalt an genetischer Information bei beiden Tochterzellen etwa gleich (balancierte Translokation).
Zu **(D)**: Die zentrische Fusion zwischen zwei homologen Chromosomen hat zur Folge, dass bei der nächsten Meiose eine Fehlverteilung auftritt. Eine Tochterzelle enthält das Translokationschromosom, die andere erhält kein Chromosom. Bei derartigen Veränderungen können auf diese Art und Weise Mono- oder Trisomien entstehen.
Zu **(A)**, **(B)**, **(C)** und **(E)**: Das kleine „t" steht für Translokationschromosom. Alle hier aufgeführten Beispiele sind Fusionen nichthomologer Chromosomen → balancierte Translokation.

H94
→ **Frage 2.148: Lösung A**

Zu **(A)**: Bei der Robertson'schen Translokation verschmelzen zwei akrozentrische Chromosomen nach Verlust ihrer kurzen Arme miteinander. Die Chromosomenzahl wird dadurch um 1 (also auf 45) reduziert.
Zu **(B)**: Hier handelt es sich um die Translokation eines Chromosomenabschnitts zwischen dem kurzen Arm (p) des Chromosoms Nr. 6 und dem langen Arm (q) des Chromosoms Nr. 11. Die Gesamtzahl der Chromosomen wird nicht verändert.
Zu **(C)**: Die Duplikation (von Genen) entsteht durch ungleiches Crossing-over zwischen homologen

Chromosomen während der Meiose. Dadurch kommt es zum Stückaustausch und zu einer Verdopplung von Genen auf dem einen Chromosom.
Zu **(D)** und **(E)**: Inversion und Deletionen betreffen immer nur ein Chromosom.

2.5.5 Numerische Chromosomenmutationen

II.16 Numerische Chromosomenaberrationen

Numerische Chromosomenaberrationen gehören zu den Genom-Mutationen, bei denen die Gesamtzahl der Gene verändert ist. Man bezeichnet derartige Zellen, die vom normalen Chromosomensatz abweichen, als aneuploid. Je nach vorliegendem Defekt unterscheidet man die Trisomie mit einem zusätzlichen Chromosom (2n + 1) von der Monosomie (2n − 1), bei der ein homologes Körperchromosom bzw. ein Geschlechtschromosom fehlt. Ist nicht nur ein einzelnes Chromosom, sondern das gesamte Genom betroffen, spricht man von einer Triploidie oder Tetraplioidie. Eine Triploidie kann z. B. durch die Vereinigung eines haploiden mit einem (fehlerhaft) diploiden Gameten entstehen. Triploide oder tetraploide Embryonen werden nicht ausgetragen, es kommt zum Spontanabort. Es gibt somit nur wenige dieser, zumeist durch Non-disjunction entstandenen Mutationen, die zu einem lebensfähigen Organismus führen.

Von den insgesamt 23 Chromosomen des haploiden Genoms sind 3 verschiedene Trisomien bekannt, die übrigen sind daher vermutlich letal und führen zum Tod des Embryos.

Die bekannteste Trisomie betrifft das Chromosom 21 (Trisomie 21 = Down-Syndrom). Die betroffenen Menschen zeigen eine deutlich verzögerte geistige und körperliche Entwicklung, charakteristische Dysmorphiezeichen (offener Mund, breite Kopfform, Ohrmuscheldysplasie u. a.) und in etwa der Hälfte der Fälle angeborene Herzfehler. Als weitere Trisomien der Körperchromosomen sind die Trisomie 13 (Pätau-Syndrom) und die Trisomie 18 (Edwards-Syndrom) bekannt. Monosomien der Körperchromosomen sind im Allgemeinen letal.

Dagegen sind Aneuploidien der Geschlechtschromosomen beim Menschen relativ häufig und führen neben der veränderten Ausprägung der sekundären Geschlechtsmerkmale in der Regel zu schwerwiegenden Störungen der Sexualfunktionen. Am bekanntesten ist das Klinefelter-Syndrom (XXY), die Betroffenen sind männlichen Geschlechts, zeigen aber durch das überzählige X-Chromosom zahlreiche weibliche Körpermerkmale (Brustentwicklung, reduzierter Bartwuchs u. a.). Aufgrund des Fehlens funktionsfähiger Spermien sind diese Männer steril. Dagegen gibt es eine Reihe weiterer Chromosomen-Fehlverteilungen, z. B. XXXY, XXXYY oder XYY. Frauen mit XXX-Konfiguration sind klinisch unauffällig, bei mehr als drei X-Chromosomen treten jedoch deutliche Anomalien, z. B. geistige Unterentwicklung, auf.

Bei den Monosomien der Geschlechtschromosomen ist vor allem der Genotyp X0, das Ullrich-Turner-Syndrom, von Bedeutung. Patientinnen mit dieser Anomalie besitzen keine funktionsfähigen Ovarien, auch die Ausbildung der sekundären Geschlechtsmerkmale ist massiv gestört. Außerdem sind die Betroffenen durch einen deutlichen Kleinwuchs (maximal 1,30 bis 1,50 m Körpergröße) gekennzeichnet.

→ **Frage 2.149: Lösung A**

Zu **(A)**: Die Mendel'schen Regeln gelten nur unter der Voraussetzung einer ordnungsgemäßen Chromosomenverteilung.
Zu **(B)** und **(E)**: Kinder mit Trisomie 21 (Down-Syndrom) und Trisomie 14 leiden an multiplen Fehlbildungen an Herz, Gesichtsform, Händen und Füßen und sind geistig retardiert.
Zu **(C)**: Die meisten Kinder mit Monosomien sterben bereits im Mutterleib.
Zu **(D)**: Patienten mit einer Fehlverteilung der Gonosomen leiden oft an einer mangelhaften Geschlechtsdifferenzierung, z. B. Turner-Syndrom (X0), Klinefelter-Syndrom (XXY).
Siehe Lerntext II.16 „Numerische Chromosomenaberrationen".

H00 ■

→ **Frage 2.150: Lösung B**

Zur Lösung dieser Frage muss man wissen, durch welchen Typ von Mutation die genannten Erkrankungen hervorgerufen werden.
Zu **(B)**: Die klassische **Phenylketonurie** beruht auf einer **Genmutation**, die zur verminderten Enzymaktivität der Phenylalanin-4-Hydroxylase führt. Die intrazelluläre Anhäufung von Phenylalanin, das nicht zu Tyrosin umgebaut werden kann, hat die klinischen Symptome mit geistiger und körperlicher Retardierung und vielfältigen neurologischen Symptomen zur Folge. Eine Genmutation als umschriebene Veränderung der Basensequenz ist dem betreffenden Chromosom morphologisch nicht anzusehen.
Zu **(A)**, **(C)**, **(D)** und **(E)**: Die mikroskopische Betrachtung von speziell gefärbten Metaphase-Chromosomen dient der Erstellung eines **Karyogramms**, in dem die zueinander gehörenden homologen Chromosomen nach Anzahl, Größe und Bandenmuster analysiert werden. Alle genannten Erkrankungen beruhen auf so genannten **numerischen**

Chromosomenaberrationen, die im Karyogramm gut erkannt werden können. Die entsprechenden Karyotypen lauten 47/XXY (Klinefelter), 47/XXX (Triple-X) und 45/X0 (Turner) bei den gonosomalen Fehlverteilungen. Die Trisomie 21 mit einem dreifachen Chromosom 21 ist wohl hinlänglich bekannt.

F02 ■
→ **Frage 2.151: Lösung B**

Aneuploidie beschreibt eine Abweichung der Chromosomenanzahl vom Normalen. Diese Abweichung kann die Autosomen betreffen, wie im Fall des bekannten Down-Syndroms (A), das durch eine Trisomie des Chromosoms 21 entsteht. Bei fehlerhafter Anzahl der Gonosomen entstehen klinische Bilder wie das Klinefelter-Syndrom 47/XXY (C), Triple-X-Syndrom 47/XXX (D) oder das Ullrich-Turner-Syndrom 45/X0 (E).
Zu **(B)**: Das Cri-du-chat-Syndrom (Katzenschrei-Syndrom) beruht auf einer **strukturellen Chromosomenaberration**, bei der den betroffenen Patienten auf Chromosom 5 der kurze Arm fehlt, der durch Deletion verloren gegangen ist.

H10 ■
→ **Frage 2.152: Lösung D**

Zu **(D)**: Wenn man das Karyogramm analysiert, kann man zwei X-Chromosomen und ein Y-Chromosom zählen. Es liegt also eine gonosomale Trisomie (47, XXY) und somit ein XXY-Syndrom (= **Klinefelter-Syndrom**) vor.
Zu **(A)**: Ein **normaler Mann** hat ein **46, XY** Karyogramm.
Zu **(B)**: Eine **normale Frau** hat ein **46, XX** Karyogramm.
Zu **(C)**: Ein **Down-Syndrom** (Trisomie 21) hat im Falle einer freien Translokation (Chromosomenverlagerung) folgenden Chromosomensatz: 46, XX +21 oder 46, XY +21. Man müsste dann also dreimal das Chromosom 21 finden.
Zu **(E)**: Ein **Turner-Syndrom** weist folgendes Karyogramm auf: 45, X0. Es liegt eine gonosomale Monosomie vor, d. h. es gibt nur ein Geschlechtschromosom.

F92
→ **Frage 2.153: Lösung D**

Zu **(D)**: Das Turner-Syndrom hat den Karyotyp 45, X0.
Zu **(A), (B), (C)** und **(E)**: Abgebildet ist der Karyotyp eines Patienten mit Klinefelter-Syndrom, Karyotyp 47, XXY. Die abgebildeten Chromosomen sind Metaphase-Chromosomen.

F02
→ **Frage 2.154: Lösung B**

Zu **(B)**: Bei dem abgebildeten Chromosomensatz ist lediglich ein X-Chromosom zu erkennen, das Y-Chromosom fehlt. Das männliche Geschlecht wird ausschließlich vom Y-Chromosom definiert. Fehlt dieses, so entwickelt sich der betroffene Embryo zum weiblichen Geschlecht.
Zu **(A)**: Ein **Karyogramm**, wie es auf der Abbildung dargestellt ist, wird durch eine spezielle Anfärbung von **Metaphasechromosomen** unter dem Mikroskop hergestellt. Nur in der Metaphase zeigen die Chromosomen die maximal aufspiralisierte Transportform und können nach Anfärbung über ihr charakteristisches Bandenmuster identifiziert werden.
Zu **(C), (D)** und **(E)**: Eine gesunde Zelle enthält zwei Geschlechtschromosomen bzw. Gonosomen, XX bei der Frau, XY beim Mann. Das abgebildete Karyogramm zeigt den Genotyp 45/X0, bei dem lediglich ein Geschlechtschromosom vorhanden ist. Somit liegt eine **numerische Aberration** (C) der **Gonosomen** (D) vor, deren klinisches Korrelat als **Ullrich-Turner-Syndrom** (E) bezeichnet wird. Die betreffenden Menschen sind bei weiblichem Phänotyp durch eine Hypoplasie der äußeren und inneren Genitalien, durch Kleinwuchs und Unterentwicklung der sekundären Geschlechtsmerkmale gekennzeichnet.

2.6 Klonierung und Nachweis von Genen bzw. Genmutationen

II.17 Klonierung

Der Begriff der **Klonierung** bezeichnet die Gesamtheit der Verfahren, mit denen üblicherweise eukaryontische Gene mittels sog. Vektoren in Prokaryonten übertragen, vermehrt und exprimiert werden. Hierbei sind insbesondere zwei Verfahren von entscheidender Bedeutung:
Die Anwendung von **Restriktionsenzymen**, die eine Doppelstrang-DNA an definierter Stelle auftrennen, ermöglicht die Erzeugung beliebiger DNA-Fragmente aus unterschiedlichen Organismen, die dann mit Hilfe einer Ligase miteinander verknüpft werden können. So wurde z. B. Ende der 70er Jahre des 20. Jahrhunderts das menschliche Gen für Insulin in ein bakterielles Plasmid (= Vektor) integriert und in das Darmbakterium E. coli eingeschleust. Seitdem kann „humanes" Insulin durch große Bakterienkulturen in industriellem Maßstab zu geringem Preis produziert werden.
Das zweite wichtige Verfahren, die **Polymerase-Kettenreaktion (PCR)** dient der in vitro-Vermehrung von DNA. Dadurch können innerhalb weniger Stunden kleinste Mengen Erbinformation (z. B. aus Speichel- oder Spermaproben) beliebig

vermehrt werden. Der entsprechende DNA-Abschnitt wird in seine zwei Einzelstränge aufgeschmolzen, die dann als Matrize für die Synthese identischer Kopien verwendet werden. Hierbei werden mit Hilfe eines „Startmoleküls" (Primer), der einzelnen Nukleotide und des synthetisierenden Enzyms, der DNA-Polymerase, aus wenigen Ausgangsmolekülen Millionen identischer DNA-Moleküle produziert.

Klinischer Bezug
Praktische Anwendungen dieser Methode bestehen u. a. bei der Überführung von Straftätern („genetischer Fingerabdruck") und beim Vaterschaftstest, da mit Hilfe der durch PCR erzeugten DNA-Sonden kleinste Unterschiede im Genom unterschiedlicher Individuen detektiert werden können. Auch die Untersuchung embryonaler DNA im Hinblick auf die Existenz eines genetischen Defektes ist (bei bekannter Sequenz des entsprechenden Gens) mit dieser Methodik möglich.

H97 ■
→ **Frage 2.155: Lösung C**

Zu **(C)**: Restriktionsenzyme kommen ausschließlich in Bakterien vor.
Zu **(A)** und **(B)**: Genau genommen heißen Restriktionsenzyme **Restriktionsendonukleasen** – d. h. sie zerschneiden eine Nukleinsäure innerhalb ihrer Basensequenz. Da sie Bakterien als Abwehrstrategie gegen andere Mikroorganismen dienen, sind sie gegen deren DNA gerichtet (Zerstörung der „Original"-Erbinformation).
Zu **(D)**: Die DNA wird nur an ganz bestimmten Stellen zerschnitten; diese **Erkennungssequenzen** haben eine charakteristische Basenabfolge in Form einer „versetzten Punktspiegelung":
z. B. AACT AGTT sog. **Palindrom**-Sequenz
      TTGA TCAA
Der Schnitt verläuft in dieser Sequenz versetzt, sodass beide Enden einen kurzen Abschnitt einzelsträngiger DNA besitzen, der für die Einfügung eines anderen DNA-Fragments (s. u.) große Bedeutung hat.
z. B. AA CTAGTT
      TTGATC AA
Zu **(E)**: Schneidet man zwei DNA-Stränge unterschiedlicher Herkunft mit demselben Restriktionsenzym, so besitzen die Spaltprodukte gleiche Schnittränder und lassen sich daher problemlos zusammenfügen. Auf diese Weise wird beispielsweise das menschliche Insulin-Gen in bakterielle Plasmid-DNA integriert, um so bakteriell synthetisiertes „Human-Insulin" in wirtschaftlich nutzbarer Menge zu gewinnen.

H95
→ **Frage 2.156: Lösung C**

Zu **(C)**: Restriktionsenzyme kommen ausschließlich in Bakterien vor.
Zu **(A)**: Restriktionsenzyme zerschneiden doppelsträngige DNA an kurzen Basensequenzen, die für jedes Enzym spezifisch sind.
Zu **(B), (D)** und **(E)**: In diesen drei Antworten sind typische Anwendungen der Restriktionsendonukleasen in Forschung und Industrie genannt. Schneidet man zwei DNA-Stränge unterschiedlicher Herkunft mit demselben Restriktionsenzym, so erhält man identische Schnittränder, über die sich beide DNAs zusammenfügen lassen (D).
Kennt man die Basenabfolge einer DNA, so kann man nach der Behandlung mit einem Restriktionsenzym definierte Schnittfragmente elektrophoretisch auftrennen und identifizieren. Kommt es zu einer Mutation im Bereich einer Erkennungssequenz, so bleibt „der enzymatische Schnitt" aus, und es entstehen größere Fragmente, die in der Elektrophorese zu einem anderen Bandenmuster führen. Je nachdem, ob die betreffende Stelle in einem Strukturgen oder in nichtcodierenden DNA-Abschnitten liegt, können mit dieser Technik Veränderungen in der DNA-Basensequenz als Grundlage genetischer Polymorphismen (B) oder genetisch determinierter Krankheiten (E) direkt nachgewiesen werden.

H03
→ **Frage 2.157: Lösung B**

Zu **(B)**: **Restriktionsendonukleasen** zerschneiden eine DNA innerhalb ihrer Basensequenz und erkennen hierbei hochspezifisch bestimmte Erkennungssequenzen (**Palindrome**), die in Form einer versetzten Punktspiegelung auf dem DNA-Doppelstrang angeordnet sind. Diese Enzyme kommen ausschließlich in Bakterien vor und dienen ihnen als Abwehrstrategie zur Zerstörung artfremder Nukleinsäuren. In der Gentechnologie sind Restriktionsendonukleasen unentbehrlich geworden, da man mit ihrer Hilfe in die Lage versetzt wird, zwei DNA-Stränge, die mit demselben Enzym geschnitten wurden, miteinander zu verbinden.
Siehe Lerntext II.17 „Klonierung".
Zu **(A)**: Spezifische Protein-Domänen spielen v. a. bei der Erkennung zwischen Rezeptor und Ligand eine große Rolle. Schon kleinste Veränderungen der Proteinkonfiguration können einen dramatischen Rückgang der Bindungsstabilität oder sogar ihren kompletten Verlust zur Folge haben.
Zu **(C)** und **(D)**: Replikationsgabeln oder Komplexe aus DNA und daran hybridisierter RNA werden von verschiedenen Enzymen im Rahmen der DNA-Replikation und der Genexpression erkannt.

H01

→ **Frage 2.158: Lösung A**

Zu **(A)**: Eine Richtungsumkehr bei der Ablesung der genetischen Information auf der DNA ist nicht möglich.

Zu **(B)**: Die Entdeckung der reversen Transkriptase, eines Enzyms, das die Information einer RNA in DNA umschreibt (RNA-abhängige DNA-Polymerase), bedeutete das Ende des so genannten „Dogma der Molekularbiologie", nach dem der Informationsfluss stets von der DNA über die RNA zum Protein gehen musste.

Zu **(C)**: cDNA (c für complementary) bezeichnet einen DNA-Strang, der mittels der reversen Transkriptase als komplementäre Abschrift einer mRNA hergestellt wurde. Im Unterschied zum ursprünglichen Gen enthält er nur noch die informationstragenden Exons, da die „wertlosen" Introns beim splicing der mRNA bereits entfernt wurden. Verwendung finden solche cDNA als Gensonden, da sie in der Lage sind, mit der in einer Zelle vorhandenen mRNA eines gesuchten Gens zu hybridisieren. Auf diese Weise ist die Darstellung der Expressionshäufigkeit oder eine therapeutisch nutzbare Translationsblockade des betreffenden Gens direkt möglich.

Zu **(D)** und **(E)**: **Retroviren** (HIV und andere) enthalten eine einzelsträngige RNA als Erbinformation. Über die reverse Transkriptase wird diese Information in eine DNA umgeschrieben, die dann in das Erbgut der Wirtszelle inkorporiert werden kann.

F04

→ **Frage 2.159: Lösung A**

Zu **(A)**: Die **Polymerasekettenreaktion** (**PCR**) dient der In-vitro-Vermehrung von DNA, z. B. für die Synthese von Nukleotidsonden für molekularbiologische Fragestellungen oder in der forensischen Medizin aus Speichel- oder Spermaproben. Für die PCR ist die Aufschmelzung der doppelsträngigen DNA in ihre beiden Einzelstränge wichtigste Voraussetzung. Ein Strang wird als Matrize verwendet, auf dessen Basis der entsprechende Komplementärstrang mit Hilfe kurzer DNA-Startmoleküle (sog. primer) synthetisiert wird.
Siehe Lerntext II.17 „Klonierung".

Zu **(B)**: Die **RNA-Polymerase** synthetisiert eine RNA als Abschrift eines DNA-Abschnittes im Rahmen der Transkription. Bei der PCR wird hingegen eine DNA-abhängige DNA-Polymerase benötigt.

Zu **(C)**: Ribosomen sind die intrazellulären Orte der Proteinbiosynthese und haben nichts mit dem In-vitro-Verfahren der PCR zu tun.

Zu **(D)**: Aufgabe von **Topoisomerasen** ist das Verdrillen der bakteriellen ringförmigen DNA zu definierten „Schleifen", den sog. **supercoils**.

Zu **(E)**: Auch **Restriktionsendonukleasen** sind bakterielle Enzyme, die einen zellfremden DNA-Strang an genau definierten Stellen zerschneiden. Ursprünglich als Abwehrmechanismus von Bakterien entwickelt, werden diese Enzyme heute bei der **Klonierung** von Genen, d. h. für die Einschleusung beliebiger DNA-Abschnitte in ein anderes Genom, verwendet.

H03

→ **Frage 2.160: Lösung E**

Eine Frage, die an Spezialwissen kaum mehr zu überbieten ist!

Zu **(E)**: Im Rahmen der PCR, die der starken Vermehrung auch kleinster DNA-Mengen dient, wird das Reaktionsgemisch auf 72 °C erhitzt. Bei diesem Temperaturbereich arbeiten nur spezielle, hitzestabile Polymerasen (**TAQ-Polymerasen**), die dann über die zugegebenen Triphosphate die vorgegebenen „primer", d. h. kurze DNA-Sequenzen zum Start der Reaktion, entsprechend dem komplementären Einzelstrang verlängern.

Alle anderen Antworten haben mit Hitzestabilität der Reaktion nichts zu tun.

F04

→ **Frage 2.161: Lösung D**

Mittels rekombinanter DNA-Technologie werden heutzutage sechs Substanzklassen industriell hergestellt: Hormone, Enzyme, Gerinnungsmodulatoren, **Zytokine**, Impfstoffe und Antikörper.

Zu **(D)**: **Interferon** wird in vivo von aktivierten T-Helferzellen sezerniert, industriell in gentechnologisch veränderten E. coli-Kulturen produziert und ist zugelassen zur Therapie der chronischen Granulomatose.

Zu **(A)**, **(B)**, **(C)** und **(E)**: Alle anderen genannten Substanzen sind antibiotisch wirksam und werden zwar biotechnologisch, jedoch ohne den Einsatz gezielt genetisch veränderter Mikroorganismen hergestellt. Penicillin wurde früher in großen Mengen aus Kulturen des Pilzes *Penicillum notatum* produziert; heute ist auch die chemische Synthese des Grundgerüstes aller Penicilline möglich. Tetrazykline und Makrolid-Antibiotika werden von grampositiven Bakterien der Gattung Streptomyces aus der Klasse der Actinomyceten synthetisiert. Auch bei den Makroliden oder beim Tuberkulostatikum Ethambutol ist jedoch ein chemisches Syntheseverfahren verfügbar.

H08

→ **Frage 2.162: Lösung C**

Zu **(C)** und **(D)**: Beide Verfahren, die **in-situ-Hybridisierung** und das **Southern Blotting**, nutzen die Eigenschaft komplementärer Nukleinsäureabschnitte, sich (auf der Basis der Wasserstoffbrückenbindungen zwischen Adenin und Thymin bzw. Cytosin und Guanin) hoch spezifisch einander anzulagern. Der wesentliche Unterschied zwischen beiden Techniken ist der, dass die Bindung der eingesetzten **Gensonde** an die gesuchte Sequenz bei der in-situ-Hybridisierung eben „in situ", also z. B. an einem Gewebeschnitt abläuft; beim Southern Blotting wird dagegen die zu untersuchende DNA zunächst enzymatisch fragmentiert und danach in einer Gelelektrophorese in die unterschiedlich großen Bruchstücke aufgetrennt, bevor die eingesetzte Gensonde zur spezifischen Markierung eingesetzt wird. d. h., beim Southern Blotting wird nicht mehr „in situ" markiert.

Zu **(A)**: Bei der **Enzymhistochemie** wird die Verteilung eines (spezifischen) Enzyms innerhalb eines Gewebeschnittes dadurch markiert, dass das Präparat zunächst mit dem passenden **Substrat** inkubiert wird, das dann durch eine enzymatische Umwandlung – z. B. als farbiger Niederschlag – direkt im histologischen Schnitt sichtbar wird.

Zu **(B)**: Bei der **Immunhistochemie** wird die Verteilung eines spezifischen Antigens im Gewebeschnitt durch Inkubation mit einem dagegen gerichteten **Antikörper** untersucht. Der gebundene Antikörper kann danach unter Verwendung verschiedener Verfahren (z. B. Enzym- oder Fluoreszenz-gekoppelter Zweitantikörper) direkt im Präparat dargestellt werden.

Zu **(E)**: Die **Polymerasekettenreaktion** (= **PCR**) ist ein modernes Verfahren der Molekularbiologie, das der Vervielfältigung kurzer DNA-Abschnitte dient. Über einen mehrfach wiederholten Zyklus von wärmebedingter Trennung der beiden DNA-Stränge mit konsekutiver Bindung eines komplementären, sog. „primers" und Synthese des fehlenden Strangabschnittes durch das Enzym **DNA-Polymerase** kann eine definierte Basensequenz nahezu beliebig vermehrt werden.

2.7 Entwicklungsgenetik

Zu diesem Kapitel wurden bisher keine Prüfungsfragen gestellt.

II.18 Transgene Tiere

In der Entwicklungsgenetik dienen **transgene Tiere** der Untersuchung genetisch bedingter Erkrankungen des Menschen. Diese Tiere tragen dazu in ihren Körperzellen ein entsprechendes Stück der humanen Erbinformation, das beim Tier zu einem ähnlichen Krankheitsbild wie beim Menschen führt. Sowohl das Einbringen dieser pathogenen Erbinformation als auch die gezielte Ausschaltung bestimmter Gene (sog. „**knockout-Tiere**") ermöglichen umfangreiche Studien der entsprechenden Erkrankungen.

Die Erzeugung transgener Tierstämme basiert auf der artifiziellen Injektion des gewünschten Gens (in vielfacher Kopie) in befruchtete Eizellen des Tieres. Diese Eizellen werden danach in ein Muttertier überführt, das die genetisch veränderten Nachkommen austrägt, die nun ihrerseits das entsprechende Gen über ihre Keimzellen an die weiteren Nachkommen vererben.

Mittlerweile existieren transgene Tiermodelle zahlreicher Krankheiten, wie z. B. der Alzheimer-Krankheit oder Diabetes. Neben der Wirksamkeits- und Verträglichkeitsprüfung neuer Medikamente kann auch die Möglichkeit der sog. **Gentherapie** in Form einer gezielten genetischen Manipulation in diesen Tieren untersucht werden. Ein aktueller Ansatz der letztgenannten Option ist der Versuch, das defekte Gen der Mukoviszidose, einer erblichen und lebensbedrohlichen Erkrankung der sekretorischen Drüsen, gegen die gesunde Variante auszutauschen. Die klinische Anwendung dieser Methode am Menschen liegt allerdings noch in weiter Ferne.

2.8 Populationsgenetik

H06

→ **Frage 2.163: Lösung B**

Von 10.000 Zwillingspaaren sind 3.500 verschiedengeschlechtlich, also zwangsläufig zweieiig. Mit gleicher Wahrscheinlichkeit / Häufigkeit sind ebenfalls 3.500 Zwillingspaare gleichgeschlechtlich und zweieiig, macht zusammen 7.000 Paare. Somit bleiben 3.000 Zwillingspaare, die eineiig (gleichgeschlechtlich) sind. 3.000 von 10.000 entsprechen also 30 %, Antwort (B) ist die einzig richtige.

2.8.1 Hardy-Weinberg-Gesetz

→ **Frage 2.164: Lösung D**

Diese Frage zielt auf das **Hardy-Weinberg-Gesetz,** mit dem man die Verteilung eines Genotyps in der Nachkommen-Generation berechnen kann, sofern die Häufigkeit zweier Allele eines Gens in der Elterngeneration bekannt ist.
- Die Häufigkeit der einzelnen Allele wird in Bruchteilen von 1 ausgedrückt.
- p = Häufigkeit des dominanten Allels, q = Häufigkeit des rezessiven Allels.
- Es gilt: $p + q = 1$.

Betrachtet man nun nicht die einzelnen Allele, sondern den kompletten Genotyp, so gilt:
- $(p + q)^2 = p^2 + 2pq + q^2 = 1$,

- p^2 ist die Häufigkeit der dominant Homozygoten, 2pq die Häufigkeit der Heterozygoten, q^2 die Häufigkeit der rezessiv Homozygoten.
Gegeben ist q^2 = 1 : 10 000, gesucht wird 2pq,
- wenn q^2 = 1 : 10 000, dann ist q = 1 : 100 = 0,01;
- da p + q = 1 (s. o.), gilt p = 1 − q = 0,99.

Somit ist das gesuchte **2pq als Frequenz der Heterozygoten**:
2pq = 2 × 0,99 × 0,01 = 0,0198 ≅ 0,02 = **1 : 50.**

F09
→ **Frage 2.165: Lösung E**

Das **Hardy-Weinberg-Gesetz** beschreibt die Häufigkeiten von Genen in einer Population. Kommen an einem Genort zwei Allele (p und q) vor, so beträgt die **Summe der Auftretenshäufigkeiten p + q = 1**.
Betrachtet man nun die Häufigkeiten dieser Allele in der 1. Filialgeneration, so verteilen sich die Allele zu $p^2 + 2pq + q^2 = 1$, wobei mit dem Begriff **2pq** die **Frequenz der heterozygoten Merkmalsträger** gegeben ist.
Zu **(E)**: Laut Fragentext beträgt die Frequenz der Heterozygoten (2pq) hier 1/500.
Somit gilt für die **Genhäufigkeit der Allele** jeweils p (oder q) = 1/500 × ½ = 1/1.000. Die **Frequenz der homozygoten Merkmalsträger** p^2 (oder q^2) liegt damit bei **1/1.000.000**.

F10
→ **Frage 2.166: Lösung D**

Zu **(D)**: Die Frage berührt das **Hardy-Weinberg-Gesetz**. Dabei handelt es sich um eine algebraische Formel, mit der man die relative Häufigkeit eines dominanten oder rezessiven Gens in einer Population vorhersagen kann.
Das Gesetz lautet für ein 2-Allelsystem: $p^2 + 2pq + q^2 = 1$
p = **Genfrequenz des dominanten (= häufigeren) Allels** in einer Population,
q = **Genfrequenz des rezessiven (= selteneren) Allels** in einer Population
und **p + q = 1**

In unserem Beispiel würden die einzelnen Formelanteile dann Folgendes bedeuten:
- p^2 gibt die **Homozygotenfrequenz des dominanten Allels (= AA) an,**
- **2pq** steht für die **Heterozygotenfrequenz (= Aa)** und
- q^2 drückt die **Homozygotenfrequenz (= aa) aus.**

Wir kennen in diesem Beispiel nun die Häufigkeit der Heterozygoten (also **2pq**) und damit fangen wir an zu rechnen:
1) 2pq = 1/50 = 0,02. Das kann man noch kürzen: pq = 0,01
2) Es gilt ferner p + q = 1. Wenn man der Einfachheit halber davon ausgeht, dass q sehr klein ist, kann man näherungsweise annehmen: p = 1.

3) Bei pq = 0,01 gilt dann q = 0,01.
4) Somit gilt q^2 = 0,0001 = 1/10 000. Die Homozygotenfrequenz beträgt also 1 : 10 000.
Zu **(A) - (C)** und **(E)**: Diese Lösungsmöglichkeiten sind falsch.

H08
→ **Frage 2.167: Lösung C**

Zu **(C)**: Wenn die Häufigkeit eines autosomalen Gens „a" mit 0,3 angegeben wird, muss das dazugehörige Allel „A" zwangsläufig die Häufigkeit 0,7 haben.
Erstellt man nun eine Tabelle der möglichen Genkombinationen bei den Nachkommen, so ergibt sich ...

Tabelle 2.18   Häufigkeit der Genkombinationen

Allele	A	a
A	AA	Aa
a	aA	aa

... und damit die Häufigkeit der jeweiligen Kombinationen mit
1 × AA + 2 × Aa + 1 × aa = 1
Auch hier zeigt sich die Aussage des Hardy-Weinberg-Gesetzes zur Häufigkeit der homozygoten und heterozygoten Merkmalsträger innerhalb einer Population.
Nun brauchen nur noch die o. g. Werte der einzelnen Allelfrequenzen eingegeben werden und man erhält die Kombination AA mit 0,49 (= 0,7 × 0,7), 2Aa mit 0,42 und aa mit 0,09. Demzufolge ist die Kombination AA in der beschriebenen Population am häufigsten, nur Antwort (C) ist korrekt.
Zu **(A)** und **(B)**: Diese beiden Antworten sind leicht als falsch zu erkennen, da hier der Genotyp gar nicht komplett angegeben ist, denn ein Allel alleine macht bei einem autosomalen Gen gar keinen Sinn.

2.8.2 Wirkung von Selektion und Zufall

II.19 Mutation und Selektion als Grundlage der Evolution

Jegliche vererbbare Veränderung der Gensequenz einer DNA wird als Mutation bezeichnet, die zunächst immer ungerichtet auftritt, d. h. keinem bestimmten Ziel folgt. Mutationen gelten als das „schöpferische Prinzip" der Evolution, die Entscheidung über ihre positiven oder negativen Auswirkungen fällt durch den Prozess der Selektion, die somit als das „eliminierende Prinzip" aufgefasst werden kann. Eine Mutation ist für ihren Träger nur dann hilfreich, wenn sie ihm gegenüber seinen Artgenossen einen Selektionsvorteil bringt, der in einer verbesserten oder häufigeren

Weitergabe der eigenen Gene an die nachfolgende Generation resultiert. Die über eine Vielzahl an Generationen entstehende, neue Lebensform benötigt schließlich die Isolation von der Ausgangspopulation, um ihr phylogenetisches Eigenleben entwickeln zu können.

Eine für den Träger nachteilige Mutation wird sich in der Evolution nicht durchsetzen, da der betreffende Organismus in der Weitergabe seiner Gene gegenüber seinen Artgenossen benachteiligt ist.

H00

→ **Frage 2.168: Lösung B**

Zu **(B)**: Es gibt keine gerichteten Mutationen!
Zu **(A), (C)** und **(E)**: Das Zusammenspiel zufälliger und ungerichteter Veränderungen des Erbguts (**Mutationen**) mit nachfolgender natürlicher Auslese = **Selektion** (C) ist der Motor der **Evolution**. Hierbei kann es sich um größere Veränderungen der Chromosomenstruktur (A) oder auch um Veränderungen in einer einzigen Base als sog. Punktmutation (E) handeln.
Zu **(D)**: Eine Vermehrung des genetischen Materials ist prinzipiell positiv für den Evolutionsprozess, da entsprechend mehr „Substrat" für Veränderungen zur Verfügung steht. Darüber hinaus kann eine entsprechend größere Informationsmenge Sicherheit vor einer letal wirkenden Veränderung des Erbguts bieten.

→ **Frage 2.169: Lösung E**

In der Evolution des Menschen ist die Gesamtzahl der Chromosomen reduziert worden (E). Grund dafür ist die Verschmelzung akrozentrischer zu metazentrischen Chromosomen (A) im Rahmen der sog. Robertson'schen Translokation (C). Dabei ist es zu keinem wesentlichen Verlust an genetischer Information gekommen.

2.9 Kommentare aus Examen Frühjahr 2011

F11

→ **Frage 2.170: Lösung A**

Zu **(A) – (E)**: Mit dem Merkspruch „Liebe **Z**elle **p**aar **d**ich **d**och!" kann man sich die Abfolge der **Stadien der Prophase I der meiotischen Teilung** sehr gut merken: Leptotän - Zygotän - Pachytän - Diplotän - Diakinese.
– Im **Leptotänstadium** werden die Chromosomen durch Spiralisierung sichtbar und sind noch locker organisiert.
– Im **Zygotän** kommt es zur Paarbildung der homologen Chromosomen.
– Im **Pachytän** sind die Chromosomen gespannt und stark kondensiert. Hier sind die gepaarten Chromosomen (Bivalente) mit 4 Chromatiden sichtbar, daher auch der Name „Tetradenstadium". In diesem Stadium findet das für die genetische Durchmischung so wichtige Crossing-Over, die genetische Rekombination, statt.
– Im **Diplotän** werden die Parallelkonjugationen wieder aufgelockert.
– In der **Diakinese** trennen sich die homologen Chromosomen.

F11 ■

→ **Frage 2.171: Lösung B**

Zu **(B)**: Zellen haben sowohl vor Beginn einer Mitose als auch vor Beginn der 1. meiotischen Reifeteilung den Chromosomensatz 2n (diploid). Nach der 1. Reifeteilung sind die Zellen jedoch haploid (1n) – hier liegt der gefragte Unterschied.
Zu **(A)**: Gepaarte, kondensierte Chromosomen im Pachytän der 1. Reifeteilung der Meiose nennt man **Bivalente**, ungepaarte Chromosomen **Univalente**. Gefragt ist aber nach dem Unterschied zu **Beginn** der jeweiligen Teilung: Hier sind in beiden Fällen die Chromosomen noch gar nicht kondensiert.
Zu **(C)**: Die **Anzahl der Chromatiden pro Chromosom** ist gleich (jeweils 2C). Erst nach der 2. Reifeteilung haben die Zellen nur mehr 1 Chromatid pro Chromosom.
Zu **(D)**: Die Kernmembran ist bei beiden Zellen noch erhalten und löst sich erst später, in der Prometaphase, auf.
Zu **(E)**: Die **Zytokinese**, die Teilung des Zytoplasmas der Tochterzelle, findet erst am Ende der Teilung statt.

F11 ■■

→ **Frage 2.172: Lösung B**

Zu **(B)**: Dieses Karyogramm gehört einer **Frau**: Es sind 44 regelrechte Autosomen und 2 X-Chromosomen zu sehen. Der Karyotyp lautet daher 46, XX.
Zu **(A)**: Bei einem Mann wären neben den 44 Autosomen je 1 X- und 1 Y-Chromosom zu sehen.
Zu **(C)**: Bei einer **Triploidie** liegen alle Chromosomen – wie der Name schon sagt – dreifach vor. Der Karyotyp wäre bei einem Mädchen 69, XXX. Die meisten Embryos mit Triploidie sterben vor der Geburt.
Zu **(D)**: Bei einer Monosomie des X-Chromosoms dürfte nur 1 X- und kein Y-Chromosom zu sehen sein (Karyotyp 45, X0). Klinisch wird das Krankheitsbild als **Ullrich-Turner-Syndrom** bezeichnet.
Zu **(E)**: Bei der **Trisomie 18** (Edwards-Syndrom) wären 3 Chromomen 18 zu sehen, der Karyotyp lautet 47, XX+18 bzw. 47, XY+18.

Frage 2.173: Lösung A

Zu **(A)**: Da alle 3 Kinder des Paares erkrankt sind, ist davon auszugehen, dass beide Eltern heterozygot (Aa) für das autosomal-rezessive Merkmal sind. Es ergibt sich folgendes Kreuzschema (Parenteralgeneration **fett**) mit A = gesundes Merkmal und a = krankes Merkmal:

	A	a
A	AA	Aa
a	Aa	aa (krank)

Es besteht somit ein Risiko von ¼ = 25 %, dass ein Kind erkrankt. Bei 3 Kindern muss man die Risiken multiplizieren: ¼ × ¼ × ¼ = 1/64 ~ 1,56 %. Dass alle 3 Kinder erkrankt sind, ist somit ein ziemlich unwahrscheinlicher **Zufall**.

Zu **(B)**: Unter einer **Non-Disjunction** versteht man eine „Nichttrennung" von Chromosomen. in der 1. oder 2. Reifeteilung: In der 1. Reifeteilung unterbleibt die Trennung der homologen Chromosomen, in der 2. Reifeteilung die Trennung der Schwesterchromatiden. Die Folge sind **chromosomale Mono- bzw. Trisomien**.

Zu **(C)**: **Expressivität** bezeichnet die Ausprägung eines Gens im Phänotyp: Ein Gen mit 10 %iger Expressivität verursacht also einen schwächeren Phänotyp als ein Gen mit 100 %iger Expressivität. Dies beeinflusst jedoch nur den Schweregrad der Erkrankung, nicht deren Häufigkeit.

Zur Erinnerung: Abzugrenzen von der Expressivität ist die **Penetranz**, die die Häufigkeit angibt, ob ein Genotyp einen bestimmten Phänotyp auslöst (ja oder nein?). Sie sagt nichts über den Schweregrad des Phänotyps aus.

Zu **(D)**: **Pseudodominanz** kann bei einem rezessiven Erbgang auftreten, wenn ein Elternteil homozygot und der andere heterozygot ist. Es gilt dann folgendes Kreuzschema (Parenteralgeneration **fett**) mit A = gesundes Merkmal und a = krankes Merkmal:

	A	a
a	Aa	aa (krank)
a	Aa	aa (krank)

Die Wahrscheinlichkeit, dass ein Kind erkrankt (aa), liegt bei 50 %. Wenn ein Kind nicht erkrankt, ist es heterozygot (Aa). Der Begriff Pseudodominanz kommt daher, dass normalerweise nur bei autosomal dominanten Erkrankungen 50 % der Nachkommen krank sind. Die nicht erkrankten Nachkommen sind dann jedoch homozygot für das gesunde Merkmal (AA). Da aber beide Eltern im Fallbeispiel gesund sind, kommt Pseudodominanz hier nicht in Frage.

Zu **(E)**: **Genomic Imprinting** (genetische Prägung) bezeichnet das Phänomen, dass bestimmte Gene unterschiedlich exprimiert werden, je nachdem, ob sie auf dem maternalen oder auf dem paternalen Allel liegen. Als Folge davon können sich, je nachdem, ob das Gen vom Vater oder von der Mutter weitergegeben wurde, unterschiedliche Krankheitsbilder entwickeln (z. B. Prader-Willi- und Angelman-Syndrom). Alle 3 Kinder sind jedoch von derselben Erkrankung betroffen.

Frage 2.174: Lösung D

Zu **(D)**: Diese Frage kann man mit dem **Hardy-Weinberg-Gesetz** lösen:
$$p^2 + 2pq + q^2 = 1$$
In unserem Beispiel würden die einzelnen Formelanteile dann Folgendes bedeuten:
- p bzw. q: Häufigkeit von Allel 1 (A) bzw. 2 (a)
- p^2 bzw. q^2: Homozygotenfrequenz für Allel 1 (AA) bzw. 2 (aa)
- 2pq: Heterozygotenfrequenz (Aa)

Die Häufigkeiten p und q sind gegeben, wir können die Gleichung daher nach 2pq auflösen:
$2pq = 1 - p^2 - q^2$
$1 - 0,4^2 - 0,6^2 = 1 - 0,16 - 0,36 = 0,48$
Die Heterozygotenfrequenz ist somit 48 %.

Zu **(A)**, **(B)** und **(E)**: Diese Antwortmöglichkeiten fallen schon von Anfang an weg, da die SNP in einer **pseudoautosomalen Region** liegt. Damit werden Regionen bezeichnet, die zwar auf den Geschlechtschromosomen liegen, aber bei beiden Geschlechtern gleich häufig vorhanden sind. Die Heterozygotenfrequenz ist daher **bei Männern und Frauen gleich häufig**.

Zu **(C)**: Die Heterozygotenfrequenz ist nicht pq (0,24), sondern 2pq (0,48).

Frage 2.175: Lösung D

Die Mutter ist homozygot für die **X-chromosomal rezessive Rot-Grün-Blindheit**, ist also selbst rotgrünblind. Jungen erhalten ihr X-Chromosom von der Mutter, das Y-Chromosom vom Vater. Alle (chromosomal gesunden) Söhne sind daher ebenfalls rotgrünblind. Töchter erhalten jeweils 1 X-Chromosom vom Vater und von der Mutter. Sie sind daher alle heterozygot für das Merkmal und erkranken nicht (Konduktorinnen).

Zu **(D)**: Beim 4. Sohn muss eine **kompensierende Chromosomenaberration** bestehen. Bei der Konstellation 47,XXY (**Klinefelter-Syndrom**) hat der Sohn trotz männlichem Phänotyp **2** X-Chromosomen. Er ist also heterozygot für das kranke X-Chromosom und nicht rotgrünblind.

Zu **(A)**, **(C)** und **(E)**: Beim **Mosaik 46,XY/45,X0** (A) und **46,XY/45,Y0** (C) sowie beim **XYY-Syndrom** (47, XYY, (E)) ist jeweils nur ein X-Chromosom vorhanden, die Betroffenen wären daher rotgrünblind.

Zu **(B)**: Bei dem **Mosaik 45,X0/47,XXX** fehlt das Y-Chromosom, das Individuum wäre daher weiblich.

3 Grundlagen der Mikrobiologie und Ökologie

3.1 Morphologische Grundformen der Bakterien

III.1 Klassifikation der Bakterien

Zur Klassifikation und taxonomischen Einordnung von Bakterien dienen hauptsächlich die äußere Zellform, die Beschaffenheit der Zellwand (Gram-Färbung!) und grundlegende Stoffwechselbedürfnisse.

1. Äußere Zellform
Runde Bakterien heißen **Kokken**. Sind sie in langen Ketten aneinandergereiht, werden sie als *Streptokokken*, in Haufen gelagert als *Staphylokokken* oder zu zweit zusammenliegend als *Diplokokken* bezeichnet.
Längsovale Bakterien heißen **Stäbchen**; diese können gerade sein, an einem Ende keulenförmig aufgetrieben, einfach oder auch spiralig gekrümmt.
Viele Bakterien besitzen eine oder **mehrere Geißeln**. Sind viele Geißeln über die ganze Zelle verteilt, bezeichnet man dies als *peritriche* Begeißelung; liegen mehrere Geißeln an einem Ende der Zelle („Geißelschopf"), spricht man von der *lophotrichen* Begeißelung, eine einzelne Geißel wird als *monotrich* bezeichnet.
Weitere taxonomische Merkmale sind die bei einigen Bakterien vorhandene Fähigkeit zur Bildung einer äußeren **Kapsel** oder Bildung von **Sporen** als stoffwechselinaktive Dauerformen.

2. Beschaffenheit der Zellwand
Eine spezielle chemische Färbetechnik erlaubt eine grundlegende Klassifikation von Bakterien nach der Beschaffenheit ihrer Zellwand. In der sogenannten **Gram-Färbung** (siehe Lerntext III.5 „Gram-Färbung") zeigen grampositive Keime eine dunkelblau-violette Farbe durch die feste Einlagerung von Kristallviolett-Iod-Komplexen in ihre bis zu 40 Schichten dicke Zellwand aus Murein. Gramnegative Keime mit einer nur einschichtigen Zellwand können den Farbstoff nicht halten und werden mit Carbolfuchsin rot gegengefärbt.

3. Stoffwechsel
Eine Einteilung von Bakterien ist auch nach bestimmten Ansprüchen an das äußere Milieu möglich. Wichtig ist hier insbesondere das **Verhalten gegenüber Sauerstoff**. Wird Sauerstoff zwingend benötigt, ist der Keim *obligat aerob*. Wirkt Sauerstoff dagegen toxisch, ist das Bakterium *obligat anaerob*. Keime, die zwar eine bestimmte Präferenz haben, aber auch das Vorhandensein bzw. die Abwesenheit von Sauerstoff tolerieren, werden als *fakultative Anaerobier/Aerobier* bezeichnet.

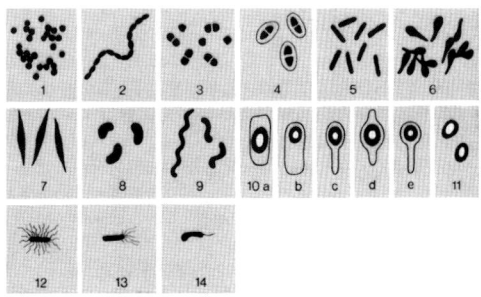

Abb. 3.1 Morphologie von Bakterien (aus: Kayser, F. H., Bienz, K. A., Eckert, J.: Medizinische Mikrobiologie, 8. Auflage, Thieme, Stuttgart, New York, 1998)
1 Kokken in Haufen von Bakterien (Staphylokokken)
2 Kokken in gewundenen Ketten (Streptokokken)
3 Diplokokken (Neisserien)
4 Diplokokken mit Kapsel (Pneumokokken)
5 Gerade Stäbchen (z. B. Enterobacteriaceae)
6 Keulenförmige Stäbchen (Korynebakterien)
7 Stäbchen mit zugespitzten Enden (Fusobakterien)
8 Einfach gekrümmte Stäbchen (Vibrionen)
9 Spiralig gekrümmte Stäbchen (Spirillen, Spirochäten)
10 Sporen bildende Zellen (Bacillus, Clostridium)
  a) Sporenbildung zentral, ohne Auftreibung der Mutterzelle
  b) Sporenbildung terminal, ohne Auftreibung
  c), e) Sporenbildung terminal, mit Auftreibung
  d) Sporenbildung zentral, mit Auftreibung
11 Freie Sporen
12 Peritriche Begeißelung
13 Lophotriche Begeißelung
14 Monotriche Begeißelung

F97 F96 F92 ■ ■
→ **Frage 3.1: Lösung C**

Zu **(C)**: Der Typ der Nukleinsäure (DNA oder RNA) dient nur bei Viren als Klassifikationsmerkmal. Bakterien besitzen ausschließlich DNA als Träger der Erbinformation.
Zu **(A)**: Die Fähigkeit zur Ausbildung umweltresistenter Dauerformen (= **Sporen**) ist ein wichtiges taxonomisches Merkmal von Bakterien. Besonders die widerstandsfähigen Sporen mancher Anaerobier (v. a. Clostridien) sind von großer medizinischer Bedeutung.
Zu **(B)**: Die wichtigsten Typen der bakteriellen Begeißelung sind: **polare** (eine Geißel am Zellende), **lophotriche** (Geißelschopf) und **peritriche** (viele Geißeln über die gesamte Oberfläche verteilt) **Begeißelung.**
Zu **(D)**: Je nach ihrem Stoffwechselverhalten gegenüber Sauerstoff werden unterschieden: **obligate Ae-**

robier, die O₂ zum Leben benötigen; **obligate Anaerobier**, bei denen O₂ toxisch wirkt; **fakultative Aerobier/Anaerobier**, die trotz entsprechender Präferenz aber auch ein anderes Milieu akzeptieren.

III.2 Oft geprüfte Bakterien

Die folgende Lerntabelle gibt Aufschluss über oft geprüfte Bakterien und deren Morphologie sowie Klinik. Fragen dazu kommen mit einer großen Regelmäßigkeit im Physikum vor.

Tabelle 3.1 Übersicht oft geprüfte Bakterien

Bakterium	Morphologie	Klinik (Auswahl)
Staphylokokken (S. aureus)	grampositive Kokken haufenförmig angeordnet	Abzesse, Meningitis
Streptokokken	grampositive Kokken fadenförmig angeordnet	Angina tonsillaris / Scharlach
Pneumokokken	grampositive Kokken Diplokokken mit Kapsel	Pneumonie Impfstoff erhältlich
Meningokokken (= Neisserien)	gramnegative Kokken Diplokokken mit Kapsel	Meningitis Impfstoff erhältlich
Bacillus antracis	grampositive Stäbchen Fähigkeit zur Sporulation	Milzbrand
Clostridien	grampositive Stäbchen Fähigkeit zur Sporulation	Tetanus Botulismus
Mykobakterien	Grampositives Stäbchen **säurefest**, mit Kapsel	Tuberkulose
Escherichia coli (= E. coli)	gramnegatives Stäbchen peritrich begeißelt	Harnwegsinfekte / Wundinfekte
Helicobacter	Gramnegatives Stäbchen (gekrümmt)	Magenulkus Magenkrebs
Treponema	Gramnegative Schraubenform (= Spirochätenform)	Syphilis (= Lues)

H02 ■
→ **Frage 3.2: Lösung D**

Zu **(D)**: Die Bildung von Sporen als weitgehend resistente Dauerformen ist nur bei einigen Bakteriengattungen bekannt; medizinisch interessant sind in diesem Zusammenhang die **Clostridien** (Erreger von Wundstarrkrampf, Botulismus, Gasbrand u. a.) und die Gattung **Bacillus** (B. anthracis als Erreger des Milzbrands). Kokken gehören nicht zu den Sporenbildnern.
Siehe Lerntext III.7 „Bakterielle Sporen".

Zu **(A)**–**(C)**: Kokken sind in der Tat kugelförmige Bakterien, die in Paaren (**Diplokokken**), Reihen (**Streptokokken**) oder Haufen (**Staphylokokken**) auftreten können. Sie sind die klassischen Entzündungs- und Eitererreger. Multiresistente Staphylokokken (MRSA) sind die momentan klinisch bedeutsamsten Problemkeime, da sie kaum noch durch die gängigen Antibiotika bekämpft werden können.

Zu **(E)**: Einige Stämme von Pneumokokken sind als Erreger der klassischen Lungenentzündung zur Bildung von Schleimkapseln befähigt, die sie vor Phagozytose schützen und daher die hohe Virulenz der Keime bedingen. Bakterienstämme, die ihre Fähigkeit zur Kapselbildung verloren haben, sind nicht pathogen.

H93
→ **Frage 3.3: Lösung E**

Zu **(E)**: **Treponema pallidum** gehört zur Gruppe der **Spirochäten**. Es ist ein spiralig gekrümmter Keim mit etwa 10–20 Windungen und besitzt als Erreger der **Syphilis oder Lues** große klinische Relevanz. Treponemen lassen sich auf künstlichen Nährmedien nicht kultivieren. Der Nachweis muss somit direkt im (Dunkelfeld-)Mikroskop geführt werden und wird durch die Analyse von Antikörpern im Serum des Patienten gestützt.

Zu **(D)**: **Vibrio cholerae** ist ein kommaförmig gekrümmter Keim und vor allem in den sog. Entwicklungsländern als Erreger der **Cholera** sehr gefürchtet.

F04 ■ ■
→ **Frage 3.4: Lösung B**

Zu **(B)**: Bakterien mit rundlicher Morphologie werden als Kokken bezeichnet. Liegen sie in Ketten angeordnet und besitzen weder Kapsel noch Geißel, spricht man von **Streptokokken**, die z. B. als Erreger der eitrigen Mandelentzündung große medizinische Bedeutung besitzen.

Zu **(A)**: In Haufen liegende Kokken sind **Staphylokokken**, z. B. der Eitererreger *Staph. aureus*.

Zu **(C)**: **Pneumokokken** sind meist in Paaren zusammengelagerte Kokken, die jedoch als pathogene Form durch die Fähigkeit zur Kapselbildung charakterisiert sind. Pneumokokken sind Erreger der klassischen Pneumonie.

Zu **(D)**: **Spirillen** sind spiralig gekrümmte, unbewegliche Stäbchenbakterien.

Zu **(E)**: **Vibrio cholerae** ist ein kommaförmiges Stäbchen und als Auslöser der Cholera v. a. bei mangelnden hygienischen Verhältnissen ein gefürchtetes Bakterium.

H03 H99 ■■
→ **Frage 3.5: Lösung A**

Zu **(A)**: Staphylokokken, z. B. der eiterbildende **Staphylococcus aureus**, sind grampositive, kugelige Bakterien, die in Haufen liegen und zu keiner aktiven Bewegung befähigt sind. In der Klinik sind besonders in den letzten Jahren vermehrt Stämme aufgetreten, die gegen die meisten der gängigen Antibiotika resistent sind. Diese Keime, auch als multiresistentes Staphylococcus aureus (**MRSA**) bezeichnet, stellen ein erhebliches Problem in der Krankenhaushygiene dar.
Zu **(B)**: **Streptokokken** sind ebenfalls grampositive kugelige Bakterien, die aber in langen Reihen aneinander liegen.
Zu **(C)**: **Enterobakterien** sind zumeist gramnegative, Stäbchen, ihr bekanntester Vertreter ist Escherichia coli.
Zu **(D)**: **Vibrionen** sind kommaförmig gebogene, begeißelte und gramnegative Stäbchenbakterien. Die größte medizinische Bedeutung hat Vibrio cholerae, der Erreger der gleichnamigen Erkrankung.
Zu **(E)**: **Treponemen** sind spiralig gekrümmte, durch Drehung um ihre Längsachse aktiv bewegliche Stäbchenbakterien. Treponema pallidum ist der Erreger der Lues.

H04 ■
→ **Frage 3.6: Lösung D**

Zu **(D)**: Die Abbildung zeigt dunkle, in Paaren zusammenliegende kugelförmige Bakterien; rein deskriptiv kann man also schon von dem Bild her auf grampositive **Diplokokken** schließen. Die Angaben im Text – Verdacht auf Pneumonie, älterer Patient – bestätigen die Diagnose einer klassischen Lungenentzündung durch Streptococcus pneumoniae.
Zu **(A)**: Viren sind aufgrund ihrer geringen Größe im Lichtmikroskop nicht zu sehen. Die Möglichkeiten der Labordiagnostik bei Verdacht auf eine Virusinfektion sind mit der Isolierung und Anzüchtung des Erregers in Zellkultur oder Wirtstier, dem direkten Virusnachweis mittels Elektronenmikroskopie oder Molekularbiologie und schließlich der serologischen Diagnostik im infizierten Patienten relativ zeit- und kostenintensiv.
Zu **(B)**: E. coli gehört zu den gramnegativen Stäbchen und findet sich darüber hinaus als Darmbakterium vergleichsweise selten im Sputum.
Zu **(C)**: Chlamydien sind obligat intrazelluläre Zellparasiten; Chl. pneumoniae ist allerdings ebenfalls Erreger einer (milden) Pneumonie.
Zu **(E)**: Mykoplasmen sind zellwandlose Bakterien und als solche niemals grampositiv.

H05 ■■
→ **Frage 3.7: Lösung D**

Zu **(D)**: Die klinische Fallbeschreibung unter Nennung der Diagnose einer Tonsillitis lässt bereits einen Infekt mit dem dafür charakteristischen Keim Streptococcus pyogenes vermuten. Die Abbildung mit violetten, grampositiven Kugelbakterien, die in langen Ketten zusammengelagert sind, erhärtet die Diagnose.
Zu **(A)**: Enterobakterien sind zumeist gramnegative Stäbchenbakterien, deren bekanntester Vertreter *Escherichia coli* ist.
Zu **(B)**: Treponema pallidum, der Erreger der Lues, ist ein spiralig gekrümmtes, durch Rotation um seine Längsachse bewegliches Stäbchenbakterium.
Zu **(C)**: Die Gattung der Bacillen besteht aus grampositiven, Sporen-bildenden Stäbchenbakterien, deren bekanntester Vertreter Bacillus anthracis als Erreger des Milzbrands v. a. in der Veterinärmedizin große Bedeutung besitzt.
Zu **(E)**: Diplokokken sind grampositive, zu Paaren angeordnete Kugelbakterien, die als Erreger der klassischen Lungenentzündung auch unter dem Namen Pneumokokken bekannt sind.

F02 ■
→ **Frage 3.8: Lösung E**

Zu **(E)**: **Pneumokokken** sind in der Tat meist in Paaren zusammengelagerte, kugelförmige Bakterien und als Auslöser der klassischen Pneumonie von großer klinischer Bedeutung.
Zu **(A)**: **Treponema pallidum** gehört zur Gruppe der Spirochäten. Es ist ein spiralig gekrümmtes Bakterium und der Erreger der Syphilis oder Lues.
Zu **(B)**: **Vibrio cholerae** ist ein kommaförmig gekrümmter Keim und als Erreger der Cholera vor allem bei mangelnden hygienischen Verhältnissen und schlechter Abwehrlage sehr gefürchtet.
Zu **(C)**: **Clostridien** sind grampositive, obligat anaerobe Stäbchenbakterien. Sie sind zur Bildung hoch resistenter Sporen befähigt und sind u. a. Auslöser des Wundstarrkrampfes und des Wundbrandes.
Zu **(D)**: **Staphylokokken** sind grampositive, kugelige Bakterien, die in Haufen zusammenliegen. Sie sind wichtige Erreger von Lokalinfekten, die mit Eiterbildung einhergehen.

F05
→ **Frage 3.9: Lösung E**

Zu **(E)**: Unter den als Antwortmöglichkeiten vorgegebenen Keimen ist Clostridium perfringens das einzige grampositive Stäbchenbakterium. Davon abgesehen ist die geschilderte Anamnese typisch für diesen Keim. Clostridien sind anaerobe Keime, deren langlebige Sporen sich überall im Erdreich und der sonstigen Umwelt befinden. Für die Pathogenese des lebensgefährlichen Krankheitsbildes, das auch als Gasbrand bekannt ist, ist besonders ein lokal anaerobes Milieu von Bedeutung, wie es typischerweise bei schlechter Durchblutung in nekrotischem Gewebe bei ausgedehnten Weichteilverletzungen vorkommt.

Zu **(A)**: Escherichia coli ist ein gramnegatives Stäbchen der natürlichen Darmflora.

Zu **(B)**: Mycoplasmen sind zellwandlose, formvariable Bakterien, die aufgrund dessen niemals grampositiv sein können.

Zu **(C)**: Staphylococcus aureus ist als klassischer Eitererreger von weltweit medizinischem Interesse. Staphylokokken sind grampositive, in Haufen zusammenliegende Kugelbakterien.

Zu **(D)**: Pneumokokken sind meist in Paaren zusammengelagerte und kugelförmige Bakterien, die als Auslöser der klassischen Pneumonie große medizinische Bedeutung besitzen.

F10
→ **Frage 3.10: Lösung C**

Zu **(C)**: **Escherichia** ist eine Gattung von **gramnegativen Stäbchenbakterien**. Gramnegativ bedeutet, dass sie in der **Gramfärbung rot** erscheinen, im Gegensatz zu den blau erscheinenden grampositiven Bakterien. Escherichia sind peritrich, d. h. rundum begeißelt und können sich so aktiv bewegen.

Zu **(A)**: Streptokokken sind **grampositive Kugelbakterien** und imponieren als kettenförmig („strepto" bedeutet „gedreht kettenförmig") gelagerte kleine blaue runde Bakterien. Sie haben keine Geißeln und sind daher unbeweglich.

Zu **(B)**: Staphylokokken sind **grampositive Kugelbakterien** und imponieren als haufenförmig („staphylo" bedeutet „trauben- oder kugelförmig") gelagerte kleine blaue runde Bakterien. Auch sie haben keine Geißeln und sind daher unbeweglich.

Zu **(D)**: Clostridien sind anaerobe **grampositive Stäbchenbakterien**. Sie sehen also wie kleine blaue Stäbchen aus. Clostridium tetani, botulinum und difficile sind peritrich, C. perfringens ist unbeweglich.

Zu **(E)**: Corynebakterien sind ebenfalls **grampositive Stäbchenbakterien**. Sie sind kleine blaue Stäbchen mit typischer Keulenform.

F05 ■
→ **Frage 3.11: Lösung A**

Zu **(A)**: Neisserien sind in der Tat gramnegative, häufig paarig zusammengelagerte Kokken. Klinische Bedeutung haben
– Neisseria meningitidis als Erreger von Meningitis und Sepsis bei Kindern und jüngeren Erwachsenen sowie
– Neisseria gonorrhoeae als Erreger der Gonorrhö („Tripper"), einer eitrigen Infektion des Urogenitalepithels.

Zu **(B)**: Pneumokokken sind grampositive Diplokokken.

Zu **(C)**, **(D)** und **(E)**: Alle genannten Bakterien, Haemophilus influenzae, Escherichia coli und die Shigellen, sind gramnegative Stäbchen. Die beiden letztgenannten sind häufige Erreger gastrointestinaler Infekte. Haemophilus löst v. a. bei Kindern und abwehrgeschwächten Individuen Infekte des oberen Respirationstraktes aus.

Achtung: Etwa ¾ der bakteriellen Meningitiden bei Kindern unter 5 Jahren werden durch Haemophilus influenzae ausgelöst!

H06 ■ ■
→ **Frage 3.12: Lösung D**

Zu **(D)**: Die in der Abbildung dargestellten Keime sind in der Gramfärbung rot angefärbt, d. h. sie sind gramnegativ. Außerdem liegen sie häufig in Paaren zusammen, so dass eine Identifikation als **Diplokokken** nicht so schwierig sein dürfte. **Neisseria** meningitidis (Meningokokken) ist ein typischer Erreger der Hirnhautentzündung (Meningitis). Eine besonders gefürchtete Komplikation der Meningokokkenmeningitis ist das Waterhouse-Friedrichsen-Syndrom: Durch einen Endotoxinschock kommt es zur Verbrauchskoagulopathie und zur hämorrhagischen Nekrose der Nebennierenrinden. Unbehandelt liegt die Letalität bei bis zu 70 %. Die Übertragung erfolgt mittels Tröpfcheninfektion.

Zu **(A)**, **(C)** und **(E)**: Alle hier genannten Keime scheiden durch ihre Grampositivität, d. h. eine dunkle violette Farbe in der entsprechenden Färbung, als Antwortmöglichkeiten aus. Grampositive **Staphylokokken** sind ebenso bekannte wie gefürchtete Eitererreger, **Corynebakterien** sind u. a. Auslöser der Diphtherie, und die anaeroben, sporenbildenden **Clostridien** führen zu so gefährlichen Erkrankungen wie Wundbrand, Tetanus oder Botulismus.

Zu **(B)**: Die in der Abbildung gezeigten Bakterien sind eindeutig kokken- und nicht stäbchenförmig, wie es z. B. **Escherichia coli** als typischer Keim der Darmflora ist. Neben den zahlreichen ungefährlichen Stämmen gibt es allerdings auch E. coli-Stämme, die schwere Durchfallerkrankungen auslösen können. Außerdem kann E. coli durch lokale Verschleppung aus dem Darm Harnwegsinfektionen verursachen.

H10 ■
→ **Frage 3.13: Lösung C**

Zu **(C)**: **Staphylococcus aureus** ist ein haufenförmig (= staphylo-) gelagertes, **grampositives Kokkenbakterium** (= kugelförmig). Grampositiv bedeutet, dass die Bakterien in der **Gramfärbung blau** erscheinen, im Gegensatz zu gramnegativen Bakterien, welche sich rot anfärben. Wie in der Aufgabenstellung mit den klinischen Angaben Kopfschmerzen und Na-

ckensteifigkeit angedeutet, kann dieses Bakterium eine **Meningitis** (Hirnhautentzündung) auslösen und dann in der Regel im Liquor nachgewiesen werden.
Zu (A): **Escherichia coli** ist ein **gramnegatives**, peritrich begeißeltes **Stäbchenbakterium**.
Zu (B): Das **Mykobakterium tuberculosis** ist ebenfalls **stäbchen-** und nicht kugelförmig.
Zu (D) und (E): **Streptokokkus pneumoniae** und **pyogenes** sind zwar grampositive Kokken (= Kugelbakterien), allerdings sind sie kettenförmig (= strepto-) gelagert und nicht haufenförmig.

H08
→ **Frage 3.14: Lösung E**

Zu (E): **Mycoplasmen** sind zellwandfreie, formvariable Bakterien, die mit Hilfe der „gängigen" Antibiotika nicht zu bekämpfen sind. Mycoplasma pneumoniae kann in der Tat eine atypische Lungenentzündung auslösen.
Zu (A)–(D): Staphylo-/Streptokokken und Chlostridien sind grampositive Bakterien, Haemophilus ist ein gramnegatives Bakterium. Die Bakterien können mit einem Breitbandantibiotikum zumeist gut behandelt werden. Ein Versagen der Therapie ist daher bei diesen Erregergruppen nicht zu erwarten.

F03
→ **Frage 3.15: Lösung C**

Zu (C): Die Gram-Färbung dient einer grundlegenden Einteilung zellwandhaltiger Bakterien in zwei Gruppen: **grampositive Erreger** sind durch einen Aufbau ihrer Zellwand aus etwa 40 Schichten des heteromeren Polysaccharids Murein charakterisiert. Nach festem Einbau von Kristallviolett-Jod-Komplexen erscheinen sie nach der Gram-Färbung **blau-violett**. **Gramnegative Erreger** können diesen Farbstoff in ihrer dünnen, lediglich einschichtigen Murein-Zellwand nicht halten und werden daher durch eine Gegenfärbung mit Carbolfuchsin **rot** gefärbt.
Zu (A): Ein **aerober Keim** verwendet den normalatmosphärischen Sauerstoff als terminalen Elektronenakzeptor im Rahmen seiner Energie-erzeugenden Atmungskette.
Zu (B): Die **heterotrophe Ernährung** ist durch die Abhängigkeit eines Lebewesens von der Aufnahme präformierter Nahrungsbestandteile (hier: Glukose und Pepton als organische Stickstoffquelle) zur Deckung des eigenen Energiebedarfes definiert. Im Gegensatz dazu ermöglicht die Photosynthese der grünen Pflanzen eine autotrophe Lebensweise, bei der die Sonnenenergie zur Synthese von Biomasse verwendet wird.
Zu (D): Die Verteilung vieler Geißeln über den gesamten Zellkörper bezeichnet man als **peritriche Be-**

geißelung. Im Gegensatz dazu stehen die einfache Geißel („polar") oder der endständige Zopf mehrerer Geißeln („lophotrich").
Zu (E): Alle gängigen Bakterien besitzen eine Zellwand. Ausnahmen sind lediglich Mycoplasmen und die sog. „L-Formen" als artifizielle Bakterienform nach medikamentöser Zellwandzerstörung und Kultivierung in isotonem Medium.

F09 H02 H00 ■
→ **Frage 3.16: Lösung A**

Zu (A): **Mykobakterien** sind grampositive Stäbchen – aufgrund ihrer lipidreichen Zellwand können sie aber in der konventionellen Gramfärbung nicht gut dargestellt werden, da die verwendeten Farbstoffe wasserlöslich sind; einmal mit anderen Farbstoffen markiert, lassen sie sich aber auch mit einer Mischung aus HCl und Alkohol nur schlecht wieder entfärben. Dieses Phänomen hat den Mykobakterien das Attribut **„säurefest"** gebracht. Mykobakterien sind die Erreger der Tuberkulose.
Zu (B) und (C): Die genannten Bakterien-Gattungen sind beide **grampositive** Keime von kugeliger bis ovaler Form. **Staphylokokken** liegen in kleinen Haufen, **Streptokokken** in langen Ketten aneinander.
Zu (D): **Treponemen** sind spiralig gekrümmte Keime, die sich nicht auf künstlichen Nährböden kultivieren lassen. Man weist sie direkt im Dunkelfeldmikroskop nach.
Zu (E): **Vibrionen** sind einfach gekrümmte Stäbchen; Vibrio cholerae erlangt als Erreger der Cholera gerade zur Zeit wieder traurige Berühmtheit.

3.2 Aufbau und Morphologie der Bakterienzelle (Prozyte)

3.2.1 Unterschiede zur Euzyte

III.3 Prokaryonten-Zelle

Im Gegensatz zu den Eukaryonten (Pflanzen, Tiere) bezeichnet man Bakterien und Cyanobakterien („Blaualgen") als Prokaryonten. Die prokaryontische Zelle unterscheidet sich neben ihrer absoluten Größe von der Zelle eines Eukaryonten in vielerlei Hinsicht:

1. **Kein membranumgrenzter Zellkern:**
   Die DNA liegt frei im Zytoplasma, sie ist nicht mit Histonen assoziiert.
2. **Prokaryontische DNA ist ringförmig:**
   Sie ist wesentlich kleiner als ein eukaryontisches Chromosom, ihre Gene enthalten keine Introns. Neben dem einen bakteriellen Chromosom existieren recht häufig ein bis mehrere extrachromosomale DNA-Ringe, die sog. **Plasmide**.

3. **Wenig intrazelluläre Membransysteme:**
   Die intrazelluläre Kompartimentierung ist bei Prokaryonten kaum ausgeprägt. Membranumgrenzte Organellen wie Mitochondrien, ER, Lysosomen oder Golgi-Apparat fehlen. Bestimmte Gruppen wie Nitrit produzierende oder photosynthetisch aktive Bakterien haben allerdings intrazellulär große Stapel aus eingestülpter Zellmembran.
4. **Kleine Ribosomen:**
   Die prokaryontischen Ribosomen sind mit **70S** kleiner als die 80S-Ribosomen der eukaryontischen Zelle. Transkription und Translation laufen örtlich und zeitlich zusammen, der genetische Code ist jedoch identisch mit dem der Eukaryonten.
5. **Vermehrung durch Zweiteilung:**
   Neben der rein asexuellen Vermehrung gibt es sog. parasexuelle Vorgänge bei Bakterien, die einem Genaustausch dienen. (Siehe auch Lerntext III.11 „Parasexuelle Vorgänge bei Bakterien".)
6. **Existenz einer spezifisch strukturierten Zellwand:**
   Mit Ausnahme der Mykoplasmen besitzen prokaryontische Zellen eine Zellwand aus einem Polysaccharid-Protein-Netz, den sog. **Murein-Sacculus.** Manche Arten sind darüber hinaus in der Lage zur Synthese von **Schleimkapseln.**
7. **Aufbau von Geißeln und Zilien:**
   Die Prokaryonten-Geißel ist völlig anders und viel einfacher strukturiert als die der eukaryontischen Zelle. Aber auch bei Prokaryonten dienen die Geißeln der Beweglichkeit.

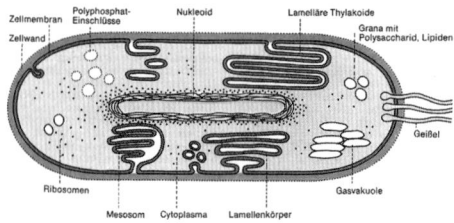

Abb. 3.2 Idealisierter Bauplan einer Protozyte (aus: Vogel, G., Angermann, H.: Taschenatlas der Biologie, Band 1, 5. Auflage, Thieme, Stuttgart, New York, 1990)

Trotz des gegenüber der Eukaryonten-Zelle **erheblich vereinfachten Bauplans** besitzt die prokaryontische Zelle eine **erstaunliche Stoffwechselvielfalt.** Hier sind in einer Zelle sämtliche physiologischen Funktionen zusammengefasst, die bei einem Eukaryonten von einzelnen, hochspezialisierten Organellen übernommen werden.

H94 ■
→ **Frage 3.17: Lösung D**

Zu **(D)**: Selbstverständlich enthalten auch Prokaryonten eine artspezifische Erbinformation. Sie ist allerdings sehr viel kleiner als die einer eukaryontischen Zelle und besteht aus einem ringförmigen Chromosom.
Zu **(A), (B)** und **(C)**: Siehe Lerntext III.3 „Prokaryonten-Zelle".
Zu **(E)**: Die durchschnittliche Prozyte ist etwa 1 m breit und 5 m lang und ist damit immer noch kleiner als ein menschlicher Erythrozyt mit 7 m. Eine menschliche Leberzelle misst im Durchschnitt zwischen 40 und 60 µm.

H02
→ **Frage 3.18: Lösung A**

Zu **(A)**: Eine Zellwand aus dem heteropolymeren Polysaccharid Murein, der sog. **Murein-Sacculus**, ist ein spezifisches Merkmal der prokaryonten Bakterienzelle. Bei Pflanzenzellen besteht die Zellwand aus der homopolymeren Cellulose. Tierische Zellen besitzen keine Zellwand.
Siehe Lerntext III.4 „Bakterielle Zellwand".
Zu **(B)** und **(E)**: Das **endoplasmatische Retikulum** und **Lysosomen** sind von einer Membran umgrenzte Organellen, wie sie nur bei eukaryonten Zellen vorkommen. Einer prokaryonten Bakterienzelle fehlen derartige intrazytoplasmatische Membransysteme.
Zu **(C)**: Im Kern der Eukaryontenzelle ist die doppelsträngige DNA mit basischen Proteinen, den **Histonen**, vergesellschaftet. Der Nukleinsäurestrang windet sich mit Abschnitten von etwa 200 Basenpaaren um je einen Histon-Komplex aus 8 einzelnen Proteinen, dazwischen liegen etwa 150 Basenpaare freier DNA. Die im elektronenmikroskopischen Bild sichtbare Figur erinnert an eine Perlenkette, wobei jede „Perle" einem sog. **Nukleosom** entspricht. Prokaryonten haben keinen Kern. Die kleine, ringförmige DNA liegt frei im Zytoplasma, Histone sind nicht vorhanden.
Zu **(D)**: **Kinetosomen** sind Aggregate von Mikrotubuli, die an der Basis einer eukaryontischen Geißel sitzen und für deren Befestigung am Zytoskelett verantwortlich sind.

H05 ■
→ **Frage 3.19: Lösung D**

Zu **(D)**: **Protozoen** (Geißeltierchen, Amöben und sonstige) gehören als tierische Einzeller zu den Eukaryonten. Mitochondrien kommen als membranumgrenzte Organellen nur bei eukaryontischen Zellen vor, Bakterien als Vertreter der Prokaryonten besitzen keine Mitochondrien.

Zu **(A)**, **(B)**, **(C)** und **(E)**: Alle hier genannten Strukturen sind typische Bestandteile prokaryontischer Zellen. Zellwand und Kapsel haben bei Bakterien erhebliche Bedeutung für die Klassifikation (z. B. grampositiv oder -negativ) und für die Pathogenität der Erreger. Über einen Sexpilus, eine fingerförmige Ausstülpung bestimmter Bakterienzellen, kann genetisches Material direkt zwischen benachbarten Prokaryonten ausgetauscht werden. Auch das Vorliegen eines freiliegenden, ringförmigen Chromosoms ohne weitere Proteine oder Membranumgrenzung ist typisch für Prokaryonten und kommt bei eukaryotischen Zellen nicht vor.
Siehe Lerntext III.3 „Prokaryonten-Zelle".

F96 ■
→ **Frage 3.20: Lösung B**

An der Basis der Evolution höherer, vielzelliger Organismen standen primitive Einzeller, deren gegenwärtige Vertreter als Bakterien und Cyanobakterien die Gruppe der **Prokaryonten** bilden. Sie zeigen eine einfache zelluläre Struktur ohne membranumgrenzte Organellen, besitzen aber oftmals erstaunliche Stoffwechselvariabilität. Demgegenüber steht die Gruppe der **Eukaryonten**, die von einzelligen Organismen (Amöben, Pantoffeltierchen etc.) über Pilze und Pflanzen bis zu höheren Tieren und dem Menschen eine große Vielfalt an Lebensformen entwickelt haben.
Zu **(B)**: Freie Ribosomen kommen in prokaryontischen und eukaryontischen Zellen gleichermaßen vor. Sie dienen der Synthese intrazellulärer Proteine. Die Ribosomen unterscheiden sich jedoch in Struktur und Größe, sodass man nach ihrer Sedimentationsgeschwindigkeit in der Ultrazentrifugation die leichten prokaryontischen 70S- (S für Svedberg) von den schweren 80S-Ribosomen der Eukaryonten trennt.
Zu **(A)**: Zellform und -größe sind bei eukaryontischen Zellen extrem weit gestreut. Beim Menschen reicht ihre Größe von 3–5 µm (Spermienkopf) bis zur 100–120 µm großen Eizelle. Zellfortsätze von Nervenzellen können über 1 m lang sein. Der Durchschnittswert beträgt 40–60 µm, was einer menschlichen Leberzelle entspricht. Die durchschnittliche Bakterienzelle misst dagegen etwa 1 µm im Durchmesser. Die Variabilität in Zellform und -größe ist bei Prokaryonten sehr viel geringer ausgeprägt.
Zu **(C)**, **(D)** und **(E)**: Diese drei Antwortmöglichkeiten beziehen sich auf typische Organellen der eukaryontischen Zelle – Mitochondrien, Endoplasmatisches Retikulum und Diktyosom. Prokaryonten besitzen diese Organellen nicht.
Anmerkung: Das Vorhandensein eigener DNA in den Mitochondrien (und Chloroplasten) eukaryontischer Zellen ist die Basis der sog. **Endosymbionten-Theorie**. Sie besagt, dass sich die betreffenden Organellen aus einer prokaryontischen Zelle entwickelt haben, die irgendwann in der Frühzeit der Evolution von einer größeren Zelle aufgenommen wurde. Die inkorporierte Zelle stellte ihre Stoffwechselleistung (Energiegewinnung) in den Dienst der „Mutterzelle" und wurde über den Umweg des Endosymbionten zum Organell.

H03 ■ ■
→ **Frage 3.21: Lösung D**

Zu **(D)**: Prokaryonten sind durch eine enorme Stoffwechselvariabilität charakterisiert, besitzen aber keinerlei intrazelluläre Membransysteme. Daher gibt es bei Bakterien und Cyanobakterien auch kein endoplasmatisches Retikulum, das der eukaryontischen Zelle als Stoffwechsel- und Transportorgan dient.
Zu **(A)**: Die meisten Prokaryonten sind durch den Besitz einer mehr oder weniger dicken **Zellwand**, den **Mureinsacculus**, gekennzeichnet. Sie dient dem Bakterium zur äußeren Formerhaltung, zur Anheftung an Gewebeoberflächen, kann im mikrobiologischen Labor nach dem Verhalten in der Gram-Färbung einer ersten Charakterisierung dienen und hat z. T. erhebliche medizinische Bedeutung bei der Frage nach der Pathogenität eines Keimes.
Zu **(B)**: Als **Pili** oder Fimbrien bezeichnet man Ausstülpungen der bakteriellen Zellmembran. Sie haben keine Bewegungsfunktion, dienen dem Keim aber der Anheftung an ein Gewebe oder ermöglichen den Austausch genetischer Information bei der Konjugation („Sex-Pili").
Zu **(C)**: Jedes Bakterium ist von einer **Zellmembran** umgeben. Diese ist nach dem Grundprinzip der biologischen „Einheitsmembran" aus einer Lipiddoppelschicht mit ein- oder angelagerten Membranproteinen aufgebaut.
Zu **(E)**: **Ribosomen** als Orte der Proteinbiosynthese besitzen keine Membranen und kommen natürlich auch in Prokaryonten vor. Sie sind allerdings im Vergleich zu eukaryontischen Ribosomen kleiner.
Siehe Lerntext III.3 „Prokaryonten-Zelle".

F03 ■ ■
→ **Frage 3.22: Lösung A**

Bakterien als typische Vertreter der Prokaryonten sind zwar durch eine enorme Stoffwechselvariabilität charakterisiert, besitzen aber keinerlei intrazelluläre Membransysteme.
Zu **(A)**: **Ribosomen** als Orte der Proteinbiosynthese besitzen keine Membranen und kommen natürlich auch in Prokaryonten vor. Sie sind allerdings im Vergleich zu eukaryontischen Ribosomen kleiner.
Zu **(B)**–**(E)**: Alle hier genannten Organellen sind von einer Membran umgrenzt und kommen daher in Prokaryonten nicht vor.
Siehe Lerntext III.3 „Prokaryonten-Zelle".

H08 ■■
→ **Frage 3.23: Lösung D**

Zu **(D)**: Selbstverständlich verfügt jedes Bakterium über **Ribosomen**, die für die **Proteinbiosynthese** unverzichtbar sind. Prokaryotische Ribosomen sind allerdings kleiner als die der eukaryotischen Zellen.
Zu **(A)**: Nukleolen oder Kernkörperchen sind bestimmte Bereiche innerhalb des Zellkerns eukaryotischer Zellen, in denen neue Ribosomen gebildet werden. Sie bestehen aus einer großen Menge ribosomaler RNA und ribosomaler Proteine. Nukleolen kommen in Prokaryoten (die ja keinen abgegrenzten Zellkern haben) nicht vor.
Zu **(B)**, **(C)** und **(E)**: Bakterienzellen besitzen keine intrazellulären Membranen; Mitochondrien, der Golgi-Apparat und eine Kernmembran sind daher ausschließlich in eukaryoten Zellen zu finden.

H10 ■
→ **Frage 3.24: Lösung D**

Zu **(D)**: In der Tat ist die **Atmungskette der Bakterien** (= Prokaryoten, d. h. Zellen ohne echten Zellkern) **zellmembranständig** lokalisiert. Das ist ein wichtiger Unterschied zur eukaryotischen Zelle (Zelle mit echtem Zellkern), wo die Energiegewinnung in den Mitochondrien stattfindet.
Zu **(A)** und **(C)**: Im **bakteriellen Zytoplasma** finden sich **70S-Ribosomen**. Die Ribosomen sind für die Proteintranslation zuständig, aber nicht für die Energiegewinnung.
Zu **(B)**: Bakterien haben keine Mitochondrien. Diese Antwort würde zutreffen, wenn nach der Energiegewinnung bei eukaryotischen Zellen gefragt worden wäre (vgl. Lösung (D)).
Zu **(E)**: Fast alle Bakterien haben zusätzlich zur Zellmembran eine **Zellwand**, die sich wie ein Sack um die Bakterienzelle stülpt. Grundbaustein der Zellwand ist das **Murein**, ein lineares Heteroglykan, das lange Polysaccharidfäden ausbildet. Die Atmungskette ist hier aber nicht lokalisiert.

F08
→ **Frage 3.25: Lösung E**

Zu **(E)**: Die Enzyme der energieerzeugenden Elektronentransportkette sind bei Bakterien in der Tat in der Zellmembran inkorporiert. Die Bereiche, die im Elektronenmikroskop häufig als (artefizielle!) Einfaltungen der Membranen imponieren, werden manchmal auch als **Mesosomen** bezeichnet.
Zu **(A)**: Das **Nucleosom** ist die „Verpackungseinheit" eines eukaryontischen Chromosoms aus einem Stück DNA, das um einen Komplex aus basischen Proteinen – die Histone – herumgewickelt ist. Nucleosomen kommen bei Prokaryonten nicht vor. Das sogenannte Kernäquivalent der Bakterienzelle wird dagegen als **Nukleoid** bezeichnet.

Zu **(B)** bis **(D)**: Alle hier genannten Strukturen – das Zytosol, der periplasmatische Raum (bei gramnegativen Bakterien zwischen Zellmembran und äußerer Membran gelegen, enthält die Zellwand) und Lipidvakuolen haben mit der Elektronentransportkette nichts zu tun.

3.2.2 Zellwand

III.4 Bakterielle Zellwand

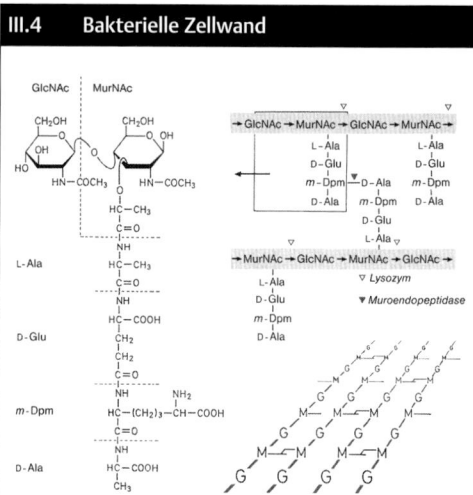

Abb. 3.3 Struktur des Mureins von *Escherichia coli* (aus: Schlegel, H. G.: Allgemeine Mikrobiologie, 7. Auflage, Thieme, Stuttgart, New York, 1992)
Die aus einer alternierenden Folge von *N*-Acetylglucosamin (GlNAc) und *N*-Acetylmuraminsäure (MurNAc) bestehenden heteropolymeren Ketten sind untereinander peptidisch verknüpft. Auf der linken Bildseite ist das rechts oben eingerandete Muropeptid vergrößert wiedergegeben. Die Pfeile (▽▽) deuten auf die durch *Lysozym (Muramidase)* und durch eine spezifische *Muroendopeptidase* spaltbaren Bindungen. Das Bild rechts unten vermittelt einen perspektivischen Eindruck von den aus GlcNAc (G) und MurNAc (M) bestehenden quervernetzten Holmen.

Die bakterielle Zellwand besteht aus langen Ketten von heteropolymeren Polysacchariden. Die Bausteine sind zwei mit Aminoessigsäure verbundene C6-Zucker, das **N-Acetylglucosamin** und die **N-Acetylmuraminsäure**, die alternierend zu langen Ketten verbunden sind. Die Verbindung dieser Polysaccharidketten wird durch Querverbindungen über kurze **Peptidbrücken** hergestellt.
Dieser sog. **Murein-Sacculus** sorgt für die äußere Form der Zelle und schützt sie vor dem Anschwellen und Platzen durch osmotisch bedingten Wassereinstrom.

3.2 Aufbau und Morphologie der Bakterienzelle (Prozyte)

Klinischer Bezug
Die Zellwand ist Angriffspunkt zahlreicher Antibiotika. So verhindern **Penicilline** und **Cephalosporine** die Quervernetzung der Zuckerketten, **Lysozym** spaltet die Polysaccharidkette. Durch den Verlust der funktionsfähigen Zellwand kommt es zur osmotisch bedingten Lyse der Zelle.

H90 ■
→ **Frage 3.26: Lösung E**

Zu **(E)**: Siehe Lerntext III.4 „Bakterielle Zellwand".
Zu **(B)**: Der **Murein-Sacculus** ist bei grampositiven Bakterien etwa 40 Schichten dick. Bei gramnegativen Keimen ist er allerdings nur einschichtig – somit kann man diese Antwort auch als bedingt richtig ansehen.
Zu **(C)**: Eine Zellwand aus Zellulose ist typisch für **Pflanzenzellen**.
Zu **(D)**: Bei Bakterien befinden sich die Enzyme der Atmungskette in der Zellmembran, Mitochondrien sind nicht vorhanden.

■
→ **Frage 3.27: Lösung D**

Siehe Lerntext III.4 „Bakterielle Zellwand".

■
→ **Frage 3.28: Lösung E**

Zu den sog. parasexuellen Vorgängen bei Bakterien gehört die Konjugation. Hierbei wird genetische Information zwischen zwei Bakterien über eine direkte Zytoplasmabrücke (sog. Sexpilus) ausgetauscht.
Siehe Lerntext III.11 „Parasexuelle Vorgänge bei Bakterien".

■
→ **Frage 3.29: Lösung A**

Manche Bakterien (z. B. Pneumokokken) sind in der Lage, eine aus Schleimstoffen bestehende Kapsel zu bilden, die einen Schutz vor Phagozytose darstellt.
Zu **(B)**: Mesosomen sind Einfaltungen der Zellmembran, die in einigen Bakterien vorkommen. Ihre genaue Funktion ist nicht geklärt. Diskutiert werden Anheftungsstellen für die bakterielle DNA und ein Besatz mit ATP-generierenden, lichtempfindlichen Proteinen bei photosynthetisch aktiven Bakterien.

III.5	Gram-Färbung

Die Gram-Färbung ist eine Routine-Färbung im mikrobiologischen Labor. Sie dient einer grundlegenden Klassifikation von Bakterien in grampositiv und gramnegativ.

Der Färbung liegt der Einbau von **Kristallviolett-Jod-Komplexen** in den Murein-Sacculus zugrunde. Nach Inkubation mit dem violetten Farbstoff und einer Jod-Lösung erfolgt die Differenzierung mit einem **Aceton-Ethanol-Gemisch**. Abschließend wird mit verdünntem **Carbolfuchsin** gegengefärbt. Der Murein-Sacculus **grampositiver Bakterien** besteht aus etwa 40 Schichten, die den Farbstoff derart fest in ihr Polysaccharidgerüst einlagern, dass man mit dem Aceton-Ethanol-Gemisch keine Entfärbung erreichen kann. Die Bakterien sind im lichtmikroskopischen Bild **dunkelblau-violett**. Grampositive Bakterien sind beispielsweise Streptokokken und Staphylokokken.
Gramnegative Bakterien besitzen nur einen einschichtigen Murein-Sacculus. Die schwach angelagerten Kristall-Jod-Komplexe werden bei der Differenzierung vollständig entfernt. Nach Gegenfärbung mit Carbolfuchsin erscheinen die Keime im Lichtmikroskop **rot**. Gramnegative Bakterien sind u. a. die große Gruppe der Darmbakterien.

F02 ■ ■
→ **Frage 3.30: Lösung B**

Zu **(B)**: In der bakteriellen Zellwand (= **Murein**-Sacculus) sind lange **Polysaccharid**-Ketten aus N-Acetyl-Glucosamin und N-Acetyl-Muraminsäure über kurze Peptidbrücken miteinander verknüpft. Grundbausteine sind also lange Zuckerverbindungen, der Protein-Anteil dient nur der Quervernetzung (Angriffspunkt von Penicillin!).
Siehe Lerntext III.4 „Bakterielle Zellwand".
Zu **(A)**: Die Bakterienzelle wird von einer konventionellen Zellmembran begrenzt und wird zusätzlich durch die Zellwand umschlossen. Diese Zellwand, die bei tierischen Zellen fehlt, gibt dem Bakterium in der Tat die äußere Form vor, sorgt für ihre Stabilität und schützt vor vielen äußeren Einflüssen.
Zu **(C)**: Mit der klassischen **Gram-Färbung** werden Bakterien nach dem Aufbau ihrer Zellwand in grampositive und gramnegative Spezies eingeteilt. Grundlage dieser Färbung ist die feste Einlagerung von Kristallviolett-Jod-Komplexen in den etwa 40 Schichten dicken Murein-Sacculus grampositiver Keime. Bei gramnegativen Bakterien ist die Zellwand nur einschichtig. Der Farbstoff wird nicht fest gebunden und im Rahmen des mehrstufigen Färbeprozesses werden die Keime erst durch eine Gegenfärbung mit Carbolfuchsin rot eingefärbt.
Siehe Lerntext III.5 „Gram-Färbung".
Zu **(D)**: Gramnegative Bakterien besitzen an der Außenseite ihrer Zellwand noch eine äußere Membran, die aus **Lipopolysacchariden** besteht. Viele dieser Substanzen sind als **Endotoxine** äußerst pathogen.

3 Grundlagen der Mikrobiologie und Ökologie

Zu (E): Sog. **Fimbrien** oder **Pili** dienen der Anheftung des Bakteriums an Gewebsoberflächen oder dem Austausch genetischer Information im Rahmen der Konjugation.

F08
→ **Frage 3.31: Lösung E**

Zu (E): Dieser Aufzählung wären noch viele weitere Bakteriengattungen zuzufügen. Die genannten gehören aber auf jeden Fall zu den grampositiven Keimen.
Zu (A): Das Verhalten der Bakterien bei der zur Klassifikation wichtigen Gram-Färbung hängt von der Dicke und dem Aufbau der Zellwand ab (nicht vom Aufbau der Zellmembran). Eine etwa **40 Lagen dicke Schicht aus Murein** (heteropolymere Ketten aus N-Acetylglukosamin und N-Acetylmuraminsäure) umgibt das **grampositive Bakterium**, das sich mit Kristallviolett-Iod-Komplexen kräftig anfärben lässt. **Gramnegative Keime** besitzen nur einen sehr dünnen, **einschichtigen Mureinsacculus**. Sie verlieren die violette Farbe nach der Differenzierung mit einem Aceton-Ethanol-Gemisch und werden schließlich mit Carbolfuchsin rot gegengefärbt.
Zu (B): Lipopolysaccharide bilden die äußere Membran gramnegativer Keime; sie kommen bei grampositiven Bakterien nicht vor und haben daher mit der Gram-Färbung nichts zu tun.
Zu (C): Gramnegative Keime werden am Ende der Gram-Färbung mit Carbolfuchsin gegengefärbt und erscheinen daher im Lichtmikroskop rot. Im ersten Färbeschritt nehmen sie auch den violetten Farbstoff an, können ihn aber aufgrund des nur einschichtigen Mureinsacculus nicht in ihre Zellwand einbauen und werden durch ein Aceton-Ethanol-Gemisch wieder entfärbt.
Zu (D): Bakterien ohne irgendeine Zellwand (z. B. Mycoplasmen) sind der Gram-Färbung überhaupt nicht zugänglich.

F04 ■■
→ **Frage 3.32: Lösung C**

Zu (C): Grampositive Bakterien besitzen eine dicke, mehrschichtige Zellwand aus bis zu 40 Lagen Murein, in die der violette Farbstoff aus **Kristallviolett-Iod-Komplexen** fest eingelagert wird. Bei gramnegativen Bakterien ist die Zellwand nur 1–2 Schichten dick, sodass der Farbstoff durch die nachfolgende Behandlung mit einem **Aceton-Ethanol-Gemisch** wieder ausgewaschen wird. Diese Bakterien werden abschließend mit rötlich-braunem **Carbolfuchsin** gegengefärbt.
Siehe auch Lerntext III.5 „Gram-Färbung".
Zu (A), (D) und (E): Der Gehalt an Ribosomen, Vorhandensein von Mesosomen oder gar der Elektrolyt-Gehalt sind in grampositiven und gramnegativen Bakterien per se nicht unterschiedlich und haben mit der Gram-Färbung nichts zu tun.
Zu (B): Wäre die bakterielle Zellwand undurchlässig für den violetten Farbstoff, wäre die Gram-Färbung überhaupt nicht möglich – diese Antwortmöglichkeit ist daher sinnlos.

H10 H05 ■■
→ **Frage 3.33: Lösung C**

Zu (C): **Gramnegative** Bakterien besitzen nur eine dünne Mureinschicht. Sie haben weiterhin eine **äußere Membran**, in der **Lipopolysaccharide** (= LPS) verankert sind. Das ist deshalb klinisch wichtig, weil es sich bei diesen Lipopolysacchariden um **Endotoxine** handelt, die auch **pyogen** (= fieberauslösend) wirken können.
Zu (A): **Chitin** ist ein Polysaccharid, das man bei Pilzen und unterschiedlichen Tieren als Baustoff findet.
Zu (B): Eine **Kapsel** kann sowohl bei grampositiven als auch bei gramnegativen Bakterien vorkommen.
Zu (D): Der **Mureinsacculus** ist für **grampositive** Bakterien charakteristisch.
Zu (E): **Zellulose** ist ein Polysaccharid, welches der Hauptbaustoff bei Pflanzen ist.

F06
→ **Frage 3.34: Lösung C**

Diese Frage wurde in fast identischer Form im letzten Physikum vom Herbst 2005 bereits gestellt – damals waren allerdings die Merkmale grampositiver Bakterien gefragt.
Zu (C): **Lipopolysaccharide** bilden die äußere Membran gramnegativer Bakterien, die auf dem einschichtigen Mureinsacculus aufgelagert ist und z. B. als sog. Endotoxine einen enorm wichtigen Pathogenitätsfaktor vieler Keime darstellt. Siehe Lerntexte III.4 „Bakterielle Zellwand" und III.5 „Gram-Färbung".
Zu (A) und (B): **Peptidoglykane** in Form vielfach vernetzter Makromoleküle bilden den **Mureinsacculus** der Zellwand grampositiver und gramnegativer Bakterien. Der Unterschied besteht hier nur in der Dicke des Mureins, das bei grampositiven Keimen etwa 40 Schichten dick ist und bei gramnegativen Bakterien lediglich aus einer Schicht besteht.
Zu (D): Die bei einigen Bakterienstämmen vorhandene **Kapsel** ist als Schutz vor der Phagozytose durch immunkompetente Zellen ein wesentlicher Aspekt der Pathogenität; kapselbildende Stämme von Streptococcus pneumoniae lösen z. B. eine Lungenentzündung aus, kapselfreie Stämme sind apathogen. Mit der Gram-Färbung hat diese Kapsel nichts zu tun.
Zu (E): **Lipoteichonsäuren** sind in der Tat eine Art „Markenzeichen" grampositiver Zellwände. Es sind große Polymere aus Ribitol- und Glycerol-Phospha-

3.2 Aufbau und Morphologie der Bakterienzelle (Prozyte)

ten, die zumeist fest an den Mureinsacculus gebunden sind und nach außen ragen. In Form sog. Lipoteichonsäuren sind sie teilweise sogar in der Zellmembran verankert.

F08
→ **Frage 3.35: Lösung B**

Zu **(B)**: **Lipopolysaccharide** bilden die äußere Membran gramnegativer Bakterien, die von außen der dünnen Mureinschicht aufgelagert ist. Manche dieser Lipolpolysaccharide führen als sogenannte **Endotoxine** in ihrer gebundenen Form oder auch als enzymatisch freigesetzte Substanzen zu teils schwer wiegenden Erkrankungen.
Zu **(A)** und **(C)**: Grampositive Keime, egal ob Kokken oder Stäbchen, besitzen keine äußere Lipopolysaccharidschicht.
Zu **(D)**: Mykoplasmen sind vollständig zellwandlos und daher frei von einer Lipopolysaccharidschicht – sie sind nur von ihrer Zellmembran umgrenzt.
Zu **(E)**: Corynebakterien sind ebenfalls grampositiv. Sie sind vermutlich mit den Mykobakterien verwandt (so genannte Mykolsäuren als Bestandteil der Zellwand), besitzen aber auch keine Lipopolysaccharide.

F05
→ **Frage 3.36: Lösung B**

Zu **(B)**: Manche Lipopolysaccharide sind als Teil der „äußeren Zellmembran" oder als enzymatisch freigesetzte Substanzen als sog. **Endotoxine** für viele pathologische Reaktionen im Wirtsorganismus verantwortlich.
Zu **(A)**: Lipopolysaccharide sind typische Bestandteile der äußeren Zellmembran gramnegativer Bakterien. Bei grampositiven Keimen kommen sie nicht vor.
Zu **(C)**, **(D)** und **(E)**: Bei gramnegativen Bakterien folgt unmittelbar auf die Zellmembran der ein- bis zweischichtige Mureinsacculus. Sog. Murein-Lipoproteine überbrücken einen schmalen Zwischenraum, der auch als periplasmatischer Raum bezeichnet wird, und sind nach außen in eine zweite Lipiddoppelschicht, die äußere Membran, integriert. Diese äußere Membran trägt schließlich die Lipopolysaccharide, deren Zuckerketten nach außen weisen.

H00
→ **Frage 3.37: Lösung C**

Gramnegative Bakterien (D) sind durch eine „äußere Zellmembran" charakterisiert, die dem einschichtigen Murein-Sacculus außen aufliegt. Es handelt sich dabei um eine normale, zweischichtige Phospholipidmembran, an deren Außenseite noch eine Schicht aus **Lipopolysacchariden** aufgelagert ist (A).

Zu **(C)**: Die Lipopolysaccharide sind fester Bestandteil der „äußeren Zellmembran" und werden nicht aktiv von der Zelle sezerniert.
Zu **(B)** und **(E)**: Manche Lipopolysaccharide sind als Zellwandbestandteil oder auch als freie Substanz nach deren Abbau als sog. **Endotoxine** für viele pathologische Reaktionen beim Wirtsorganismus verantwortlich.

F07
→ **Frage 3.38: Lösung A**

Zu **(A)**: **Lipopolysaccharide** sind typische, nach extrazellulär gerichtete Bestandteile der äußeren Zellmembran gramnegativer Bakterien, wie sie in der Zeichnung unter (A) dargestellt ist. Diese äußere Membran besteht aus zwei Lipiddoppelschichten ((B), (D) und (E)), dazwischen liegt der einschichtige Mureinsacculus (C). Viele Lipopolysaccharide haben als sog. **Endotoxine** mit einer krankheitsauslösenden Wirkung im Wirtsmechanismus große medizinische Bedeutung.

H06
→ **Frage 3.39: Lösung A**

Zu **(A)**: **Pyrogene** sind Fieber-auslösende Substanzen. Die **Lipopolysaccharide** der äußeren Membran gramnegativer Bakterien gehören als sogenannte **Endotoxine** zu den stärksten und medizinisch bedeutsamsten Pyrogenen. Aber auch Bestandteile grampositiver Bakterien oder von Viren können im Patienten zu Fieber führen.
Zu **(B)**: Streptokokken der Gruppe A, die zu den natürlichen Keimen in Mundhöhle und Pharynx gehören, besitzen in ihrer Zellwand das M-Antigen. Dieses Protein erschwert den Makrophagen die Phagozytose. Aufgrund der Ähnlichkeit des M-Antigens mit kardialen Oberflächenstrukturen kann es durch die Bildung von autoaggressiven Antikörpern nach einer Streptokokkeninfektion zum Krankheitsbild des **rheumatischen Fiebers** kommen. Das M-Antigen selbst ist aber nicht pyrogen.
Zu **(C)**: Durch eine Vielzahl von Geißelantigenen, über 70 O-Antigene und über 100 H-Antigene, lassen sich gramnegative Stäbchenbakterien, z. B. Salmonella typhi, klassifizieren. Fieber lösen diese Antigene aber nicht aus.
Zu **(D)**: Die Kapsel der Pneumokokken ist ein wesentlicher **Virulenzfaktor**, da sie die Phagozytose der Keime verhindert, ein Pyrogen ist sie nicht.
Zu **(E)**: Das **Exotoxin** von Clostridium tetani wird über die neuronale Endplatte in Motoneurone aufgenommen und zentripetal in Rückenmark und Hirnstamm transportiert. Dort verhindert es die Freisetzung inhibitorischer Neurotransmitter wie GABA oder Glycin, was dann durch Übererregung motorischer Systeme zu den Symptomen der Teta-

3 Grundlagen der Mikrobiologie und Ökologie

nusinfektion mit charakteristischen Muskelkrämpfen führt.

H05 ■

→ **Frage 3.40: Lösung D**

Zu **(D)**: **Lipopolysaccharide** sind typische Bestandteile der äußeren Zellmembran gramnegativer Bakterien. Bei grampositiven Bakterien kommen sie nicht vor. Manche Lipopolysaccharide sind in membrangebundener Form oder als enzymatisch freigesetzte Substanzen als sog. **Endotoxine** für viele pathologische Reaktionen im Wirtsorganismus verantwortlich. Insbesondere die geschilderte Symptomatik mit hohem Fieber und Sepsis ist typisch für eine Reaktion auf derartige Endotoxine.
Zu **(A)**: Kleinste Proteinfäden, sog. **Pili** oder Fimbrien, dienen vielen gramnegativen Bakterien zur Anheftung an andere Zellen oder Gewebe. Auch eine dünne Ausstülpung der Plasmamembran einiger Bakterien, über die die Übertragung genetischen Materials auf andere Zellen möglich ist, wird als (Sex-)Pilus bezeichnet. Diese Strukturen haben aber nichts mit dem geschilderten Krankheitsbild zu tun.
Zu **(B)** und **(E)**: **Murein** und **Lipoteichonsäuren** sind ebenfalls Bestandteile der bakteriellen Zellwand, sind aber nicht pathogen.
Zu **(C)**: Das Kernäquivalent oder **Nukleoid** beinhaltet die genetische Information einer Prokaryontenzelle, löst aber nicht die o. g. Krankheitssymptome aus.

F06

→ **Frage 3.41: Lösung B**

Zu **(B)**: **Lysozym** ist ein bakterizides Enzym, das u. a. im Nasensekret, in der Tränenflüssigkeit und in neutrophilen Granulozyten vorkommt. Es tötet Bakterien durch die hydrolytische Zerstörung des Mureinsacculus zwischen N-Acetyl-Glucosamin und N-Acetyl-Muraminsäure (sog. **Muramidase**), was letztlich zum osmotisch bedingten Wassereinstrom und zum Platzen der Bakterienzelle führt. Siehe Lerntext III.4 „Bakterielle Zellwand".
Zu **(A)**, **(C)**, **(D)** und **(E)**: Polysaccharide, Polypeptide, Lipide oder Bestandteile der Zellmembran können von dem hoch spezifischen Enzym nicht abgebaut werden.

H06

→ **Frage 3.42: Lösung C**

Zu **(C)**: **Lysozym** ist ein bakterizides Enzym, das vor allem in Tränenflüssigkeit und Nasensekret (und in einigen Halsschmerztabletten) enthalten ist. Es zerstört als Hydrolase den bakteriellen Mureinsacculus, die betroffene Zelle wird daraufhin durch den osmotisch bedingten Wassereinstrom zerstört.

Zu **(A)**: Lysosomale Enzyme sind wichtig für die intra- und extrazelluläre Verdauung, mit Lysozym haben sie aber nichts zu tun.
Zu **(B)**: Die **Myeloperoxidase**, ein Enzym der neutrophilen Granulozyten, kann unter Verwendung von Wasserstoffperoxid Chlorid in das starke Oxidationsmittel Hypochlorit OCl^- oxidieren.
Zu **(D)**: Erregerspezifische Kapselproteine sind häufige Virulenzfaktoren bei bakteriellen Infektionen, z. B. bei β-hämolysierenden Streptokokken, die u. a. die Erreger der Streptokokkenpharyngitis und des Scharlachs sind. Der Grundbaustein der bakteriellen Kapsel sind zumeist makromolekulare Disaccharidketten, die so genannte Hyaluronsäure. Dieser Bestandteil bakterieller Kapseln wird durch ein spezielles Enzym, die Hyaluronidase, aufgelöst.
Zu **(E)**: Das menschliche **Komplementsystem** besteht aus mehr als 30 Plasmaproteinen, die im Rahmen der Immunabwehr nach ihrer kaskadenartigen Aktivierung zur Zerstörung von Krankheitserregern führen. Die sogenannte C3-Konvertase, eine an der Oberfläche der Zielzelle gebunden Protease, nimmt hierbei eine zentrale Rolle ein und ist über die chemotaktische Anlockung von Leukozyten, eine vermehrte Phagozytose und die Lyse der Zelle letztlich für eine erfolgreiche Immunabwehr verantwortlich. Die Aktivierung der Komplementkaskade kann hierbei über zwei unterschiedliche Wege erfolgen: zum einen über den so genannten „klassischen Aktivierungsweg", bei dem es durch die Bindung von Antikörpern zum Start der Komplementkaskade kommt, zum anderen über den „alternativen Weg", bei dem Mikroorganismen (insbesondere die Lipopolysaccharidschicht gramnegativer Bakterien) zur Aktivierung führen. Mit Lysozym hat dieser komplexe Vorgang nichts zu tun.

F97

→ **Frage 3.43: Lösung B**

Zu **(B)**–**(E)**: Siehe Lerntext III.10 „Wirkprinzipien von Antibiotika".
Zu **(A)**: Denaturierung von Proteinen bezeichnet die Zerstörung der räumlich definierten Struktur und damit der biologischen Wirksamkeit. Dieser Vorgang ist das Wirkprinzip verschiedener Desinfektionsmittel, z. B. Alkohol, Phenole, Aldehyde.

H03 H00 ■

→ **Frage 3.44: Lösung A**

L-Formen sind Bakterien, die – in isotoner Nährlösung gehalten – durch die Einwirkung von Penicillin oder ähnlichen Substanzen ihre Zellwand verloren haben.
Zu **(A)**: **Mykoplasmen** sind zellwandlose Bakterien und ähneln den o. g. L-Fomen durch den Mangel einer äußeren, festen Form sehr.

Zu **(B)**: **Staphylokokken** = in Haufen liegende, kleine und rundliche Bakterien.
Zu **(C)**: **Streptokokken** = in Reihen liegende, kleine und rundliche Bakterien.
Zu **(D)**: **Treponemen** = spiralig gekrümmte Bakterien.
Zu **(E)**: **Vibrionen** = kommaförmige Bakterien, z. B. *Vibrio cholerae*.

H02 F98 ■
→ **Frage 3.45: Lösung A**

Zu **(A)**: **Mykoplasmen** sind Zellwand-freie Bakterien. Sie zeigen daher eine primäre Resistenz gegenüber Penicillin. Medizinisch relevant ist *Mycoplasma pneumoniae* als Erreger einer atypischen Pneumonie bei alten und immuninkompetenten Patienten.
Zu **(B)**: Die Fähigkeit zur **Kapselbildung** ist u. a. von einigen Kokken bekannt. Die aus wasserbindenden Muzinen bestehende Kapsel schützt den Keim vor Phagozytose und erhöht somit die Virulenz des betreffenden Erregers. Medizinische Relevanz haben die **Pneumokokken** als Erreger der klassischen, akuten Lungenentzündung.
Zu **(C)**: **Animale Viren** sind potenzielle Krankheitserreger bei Mensch und Tier, haben mit Mykoplasmen jedoch nichts zu tun.
Zu **(D)** und **(E)**: Durch Einwirkung von **Penicillin** oder **Lysozym** wird die bakterielle Zellwand zerstört. Bei physiologischem Außenmilieu kommt es daraufhin zum osmotisch bedingten Wassereinstrom und dadurch zum Platzen der Zelle. Bei hochosmolarem Außenmedium können die Zellen jedoch auch ohne Zellwand überleben und werden als sog. **L-Formen** (L für „Lister") bezeichnet.

H06 ■
→ **Frage 3.46: Lösung D**

Zu **(D)**: **Mykoplasmen** sind zellwandfreie Bakterien; sie haben daher eine **primäre Resistenz** gegenüber den β-Laktam-Antibiotika, die ihre Wirkung ja gerade in der Zerstörung des Mureinsacculus und der darauffolgenden osmotischen Lyse der Zelle haben.
Zu **(A)** und **(B)**: Der Besitz Resistenzgen-tragender Plasmide ist sicher ein wichtiger Gesichtspunkt bei der Betrachtung von Antibiotikaresistenzen verschiedenster Bakterienstämme, insbesondere wenn sich diese Gene auch noch in großer Häufigkeit über Konjugation direkt von Zelle zu Zelle in der Population ausbreiten.
Zu **(C)**: Lysogenie bezeichnet die Fähigkeit von Bakteriophagen, die eigene Erbinformation in das Genom der Wirtszelle zu integrieren und dort vervielfältigt zu werden, ohne die Wirtszelle zu zerstören.
Zu **(E)**: β-Laktamasen sind Enzyme, die den β-Laktam-Ring der entsprechenden Antibiotika spalten und damit das Medikament unwirksam machen.

Keime, die die β-Laktamase enthalten, z. B. Staphylokokken oder Hämophilus, sind damit resistent gegen verschiedene Penicilline oder Cephalosporine.

3.2.3 Geißeln, Pili (Fimbrien)

F93
→ **Frage 3.47: Lösung B**

Zu **(B)**, **(C)** und **(D)**: Die Geißeln eukaryontischer (z. B. Spermium) und prokaryontischer Zellen haben mit der Fortbewegung der Zelle (C) zwar identische Funktion, sind aber völlig unterschiedlich aufgebaut (B). Bakterielle Geißeln bestehen aus Flagellin (D) und sind über eine gelenkartige Ansatzstruktur in der Zellmembran verankert. Ihnen fehlt das definierte Mikrotubulussystem der Eukaryonten-Geißel. Die Fortbewegung der Zelle wird durch rotierende Bewegungen, ähnlich einer Schiffsschraube, ermöglicht.
Zu **(E)**: Je nach Zahl und Ansatzstelle der bakteriellen Geißel werden verschiedene Bakteriengattungen charakterisiert. Man unterscheidet **polar** (eine endständige Geißel), **lophotrich** (ein endständiger Schopf mehrerer Geißeln) und **peritrich** (viele Geißeln über die Zelle verteilt) begeißelte Bakterien.

F04
→ **Frage 3.48: Lösung D**

Zu **(D)**: Bakterielle Geißeln bestehen aus dem Protein **Flagellin** und sind über eine gelenkartige Ansatzstruktur in der Zellwand verankert. Durch eine rotierende Schraubenbewegung, ähnlich einer Schiffsschraube, kann sich das Bakterium auf diese Weise aktiv bewegen.
Zu **(A)**: Aktin ist ein eukaryontisches Protein, das in Muskelzellen in Verbindung mit Myosin eine Zellbewegung ermöglicht. In Prokaryonten kommt es nicht vor.
Zu **(B)**, **(C)** und **(E)**: Beschrieben sind typische Charakteristika eukaryontischer Geißeln. Für die Bakteriengeißel sind diese Dinge nicht gültig.

H04
→ **Frage 3.49: Lösung A**

Zu **(A)**: Die Geißel einer Bakterienzelle hat mit der aktiven Zellbewegung zwar eine identische Aufgabe wie die Geißel einer eukaryontischen Zelle. Ihr struktureller Aufbau aus dem Protein **Flagellin** sowie ihre gelenkartige Ansatzstruktur in der Zellmembran ist jedoch völlig verschieden.
Zu **(B)** und **(E)**: Zilien oder Geißeln eukaryontischer Zellen sind durch eine hochgeordnete Struktur aus 9 Mikrotubulus-Doppelzylindern und 2 zentralen **Mikrotubuli**, die sog. **„9 x 2 + 2-Struktur"**, charakterisiert.

3 Grundlagen der Mikrobiologie und Ökologie

Zu (C): Mehrere Mikrofilamente aus Aktin zusammengelagert und mit einzelnen Myosin-Molekülen kombiniert ergeben die sog. **Stressfasern**, die für die strukturelle Integrität einer Zelle wichtig sind.

Zu (D): **Tonofilamente** sind Bündel aus Keratinfilamenten, die in Epithelzellen zu finden sind und u. a. beim Prozess der Verhornung der obersten Epithelschicht eine Rolle spielen.

H07
→ **Frage 3.50: Lösung C**

Zu (C): Bakterielle Geißeln oder Flagellen bestehen aus dem Protein **Flagellin**. Sie sind über eine gelenkartige Ansatzstruktur in der Zellwand verankert und dienen der aktiven Beweglichkeit des betreffenden Keimes. Bei Enterobakterien dient ihre spezielle Antigenstruktur (H-Antigene) der Klassifikation in bestimmte Serotypen.

Zu (A): Als Endotoxine wirken z. B. Bestandteile der Lipopolysaccharidschicht gramnegativer Bakterien.

Zu (B): Teichonsäuren, die insbesondere in der Wand grampositiver Bakterien vorkommen, sind große Polymere aus Ribitol- und Glycerol-Phosphaten, die fest mit dem Mureinsacculus oder mit der Zellmembran verbunden sind.

Zu (D): Bakterielle Kapseln, die den betreffenden Keim vor der Phagozytose schützen, bestehen aus stark wasserbindenden Polysacchariden, die früher als Muzine bezeichnet wurden.

Zu (E): Der Mureinsacculus besteht aus langen Polysaccharidketten, die über kurze Peptide kovalent miteinander verbunden sind. Der Proteinanteil ist aber so gering, dass man dem IMPP Recht geben muss – der Mureinsacculus besteht in der Tat nicht „primär" aus Proteinen.

F07 H04 ■
→ **Frage 3.51: Lösung B**

Zu (B): **Fimbrien** oder **Pili** sind Proteinfäden an der Oberfläche zumeist gram-negativer Bakterien. Sie dienen der spezifischen oder unspezifischen Anheftung des Keimes an andere Gewebe oder Wirtszellen.

Zu (A): Bakterielle **Geißeln** dienen der aktiven Beweglichkeit bestimmter Bakterien. Sie bestehen aus dem Protein Flagellin, sind in der Zellmembran verankert und ermöglichen die schraubenartige Fortbewegung des Keimes.

Zu (C): **Mesosomen** sind bestimmte Einstülpungen der Zellmembran einiger Bakterien, deren genaue Funktion noch nicht geklärt ist. Bei den fotosynthetisch aktiven Cyanobakterien enthalten sie lichtempfindliche, ATP-produzierende Enzyme.

Zu (D): Ausstülpungen der Zellmembran sind v. a. von eukaryontischen Zellen bekannt, z. B. der „Bürstensaum" aus **Mikrovilli** bei Darmepithelzellen.

Zu (E): „Intramural" bedeutet „in einer Organwand (liegend)", eine bei prokaryontischen Zellen nicht mögliche Lokalisation.

H05 ■
→ **Frage 3.52: Lösung C**

Zu (C): Vor allem gramnegative Bakterien besitzen häufig zarte Proteinfäden auf ihrer Oberfläche, die man als **Fimbrien** oder **Pili** bezeichnet. Durch diese Strukturen kann sich der Keim teils spezifisch, teils unspezifisch an andere Zellen oder Gewebe anheften. E. coli adhäriert auf diese Weise bei einem Harnwegsinfekt am Übergangsepithel der Harnröhre.

Zu (A) und (E): **Peptidoglykan** und **Lipoteichonsäuren** sind Bestandteile bakterieller Zellwände und haben mit der Anheftung an Wirtszelloberflächen nichts zu tun.

Zu (B): Die bakterielle **Zellmembran** ist stets von einer mehr oder weniger dicken Zellwand umgeben und kann daher für eine Adhärenz an andere Zellen nicht genutzt werden.

Zu (D): Die Bildung von **Kapseln** kann bei einigen Bakterien durch Schutz vor Phagozytose die Pathogenität erhöhen – bei der Anheftung an Oberflächen spielt sie keine Rolle.

F06
→ **Frage 3.53: Lösung D**

Zu (D): Die sog. **H-Antigene** sind in der Tat bestimmte Oberflächenantigene der Geißeln von Enterobakterien. Diese Keime werden in Abhängigkeit ihres Antigenspektrums in verschiedene Gruppen, die sog. Serovare oder Serotypen, eingeteilt. Neben dem H-Antigen, das beständig gegenüber Formaldehyd ist, werden auch bestimmte Polysaccharidketten der äußeren Zellmembran, das sog. **O-Antigen**, für die Einteilung herangezogen.

Zu (A): Basierend auf der chemischen Feinstruktur lassen sich kapselbildende Bakterien auch in verschiedene Serovare einteilen – es handelt sich dabei aber nicht um das gefragte H-Antigen.

Zu (B) und (C): Die bakterielle Zellwand und damit auch der Mureinsacculus bietet v. a. durch die Art der Anfärbbarkeit im Rahmen der bekannten Gram-Färbung die Möglichkeit, Bakterien in gramnegativ oder grampositiv einzuteilen.

Zu (E): Besonders bei Gram-negativen Bakterien sind bestimmte Antigene der äußeren Membran mit anhängender Lipopolysaccharidschicht (LPS) wichtige Klassifikationsmerkmale. Von großer klinischer Bedeutung ist die Wirkung der LPS als Endotoxin, das u. a. die „O-spezifische Polysaccharidkette", auch O-Antigen genannt, enthält.

3.2 Aufbau und Morphologie der Bakterienzelle (Prozyte)

F07
→ **Frage 3.54: Lösung B**

Zu **(B)**: Die sog. **H-Antigene** sind in der Tat bestimmte Oberflächenantigene der Geißeln von Enterobakterien. Diese Keime werden in Abhängigkeit ihres Antigenspektrums in verschiedene Gruppen, die sog. Serovare oder Serotypen, eingeteilt. Neben dem H-Antigen, das beständig gegenüber Formaldehyd ist, werden auch bestimmte Polysaccharidketten der äußeren Zellmembran, das sog. **O-Antigen**, für die Einteilung herangezogen.
Zu **(A)**: Der **Mureinsacculus** besteht aus heteropolymeren Polysacchariden (N-Acetylglukosamin und N-Acetylmuraminsäure) und bildet die äußere Zellwand von Bakterien. Bei der Gram-Färbung lagert der bis zu 40 Schichten dicke Mureinsacculus grampositiver Keime den violetten Farbstoff fest ein, während die eine Schicht Murein bei gramnegativen Bakterien nicht färbbar ist und die Bakterien nur durch eine Gegenfärbung mit einem roten Farbstoff erkennbar gemacht werden.
Zu **(C)**: Die Zellmembran besteht aus einer **Lipiddoppelschicht**, an der zahlreiche Proteine und Kohlenhydrate als Träger spezifischer und unspezifischer Eigenschaften der jeweiligen Zelle angeheftet oder eingelassen sind.
Zu **(D)**: **Porine** sind Poren-bildende Transmembranproteine, die einen einfachen Stoffdurchtritt ermöglichen. Porine kommen insbesondere bei gramnegativen Bakterien und in der Mitochondrienmembran vor.
Zu **(E)**: **Lipoteichonsäuren** sind große Polymere aus Ribitol- und Glycerolphosphaten, die v. a. bei grampositiven Bakterien vorkommen und an den Mureinsacculus fest gebunden sind. Enterobakterien sind dagegen meistens gramnegative Keime.

3.2.4 Kapsel

F01 ■
→ **Frage 3.55: Lösung B**

Zu **(B)**: Griffith entdeckte bereits 1928, dass pathogene Pneumokokken-Stämme die Eigenschaft der Kapselbildung auf vorher apathogene Stämme übertragen können, die dann selbst krankheitsauslösend wirken. Die aus Schleimstoffen bestehende Kapsel schützt den Keim vor Phagozytose und ist somit ein wichtiger Faktor der Virulenz.
Zu **(A)**: Mykoplasmen sind zellwandfreie Bakterien, die bei immungeschwächten Patienten eine atypische Pneumonie auslösen können. Zur Bildung einer Kapsel sind diese Bakterien nicht befähigt.
Zu **(C)**: *Treponema pallidum*, der Erreger der Syphilis, gehört zur Gruppe der Spirochäten. Der Keim ist ein spiralig gekrümmtes Stäbchen, ist durch Rotation aktiv beweglich und lässt sich auf künstlichen Nährmedien nicht kultivieren, sodass der Nachweis mittels Dunkelfeld-Mikroskopie geführt werden muss.
Zu **(D)**: Staphylokokken sind in Haufen zusammengelagerte, runde Keime ohne aktive Beweglichkeit. *Staphylococcus aureus* besitzt als Eitererreger bei Lokalinfektionen eine enorme klinische Bedeutung. Problematisch ist die zunehmend häufiger beobachtete Resistenz gegenüber den gängigen Antibiotika.
Zu **(E)**: *Vibrio cholerae*, ein kommaförmig geformtes Stäbchenbakterium ohne Begeißelung, ist als Erreger der Cholera von großer klinischer Bedeutung. Eine Kapselbildung kommt auch hier nicht vor.

3.2.5 Zellmembran (Zytoplasmamembran)

Zu diesem Kapitel wurden bisher keine Fragen gestellt.

3.2.6 Ribosomen

Zu diesem Kapitel wurden bisher keine Fragen gestellt.

3.2.7 Nucleoid (Kernäquivalent), Bakterienchromosom, Plasmide

III.6 Plasmide

Bakterienzellen enthalten neben dem eigentlichen Chromosom häufig weitere genetische Informationen als ringförmige und doppelsträngige DNA-Moleküle, die man als **Plasmide** bezeichnet und die in bis zu 40 Kopien in einem Bakterium vorliegen können. Plasmide vermehren sich unabhängig vom bakteriellen Chromosom, zeigen große Unterschiede im Hinblick auf die Anzahl der Basenpaare (zwischen 3×10^3 und 450×10^3) und tragen Gene, deren Informationen für das Überleben der Zellen nicht essenziell sind.
Der Besitz **konjugativer Plasmide** (F-Faktoren für *Fertilität*) ermöglicht es einer Bakterienzelle, über die Ausbildung einer direkten Zytoplasmabrücke Kontakt zu einer zweiten Zelle aufzunehmen und im Rahmen der sog. Konjugation genetisches Material, z. B. Resistenzgene desselben Plasmids, auszutauschen (siehe hierzu auch Lerntext III.11 „Parasexuelle Vorgänge bei Bakterien").

Klinischer Bezug
Medizinisch bedeutsam sind drei Gruppen von Plasmiden: **Virulenzplasmide** tragen Gene, die verschiedene Faktoren der bakteriellen Virulenz, z. B. für Enterotoxine, tragen. **Metabolische Plasmide** codieren für diverse Stoffwechselmerkmale

3 Grundlagen der Mikrobiologie und Ökologie

ihrer Trägerzellen. **Resistenzplasmide** enthalten Gene für verschiedene Mechanismen, die ihrem Träger Resistenzen gegenüber speziellen Antibiotika verleihen. Insbesondere diese Plasmide, die auch als R-Faktoren bezeichnet werden, haben aufgrund ihrer Übertragbarkeit auf Bakterienzellen anderer Gattungen eine enorme medizinische Bedeutung.

F01 ■
→ **Frage 3.56: Lösung A**

Zu **(A)**, **(B)** und **(D)**: Siehe Lerntext III.6 „Plasmide".
Zu **(C)** und **(E)**: Der sog. F-Faktor (F für Fertilität) kennzeichnet konjugative Plasmide, die die entsprechende Bakterienzelle befähigen, über eine Zytoplasmabrücke direkten Kontakt zu einem anderen Keim auszubilden. Über diesen Kontakt können dann sowohl die Plasmide selbst als auch Teile des bakteriellen Chromosoms in die Empfängerzelle übertragen werden. Wichtig ist dieser Vorgang, den man auch als Konjugation bezeichnet, vor allem im Zusammenhang mit der Ausbreitung von Antibiotikaresistenzgenen, die auch über Artgrenzen hinweg übertragen werden können.

H93 ■
→ **Frage 3.57: Lösung B**

Zu **(B)**: R-Plasmide mit diversen Genen für Antibiotikaresistenzen haben eine enorme Bedeutung in der Medizin. Da die genetische Information über Konjugationsvorgänge zwischen Bakterien auch speziesübergreifend ausgetauscht werden kann, werden immer neue resistente Keime beobachtet, die mit den routinemäßig eingesetzten Antibiotika nicht mehr bekämpft werden können.
Zu **(A)**, **(C)**, **(D)** und **(E)**: R-Faktoren sind auf Plasmiden lokalisiert, die frei im Zytoplasma der Zelle liegen.

H05
→ **Frage 3.58: Lösung D**

Unter einer cDNA versteht man das Produkt einer direkten Umschreibung der Basensequenz einer fertigen mRNA in eine DNA-Sequenz. Das bedeutet, dass bereits die nicht-informationstragenden Introns aus dem ursprünglichen Transkript entfernt wurden, sodass nur noch die direkt codierenden Abschnitte des betreffenden Gens enthalten sind. Überführt man synthetisch hergestellte cDNA-Moleküle in Bakterien (sog. Transfektion), bauen diese die cDNA in ihre Erbsubstanz ein. Auf diese Weise kann ein Bakterium ein menschliches Genprodukt synthetisieren. Prokaryontische Chromosomen enthalten keine Introns.
Zu **(D)**: Das korrekte Spleißen einer primär aus dem chromosomalen Gen transkribierten mRNA und hierbei v. a. das Entfernen der nicht-codierenden Introns der Nukleinsäure erfordert die Erkennung bestimmter Signalsequenzen, jedoch können Prokaryonten die eukaryontischen Signalsequenzen nicht erkennen.
Zu **(A)**: Die Introns würden transkribiert, d. h. in mRNA übersetzt, sie werden aber nicht als Introns erkannt, da derartige nicht-codierende Sequenzen bei Prokaryonten nicht vorkommen.
Zu **(B)**, **(C)** und **(E)**: Wie oben gesagt, kann ein Bakterium Introns nicht als solche erkennen. Somit würde eine (zu) lange mRNA aus allen Introns und Exons auf der Basis des chromosomalen Gens synthetisiert. Würde von dieser mRNA eine Polypeptidkette produziert, hat deren Aminosäurensequenz nichts mit dem eukaryontischen Genprodukt zu tun.

3.2.8 Sporen

III.7 Bakterielle Sporen

Einige Bakterienspezies sind in der Lage, **Dauerformen** auszubilden. Diese Sporen sind morphologisch durch eine dicke Wand gekennzeichnet, die eine **hohe Resistenz gegenüber physikalischen und chemischen Einflüssen** gewährleistet. So sind Sporen extrem unempfindlich gegenüber Hitze, Austrocknung, Strahlung und einer Vielzahl von Desinfektionsmitteln (klinisch sehr bedeutsam!). Die Sporenbildung wird durch **ungünstige Lebensbedingungen** des Bakteriums induziert. Aus einer Bakterienzelle bildet sich dann unter größtmöglicher Stoffwechselreduktion eine dauerhafte Spore aus. Bakterielle Sporen dienen also nicht der Vermehrung, ermöglichen dem Keim aber ein Überleben „in schlechten Zeiten". Sobald eine Spore in ein günstiges Nährmilieu gerät, entsteht aus ihr wieder die vegetative Bakterienzelle.

Klinischer Bezug
Humanpathogene Sporenbildner sind die verschiedenen **Clostridien**-Arten (Erreger von Wundstarrkrampf, Lebensmittelvergiftung und Gasbrand) und **Bacillus anthracis** (Milzbranderreger).

H90 ■■
→ **Frage 3.59: Lösung B**

Zu **(B)**: Sporen sind gegenüber den vegetativen Bakterienzellen gerade durch einen extrem reduzierten Stoffwechsel gekennzeichnet.
Zu **(D)**: Dieser Punkt hat große klinische Relevanz. Zur Abtötung von Sporen reichen gängige Desinfektionsmittel häufig nicht aus. Am sichersten ist die Sterilisation unter hoher Temperatur und hohem Druck (Autoklavieren).

H99 H96 ■■
→ **Frage 3.60: Lösung C**

Zu **(C)**: Bei der Sporulation entsteht aus einer Bakterienzelle eine Spore als umweltresistente Dauerform. Selbstverständlich muss der Erhalt der gesamten genetischen Information gewährleistet sein, da anderenfalls der Bestand der Art nicht gesichert wäre.
Zu **(A)**: Sporen entstehen unter ungünstigen Wachstumsbedingungen als temperatur-, trockenheits- und strahlungsresistente Dauerformen.
Zu **(B)**: Unter Konjugation versteht man den Austausch genetischer Information zwischen zwei Bakterienzellen.
Zu **(D)**: Da sich aus einem Bakterium nur eine Spore entwickelt, ist keinerlei Vermehrungsfunktion vorhanden (im Gegensatz zu Pilzsporen).
Zu **(E)**: Nur wenige Bakterienarten sind zur Sporenbildung befähigt; medizinisch relevant sind Clostridium und Bacillus.
Siehe Lerntext III.7 „Bakterielle Sporen".

F03 ■■
→ **Frage 3.61: Lösung D**

Zu **(D)**: Die Bildung von Sporen als weitgehend resistente Dauerformen ist bei nur einigen Bakteriengattungen bekannt; medizinisch interessant sind in diesem Zusammenhang die **Clostridien** (Erreger von Wundstarrkrampf, Botulismus, Gasbrand u. a.) und die Gattung **Bacillus** (*B. anthracis* als Erreger des Milzbrands). Kokken gehören nicht zu den Sporenbildnern.
Zu **(A)**, **(B)** und **(E)**: Sporen werden von Bakterien unter ungünstigen Umweltbedingungen gebildet, um als Dauerformen mit deutlich reduziertem Stoffwechsel und niedrigem Wassergehalt ein Überleben der Art zu sichern. Bei verbessertem Milieu entwickelt sich aus der Spore erneut die vegetative Bakterienzelle.
Zu **(C)**: Durch die beschriebene extreme Absenkung des Stoffwechsels und durch eine sehr dicke Wand sind Bakteriensporen unempfindlich gegenüber Austrocknung, Erhitzen und vielen Desinfektionsmittel.
Siehe Lerntext III.7 „Bakterielle Sporen".

F02 ■
→ **Frage 3.62: Lösung C**

Zu **(C)**: Von den genannten Bakterien sind nur die **Clostridien** zur Sporenbildung befähigt. Bakterielle Sporen dienen nicht (wie etwa bei Pilzen) der ungeschlechtlichen Vermehrung, sondern sind unempfindliche Dauerformen mit hoher Resistenz gegenüber Austrocknung, Hitze und vielen Desinfektionsmitteln. Auch die Gattung Bacillus (u. a. Erreger des Milzbrands) ist zur Sporulation fähig.

3.3 Wachstum der Bakterien

3.3.1 Stoffwechsel (Verhalten gegenüber Sauerstoff), intrazelluläres Wachstum

H07 H02
→ **Frage 3.63: Lösung E**

Zu **(D)** und **(E)**: **Obligat anaerob** bedeutet, dass ein entsprechendes Bakterium sehr empfindlich auf den in der normalen Luft enthaltenen Sauerstoff reagiert. Es wird dadurch in seinem Wachstum stark behindert, einige Keime sterben sogar unter Sauerstoffzufuhr ab. Ein wichtiges Beispiel hierfür ist *Clostridium perfringens*, der Erreger der Wundgangrän in tiefen, schlecht belüfteten Wunden. Infekte mit diesem obligat anaeroben Bakterium werden daher (neben der chirurgischen und der medikamentösen Therapie) auch mittels gezielter Sauerstofftherapie der betreffenden Wunde behandelt.
Zu **(A)** und **(B)**: Bakterien, auf die Sauerstoff wachstumsfördernd wirkt, nennt man **fakultativ aerob**; solche, die auf ihn nicht verzichten können, **obligat aerob**.
Zu **(C)**: Die Fixierung von atmosphärischem Kohlendioxid ist die Domäne der chlorophyllhaltigen Pflanzen, die daraus im Rahmen der **Photosynthese** Kohlenhydrate bilden.

H04
→ **Frage 3.64: Lösung C**

Zu **(C)**: Die charakteristische Gruppe der humanpathogenen Anaerobier sind die **Clostridien**, die vor allem im Erdboden vorkommen. Insbesondere durch die Besiedelung tiefer Wunden, die nur schlecht durchblutet werden, können gefährliche Infektionen wie Gasbrand (*Clostridiumperfringens*) oder auch Wundstarrkrampf (*Clostridiumtetani*) entstehen. Auch der Auslöser einer schweren Lebensmittelvergiftung durch verdorbene Konserven, *Clostridiumbotulinum*, gehört zur selben Gruppe der Anaerobier.
Zu **(A)**, **(B)**, **(D)** und **(E)**: Sauerstoff wirkt auf anaerobe Bakterien mehr oder weniger zwingend als Zellgift, da ihnen u. a. die Enzymsysteme fehlen, die schädliche Sauerstoffradikale wie Peroxid- oder Superoxid-Anionen eliminieren können. Fakultative Anaerobier können Nährsubstrate sowohl unter Sauerstoffzufuhr (Atmung) als auch unter Luftabschluss (Gärung) abbauen.

3.3.2 Bakterienkultur

III.8 Lichtmikroskopischer Nachweis von Bakterien

Der lichtmikroskopische Nachweis von Bakterien ist bei 1000facher Vergrößerung ab einer Keimzahl von 10^4/ml möglich. Falls keine ausreichende Keimdichte im Untersuchungsgut vorliegt, müssen die Bakterien in vitro vermehrt (= kultiviert) werden.
In einer **statischen Kultur** (ohne kontinuierlichen Austausch des Nährmediums) wachsen Bakterien nach einem genau quantifizierbaren Ablauf. Für die Zellvermehrung ist die **Generationszeit,** das ist die Zeit, die die Bakterien für einen Teilungsvorgang benötigen, der entscheidende Parameter. Diese Zeit ist unter optimalen Kulturbedingungen am kürzesten und für jedes Bakterium spezifisch. Die Zunahme der Zellzahl ist im Optimalfall exponentiell. Aus einer Zelle entstehen in einer Generationszeit zwei, nach zwei Generationszeiten $2^2 = 4$, nach drei Generationszeiten $2^3 = 8$ usw. Nach vierzehn Generationszeiten ist die Population auf $2^{14} = 16\,384$ Zellen angewachsen, eine Zahl, die in 1 ml gelöst die lichtmikroskopische Nachweisgrenze überschreitet.

H93
→ **Frage 3.65: Lösung C**

Zu (C): Ein Bakterium, das nach der Gram-Färbung im Mikroskop rot erscheint, ist gramnegativ.
Zu (B): **Heterotrophe Organismen** sind auf die **Zufuhr organischer Substrate** angewiesen; dies trifft auf (fast alle) Bakterien, alle Tiere und den Menschen zu. Grüne Pflanzen sind durch ihre Fähigkeit zur **Photosynthese** in der Lage, organische Materie aus **anorganischen Substraten** mit Hilfe des Sonnenlichts zu synthetisieren (**autotroph**).

3.3.3 Wachstum und Vermehrung

H95 F93
→ **Frage 3.66: Lösung E**

Zu (E): Die Generationszeit beträgt z. B. für E. coli etwa 20 Minuten. Nach der im Lerntext III.8 „Lichtmikroskopischer Nachweis von Bakterien" erläuterten Rechnung kann der lichtmikroskopische Nachweis hier nach 14 Generationszeiten = 280 Minuten (4 h 40') erfolgen. Es gibt jedoch eine Reihe anderer Keime, deren Generationszeit deutlich länger ist. Ein Extremfall sind Tuberkulosebakterien (*Mycobacterium tuberculosis*), die sich erst nach 8–12 Stunden einmal verdoppelt haben. Die meisten relevanten Keime liegen in ihrer Generationszeit jedoch zwischen 0,5–1 Stunde, sodass „in der Regel" keine 72 Stunden zur Beurteilung einer Bakterienkultur benötigt werden.
Zu (A): Bei humanpathogenen Bakterien liegt ein Temperaturoptimum im Bereich der menschlichen Körpertemperatur nahe.
Zu (B): **Agar** besteht aus weit verzweigten Polysaccharidketten (Agarose), die aus bestimmten Rotalgen gewonnen werden. Versetzt man eine Nährlösung mit 1,5–2 % Agarose, so ist diese Mischung bei 90 °C–100 °C flüssig, kann in Petrischalen ausgegossen werden und erstarrt bei 45 °C zum festen Nährboden.
Zu (C): **Pepton** ist ein chemisch nicht definiertes Gemisch von Protein-Bestandteilen, das durch Andauung von Eiweißen mit der Protease Pepsin hergestellt wird. Pepton enthält zu einem Drittel Aminosäuren, der Rest besteht aus Di- und Tripeptiden sowie nicht verdauten Proteinen. Diese Mischung wird komplexen Nährlösungen als Stickstoffquelle zugesetzt.
Zu (D): Das pH-Optimum der meisten humanpathogenen Bakterien liegt bei pH = 7,0 oder leicht darüber.

III.9 Wachstumsverhalten von Bakterien in statischer Kultur

Die statische Kultur läuft als geschlossenes System ohne intermittierende Zufuhr von Nahrungsstoffen oder Abfuhr von Stoffwechselprodukten in charakteristischen 4 Phasen ab.

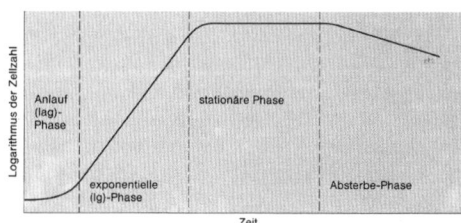

Abb. 3.4 Wachstumskurve einer Bakterienkultur (aus: Schlegel, H. G.: Allgemeine Mikrobiologie, 7. Auflage, Thieme, Stuttgart, New York, 1992)

1. Anlauf-/lag-Phase
Diese Phase umfasst den Zeitraum von der Beimpfung der Kulturplatte bis zum Erreichen der maximalen Teilungsrate der Kultur. Die Länge der lag-Phase hängt von zahlreichen Bedingungen ab, z. B. Zusammensetzung des Kulturmediums, äußere Faktoren (Temperatur!), Alter der Stammkultur usw.

2. Exponentielle Phase
Hier zeigen die Zellen ihre höchste Teilungsrate, die Kultur wächst exponentiell. Bei halblogarithmischer Auftragung kann man aus der Steigung der Wachstumsgeraden die optimale **Generations-**

zeit ausrechnen, d. h. die Zeit, in der sich die Bakterienpopulation einmal verdoppelt (bei E. coli ca. 20 min).
Mit fortschreitendem Substratverbrauch und zunehmender Anhäufung wachstumshemmender Stoffwechselprodukte geht die Kultur dann über in die

3. Stationäre Phase
Die Zellen stellen die Vermehrung ein, die ansteigende Gerade der exponentiellen Phase neigt sich zu einem horizontalen Verlauf. Die Überlebensfähigkeit der meisten Bakterien ist in dieser Phase noch groß. Es werden intrazelluläre Reservestoffe verbraucht; nur wenige Keime sterben hier schon ab.

4. Absterbephase
Die Konzentration zytotoxischer Stoffwechselprodukte bei drastischer Substratverarmung führt zum Absterben der Kultur.

Klinischer Bezug
Andauernde Nährstoffzufuhr und Metabolitenabfuhr ermöglichen eine kontinuierliche Kultur (Fließgleichgewicht), in der die Zellen je nach Wunsch in der exponentiellen oder stationären Phase gehalten werden können.

F92 ■
→ **Frage 3.67: Lösung D**

Zu (A) und (B): = Anlauf- oder lag-Phase.
Zu (C): = stationäre Phase.
Zu (F): = Absterbephase.

F94
→ **Frage 3.68: Lösung B**

Zu (B): Die **Zunahme der Zellzahl** erfolgt nicht linear, sondern **exponentiell** mit maximaler Teilungsrate bei minimaler Generationszeit.
Zu (A), (C), (D) und (E): Siehe Lerntext III.9 „Wachstumsverhalten von Bakterien in statischer Kultur".

H04
→ **Frage 3.69: Lösung B**

Die Frage bezieht sich auf mögliche Stickstoffquellen, die von den verschiedenen Bakterienarten benötigt werden.
Zu (B): **Pepton** ist ein chemisch nicht-definiertes Gemisch von Protein-Bestandteilen, das durch die Verdauung von Eiweißen mit der Protease Pepsin gewonnen wird. Es enthält etwa ein Drittel freie Aminosäuren sowie Di- und Tripeptide bis hin zu nicht verdauten Proteinen und ist häufiger Bestandteil komplexer Nährmedien.
Zu (A) und (C)–(E): Alle hier genannten Moleküle sind ebenfalls mögliche Stickstoffquellen. Atmosphärischer Stickstoff wird von verschiedenen Bakterien und Cyanobakterien teils autonom, teils in Symbiose mit Pflanzen (sog. Knöllchenbakterien) fixiert und in Aminosäuren eingebaut. Andere Bakterien und Pilze bauen organische, Stickstoff-haltige Ausscheidungen wieder ab und überführen sie u. a. in anorganisches NH_4^+. Diese Ammonium-Ionen werden dann entweder direkt der Proteinsynthese wieder zugeführt oder durch nitrifizierende Bakterien über Nitrit zu Nitrat oxidiert.
Siehe dazu Lerntext III.17 „Stoffkreisläufe".

F00
→ **Frage 3.70: Lösung D**

Zu (D): Agar-Agar ist eine Polysaccharid, das aus Rotalgen gewonnen wird. In der Mikrobiologie wird es Bakteriennährlösungen zugesetzt, um feste Nährböden herzustellen. Agar-Agar ist bei Temperaturen um 100 °C flüssig, härtet aber in der Petrischale nach dem Abkühlen unter 45 °C schnell aus. Flüssige Nährmedien sollten daher kein Agar-Agar enthalten, sonst bleiben sie nicht flüssig.
Zu (A): Die **Generationszeit** als die Zeit, in der sich eine Bakterienkultur verdoppelt, hängt von vielen äußeren Einflüssen ab. Sind Nährstoffangebot, pH-Wert und Temperatur optimal, so teilen sich Escherichia coli alle 20 Minuten. Damit gehört dieser Keim zu den am schnellsten wachsenden Bakterien. Als Gegenbeispiel kann man sich die Tuberkulosebakterien merken, deren Generationszeit in vitro bei 8 – 12 Stunden liegt.
Zu (B) und (E): In einer statischen Bakterienkultur, d. h. ohne Zufuhr weiterer Nährstoffe und ohne Abtransport schädlicher Metabolite, sind 4 charakteristische Wachstumsphasen voneinander abgrenzbar:
Die initiale **Anlauf-(lag-)Phase** reicht vom Beimpfen der Kulturschale bis zum Erreichen der höchsten Teilungsrate der Kultur. In der zweiten **exponentiellen (log-)Phase** wächst die Kultur mit maximaler Geschwindigkeit (und damit kürzester Generationszeit). Der fortschreitende Substratabbau und die zunehmende Anhäufung toxischer Metabolite bedingen den Übergang in die dritte, **stationäre Phase**. Die Teilungsaktivität wird eingestellt; die Zellen leben allerdings weiter durch den Verbrauch intrazellulärer Reservestoffe. Als Folge von Substratverarmung und Anhäufung toxischer Stoffwechselprodukte tritt die Kultur schließlich in die **Absterbephase** ein.
Siehe auch Lerntext III.9 „Wachstumsverhalten von Bakterien in statischer Kultur".
Zu (C): Der Wert von 10^9 Keimen pro ml markiert ungefähr den Endpunkt der exponentiellen Vermehrungsphase einer Bakterienkultur. Da die Kultur aus den o. g. Gründen danach in die stationäre Phase eintritt, steigt die Keimzahl danach nicht wesentlich weiter an.

F04 H98 F98 ■
→ **Frage 3.71: Lösung C**

Zu **(C)**: Die **Generationszeit** als minimale Zeitspanne der Verdopplung einer Bakterienkultur wird nur unter optimalen Wachstumsbedingungen erreicht (ausreichendes Substratangebot, pH und Temperatur im Optimum, Fehlen zytotoxischer Metabolite). Sie ist für jede Bakterienart spezifisch. Bei *Escherichia coli* ist sie mit 20 Minuten sehr kurz. Andere Keime sind durch eine deutlich längere Generationszeit charakterisiert, z. B. *Mycobacterium tuberculosis* mit 8–12 Stunden.

III.10 Wirkprinzipien von Antibiotika

1. Hemmstoffe der Zellwandsynthese
Penicilline und **Cephalosporine** hemmen die bakterielle Transpeptidase, ein Enzym, das die Quervernetzung der Polysaccharidketten im Murein über Oligopeptidketten katalysiert. Der Murein-Sacculus ist somit instabil und die Zelle platzt durch osmotisch bedingten Flüssigkeitseinstrom. Die Wirkung ist bakterizid (abtötend) auf wachsende Keime, besonders auf grampositive Bakterien.
Bacitracin und **Vancomycin** hemmen den Transport von Zellwand-Grundbausteinen durch die Zellmembran.

2. Interferenz mit der Translation am Ribosom
Tetrazykline, **Aminoglykoside**, **Chloramphenicol** und **Erythromycin** greifen auf unterschiedliche Art und Weise in die Translation am bakteriellen Ribosom ein. Bis auf Aminoglykoside ist die Wirkung bakteriostatisch, d. h. die Vermehrung der Keime wird verhindert. Tetrazykline sind die klassischen Breitbandantibiotika gegen eine Vielzahl von Erregern.

3. Schädigung der Zellmembran
Dieses Wirkprinzip ist in der antibakteriellen Therapie wenig verbreitet. Verschiedene **Polypeptid-Antibiotika** (Polymyxine, Tyrothricin) lagern sich in die Membran ein und führen zur osmotischen Lyse der Zelle.

4. Zerstörung bakterieller Nukleinsäuren
Gyrase-Hemmer verhindern die Platz sparende Verdrillung bakterieller DNA und wirken auf diese Weise bakterizid. **Nitroimidazol-Derivate**, z. B. Tuberkulose-Therapeutika, hemmen die bakterielle Transkription durch Blockade der DNA-abhängigen RNA-Polymerase.

5. Hemmung der Tetrahydrofolat-Synthese
Sulfonamide und **Trimethoprim** hemmen die Synthese von Tetrahydrofolat, einem wichtigen Ausgangsstoff zur Bildung von Nukleinsäuren. Beide Substanzen wirken bakteriostatisch, in Kombination (Cotrimoxazol) bakterizid.

F09 H03 ■
→ **Frage 3.72: Lösung D**

Zu **(D)**: **Penicillin** und **Cephalosporine** (die sog. „**Beta-Lactam-Antibiotika**") wirken in der Tat durch die **Hemmung der bakteriellen Transpeptidase** – ein Enzym, das bei proliferierenden Bakterien die Quervernetzung der Zuckerketten im Mureinsacculus katalysiert. Wird dieses Enzym gehemmt, quillt die Zelle durch osmotisch bedingten Wassereinstrom auf und platzt schließlich. Beta-Lactam-Antibiotika wirken demnach bakterizid auf proliferierende Keime.

Zu **(A)**: **Bakterielle Ribosomen** sind aus einer 30S- und einer 50S-Untereinheit zusammengesetzt, diese bilden gemeinsam ein **70S**-Ribosom. Die Blockade der bakteriellen Ribosomen ist der Wirkmechanismus z. B. der bakteriostatischen **Tetrazykline** – die als klassische Breitbandantibiotika zum Einsatz kommen.

Zu **(B)**: Das Antibiotikum **Antimycin A** blockiert die **bakterielle Atmungskette**, ist aber klinisch nicht von größerer Bedeutung.

Zu **(C)**: Die Gruppe der **Gyrase-Hemmer** wirkt bakterizid, da sie die enzymatische Verdrillung der bakteriellen DNA verhindern.

Zu **(E)**: **Nitroimidazol-Derivate** hemmen die DNA-abhängige **RNA-Polymerase** und verhindern so die Transkription der bakteriellen Erbinformation. Diese Substanzen werden in der **Therapie der Tuberkulose** eingesetzt.

H07
→ **Frage 3.73: Lösung D**

Zu **(D)**: Beta-Lactam-Antibiotika (z. B. Penicillin) hemmen die bakterielle Transpeptidase. Das ist ein Enzym, das die Quervernetzung der Polysaccharidketten bei der Bildung des Mureinsacculus katalysiert.

Zu **(A)**: Tetrazykline, Aminoglykoside, Chloramphenicol oder Erythromycin binden an die bakteriellen Ribosomen und verhindern so die Proteinbiosynthese.

Zu **(B)**: Mehrere Tuberkulose-Therapeutika aus der Gruppe der Nitroimidazol-Derivate hemmen die bakterielle Transkription durch Blockade der DNA-abhängigen RNA-Polymerase.

Zu **(C)**: Die Replikation der DNA wird insbesondere durch Sulfonamide und Trimethoprim gehemmt. Die Substanzen verhindern die Bildung von Tetrahydrofolat, einem wichtigen Baustein für die Synthese von Nukleinsäuren.

Zu **(E)**: Verschiedene Polypeptid-Antibiotika können sich in die Zellmembran einlagern und führen durch eine Störung der Membranintegrität zur osmotisch bedingten Lyse der Zelle.

Siehe auch Lerntext III.10 „Wirkprinzipien von Antibiotika".

3.3 Wachstum der Bakterien

F03 ■■
→ **Frage 3.74: Lösung E**

Zu **(E)**: Da das Penicillin durch Blockade der effektiven Quervernetzung von Bestandteilen der bakteriellen Zellwand (Murein-Sacculus) wirkt, ist es besonders effektiv bei proliferierenden grampositiven Keimen.
Zu **(A)**: Mycoplasmen besitzen keine Zellwand und sind daher primär Penicillin-resistent.
Zu **(B)**: Retroviren sind keine Lebewesen, besitzen keinen eigenen Stoffwechsel und sind daher unempfindlich gegenüber allen Antibiotika.
Zu **(C)**: Der Begriff „**Protoplast**" ist definiert als Gesamtheit von Zytoplasma, Karyoplasma und Zellmembran, gilt für alle lebenden Zellen und ist damit im Zusammenhang mit dieser Frage als nicht sinnvolle Antwort zu sehen.
Zu **(D)**: Rickettsien sind gramnegative, unbewegliche und zumeist intrazellulär parasitierende Bakterien. Sie kommen vor allem im Verdauungstrakt verschiedener Ektoparasiten vor (Läuse, Flöhe, Milben etc.) und können typhusähnliche Erkrankungen auslösen.

F03 ■
→ **Frage 3.75: Lösung C**

Zu **(C)**: **Chloramphenicol**, Tetrazykline, Aminoglykoside und Erythromycin behindern in unterschiedlicher Art und Weise die Proteinsynthese von Bakterien, indem sie selektiv an den prokaryontischen Ribosomen angreifen.
Zu **(A)**: **Mesosomen** sind Einstülpungen der bakteriellen Zellmembran, die Enzyme zur Zellatmung beinhalten. Ihre Existenz ist vermutlich auf artifizielle Veränderungen der bakteriellen Strukturen im Rahmen der Zellpräparation für die Elektronenmikroskopie zurückzuführen. In der Tat gibt es Anzeichen für eine Zerstörung dieser Strukturen durch verschiedene Antibiotika, z. B. bei der Wirkung von Lomefloxacin auf Mycobacterium tuberculosis. Insgesamt scheint mir dieses Wissen aber nicht essenziell für einen Physikumskandidaten zu sein.
Zu **(B)**: Eine kleine Gruppe von **Polypeptid-Antibiotika** wirken bakterizid durch Einlagerung in die bakterielle Zellmembran mit nachfolgend osmotischer Lyse der Zelle.
Zu **(D)**: **Nitroimidazole** hemmen die bakterielle DNA-abhängige RNA-Polymerase und verhindern so die notwendige Synthese der Ribonukleinsäuren. Diese Antibiotika-Gruppe findet vor allem Verwendung in der Tuberkulosebehandlung.
Zu **(E)**: Über die Hemmung der Quervernetzung der bakteriellen Zellwand wirkt das klassische **Penicillin** ebenso wie die neueren **Cephalosporine**.
Siehe Lerntext III.10 „Wirkprinzipien von Antibiotika".

F05 ■
→ **Frage 3.76: Lösung B**

Zu **(B)**: **Penicillin** wirkt bakterizid auf sich vermehrende Erreger, indem es die Bildung eines funktionsfähigen Mureinsacculus (= Zellwand) verhindert.
Die sog. **log-Phase** einer Bakterienkultur ist durch eine maximale Teilungsrate mit exponentieller Zellvermehrung gekennzeichnet. Somit befinden sich in dieser Phase die meisten Zellen in aktiver Zellteilung – ein optimaler Angriffspunkt für Penicillin.
Zu **(A)**: Die lag-Phase umfasst den Zeitraum von der Beimpfung des Kulturmediums bis zum Erreichen der maximalen Teilungsrate, d. h. die Wirkung des Penicillins ist in dieser Anfangsphase nicht so stark, da sich viele Zellen noch nicht in Teilung befinden.
Zu **(C)** und **(D)**: In der stationären Phase einer Kultur stellen die Zellen ihre Vermehrung ein, in der darauf folgenden Absterbephase verringert sich die Zellzahl durch einen Konzentrationsanstieg toxischer Metabolite und das Fehlen von Nahrungsstoffen. Beide Phasen einer Zellkultur sind daher nicht empfindlich auf Penicillin.
Zu **(E)**: Ein Protoplast ist eine Zelle, deren Zellwand (schonend) entfernt wurde. Es gibt also keinen Angriffspunkt mehr für Penicillin.

F98 ■
→ **Frage 3.77: Lösung C**

Zu **(C)**: Bakteriostatisch wirkende Antibiotika, z. B. Tetrazykline und Sulfonamide, hemmen die bakterielle Vermehrung und somit das Wachstum einer Keimpopulation. Das Abtöten der Erreger übernimmt das körpereigene Immunsystem.
Zu **(A)**: Austrocknungsresistenz ist ein Kennzeichen bakterieller Sporen, wie sie beispielsweise von Clostridien gebildet werden, um das Überleben bei vorübergehend schlechten Umweltbedingungen zu ermöglichen.
Zu **(B)**: Die Fähigkeit bestimmter Bakterien, trotz des Vorhandenseins potenziell abtötender Stoffe zu überleben, wird als Resistenz bezeichnet. Ein bekanntes Beispiel ist die Widerstandsfähigkeit von Staphylokokken gegenüber dem klassischen Penicillin.
Zu **(D)**: Obligat anaerobe Bakterien wachsen nur unter Sauerstoffabschluss. Für diese Keime wirkt O_2 als tödliches Zellgift, z. B. Clostridien als Erreger des Gasbrands.
Zu **(E)**: Die Abtötung von Keimen wird als bakterizide Wirkung von Antibiotika oder Desinfektionsmitteln bezeichnet. So verhindert Penicillin die Zellwandsynthese verschiedener grampositiver Bakterien (z. B. Streptokokken), was zur osmotisch bedingten Anschwellung und schließlich zum Platzen der Zellen führt.

3 Grundlagen der Mikrobiologie und Ökologie

→ **Frage 3.78: Lösung E**

Zu **(E)**: Tiefgefrieren führt zur Verlangsamung des bakteriellen Stoffwechsels, jedoch nicht zum Abtöten der Keime. Bei Wiedererwärmung steigt die Stoffwechselaktivität sofort wieder an, und es kommt zum schnellen Verderben des Gefrierguts.
Zu **(A)**, **(B)** und **(C)**: **Alkohole, Aldehyde und Phenole** führen zur **Proteindenaturierung,** d. h. zum Verlust der räumlich definierten Proteinstruktur und damit der Funktion.
Zu **(D)**: **UV-Strahlung** bewirkt in der bakteriellen DNA die **Bildung sog. Thymindimere.** Die kovalent miteinander verknüpften Nukleobasen sind in der nächsten Transkription/Zellteilung Ursache für Mutationen, die schließlich das weitere Keimwachstum verhindern.

3.4 Bakteriengenetik

3.4.1 Bakterienchromosom, Plasmide

Zu diesem Kapitel wurden bisher keine Fragen gestellt.

3.4.2 Übertragung von Genmaterial

III.11 Parasexuelle Vorgänge bei Bakterien

Unter dem Begriff **Parasexualität** subsummiert man drei Möglichkeiten des Gentransfers zwischen Bakterien:
1. **Transformation** bezeichnet die Aufnahme freier DNA durch ein Bakterium. Klassische Bedeutung hat dieser Vorgang durch die Entdeckung von Griffith 1928, dass pathogene Pneumokokken die Eigenschaft der Kapselbildung auf vorher apathogene Pneumokokken übertragen können. Avery erkannte 1944 die DNA als das „transformierende Prinzip". Heute hat die Transformation eine wichtige Bedeutung in der Gentechnologie; so wird das menschliche Insulin-Gen per Transformation in E. coli eingeschleust, die das Hormon danach in wirtschaftlich nutzbaren Mengen produzieren.
2. **Transduktion** ist der Gentransfer durch Bakteriophagen.
   Bakteriophagen sind Viren, deren Wirtszellen Bakterien sind. Während des Vermehrungszyklus eines Phagen kommt es vor, dass neben der Phagen-DNA ein Teil der Bakterien-DNA in den Phagenkopf inkorporiert wird. Diese DNA wird dann bei Infektion eines nächsten Bakteriums übertragen.
3. **Konjugation** ist die Übertragung von genetischem Material zwischen zwei Bakterien über eine Zytoplasmabrücke (sog. Sexpilus). Die Ausbildung eines solchen Zellkontakts erfordert die Anwesenheit eines konjugativen Plasmids (**Fer**tilitäts-**Faktor**) in der Donorzelle. Häufig werden auf diesem Weg Antibiotikaresistenzen durch konjugative Resistenzplasmide übertragen. Neben der reinen Übertragung des konjugativen Plasmids ist es möglich, dass nach der Insertion des F-Faktors ins bakterielle Chromosom Teile der bakteriellen DNA mitübertragen werden. Bakterienstämme, die auf diese Weise Gene ihres Chromosoms als „Anhängsel" des F-Faktors auf andere Bakterien übertragen, werden auch als **hfr**-Stämme („high frequency of recombination") bezeichnet.

H99 ∎∎
→ **Frage 3.79: Lösung B**

Zu **(B)**: **Transduktion** bezeichnet den Austausch von genetischem Material zwischen Bakterien über Bakteriophagen. Die in der Antwortmöglichkeit genannten „Sexpili" bilden bei der Konjugation eine Plasmabrücke, über die häufig Plasmid-DNA übertragen wird.
Zu **(A)**: Der richtig definierte Begriff der **Parasexualität** bei Bakterien umfasst die drei Mechanismen Transformation, Transduktion und Konjugation.
Zu **(C)**: Nach Insertion der Phagen-DNA in das bakterielle Wirtschromosom, die unspezifisch an beliebiger Stelle erfolgt, kann nach der Bildung neuer Phagen ein beliebiges DNA-Fragment gemeinsam mit der Erbinformation des Phagen in ein anderes Bakterium übertragen werden.
Zu **(D)**: Bei der **Transformation** nimmt eine Bakterienzelle freie DNA aus dem sie umgebenden Medium auf. Nur wenige Spezies sind spontan zur Transformation befähigt (z. B. Pneumokokken). Andere Bakterien müssen in vitro auf verschiedene Weise vorbehandelt werden, wenn man die Transformation induzieren will (z. B. für die Übertragung menschlicher Insulin-Gene auf E. coli, um Insulin in wirtschaftlich nutzbaren Mengen zu gewinnen).
Zu **(E)**: Der beschriebene Fertilitäts-Faktor ist auf einem sog. konjugativen Plasmid der Donorzelle codiert. Diese Zelle baut über eine Zytoplasmabrücke einen direkten Kontakt zum Empfängerbakterium auf, über den genetisches Material übertragen werden kann. Der Vorgang der **Konjugation** hat klinische Relevanz in der Ausbreitung von Antibiotikaresistenz-Genen, die auf verschiedenen Resistenzplasmiden lokalisiert sind.
Siehe Lerntext III.11 „Parasexuelle Vorgänge bei Bakterien".

F03 ∎
→ **Frage 3.80: Lösung C**

Zu **(C)**: Die **Konjugation** als Übertragung genetischen Materials über eine direkte Plasmabrücke

3.4 Bakteriengenetik

zwischen zwei Bakterien ist u. a. ein Mechanismus der Übertragung von Resistenzgenen gegen Antibiotika. Entscheidend ist hierbei, dass der genetische Austausch auch zwischen verschiedenen Bakterienarten stattfinden kann.

Zu **(A)**: Der Zeitpunkt der Konjugation kann ebenso gut vor wie nach einer Mitose liegen – das eine hat mit dem anderen nichts zu tun.

Zu **(B)** und **(D)**: Geschlechtliche Vermehrung bei Bakterien mit Meiose und vor allem mit einer Kopulation (!) ist für Bakterien nicht beschrieben. Hier geht die Phantasie wohl ein wenig mit dem IMPP durch.

Zu **(E)**: Bei der **Sporulation** werden Dauerformen mit extrem reduziertem Stoffwechsel gebildet – eine Übertragung genetischen Materials mittels Konjugation findet hier sicher nicht mehr statt.

H00 F00 ■■
→ **Frage 3.81: Lösung D**

Fragen zum parasexuellen Gentransfer zwischen Bakterien sind sehr häufig, siehe daher auch den Lerntext III.11 „Parasexuelle Vorgänge bei Bakterien". Diese Frage wurde in unwesentlich verändertem Wortlaut und mit anderer Reihenfolge der Antwortmöglichkeiten bereits im vorausgehenden Physikum gestellt.

Zu **(D)**: Beschrieben ist das klassische Experiment von Griffith 1928, in dem er die Übertragung der Eigenschaft der Kapselbildung von einem pathogenen Pneumokokkenstamm auf einen zweiten, vorher nicht krankheitsauslösenden Stamm beschrieb. Auf der Grundlage dieser Arbeiten erkannte Avery 1944 die DNA als das „transformierende Prinzip". Der zugrunde liegende Vorgang der **Transformation** beschreibt eine Genübertragung zwischen (verschiedenen) Bakterienstämmen über die direkte Aufnahme freier DNA aus dem Kulturmedium.

Zu **(A)**: Bei der **Konjugation** entsteht eine direkte Zytoplasmabrücke zwischen zwei Bakterien, über die der Austausch genetischer Information stattfinden kann.

Zu **(B)**: **Transduktion** bezeichnet den Gentransfer zwischen Bakterien durch spezielle Viren, die **Bakteriophagen**.

Zu **(C)**: **Translation** ist der letzte Schritt der Genexpression, die Bildung der Polypeptidkette auf der Grundlage der Basensequenz der mRNA. Dieser Begriff hat mit parasexuellen Vorgängen bei Bakterien also nichts zu tun.

Zu **(E)**: **Transposition** bezeichnet die Insertion mobiler DNA-Segmente, Transposons oder „springende Gene", in einen beliebigen DNA-Abschnitt. Über diesen Weg werden häufig Resistenzgene zwischen verschiedenen Bakterienstämmen übertragen.

F04 ■
→ **Frage 3.82: Lösung C**

Zu **(C)**: **Transposons** sind mobile DNA-Abschnitte, die auch als „springende Gene" bezeichnet werden und in beliebige Genombereiche inserieren können. Von medizinischer Bedeutung sind Transposons, die Gene für **Antibiotikaresistenzen** tragen, die auf diese Weise in Bakterienpopulationen auch über Artgrenzen hinweg weitergegeben werden können.

Zu **(A)**: Transposons sind eher selten, können aber in allen Organismen vorkommen.

Zu **(B)**: Nach der **Lyon-Hypothese** reicht einer Zelle mit weiblichem Genotyp die Expression der Gene eines X-Chromosoms. Das andere X wird hochgradig kondensiert, damit inaktiviert und ist lichtmikroskopisch als sog. **Barr-Körperchen** sichtbar. Mit Transposons hat dieser Vorgang nichts zu tun. Siehe auch Lerntext II.14 „Barr-Körperchen".

Zu **(D)**: Der Übergang eines in die Wirtszell-DNA inkorporierten Virusgenoms (latente Infektion) in den lytischen Zustand mit intrazellulärer Bildung neuer Viruspartikel und nachfolgender Freisetzung durch Lyse der Wirtszelle wird als Reaktivierung des Virus bezeichnet. Ein gutes Beispiel für diese Situation ist die Persistenz von **Herpesviren** in den Zellkernen sensorischer Neurone, wobei der betreffende Wirtsorganismus keine Krankheitssymptome zeigt. Kommt es durch psychischen Stress, physikalische Reize (Sonneneinstrahlung), Fieber, andere Infekte oder Traumen zu einer Reaktivierung, so wird der lytische Vermehrungszyklus mit den entsprechenden Symptomen eines Rezidives induziert. Die genauen Mechanismen der Reaktivierung oder gar eine spezielle Rolle der Transposons sind bei diesem Prozess nicht bekannt.

Zu **(E)**: Die **Robertson'sche Translokation** ist eine klassische strukturelle Chromosomenmutation, bei der sich durch einen Stückaustausch zwischen zwei nicht-homologen Chromosomen mit endständigem Zentromer ein neues Translokationschromosom aus den langen Schenkeln der Ausgangschromosomen bildet. Auch hierbei spielen Transposons keine Rolle.

F98 ■■
→ **Frage 3.83: Lösung C**

Fragen zum Gentransfer zwischen Bakterien gehören seit Jahren zu den Steckenpferden des IMPP. Siehe daher Lerntext III.11 „Parasexuelle Vorgänge bei Bakterien".

Zu **(C)**: Gentransfer über Infektion mit Bakteriophagen wird als **Transduktion** bezeichnet.

Zu **(A)**: Transposition kennzeichnet die interbakterielle Übertragung unterschiedlich langer DNA-Abschnitte, die durch eine spezielle Struktur mit sehr kurzen endständigen Erkennungssequenzen in beliebige Stellen des Genoms inserieren können. Man

bezeichnet diese DNA-Abschnitte daher auch als Transposons oder **„springende Gene"**.
Zu **(B)**: Ist die Insertionsstelle innerhalb eines Strukturgens gelegen, so kann dieses Gen dadurch mutiert werden.
Zu **(D)** und **(E)**: Klinische Relevanz erlangen Transposons, sobald auf ihnen Resistenzfaktoren (R-Faktoren) gegen Antibiotika lokalisiert sind. Die beschriebene Mobilität der genetischen Information kann daher zur Ausbreitung (D) und zur intrazellulären Umverteilung (E) der Resistenzgene führen.

H94 ■

→ **Frage 3.84: Lösung A**

Zu **(A)**: Der beschriebene Prozess der Transformation ist nicht bei allen Bakterienstämmen möglich und wird heute in der Biotechnologie zur genetischen Manipulation von Bakterien vielfach angewandt.
Zu **(B)**: = Konjugation.
Zu **(C)**: Siehe Lerntext III.15 „Bakteriophagen und ihre Vermehrung".
Zu **(D)**: = Transduktion.
Zu **(E)**: = Transkription.

F97 ■

→ **Frage 3.85: Lösung B**

Zu **(A), (B), (C)** und **(D)**: Siehe Lerntext III.11 „Parasexuelle Vorgänge bei Bakterien".

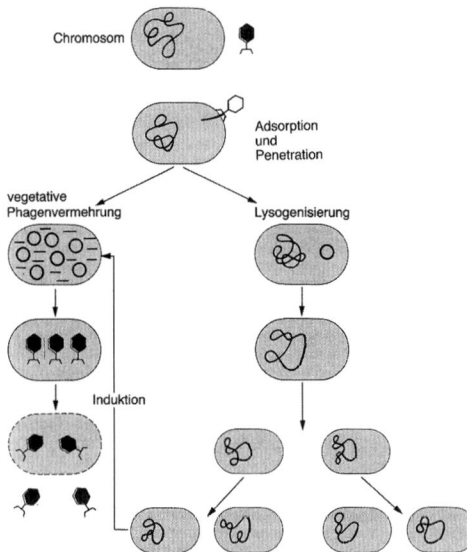

Abb. 3.5 Schema der Phagenvermehrung und der Lysogenisierung von Wirtsbakterien durch temperente Bakteriophagen (aus: Kayser, F. H., Bienz, K. A., Eckert, J.: Medizinische Mikrobiologie, 11. Auflage, Thieme, Stuttgart, New York, 2005)

Zu **(E)**: Integriert ein Bakteriophage sein Genom in das Chromosom der bakteriellen Wirtszelle, ohne diese zu lysieren, so bezeichnet man diesen Vorgang als **Lysogenie**. Der Phage wird dann als sog. Prophage mit der Vermehrung des Bakteriums weitergegeben.

III.12 MRSA

Die Abkürzung MRSA steht für methicillinresistenter *Staphylococcus aureus*. Es handelt sich dabei um bestimmte Stämme des natürlichen Hautkeims *Staph. aureus*, die durch die Veränderung bestimmter Zellproteine eine Resistenz gegenüber Penicillin und allen anderen β-Lactam-Antibiotika erworben haben. MRSA führen nicht häufiger zu Infekten als die ursprünglichen *Staph. aureus*-Stämme. Ist aber eine MRSA-Infektion aufgetreten, ist diese deutlich schwieriger behandelbar und hat längere Liegezeiten in der Klinik, erheblich höhere Kosten sowie eine gesteigerte Patientenmortalität zur Folge.
Neben einer schlechten Immunabwehr bestimmter Patientenkollektive (z. B. ältere Menschen), einer langen intensivmedizinischen Behandlung oder bei chronischen Hautwunden (z. B. Unterschenkelulzera bei Diabetikern) steigert vor allem ein unkritischer und ungezielter Einsatz von Antibiotika die Gefahr der Resistenzentwicklung bei *Staph. aureus* und der Infektion mit MRSA. Es sind zumeist nosokomiale, also im Krankenhaus erworbene Infekte, deren Übertragung in den meisten Fällen durch kontaminierte Hände des medizinischen Personals erfolgt. Nach Angaben der Paul-Ehrlich-Gesellschaft ist die Rate resistenter *Staph. aureus*-Stämme von 0,4 % 1978 auf 30 % im Jahre 2003 gestiegen.
Bei nachgewiesener MRSA-Infektion sollte die antibiotische Therapie immer nach individueller Resistenztestung durchgeführt werden. Geeignete Antibiotika können z. B. Vancomycin (Glykopeptid), Aminoglykoside oder Clindamycin sein.

H03 F99 ■ ■

→ **Frage 3.86: Lösung E**

Zu **(E)**: Bakteriophagen sind bakterienpathogene Viren, die neben ihrem eigenen Genmaterial auch Abschnitte der bakteriellen Wirts-DNA auf einen nachgeschalteten Keim übertragen können. Bei diesem Prozess, den man als **Transduktion** bezeichnet, sind sogar Überschreitungen der Artgrenze kein Problem.
Zu **(A)**: Da die **Zellwand** im Gegensatz zur **Zellmembran** omnipermeabel ist und somit keine Grenze für Antibiotika darstellt, gibt es keine Notwendigkeit, aktive Transportvorgänge einzurichten.

Zu **(B)**: Durch spontane **Neumutationen** oder durch Erhalt eines entsprechenden **Resistenzgens** kann ein vormals Antibiotika-sensitiver Bakterienstamm eine Antibiotika-Resistenz entwickeln.
Zu **(C)**: Veränderungen der DNA, auch chemisch induzierte, sind **Mutationen**.
Zu **(D)**: Beschrieben ist eine simple **Infektion**.

H04 ■■
→ **Frage 3.87: Lösung E**

Zu **(E)**: Im Fragentext werden Viren beschrieben, die Bakterien infizieren. Diese sog. Bakteriophagen können unterschiedlich lange DNA-Abschnitte ihrer Wirtsbakterien auf einen anderen Keim übertragen – ein Prozess, den man als **Transduktion** bezeichnet.
Zu **(A)**: **Konjugation** bezeichnet den direkten Gentransfer zwischen Bakterien über eine Zytoplasmabrücke („Sexpilus").
Zu **(B)**: Als Rekombination bezeichnet man eine Mischung vorhandenen Erbgutes, wie sie z. B. durch die zufällige Verteilung mütterlicher und väterlicher Chromosomen bei der Entstehung von Keimzellen im Rahmen der Meiose entsteht.
Zu **(C)**: Die direkte Aufnahme freier DNA aus einem Kulturmedium in ein Bakterium wird als **Transformation** bezeichnet.
Siehe auch Lerntext III.11 „Parasexuelle Vorgänge bei Bakterien".

3.4.3 Antibiotikaresistenz aus evolutionsbiologischer Sicht

→ **Frage 3.88: Lösung A**

Zu **(A)**: Beschrieben ist der Vorgang, den Darwin „survival of the fittest" nannte und der eine wichtige Rolle bei der Selektion spielt.
Zu **(B)**: Bei ungezieltem und nicht sachgerechtem Antibiotikaeinsatz kann man in der Tat resistente Bakterienstämme „anzüchten". Insofern ist diese Antwortmöglichkeit gar nicht so falsch.

H90 ■
→ **Frage 3.89: Lösung B**

Zu **(B)**: Die Konjugation über Pili ist auch zwischen zwei Bakterien unterschiedlicher Spezies möglich.
Zu **(A)**: Sehr wahrscheinlich haben sich die Gene für Antibiotikaresistenzen in der Gruppe der Bodenbakterien entwickelt, die selber Antibiotika produzieren und ihre eigene Existenz mit Hilfe der Resistenzmechanismen sichern. Über unterschiedliche parasexuelle Vorgänge haben sich die Resistenzgene dann im Verlauf der Evolution ausgebreitet.
Zu **(E)**: Bei der Teilung einer Bakterienzelle wird natürlich die gesamte Erbinformation (also auch die Resistenzgene auf Plasmiden) auf die Tochterzellen übertragen.

3.5 Pilze

3.5.1 Lebensweise, medizinische Bedeutung

III.13 Pilze

Pilze sind eukaryontische Mikroorganismen, die sich als **Destruenten** ausschließlich heterotroph, d. h. durch den Abbau organischer Materie, ernähren. Aufgrund des Mangels an Chlorophyll sind sie nicht zur Photosynthese befähigt.
Pilze vermehren sich durch Bildung großer Mengen asexueller oder sexueller Sporen, die besonders unter vorteilhaften Umweltbedingungen produziert werden. Ein verzweigtes Netz aus feinen Pilzfäden (Hyphen) bildet in seiner Gesamtheit den kompletten Vegetationskörper (Thallus) eines Pilzes. Hefen als Untergruppe der Pilze sind unizelluläre Organismen, die sich durch Sprossung vermehren.

Klinischer Bezug
Medizinisch bedeutsame Erkrankungen durch Pilze sind selten. Es handelt sich dabei um **allergische Erkrankungen**, **Toxikosen** durch Aufnahme von Pilzgiften (z. B. Aflatoxine aus Schimmelpilzen) oder um infektiöse Pilzerkrankungen, die sog. **Mykosen**. Letztere treten besonders bei immunsupprimierten oder auf anderem Wege abwehrgeschwächten Patienten auf. Der klassische Soor durch eine opportunistische Infektion mit dem Hefepilz *Candida albicans* oder die pulmonale Aspergillose sind wichtige Beispiele für diese so genannten Systemmykosen. Daneben sind besonders die kutanen Mykosen durch die große Gruppe der Dermatophyten von Bedeutung.

H90 ■
→ **Frage 3.90: Lösung D**

Zu **(D)**: Als **Produzenten** bezeichnet man **grüne Pflanzen,** da sie aus anorganischem Substrat mittels Sonnenlicht im Rahmen der Photosynthese organische Materie (Biomasse) produzieren. **Pilze** hingegen leben rein heterotroph und sind als wichtige **Destruenten** am Abbau organischer Materie (C) beteiligt.
Zu **(E)**: Pilze sind zur Bildung asexueller und sexueller Sporen befähigt. Die Sporenbildung wird besonders unter positiven Umweltbedingungen angeregt und dient der Vermehrung (beachte die Unterschiede zu bakteriellen Sporen!).

F98 ■■
→ **Frage 3.91: Lösung C**

Zu **(C)**: Die Fähigkeit zur Photosynthese ist vom Vorhandensein des grünen Blattfarbstoffs Chlorophyll abhängig. Da Pilze diese Substanz nicht besitzen, sind sie nicht zur Photosynthese befähigt.
Zu **(A)**: Pilzzellen enthalten u. a. einen membranumgrenzten Zellkern und werden daher zu den Eukaryonten gerechnet.
Zu **(B)** und **(E)**: Da Pilze keine Photosynthese betreiben können, sind sie auf die Zufuhr organischer Substrate angewiesen, ein Ernährungstyp, den man als heterotroph bezeichnet.
Zu **(D)**: Die asexuelle (= ohne Bildung einer Zygote) Vermehrung über mitotisch entstehende Sporen ist neben der sexuellen Vermehrung bei Pilzen weit verbreitet.

H06 ■
→ **Frage 3.92: Lösung B**

Zu **(B)**: Das Polysaccharid **Chitin** ist nicht nur wesentlicher Bestandteil der Zellmembranen von Pilzen, sondern auch des Exoskeletts von Krebstieren und Spinnen.
Zu **(A)**: **Lipopolysaccharide** findet man in der äußeren Membran gramnegativer Bakterien, sie haben große medizinische Bedeutung als **Endotoxine**.
Zu **(C)** und **(E)**: **Teichonsäuren** sind charakteristische Bestandteile der Zellwand grampositiver Bakterien. Sie bestehen aus Phosphat-haltigen Polymeren, durchziehen den gesamten **Mureinsacculus** und können kovalente Bindungen mit der inneren Zellmembran eingehen. In diesem Fall werden sie auch als Lipoteichonsäuren bezeichnet.
Zu **(D)**: Lipoproteine kommen in den Zellmembranen aller Organismen vor, sie sind in keiner Weise spezifisch.

F01 ■
→ **Frage 3.93: Lösung A**

Zu **(A)** und **(D)**: Die Voraussetzung für eine autotrophe Lebensweise, bei der Stoffwechselenergie aus anorganischen Substanzen mit Hilfe des Sonnenlichts gewonnen wird, ist der Besitz von Chlorophyll. Grüne Pflanzen sind auf diese Weise in der Lage, als Produzenten Biomasse zu bilden. Pilze verfügen nicht über Chlorophyll; sie sind stattdessen rein heterotroph lebende Destruenten, die ihre Energie aus dem Abbau biologischer Materie gewinnen.
Zu **(B)**: Der Vegetationskörper eines Pilzes (Thallus) besteht aus einem Geflecht feinster Pilzfäden (Hyphen), die sich im Nährsubstrat ausbreiten. Die Gesamtheit aller Hyphen wird auch als Myzel bezeichnet.

Zu **(C)**: Im Gegensatz zu Bakterien, deren Sporen lediglich als Dauerformen schlechte Umweltbedingungen überbrücken sollen, dienen Pilzsporen, die in großer Zahl vor allem durch mitotische Teilungen entstehen, der Vermehrung von Pilzen.
Zu **(E)**: Einige Pilze bilden in der Tat natürlich vorkommende Antibiotika, die sie in ihre Umgebung abgeben (z. B. Penicillin durch *Penicillium notatum*). Auf diese Weise erlangen die Pilze einen großen Evolutionsvorteil gegenüber den um Nahrungsressourcen konkurrierenden Bakterien, die sie durch Antibiotika abtöten.

H01 ■■
→ **Frage 3.94: Lösung A**

Zu **(A)**: Pilze gehören zu den **Eukaryonten**. Die Gruppe der Prokaryonten setzt sich aus den Bakterien und den Cyanobakterien (früher als „Blaualgen" bezeichnet) zusammen.
Zu **(B)** und **(E)**: Da Pilze nicht über Chlorophyll verfügen, können sie keine Photosynthese betreiben und sind daher zur Deckung der notwendigen Stoffwechselenergie auf den Abbau bereits bestehender Biomasse angewiesen, was als obligat heterotrophe Ernährung bezeichnet wird. Im Rahmen der Nahrungskette stehen die Pilze gemeinsam mit den Bakterien daher an der Stelle der Destruenten, die für den Abbau toter organischer Substanz verantwortlich sind.
Zu **(C)**: Als **Saprophyten** werden Organismen bezeichnet, die sich durch den Abbau organischen Substrates ernähren – für Pilze eine typische Situation. Die parasitäre Lebensweise ist bei Pilzen ebenfalls weit verbreitet und betrifft Tiere und Pflanzen (hier: Rostpilze) ebenso wie den Menschen (Dermatophyten).
Zu **(D)**: Die Bildung einer ungeheuren Menge an extrem widerstandsfähigen Sporen ermöglicht vielen Pilzen eine gesicherte Ausbreitung und das Überleben auch unter vorübergehend eingeschränkten Lebensbedingungen.

H94 ■
→ **Frage 3.95: Lösung C**

Zu **(C)**: Pilze enthalten keine Chlorophyll-haltigen Organellen (Plastiden der Pflanzen) und sind daher nicht zur Photosynthese befähigt.
Zu **(E)**: Die Bedeutung der Pilze als Krankheitserreger des Menschen lässt sich in drei Gruppen von Krankheiten teilen:
– **Pilzallergien** als Reaktion des Körpers auf Pilzsporen (z. B. Alveolitis)
– **Vergiftungen** durch Stoffwechselprodukte von Pilzen (z. B. grüner Knollenblätterpilz, Mutterkorn u. a.)

- **Pilzinfektionen = Mykosen**
Hierbei sind es meist relativ harmlose Krankheitsbilder, da das menschliche Immunsystem einen guten Schutz gegen Pilze bietet. Es handelt sich daher meist um **lokale Haut- oder Schleimhautinfektionen** (kutane Mykosen). Bei immungeschwächten Patienten (z. B. HIV) kann es dagegen auch zu **systemischen Mykosen** kommen, die dann dramatische Erkrankungen darstellen, z. B Aspergillose der Lunge.

vor allem bei Patienten mit einem geschwächten Immunsystem, wie z. B. HIV-positiven Personen oder auch Diabetikern, auf. Ein weiteres häufiges Beispiel für pilzbedingte Erkrankungen sind die Schimmelpilzallergien, bei denen das menschliche Bronchialsystem auf einen Kontakt mit schweren Überempfindlichkeitsreaktionen bis hin zum asthmatischen Anfall reagieren kann.

F07
→ **Frage 3.96: Lösung B**

Zu **(B)**: Im Fragentext ist von der Hemmung der *Zellmembran*-Synthese die Rede – **Ergosterol** ist ein typischer Bestandteil der **Zellmembran** von Hefepilzen (Vorstufe von Vitamin D2) und ist daher bei der vorgegebenen Auswahl die einzige Substanz, die bei der antimykotischen Beeinträchtigung dieses Stoffwechselweges als Angriffsort in Frage kommt.
Zu **(A)**: Das Polysaccharid **Chitin** ist ein wichtiger Bestandteil der **Zellwand** von Pilzen sowie des Exoskeletts von Gliedertieren (Spinnen, Krebse, Insekten).
Zu **(C)**: **N-Acetyl-D-Glukosamin** ist Teil der **Hyaluronsäure** bzw. der makromolekularen **Proteoglykane**, die in der Gelenkflüssigkeit und im Gelenkknorpel für eine weitgehend reibungsfreie Bewegung der knöchernen Gelenkkörper verantwortlich sind.
Zu **(D)** und **(E)**: **Mannan** und **Glucan** sind spezifisch in der **Zellwand** von Hefepilzen vorkommende Zuckermoleküle.

H07
→ **Frage 3.97: Lösung D**

Zu **(D)**: In der Tat gehört Aspergillus zu den Fadenpilzen, die im Wirtsorganismus verzweigte, septierte Pilzfäden (= Hyphen) bilden und sich vor allem durch die Bildung asexuell, d. h. mitotisch entstehender Sporen vermehren.
Zu **(A)**: Pilze sind ausschließlich heterotrophe Organismen, die sich durch den Abbau organischer Substanz ernähren. Eine autotrophe Lebensweise würde das Vorhandensein von Chlorophyll voraussetzen, über das Pilze jedoch nicht verfügen.
Zu **(B)**: Die direkte Bildung von Tochterzellen entsteht durch Mitose und ist somit asexuell. Zahlreiche Pilze sind aber auch zur sexuellen Vermehrung befähigt; hierzu werden in einer meiotischen Zellteilung haploide Gameten gebildet.
Zu **(C)**: Das Geflecht zahlreicher Pilzfäden (= Hyphen) wird als **Myzel** bezeichnet.
Zu **(E)**: Durch Pilze ausgelöste Erkrankungen des Menschen sind zumeist Vergiftungen durch spezielle **Stoffwechselprodukte** oder lokale Infektionen, vor allem an Haut oder Schleimhäuten. Diese treten

F05
→ **Frage 3.98: Lösung A**

Zu **(A)**: Die Abbildung zeigt das Bild verzweigter, septierter **Pilzhyphen**, wie sie z. B. bei einer **Aspergillose** vorkommen. Die geschilderte klinische Situation – Pneumonie bei einem immunsupprimierten Patienten – ist darüber hinaus typisch für eine Pilzinfektion, die bei Menschen mit normalen Abwehrkräften allenfalls als lokaler Prozess, z. B. in der Haut, ablaufen.
Zu **(B)**: Die abgebildeten Erreger sind wahrhaftig nicht mit Kokken – also mit kugelförmigen Bakterien – zu verwechseln.
Zu **(C)**: Chlamydien sind sehr kleine, obligat intrazelluläre Bakterien.
Zu **(D)**: Spirochäten (z. B. *Treponema, Borrelia*) sind spiralig gekrümmte, bewegliche Keime.
Zu **(E)**: Mycobakterien sind unbewegliche, grampositive Stäbchenbakterien.

3.5.2 Wachstumsformen

Zu diesem Kapitel gibt es keine aktuellen Fragen.

3.5.3 Vermehrung

Zu diesem Kapitel gibt es keine aktuellen Fragen.

3.5.4 Synthese von Stoffen

H04 H93 ■■
→ **Frage 3.99: Lösung D**

Zu **(D)**: Der allseits bekannte Schimmelpilz *Aspergillus flavus* produziert in der Tat das hoch kanzerogene **Aflatoxin**.
Zu **(A)**: **Atropin** ist das giftige Alkaloid der Tollkirsche (Belladonna).
Zu **(B)**: **Digitonin** ist ein Seifenstoff aus dem Samen des Fingerhutes und hat keine medizinische Bedeutung. Die Substanz sollte nicht mit dem Herzglykosid Digitoxin verwechselt werden ... Zufall oder Absicht beim IMPP?!

3 Grundlagen der Mikrobiologie und Ökologie

Zu **(C)**: **α-Amanitin** ist das Gift des grünen Knollenblätterpilzes (*Amanitaphalloides*).
Zu **(E)**: **Ergotamin** ist das Alkaloid des Mutterkorns (*Secalecornutum*), eines Getreidepilzes.

H99 ■

→ **Frage 3.100: Lösung A**

Zu **(A)**: Der Getreidepilz *Claviceps purpurea* synthetisiert das Alkaloid Ergotamin, das kontraktionsfördernd auf glatte Muskulatur und zentral α-sympatholytisch wirkt.
Zu **(B)–(E)**: **Aflatoxine** sind Gifte der **Schimmelpilze**, v. a. *Aspergillus flavus* … wo die sich befinden, wird jeder aus eigener Erfahrung wissen. Die Substanzen sind **hitzeresistent** und gehören zu den stärksten bislang bekannten **Leber-Karzinogenen**.

F04 ■■

→ **Frage 3.101: Lösung D**

Und wieder einmal werden die Syntheseprodukte verschiedener Pilze abgefragt – immer in etwas unterschiedlicher Reihenfolge oder mit verschiedenen Bezugspunkten, aber jedes Mal die gleichen Substanzen.
Zu **(D)**: Der Getreidepilz *Claviceps purpurea* synthetisiert das Alkaloid **Ergotamin**, das aufgrund seiner **kontraktionsfördernden Wirkung auf glatte Muskulatur** zur Tonisation der postpartalen Uterusschleimhaut eingesetzt wird. Außerdem wirkt Ergotamin **zentral α-sympatholytisch** und wird daher in der Migränetherapie verwendet.
Zu **(A)**: **α-Amanitin** ist das Gift des grünen Knollenblätterpilzes, das über die Hemmung der eukaryontischen RNA-Polymerase seine toxische Wirkung entfaltet.
Zu **(B)**: **Digitonin** ist ein Seifenstoff aus dem Samen des Fingerhuts, das lokal gewebereizend und hämolytisch wirkt. Es hat keinerlei medizinische Bedeutung.
Zu **(C)**: **Atropin** ist das Alkaloid der Tollkirsche. Es wirkt **parasympatholytisch**, dient dem Augenarzt zur Pupillenweitstellung und in der Notfallmedizin zur Behandlung bedrohlicher Bradykardien.
Zu **(E)**: **Aflatoxine** sind hitzeresistente Gifte der Schimmelpilze und gehören zu den stärksten bisher bekannten **Leber-Karzinogenen**.

F99 ■

→ **Frage 3.102: Lösung A**

Zu **(A)**: Das Gift des grünen Knollenblätterpilzes (*Amanita phalloides*), α-Amanitin, ist ein zyklisches Oktapeptid und ein spezifischer Hemmstoff der eukaryontischen RNA-Polymerase II, die u. a. die Synthese der mRNA katalysiert.
Zu **(B)**: Eine Hemmung der (DNA-)Replikation ist der Angriffspunkt verschiedener **Zytostatika**. Die Wirkung kommt durch eine feste Vernetzung der beiden DNA-Stränge (Alkylantien, z. B. Cyclophosphamid) oder durch die Hemmung der DNA-Polymerase (Cytosinarabinosid) zustande.
Zu **(C)**: Eine Störung der Zellwandsynthese ist der typische Wirkungsmechanismus wichtiger **Antibiotika**, z. B. Penicilline und Cephalosporine.
Zu **(D)**: Abkömmlinge des **Ergotamin**, z. B. Methysergid und das bekannte Derivat Lysergsäurediethylamid (LSD), haben als Serotonin-Antagonisten eine starke psychotrope Wirkung.
Zu **(E)**: Die Atmungskette („oxidative Phosphorylierung") als Hauptquelle des zellulären ATP kann durch verschiedene Substanzen an ganz unterschiedlichen Stellen gehemmt werden. Die bekanntesten davon sind Cyanide (CN^-), Azide (N_3^-) und Kohlenmonoxid (CO), die die terminale Elektronenübertragung von der Cytochromoxidase auf Sauerstoff verhindern.

3.6 Viren

3.6.1 Virusbegriff

III.14 Viren

Viren unterscheiden sich von Mikroorganismen in zwei wichtigen Punkten:
1. Sie besitzen **nur einen Typ von Nukleinsäure**, DNA oder RNA.
2. Sie verfügen über **keinen eigenen Stoffwechsel**, sind also keine Lebewesen und können sich nur in einer Wirtszelle vermehren.

Die virale Nukleinsäure ist von einer Proteinhülle umgeben, die als **Kapsid** bezeichnet wird. Nukleinsäure und Kapsid bilden als Nukleokapsid eine Einheit, die entweder frei vorliegt (z. B. Polio-Virus) oder von einer Membran umhüllt wird (z. B. Herpes-Virus, Influenza-Virus).
Viren sind extrem wirtsspezifisch und können auch innerhalb des Wirtsorganismus in der Regel nur bestimmte Zellen befallen, z. B. HI-Viren befallen nur T4-Lymphozyten.
Wichtige Sonderformen der Viren sind:
– Bakteriophagen: Viren, die ausschließlich Bakterienzellen infizieren.
– Retroviren: RNA-haltige Viren, die mit Hilfe ihres Enzyms reverse Transkriptase eine komplementäre DNA ihres Erbguts erzeugen, die dann in die Wirts-DNA inkorporiert wird. Weltweit bekannt wurde die Gruppe der Retroviren durch das HIV, den Erreger des AIDS.

Klinischer Bezug
Humanpathogene Viren werden über Tröpfchen- oder Schmierinfektion, über den Blutweg oder durch Insekten übertragen und durch Endozytose

in die infizierte Zelle aufgenommen. Hierbei missbraucht das Virus häufig zellspezifische Membranrezeptoren zur Anbindung an die Zellmembran. Intrazellulär kommt es zum Abbau des Kapsids; die dadurch frei gewordene Nukleinsäure wird zur Bildung neuer Viruspartikel transkribiert oder kann bei einigen Viren zunächst in das Wirtszellgenom eingebaut werden.

→ **Frage 3.103: Lösung B**

Zu **(B)**: Viren benötigen Wirtszellen für ihre Vermehrung. Daher kann man sie niemals isoliert auf Nährböden züchten. Ein charakteristischer Nachweis von Viren ist das Auftreten von „Löchern" in einem Zellrasen, den man auf passendem Nährmedium kultiviert.
Zu **(A)**, **(C)**, **(D)** und **(E)**: Siehe Lerntext III.14 „Viren".

F04

→ **Frage 3.104: Lösung C**

Zu **(C)**: Die lytische Zerstörung der Wirtszelle ist bei humanpathogenen Viren in der Tat der auslösende Vorgang einer klinisch akuten Erkrankung. Ein in das Genom der Wirtszelle integriertes Virus wird durch Replikation der Wirtszell-DNA zwar weiter vererbt, führt aber zu keiner klinisch erkennbaren Erkrankung (z. B. Persistenz von Herpes-Viren in den Zellkernen sensorischer Neurone).
Zu **(A)**: Bei der Infektion einer humanen Zelle durch ein Virus sind die Prozesse der **Adsorption** und der **Penetration** hintereinander geschaltet. Die Adsorption erfolgt durch Bindung an spezifische Oberflächenrezeptoren (z. B. HIV-Infektion über den CD4-Rezeptor humaner Lymphozyten), die von dem Virus gewissermaßen „missbraucht" werden. Nach der Adsorption werden die Viren durch Pinozytose in die Zelle aufgenommen. Eine „Fimbrien-vermittelte Invasion" klingt zwar gefährlich, existiert aber bei Viren nicht.
Zu **(B)**: Lipopolysaccharide sind Bestandteil der äußeren Zellmembran **gramnegativer Bakterien** und können als sog. **Endotoxine** über die Aktivierung von Makrophagen hohes Fieber oder einen Endotoxinschock auslösen.
Zu **(D)**: Beschrieben ist die bereits erwähnte **latente Infektion** – ein Zustand, bei dem die Erbinformation des Virus in das Wirtszellgenom integriert ist, es jedoch nicht zu einer klinisch fassbaren Erkrankung kommt.
Zu **(E)**: Zahlreiche **Bakterien** sezernieren sog. **Exotoxine**, die z. T. schwerste akute Krankheitsbilder wie Tetanus, Gasbrand, Cholera oder Diphtherie auslösen können.

F00

→ **Frage 3.105: Lösung C**

Zu **(C)**: Eine äußere Lipidhülle ist nicht obligat. Viele Viren bestehen nur aus Nukleinsäure und umgebendem Protein-Kapsid; z. B. Hepatitis A-Virus, Poliovirus oder Warzenviren.
Zu **(A)**, **(B)** und **(E)**: Alle Viren bestehen aus **Nukleinsäure** und einer umgebenden Protein-Hülle, dem sog. **Kapsid**. Der Typ der Nukleinsäure ist ein wichtiges taxonomisches Merkmal. Zu den RNA-Viren gehören z. B. das Tollwutvirus, Masern-, Mumps- und Rötelnviren sowie das HIV; DNA-haltig sind Warzenviren, Herpesviren oder das Epstein-Barr-Virus. Sobald das Virus in die Wirtszelle aufgenommen wurde, kommt es zur Auflösung des Kapsids, die Nukleinsäure wird freigesetzt und kann entweder abgelesen oder in die Wirtszell-DNA integriert werden.
Zu **(D)**: Häufig missbrauchen Viren Rezeptoren der äußeren Zellmembran, an die sie andocken und durch die sie dann von der Wirtszelle endozytiert werden. Das Resultat ist ein Virus innerhalb eines membranumgrenzten Vesikels.
Bei der Freisetzung von Viren kommt es manchmal zum umgekehrten Vorgang. Das Virus wird in ein Membranvesikel verpackt und als solches durch Membranfluss-Vorgänge nach extrazellulär abgegeben. Auf diese Weise kommen Viren zu einer äußeren Hülle, die also ursprünglich aus der Membran der Wirtszelle besteht. Allerdings sind häufig virusspezifische Proteine in die Membran eingelagert.

→ **Frage 3.106: Lösung D**

Zu **(D)**: Die Replikation der Virus-Nukleinsäure erfordert immer den Stoffwechsel der Wirtszelle und kann daher nur in ihr – und nicht im Virus-Kapsid – ablaufen.
Zu **(A)**: Die RNA eines Retrovirus wird durch die reverse Transkriptase in eine Doppelstrang-DNA überführt. In dieser Form kann das Virusgenom in die DNA der Wirtszelle inserieren und wird so bei jeder Zellteilung an die Tochterzellen weitergegeben.
Zu **(B)** und **(C)**: Eine Virus-DNA wird durch den Enzymapparat der Wirtszelle transkribiert und repliziert. Nur auf diese Weise ist die intrazelluläre Entstehung eines Virus-Partikels und seine Vermehrung möglich.
Zu **(E)**: Da Viren keinen eigenen Stoffwechsel haben, nutzen sie die Wirtszell-Ribosomen zur Synthese ihrer Proteine.

H98

→ **Frage 3.107: Lösung B**

Zu **(B)**: **Defektmutanten** humanpathogener Viren mit erhaltener Vermehrungsfähigkeit und Antigenität bei verminderter Virulenz spielen in der Medi-

zin eine große Rolle als **Impfstoffe**. Die abgeschwächten (attenuierten) Viren werden zur aktiven Immunisierung z. B. bei Masern, Mumps und Polio (Kinderlähmung) verwendet.
Zu **(A), (C), (D)** und **(E): Viroide** sind Erreger einiger Pflanzenkrankheiten und bestehen aus „nackter" RNA ohne eine umgebende Proteinhülle. Sie sind die kleinsten bisher bekannten Krankheitserreger.

F99

→ **Frage 3.108: Lösung B**

Zu **(B)**: Nur das humanmedizinisch relevante Hepatitis-D-Virus (Deltaagens) ist strukturell mit den Viroiden verwandt. Ansonsten haben Viroide lediglich Bedeutung als Erreger verschiedener Pflanzenkrankheiten.
Zu **(A), (C), (D)** und **(E)**: Viroide sind die kleinsten bisher bekannten Krankheitserreger. Sie bestehen aus „nackter", ringförmiger RNA ohne Proteinhülle. Ihr genauer Vermehrungsmechanismus ist unbekannt, muss aber unter Verwendung wirtszellspezifischer Enzyme intrazellulär ablaufen, da Viroide keinen eigenen Stoffwechsel besitzen.

III.15 Bakteriophagen und ihre Vermehrung

Bakteriophagen sind Viren, die ausschließlich Bakterien infizieren. Sie adsorbieren an spezifische Oberflächenrezeptoren und „injizieren" danach ihre Nukleinsäure in die Wirtszelle. Hinsichtlich ihrer Vermehrung muss man zwei Gruppen von Bakteriophagen unterscheiden:
1. Die Infektion eines Bakteriums mit einem **virulenten Phagen** führt zur sofortigen Expression der Phagen-Gene in der Wirtszelle. Die neuen Phagen entstehen im infizierten Bakterium und werden durch Lyse der Zelle freigesetzt, sog. **lytischer Vermehrungszyklus**.
2. Ein **temperenter Phage** dagegen integriert nach der Infektion seine DNA in das bakterielle Chromosom (sog. **Prophage**). Die Phagen-Gene werden bei jeder Zellteilung wie ein Teil der bakteriellen DNA weitergegeben, ohne dass die Wirtszelle abgetötet wird (sog. **lysogener Vermehrungszyklus**). Äußere Einwirkungen unterschiedlichster Art (UV-Strahlung, Zellgifte usw.) können den Wiedereintritt des temperenten Phagen in den lytischen Vermehrungszyklus jederzeit induzieren.

H95

→ **Frage 3.109: Lösung C**

Zu **(C)**: Viele humanpathogene Viren werden per Endozytose in die menschliche Wirtszelle aufgenommen. Bakteriophagen infizieren ausschließlich Bakterien. Sie adsorbieren an bestimmten Oberflächenrezeptoren und injizieren nur ihre Nukleinsäure in die bakterielle Wirtszelle.
Zu **(A)**: Bakteriophagen sind bakterienpathogene Viren.
Zu **(B)**: Die Nukleinsäure (DNA oder RNA) eines Bakteriophagen ist in Proteine „verpackt".
Zu **(D)**: Restriktionsendonukleasen (Restriktionsenzyme) sind bakterielle Enzyme, die die injizierte DNA eines Bakteriophagen zerstören. Sie zerschneiden dazu die Phagen-DNA an spezifischen Erkennungssequenzen. Gleiche Basensequenzen der bakteriellen DNA sind durch Methylierung vor dem enzymatischen Abbau geschützt.
Zu **(E)**: Wie alle anderen Viren, so besitzen auch Bakteriophagen keinen eigenen Stoffwechsel und sind daher bei ihrer Vermehrung auf die Wirtszelle angewiesen.

F89

→ **Frage 3.110: Lösung C**

Zu **(C)**: Ein temperenter Phage integriert seine Erbinformation in die DNA seiner Wirtszelle (sog. **Prophage**). Diese lebt unbeeinflusst weiter, repliziert und gibt die Virus-DNA bei jeder Zellteilung an die Tochterzellen weiter.
Zu **(B)** und **(D)**: Das Virus-Genom wird bei jeder Replikation der bakteriellen DNA vermehrt. Dies ist kein aktiver Prozess des Virus selbst, sondern wird durch die Integration in die bakterielle DNA erreicht. Da somit die Synthese der Phagen-Bestandteile von der Tätigkeit der Wirtszellenzyme abhängt, ist die Temperatur notwendig, die auch das Bakterium für seinen reibungslosen Stoffwechsel benötigt. Zumindest bei den humanpathogenen Keimen sind die genannten 33 °C meist nicht ausreichend. Die Zeitdauer der Phagenvermehrung ist bei den einzelnen Typen nicht identisch. Der Phage lambda benötigt für einen Zyklus etwa 45 min, was kaum als „extrem langsam" bezeichnet werden kann.
Zu **(E)**: Erst nach Induktion eines temperenten Phagen und dem dadurch auftretenden Übergang in die lytische Vermehrung können Resistenzgene in den Phagenkopf eingebaut und so über den Prozess der Transduktion übertragen werden.

H97 H88

→ **Frage 3.111: Lösung B**

Zu **(B)**: Ein **temperenter Bakteriophage** kann seine DNA in das Chromosom der bakteriellen Wirtszelle integrieren **(Prophage)**. Die Phagen-Gene werden dann bei jeder Vermehrung des Bakteriums weitergegeben, das (vorerst) nicht lysiert wird. Verschiedene äußere Faktoren können jedoch die Expression der Phagen-Gene, die intrazelluläre Phagenentstehung und schließlich deren Freisetzung durch

Lyse des Bakteriums induzieren **(lytische Vermehrung)**.
Zu **(C)**: **Lysozym** ist als bakterizides Enzym u. a. im Nasensekret enthalten und dient dort als wichtiger Bestandteil der unspezifischen Abwehr von Krankheitserregern. Mit Lysogenie hat es aber nichts zu tun.
Zu **(D)**: Verschiedene Pilze und Bakterien sind zur Bildung und Sekretion von Substanzen befähigt, die das Wachstum anderer Mikroorganismen als potenzielle Nahrungskonkurrenten verhindern sollen. Diese Stoffe bilden die große Gruppe der natürlich vorkommenden **Antibiotika** (z. B. Penicillin), die inzwischen durch eine Vielzahl synthetisch hergestellter Substanzen in ihrem Wirk- und Anwendungsspektrum enorm erweitert worden ist.
Zu **(E)**: Jede biologische Art innerhalb einer Population ist bestrebt, die eigenen Gene an die nächste Generation weiterzugeben, um die Art langfristig zu erhalten. Eine „Neigung zur Autolyse" käme daher unter evolutionsbiologischen Gesichtspunkten dem Suizid einer Art oder Population gleich. Ein Vorgang, der nicht sinnvoll ist und der daher nicht existiert.
Siehe Lerntext III.15 „Bakteriophagen und ihre Vermehrung".

3.6.2 Aufbau

F05 ■
→ **Frage 3.112: Lösung A**

Zu **(A)**: Viren enthalten in der Tat immer nur einen Typ Nukleinsäure – DNA oder RNA. Neben dem sicherlich bekanntesten RNA-haltigen Virus, dem HIV, sind auch die Erreger von Grippe, Masern, Mumps, Hepatitis A oder Tollwut RNA-Viren.
Zu **(B)**: **Nukleosidanaloga** interferieren als „falsche Bausteine" mit der Synthese der viralen Nukleinsäure. Mit der Proteinsynthese haben sie nichts zu tun.
Zu **(C)**: Der Mureinsacculus ist ein typisches Strukturmerkmal von Bakterien und kommt bei Viren nicht vor.
Zu **(D)**: Das Kapsid ist die Schutzhülle der viralen Nukleinsäure und besteht aus Proteinen.
Zu **(E)**: Der beschriebene Mechanismus ist nur bei den sog. **Retroviren** bekannt, zu denen auch das HI-Virus gehört. Bei anderen RNA-Viren kann das Virusgenom direkt als mRNA zur Translation verwendet werden oder dient als Matrize für die Herstellung einer komplementären RNA, die dann ihrerseits zur Proteinsynthese herangezogen wird.

H09 ■■
→ **Frage 3.113: Lösung C**

Zu **(C)**: Grippeviren (Influenzaviren) gehören zu den **Orthomyxoviren** und haben ein **segmentiertes Genom**. Die Influenzaviren A und B besitzen acht RNA-Moleküle. Jedes dieser Moleküle codiert für ein einzelnes virales Protein. Zwei Proteine in der Lipidhülle, das Hämagglutinin (H) und eine Neuraminidase (N), sind für die Typisierung von Grippeviren entscheidend. So weist die im Jahr 2009 aufgetretene Schweinegrippe die Typisierung H1N1 auf.
Zu **(A)**: **Picornaviren** besitzen kein segmentiertes Genom. Sie sind RNA-Viren (einzelsträngige RNA).
Zu **(B)**-**(E)**: **Herpesviren** (doppelsträngige DNA), **Paramyxoviren** (einzelsträngige RNA) und **Pockenviren** (doppelsträngige DNA) besitzen ebenfalls kein segmentiertes Genom.

3.6.3 Vermehrung und Genetik

F90
→ **Frage 3.114: Lösung B**

Zu **(B)**: Bakteriophagen injizieren ihre Nukleinsäure in das Wirtsbakterium. Humanpathogene Viren werden als Nukleokapsid (Nukleinsäure + Kapsid) aufgenommen.
Zu **(A)**, **(C)**, **(D)** und **(E)**: Nach Adsorption des Virus an die Wirtszellmembran wird das Kapsid über Endozytose aufgenommen. Intrazellulär wird das Kapsid abgebaut (Uncoating), die freie Nukleinsäure wird zur Bildung neuer Virusproteine transkribiert oder zunächst in das Wirtsgenom inkorporiert. Stehen genug Virus-Proteine und Nukleinsäuren zur Verfügung, so bilden sich intrazellulär die neuen Viren.
Anmerkung: Vermutlich läuft dieser Prozess „von selbst" (self-assembly) und ist eben keine aktive „Montage".

F05
→ **Frage 3.115: Lösung D**

Diese Frage wurde auch schon in vorangegangenen Examina mit gering verändertem Wortlaut verwendet.
Zu **(A)** und **(D)**: Zur Expression des Virusgenoms (A) ist dessen Freisetzung aus dem Kapsid in der Wirtszelle notwendig. Dieses „Uncoating" wird durch Proteasen der Wirtszelle durchgeführt, die damit den Prozess der Virusvermehrung selbst einleiten.
Zu **(B)**: Über den Einbau des Virusgenoms in die DNA der Wirtszelle wird das Virus auf die folgenden Zellgenerationen übertragen und kann zu jedem späteren Zeitpunkt wieder reaktiviert und exprimiert werden.
Zu **(C)** und **(E)**: Nach Bildung der einzelnen Kapsomere (= Untereinheiten) kann eine neue Virushülle aufgebaut werden.

3 Grundlagen der Mikrobiologie und Ökologie

F91

→ **Frage 3.116: Lösung D**

Zu **(D)**: Reverse Transkriptase ist ein spezifisches Enzym der Retroviren und kommt in Prokaryonten nicht vor.

Zu **(A)** und **(E)**: Die retrovirale RNA wird durch die reverse Transkriptase in eine Doppelstrang-DNA überführt, die dann ins Genom der Wirtszelle inkorporiert und mit ihr repliziert wird. Das HI-Virus (Erreger der erworbenen Immunschwäche AIDS) und andere Retroviren sind Beispiele für diese Vermehrungstaktik.

Zu **(B)** und **(C)**: Will man die Gene für bestimmte Proteine klonieren (vervielfältigen), nutzt man die reverse Transkriptase, um von der leicht isolierbaren mRNA des gewünschten Proteins einen DNA-Strang herzustellen. Diese cDNA (c steht für complementary) kann danach beispielsweise in ein bakterielles Genom eingefügt und auf diese Weise in verwertbaren Mengen gewonnen werden.

H08

→ **Frage 3.117: Lösung C**

Zu **(C)**: Das Genom von Retroviren besteht aus RNA. Diese Viren verfügen mit der **reversen Transkriptase** über ein Enzym, das die virale RNA in der infizierten Zelle in eine doppelsträngige DNA transkribiert, die dann in das Genom der Wirtszelle integriert werden kann.

Zu **(A)**, **(B)**, **(D)** und **(E)**: Die Bindung eines Virus an seine Zielzelle, die (nicht im Fragentext erwähnte) endozytotische Aufnahme ins Zellinnere und das „Entpacken" (uncoating) der viralen Erbinformation sind ganz allgemeine Abläufe im Rahmen einer viralen Zellinfektion, die für Viren allgemein gültig sind. Auch bei der Freisetzung neuer Viruspartikel gelten die „Verpackung"/Aggregation der einzelnen viralen Bestandteile und die abschließende Freisetzung für alle Viren und sind nicht spezifisch auf Retroviren beschränkt.

3.7 Prionen

III.16 Prionen

Der Begriff **Prion** wurde von dem Nobelpreisträger S. Prusiner 1982 aus „proteinaceous infectious only" geprägt. Prionen sind die Erreger verschiedenster Formen übertragbarer neurodegenerativer Erkrankungen (sog. transmissible spongiforme Enzephalopathien) und sind durch ihren ausschließlichen Aufbau aus Proteinen gekennzeichnet. Bis zu ihrer Entdeckung galt es als sicher, dass der Erreger einer übertragbaren Infektionskrankheit über eine eigene Erbinformation aus Nukleinsäuren verfügen musste. Typische Prionen-Erkrankungen sind neben BSE und der neuen Variante der Creutzfeld-Jakob-Krankheit auch die Kuru, eine Form der spongiformen Enzephalopathie beim Menschen, die durch rituellen Kannibalismus hervorgerufen wird, weiterhin die sog. Traber-Krankheit oder Scrapie der Schafe und Ziegen. Allen Erkrankungen sind die typische schwammartige Zersetzung des Gehirns mit entsprechend progredienten neurologischen Symptomen, die variable und teils sehr lange Inkubationszeit, das Fehlen jeglicher Entzündungsreaktion im Gewebe sowie der stets letale Ausgang gemeinsam.

Eine Schweizer Arbeitsgruppe konnte 1985 nachweisen, dass ein Prion von einem normalen Gen codiert wird, das auch in gesunden Organismen vorhanden ist. Das Genprodukt PrP^c (für zelluläres Prion-Protein) fand sich in bislang allen untersuchten Säugetierspezies und ist auf der Oberfläche von Nervenzellen, Lymphozyten und anderen Körperzellen vorhanden. Das krankmachende PrP^{sc} (für Scrapie) ist von identischer Größe, zeigt jedoch einige spezielle Eigenschaften im Hinblick auf Proteasen-Empfindlichkeit oder Löslichkeit nach Behandlung mit Detergenzien.

Nach dem gegenwärtigen Stand der Forschung wird das gesunde PrP^c auf der Oberfläche der infizierten Zelle durch den Kontakt mit exogen zugeführten Prionen selbst zum pathologischen PrP^{sc} verändert. Interessanterweise zeigen spezielle Knockout-Mäuse, denen das PrP-Gen fehlt, keine wesentlichen, vom Wildtyp abweichende Symptome, und erkranken nach exogener Infektion mit Prionen nicht. Somit bleibt die physiologische Rolle des PrP^c bislang ungeklärt. Auch die Ursache der eigentlichen Erkrankung durch eine Prionen-Infektion und die Art des Erreger-Transportes ins Gehirn sind derzeit Themen aktueller Forschung. Erste Ergebnisse deuten auf eine wichtige Rolle der B-Lymphozyten bei der Ausbreitung der Prionen im Körper hin.

H03

→ **Frage 3.118: Lösung D**

Die bisher erste Prüfungsfrage zu diesem wichtigen und in den Medien häufig behandelten Thema.

Zu **(D)**: **Prionen** gelten als Erreger der übertragbaren, neurodegenerativen Erkrankungen, deren eine menschenpathogene Form die **Creutzfeld-Jakob-Krankheit** darstellt. In Form der BSE (bovine spongiforme Enzephalitis) oder der sog. Traber-Krankheit (= Scrapie) bei Rindern bzw. Ziegen und Schafen kommen ähnliche Infektionskrankheiten, die z. T. durch enorm lange Inkubationszeiten gekennzeichnet sind, sonst v. a. bei Huftieren vor. Prionen sind Erreger infektiöser Erkrankungen, die nur aus Proteinen bestehen und über keine eigene Erbinformation verfügen. Die meisten Begleitumstände der entsprechenden Erkrankungen wie Einzelheiten des Infektionsweges oder ihr Pathomechanismus sind bislang noch Gegenstand intensiver Forschung. Siehe Lerntext III.16 „Prionen".

Zu **(A)** und **(B)**: Bakterien und Viren sind die klassischen Erreger einer Vielzahl von Infektionserkrankungen, die weltweit immer noch zu den häufigsten Todesursachen zählen.

Zu **(C)**: **Rickettsien** sind kugelige, sehr kleine Bakterien, die zumeist obligat intrazelluläre Zellparasiten darstellen. Sie sind bei Tier und Mensch weit verbreitet und können von leichten, selbstlimitierenden Infektionen bis zu tödlich verlaufenden Erkrankungen eine Vielzahl von Folgen auslösen. Die bekannteste, durch *Rickettsia prowazekii* ausgelöste Erkrankung, ist das klassische **Fleckfieber**. Der Übertragungsweg beinhaltet in nahezu allen Fällen den Kontakt mit verschiedenen Arthropoden – z. B. Läusen, Zecken und Milben.

Zu **(E)**: Auch **Chlamydien** sind obligate, gramnegative Zellparasiten. Die humanpathogenen Formen sind Erreger der **Ornithose** (atypische Pneumonie, übertragen durch Vogelkot, z. B. bei Taubenzüchtern, *Chlamydia psittaci*), verschiedener **Konjunktivitiden** oder unspezifischer **Genitalinfektionen** (Schmierinfekte, „Schwimmbadkonjunktivitis", *Chlamydia trachomatis*) oder milder **Infekte des oberen Respirationstraktes** (Pneumonie durch *Chlamydia pneumoniae*).

F08
→ **Frage 3.119: Lösung A**

Zu **(A)**: Prionen sind in der Tat infektiöse Proteinpartikel. Sie sind Erreger verschiedenster neurodegenerativer Erkrankungen, z. B. der Creutzfeld-Jakob-Erkrankung oder der BSE. Die genetische Information ist in einem normalen Gen codiert, das auch bei gesunden Organismen vorkommt. Sowohl der genaue Infektionsmechanismus als auch die Kausalkette bis zur Entstehung einer klinisch manifesten Erkrankung (immer nach sehr langer Inkubationszeit) sind bislang noch nicht geklärt. Siehe auch Lerntext III.16 „Prionen".

Zu **(B)** und **(C)**: Viroide, manchmal auch als „Miniviren" bezeichnet, sind infektiöse RNA-Partikel ohne Proteinhülle. Sie sind vor allem als Erreger von Pflanzenkrankheiten bekannt.

Zu **(D)**: Replikationsdefekte Viren sind Studienobjekte der Genforschung. Durch das Unvermögen, sich in einer Wirtszelle zu replizieren, soll die Gefahr einer unkontrollierten Ausbreitung potenziell pathologischer Krankheitserreger außerhalb des Labors verhindert werden.

Zu **(E)**: Retroviren sind Viren mit einer einzelsträngigen RNA als Erbinformation. Sie enthalten das Enzym „Reverse Transkriptase", das in der infizierten Wirtszelle ein Umschreiben der RNA in einen doppelsträngigen DNA-Strang katalysiert, der dann in das Wirtszellgenom eingebaut werden kann. Das bekannteste Retrovirus ist das HIV, aber auch das Leukämie-induzierende HTLV ist ein Retrovirus.

3.8 Ausgewählte Kapitel aus der Ökologie mit Bezügen zur Mikrobiologie

3.8.1 Stoffkreisläufe

III.17 Stoffkreisläufe

Alle biochemischen und geochemischen Umbauprozesse unserer Erde lassen sich als zusammenhängende Stoffkreisläufe beschreiben. Hierdurch kann die Entstehung von Gesteinsformationen und deren Verwitterung durch abiotische (d. h. unbelebte) Faktoren ebenso dargestellt werden wie die Umsetzung verschiedener chemischer Elemente unter dem Einfluss unbelebter und biologischer Prozesse. Besonders bedeutsam für das Verständnis biologischer und biochemischer Stoffkreisläufe sind die Vorgänge beim Umsatz von Kohlenstoff und Stickstoff.

1. Kohlenstoff-Kreislauf: Etwa 15 % des atmosphärischen CO_2 werden jährlich von den Pflanzen im Rahmen der **Photosynthese** zu Kohlenhydraten umgesetzt. Etwa die Hälfte davon trägt zur Bildung von Biomasse bei, die andere Hälfte wird bei der Respiration zur eigenen Energiegewinnung erneut zu CO_2 verbraucht. Beim entgegengesetzten Prozess der **Mineralisierung** wird der organisch gebundene Kohlenstoff erneut zu anorganischen Verbindungen wie CO_2, HCO_3^- und CO_3^{2-} umgesetzt. Dies geschieht vor allem durch die biologische Zersetzung unter Beteiligung von Bakterien und Pilzen („Destruenten") und durch Verbrennungsvorgänge, an denen der Mensch einen steigenden Anteil bestreitet. Etwa 4 % des jährlich in die Atmosphäre emittierten CO_2 sind anthropogenen Ursprungs durch Verbrennung fossiler Brennstoffe und Zerstörung von Wäldern oder Bodenerosion mit den entsprechenden Folgen.

2. Stickstoff-Kreislauf: Die Überführung des atmosphärischen Stickstoff N_2 in organische Stickstoff-Verbindungen wird von Mikroorganismen (Bakterien und Cyanobakterien [früher „Blaualgen"]) teils autonom, teils in Symbiose mit höheren Pflanzen („Knöllchenbakterien" der Leguminosen) durchgeführt. Der Stickstoff wird hierbei vor allem in Aminosäuren als Bestandteilen der Proteine fixiert, die im Rahmen der Nahrungskette auch durch Tiere und Menschen weiter verwertet werden. Der Stickstoff wird schließlich durch N-haltige Ausscheidungsprodukte (z. B. Harnstoff) und durch die Zersetzung von Biomasse den destruierenden Bakterien und Pilzen zugeführt, die ihn im Rahmen von häufig anaeroben Fäulnisprozessen durch **Desaminierung** erneut in anorganisches NH_4^+ überführen. Diese Ammonium-Ionen werden entweder der Proteinbiosynthese wieder zugeführt oder durch verschiedene Bakteriengattungen im Rahmen der **Nitrifikation** über Nitrit zu Nitrat NO_3^- oxidiert, was durch eine Ansäuerung des Bodens die Löslichkeit von Kalzium- und Magnesiumsalzen erhöht. Nitrat wird z. T. in Sedimenten abgelagert, z. T. wird es durch andere Bakterien unter anaeroben Bedingungen zu molekularem Stickstoff N_2 reduziert (**Denitrifikation**).

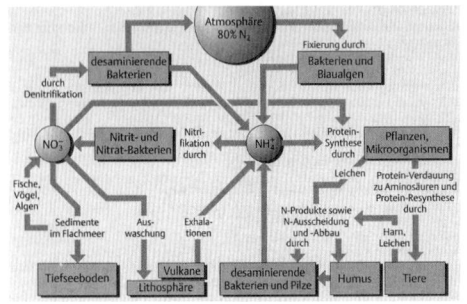

Abb. 3.6 Globaler Stickstoff-Kreislauf (aus: Schwedt, G.: Taschenatlas der Umweltchemie, Thieme, Stuttgart, New York, 1996)

F96
→ **Frage 3.120: Lösung B**

Die aerobe Zersetzung organischer Materie wird hauptsächlich von Bakterien und Pilzen bewerkstelligt, die man in diesem Zusammenhang auch als **Destruenten** bezeichnet. Kommt es zur Abnahme des O_2-Angebots, so schlägt der aerobe Abbau in anaerobe Gär- und Fäulnisprozesse um.

Zu **(B)**: Kohlendioxid ist (neben Wasser) das typische Endprodukt aerober Abbauprozesse. CO_2 entsteht zum Großteil beim Abbau von Polysacchariden, über darin einmündende Stoffwechselwege, aber auch durch Zersetzung von Fetten und Proteinen. Wasser ist das Endprodukt der energieerzeugenden „Atmungskette", an deren Ende Protonen und Elektronen auf O_2 als terminalen Elektronenakzeptor übertragen werden.

Zu **(A)**: Kohlenmonoxid spielt in biologischen Stoffwechselkreisläufen eine untergeordnete Rolle. Es kommt als intermediäre Substanz bei verschiedenen Gärungen vor (Homoacetatgärung, Methan-Bildung) und wird von einigen „exotischen" Bakterien als Elektronen- und Kohlenstoff-Quelle genutzt. Als Stoffwechsel-Endprodukt spielt es keine Rolle.

Zu **(C)** und **(D)**: Methan und Schwefelwasserstoff sind typische Endprodukte bei anaerober Zersetzung organischer Materie, z. B. im Faulschlamm. Methan ist auch als sog. Biogas bekannt.

Zu **(E)**: Die Entstehung molekularen Stickstoffdioxids NO_2 im Rahmen biologischer Prozesse ist mir nicht bekannt. Nitrit-Anionen (NO_2^-) spielen eine Rolle bei der Umsetzung von Ammonium- (NH_4^+) zu Nitrat-Ionen (NO_3^-) durch sog. nitrifizierende Bodenbakterien.

H89
→ **Frage 3.121: Lösung C**

Zu **(C)**: Bei der biologischen Reinigung von Abwässern sollen die enthaltenen organischen Stoffe (E) abgebaut werden. Dazu sind nur heterotrophe Mikroorganismen in der Lage. Autotrophe Lebewesen erzeugen organische Biomasse aus anorganischen Stoffen mit Hilfe des Sonnenlichts – Photosynthese der grünen Pflanzen und einiger Bakteriengattungen.

Zu **(B)** und **(D)**: Die gewünschten Abbauprozesse laufen über aerobe Stoffwechselwege unter Sauerstoffverbrauch. Fehlt O_2, so treten vermehrt anaerobe, deutlich weniger effektive Gärungsprozesse auf.

3.8.2 Nahrungskette, Energiefluss

III.18 Nahrungskette

Die ernährungsbedingte Abhängigkeit verschiedenster Organismen voneinander wird als Nahrungskette bezeichnet. Aufgrund vielfältiger Verflechtungen und Verzweigungen sollte jedoch besser von einem „**Nahrungsnetz**" gesprochen werden. In vereinfachter Form besteht ein derartiges Geflecht aus drei Organismengruppen. Die abiotische Energie in Form des Sonnenlichtes wird durch die **Produzenten** zur autotrophen Erzeugung von Biomasse genutzt. Die Photosynthese der grünen Pflanzen und des Phytoplanktons ist hierbei der entscheidende Vorgang. Die heterotrophen **Konsumenten** (pflanzenfressende und fleischfressende Tiere, Menschen) decken ihren Energiebedarf durch die Aufnahme und Verwertung dieser Biomasse. Tote organische Materie wird schließlich durch die **Destruenten** (Bakterien, Pilze) wieder zu anorganischen Substanzen zersetzt.

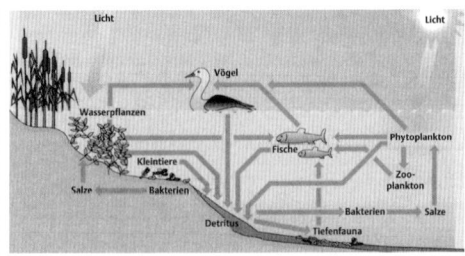

Abb. 3.7 Nahrungsnetz und Stoff-Kreislauf in Gewässern (aus: Schwedt, G., Taschenatlas der Umweltchemie, Thieme, Stuttgart, New York, 1996.)

Klinischer Bezug

Biologisch und medizinisch interessant ist in diesem Zusammenhang die mögliche Anreicherung potenziell schädlicher Substanzen in der Nahrungskette. Ein Beispiel ist die Kumulation fettlöslicher **Herbizide** im Körper höherer Konsumenten. So steigt z. B. der DDT-Gehalt in ppm (part per million) von der Wasserpflanze 0,08 über die Schnecke mit 0,26 oder den Aal mit 0,28 bis zum Graureiher auf 3,51 oder zum Fischadler auf 13,8 (gemessen im Ei) an (Quelle: Taschenatlas der Biologie, Vogel und Angermann, Bd. 2, Thieme). Auch viele **Schwermetalle** zeigen aufgrund einer langen Verweilzeit im Körper eine starke Anreicherungstendenz.

H99

→ **Frage 3.122: Lösung D**

Zu **(D)**: **Bakterien und Pilze** bilden in einem Ökosystem die Gruppe der heterotrophen **Destruenten**. Ihre Aufgabe ist der aerobe – und unter O_2-Mangel anaerobe – Abbau organischer Biomasse in anorganische Materie. Im gezeigten Schaubild trifft diese Position nur für die mit D bezeichnete Organismengruppe zu.
Zu **(A)**: **Grüne Pflanzen** können unter Verwendung des energiereichen Sonnenlichts aus anorganischer Materie organische Substanz/Biomasse aufbauen. Sie werden daher als **Produzenten** bezeichnet.
Zu **(B)** und **(C)**: Die von den Produzenten aufgebaute Biomasse dient einer Vielzahl von heterotrophen Organismen, den **Konsumenten**, als Nahrungsquelle. Die Gruppe der Pflanzenfresser (**Herbivoren** = B) ernährt sich hierbei direkt von den Produzenten, die fleischfressenden **Carnivoren** (= C) nehmen die Energie im Rahmen verschiedenster Nahrungsketten auf.
Zu **(E)**: Beim Absterben von Destruenten kommt es zur Ablagerung organischer Materie, die nicht weiter zersetzt wird (Humus- oder Torfbildung).

F02

→ **Frage 3.123: Lösung D**

Zu **(D)**: Bakterien und Pilze bauen tote organische Materie zu anorganischen Substanzen ab und werden deshalb innerhalb der ökologischen Nahrungskette und Stoffkreisläufe als **Destruenten** bezeichnet.
Zu **(A)**: Grüne Pflanzen und Phytoplankton können als **Produzenten** aufgrund ihres Chlorophyll-Gehaltes Biomasse aus abiotischer Energie in Form von Sonnenlicht herstellen (autotrophe Lebensweise).
Zu **(B)** und **(C)**: **Konsumenten** ernähren sich heterotroph, d. h. sie nehmen Nahrung in Form organischer Substrate auf. Innerhalb einer gestaffelten Nahrungskette kann man Konsumenten 1. und 2. Ordnung, z. B. Pflanzen- und Fleischfresser, unterscheiden.
Siehe Lerntext III.18 „Nahrungskette".

3.8.3 Regulation der Populationsgröße in einem Biosystem

Zu diesem Kapitel wurden bisher keine Fragen gestellt.

3.8.4 Wechselbeziehungen zwischen artverschiedenen Organismen

III.19 Wechselbeziehungen von Organismen

Wechselbeziehungen artfremder Organismen können unter dem Gesichtspunkt des Nutzens für die jeweiligen Partner klassifiziert werden. Man unterscheidet:
Konkurrenz: Beide Organismen konkurrieren um einen lebensnotwendigen Umweltfaktor, z. B. Licht oder Nahrung. Ein echter Nutzen kann nur von dem Organismus erreicht werden, der sich dem Konkurrent gegenüber durchsetzt, was jedoch in der Natur häufig nicht vollständig passiert. Beispiele für Konkurrenzsituationen sind unterschiedliche Wachstumsgeschwindigkeiten oder -formen von Bäumen bei der bestmöglichen Ausnutzung des Sonnenlichtes im dichten Wald.
Kommensalismus: Bei dieser, auch als „Tischgenossenschaft" bezeichneten Wechselbeziehung nutzt ein Organismus die Nahrung eines anderen zum eigenen Überleben. So beseitigen Hyänen oder Geier die Beutereste großer Raubtiere. Der Übergang zum Parasitismus ist manchmal unscharf, z. B. wenn der Kommensale seinem Nahrungsbringer die Beute abjagt, bevor dieser sich davon ernährt hat.
Symbiose kennzeichnet das Zusammenleben von Organismen zum gegenseitigen Vorteil. Hierbei kann bei besonders engen Beziehungen der Eindruck eines einzigen Organismus entstehen – so leben in einer Flechte photosynthetisch aktive Grünalgen und mechanisch robuste Schlauchpilze in einer engen Symbiose. Auch im Tierreich kennt man zahlreiche symbiontische Lebensbeziehungen mit z. T. sehr ungleichen Partnern. Die Spannweite reicht von intrazellulär-symbiontischen einzelligen Algen in Meeresschwämmen über die natürliche Bakterienflora im Darm vieler Vögel und Säugetiere (Vitamin-Lieferanten) bis zum hochorganisierten Zusammenleben zwischen Ameisen und Blattläusen, die durch ihre kohlenhydratreichen Ausscheidungen zur Ernährung ihrer „Beschützer" beitragen.

3 Grundlagen der Mikrobiologie und Ökologie

Klinischer Bezug
Medizinisch bedeutsam ist hier die Zerstörung der natürlichen, symbiontischen Darmflora des Menschen durch die langfristige Einnahme von Antibiotika, die zur Überwucherung des Darmes mit dem weitgehend resistenten Bakterium Clostridium difficile führen kann (sog. „pseudomembranöse Colitis").

Parasitismus: Auch diese Wechselbeziehung, die durch eine einseitige Vorteilsnahme eines Partners gekennzeichnet ist, hat eine große Variabilität ihrer verschiedenen Ausprägungen. Von klassischen humanen Ektoparasiten, wie Flöhen oder Läusen, über pflanzliche Parasiten, wie die bekannte Mistel an größeren Baumästen, reicht das Spektrum bis zu großen Organismen, die als Endoparasiten im Inneren ihres Wirtes leben und diesem wichtige Nährstoffe entziehen können, z. B. Bandwürmer.

F06
→ **Frage 3.124: Lösung A**

Zu **(A)**: **Rickettsien** sind weit verbreitete, sehr kleine Bakterien und fast ausnahmslos obligate Zellparasiten. Sie werden in der Regel durch Arthropoden (Läuse, Flöhe, Milben u. a.) auf den Menschen übertragen und lösen fieberhafte Infekte oder auch eine atypische Pneumonie aus. Auch **Chlamydien** sind sehr kleine Keime, die ebenfalls obligate Zellparasiten darstellen. Sie haben allerdings eine Entwicklungsform, die sog. Elementarkörperchen, die auch außerhalb einer Wirtszelle überleben können. Typische Krankheitsbilder nach einer Infektion mit Chlamydien sind eine atypische Pneumonie oder eine Infektion von Hornhaut und Konjunktiven (Trachom). **Viren** gehören streng genommen nicht zu den Lebewesen. Sie besitzen keinen eigenen Stoffwechsel und sind deshalb immer auf Wirtszellen angewiesen.
Zu **(B)** und **(C)**: Rickettsien und Chlamydien sind empfindlich gegenüber Tetrazyklin. Da Viren keinen eigenen Stoffwechsel haben, sind sie gegenüber Antibiotika nicht empfindlich.
Zu **(D)**: Viren vermehren sich nicht durch Zweiteilung. Die virale Nukleinsäure und die notwendigen Proteine für die Virushülle werden in der Wirtszelle produziert und dort zusammengebaut.
Zu **(E)**: Viren haben meistens eine äußere Hülle aus speziellen Proteinen, ein Mureingerüst ist typisch für Bakterien.

H01
→ **Frage 3.125: Lösung A**

Zu **(A)**: Bei einer **Symbiose** haben beide Lebenspartner einen Vorteil von ihrer gemeinsamen Existenz. So ist auch das Vorkommen von Vitamin-K-produzierenden Bakterien im menschlichen Darmtrakt ein gutes Beispiel für eine Symbiose.

Zu **(B)**: Beim **Kommensalismus**, auch als „Tischgenossenschaft" bezeichnet, nutzt ein Organismus die Nahrung eines anderen zum eigenen Überleben. So beseitigen Hyänen oder Geier die Beutereste großer Raubtiere. Der Übergang zum Parasitismus ist manchmal unscharf, z. B. wenn der Kommensale seinem Nahrungsbringer die Beute abjagt, bevor dieser sich davon ernährt hat.
Zu **(C)**: Ein **Parasit** schädigt seine Wirtszelle, z. B. durch einen ständigen Entzug lebenswichtiger Nährstoffe.
Zu **(D)**: **Konkurrenz**verhalten zwischen zwei Organismen tritt dann auf, wenn die Lebensumstände für nur einen von beiden positive Umweltbedingungen ermöglichen; z. B. ist das unterschiedlich schnelle Wachstum von Bäumen und anderen Pflanzen im belaubten Wald ein ständiger Konkurrenzkampf um das rar gesäte Sonnenlicht.
Zu **(E)**: Zeigt innerhalb einer Population ein Organismus einen (zufällig entdeckten) neu erworbenen Vorteil gegenüber den anderen Organismen, so kann er sich besser durchsetzen und statistisch seine Gene vermehrt in die folgende Generation übertragen. Dieses Phänomen bezeichnet man auch als positive **Selektion**.

3.9 Kommentare aus Examen Frühjahr 2011

F11
→ **Frage 3.126: Lösung E**

Zu **(E)**: Das Bakterium **Clostridium botulinum** produziert das **Botulinumtoxin** („Botox"). Es ist das stärkste bekannte Gift und führt durch die Hemmung der Acetylcholinfreisetzung an der motorischen Endplatte zu einer schlaffen Muskellähmung. Mehrere Typen (A–F) des Toxins sind bekannt, die z. T. über unterschiedliche Mechanismen die Acetylcholinfreisetzung hemmen. Subtyp B greift am SNARE-Protein (**S**oluble **N**-Ethylmaleimide-sensitive-**F**actor **A**ttachment **Re**ceptor) an und hemmt dadurch die Verschmelzung von Acetylcholinvesikeln mit der Zellmembran.
Zu **(A)**: Bei den Acetylcholinrezeptoren werden nikotinerge und muskarinerge Rezeptoren unterschieden. An der neuromuskulären Endplatte sind **nikotinerge Rezeptoren** für die Erregungsübertragung verantwortlich, ein selektiver Antagonist ist **Curare**, der ebenfalls zu schlaffen Muskellähmungen führt. **Muskarinerge Acetylcholinrezeptoren** sind u. a. im vegetativen Nervensystem wichtig und können z. B. durch **Atropin** selektiv gehemmt werden.
Zu **(B)**: **Clathrin** ist ein hexameres Protein, das an der rezeptorvermittelten Endozytose beteiligt ist. Damit ist es wichtig für die zelluläre Aufnahme von Toxinen, z. B. auch des Botulinumtoxins C2, ist aber nicht selbst der Angriffspunkt.

Zu (C): Aus 6 Connexinen assembliert sich ein **Connexon**, und 2 Connexone bilden eine **Gap Junction** (= Nexus). Diese Zell-Zellkontakte sind für den Stoffaustausch (z. B. Kalzium bei Kardiomyozyten) verantwortlich.

Zu (D): **Cadherine** sind kalziumabhängige Proteine, die bei den Zonulae adhaerentes (Gürteldesmosomen) eine Rolle spielen. Mehrere Isoformen werden unterschieden: E-Cadherin kommt in Epithelien vor, N-Cadherin im Nervengewebe und P-Cadherin in der Plazenta.

F11 ■■
→ **Frage 3.127: Lösung D**

Zu (D): Mit Hilfe der Gramfärbung kann zwischen grampositiven und -negativen Bakterien unterschieden werden: Die Bakterien werden mit einem blauen Farbstoff (Gentaviolett) gefärbt, dann mit Alkohol gewaschen und schließlich mit einem roten Farbstoff (Carbolfuchsin) gegengefärbt. Bei **grampositiven** Bakterien ist der Mureinsacculus so dick und vielschichtig, das der blaue Farbstoff nicht ausgewaschen wird und die Bakterien **blau** erscheinen. Durch die dünnere Mureinschicht kann der blaue Farbstoff bei gramnegativen Bakterien ausgewaschen und die Bakterien rot gegengefärbt werden.

Zu (B): **Glykogen** kann durch eine **PAS-Reaktion** (Periodic Acid Schiff-Reaktion) angefärbt werden. Diese Methode ist v. a. in der Diagnostik hämatologischer Erkrankungen von Bedeutung, nicht bei der Differenzierung bakterieller Spezies.

Zu (B): Die **Azidophilie** bestimmter Zellkompartimente kann ebenfalls zur Anfärbung mit bestimmten Farbstoffen (z. B. Eosin) benutzt werden. Dies dient jedoch nicht zur Unterscheidung grampositiver und -negativer Bakterien.

Zu (E): In die Zellwand von Mykobakterien eingelagerte **Wachse** verhindern die Gramfärbung komplett. Eine Klassifizierung nach grampositiv oder -negativ ist daher nicht möglich.

F11 ■
→ **Frage 3.128: Lösung D**

Zu (D): Streptococcus pneumoniae (**Pneumokokken**) sind grampositive Diplokokken mit Kapsel, die u. a. Pneumonien auslösen können. Ein anderes Beispiel für kapseltragende Bakterien wären Meningokokken (Neisseria meningitidis).

Zu (A): **Clostridium tetani**, der Auslöser des Wundstarrkrampfs (Tetanus), ist ein grampositives Stäbchen mit der Fähigkeit zur Sporenbildung (Sporulation). Es hat keine Kapsel.

Zu (B): **Escherichia coli** (E. coli) sind gramnegative Stäbchenbakterien. Die Bakterien sind peritrich begeißelt und können sich so aktiv bewegen. Sie haben keine Kapsel.

Zu (C): **Mykoplasmen** sind sehr kleine Bakterien, besitzen keine Zellwand und auch keine Kapsel. Aufgrund der fehlenden Zellwand sind sie natürlich resistent gegenüber Penicillin, das die Zellwandneusynthese hemmt.

Zu (E): **Treponemen** sind gramnegative Schraubenbakterien ohne Kapsel. Treponema pallidum ist der Erreger der Syphilis (Lues).

F11 ■
→ **Frage 3.129: Lösung C**

Zu (C): **Mykobakterien** sind widerstandsfähige Stäbchen mit einem sehr hohen Wachs- und Lipidanteil der Zellwand und einer **sehr langen Generationszeit** von 6–24 h, die sich u. a. aus dem hohen Wachs- und Lipidanteil der Zellwand ergibt, der vor einer Teilung zunächst aufwändig synthetisiert werden muss.

Zu (A): Bacillen haben die Fähigkeit zur Sporulation (Sporenbildung) und können sehr lange bei widrigen Umweltbedingungen ausharren. Bei günstigen Bedingungen vermehren sie sich jedoch weitaus schneller als Mykobakterien. **Bacillus anthracis** ist der Erreger des Milzbrands.

Zu (B): Clostridien haben ebenfalls die Fähigkeit zur Sporulation und können sehr lange bei widrigen Umweltbedingungen ausharren. Die Generationszeit von **Clostridium perfringens**, dem Erreger des Gasbrands, liegt unter Optimalbedingungen (43–47°C) bei 8–12 min.

Zu (D) und (E): **Staphylococcus aureus** (D) und **Streptococcus pneumoniae** (E) sind grampositive Kokkenbakterien mit einer kurzen Generationszeit von ca. 20–30 min im Gewebe.

F11 ■
→ **Frage 3.130: Lösung E**

Zu (E): Im menschlichen **Kolon** gibt es einen extrem hohen Besatz an **residenter Flora** (ca. 10^{10}–10^{11} Bakterien/g Stuhl). Sie unterstützen u. a. die Verdauung, bilden Vitamin K, verhindern das Wachstum pathologischer Keime und regen die Peristaltik an. Zu den wichtigen Spezies gehören u. a. Enterokokken, E. coli, Laktobazillen, Klebsiella, Proteus und Enterobacter.

Zu (A): Auch die **Nasenhöhle** beinhaltet eine reichhaltige mikrobielle Flora, allerdings ist diese nicht so dicht wie im Dickdarm. Zu den wichtigsten Spezies zählen u. a. Staphylokokken, Streptokokken, Neisserien, Corynebakterien, Spirillen und Mikrokokken.

Zu (B): Im **Magen** gibt es aufgrund des sauren pH-Werts nur wenige Bakterien (ca. 1000/ml). Die wichtigste Spezies ist der magensaftresistente Helicobacter pylori, der Magenulzera auslösen kann.

Zu (C) und (D): Der **Dünndarm** ist reichlich mikrobiell besiedelt, allerdings nicht so dicht wie das Kolon (ca. 10^8 Bakterien/ml). Zu den hier vertretenen Spezies zählen Laktobazillen, Bifidobacterium, Entero- und Pneumokokken, E. coli und Bacteroides.

Literaturverzeichnis

1. Bachmann, K.: Biologie für Mediziner, 3. Auflage. Springer, Berlin, Heidelberg, New York 1986.
2. Buselmaier, W.: Biologie für Mediziner, 9. Auflage. Springer, Berlin, Heidelberg, New York 2003.
3. Czihak, G., Langer, H., Ziegler, H.: Biologie, 6. Auflage. Springer, Berlin, Heidelberg, New York 1996.
4. Gottschalk, W.: Allgemeine Genetik, 4. Auflage. Thieme, Stuttgart, New York 1994.
5. Hirsch-Kauffmann, M., Schweiger, M.: Biologie für Mediziner und Naturwissenschaftler, 5. Auflage. Thieme, Stuttgart, New York 2004.
6. Huss, S.: Biologie, die Physikumsskripte, 3. Auflage. Medi-Learn Verlag, Marburg 2009.
7. Junquira, L. C., Carneiro, J.: Histologie, 6. Auflage. Springer Verlag 2005.
8. Kayser, F. H., Bienz, K. A., Eckert, J.: Medizinische Mikrobiologie, 11. Auflage. Thieme, Stuttgart, New York 2005.
9. Kleinig, H., Sitte, P.: Zellbiologie, 4. Auflage. Fischer, Stuttgart, Jena, New York 1999.
10. Leonhardt, H.: Histologie, Zytologie und Mikroanatomie des Menschen, 8. Auflage. Thieme, Stuttgart, New York 1990.
11. Moore, K. L.: Embryologie, 5. Auflage. Urban & Fischer bei Elsevier, München 2007.
12. Müller, O., Wagener, C.: Molekulare Onkologie: Entstehung, Progression, klinische Aspekte, 3. Auflage. Thieme, Stuttgart, New York 2009.
13. Murken, J.-D., Cleve, H.: Humangenetik, 6. Auflage. Enke, Stuttgart 1996.
14. Roche Lexikon Medizin, 5. Auflage. Urban & Fischer bei Elsevier, München 2003.
15. Sadler, T.W.: Medizinische Embryologie, 10. Auflage. Thieme, Stuttgart, New York 2003.
16. Schmidt, R. F., Thews, G.: Physiologie des Menschen, 29. Auflage. Springer, Berlin, Heidelberg, New York 2005.
17. Schlegel, H. G.: Allgemeine Mikrobiologie, 7. Auflage. Thieme, Stuttgart, New York 1992.
18. Schwedt, G.: Taschenatlas der Umweltchemie, Thieme, Stuttgart, New York, 2001.
17. Stryer, L.: Biochemie, 5. Auflage. Spektrum Akademischer Verlag, Heidelberg, Berlin, Oxford 2003.
18. Vogel, G., Angermann, H.: Taschenatlas der Biologie, Bd. 1-3. Thieme, Stuttgart, New York 1990.

Abbildungsverzeichnis

Abb.-Nr.	Diagnose, Beschreibung
1	Darmepithel, Schlussleiste (Zonula occludens) mit Pfeilen markiert
2	A = Tight junction, C = Desmosom, D = (Connexin-haltiger) Nexus, E = Coated Vesicle
3	Leberparenchymzelle (elektronenmikroskopische Aufnahme): A = glattes ER, B = raues ER, C = Sekundärlysosom, D = Mitochondrium, E = Peroxisom
4	Diktyosom
5	A = Lysosomen, B = Golgi-Apparat (O-Glykosylierung), C = Mitochondrien, D = raues ER, E = glattes ER
6	A = primäres Lysosom, B = Sekretvakuole, E = Endozytose-Vorgang
7	A = Coated Vesicle, B/C = Golgi-Apparat mit cis- (C) und trans-Seite (B), D = Autophagolysosom, E = Endosom
8	Mit X markiert: Autophagolysosom (X links oben), glattes ER (X links unten), Nukleolus (X Mitte rechts)
9	Mit Hämatoxylin gefärbtes Lebergewebe
10	Lysosomen in Eigenfluoreszenz bei UV-Anregung
11	A = Lysosomen, B = Diktyosom, C = Mitochondrien, D = raues ER, E = glattes ER
12	A = Lysosomen, B = glattes ER, C = (Cardiolipin-haltige) Mitochondrien, D = raues ER, E = Peroxisomen
13	Mikrovilli einer Darmepithelzelle (elektronenmikroskopische Aufnahme)
14	Zwiebelwurzel (Lichtmikroskopie): A = Metaphase, B/E = Anaphase, C = Interphase, D = Telophase
15	Zellkern nach Fluoreszenz-in-situ-Hybridisierung (schematische Darstellung)
16	Neutrophiler Granulozyt, Pfeil zeigt auf Drumstick (genetisch inaktives X-Chromosom)
17	Grampositive Diplokokken – Streptococcus pneumoniae
18	Grampositive Streptokokken – Streptococcus pyogenes
19	Gramnegative Diplokokken – Neisseria meningitidis
20	Pilzhyphen von Aspergillus

Bildanhang

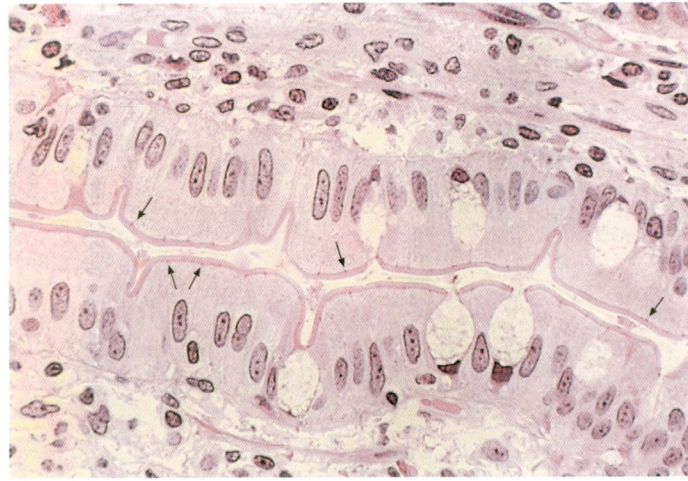

Abb. 1 zu Frage 1.25

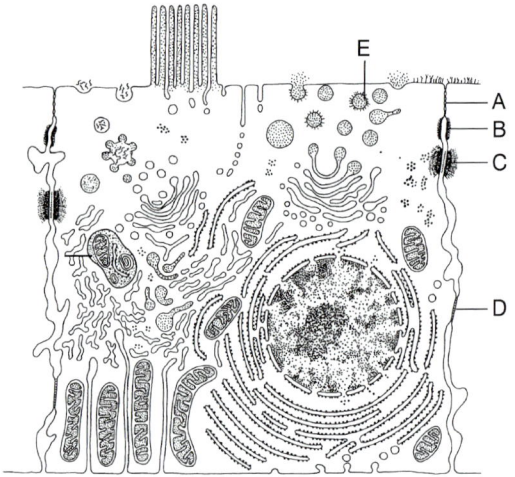

Abb. 2 zu Frage 1.40

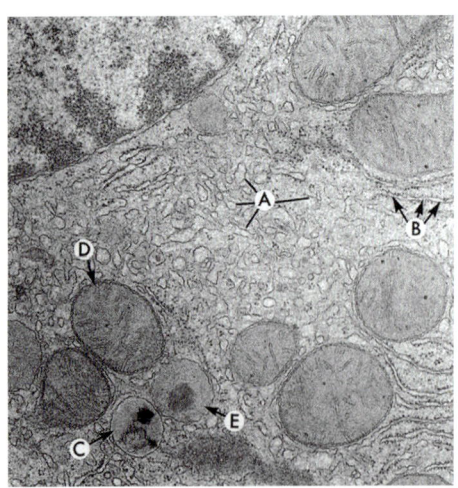

Abb. 3 zu den Fragen 1.75 und 1.111

Abb. 4 zu Frage 1.84

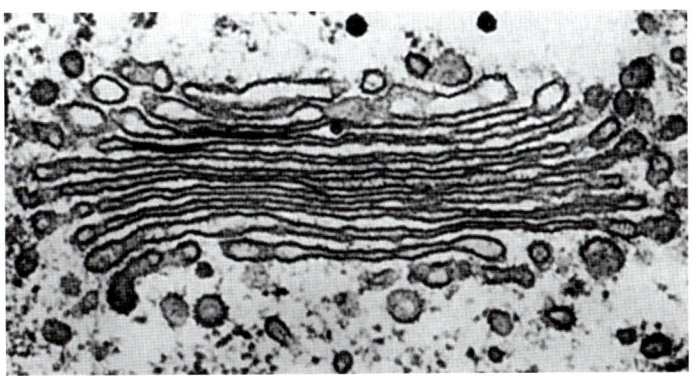

Abb. 5 zu Frage 1.86

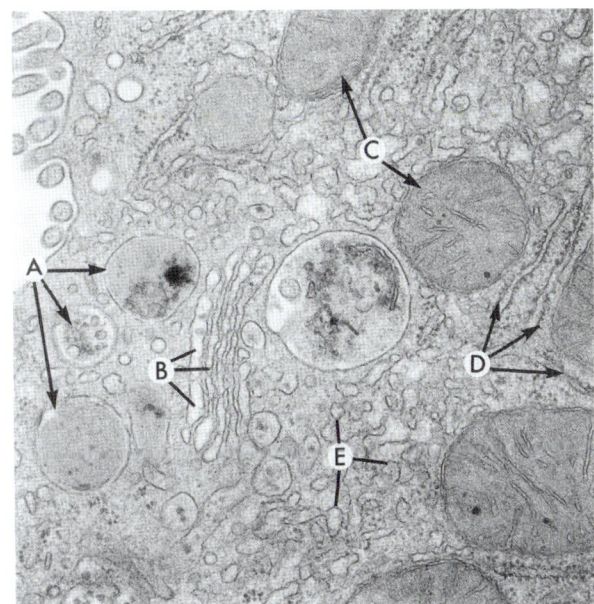

Abb. 6 zu den Fragen 1.95, 1.96 und 1.97

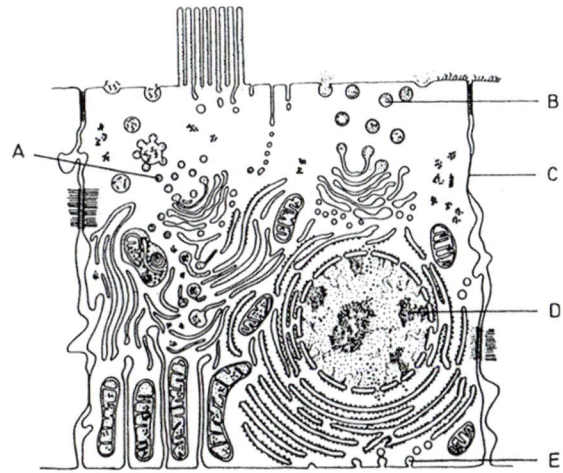

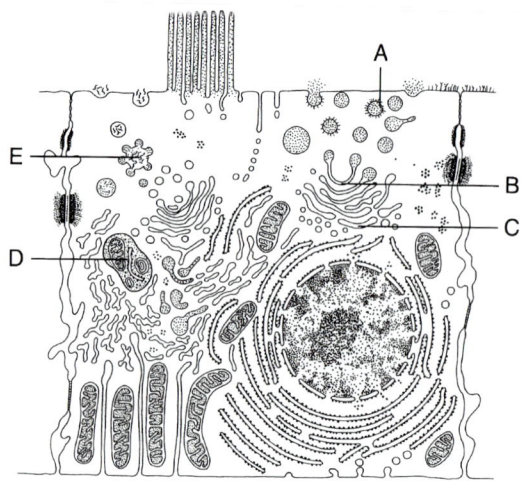

Abb. 7 zu Frage 1.100

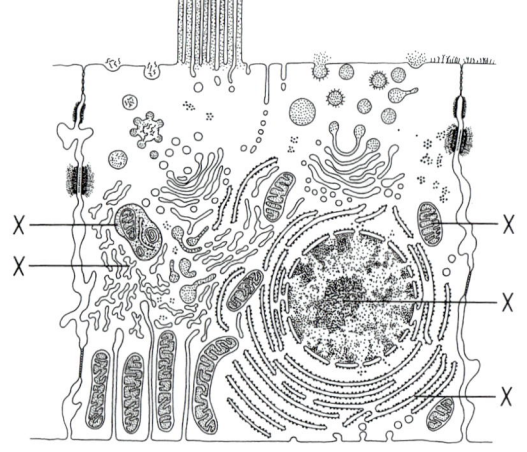

Abb. 8 zu Frage 1.101

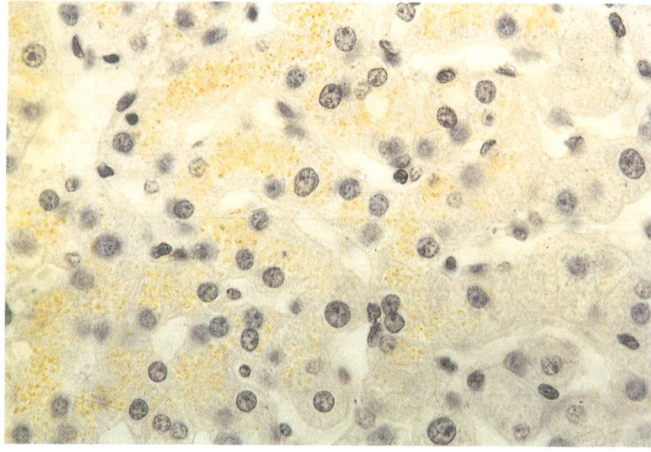

Abb. 9 zu Frage 1.112

Abb. 10 zu Frage 1.112

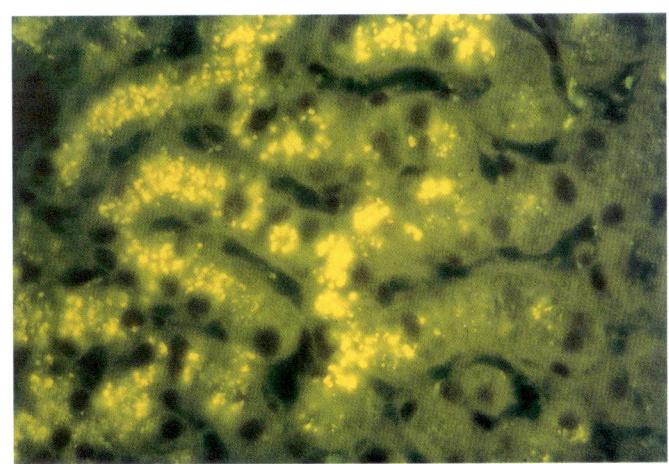

Abb. 11 zu Frage 1.129

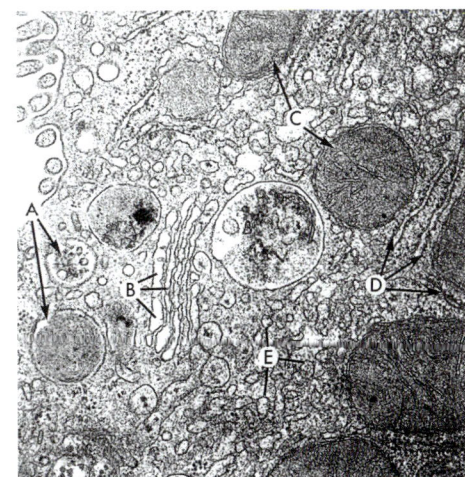

Abb. 12 zu Frage 1.133

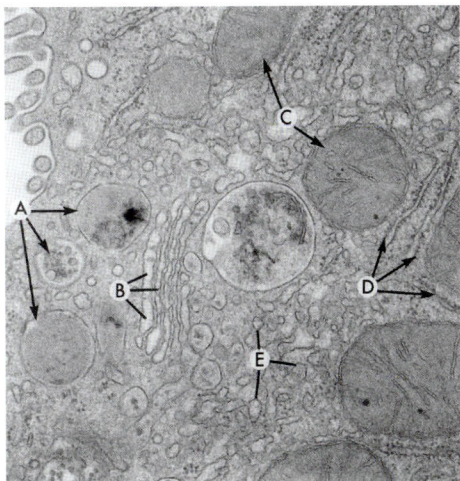

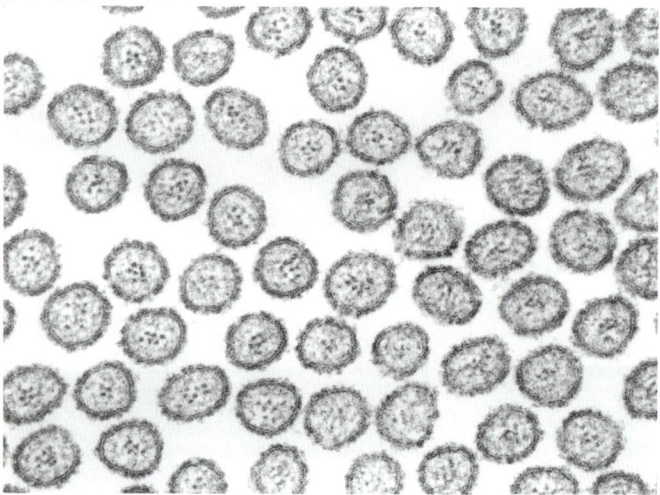

Abb. 13 zu Frage **1.175**

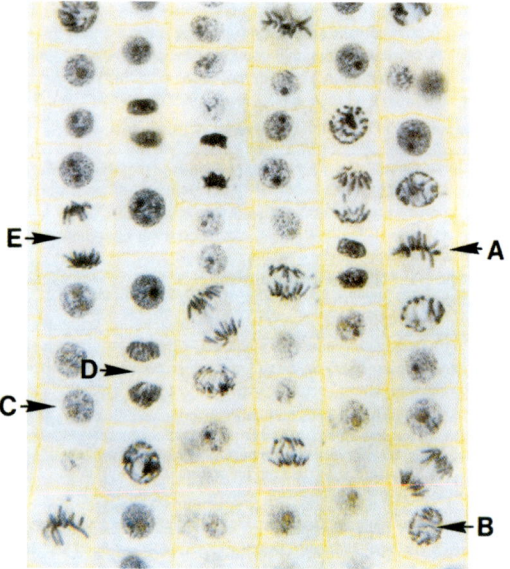

Abb. 14 zu Frage **1.192**

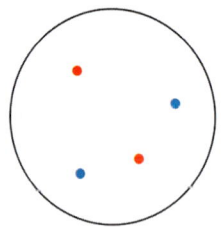

Abb. 15 zu Frage **2.50**

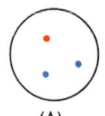
(A)

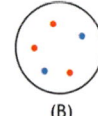
(B)

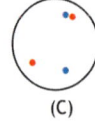
(C)

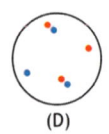
(D)

Abb. 16 zu Frage 2.131

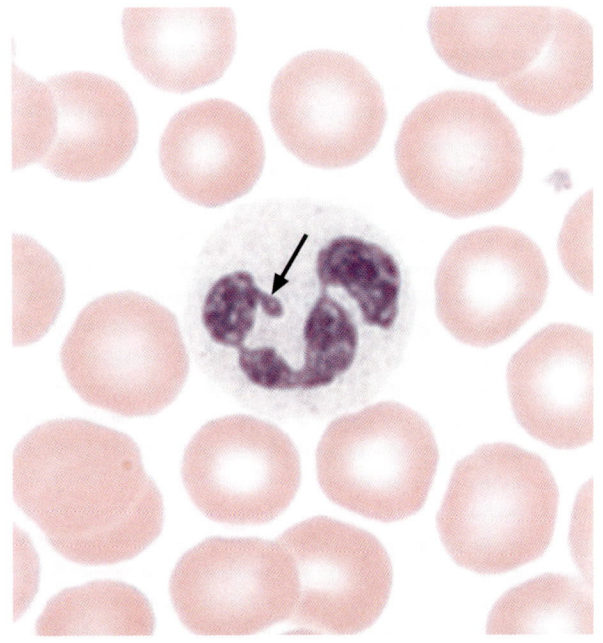

Abb. 17 zu Frage 3.6

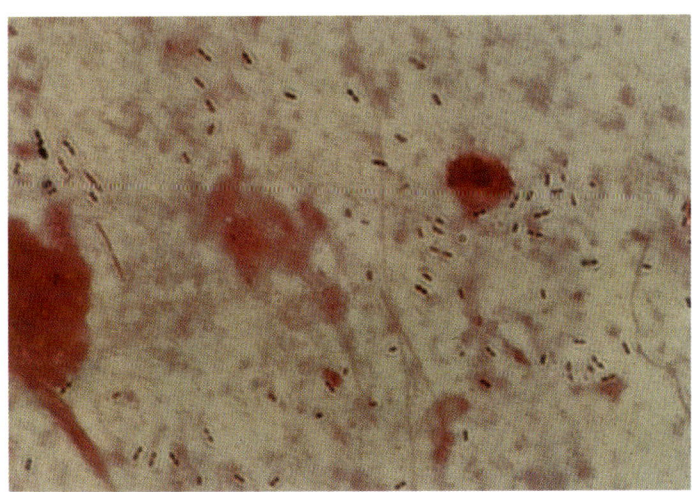

Abb. 18 zu Frage **3.7**

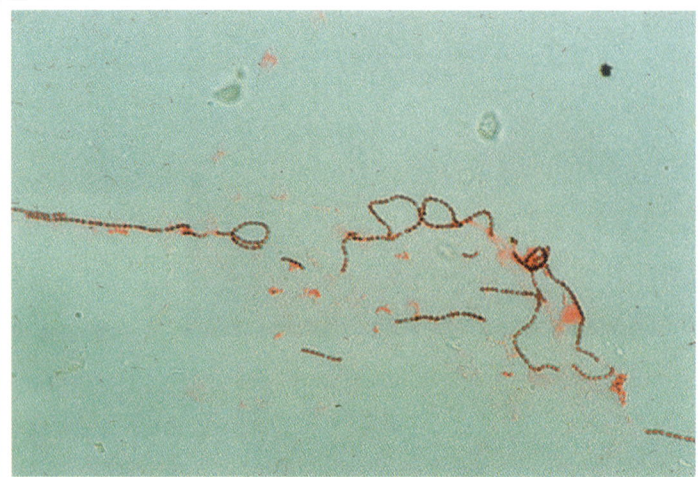

Abb. 19 zu Frage **3.12**

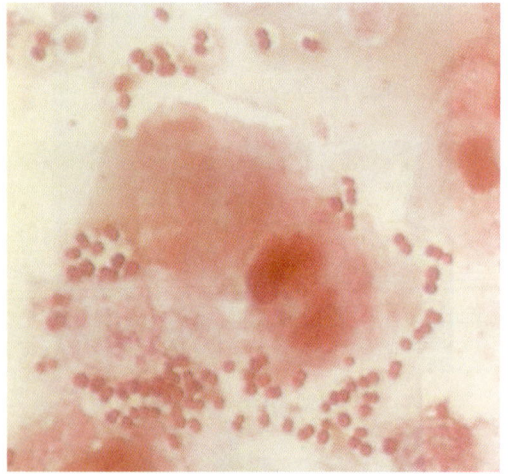

Abb. 20 zu Frage **3.98**

Sachverzeichnis

A

ABC-Transporter	83
Achondroplasie	171
Adenylatzyklase	140-141
ADH (antidiuretisches Hormon)	83
Aerobier	195-196
Aflatoxin	221
Agar	212
Aktin	115
Aktinfilament	122
Allelie, multiple	166
Alloenzym	158
α-Amanitin	222
α-Tubulin	96
Anaerobier	195-196, 211
Aneuploidie	136, 187-188
Antibiotika	214
Antibiotikaresistenz	210
Anticodon	152
Antizipation	162-163
Apoptose	138, 161
Aquaporin	82-83
Aspergillose	219
Atmungskette	111
ATP-Synthese	112
Cyanide	112
Mitochondrien	114
Prokaryot	202
Autophagie	106
Autophagolysosom	103

B

Bacillus antracis	**196**
Bakterien	
gramnegative	204
grampositive	204
Klassifikation	195
Morphologie	196
Bakteriengeißel	207
Bakterienzelle	202
Bakteriophage	216, 224
Prophage	224
temperenter Phage	224
virulenter Phage	224
Barr-Körperchen	181
Lyon-Hypothese	181
Basalkörperchen	81, 120
Beta-Lactam-Antibiotika	214
β-Oxidation	107
Blutgruppe	168
AB0-System	168
Kell-System	168
MN-System	168, 170
Rh-System	168
BSE	226

C

Cadherin	**88**
cAMP	140
Cardiolipin	113
Carnivore	229
Caspase	139
Caveolae	80
cDNA	190
Cephalosporin	214
CFTR-Gen	84
Chemotaxis	106
Chromosom	92, 137
Chromatide	137
Chromosomenaberration, numerische	187
Chromosomenfehlverteilung	137
Chromosomenmutation	182
Deletion	182, 185
Inversion	182, 185
Translokation	185
zentrische Fusion	185
Chromosomenzahl	
diploide	130
haploide	130
Clathrin	104
Claudin	87
Clostridien	196
coated vesicle	104
Code, genetischer	115, 156
Wobble-Theorie	156
Colchizin	117, 127
Connexin	80
Creutzfeld-Jakob-Krankheit	226
Crossing-over	132, 136
Cytochrom C	139
Cytochrom P_{450}	99
Cytochromoxidase	112

D

Deletion	**182, 185**
Desmin	116, 120
Desmosom	85, 87
Destruent	219, 228-229
Deuteranopie	179
Diktyosom	100
Diplokokken	195
Disomie, uniparentale	164
DNA	145
Basen-Triplett	146
Basenpaarung	145
hochrepetitive	149, 159
mitochondriale	112, 180
mittelrepetitive	149, 159
DNA-Doppelhelix	92, 145
DNA-Helikase	146
DNA-Polymerase	147
DNA-Replikation	146, 150
Down-Syndrom	187

drumstick	182
Dynein	118-119

E

EGF-Rezeptor	**82**
Ektoplasma	106
Endomitose	128
Endoplasma	106
Endoplasmatisches Retikulum	
glattes	98
raues	98
Endosom	104
Endosymbionten-Theorie	95, 111, 201
Endotoxin	203, 205
Endozytose	82-83
Phagozytose	103
Pinozytose	103
Epidermolysis bullosa simplex	121
Erbgang	
autosomal-rezessiver	170
mitochondrialer	180
X-chromosomaler	176
X-chromosomal-rezessiver	177
Ergastoplasma	98
Ergotamin	222
Escherichia	198
Escherichia coli	196, 198
Euchromatin	149
Eukaryont	199, 201
Eumelanin	109
Exon	150, 159
Exportprotein	97
Expressivität	162

F

Fibrillarin	**94**
Fimbrie	208
Flagellin	207-208
Frame-shift	183

G

Gap junction	**85**
Geißel	195
Genduplikation	158
Generationszeit	212
Genexpression, Regulation	153
Genfrequenz	162
Genmutation	183
Punktmutation	183
Genom-Mutation	182
Monosomie	182
Trisomie	182
Gentherapie	191
GFAP	116
Giemsa-Färbung	160
Glial fibrillary acidic Proteins (GFAP)	116, 120
Glukoneogenese	98
Glukose-6-Phosphatase	99

Glycophorin A	116	Kern-Plasma-Relation	78	Cristae	113
Glykokalix	80-81	Kernpore	93	Cristae-Typ	114
Glykoprotein	80	Kinesin	118	mitochondriale RNA	93
Glykosylierung	102	Kinetochor	161	Tubuli	113
Golgi-Apparat	100, 102	Kinetosom	78	Tubulus-Typ	114
G-Protein	140-141	Kinozilie	117	Mitose	125
Gram-Färbung	195, 199, 203-204	Klinefelter-Syndrom	187-188	Anaphase	125, 127
gramnegative	203	Klonierung	188	Äquatorialebene	125
grampositive	203	Knockout-Tier	191	Metaphase	125
Gyrase-Hemmer	214	Kodominanz	164	Prophase	125
		Kohlenstoff-Kreislauf	227	Telophase	126

H

		Kokken	195	Zytokinese	126
Hämophilie A	**177**	Kommensalismus	229	Monosomie	182, 187
Hämosiderin	109	Konduktorin	177	Mosaik, genetisches	137
Hardy-Weinberg-Gesetz	191-192	Konjugation	216	mRNA	152, 154
Hefe	219	Konkurrenz	229	Reifung	150
Helicobacter	196	Konsument	228-229	MRSA	218
Hemidesmosom	80, 85, 89	Kontaktinhibition	86	MTOC	120
Hemizygotie	164	Kultur, statische	212	Mukoviszidose	83
Herbivore	229	Absterbephase	213	Murein-Sacculus	202
Herbizid	229	exponentielle Phase	212	Mutation	182, 192
Heterochromatin	149	lag-Phase	212	somatische	183
Heterogenie	162, 170	stationäre Phase	213	Spontanmutation	182
Heterophagie	106			Mykobakterien	196, 199
Heterophagolysosom	103	**L**		Mykoplasmen	207
Heteroplasmie	115	**Lamin**	**91, 116**	Mykose	219, 221
Heterozygotie	164	Laminin	89	Myzel	220
Histon	92	Lektin	81		
Hutchinson-Gilford-Syndrom	121	Letalfaktor	163	**N**	
Hyphe	219	Lipid Raft	80	**Nahrungskette**	**228**

I

		Lipofuscin	98, 108-109	Na^+/K^+-ATPase	83
Importin	**92**	Lipopolysaccharid	204-206	Nekrose	138
Imprinting	162	Lyon-Hypothese	178, 181	Neurofilament	116, 120
Induktion	91	Lysogenie	218	Nexin	118
Infektion		Lysosom	106	Nexus	85
latente	223	Residualkörper	106	Nucleolin	94
nosokomiale	218	Lysozym	107	Nucleoplasmin	92
Influenza	225			Nukleolemm	79
in-situ-Hybridisierung	190	**M**		Nukleolus	91
Insulin, Exozytose	11	**Macula adhaerens**	**85, 87**	Nukleolus-Organisator-Regionen	
Insulinrezeptor	140	Meiose	126, 130	(NOR)	93, 160
Integrin	89	1. Reifeteilung	130	Nukleosom	92
Intermediärfilament	116, 120-121	2. Reifeteilung	130	Number needed to treat (NNT)	175
Intron	150, 159	Chiasma	130, 136		
Inversion	182, 185	Crossing-over	130	**O**	
Ionenkanal	82	Diakinese	136	**Occludin**	**87**
spannungsabhängiger	84	Diplotän	136	Okazaki-Fragment	147
Isoenzym	158	Leptotän	136	Onkogen	139, 185
		Pachytän	136	Oogenese	130, 134
K		primäre Non-disjunction	137	Operatorgen	153
		Zygotän	136	Operon-Modell	153
Kapsomer	**225**	Melanin	109	Operator	153
Kartagener-Syndrom	119	Membranfluss	79, 100, 103	Promotor	153
Karyolemm	79	Mendel'sche Gesetze	165	Regulator	153
Karyoplasma	78	Meningokokken	196	Opsonierung	103
Katalase	111	Metaplasie	128		
Katzenschrei-Syndrom	185	Mikrofilament	115, 121	**P**	
Keratin	121	Mikrotubuli	115, 119	**Palindrom**	**189**
Kernlamina	91	Mitochondrium	111	Parasexualität	216
Kernmembran	79	Atmungskette	111	Konjugation	216

Transduktion	216
Transformation	216
Parasitismus	230
Penetranz	162
unvollständige	166
Penicillin	214
Peroxisom	109
Phäomelanin	109
Phage	
temperenter	224
virulenter	224
Phagosom	95
Phagozytose	83, 103
Phenylketonurie	171-172
Phosphatase, saure	107
Photosynthese	227
Pili	208
Pilze	219
Pilzhyphe	219
Pilzthallus	220
Pinozytose	83, 103
Plasmalemma	78
Plasmid	199, 209
konjugatives	209
Plasmodium	129
Pleiotropie	162-163
Pluripotenz	90
Pneumokokken	196
Polkörperchen	130, 134
Polygenie	162
Polymerasekettenreaktion	188
Polyphänie	162
Polysom	95, 97
Polysomie	129
positiver prädiktiver Wert (PPW)	175
Präkanzerose	129
Prion	226
Processing	150
poly-A-Schwanz	151
Produzent	219, 228-229
Progerie	121
Prokaryont	199, 201
Promotorgen	153
Prophage	224
Protanopie	179
Proteasom	109
Proteinbiosynthese	154
protein targeting, Signalpeptid	79
Protoplast	78
Protozoon	200
Pseudopodium	105
Punktmutation	157, 183
Pyrogen	205

R

Replikation	
Okazaki-Fragment	147
semikonservative	147
Replikon	147
Resistenzplasmid	210
Restriktionsendonuklease	189
Restriktionsenzym	188-189
Restriktionsfragment-Längenpolymorphismus (RFLP)	178
Retrovirus	190
reverse Transkriptase	149, 190, 226
Rezeptortyrosinkinase	141
Ribosom	94
RNA	93
heterogene nukleäre	151-152
messenger	152, 154
ribosomale	96, 153
rRNA	93
small cytoplasmic	153
small nuclear	153
small nucleolar	93
transfer	152-154
Robertson'sche Translokation	185
rRNA	153

S

Saprophyt	**220**
Schweinegrippe	225
second messenger	140
cAMP	140
Selektion	183, 192
Selektionsvorteil	192
Sensitivität	175
Sichelzellanämie	157
Signalerkennungspartikel	95
Signalpeptid	95
Signaltransduktion	139
Sklerodermie	94
Soor	219
Southern Blotting	190
Spektrin	116
Spermatogenese	131, 134
Spezifität	175
Splicing	150
Spontanmutation	182
Spore	210
Stäbchen	195
Staphylococcus aureus	198
Staphylokokken	195-196
Start-Codon	153
Stereozilie	117, 123
Stickstoff-Kreislauf	227
Stop-Codon	153, 183
Streptokokken	195-196
Strukturgen	150
Sulfonamid	214
Symbiose	229
Synzytium	129

T

Telolysosom	**106, 108**
Telomer	92, 160-161
Tetraploidie	187
Tetrazyklin	214
Thalassämie	157
Thallus	220
Tier, transgenes	191
Tight junction	85-86
Topoisomerase	190
Transduktion	216
Transformation	149, 216
transgenes Tier	191
Transkription	94, 154
messenger RNA	154
Translation	94, 97, 154
transfer RNA	154
Translokation	185
Transport, aktiver	83
Transposon	217
Transzytose	103
Treponema	196
Trimethoprim	214
Trinukleotiderkrankung	163
Triploidie	187
Trisomie	182, 187
tRNA	152-154
Turner-Syndrom	184, 187-188
Tyrosinase	109

V

Vancomycin	**214**
Villin	123
Vimentin	116, 120
Vincristin	127
Viroid	224
Virulenzplasmid	209
Virus	222
Uncoating	225
Viruskapsid	222

W

Wasserstoffbrückenbindung	**145**

X

X-Chromosom	**181**
Xeroderma pigmentosum	185

Y

Y-Chromosom	**181**

Z

Zellbewegung, amöboide	**105-106**
Zellkern	91
Zellkontakt	85
Desmosom	85
Gap junction	85
Nexus	85
Tight junction	85
Zellmembran	
Fluid Mosaic-Modell	78
Lipiddoppelschicht	78
Membranprotein	78
Zelltod	138
Zellwand, bakterielle	202

Zellzyklus	124, 134	Zentrosom	119	Zytoplasma	78-79
G$_0$-Phase	124	Zilium	81	Zytoskelett	115
G$_1$-Phase	124	Zitratzyklus	111	Intermediärfilament	116
G$_2$-Phase	124	Zonula adhaerens	85, 87	Mikrofilament	115
S-Phase	124	Zonula occludens	85-86	Mikrotubuli	115
Zentriole	120	Zytokeratin	116, 120-121	Zentrosom	119
Zentromer	92	Zytopempsis	83, 103, 105		

Ihre Meinung ist gefragt!

Sehr geehrte Leserin, sehr geehrter Leser,

ein gutes Buch sollte auch über mehrere Auflagen in Inhalt und Gestaltung den Bedürfnissen seiner Leser gerecht werden. Um dies zu erreichen, sind wir auf Ihre Hilfe angewiesen. Deshalb: Schreiben Sie uns, was Ihnen an diesem Buch gefällt, vor allem aber, was wir daran ändern sollen. Für Ihre Mithilfe möchten wir uns mit einer Verlosung bedanken, an der jeder Fragebogen teilnimmt. Die Verlosung findet einmal jährlich statt. Zu gewinnen sind 10 Büchergutscheine à 50 €. Der Rechtsweg ist ausgeschlossen. Wir freuen uns auf Ihre Antwort, die wir selbstverständlich vertraulich behandeln.

Bitte schicken Sie diesen Fragebogen an:

Georg Thieme Verlag
Programmplanung Medizin
Dr. med. P. Fode
Postfach 30 11 20
70451 Stuttgart

Wie beurteilen Sie diesen Band:

Anzahl der Schemata ausreichend	ja ☐	nein ☐
Anzahl der Tabellen ausreichend	ja ☐	nein ☐
Anzahl der Lerntexte ausreichend	ja ☐	nein ☐

Wie beurteilen Sie die inhaltliche Qualität der Kommentare? Welche Kommentare sind besonders gut, welche Kommentare sind nicht ausreichend?

_____
_____
_____
_____
_____
_____

Wie beurteilen Sie die Lerntexte?

_____
_____
_____

Zu folgenden Themen wünsche ich mir einen Lerntext/ausführlichere Erklärungen:

_____
_____

1. ÄP Biologie, 20. Auflage

Wie beurteilen Sie den Schreibstil und die Lesbarkeit des Bandes?
_____
_____

Ist die Schwarze Reihe für das Prüfungsfach als Vorbereitung ausreichend? Haben Sie noch andere Lehrbücher benutzt? Welche?
_____
_____
_____

Besonders gefallen hat mir an diesem Band:
_____
_____

Weitere Vorschläge und Verbesserungsmöglichkeiten?

Absender (bitte unbedingt ausfüllen)
_____
_____
_____

Thieme examen online

Nie wieder Punkte verschenken!

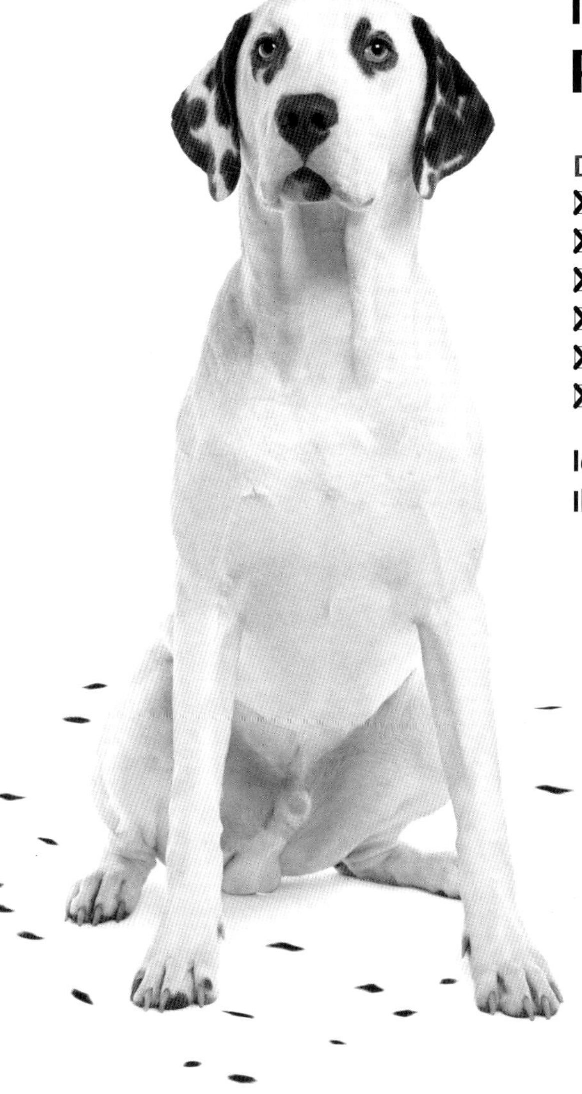

Das neue examen online

☒ Ergonomisch: Designed für effektives Kreuzen
☒ Aktuell: Updates der neuen Examensfragen
☒ Individuell: Lernplaner für die 1. und 2. ÄP
☒ Realistisch: Simulation der Examenssituation
☒ Persönlich: Einstellungen nach Wunsch wählbar
☒ Detailliert: Statistiken zum Lernstand

Ideal für Ihr Physikum und Ihre Semesterprüfungen.

Jetzt kaufen und nie wieder Punkte verschenken!

Online kreuzen – optimal punkten.
Die neue Prüfungsvorbereitung mit der Schwarzen Reihe.

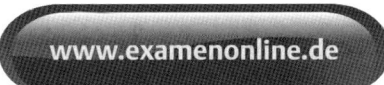